Siegfried Bock / Günter Mau



# Die Dieselmaschine im Land- und Schiffsbetrieb

7. von Baudirektor Dipl.-Ing. Günter Mau
vollständig neugestaltete und erweiterte Auflage

mit 265 Bildern

Springer Fachmedien Wiesbaden GmbH

ISBN 978-3-663-19841-3 ISBN 978-3-663-20176-2 (eBook)
DOI 10.1007/978-3-663-20176-2

Verlagsredaktion: *Alfred Schubert*


Ursprünglich erschienen bei Friedr. Vieweg & Sohn GmbH, Baraunschweig 1786.
Softcover reprint of the hardcover 7th edition 1987

Library of Congress Catalog Card Number: 68-27873

Satz und Druck: Friedr. Vieweg & Sohn GmbH, Braunschweig

Best.-Nr. 4889

## Vorwort zur 7. Auflage

Seit vielen Jahren gehört das Buch „Die Dieselmaschine" von *Siegfried Bock* zum bevorzugten Fachbuchbestand aller seefahrenden deutschen Ingenieure und Techniker. Es entstand seinerzeit auf Anregung der Leitung des Verbandes Deutscher Schiffsingenieure und Seemaschinisten. Bis 1956 erlebte das Buch 6 Auflagen. 1959 hatte Herr *Bock* noch begonnen, eine 7. Auflage vorzubereiten, als ihm der Tod die Feder aus der Hand nahm.

Da die Nachfrage nach diesem Buch anhielt, folgte ich dem Wunsche des Verlages, eine neue Auflage dieses Buches zu betreuen.

Trotzdem inzwischen in der Verbrennungsmotorentechnik große Fortschritte gemacht und viele neue Erfahrungen auf diesem Gebiete gewonnen wurden, bemühte ich mich, den Stil der früheren Auflagen zu erhalten. Die Gliederung wurde jedoch verfeinert, Veraltetes gekürzt, einheitlichere Darstellungen gewählt und Maßeinheiten sowie Formelzeichen den neueren Normen entsprechend eingesetzt. Da das Buch nicht nur dem studierenden Nachwuchs, sondern auch den in der Praxis Stehenden eine Hilfe im Beruf sein will, wurden zur Darstellung der Entwicklung und, da solche Anlagen noch in Betrieb sind, einige ältere Ausführungsformen berücksichtigt. Eine Erweiterung des Buchumfangs von mehr als 50% gegenüber der 6. Auflage ließ sich nicht vermeiden.

Durch Beibehaltung der betriebstechnisch anleitenden, konstruktiv erläuternden Konzeption dürfte das Buch auch in der 7. Auflage geeignet sein, die inzwischen empfundene Lücke in der Reihe der Fachbücher für Schiffsbetriebstechnik zu schließen. Auch für Betriebsleiter und Nachwuchskräfte in stationären Motorenanlagen wurde die Auflagenreihe fortgesetzt.

Da frühere Auflagen keine Literaturhinweise enthielten, war es schwierig, diese jetzt einzufügen. Ich habe mich daher darauf beschränkt, einige Literaturhinweise am Schluß des Buches anzufügen.

Herrn Dipl.-Ing. *G. Gyssler*, Baden/Schweiz, bin ich dankbar, daß er die Bearbeitung des Abschnitts „Aufladung" übernahm.

Dank der Hilfe der Motorenfirmen, die in den Bildunterschriften genannt sind, war es möglich, fast alle Bilddarstellungen auf einen neuen Stand zu bringen.

Dem Verlag danke ich für sein großes Verständnis bei der Gestaltung und Drucklegung dieses Buches.

Für Anregungen zur Verbesserung der nunmehr vorgelegten erweiterten und überarbeiteten 7. Auflage bin ich dankbar.

Flensburg, im April 1968 *Günter Mau*

# Inhaltsverzeichnis

# 1. Grundbegriffe

## 1.1. Wärmeäquivalent, Arbeit, Leistung

Der Heilbronner Arzt und Physiker Dr. *Robert Mayer* stellte aufgrund von Versuchen fest, daß Wärmeenergie und mechanische Energie lediglich verschiedene Formen der Energie sind (1842). Das von ihm gefundene Gesetz lautet:

**Energie kann weder verschwinden noch von selbst entstehen, sie kann nur ihre Form ändern.**

Wenn also Wärme in mechanische Arbeit umgewandelt oder mechanische Arbeit zur Erzeugung von Wärme verwendet wird, so entspricht jeder in mechanische Arbeit umgewandelten Wärmeeinheit – Kilokalorie (kcal) – eine mechanische Arbeit von 427 kpm (Kilopondmeter).

$$1 \text{ kcal} = 427 \text{ kpm}.$$

Die aus 1 kcal gewonnene mechanische Arbeit wird beispielsweise beim Heben des Gewichtes 1 kp um 427 m oder des Gewichtes 427 kp um 1 m verrichtet.

Unter der *Wärmeeinheit* 1 kcal versteht man die Wärmemenge, die die Temperatur der Wassermasse 1 kg um 1 grd (Grad) erhöht, und zwar genau von 14,5 °C auf 15,5 °C [1]).

Aus dieser Festlegung kann man die *spezifische Wärme* des Wassers ableiten. Allgemein versteht man unter der spezifischen Wärme $c$ die zur Erwärmung von 1 kg eines Stoffes um 1 grd erforderliche Wärmemenge (in kcal/kg grd). Daraus folgt für die spezifische Wärme des Wassers: $c_w = 1$ kcal/kg grd.

Wird eine Masse $m = 1$ kg Wasser in der Zeit $t = 3$ s um die Temperaturdifferenz $\Delta\vartheta = 1$ grd erwärmt, so entspricht das einer Leistung $P$ von

$$P = \frac{m \cdot c_w \cdot \Delta\vartheta}{t} = 1 \text{ kg} \cdot 1 \frac{\text{kcal}}{\text{kg grd}} \cdot 1 \text{ grd} \cdot \frac{1}{3 \text{ s}} = \frac{1}{3} \frac{\text{kcal}}{\text{s}}.$$

Mit der Beziehung 1 kcal = 427 kpm ergibt sich:

$$P = \frac{1}{3} \cdot \frac{1}{\text{s}} \cdot 1 \text{ kcal} = \frac{1}{3} \cdot \frac{1}{\text{s}} \cdot 427 \text{ kpm} = 142{,}3 \frac{\text{kpm}}{\text{s}}.$$

Die Einheit der Leistung ist auf dem Gebiet der Wärmekraftmaschinen vorwiegend die *Pferdestärke* (PS). Es gilt:

$$1 \text{ PS} = 75 \frac{\text{kpm}}{\text{s}}.$$

---

[1]) Die neuere Definition der Einheit der Wärmemenge lautet:
1 kcal = 4,1868 kWs (Kilowattsekunden) = 4,1868 kJ (Kilojoule).

Für das obige Beispiel ergibt sich damit eine Leistung von

$$P = 142{,}3 \cdot 1 \frac{\text{kpm}}{\text{s}} = 142{,}3 \cdot \frac{1}{75}\,\text{PS} \approx 1{,}9\ \text{PS}.$$

Gibt eine Maschine 1 h (Stunde), also 3600 s lang, eine Leistung von 1 PS ab, so entspricht dies der mechanischen Arbeit einer PS-Stunde (PSh):

$$1\ \text{PSh} = 75 \frac{\text{kpm}}{\text{s}} \cdot 3600\ \text{s} = 270\,000\ \text{kpm oder}$$

$$1\ \text{PSh} = 75 \cdot 1 \frac{\text{kpm}}{\text{s}} \cdot 3600\ \text{s} = 75 \cdot \frac{1}{427}\,\text{kcal} \cdot \frac{1}{\text{s}} \cdot 3600\ \text{s} = 632\ \text{kcal}.$$

## 1.2. Wirkungsgrad, Wirtschaftlichkeit

In Dampfmaschinen und Motoren wird Wärme in mechanische Arbeit umgewandelt. Der Brennstoffverbrauch $b$ wird im allgemeinen auf die Arbeitseinheit PS-Stunde (PSh) bezogen ($b$ in g/PSh oder kg/PSh).

Von der aufgewandten Wärme gebt aber ein großer Teil durch Konvektion und Abstrahlung bzw. durch Wärmeabgabe der Abgase und des Kühlwassers an die Umgebung für die Arbeitsgewinnung verloren. Nur ein recht kleiner Teil kann in nutzbare mechanische Arbeit umgewandelt werden.

*Beispiel:* Eine Dampfmaschine braucht für 1 PSh $m_B = 0{,}7$ kg Kohle. Die Kohle hat einen Heizwert $H = 7000$ kcal/kg, d. h. 1 kg Kohle entwickelt bei vollständiger Verbrennung eine Wärmemenge $Q = 7000$ kcal. Mit welchem Wirkungsgrad arbeitet die Maschine? (Wirkungsgrad $\eta$ = Nutzen/Aufwand.)

$$\eta = \frac{1\ \text{PSh} \cdot 100\,\%}{m_B \cdot H} = \frac{1\ \text{PSh} \cdot 100\,\%}{0{,}7\ \text{kg} \cdot 7000\ \text{kcal/kg}} = \frac{632\ \text{kcal} \cdot 100\,\%}{4900\ \text{kcal}} = 12{,}9\,\%.$$

Von der aufgewandten Wärmeenergie werden also nur 12,9 % in mechanische Arbeit umgewandelt. Die restlichen 87,1 % gehen durch die obengenannten Ursachen in der Kessel- und Maschinenanlage verloren. Moderne Dampfkraftmaschinenanlagen kommen je nach Größe und Anlage auf Wirkungsgrade (energetische Wirkungsgrade) von 17 . . . 28 %.

Diese verlustreiche Umwandlung der Wärmeenergie in nutzbare mechanische Arbeit führte zu Versuchen, die Verbrennung des Kraftstoffes direkt in der Arbeitsmaschine vorzunehmen, um so die Verluste zu vermindern. Das Ergebnis dieser Versuche war die Erfindung und Entwicklung von Verbrennungskraftmaschinen mit *innerer Verbrennung* flüssiger oder gasförmiger Kraftstoffe, deren Wirkungsgrade heute bei 35 . . . 42 % liegen.

Dr. *Rudolf Diesel* war der Erfinder des nach ihm benannten Motors, der als Kraftstoff billige Schweröle verarbeitet. In der Maschinenfabrik Augsburg-Nürnberg wurde 1897 der erste betriebssichere Dieselmotor mit einer Leistung von 20 PS in Betrieb genommen.

Die Berechnung des Wirkungsgrades eines Dieselmotors soll folgendes Beispiel erläutern.

*Beispiel:* Ein Dieselmotor verbraucht für die an der Welle gemessene effektive Leistung (beachte im Gegensatz dazu die indizierte Leistung im Zylinder) $b = 0{,}16$ kg/PSh Kraftstoff mit einem Heizwert $H = 10\,000$ kcal/kg.

$$\eta = \frac{\text{Nutzen } 100\,\%}{\text{Aufwand}} = \frac{100\,\%}{b\,H} = \frac{1 \text{ PSh} \cdot 100\,\%}{0{,}16 \text{ kg } 10\,000 \text{ kcal/kg}} = \frac{632 \text{ kcal} \cdot 100\,\%}{1600 \text{ kcal}} = 39{,}5\,\%.$$

Der Wirkungsgrad eines Dieselmotors ist fast doppelt so groß wie der einer guten Dampfkraftmaschinenanlage. Der Dieselmotor ist also überall dort mit wirtschaftlichem Vorteil zu verwenden, wo das Verhältnis von Kraftstoffpreis zu Kohlepreis günstig ist.

*Beispiel:* Eine Dampfkraftanlage mit einer effektiven Leistung $P_e = 5000$ PS verbraucht unter Berücksichtigung des Verbrauchs aller Hilfsaggregate $b_1 = 0{,}28$ kg/PSh Heizöl mit einem Heizwert $H_1 = 9650$ kcal/kg. Eine Dieselmotorenanlage gleicher effektiver Leistung verbraucht, ebenfalls unter Berücksichtigung des Energiebedarfs aller Hilfsaggregate $b_2 = 0{,}18$ kg/PSh Kraftstoff mit einem Heizwert $H_2 = 10\,000$ kcal/kg.

Die Kosten je Tonne betragen bei Heizöl 133 DM, bei Dieselkraftstoff 155 DM.

Wie hoch sind die Brennstoffkosten, wie groß die Wirkungsgrade der beiden Anlagen?

Brennstoffkosten für 1 PSh:

Heizöl: $$\frac{133 \text{ DM}}{1000 \text{ kg}} \cdot \frac{0{,}28 \text{ kg}}{\text{PSh}} = 0{,}037 \text{ DM/PSh};$$

Dieselkraftstoff: $$\frac{155 \text{ DM}}{1000 \text{ kg}} \cdot \frac{0{,}18 \text{ kg}}{\text{PSh}} = 0{,}028 \text{ DM/PSh}.$$

Wirkungsgrade:

Dampfkraftanlage: $$\eta = \frac{100\,\%}{b_1\,H_1} = \frac{1 \text{ PSh} \cdot 100\,\%}{0{,}28 \text{ kg} \cdot 9650 \text{ kcal/kg}} = \frac{632 \text{ kcal } 100\,\%}{0{,}28 \cdot 9650 \text{ kcal}} = 23{,}4\,\%.$$

Dieselmotorenanlage: $$\eta = \frac{100\,\%}{b_2\,H_2} = \frac{1 \text{ PSh} \cdot 100\,\%}{0{,}18 \text{ kg} \cdot 10\,000 \text{ kcal/kg}} = \frac{632 \text{ kcal } 100\,\%}{0{,}18 \cdot 10\,000 \text{ kcal}} = 35{,}1\,\%.$$

# 2. Kraftstoffe für Dieselmotoren

## 2.1. Dichte und Heizwert

*Dieselmotorenkraftstoffe*, sogenannte *Schweröle*, sind Destillate des Erdöles oder Produkte, die durch Hydrierung von Stein- oder Braunkohle gewonnen werden. Sie bestehen vorwiegend aus Kohlenstoff (C) und Wasserstoff (H) (Kohlenwasserstoffe).

Für jede *Verbrennung* ist Sauerstoff (O) erforderlich. Dieser ist mit Stickstoff (N) vermischt in der Luft vorhanden. Die Luft besteht, wenn man den geringfügigen Anteil von Edelgasen vernachlässigt, aus ca. 79 Volumen-% Stickstoff ($N_2$) [1]) und 21 Volumen-% Sauerstoff ($O_2$). Sauerstoff ($O_2$) ist schwerer als Stickstoff ($N_2$), daher enthalten 100 Massen-% Luft 76,7 Massen-% Stickstoff und 23,3 Massen-% Sauerstoff. Stickstoff ist nicht brennbar. Verbrennt man Kohlenwasserstoffe in Luft, so nimmt nur der Sauerstoff an der Reaktion teil. Der Stickstoff bildet den größten Teil der Abgase. Diese werden in der Regel mit einer Temperatur abgeführt, die über der der Umgebung liegt und ist daher die Ursache von Energieverlusten.

Alle Stoffe bestehen aus *Grundstoffen* (*Elementen*), die in Form einer oder mehrerer Verbindungen in ihnen enthalten sind. Dieselkraftstoffe setzen sich aus verschiedenen Arten von *Kohlenwasserstoffverbindungen* zusammen.

1 kg Kohlenstoff entwickelt bei vollständiger Verbrennung mit Sauerstoff ($C + O_2 = CO_2$) eine Wärmemenge von etwa 8000 kcal, 1 kg Wasserstoff ($H_2 + {}^1/_2\,O_2 = H_2O$) dagegen eine solche von rund 30 000 kcal. Je mehr Wasserstoff also in 1 kg Brennstoff enthalten ist, desto höher ist dessen *Heizwert H*. Erdöl und das ihm ähnliche paraffinarme aus Braunkohlenteer gewonnene Produkt enthält etwa 82 ... 86% C und 10 ... 16% H, neben geringen Teilen beigemengten Sauerstoffes, Schwefels, Stickstoffes und Wassers. Der aus Steinkohlenteer gewonnene Kraftstoff setzt sich dagegen aus etwa 89% C, 7%H und einem geringen Prozentsatz von Beimengungen zusammen. Die zuerst genannte Gruppe von Kraftstoffen besitzt daher auch einen höheren Heizwert von 10 000 kcal/kg gegenüber etwa 9000 kcal/kg bei dem aus Steinkohlenteer gewonnenen Kraftstoff.

Wasserstoff hat das Atomgewicht 1, Kohlenstoff 12 und Sauerstoff 16. Je mehr Wasserstoff also ein Kraftstoff enthält, desto geringer wird seine Dichte sein.

---

[1]) Stickstoff und Sauerstoff kommen in der Luft nicht atomar, sondern in Form von zweiatomigen Molekülen vor.

Unter der *Dichte* $\varrho$ [1]) versteht man den Quotienten aus der Masse und dem Volumen

$$\varrho = \frac{m}{V}.$$

Sie wird angegeben in g/cm³, kg/dm³ oder t/m³; 1 dm³ $\approx$ 1 l. Die Dichte ist zahlenmäßig gleich der Masse der Volumeneinheit.

Mit Hilfe einer einfachen Zahlenwertgleichung kann man aus der Dichte näherungsweise den Heizwert $H$ eines Kraftstoffes berechnen. Sie lautet:

$$H = 6600\,\frac{\text{kcal}}{\text{kg}} + \frac{3000\,\dfrac{\text{kcal}}{\text{dm}^3}}{\varrho}.$$

*Beispiele:*

1. Ein Kraftstoff hat die Dichte $\varrho = 0{,}87$ kg/dm³. Wie groß ist sein Heizwert $H$?

$$H = 6600\,\frac{\text{kcal}}{\text{kg}} + \frac{3000\,\dfrac{\text{kcal}}{\text{dm}^3}}{0{,}87\,\dfrac{\text{kg}}{\text{dm}^3}} = 6600\,\frac{\text{kcal}}{\text{kg}} + 3448\,\frac{\text{kcal}}{\text{kg}} = 10\,048\,\frac{\text{kcal}}{\text{kg}}.$$

2. Ein Kraftstoff hat die Dichte $\varrho = 0{,}94$ kg/dm³. Wie groß ist sein Heizwert $H$?

$$H = 6600\,\frac{\text{kcal}}{\text{kg}} + \frac{3000\,\dfrac{\text{kcal}}{\text{dm}^3}}{0{,}94\,\dfrac{\text{kg}}{\text{dm}^3}} = 6600\,\frac{\text{kcal}}{\text{kg}} + 3192\,\frac{\text{kcal}}{\text{kg}} = 9792\,\frac{\text{kcal}}{\text{kg}}.$$

Man sieht, je höher die Dichte des Kraftstoffes, desto kleiner ist sein Heizwert aufgrund des geringeren Gehaltes an energiereichem Wasserstoff. Bei großer Dichte besteht außerdem der Verdacht, daß der Kraftstoff großmolekulare Verbindungen, z. B. Asphalt, enthält. Diese schweren Bestandteile bereiten bei der Verbrennung im Motor Schwierigkeiten. Die Messung der Kraftstoff-Dichte, die temperaturabhängig ist, wird mit einem Aräometer (Senkspindel) vorgenommen (Bild 2/1; Näheres siehe 2.5.2).

Die Kenntnis der Dichte ist für die Berechnung der Masse des gebunkerten Kraftstoffes erforderlich. Steht beispielsweise ein Bunkerraum von 200 m³ zur Verfügung, so kann bei einer Dichte von 0,85 t/m³ eine Kraft-

Bild 2/1. Aräometer (nach einem Werkbild von Franz Widder, Kreuzwertheim/Main)

[1]) Vielfach wird auch das Formelzeichen $d$ (density) anstelle von $\varrho$ verwandt.

stoffmasse von $m = V \cdot \varrho = 200\,\text{m}^3 \cdot 0{,}85\,\text{t/m}^3 = 170\,\text{t}$ untergebracht werden. Während der Kraftstoffübernahme muß neben der Dichte auch die Temperatur gemessen werden, um die temperaturabhängige Änderung der Dichte berücksichtigen zu können (siehe 2.5.1). Die Dichte wird auf 15 °C bezogen. Liegt die Meßtemperatur höher (niedriger), so werden je Grad Temperaturdifferenz im Mittel 0,0007 kg/dm³ (t/m³) zugezählt (abgezogen). Für genaue Berechnungen verwende man die Korrekturtabelle des Normblattes DIN 51 757, Tafel 1.

*Beispiel:* Bei 32 °C wird eine Dichte von $\varrho = 0{,}85\,\text{t/m}^3$ gemessen, wie groß ist die Dichte bei 20 °C?

$$\varrho_{20\,°\text{C}} = \varrho_{32\,°\text{C}} + \frac{(32\,°\text{C} - 20\,°\text{C})}{\text{grd}}\,0{,}0007\,\frac{\text{t}}{\text{m}^3} = 0{,}8584\,\frac{\text{t}}{\text{m}^3}\,.$$

Es werden 200 m³ Kraftstoff bei 32 °C übernommen. Die Dichte bei 20 °C wird von der Bunkerstation mit $\varrho_{20\,°\text{C}} = 0{,}85\,\text{t/m}^3$ angegeben. Wieviel Tonnen werden infolge der höheren Temperaturen weniger gebunkert, d. h. zuviel bezahlt?

$$\varrho_{32\,°\text{C}} = \varrho_{20\,°\text{C}} - \frac{(32\,°\text{C} - 20\,°\text{C})}{\text{grd}}\,0{,}007\,\frac{\text{t}}{\text{m}^3} = 0{,}85\,\frac{\text{t}}{\text{m}^3} - 0{,}0084\,\frac{\text{t}}{\text{m}^3} \approx 0{,}841\,\frac{\text{t}}{\text{m}^3}\,.$$

$$m = V\,(\varrho_{20\,°\text{C}} - \varrho_{32\,°\text{C}}) = 200\,\text{m}^3 \cdot 0{,}0084\,\frac{\text{t}}{\text{m}^3} = 1{,}68\,\text{t}.$$

## 2.2. Umrechnung englisch-amerikanischer Einheiten

### 2.2.1. Masse

| Maßeinheit | pound lb | short ton | long ton | Kilogramm kg | Tonne t |
|---|---|---|---|---|---|
| pound lb | 1 | 0,0005 | 0,000446 | 0,4536 | 0,000454 |
| short ton | 2000,0 | 1 | 0,8929 | 907,2 | 0,9072 |
| long ton | 2240,0 | 1,120 | 1 | 1016,0 | 1,0160 |
| Kilogramm kg | 2,205 | 0,0011 | 0,000984 | 1 | 0,001 |
| Tonne t | 2205,0 | 1,102 | 0,9842 | 1000,0 | 1 |

### 2.2.2. Volumen

| Maßeinheit | U. S. gallon | U. S. barrel | Imperial gallon | cubic foot cb. ft. | Liter l | Hektoliter hl |
|---|---|---|---|---|---|---|
| U. S. gallon | 1 | 0,0238 | 0,8327 | 0,1337 | 3,785 | 0,0379 |
| U. S. barrel | 42,0 | 1 | 34,973 | 5,6146 | 159,0 | 1,5898 |
| Imperial gallon | 1,2 | 0,0286 | 1 | 0,1605 | 4,546 | 0,0455 |
| cubic foot | 7,480 | 0,1781 | 6,2288 | 1 | 28,32 | 0,2832 |
| Liter | 0,2642 | 0,0063 | 0,2199 | 0,0353 | 1 | 0,01 |
| Hektoliter | 26,418 | 0,63 | 21,998 | 3,5316 | 100,0 | 1 |

### 2.2.3. Temperatur

Umrechnungsgleichungen von °C in °F (Grad Fahrenheit) und umgekehrt:

$$\vartheta = \left\{1{,}8\,\frac{\vartheta}{°\mathrm{C}} + 32\right\}\,°\mathrm{F}; \qquad \vartheta = \left\{\frac{5}{9}\left[\frac{\vartheta}{°\mathrm{F}} - 32\right]\right\}\,°\mathrm{C}.$$

### 2.2.4. Dichte

Umrechnungsgleichungen von kg/dm³ in Grad A.P.I. [1]) und umgekehrt:

| Maßeinheit | $\frac{\text{pound}}{\text{gallon}}$ | $\frac{\text{long ton}}{\text{cubic foot}}$ | $\frac{\text{long ton}}{\text{gallon}}$ | $\frac{\text{long ton}}{\text{barrel}}$ | $\frac{\text{long ton}}{\text{m}^3}$ |
|---|---|---|---|---|---|
| $1\,\frac{\text{kg}}{\text{dm}^3} = 1\,\frac{\text{t}}{\text{m}^3}$ | 8,345 | 0,0271 | 0,0037 | 0,15616 | 0,984 |

| Maßeinheit | $\frac{\text{pound}}{\text{cubic foot}}$ | $\frac{\text{short ton}}{\text{cubic foot}}$ | $\frac{\text{short ton}}{\text{gallon}}$ | $\frac{\text{short ton}}{\text{barrel}}$ | $\frac{\text{short ton}}{\text{m}^3}$ |
|---|---|---|---|---|---|
| $1\,\frac{\text{kg}}{\text{dm}^3} = 1\,\frac{\text{t}}{\text{m}^3}$ | 62,43 | 0,0304 | 0,00378 | 0,15866 | 1,10 |

| Maßeinheit | $1\,\frac{\text{pound}}{\text{gallon}}$ | $1\,\frac{\text{long ton}}{\text{cubic foot}}$ | $1\,\frac{\text{long ton}}{\text{gallon}}$ | $1\,\frac{\text{long ton}}{\text{barrel}}$ | $1\,\frac{\text{long ton}}{\text{m}^3}$ |
|---|---|---|---|---|---|
| $\frac{\text{kg}}{\text{dm}^3}$ oder $\frac{\text{t}}{\text{m}^3}$ | 0,1198 | 35,882 | 268,4 | 6,3899 | 1,016 |

| Maßeinheit | $1\,\frac{\text{pound}}{\text{cubic foot}}$ | $1\,\frac{\text{short ton}}{\text{cubic foot}}$ | $1\,\frac{\text{short ton}}{\text{gallon}}$ | $1\,\frac{\text{short ton}}{\text{barrel}}$ | $1\,\frac{\text{short ton}}{\text{m}^3}$ |
|---|---|---|---|---|---|
| $\frac{\text{kg}}{\text{dm}^3}$ oder $\frac{\text{t}}{\text{m}^3}$ | 0,01602 | 32,071 | 239,683 | 5,7056 | 0,9072 |

Bemerkung: gallon = U. S. gallon

[1]) A. P. I. = American Petroleum Institute.

$$n = \left\{\frac{141{,}5}{\dfrac{\varrho}{\dfrac{\mathrm{kg}}{\mathrm{dm}^3}}} - 131{,}5\right\}\,°\mathrm{A.P.I.}; \qquad \varrho = \left\{\frac{141{,}5}{131{,}5 + \dfrac{n}{°\mathrm{A.P.I.}}}\right\}\frac{\mathrm{kg}}{\mathrm{dm}^3}.$$

*Beispiel 1:* Ein amerikanischer Dieselkraftstoff hat eine Dichte von 35,7 °A.P.I. Die Messung bezieht sich auf eine Temperatur von 60 °F. Die Dichte $\varrho$ in kg/dm³ errechnet sich wie folgt:

$$\varrho = \left\{\frac{141,5}{131,5 + 35,7}\right\} \frac{\text{kg}}{\text{dm}^3} = 0,846 \frac{\text{kg}}{\text{dm}^3}.$$

Die Bezugstemperatur in °C beträgt:

$$\vartheta = \left\{\frac{5}{9}\{60 - 32\}\right\} \text{°C} \approx 15,6 \text{ °C}.$$

*Beispiel 2:* Der aufzufüllende Bunkerraum beträgt 760 m³. Die Kraftstoffmenge wird nach long tons geliefert. Wieviel long tons können untergebracht werden, wenn die Dichte des Kraftstoffes mit 24 °A.P.I. bei 60 °F angegeben wird (mit Aräometer nachprüfen!)? Kraftstofftemperatur = 60 °F.

$$\varrho = \left\{\frac{141,5}{131,5 + 24}\right\} \frac{\text{kg}}{\text{dm}^3} \approx 0,910 \frac{\text{kg}}{\text{dm}^3}.$$

$$1 \frac{\text{long ton}}{\text{m}^3} = 1,016 \frac{\text{kg}}{\text{dm}^3}.$$

$$m = V \cdot \varrho = 760 \text{ m}^3 \cdot 0,910 \cdot 1 \frac{\text{kg}}{\text{dm}^3} = 760 \text{ m}^3 \cdot \frac{0,910}{1,016} \frac{\text{long tons}}{\text{m}^3} = 680,7 \text{ long tons}.$$

Es können 680,7 long tons gebunkert werden, das sind

$$680,7 \cdot 1 \text{ long ton} = 680,7 \cdot 1,016 \text{ t} = 691,6 \text{ t}.$$

### 2.2.5. Wärmemenge – Heizwert

*Einheit der Wärmemenge* ist in Großbritannien und in den USA die British Thermal Unit (BTU). 1 BTU ist die Wärmemenge, die $m = 1$ lb (0,454 kg) Wasser um $\Delta = 1$ °F (5/9 grd) erwärmt.

$$Q = m \cdot c_w \cdot \Delta\vartheta; \; 1 \text{ BTU} = 0,454 \text{ kg} \cdot 1 \frac{\text{kcal}}{\text{kg °C}} \cdot \frac{5}{9} \text{ °C} = 0,252 \text{ kcal}.$$

$$1 \text{ BTU} = 0,252 \text{ kcal}; \quad 1 \text{ kcal} = 3,97 \text{ BTU}.$$

*Einheit des Heizwertes:*

$$\frac{\text{BTU}}{\text{pound}} = \frac{\text{BTU}}{\text{lb}}.$$

$$1 \frac{\text{BTU}}{\text{pound}} = 0,555 \frac{\text{kcal}}{\text{kg}}; \quad 1 \frac{\text{kcal}}{\text{kg}} = 1,8 \frac{\text{BTU}}{\text{lb}}.$$

*Beispiel:* Der Heizwert eines Kraftstoffes wird mit 18 050 BTU/lb angegeben. Welchen Betrag hat er in der Einheit kcal/kg?

$$H = 18\,050 \cdot 1 \frac{\text{BTU}}{\text{lb}} = 18\,050 \cdot 0,555 \frac{\text{kcal}}{\text{kg}} = 10\,018 \frac{\text{kcal}}{\text{kg}}.$$

## 2.3. Chemische Zusammensetzung der Kohlenwasserstoffe

Jeder Stoff mit Ausnahme der Elemente baut sich aus *Molekülen* (kleinste Teilchen einer chemischen Verbindung) auf. Diese werden wiederum von *Atomen* verschiedener Art und Anzahl in bestimmter Anordnung gebildet. Im Kraftstoff bestehen die Moleküle aus Kohlenstoff- und Wasserstoffatomen. Bezüglich der Anzahl und Anordnung dieser Atome kann man viele Molekülarten unterscheiden.

Das unzerlegte Erdöl enthält außerordentlich viele Gruppenanordnungen.

### 2.3.1. Kettenförmige Struktur

Die Strukturformeln verschiedener Moleküle paraffinbasischer Erdöle (Erdöle mit vorwiegend *kettenförmiger Struktur*) zeigen folgende Anordnungen:

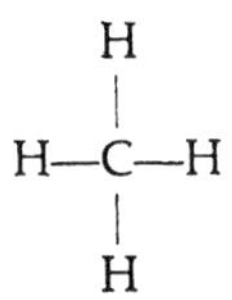

Summenformel $CH_4$
Methan (gasförmig)

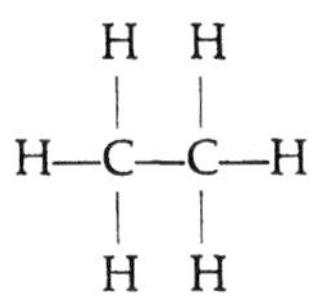

Summenformel $C_2H_6$
Äthan (gasförmig)

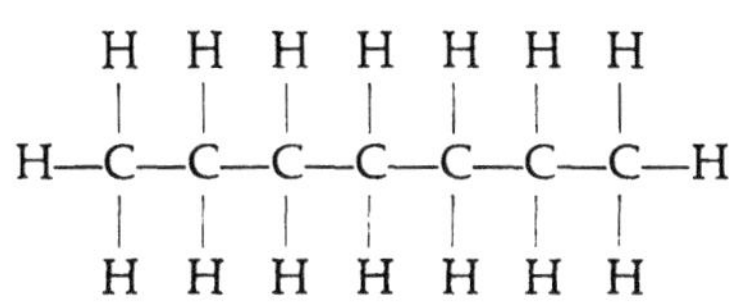

Summenformel $C_7H_{16}$
Heptan (flüssig)

Der Heizwert und die Dichte werden wie schon erwähnt vom Verhältnis des Wasserstoffanteiles zum Kohlenstoffanteil beeinflußt. Der Heizwert nimmt mit wachsendem Betrag dieses Verhältnisses zu, die Dichte ab.

Das äußerst leicht entzündbare Methan, dessen H/C-Verhältniswert 4 beträgt, hat also einen höheren Heizwert und eine geringere Dichte als die beiden anderen als Beispiel genannten Verbindungen Äthan und Heptan (Bestandteil des Benzins), bei denen die Verhältniswerte 3 und $^{16}/_{7}$ sind.

Eine schwere Verbindung des Erdöls, das Hexakontan (fest), enthält in einem Molekül 60 C-Atome und 122 H-Atome. Der H/C-Verhältniswert beträgt also nur wenig mehr als 2. Seine Dichte ist schon bedeutend größer als die der vorgenannten Gruppierungen, sein Heizwert geringer. Die Art der Gruppierung von H- und C-Atomen im Erdöl und in dem ihm verwandten Braunkohlenteer, die sich mit der allgemeinen Summenformel $C_nH_{2n+2}$ beschreiben läßt, nennt man *kettenförmige Verbindung.*

Im Erdöl sind über hundert verschiedene Gruppierungen enthalten. Es setzt sich aus spezifisch leichten, mittleren und schweren Verbindungen zusammen. Durch Verdampfung in einem besonderen Apparat kann man die einzelnen Gruppen trennen und sie durch Abkühlung wieder zu Flüssigkeit kondensieren. Man erhält zunächst Öle von geringer Dichte und hohem Heizwert, bei denen der Wasserstoff den Kohlenstoff stark überwiegt, wie in den drei ersten Beispielen gezeigt wurde. Bei höheren Temperaturen verdampfen schwerere Verbindungen und schließlich bei noch mehr erhöhter Temperatur die schwersten entzündlichen Verbindungen von geringerem Heizwert. Diese Art der Trennung von Ölen verschiedener Heizwerte und verschiedener Dichte nennt man *fraktionierte* (unterteilte) *Destillation.*

Man gewinnt im Siedebereich:

50 ... 150 °C Leichtbenzin,
150 ... 200 °C Schwerbenzin,
200 ... 250 °C Petroleum (Leuchtöl),
250 ... 350 °C Gasöl, Dieselöl, Schweröl (Dieselkraftstoffe),
über 350 °C Schmieröle (Spindel-, Maschinen-, Zylinderöle).

Es verbleibt schließlich ein Destillationsrückstand, den man als Bitumen oder Asphalt bezeichnet.

Aus der Braunkohle erhält man den Braunkohlenteer, der wie das Erdöl ebenfalls Kohlenstoff und Wasserstoff in kettenförmiger Verbindung enthält. Aus ihm werden nacheinander gewonnen:

Braunkohlenbenzin,
Solaröl (Leuchtöl),
Paraffinöl,
Braunkohlenteeröl,
Hartasphalt und Pech (feste Rückstände).

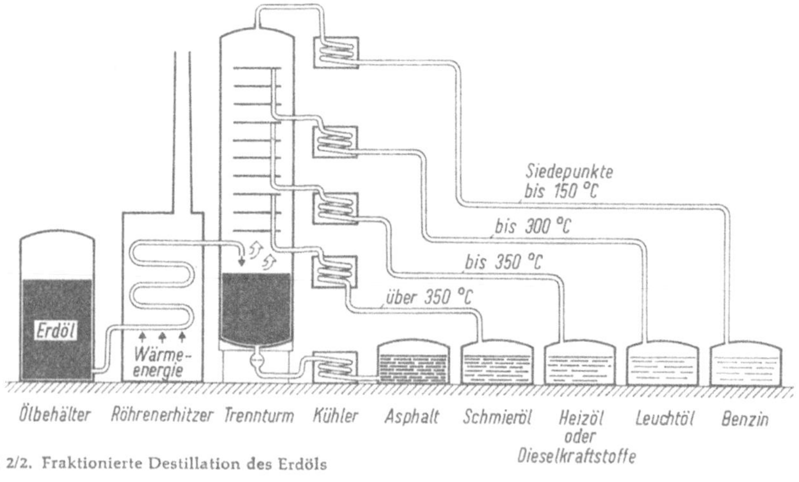


Bild 2/2. Fraktionierte Destillation des Erdöls

Aus dem Paraffinöl wird das Paraffin soweit wie möglich herausgezogen. Das aufbereitete Produkt ist Gasöl, d. h. Dieselkraftstoff. Gasöl und Dieselöl werden also aus dem Erdöl durch Verdampfen und Niederschlagen der Dämpfe bei bestimmten Temperaturen gewonnen. Einen Überblick über die Verdampfung und die stufenweise Kondensation des Erdöls zeigt Bild 2/2. Es besteht durchaus die Möglichkeit, daß man in den Bunkerstationen der Welt Dieselkraftstoffe verschiedener chemischer Zusammensetzung bunkert. Die Zusammensetzung richtet sich nach den Fundorten. Ein Dieselkraftstoff, der aus Venezuela-Erdöl (naphtenbasisch, d. h. von vorwiegend ringförmiger Struktur) entstanden ist, hat eine andere Zusammensetzung als ein Kraftstoff, der aus dem Mittleren Osten (paraffinbasisch, d. h. von vorwiegend kettenförmiger Struktur) stammt.

Eine heute übliche Unterteilung in Gasöl, Dieselöl und Schweröl in Abhängigkeit von der Zähflüssigkeit (Viskosität) in Grad Engler (E) bzw. Redwood-Sekunden (R) zeigt das Diagramm des Bildes 2/3.

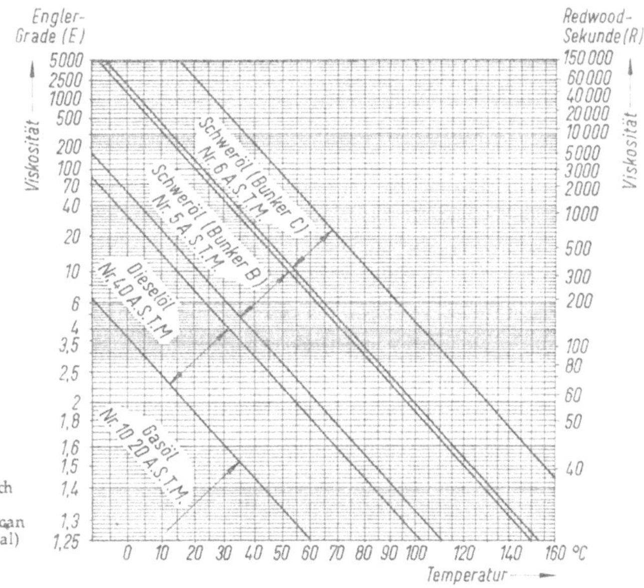


Bild 2/3. Einteilung der Diesel-Kraftstoffe bezüglich Viskosität nach Empfehlungen der ASTM (American Society for Testing Material)

## 2.3.2. Ringförmige Struktur

Wesentlich anders sind die Atombindungen von Kohlenstoff und Wasserstoff im Steinkohlenteer, der z. B. durch trockene Destillation bei der Verkokung der Steinkohle gewonnen wird und in naphtenbasischen Erdölen. Dabei treten u. a. Moleküle mit folgenden Atomgruppierungen auf:

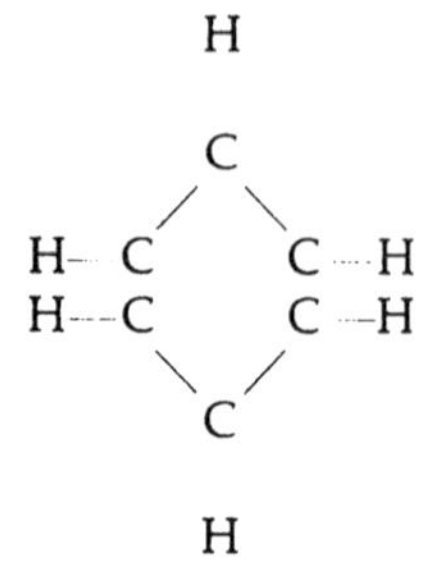

Benzol
$C_6H_6$

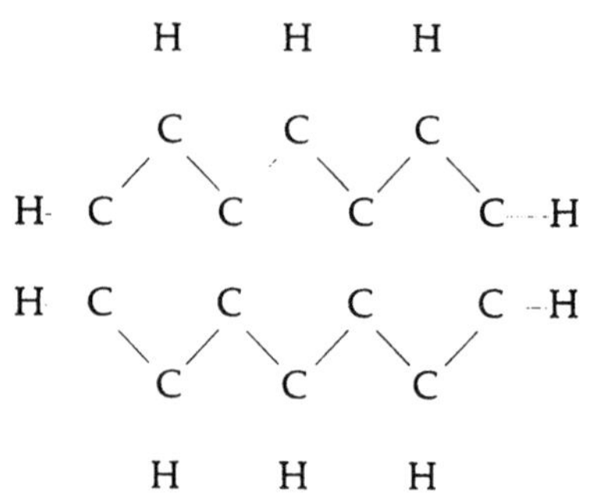

Anthrazen
$C_{14}H_{10}$

Die leichteste Verbindung, das Benzol $C_6H_6$, hat 6 C- und 6 H-Atome, also nur einen H/C-Verhältniswert von 1, was bei den kettenförmigen Verbindungen überhaupt nicht vorkommt. Anthrazen $C_{14}H_{10}$ hat bei 14 Atomen Kohlenstoff nur noch 10 Atome Wasserstoff, also weniger energiereichen Wasserstoff als Kohlenstoff. Daher besitzen Kraftstoffe dieser Struktur – man nennt sie *ringförmig,* da die Bindungen der C-Atome in der Strukturformel einen Ring bilden – einen geringeren Heizwert als die Kraftstoffe kettenförmiger Struktur.

Aus Steinkohlenteer werden gewonnen:

| | | |
|---|---|---|
| bis 170 °C | Benzol<br>Naphtalin | |
| 200 . . . 320 °C | Karbolöl (Mittelöl) | |
| | Anthrazenöl<br>Kreosotöl | Schweröle |
| | Rückstand: Pech | |

Ein Gemisch von Karbolöl, Kreosot- und Anthrazenöl ist das Steinkohlenteeröl, das als Dieselmotorenkraftstoff verwendet werden kann.

Aus Stein- und Braunkohle, ihren Teeren und den schweren Rückständen des Erdöls lassen sich somit durch chemische Verfahren, also auf synthetischem Wege, Benzine, Diesel- und Schmieröle gewinnen.

### 2.3.3. Kohlehydrierung

Das *Bergius-Verfahren* (Kohlehydrierung) ermöglicht die Herstellung von Kraft- und Schmierstoffen unmittelbar aus Stein- und Braunkohle. Die rohen Brennstoffe werden gemahlen, mit schweren Ölrückständen zu einer Paste gemischt und dann bei einem Druck von 200 at und einer Temperatur von 400 . . . 450 °C mit Wasserstoff behandelt. Dabei zerfallen die großen Moleküle der Kohlensubstanz und nehmen gleichzeitig, mit Hilfe von *Katalysatoren,* Wasserstoff auf; es entstehen Moleküle mit einem höheren Wasserstoffgehalt. Katalysatoren sind Stoffe, die man fein verteilt unter die umzuwandelnde Masse mischt, um eine optimale Prozeßführung zu erreichen. Sie selbst unterliegen keiner Umwandlung, sondern regen nur die Anlagerung des Wasserstoffes an den Kohlenstoff an. Katalysatoren sind z. B. Molybdän, Wolfram o. ä. in Verbindung mit Metalloiden, das sind Sauerstoff, Stickstoff, Arsen, Fluor u. ä. Es gibt ihrer Hunderte. Man muß jedoch die herausfinden, die die wirtschaftlichste Durchführung des Verfahrens gewährleisten.

Der gesamte Prozeß zur Gewinnung von Benzinen erfordert zwei Arbeitsgänge. In der ersten Umwandlungsstufe, der *Sumpfphase,* gewinnt man Öle, die bei etwa 250 . . . 350 °C kondensieren, also dem Dieselkraftstoff entsprechen. Hieran schließt die zweite Umwandlungsstufe, die *Gasphase,* an. In ihr erhält man durch weitere Wasserstoffanlagerung Leichtöl.

Ein zweites deutsches Verfahren zur Herstellung synthetischer Öle ist das von *Fischer-Tropsch.* Grundstoffe sind hier Koks und Braunkohle, die mit Wasserdampf in Wassergas überführt werden. Dieses wird gewaschen, gereinigt und einem Ofen zugeleitet, in dem unter geringem Druck und mäßiger Temperatur die Hydrierung unter Mitwirkung von Katalysatoren vor sich geht. Die Lenkung der Umwandlung in Kraft- und Schmierstoffe ist hier leichter als bei der katalytischen Hochdruckhydrierung der BASF (Bergius-Verfahren). Die Ausbeute beim Fischer-Tropsch-Verfahren beträgt aber nur etwa 80 % des eingebrachten Rohmaterials gegenüber mehr als 90 % beim Bergius-Verfahren. Außerdem sind beim Fischer-Tropsch-Verfahren die Katalysatoren stärkerer Veränderung unterworfen, so daß sie schneller ersetzt werden müssen.

## 2.4. Verbrennung

### 2.4.1. Verbrennungsablauf

Unter Verbrennung (rasch verlaufender Oxydationsprozeß) versteht man die *Verbindung der brennbaren Bestandteile des Kraftstoffes* mit dem Sauerstoff der Luft unter Licht- und Wärmeentwicklung. Sehr vereinfacht läßt sich die motorische Verbrennung so darstellen: Durch Erwärmung geht der Kraftstoff zunächst in den Dampfzustand über. Bei weiterer Wärmezufuhr wird die chemische Verbindung der Moleküle aufgelöst, d. h. die C-Atome und die $H_2$-Moleküle trennen sich voneinander (thermische Dissoziation). Durch Luftzufuhr mischen sich C-Atome und $H_2$-Moleküle mit dem molekularen Sauerstoff[1]) der Luft, und bei weiterer Steige-

[1]) Sauerstoff und Wasserstoff treten in der Regel nicht atomar, sondern molekular auf.

rung der Temperatur erfolgt die Entzündung unter starker Wärmeentwicklung und Feuererscheinung. Dabei geht der Kohlenstoff mit dem Sauerstoff $O_2$ eine neue Verbindung ein, es bildet sich Kohlendioxid ($CO_2$), d. h. jedes Atom C verbindet sich mit einem Molekül $O_2$ zu einem Molekül $CO_2$ ($C + O_2 = CO_2$). Der Wasserstoff verbrennt mit dem Sauerstoff zu Wasserdampf ($H_2O$), d. h. je zwei Moleküle $H_2$ verbinden sich mit einem Molekül $O_2$ zu zwei Molekülen $H_2O$ ($2\,H_2 + O_2 = 2\,H_2O$).

Bei der Verbrennung von 1 kg Wasserstoff zu $H_2O$ wird, wie schon ausgeführt, die beträchtliche Wärmemenge von 30 000 kcal frei, bei Verbrennung von 1 kg Kohlenstoff zu $CO_2$ werden 8000 kcal abgegeben. Wird aber nicht genügend Verbrennungsluft, also zu wenig Sauerstoff zugeführt, dann reagiert der Kohlenstoff mit dem Sauerstoff unter Bildung von Kohlenmonoxid (CO), wobei nur etwa 2400 kcal je 1 kg Kohlenstoff frei werden.

Man muß also ausreichend Luft zuführen, damit eine vollkommene Verbrennung zu Kohlendioxid ($CO_2$) erfolgen kann, um aufgrund der höheren Bildungswärme einen größeren Gewinn an mechanischer Arbeit erzielen zu können.

### 2.4.2. Luftbedarf

Das Atomgewicht von Kohlenstoff verhält sich zu dem von Sauerstoff wie 12 zu 16. Da ein Atom C mit einem Molekül $O_2$ unter Bildung von $CO_2$ reagieren soll ($C + O_2 = CO_2$), sind für die Verbrennung von 12 kg C 32 kg $O_2$ erforderlich. 1 kg C erfordert demnach zur vollkommenen Verbrennung 2,667 kg $O_2$. Da 1 kg Luft nur etwa 0,23 kg $O_2$ enthält, ergibt sich für die vollkommene Verbrennung ein Luftbedarf $l$ von

$$l_C = \frac{2{,}667\ \text{kg}\ O_2}{1\ \text{kg C}} \cdot \frac{1\ \text{kg Luft}}{0{,}23\ \text{kg}\ O_2} \approx 11{,}6\ \frac{\text{kg Luft}}{\text{kg C}}\,.$$

Die Atomgewichte von Wasserstoff und Sauerstoff verhalten sich wie 1 zu 16. Zwei Moleküle Wasserstoff $H_2$ verbrennen mit einem Molekül $O_2$ zu zwei Molekülen $H_2O$ ($2\,H_2 + O_2 = 2\,H_2O$). Die Verbrennung von $H_2$ erfordert also das Achtfache der Wasserstoffmasse an Sauerstoff. Der Luftbedarf $l$ beträgt demnach:

$$l_{H_2} = \frac{8\ \text{kg}\ O_2}{1\ \text{kg}\ H_2}\,\frac{1\ \text{kg Luft}}{0{,}23\ \text{kg}\ O_2} \approx 35\ \frac{\text{kg Luft}}{\text{kg}\ H_2}\,.$$

*Beispiel:* Wieviel Kilogramm bzw. wieviel Kubikmeter Luft sind zur Verbrennung von 1 kg Kraftstoff, der aus 86 % C und 14 % $H_2$ besteht, erforderlich? 1 $m^3$ Luft hat bei Atmosphärendruck $p_0 \approx 1$ at = 1 kp/cm² eine Masse von rund 1,3 kg, d. h. eine Dichte $\varrho_{0L} = 1{,}3\ \text{kg/m}^3$.

$$m_{LC} = 0{,}86\ \text{kg C} \cdot l_C = 0{,}86\ \text{kg C} \cdot 11{,}6\ \frac{\text{kg Luft}}{\text{kg C}} \approx 10{,}0\ \text{kg Luft};$$

$$m_{LH_2} = 0{,}14\ \text{kg}\ H_2 \cdot l_{H_2} \approx 0{,}14\ \text{kg}\ H_2 \cdot 35\ \frac{\text{kg Luft}}{\text{kg}\ H_2} \approx 4{,}9\ \text{kg Luft}.$$

Gesamte erforderliche Luftmasse $m_L$:

$$m_L = m_{LC} + m_{LH_2} = 10{,}0\ \text{kg} + 4{,}9\ \text{kg} = 14{,}9\ \text{kg}.$$

Theoretisch erforderliches Verbrennungsluftvolumen $V_L$ bei Atmosphärendruck

$$V_{OL\,theor.} = \frac{m_L}{\varrho_L} = \frac{14{,}9\ \text{kg}}{1{,}3\ \text{kg}}\ \text{m}^3 \approx 11{,}5\ \text{m}^3.$$

Bei der ziemlich gleichmäßigen Zusammensetzung der gebräuchlichen Kraftstoffe kann man beim Atmosphärendruck $p_0$ in den meisten Fällen mit einem Luftbedarf $l_v = 12$ m³ Luft/kg Kraftstoff rechnen.

Die Schnelligkeit, mit der sich im allgemeinen die Mischungs- und Verbrennungsvorgänge des Kraftstoffes vollziehen, ist die Ursache dafür, daß es bei einer theoretisch genau zugemessenen Menge an Verbrennungsluft nicht zu einer vollkommenen Verbrennung kommt. Man muß für die vollständige Verbrennung daher mehr Luft zuführen als theoretisch notwendig ist, damit eine ausreichende Menge Sauerstoff zur Verfügung steht. Folgendes Beispiel zeigt, wie man dies in der Praxis berücksichtigt.

*Beispiel:* Viertaktmotor. Daten: Bohrung $d = 600$ mm, Kolbenhub $s = 900$ mm, Drehzahl $n = 120\ \text{min}^{-1}$, indizierte Leistung $P_i = 250$ PS, Kraftstoffverbrauch $b = 144$ g/PSh.

Die Kraftstoffmenge je Arbeitshub $m_k'$ berechnet sich wie folgt:

Ein nach dem Viertaktverfahren arbeitender Zylinder führt bei zwei Umdrehungen einen Arbeitshub aus, damit wird die Anzahl der Arbeitshübe je Minute $n/2$; der Kraftstoffverbrauch je Stunde $m_k$ beträgt:

$$m_k = b \cdot P_i = 144\ \frac{\text{g}}{\text{PSh}} \cdot 250\ \text{PS} = 36\,000\ \frac{\text{g}}{\text{h}} = 36\ \frac{\text{kg}}{\text{h}}.$$

Damit wird:

$$m_k' = \frac{m_k}{n}\,2 = \frac{2 \cdot 36\ \text{kg min}}{\text{h}\ 120} = \frac{2 \cdot 36\,000\ \text{g min}}{60\ \text{min} \cdot 120} = \frac{10\ \text{g}}{\text{Arbeitshub}}.$$

Für diese Kraftstoffmenge wird ein Luftvolumen $V_L'$ angesaugt, das dem Zylindervolumen = Kolbenfläche $d^2\pi/4 \times$ Hub $s$ entspricht und unter einem Druck $p = 0{,}9$ at absolut steht. Das Luftvolumen $V'_{OL}$, bezogen auf den Atmosphärendruck ist dann:

$$V'_{OL} = \frac{d^2\pi}{4} \cdot s \cdot \frac{p}{p_0} = \frac{0{,}36\ \text{m}^2\ \pi}{4} \cdot 0{,}9\ \text{m} \cdot \frac{0{,}9\ \text{at}}{1\ \text{at}} = \frac{0{,}229\ \text{m}^3}{\text{Arbeitshub}}.$$

Nach obiger Ausführung beträgt der theoretische Luftvolumenbedarf $l_v = 12$ m³ Luft/kg Kraftstoff beim Atmosphärendruck $p_0$. Für $m_k' = 0{,}01$ kg Kraftstoff je Arbeitshub ergibt sich also ein theoretisches Luftvolumen

$$V_{OL\,theor.} = m_k' \cdot l_v = 0{,}01\ \text{kg} \cdot 12\ \frac{\text{m}^3}{\text{kg}} = \frac{0{,}12\ \text{m}^3}{\text{Arbeitshub}}.$$

Zur Verfügung stehen aber $V_{OL}' = 0{,}229$ m³ je Arbeitshub.

Das Verhältnis des angesaugten zum theoretisch erforderlichen Luftvolumen nennt man *Luftüberschußzahl* $\lambda$. Diese beträgt im Beispiel:

$$\lambda = \frac{V_{OL'}}{V_{OL\,theor.}} = \frac{0{,}229\ m^3}{0{,}12\ m^3} \approx 1{,}9.$$

Bei Dieselmotoren sollte sie zwischen 1,8 und 2 liegen, um eine vollständige Verbrennung zu erreichen. Das Zylindervolumen des oben erwähnten Motors ist also für die vollständige Verbrennung der eingespritzten Kraftstoffmenge groß genug.

## 2.5. Kraftstoffuntersuchung

Die Untersuchung des Kraftstoffes ist für jeden Motorenbetrieb, aber ganz besonders für den Schiffsbetrieb wichtig, da hier die Bezugsquellen häufig wechseln und die Kraftstoffe oft von verschiedenartiger Zusammensetzung sind. Sie muß vorgenommen werden, um die Motoren vor Schaden zu bewahren. Den endgültigen Aufschluß über die Brauchbarkeit eines Kraftstoffes gibt der Betrieb.

### 2.5.1. Entnahme von Kraftstoff- und Schmierölproben

Bei der Entnahme von Proben ist mit peinlicher Sauberkeit zu verfahren, weil Verunreinigungen, die während der Entnahme in die Probemenge gelangen, bei der Untersuchung ein falsches Bild über den tatsächlichen Zustand des Kraftstoffes oder des Öles geben würden. Bei Lieferungsuntersuchungen kann dadurch Anlaß zu unberechtigten Beanstandungen und bei Betriebsuntersuchungen Anlaß zu unwirtschaftlichen Maßnahmen, wie unnötiger Auswechslung noch brauchbarer Öle, gegeben werden.

Bei der Probeentnahme sind vor allen Dingen Feuchtigkeit, Gewebefasern, Staub und dgl. sorgsam fernzuhalten.

Prüfgefäße sowie die sonstigen zu benutzenden Geräte sind (außer bei Bodenproben) mit demselben Öl, von dem die Probe genommen werden soll, auszuspülen.

Die Art der Probeentnahme richtet sich nach dem Zweck, der mit der Untersuchung verfolgt wird. Soll z. B. die allgemeine Beschaffenheit einer Ölfüllung geprüft werden, wird die Probe bei laufender Maschine aus dem umlaufenden Öl, etwa am Ölkühler entnommen. Dabei läßt man zunächst etwas Öl ablaufen, damit etwaige Verunreinigungen in der Entnahmeleitung fortgespült werden. Soll dagegen das Öl auf abgesetzte Verunreinigungen (feste Fremdkörper, Wasser, Ölruß und dgl.) geprüft werden, so wird ohne vorheriges Ablassen von Öl eine Bodenprobe genommen. Beim Kraftstoff verfährt man ähnlich (Entnahme hinter der Förderpumpe oder Bodenprobe).

### 2.5.2. Dichte

Man füllt die Probemenge in einen Standzylinder und führt das Aräometer (siehe Bild 2/1) mit dem entsprechenden Meßbereich langsam ein. Dabei muß man darauf achten, daß es nicht zu tief eingetaucht wird, da bei Benetzung des herausragenden Teiles der Skala zu niedrige Werte erhalten werden. Am Schwimmkörper haftende

Luftbläschen müssen durch vorsichtiges Drehen des Aräometers entfernt werden, da sonst zu hohe Werte gefunden werden.

Zieht sich die Flüssigkeitsoberfläche an dem schwimmenden Aräometer etwas in die Höhe, so bleibt dies unberücksichtigt. Man liest an dem Teilstrich ab, der in Höhe des ebenen Flüssigkeitsspiegels liegt. Bei undurchsichtigen Ölen wird 1 Teilstrich unter dem letzten sichtbaren Teilstrich angegeben.

Außerdem liest man an dem im Aräometer eingebauten Thermometer die Temperatur des Öles ab. Die Dichte wird auf die Bezugstemperatur 15 °C umgerechnet. Lag die Meßtemperatur niedriger (höher), so wird für jeden Temperaturgrad im Mittel 0,0007 $t/m^3$ oder 0,0007 $kg/dm^3$ abgezogen (zugezählt). Die genauen Korrekturwerte findet man in DIN 5157, Tafel 1.

Die Dichte wird bis zur dritten Stelle hinter dem Komma angegeben.

### 2.5.3. Heizwert

Man unterscheidet zwischen *Verbrennungswärme (oberer Heizwert)* und *Heizwert (unterer Heizwert)*. Beide differieren um die Verdampfungswärme des im Brennstoff vorhandenen bzw. bei der Verbrennung entstehenden Wassers. Bei der Bestimmung des oberen Heizwertes soll dieses Wasser bei 20 °C flüssig vorliegen, für die Berechnung des unteren Heizwertes legt man bei 20 °C dampfförmigen Zustand zugrunde.

Für Wärmeberechnungen bei Motoren wird der untere Heizwert verwendet.

Die Heizwertbestimmung wird zur Überwachung der Kraftstoffeigenschaften von den Lieferfirmen durchgeführt, die gewöhnlich gewisse Mindestwerte garantieren. Das Prüfungsverfahren ist nach DIN 51 708 genormt.

### 2.5.4. Viskosität (Zähflüssigkeit)

Die Viskosität spielt bei Kraftstoffen eine nicht so große Rolle wie bei den Schmierstoffen. Aus diesem Grunde werden die wichtigsten Grundbegriffe und einige Prüfverfahren bei der Besprechung der Schmierstoffuntersuchung behandelt (siehe 3.2.9).

### 2.5.5. Stockpunkt

Die Kenntnis des Stockpunktes ist wichtig, um bei Kälte rechtzeitig die Anwärmung des Öles zur Vermeidung von Betriebsstörungen infolge Verstopfung von Leitungen und Filtern vornehmen zu können. Destillate aus paraffinbasischem Erdöl und Braunkohle erstarren bei − 5 . . . − 15 °C. Enthalten sie reichlich Paraffin, so scheidet sich dieses schon beim Nullpunkt als feste Masse aus. Dasselbe ist beim Steinkohlenteeröl und Kraftstoffen aus naphtenbasischen Erdölen mit dem Naphtalin der Fall. Um solche Kraftstoffe in Lagerräumen, die der Kälte ausgesetzt sind, flüssig zu erhalten, müssen besondere Anwärmvorrichtungen vorgesehen werden.

Die einfachste Bestimmung des Stockpunktes ist folgende: Man füllt eine Kraftstoffprobe in ein Probierglas, steckt ein Thermometer hinein, wickelt um das Glas einen feuchten Lappen und bläst Druckluft dagegen, die im Dieselbetriebe ja zur Verfügung steht. Die Entspannung der Luft und der Verdunstungsprozeß im Lappen kühlen den Kraftstoff rasch auf einige Grade unter Null ab. Ist der Kraftstoff bei Temperaturen von − 3 ... − 5 °C noch flüssig, so genügt er den üblichen Anforderungen. Der Trübungspunkt von Dieselkraftstoffen, auch *Beginn der Paraffinausscheidung* genannt, wird nach DIN 51 772 bestimmt.

### 2.5.6. Flammpunkt

Man versteht unter dem Flammpunkt die Temperatur, bei der sich soviel Gas aus dem Kraftstoff ausscheidet, daß eine herangeführte Flamme hell aufflammt, dann aber wieder zurückgeht. Der *Flammpunkt* ist also das *Maß für die Feuergefährlichkeit* des Kraftstoffes. Seine genaue Kenntnis ist für den Betriebsleiter oder Schiffsingenieur besonders wichtig, weil davon die Sicherheit des Schiffes bzw. die des Unterbringungsortes abhängt.

Man unterscheidet zwei Prüfverfahren, das im *offenen Tiegel* und das im *geschlossenen Apparat.* Beim ersten Verfahren (nach *Marcusson,* DIN 51 584) wird ein die Probe enthaltender offener Porzellantiegel in einem Sandbad erhitzt. Bei Annäherung an die Flammpunkttemperatur wird bei jedem Grad Temperaturanstieg eine Zündflamme über die Tiegeloberfläche bewegt. Sobald die Entflammung eintritt, wird die Öltemperatur abgelesen und gegebenenfalls nach Berichtigung (DIN 51 584) als Flammpunkt vermerkt. Das Verfahren ist ziemlich ungenau, weil die durch Erwärmung über der Oberfläche des Kraftstoffes zirkulierende Luft einen Teil der aufsteigenden Gase entführt und so der Entzündung entzieht. In geschlossenen Kraftstofftanks ist das aber nicht möglich. Hier wird der Flammpunkt daher erheblich niedriger liegen.

Aus diesem Grunde ist das zweite Verfahren, durchgeführt im geschlossenen Flammpunktprüfer nach *Pensky-Martens* (siehe Bild 2/4 a), genauer und zuverlässiger (DIN 51 758). Die Probe wird in einem geschlossenen Metalltiegel durch ein Heißluftbad erwärmt. Dabei wird sie mit einem eingebauten Rührer fortlaufend gerührt. Der anfänglich raschere Temperaturanstieg in der Probe soll bei Annäherung an den Flammpunkt 3,5 ± 0,5 grd/min betragen. Nach jedem vollen Grad Temperaturanstieg wird eine kleine Zündflamme in eine zugleich geöffnete Deckelaussparung kurzzeitig eingesenkt und schnell wieder daraus hervorgezogen. Das wird so lange fortgesetzt, bis eine Entflammung auf der Oberfläche des Tiegelinhaltes beobachtet wird. Die zugleich abgelesene Temperatur der Probe ist nach Berücksichtigung des Luftdruckes der gesuchte Flammpunkt.

Das Prüfgefäß (1) (Bild 2/4 a) aus Messing, das im unteren Drittel mit einer Füllmarke (Ausdrehung) versehen ist, dient zur Aufnahme der Flüssigkeitsprobe; es wird durch den Verschlußdeckel (2) (Einzelheiten siehe Bilder 2/4 c und e) abgeschlossen, der den Drehschieber (3) (Einzelheiten siehe Bilder 2/4 c und d), die Zündvorrichtung (4), das Rührwerk (5) und das Thermometer *T* trägt. Das Prüfgefäß (1) wird in ein Luftbadgefäß (6) aus Stahl eingehängt, das durch einen Blechmantel (7) verkleidet und auf einem Stativ (8) befestigt ist, in dem sich das Drahtnetz (9) befindet.

Der Verschlußdeckel (2) aus Messing hat einen Rand, der genau auf das Prüfgefäß (1) paßt und dieses gut abschließt. Die beiden Aussparungen *A* (Bild 2/4 c) des Deckelrandes greifen über die beiden am Prüfgefäß (1) befestigten Zangenhalter

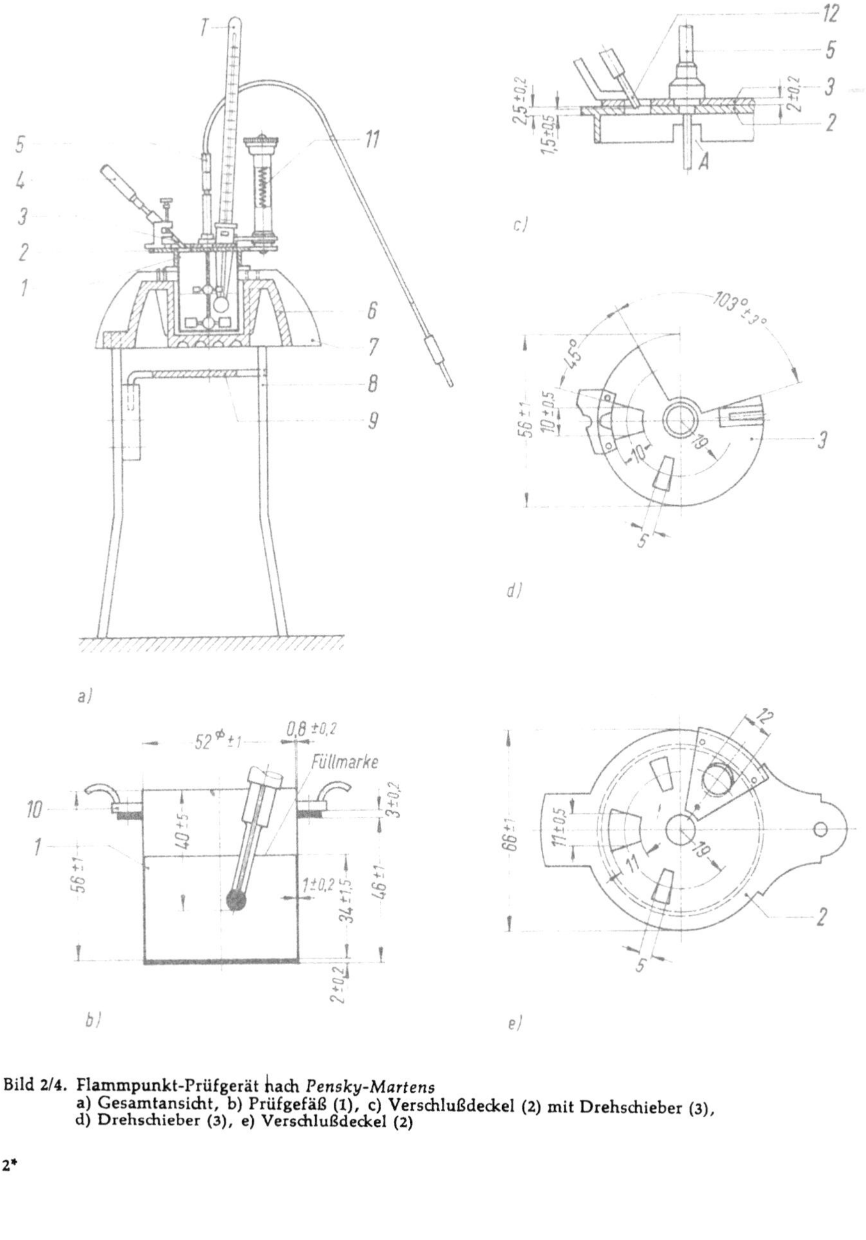


Bild 2/4. Flammpunkt-Prüfgerät nach *Pensky-Martens*
a) Gesamtansicht, b) Prüfgefäß (1), c) Verschlußdeckel (2) mit Drehschieber (3), d) Drehschieber (3), e) Verschlußdeckel (2)

(10) (Bild 2/4 b) und verhindern dadurch ein Drehen des Deckels auf dem Prüfgefäß. Der Deckel hat drei schlitzartige Aussparungen (Bild 2/4 e), ebenso hat die auf dem Deckel liegende Platte des Drehschiebers (Bild 2/4 d) zwei Aussparungen, die mit zwei Aussparungen des Deckels in Form und Abmessungen annähernd übereinstimmen.

Auf dem Deckel (2) ist die Feder (11) (Bild 2/4 a) befestigt, die die Platte des Drehschiebers so gegen einen Anschlag drückt, daß die Aussparungen des Deckels und der Platte in der Ruheperiode nicht übereinanderliegen; das Prüfgerät ist verschlossen. Beim Spannen der Feder (11) wird die Platte des Drehschiebers mit einem Führungsstift gegen einen zweiten Anschlag gedreht; die Deckelaussparungen und die Aussparungen der Platte liegen dann übereinander, und es entstehen entsprechende Öffnungen (Meßperiode).

Gleichzeitig wird mittels der Zündvorrichtung (4) (Bild 2/4 a) beim Spannen der Feder (11) die Tülle (12) (Bild 2/4 c) für die Zündflamme mit der Spitze in die mittlere Deckelaussparung gesenkt, so daß die Flamme in den Dampfraum des Prüfgefäßes (1) eintaucht.

Die Rührvorrichtung (5) besteht aus einem Stahlstab von $\approx 3$ mm Dicke und zwei zweiflügeligen Propellern. Sie ist in der Mitte des Deckels drehbar befestigt (Bild 2/4 c) und reicht senkrecht in das Prüfgefäß fast bis auf den Boden hinein. Der untere große Propeller läuft in der Flüssigkeit, der obere Propeller im Dampfraum über der Flüssigkeit.

Die Prüfflüssigkeit wird durch eine Gasflamme erwärmt, die unter das Drahtnetz (9) gestellt wird. Es ist darauf zu achten, daß die Flamme nicht unmittelbar mit Teilen des Prüfgefäßes in Berührung kommt; der Boden und die Wand des Luftbades (6) sollen ungefähr dieselbe Temperatur haben.

Wenn ein Kraftstoff geprüft werden soll, muß der Behälter von früheren Kraftstoffresten gesäubert und mit trockener Luft gut ausgeblasen werden, um ihn frei von Dämpfen zu machen, die sich z. B. beim Reinigen mit Benzin bilden können.

Nach gesetzlichen Vorschriften soll der Flammpunkt des Kraftstoffes über 60 °C liegen. Im allgemeinen erreicht er bei guten Kraftstoffen 75 . . . 120 °C. Man kann nun fragen, wie es kommt, daß durch fraktionierte Destillation gewonnene Kraftstoffe Gase bei so niedriger Temperatur bilden können, wo die Kraftstoffe doch eigentlich nur Bestandteile enthalten sollen, die erst bei 300 °C und höheren Temperaturen verdampfen. Bei der Destillation bleiben infolge von Adhäsion (Anhaftungsvermögen) immer ganz geringe Reste leicht siedender Bestandteile des Petroleumäthers und der Benzine mit den schweren Teilen in Mischung. Diese sind es, die den Flammpunkt soweit herabdrücken.

### 2.5.7. Brennpunkt

Der Brennpunkt ist diejenige Temperatur, bei der so viel Gas aus dem Kraftstoff entweicht, daß das herangeführte Flämmchen nach dem Aufflammen nicht zurückgeht, sondern hell weiterbrennt. Er liegt etwa 20 . . . 50 grd höher als der Flammpunkt. Dieser bleibt aber für die Feuergefährlichkeit stets maßgebend, da der Kraftstoff in den Tanks eine so große Oberfläche besitzt, daß die recht beachtlichen aufsteigenden Gasmengen durch die verhältnismäßig große bei Entzündung entstehende Wärmemenge zum Weiterbrennen gebracht werden.

### 2.5.8. Siedeverhalten

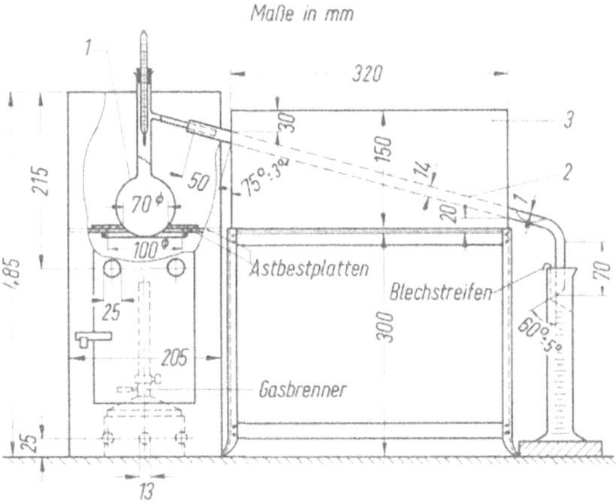


Bild 2/5. Apparatur für Siedeanalyse von Dieselkraftstoff (nach DIN 51 752)
1 Leyboldkolben B nach DIN 12 363, 2 Kühlerrohr (Messing), 3 Kühlbad

Das Siedeverhalten prüft man im Labor mit einem Gerät, das Bild 2/5 zeigt. In den Glaskolben (1) werden 100 cm³ Dieselkraftstoff gefüllt und bis zum Sieden erhitzt. Die Kraftstoffdämpfe verflüssigen sich in einem Kühler (2 und 3) und werden in Meßgefäßen aufgefangen. Man führt also eine Destillation durch. Die Untersuchung des Siedeverhaltens geht nun so vor sich, daß man beginnend mit dem ersten Tropfen, der aus dem Kühlerende fällt, in den Meßgefäßen die Mengen auffängt, die jeweils bei einer Temperaturzunahme des siedenden Kraftstoffes von 10 grd den Kühler verlassen. Man kann diese Meßwerte in Form einer Kurve auftragen, die z. B. für ein Gasöl den in Bild 2/6 gezeigten Verlauf hat. Die Siedekennzahl ist das arithmetische Mittel aus den Temperaturen, bei denen 5 %, 15 %, 25 %, 35 % bis 95 % des Kraftstoffes überdestilliert waren. Diese Zahl beträgt bei dem in Bild 2/6 dargestellten Kraftstoff rund 290.

Die Siedekurve eines guten Dieselkraftstoffes soll innerhalb des schraffierten Berei-

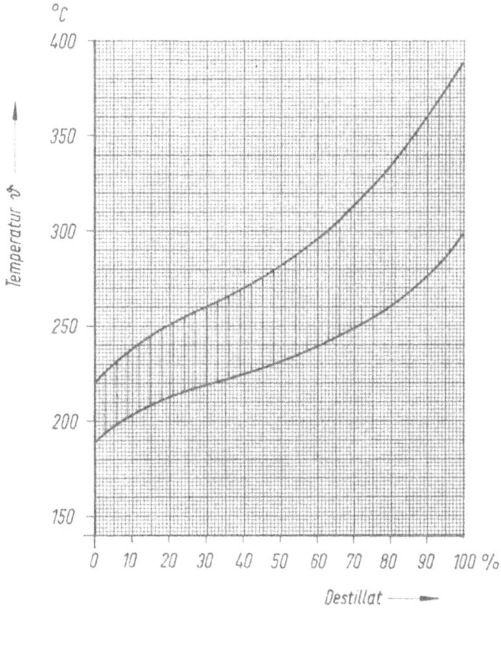


Bild 2/6. Siedekurvenbereich für Gasöle

ches der Kurven in Bild 2/6 verlaufen. Liegt eine Siedekurve höher, so deutet das auf schwere Bestandteile im Kraftstoff hin. Diese verbrennen langsam. Liegt die Siedekurve unterhalb des schraffierten Feldes, so enthält der Kraftstoff sehr viel leichte Bestandteile, die weniger zündwillig sind. Benzin besteht beispielsweise vorwiegend aus leichten Bestandteilen. Daher zündet es nicht so gut und muß im Ottomotor (Vergasermotor) durch Fremdzündung zur Verbrennung gebracht werden. Die leichten Bestandteile verbrennen schlagartig, sie verpuffen, wobei hohe Druckspitzen entstehen. Eine solche Verbrennung ist im Dieselmotor unerwünscht.

Von einem guten Dieselkraftstoff erwartet man, daß bei 350 °C 75 % der Probemenge überdestilliert sind. Die *Siedekennzahl* soll bei etwa 255 liegen. Ein höherer Wert deutet auf viele schwersiedende Bestandteile, ein niedrigerer auf viele leichter siedende Bestandteile hin.

### 2.5.9. Zündpunkt

Unter dem Zündpunkt versteht man diejenige Temperatur, bei der die Selbstentzündung des Kraftstoffes unter atmosphärischem Druck eintritt. Er wird dadurch festgestellt, daß man Kraftstoff auf eine erhitzte Platte auftropfen läßt, deren jeweilige Temperatur man mißt.

Der Zündpunkt ist für den Betrieb des Dieselmotors wichtig. Er liegt bei bewährten Destillaten des paraffinbasischen Erdöls und der Braunkohle bei 350 ... 400 °C, bei dem bedeutend schwereren Steinkohlenteeröl und Kraftstoff aus naphtenbasischem Erdöl mit den schwer zerlegbaren Molekülen ringförmiger Bindung dagegen bei 550 ... 600 °C. Um diese Zündtemperatur im Dieselmotor zu erreichen, bedarf es einer Kompression der Verbrennungsluft auf Drücke von 36 at und darüber.

### 2.5.10. Koks und Asche

Bei schlechter Verbrennung des Kraftstoffes, z. B. durch ungenügende Zerstäubung und unzureichende Vermischung mit Verbrennungsluft oder infolge ungünstiger chemischer Zusammensetzung des Kraftstoffes, entsteht ein schwarzer Rückstand, der *Koks*. Anfangs schmierig, setzt er sich in den Kolbenringnuten an und erstarrt dort lackartig. Er behindert die Beweglichkeit der Kolbenringe oder setzt sie ganz fest. Dies führt zur Verminderung der Verdichtung im Zylinder und in vielen Fällen zum Bruch der Ringe. Auch die Ventile verschmutzen, werden dadurch undicht, und es kann infolge Luftverlust und damit mangelhafter Verdichtung zum Aussetzen der Zündung kommen.

Koks und Asche werden durch den *Conradson-Test* (siehe 3.2.7) erfaßt. Dazu dient das Prüfgerät nach Bild 2/7. In einen Porzellantiegel (1) wird eine kleine genau ausgewogene Kraftstoffmenge gefüllt. Unter vorgeschriebenen Versuchsbedingungen (um Vergleichsmöglichkeit der Ergebnisse zu garantieren) wird die Kraftstoffprobe vergast. Die Gase werden außerhalb des Tiegels verbrannt. Im Tiegel verbleiben die nichtflüchtigen Bestandteile: Koks und Asche. Die Rückstandsmenge im Tiegel wird nach dem Erkalten gewogen und auf die Einwaage bezogen. Das Resultat wird in Prozent angegeben. Ein hoher Wert ist ein Zeichen dafür, daß der

Kraftstoff zum *Verkoken,* d. h. zur Koksbildung an den Kraftstoffdüsen und im Brennraum neigt. Bei einem guten Dieselkraftstoff darf der Conradson-Test nicht mehr als 1,5 % Rückstände aufweisen.

Wird der Rückstand weiter erhitzt, bis er verbrennt, so bleibt schließlich nur noch der unverbrennliche Bestandteil, die *Asche,* übrig. Sie ist gefährlicher als der Koks, da sie wie Schmirgel wirkt und eine schnelle Abnutzung der Kolbenringe, Zylinderlaufflächen und Ventilsitze verursacht. Der Aschegehalt eines guten Kraftstoffes soll 0,05 % nicht übersteigen. In der Regel wird dieser Wert jedoch erheblich unterschritten.

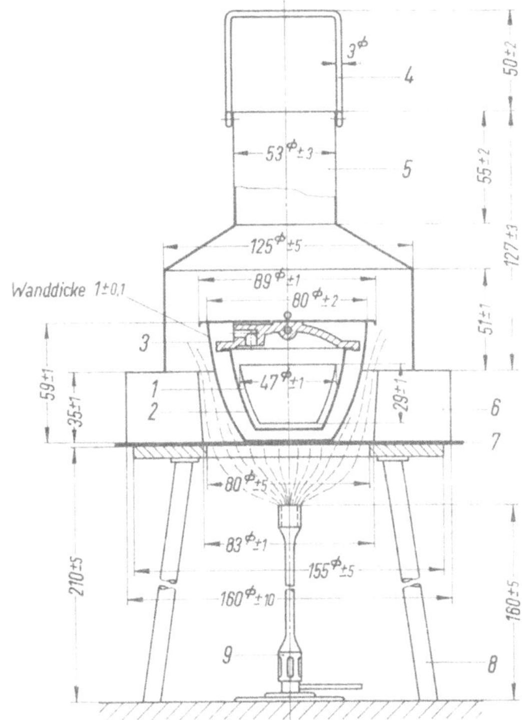


Bild 2/7. Prüfgerät für Conradsontest nach DIN 51 551
1 Porzellantiegel
2 Blechtiegel
3 Blechtiegel, mit Sand gefüllt
4 Drahtbrücke
5 Stahlblechhaube
6 Hohlkörper
7 Dreieck mit Tonröhrchen
8 Dreifuß
9 Mékerbrenner

### 2.5.11. Mechanische Beimengungen

Beimengungen von Sand (besonders in Erdölen), Staub, Rostblättchen und Schmutz aus Rohrleitungen und Tanks bezeichnet man als mechanische Beimengungen. Sie wirken ebenso verschleißfördernd wie Asche. Zur Untersuchung verdünnt man das Öl im Probierglas, z. B. mit Benzol, um die Durchsichtigkeit zu erhöhen. Man läßt es einige Zeit ruhig stehen, wobei die Verunreinigungen zu Boden sinken. Einige sehr gute Erdöle, z. B. aus Borneo oder Persien, werden häufig undestilliert, aber gut gereinigt als Kraftstoff verwendet. Solche Kraftstoffe müssen natürlich besonders sorgfältig auf mechanische Verunreinigungen geprüft werden.

### 2.5.12. Wassergehalt

Völlig wasserfreien Kraftstoff gibt es nicht. Der Wassergehalt sollte jedoch 1 % nie übersteigen. Man prüft den Kraftstoff daraufhin, indem man beispielsweise eine größere Probe mehrere Tage stehen läßt, so daß das Wasser zu Boden sinkt. Ferner kann man eine Kraftstoffprobe im Probierglas erhitzen. Beginnt das Öl bei 100 °C zu stoßen und zu spritzen, so ist der Wassergehalt unzulässig hoch. Eine weitere Untersuchungsmöglichkeit ergibt sich durch Zufügen von Calciumcarbid. Enthält der Kraftstoff Wasser, so entwickeln sich Glasbläschen. Auch Anilinfarbstoffe eignen sich als Reagenzien für die Untersuchung. Kraftstoff wird durch sie nicht gefärbt, wohl aber das beigemengte Wasser.

### 2.5.13. Säuregehalt

Erd- und Braunkohlenöle sind im allgemeinen säurefrei, pflanzliche und tierische Öle dagegen nicht. Eine Untersuchung mit blauem Lackmuspapier oder mit alkoholischer Lackmuslösung, die sich bei Säuregehalt rot färben, genügt. Es dürfen nur geringe Spuren von Säure vorhanden sein, da sonst der Kraftstoff Metall angreift.

### 2.5.14. Schwefelgehalt

Besonders Mexiko-, Texas- und Braunkohlenöle enthalten Schwefelbeimengungen. Schwefel macht den Kraftstoff dickflüssiger und bindet erdige Beimengungen. Bei der Verbrennung verbindet sich der Schwefel (S) mit Sauerstoff zu dem ungefährlichen Schwefeldioxid ($SO_2$). Dieses reagiert mit Wasser, das an kalten Stellen der Auslaßleitung aus den Abgasen kondensiert, unter Bildung von schwefliger Säure ($H_2SO_3$), die durch Oxydation in Schwefelsäure ($H_2SO_4$) übergeht. Schwefelsäure ist eine starke Säure, die Metalle angreift.

Der Gehalt an Schwefel kann nur im chemischen Laboratorium durch Analyse festgestellt werden. Er ist je nach Fundort des Erdöles verschieden groß. Durch Raffination des gewonnenen Gasöls wird der Schwefelgehalt heruntergedrückt. Früher durfte ein guter Dieselkraftstoff höchstens einen Schwefelgehalt von 1 % besitzen. Heute ist man mit dieser Grenze schon etwas höher gegangen. Dafür gibt es zweierlei Gründe:

a) ein Dieselkraftstoff mit ganz geringem Schwefelgehalt wird zu tragbaren Preisen auf dem Weltmarkt nicht mehr angeboten;

b) die Verbrennung im Zylinder wird trotz höheren Schwefelgehaltes heute besser beherrscht als früher.

Weitaus unangenehmer als die vielleicht mögliche Bildung von Schwefelsäure ist bei Vorhandensein von Schwefel im Kraftstoff die Ausfällung von Hartasphalt und die Bildung von Koks und Asche während der Verbrennung. Der Anfall dieser unerwünschten Stoffe ist um so größer, je höher der Schwefelgehalt ist. Hartasphalt führt zum Verkleben der Kolbenringe, zum Verschmieren der Auslaßschlitze und Ventile. Koks und Asche im Zylinder wirken schmirgelnd auf die Wände und Kolbenringe. An den Stellen höchster Temperatur ist die Abnutzung am größten.

Bei hohem Schwefelgehalt (etwa 5 %) sind daher das Dichten der Kolben und die Güte der Lufterneuerung bald in Frage gestellt. Das führt bei Dieselmotoren schließlich zum Ausfall der Eigenzündung.

### 2.5.15. Kraft- und Schmierstoffuntersuchung an Bord

Zur Qualitätsuntersuchung des Kraft- und Schmierstoffes kann ein in der Forschungs- und Erprobungsstelle für Schiffsbetriebstechnik Flensburg von *D. Machleidt* entwickelter *Öluntersuchungsschrank* empfohlen werden.

Die Kraftstoff- und Öluntersuchungsverfahren wurden so ausgewählt, daß mit ihnen im Bordbetrieb folgende Eigenschaften der Heizöle, Kraftstoffe und Schmieröle überwacht und bei der Übernahme möglichst schnell festgestellt werden können:

die *Zähigkeit* (Viskosität) und ihre Temperaturabhängigkeit,
der *Wassergehalt* und
die *Dichte*.

Auf die Bestimmung des Flammpunktes wurde hier verzichtet, da mit den gewählten Prüfverfahren die wichtigsten betrieblichen Eigenschaften der Heizöle, Dieselkraftstoffe und Schmieröle erfaßt werden. Nimmt z. B. im Betrieb der Kraftstoffgehalt eines Motorenschmieröles zu, so kann dieses ebensogut an der Abnahme der Zähigkeit wie an der Abnahme des Flammpunktes festgestellt werden.

Bei der Übernahme von Kraft- und Schmierstoffen muß vor allem darauf geachtet werden, daß nicht durch Irrtum Wasser mit übergepumpt wird. Außerdem muß nachgeprüft werden können, ob in den Bunkern Wasser unter dem Öl steht, damit dieses nicht der Feuerung bzw. dem Motor zugepumpt wird.

Die Untersuchungsverfahren und -geräte sind den besonderen Verhältnissen an Bord angepaßt und haben sich im Bordbetrieb bewährt. Nähere Einzelheiten über die Durchführung und Auswertung der verschiedenen Untersuchungen vermittelt die ausführliche Bedienungsanleitung.

Die angewandten Verfahren für die Viskositätsbestimmung und den Nachweis von Wasser werden in den Abschnitten 3.2.9 bzw. 3.2.13 kurz erläutert.

# 3. Untersuchung der Schmieröle

## 3.1. Voraussetzungen

Im Dieselmotor dürfen nur hochwertige, möglichst säurefreie Schmieröle, und zwar Mineralöle (aus Erdöl destillierte oder synthetische Öle) verwendet werden, um Motorenschäden und häufige Reparaturen zu vermeiden. Das aus Erdöl destillierte Schmieröl besteht aus den Gruppen, die nach der Kraftstoffausscheidung zurückbleiben, also bei mehr als 350 °C verdampfen (siehe Bild 2/2). Sein Flammpunkt soll mindestens 175 °C betragen, der Zündpunkt über 400 °C liegen. Für synthetische Schmieröle gilt dasselbe.

Die Bestrebungen gehen dahin, bei Tauchkolbenmotoren ein Einheitsöl sowohl für die Umlauf-, als auch für die Zylinderschmierung zu verwenden. Bei letzterer ist das Öl hohen Temperaturen ausgesetzt. Dies muß berücksichtigt werden, wenn man auf die Erhaltung seiner Schmierfähigkeit besonderen Wert legt. Für die Schmierfähigkeit eines Öles hat man noch keinen eindeutigen Kennwert gefunden. Es müssen daher für ein Schmieröl mehrere Kenndaten vorliegen. Aus der Veränderung dieser Daten im Betrieb kann auf das allmähliche Zurückgehen der Schmierfähigkeit geschlossen werden. Dem von einer Ölfirma angebotenen Schmieröl werden folgende Daten mitgegeben, bzw. sollte der Schiffsingenieur ihre Angabe fordern:

a) Dichte,

b) Flammpunkt,

c) Viskosität,

d) Neutralisationszahl,

e) Stockpunkt,

f) Aschegehalt,

g) Wassergehalt.

Für HD-Öle kommt noch zur Kennzeichnung der alkalischen Reserve durch Additive die *Total-Basic-Nummer* (TBN) hinzu, sie liegt für moderne Motorenzylinderöle zwischen 40 und 70.

Damit ist die Reihe der Kenndaten eines Öles noch nicht erschöpft, die wesentlichsten sind aber genannt. Einige Spezialisten für Schmierungsfragen lehnen die Beurteilung eines Schmieröles nach den genannten Daten ab und messen nur der Viskosität einige Bedeutung bei. Es sind Bestrebungen im Gange, ganz wenige, neue Begriffe zur Kennzeichnung eines Schmieröles zu schaffen. Bis dahin muß man im Betrieb mit den hergebrachten Begriffen auskommen.

## 3.2. Kenndaten der Schmieröle

### 3.2.1. Dichte

Als gesetzliche Dichteeinheit ist Gramm je Milliliter (g/ml) festgelegt[1]). Die Bestimmung der Dichte dient in erster Linie der Errechnung der Masse eines gegebenen Flüssigkeitsvolumens, oft auch der Kennzeichnung eines Produktes. Außer der Dichte ist, wenn nötig, zugleich der Zustand des Stoffes anzugeben (Temperatur, Druck usw. vgl. DIN 1343).

Die Dichte von Flüssigkeiten ist von der Temperatur abhängig, bei Erwärmung sinkt sie, bei Abkühlung steigt sie (siehe auch 2.1 und 2.5.2). Als normale *Bezugstemperatur* für alle Dichteangaben bei Mineralölprodukten ist 15 °C festgelegt.

Die Bestimmung der Dichte ist nach DIN 51 757 genormt. Eine kurze Erläuterung enthält Abschnitt 2.5.2.

### 3.2.2. Flammpunkt und Brennpunkt

Der *Flammpunkt* ist die niedrigste Temperatur, bezogen auf einen Druck von 760 Torr, bei der sich aus dem zu prüfenden Öl unter besonders festgelegten Bedingungen Dämpfe in solcher Menge entwickeln, daß diese mit der über dem Flüssigkeitsspiegel stehenden Luft ein entflammbares Gemisch ergeben (DIN 51 584 und 51 758).

Der *Brennpunkt* ist die Temperatur, bei der das Öl nach seiner Entzündung weiter zu brennen imstande ist (in den Normen nicht festgelegt).

Die Flammpunktprüfung liefert ein Maß für die Entflammbarkeit brennbarer Flüssigkeiten durch Fremdzündung und damit unmittelbar ein Maß für die Feuergefährlichkeit. Durch die Prüfung kann auch die Anwesenheit leicht entflammbarer Bestandteile in Flüssigkeiten festgestellt werden.

Für die Untersuchung von Schmierölen und Dieselkraftstoffen wendet man vorwiegend folgende Verfahren an:

a) Bestimmung des Flammpunktes im offenen Tiegel nach *Marcusson* (DIN 51 584).

   Anwendung bei ungebrauchten und gebrauchten Ölen mit Flammpunkten über 80 °C. Beschreibung des Verfahrens in 2.5.6.

b) Bestimmung des Flammpunktes im geschlossenen Tiegel nach *Pensky-Martens* (DIN 51 758).

   Anwendung für Mineralöle im Bereich von 65 . . . 165 °C. Beschreibung des Verfahrens in Abschnitt 2.5.6.

---

[1]) Im öffentlichen Verkehr ist ein Milliliter einem Kubikzentimeter gleich zu erachten.

### 3.2.3. Neutralisationszahl

Die Neutralisationszahl *(NZ)* (DIN 51558) in mg KOH/g Öl gibt an, wieviel Milligramm Kaliumhydroxid (KOH) notwendig sind, um die freien Säuren in 1 g Schmierstoff zu neutralisieren. Sie dient dazu, den Gehalt eines Öles an Säuren zu bestimmen, die, insbesondere als wasserlösliche Säuren, den Werkstoff, mit dem das Öl in Berührung kommt, angreifen können. Wasserunlösliche, organische Säuren, besonders Naphtensäuren, kommen in fast allen Schmierölen vor. Auch ihr Anteil darf nicht zu hoch liegen.

Der Anstieg der Neutralisationszahl ist ein *Maß für die Alterung* eines Öles, doch läßt deren Höhe allein ohne Kenntnis des Frischöltyps kein Urteil zu. Bei Ölen mit Wirkstoffen, die ebenfalls Alkali verbrauchen, werden die Ergebnisse des Prüfverfahrens durch Einwirkung dieser Zusatzstoffe (Additives) beeinflußt. Legierte Öle weisen daher von vornherein eine erhöhte Neutralisationszahl auf.

### 3.2.4. Verseifungszahl

Die Verseifungszahl *(VZ)* (DIN 51559) in mg KOH/g Öl gibt an, wieviel Milligramm Kaliumhydroxid notwendig sind, um die in 1 g Schmierstoff enthaltenen freien Säuren zu neutralisieren und die vorhandenen Ester und Laktone zu verseifen. Auch die Verseifungszahl wird von Additiven beeinflußt.

### 3.2.5. Esterzahl

Die Esterzahl ergibt sich durch Abzug der Neutralisationszahl von der Verseifungszahl. Sie macht Aussagen über den Anteil der verseifbaren Ester.

### 3.2.6. Aschezahl

Die beim Verbrennen und Glühen eines Schmierstoffes als Sulfat und Oxid zurückbleibende auswägbare Substanz ist die Asche *(Aschezahl)*. Sie wird gemessen in g Asche/100 g Öl und in Prozent angegeben. Bei Frischölen ohne Zusätze dient die Bestimmung des Aschegehaltes zur Beurteilung des Reinheitsgrades. Bei gebrauchten Ölen kann der Aschegehalt durch chemische Reaktion der Alterungsstoffe mit Metallen, durch Abrieb und Zutritt von Fremdstoffen größer werden. Der Aschegehalt von Frischölen mit metallorganischen Zusätzen gibt einen Hinweis auf die Menge des verwendeten Zusatzes. Die Bestimmung der Aschezahl von Mineralölen ist in DIN 51575 genormt.

### 3.2.7. Koks

Die Bestimmung des Koksrückstandes nach *Conradson* ist in DIN 51551 genormt. Der *Conradsontest* gibt Aufschluß über die Neigung eines Öles zur Bildung koksartiger Rückstände bei *Verschwelung* (Verbrennung unter weitgehendem Luftabschluß). Der Prüftiegel ist bei diesem Verfahren abgedeckt, so daß die Dämpfe erst außerhalb des Tiegels abbrennen können. Der nach dem Test im Tiegel verbleibende Rückstand wird in Prozenten der eingesetzten Probemenge angegeben. Bei Zusatz von Wirkstoffen (Additives) kann sich die nach *Conradson* bestimmte Menge der Koksrückstände ändern.

### 3.2.8. Stockpunkt

Der Stockpunkt ist die Temperatur, bei der ein Öl bei stetiger Abkühlung in einem vorgeschriebenen Prüfglas durch das eigene Gewicht nicht mehr zum Fließen gebracht wird. Er soll Aufschluß über das Verhalten von Mineralölen bei Abkühlung auf tiefere Temperaturen geben, wie sie beim Lagern, bei Transport und im Betrieb vorkommen. Die Bestimmung erfolgt nach DIN 51 583.

### 3.2.9. Viskosität

Die Viskosität oder Zähigkeit ist die Eigenschaft einer Flüssigkeit, der Verschiebung zweier benachbarter Schichten einen vom Geschwindigkeitsgefälle abhängigen Widerstand entgegenzusetzen (Aufnahme von Schubspannungen). Die *dynamische Viskosität* ist der Proportionalitätsfaktor zwischen Schubspannung und Geschwindigkeitsgefälle. Sie ist eine *Stoffkonstante,* die nur von Druck und Temperatur abhängig ist. Der Quotient aus der dynamischen Viskosität und der Dichte, der für technische Strömungsvorgänge von maßgebender Bedeutung ist, wird *kinematische Zähigkeit* genannt. Die Maßeinheit der kinematischen Zähigkeit ist das Stokes (St). Vorwiegend wird jedoch die kleinere Einheit Zentistokes verwandt.

$$1\ \mathrm{St} = 1\ \frac{\mathrm{cm}^2}{\mathrm{s}} = 10^2\ \mathrm{cSt}; \quad 1\ \mathrm{cSt} = 10^{-2}\ \mathrm{St} = 10^{-2}\ \frac{\mathrm{cm}^2}{\mathrm{s}}\,.$$

In den meisten Fällen verwendet man jedoch die konventionellen Maße Englergrad (E), Redwood Nr. 1 Viscosity (70 °F), Einheit: Sekunde (R), und Saybolt-Universal Viscosity (100 °F), Einheit: Sekunde (S). Der Umrechnung der Meßwerte bei 50 °C von Zentistokes auf die konventionellen Maßeinheiten dient die Viskositätsvergleichstabelle auf Seite 30 (siehe auch DIN 51 560).

Die Viskosität des Öles nach *Engler* wird im *Engler-Viskosimeter* bestimmt (Bild 3/1). Bei diesem Gerät wird die Auslaufzeit von 200 $\mathrm{cm}^3$ des untersuchten Öles ermittelt und durch die Auslaufzeit einer gleich großen Menge destillierten Wassers von 20 °C Temperatur (Wasserwert) dividiert. Eine Angabe von z. B. 6 E/50 °C bedeutet, daß das untersuchte Öl bei 50 °C Temperatur zum Auslaufen aus dem Englergerät sechsmal so lange gebraucht hat wie die gleiche Menge Wasser von 20 °C. Die in anderen Ländern üblichen konventionellen Geräte (*Saybolt* in USA; *Redwood* in England) sind dem Engler-Viskosimeter ziemlich ähnlich. Bei ihnen wird die Auslaufzeit des untersuchten Öles direkt in Sekunden angegeben (Saybolt-Universal-Sekunden [S]; Redwoodsekunden [R]), also nicht durch einen „Wasserwert" – wie beim Englergerät – dividiert. Darum liegen – in grober Annäherung – die S- und R-Werte für das gleiche Öl ca. 30 . . . 50 mal höher als die entsprechenden Engler-Grade. Die Meßtemperaturen sind bei Redwood mit 70 °F, bei Saybolt mit 100 °F festgelegt, Viskositäten, die auf diesen oder anderen Fahrenheittempera-

*Viskositätsvergleichstabelle*

| cSt | R | S | E | cSt | R | S | E | cSt | R | S | E |
|---|---|---|---|---|---|---|---|---|---|---|---|
| 2,0 | 30,76 | 32,64 | 1,119 | 23 | 96,96 | 110,4 | 3,215 | 140 | 570,1 | 647,9 | 18,43 |
| 2,1 | 31,01 | 33,00 | 1,129 | 24 | 100,8 | 114,7 | 3,335 | 145 | 590,4 | 671,1 | 19,08 |
| 2,2 | 31,26 | 33,36 | 1,139 | 25 | 104,6 | 119,0 | 3,455 | 150 | 610,7 | 694,2 | 19,75 |
| 2,3 | 31,51 | 33,72 | 1,149 | 26 | 108,5 | 123,4 | 3,575 | 155 | 631,0 | 717,2 | 20,40 |
| 2,4 | 31,76 | 34,08 | 1,159 | 27 | 112,4 | 127,8 | 3,695 | 160 | 651,4 | 740,4 | 21,05 |
| 2,5 | 32,01 | 34,44 | 1,169 | 28 | 116,3 | 132,3 | 3,820 | 165 | 671,8 | 763,4 | 21,72 |
| 2,6 | 32,26 | 34,76 | 1,178 | 29 | 120,2 | 136,7 | 3,945 | 170 | 692,4 | 786,6 | 22,38 |
| 2,7 | 32,51 | 35,08 | 1,188 | 30 | 124,2 | 141,1 | 4,070 | 175 | 712,6 | 809,7 | 23,03 |
| 2,8 | 32,76 | 35,41 | 1,198 | 31 | 128,1 | 145,5 | 4,195 | 180 | 733,1 | 832,9 | 23,70 |
| 2,9 | 33,01 | 35,73 | 1,207 | 32 | 132,1 | 149,9 | 4,320 | 185 | 753,5 | 856,1 | 24,35 |
| 3,0 | 33,26 | 36,05 | 1,217 | 33 | 136,1 | 154,4 | 4,445 | 190 | 774,0 | 879,3 | 25,00 |
| 3,1 | 33,51 | 36,37 | 1,226 | 34 | 140,0 | 158,9 | 4,570 | 195 | 794,3 | 902,5 | 25,67 |
| 3,2 | 33,76 | 36,69 | 1,235 | 35 | 144,0 | 163,4 | 4,695 | 200 | 814,6 | 925,6 | 26,32 |
| 3,3 | 34,01 | 37,01 | 1,244 | 36 | 147,9 | 167,9 | 4,825 | 210 | 855,2 | 971,8 | 27,65 |
| 3,4 | 34,27 | 37,33 | 1,253 | 37 | 151,9 | 172,4 | 4,955 | 220 | 896,3 | 1018 | 28,95 |
| 3,5 | 34,52 | 37,65 | 1,264 | 38 | 155,9 | 176,9 | 5,080 | 230 | 936,9 | 1065 | 30,28 |
| 3,6 | 34,77 | 37,95 | 1,274 | 39 | 160,0 | 181,4 | 5,205 | 240 | 978,0 | 1111 | 31,60 |
| 3,7 | 35,03 | 38,25 | 1,283 | 40 | 164,0 | 185,9 | 5,335 | 250 | 1018 | 1157 | 32,90 |
| 3,8 | 35,28 | 38,55 | 1,291 | 41 | 168,0 | 190,5 | 5,465 | 260 | 1059 | 1203 | 34,25 |
| 3,9 | 35,53 | 38,85 | 1,300 | 42 | 172,0 | 195,0 | 5,590 | 270 | 1099 | 1249 | 35,55 |
| 4,0 | 35,78 | 39,15 | 1,308 | 43 | 176,1 | 199,5 | 5,720 | 280 | 1140 | 1296 | 36,85 |
| 4,5 | 37,03 | 40,76 | 1,354 | 44 | 180,1 | 204,1 | 5,845 | 290 | 1181 | 1342 | 38,18 |
| 5,0 | 38,31 | 42,36 | 1,400 | 45 | 184,2 | 208,7 | 5,975 | 300 | 1222 | 1388 | 39,50 |
| 5,5 | 39,65 | 43,96 | 1,441 | 46 | 188,2 | 213,3 | 6,105 | 310 | 1263 | 1434 | 40,80 |
| 6,0 | 40,91 | 45,57 | 1,481 | 47 | 192,2 | 217,9 | 6,235 | 320 | 1303 | 1480 | 42,12 |
| 6,5 | 42,26 | 47,17 | 1,521 | 48 | 196,3 | 222,5 | 6,365 | 330 | 1344 | 1527 | 43,45 |
| 7,0 | 43,57 | 48,77 | 1,563 | 49 | 200,3 | 227,1 | 6,495 | 340 | 1385 | 1574 | 44,75 |
| 7,5 | 44,89 | 50,42 | 1,605 | 50 | 204,3 | 231,7 | 6,620 | 350 | 1425 | 1620 | 46,10 |
| 8,0 | 46,26 | 52,07 | 1,653 | 55 | 224,6 | 254,8 | 7,258 | 360 | 1465 | 1666 | 47,40 |
| 8,5 | 47,66 | 53,77 | 1,700 | 60 | 244,8 | 277,8 | 7,896 | 370 | 1505 | 1712 | 48,70 |
| 9,0 | 49,04 | 55,48 | 1,746 | 65 | 265,2 | 300,8 | 8,554 | 380 | 1546 | 1759 | 50,00 |
| 9,5 | 50,47 | 57,18 | 1,791 | 70 | 285,5 | 323,8 | 9,212 | 390 | 1587 | 1805 | 51,35 |
| 10 | 51,92 | 58,88 | 1,837 | 75 | 305,7 | 347,0 | 9,870 | 400 | 1628 | 1851 | 52,65 |
| 11 | 54,94 | 62,39 | 1,928 | 80 | 326,0 | 370,2 | 10,53 | 450 | 1832 | 2082 | 59,25 |
| 12 | 58,05 | 66,00 | 2,020 | 85 | 346,3 | 393,3 | 11,19 | 500 | 2036 | 2314 | 65,80 |
| 13 | 61,24 | 69,70 | 2,120 | 90 | 366,6 | 416,5 | 11,85 | 550 | 2239 | 2545 | 72,40 |
| 14 | 64,50 | 73,50 | 2,219 | 95 | 386,8 | 439,5 | 12,51 | 600 | 2443 | 2777 | 79,00 |
| 15 | 67,89 | 77,31 | 2,323 | 100 | 407,3 | 462,6 | 13,16 | 650 | 2646 | 3008 | 85,60 |
| 16 | 71,34 | 81,21 | 2,434 | 105 | 427,7 | 485,8 | 13,82 | 700 | 2850 | 3239 | 92,20 |
| 17 | 74,80 | 85,22 | 2,540 | 110 | 447,9 | 509,0 | 14,47 | 750 | 3054 | 3471 | 98,80 |
| 18 | 78,36 | 89,32 | 2,644 | 115 | 468,2 | 532,1 | 15,14 | 800 | 3258 | 3702 | 105,3 |
| 19 | 82,00 | 93,43 | 2,755 | 120 | 488,6 | 555,3 | 15,80 | 850 | 3462 | 3934 | 111,9 |
| 20 | 85,66 | 97,64 | 2,870 | 125 | 509,0 | 578,5 | 16,45 | 900 | 3666 | 4165 | 118,5 |
| 21 | 89,42 | 101,8 | 2,984 | 130 | 529,3 | 601,6 | 17,11 | 950 | 3871 | 4396 | 125,0 |
| 22 | 93,16 | 106,1 | 3,100 | 135 | 549,6 | 624,7 | 17,76 | 1000 | 4074 | 4628 | 131,6 |

Die Werte sind für 50 °C errechnet, sie sind mit ausreichender Genauigkeit verwendbar von ca. + 20 . . . + 100 °C.

Für Werte in Zentistokes oberhalb 1000 cSt:

$$\nu\,(\mathrm{cSt}) = 2{,}246 \cdot \nu\,(\mathrm{R}) \qquad \nu\,(\mathrm{E}) = 0{,}0323 \cdot \nu\,(\mathrm{R}) \qquad \nu\,(\mathrm{R}) = 0{,}881 \cdot \nu\,(\mathrm{S})$$

$$= 7{,}60 \cdot \nu\,(\mathrm{E}) \qquad = 0{,}0285 \cdot \nu\,(\mathrm{S})$$

$$= 0{,}216 \cdot \nu\,(\mathrm{S})$$

turen basieren, können mit der in 2.2.3 genannten Umrechnungsgleichung auf Celsiustemperaturen bezogen werden. Leider vermitteln diese konventionellen Maße nur unzureichende Vorstellungen von der Viskosität an sich und von der Relation verschiedener Werte. Viskositätsmessungen unter Verwendung der Einheit Stokes (1 cst = 0,01 St) sind dafür besser geeignet.

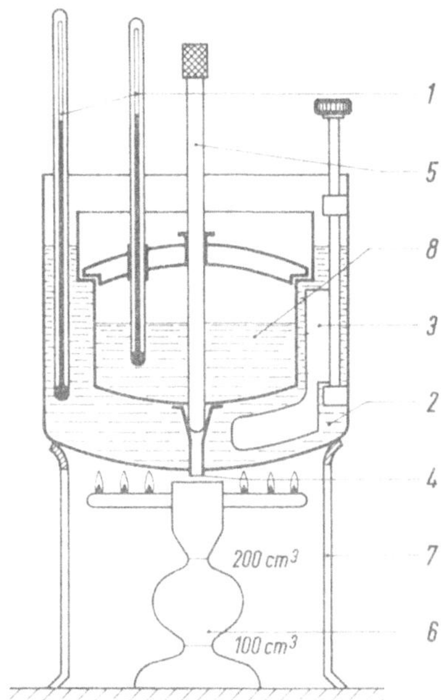


Bild 3/1. Viskosimeter von *Engler*
1 Thermometer
2 Wassermantel
3 Rührwerk
4 Ausflußdüse
5 Verschlußstift
6 Meßkolben
7 Gestell
8 Flüssigkeitsprobe

Die Messung der kinematischen Viskosität $\nu$ im physikalischen Maßsystem geschieht in Viskosimetern, in denen man die Durchlaufzeit einer bestimmten Ölmenge durch eine geeichte Kapillare bestimmt. Einwandfreie Viskositätsmessungen lassen sich nur an Flüssigkeiten durchführen, für die die Newtonschen Gesetze gelten, bei denen sich also in der Meßkapillare eine laminare Strömung ausbilden kann. Dies ist teilweise bei Ölen mit hohem Anteil großmolekularer Zusätze nicht mehr der Fall.

Für die Lagerberechnung wird die dynamische Viskosität $\eta$ gebraucht. Man erhält sie durch Multiplikation der kinematischen Zähigkeit $\nu$ mit der Dichte $\varrho$ und bezeichnet ihre Einheit mit Poise.

$$\eta = \nu \cdot \varrho; \quad 1 \text{ Poise (P)} = \frac{1 \text{ g}}{\text{cms}} = 0{,}1 \frac{\text{kg}}{\text{ms}}.$$

Es gibt neben den genannten eine ganze Reihe von Geräten zur Ermittlung der Viskosität. Die meisten dieser Geräte können aber nur im chemischen Laboratorium verwendet werden. Für den Bordbetrieb hat sich das *Kugelfallviskosimeter* nach *Tausz*[1]) als geeignet erwiesen (Bild 3/2). Das Gerät besteht aus einem Rohr von etwa 15 mm innerem Durchmesser und 120 mm Höhe. In diesem mit der Ölprobe

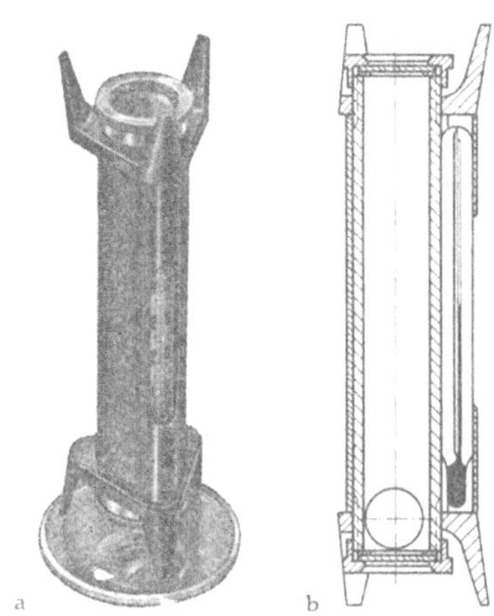


Bild 3/2. Tausz-Kugelfallviskosimeter (Werkbild R. Jung AG, Heidelberg)
a) Ansicht, b) Schnitt

[1]) Lieferfirma *R. Jung*, Heidelberg, Hebelstr. 46.

gefüllten Rohr fällt eine Stahlkugel herab, deren Fallzeit in Sekunden gemessen wird. Dem Gerät sind neben einer Meßanleitung mehrere Tabellen beigegeben, aus denen man von der Fallzeit auf die Viskosität schließen kann.

Für die Untersuchung von Dieselmotorenschmierölen kommen fast ausschließlich die Diagramme „Mineralöle 2" (Bild 3/3) oder „Mineralöle 3" in Frage. Ist z. B. im Tausz-Viskosimeter eine Fallzeit von 22,3 s bei einer Öltemperatur von 37,4 °C gemessen worden, so beträgt die Viskosität nach dem Diagramm „Mineralöle 2" rund 3,42 E/50 ° (siehe Bild 3/3). Hat die Dichte einen von 0,9 kg/dm³ abweichenden Wert, so muß eine Berichtigung nach der dem Gerät beigegebenen Tabelle vorgenommen werden. Bei Ölen ist die Angabe der Viskosität bei 50 °C üblich.

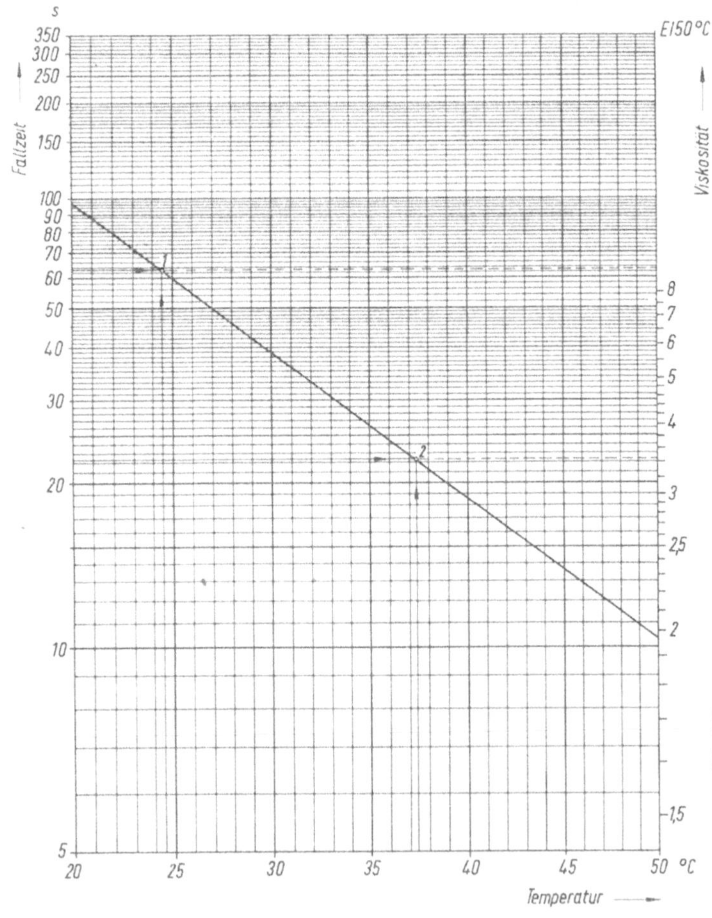


Bild 3/3. Viskositätsblatt für Öle mit dem spezifischen Gewicht 0,9

Nähere Angaben über den Gebrauch der mitgelieferten Auswertungsdiagramme sind der Betriebsanweisung des Gerätes zu entnehmen.

Gute Erfahrungen konnten im Bordbetrieb auch mit dem Schnellviskosimeter von *Dallwitz-Wegner* gesammelt werden, das dem in Abschnitt 2.5.15 erwähnten Öluntersuchungsschrank beigefügt ist. In dem Prüfgerät (Bild 3/4) wird das Öl durch eine Schnecke in ein Meßrohr gefördert. Die Steighöhe im Meßrohr ist ein Maß für die Viskosität. Beigefügte Meßskalen ermöglichen eine direkte Ablesung des Ergebnisses in der gewünschten Maßeinheit (E, R, S, cSt). Das Gerät kann mit drei verschiedenen Geschwindigkeiten betrieben werden, wodurch sich drei Meßbereiche (0 ... 25 E; 0 ... 55 E; 0 ... 110 E) ergeben. Eine stufig verstellbare elektrische Heizvorrichtung sowie ein Wassermantel ermöglichen die Einhaltung der gewünschten Prüftemperaturen in weiten Grenzen.

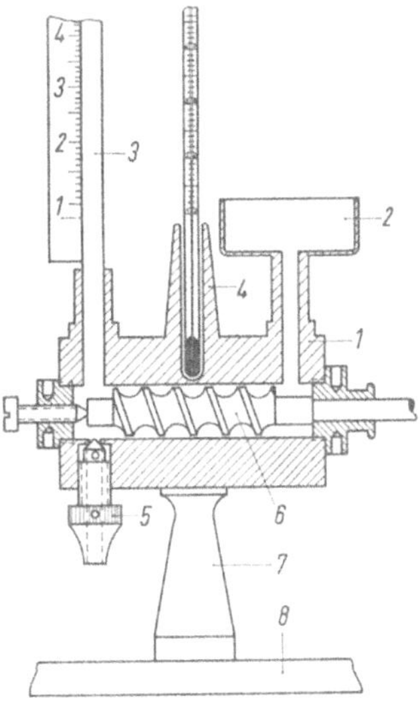


Bild 3/4. Schnellviskosimeter nach *Dallwitz-Wegner*
1 Gehäuse
2 Ölgefäß
3 Meßrohr
4 Rohrstutzen
5 Ablaßventil
6 Förderschnecke
7 Säule
8 Grundplatte

### 3.2.10. *m*-Wert

Zeichnet man die Viskositäten (Ordinate) eines Öles bei verschiedenen Temperaturen (Abszisse) unter Verwendung doppelt logarithmischen Papieres in ein Koordinatensystem (VT-Blatt nach Ubbelohde-Umstätter, DIN 51563), so erhält man eine Gerade. Den Tangens des Neigungswinkels dieser Geraden bezeichnet man als *m-Wert, Steilheitswert* oder *Richtungskonstante.* Je kleiner der Wert der Richtungskonstante $m$ ist, um so geringer ist auch die Neigung der Viskositätstemperaturgeraden und um so günstiger ist das Viskositätstemperaturverhalten (*VT*-Verhalten) des Öles.

Die Richtungskonstanten guter Schmieröle liegen etwa in der Größenordnung von $m = 3{,}5$; Öle mit schlechterem *VT*-Verhalten besitzen $m$-Werte von 4 ... 4,5. Die Grundbegriffe des Viskositätstemperaturverhaltens findet man in DIN 51563.

### 3.2.11. Viskositätspolhöhe *VP*

Zeichnet man die *VT*-Geraden verschiedener Viskositäten eines Öles gleicher Herkunft (Provenienz) in das oben erläuterte Koordinatensystem ein, dann schneiden sich diese Geraden außerhalb des Diagramms annähernd in einem Punkt, dem *Pol.* Zeichnet man dazu auch die *VT*-Geraden der Öle verschiedener Viskositäten anderer Herkunft, dann zeigt sich, daß man die Pole durch eine Gerade, die *Polgerade,* verbinden kann. Mit Hilfe einer Gleichung läßt sich nach Bestimmung der Viskositäten eines Öles bei zwei verschiedenen Temperaturen der Schnittpunkt der

*VT*-Geraden mit der Polgeraden berechnen und damit ein Wertmaß für das Schmieröl finden.

Die Viskositätspolhöhe liegt gewöhnlich zwischen 1,9 ... 3,5 (niedrige Werte kennzeichnen eine geringe Viskositätstemperaturabhängigkeit) und ist z. B. im Ubbelohde Viskositätstemperaturblatt unter Benutzung der beiden sogenannten Hilfslinien auf einfache Weise zu ermitteln.

### 3.2.12. Viskositätsindex *VI*

Während man zur Beurteilung der Güte eines Öles in bezug auf sein *VT*-Verhalten beim *m*-Wert und der Polhöhe die Viskositätslage zu berücksichtigen hat, soll der *VI*-Wert eine vom Viskositätsbetrag des Öles unabhängige Maßzahl sein.

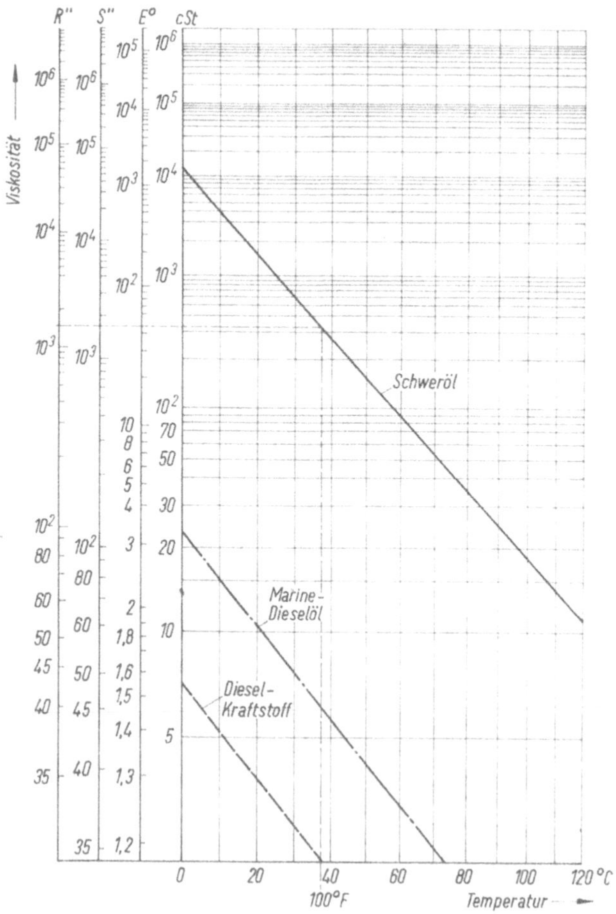


Bild 3/5. Viskogramm (VT-Blatt) für Dieselkraftstoffe

Der *VI*-Wert ist eine willkürliche empirische Zahl und wurde von den Amerikanern *Dean* und *Davis* entwickelt. Einfache Motorenöle haben einen *VI*-Wert von etwa 90 . . . 100, Spezialöle bis zu 160, Maschinenöle etwa 60 . . . 90.

Alle *VI*-Werte unlegierter Öle über 100 gelten als gut. Sie sind von der Provenienz der Öle abhängig. Verschiedene Methoden zur Ermittlung des Viskositätsindexes enthält DIN 51 563.

### 3.2.13. Wassergehalt

Für Laboratoriumsuntersuchungen eignet sich das Verfahren zur Bestimmung des Wassergehaltes durch Destillation (sogenannte *Xylolmethode*) nach DIN 51 582. Es kann bei Mineralölen, deren Verarbeitungsprodukten einschließlich der Schmierfette angewandt werden, sofern der Gehalt an freiem Wasser über 0,1 % liegt. Das in der Probe enthaltene Wasser wird mit zugesetztem Xylol, d. h. mittels eines Trägerdampfes destilliert und in einer mit Skala versehenen Vorlage kondensiert.

Für die normalen Untersuchungen an Bord eignen sich besser die folgenden Verfahren, die man mit den für den Öluntersuchungsschrank nach *Machleidt* (siehe 2.5.15) ausgewählten Geräten durchführen kann.

a) Bestimmung des Wassergehaltes nach *Oertel-Pflug*.

   Magnesiumsulfat reagiert mit Wasser unter Wärmeabgabe. Rührt man in eine abgemessene Menge eines wasserhaltigen Öles eine bestimmte Menge Magnesiumsulfat ein, so wird ein dem Wassergehalt proportionaler Temperaturanstieg erfolgen. Der Temperaturanstieg ist also ein Maß für den Wassergehalt des Öles.

b) Untersuchung auf Wassergehalt durch *Ausschleudern mit der Handzentrifuge*.

   Das Verfahren ist dann mit Erfolg anwendbar, wenn zwischen Öl und Wasser nur eine Mischung, keine Emulsion vorliegt. In manchen Fällen kann man jedoch auch nach Zerstörung der Emulsion durch geeignete Zusätze zu brauchbaren Ergebnissen kommen. Das Verfahren liefert keine genauen Werte!

c) Prüfung von Ölbehältern auf abgesetztes Wasser mit *Wassernachweispaste*.

   Man bestreicht einen Stab mit der Paste und führt ihn bis zum Boden in den Tank ein. Nach etwa einer halben Minute zieht man ihn wieder heraus und kann aufgrund der Farbänderung der Paste feststellen, wie hoch das abgesetzte Wasser am Boden des Tanks steht.

# 4. Arbeitsverfahren der Dieselmotoren

In Ottomotoren wird der Kraftstoff in vergastem Zustand mit der Verbrennungsluft gemischt in den Zylinder gesaugt und hier nur auf etwa 4 ... 8 at verdichtet, so daß er sich nicht selbst entzünden kann. Dann wird das Kraftstoff-Luft-Gemisch in der Nähe des oberen Totpunktes durch einen elektrischen Funken gezündet. Die Verbrennung erfolgt schlag- bzw. explosionsartig. Die den Verdichtungsraum anfüllenden Gase nehmen infolge der hohen Verbrennungstemperatur einen hohen Druck an und treiben den Kolben unter Expansion abwärts. Dabei wird mechanische Arbeit gewonnen.

Anders sind die Vorgänge beim Dieselverfahren. Die getrennt vom Kraftstoff angesaugte Verbrennungsluft wird sehr hoch, auf etwa 30 ... 45 at, verdichtet. Sie nimmt dabei eine so hohe Temperatur an, daß sich der kurz vor Beendigung des Verdichtungshubes fein zerstäubt eingespritzte Kraftstoff selbst entzündet. Die auftretende Verbrennungstemperatur steigert den Druck auf 50 ... 70 at. Bei der Expansion verrichtet das Gas durch das Abwärtstreiben des Kolbens Arbeit. Nach der Wirkungsweise unterscheidet man Viertakt- und Zweitaktmotoren (Bild 4/1 a und b).

## 4.1. Viertaktverfahren

Für ein volles Arbeitsspiel sind beim Viertaktverfahren vier Takte (Kolbenhübe) oder zwei Umdrehungen erforderlich.

### 4.1.1. Ansaughub

Während der Abwärtsbewegung des Kolbens wird die Verbrennungsluft durch ein großes Ventil im Zylinderdeckel angesaugt. Erreicht der Kolben den unteren Totpunkt (*UT*), so ist der ganze Zylinder mit Frischluft gefüllt.

Da das Einlaßventil aus konstruktiven Gründen nur einen begrenzten Querschnitt erhalten kann, wird die Luft beim Einsaugen etwas gedrosselt. Sie erreicht daher im Zylinder nicht den vollen atmosphärischen Druck, sondern nur etwa 0,9 at absolut. Einlaßventile besitzen Querschnitte, die nur etwa 8 ... 10 % des Kolbenquerschnittes ausmachen, und führen erheblich geringere Hübe aus.

Um Stöße, die zu Schäden im Steuersystem führen können, bei der Betätigung des Ventils zu vermeiden, müssen An- und Ablauf des Stößels am Nocken stetig, d. h. tangential erfolgen. Die Folge davon ist ein relativ langsames Öffnen des Ventils. Der Kolben gibt aber infolge seines großen Querschnittes schon bei geringer Bewegung ein größeres Volumen frei. Daher muß das Einlaßventil, um den Unterdruck im Zylinder nicht zu groß werden zu lassen, schon etwa 35 ... 40° vor dem oberen Totpunkt (*OT*) mit dem Öffnen beginnen. Nur so kann beim Saughub des Kolbens genügend Luft und damit Sauerstoff einströmen. Ähnlich ist es im unteren Totpunkt nach dem Ansaughub. Beträgt der Druck bei dieser Stellung des Kolbens etwa 0,8 at absolut, so kann er, wenn das Einlaßventil noch bis ca. 30 . . . 40° nach dem unteren Totpunkt geöffnet bleibt, durch Nachströmen weiterer Verbrennungsluft auf 0,9 at absolut ansteigen. Dadurch wird die Füllung vollkommener, was erhöhte Leistung ermöglicht.

Auch das Auslaßventil öffnet früher, d. h. vor dem unteren Totpunkt, und bleibt auch nach dem oberen Totpunkt noch etwas geöffnet, damit die unter geringem Überdruck stehenden Gase möglichst vollständig entweichen können.

### 4.1.2. Verdichtungshub

Beim Aufwärtsgang des Kolbens wird die angesaugte Verbrennungsluft auf 30 . . . 45 at verdichtet. Die Kraft dazu liefert die Drehenergie des Motors. Dabei

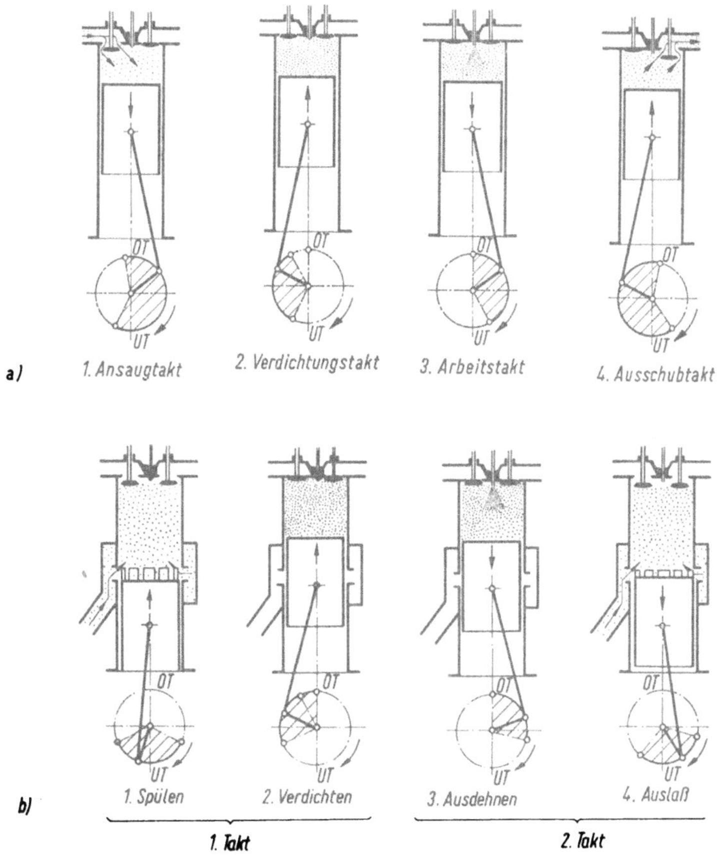


Bild 4/1. Arbeitsweise des Dieselmotors
a) Viertaktmotor, b) Zweitaktmotor

wird mechanische Arbeit in Wärme umgewandelt. Der Verdichtungsraum, auf dessen Volumen die Luft zusammengepreßt wird, beträgt nur etwa 7 ... 9 % des Hubvolumens. Würde die aus der mechanischen Arbeit entstehende Wärme vollständig abgeführt, d. h. die Temperatur der Luft unverändert bleiben, so würde man nur einen Endkompressionsdruck von 12 ... 20 at erreichen (isotherme Verdichtung). Da aber die Temperatur auf 500 ... 600 °C anwächst, steigt der Druck auf 30 ... 45 at (annähernd adiabate Verdichtung).

Der Zündpunkt wird so stark überschritten, daß der Kraftstoff verdampft, vergast und sich entzündet.

### 4.1.3. Arbeitshub

In die durch Kompression erhitzte Verbrennungsluft wird der Kraftstoff 3 ... 20° vor dem oberen Totpunkt mit hohem Druck durch die Einspritzdüse fein zerstäubt eingespritzt. Der Kraftstoffnebel mischt sich innig mit dem Sauerstoff der stark verdichteten Verbrennungsluft. Deren Wärme bringt den Kraftstoff zum Verdampfen, die Moleküle spalten sich in C-Atome und $H_2$-Moleküle. Im oberen Totpunkt beginnt die Verbrennung zu $CO_2$ und $H_2O$. Der Voreinspritzwinkel von 3 ... 20° ist für das Verdampfen und Vergasen der Kraftstoffteilchen erforderlich. Die Verbrennung, bei der die Kompressionstemperatur von 500 ... 600 °C auf eine Endtemperatur von 1500 ... 1800 °C anwächst, vollzieht sich nun bis zur Beendigung der Einspritzung, die bei Normallast etwa 20 ... 30° nach dem oberen Totpunkt (5 ... 10 % des Kolbenhubes) erfolgt.

Bei der nachfolgenden Expansion der Verbrennungsgase, die zunächst nur den Verdichtungsraum und 5 ... 10 % des Zylindervolumens anfüllen, sinkt die Temperatur auf 800 ... 900 °C und der Druck nimmt bis auf etwa 2,5 at Überdruck ab. Durch das Abwärtstreiben des Kolbens wird mechanische Arbeit verrichtet. Die Expansion erfolgt annähernd adiabat. Dabei ändert sich der Druck stärker als das Volumen.

### 4.1.4. Ausschubhub

Das Auslaßventil öffnet schon etwas vor Beendigung des Arbeitshubes, damit sich die Abgase bis zum Beginn des Aufwärtshubes fast auf Atmosphärendruck entspannen können. Dadurch wird der Gegendruck beim Ausschubhub geringer. Der Abfall des Druckes von seinem Wert zum Zeitpunkt der Auslaßventilöffnung bis nahezu auf Umgebungsdruck läßt die Abgastemperatur auf 350 ... 450 °C abnehmen. Mit dieser Temperatur verlassen die Abgase den Zylinder. Beim Ausschubhub werden die Abgase bis auf einen kleinen Teil aus dem Zylinder gedrückt. Der im Verdichtungsraum zurückbleibende Rest mischt sich beim Saughub mit der frischen Verbrennungsluft.

## 4.2. Zweitaktverfahren

Das Zweitaktverfahren ist dadurch gekennzeichnet, daß für ein volles Arbeitsspiel nur zwei Takte oder eine Umdrehung erforderlich sind.

### 4.2.1. Spülung und Verdichtung

Beim Zweitaktmotor treten an die Stelle der Ein- und Auslaßventile die Spül- und Auslaßschlitze im unteren Bereich des Zylinders. Anstelle der Auslaßschlitze können aber auch Auslaßventile im Zylinderdeckel angeordnet sein (siehe Bild 4/1b).

Beim Viertaktverfahren stehen für die Ladung des Zylinders mit Verbrennungsluft und für die Verdichtung je ein ganzer Takt zur Verfügung. Beim Zweitaktverfahren werden beide Vorgänge auf einen Takt zusammengedrängt. Bei Beginn des Aufwärtshubes sind die Auslaßventile bzw. Auslaßschlitze voll geöffnet. Im Zylinder herrscht also ungefähr Atmosphärendruck.

Für das Ausstoßen der restlichen verbrannten und expandierten Gase steht vom unteren Totpunkt ab noch ein Kurbelwinkel von 50 . . . 65° zur Verfügung. Der frischen Verbrennungsluft muß also mit Hilfe einer Pumpe (Kolbenspülpumpe, Kolben- oder Kreiselradgebläse) ein geringer Überdruck von 0,1 . . . 0,3 at erteilt werden, damit die Restgase in der kurzen verfügbaren Zeit aus dem Zylinder entfernt werden können. Wenn die Auslaßventile schließen bzw. der Kolben bei 20 . . . 30 % des Hubes die Auslaßschlitze verdeckt, ist der Zylinder mit Verbrennungsluft gefüllt, die einen geringen Überdruck besitzt. Die Verdichtung geht nun in der gleichen Weise wie beim Viertaktverfahren vor sich.

### 4.2.2. Arbeits- und Ausschubtakt

Für den Ausdehnungshub gilt sinngemäß das gleiche wie beim Viertaktverfahren. Bei der Verwendung von Auslaßschlitzen endet der Arbeitshub jedoch schon etwa 50 . . . 65° vor dem unteren Totpunkt. Das Ausströmen unter weiterer Entspannung vollzieht sich infolge der großen Schlitzabmessungen und des Überdruckes der Abgase (2 . . . 4 at) so rasch, daß schon vor dem unteren Totpunkt der Spülvorgang einsetzen kann. Der Auslaß schließt, wie schon erwähnt, im gleichen Winkel von 50 . . . 65° nach dem unteren Totpunkt.

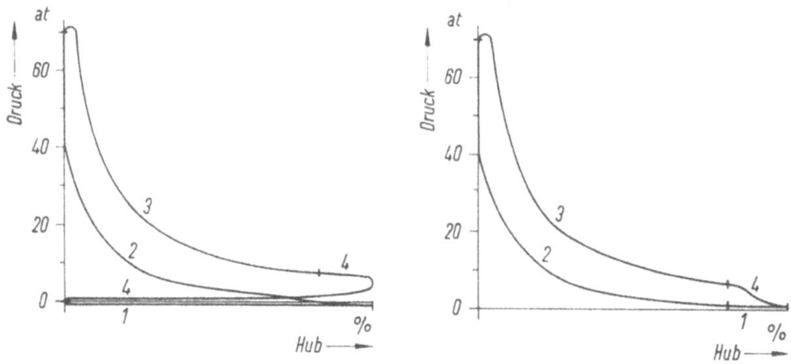


Bild 4/2. Arbeitsdiagramme von Dieselmotoren
Viertaktmotor: 1. Ansaugen, 2. Verdichten, 3. Entspannen (Arbeitsverrichtung), 4. Ausschieben
Zweitaktmotor: 1. Spülen, 2. Verdichten, 3, Entspannen (Arbeitsverrichtung), 4. Auspuff

Für das Ausstoßen der Abgase und die Frischladung mit Luft steht also ein Kurbelwinkel von 100 ... 130° zur Verfügung. Das entspricht etwa einer Drittelumdrehung, gegenüber einer vollen beim Viertaktverfahren. Theoretisch müßte ein Zweitaktmotor die doppelte Leistung eines gleich großen Viertaktmotors bei gleicher Drehzahl erreichen. Infolge der Spülverluste ist die Ausbeute jedoch geringer – etwa anderthalbfach – bei entsprechend höherem Kraftstoffverbrauch.

Die Darstellung der Vorgänge im Dieselmotor in einem Indikatordiagramm gibt Bild 4/2 wieder. Man beachte auch die Darstellung in den Schwachfederdiagrammen (Bilder 12/8 und 12/9).

## 4.3. Druck- und Temperaturverlauf beim Zwei- und Viertaktverfahren

Den Verlauf der in den einzelnen Phasen auftretenden Luft- und Gastemperaturen gibt das Diagramm in Bild 4/3 wieder. Es umfaßt ein Arbeitsspiel des Viertakters (four-cycle), also 2 Umdrehungen. Der dargestellte Temperaturverlauf beim Zweitakter (two-cycle) erstreckt sich daher über zwei Arbeitsspiele.

Das Viertaktverfahren beginnt mit dem Ansaugen. Im oberen Totpunkt haben die Abgase im Verdichtungsraum eine Temperatur von etwa 500 °C. Durch das Ansaugen kalter Frischluft sinkt die Temperatur im Zylinder schnell und erreicht bei 80° Kurbelwinkel 70 °C. Auf dieser Temperatur hält sich die angesaugte Frischluft bis zum Ende des Saughubes, da sie durch den Kolbenboden und die Zylinderwandungen erwärmt wird. Die nun beginnende Verdichtung erhöht die Temperatur auf etwa 700 °C. Bei 360° Kurbelwinkel setzt die Zündung und Verbrennung ein, die Temperatur steigt auf etwa 1700 °C. Während der Entspannung fällt sie auf unter 1000 °C ab. Schon etwa 40° Kurbelwinkel vor dem unteren Totpunkt beginnt das Auslaßventil zu öffnen, damit die Abgase bei Beginn des Ausschubhubes einen möglichst geringen Gegendruck ausüben. Bis zum Hubwechsel im oberen Totpunkt (0° Kurbelwinkel) sinkt die Abgastemperatur im Zylinder auf etwa 550 °C ab.

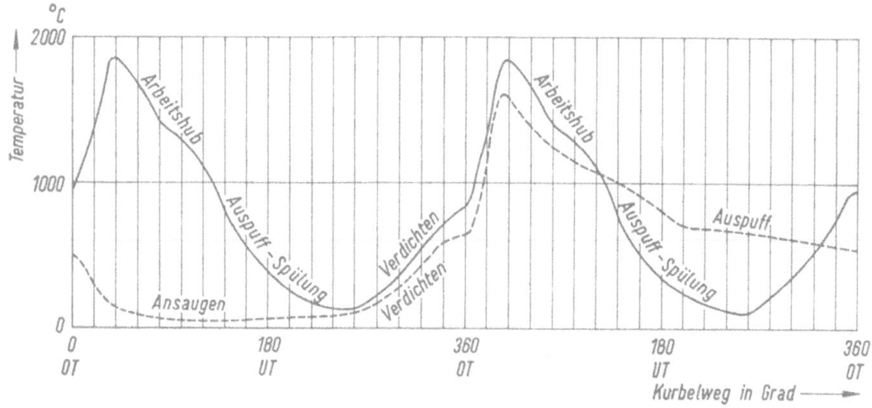


**Bild 4/3. Temperaturdiagramm des Viertakt- und Zweitaktmotors**

Der Zweitaktmotor erreicht im oberen Totpunkt (0° Kurbelwinkel) eine Verdichtungstemperatur von etwa 850 °C. Diese liegt höher als beim Viertakter, da der Zweitakter je Umdrehung einen Arbeitshub ausführt. Der Zylinder kühlt daher weniger ab als beim Viertakter, der nur bei jeder zweiten Umdrehung eine Verbrennungsperiode aufweist. Daher wird auch eine höhere Spitzentemperatur von fast 1900 °C erreicht. Am Ende der Entspannung, die schon etwa 60° Kurbelwinkel vor dem unteren Totpunkt mit dem Öffnen der Auslaßschlitze bzw. -ventile ihr Ende findet, hat das Gas noch rund 1000 °C. Am Ende der Spülung bei Beginn der Verdichtung liegt die Temperatur der Verbrennungsluft schon über 100 °C.

Die durch das Zweitaktverfahren bedingten höheren Temperaturen in allen Arbeitsphasen führen zu einer stärkeren Wärmebelastung des Zweitaktmotors. Die Kühlung muß also sorgfältiger als beim Viertaktmotor ausgeführt werden.

In Bild 4/3 sind die einzelnen Arbeitsphasen beim Vier- und Zweitaktverfahren über den Kurbelwinkelgraden aufgetragen. Man kann daraus ersehen, daß Ansaug- und Auslaßventil beim Viertakter im Hubwechsel schon ein Stück geöffnet haben, damit das Ansaugen bzw. Ausschieben bei Beginn des Ansaug- bzw. Ausschubhubes gleich voll mit nur geringer Drosselung einsetzen kann. Ganz vermeiden läßt sich diese nicht, da man aus konstruktiven Gründen ja nicht den Ventilquerschnitt dem Zylinderquerschnitt anpassen kann. Infolgedessen liegt der Ansaugdruck im Zylinder bei Beendigung des Saughubes etwas unter dem atmosphärischen Druck, d. h. der Füllungsgrad des Zylinders, bezogen auf Luft von Atmosphärendruck, beträgt nur etwa 90%. Andererseits liegt der Ausschubdruck infolge der Drosselung etwas über der atmosphärischen Linie (Bild 4/2).

# 5. Bauelemente von Dieselmotoren

## 5.1. Allgemeines

Dieselmotoren werden in *liegender* und *stehender Bauart* ausgeführt. Die liegende Bauart findet man in Form der sogenannten Unterflurmotore bei Lastkraftwagen und Triebwagen. Der Vorteil ihrer Verwendung liegt dort in der Unterbringung an Stellen, die als Nutzraum kaum Bedeutung haben. Im allgemeinen werden sie aufgrund des großen Grundflächenbedarfes und des erhöhten einseitigen Verschleißes von Kolben und Zylindern infolge der Schwerkraft seltener verwendet.

Entsprechend der geforderten Leistung baut man Motoren mit 1 . . . 24 Zylindern. Alle Zylinder eines Motors weisen stets vollkommen gleiche Bauart und Abmessungen auf, so daß nur wenige Ersatzteile erforderlich sind. Die Diagramme und Ausführungen in Abschnitt 4.3 zeigen, daß die Druckunterschiede während eines Arbeitsspieles außerordentlich groß sind, und es daher vieler Zylinder oder großer Schwungmassen bedarf, um einen gleichförmigen Gang zu erreichen. Je weniger Zylinder vorhanden sind, desto größer muß die Schwungmasse (Schwungrad) sein, um einen günstigeren Drehmomentenverlauf zu erzielen. Beim Zweitaktmotor kommt man im Gegensatz zum Viertaktmotor mit weniger Zylindern und geringeren Schwungmassen aus, da bei gleicher Drehzahl und Zylinderanzahl doppelt so viele Kraftimpulse erfolgen.

Für beide Arbeitsverfahren kann man Dieselmotoren in *Tauchkolben-* und *Kreuzkopfausführung* bauen. Bei Tauchkolbenmotoren übernimmt der Kolben auch die Aufgabe der Geradführung der oszillierenden Teile des Triebwerkes. Viertaktmotoren werden heute fast durchweg als Tauchkolbenmotoren ausgeführt, große Zweitaktmotoren als Kreuzkopfmaschinen. Die bei der Kreuzkopfbauart mögliche gute Trennung von Zylinder- und Triebwerkraum erleichtert insbesondere die Verwendung billiger Schweröle als Kraftstoff.

## 5.2. Grundplatte und Ständer

Die *Grundplatte* des Dieselmotors wird aus hochwertigem, zähem Grauguß gefertigt. Wo man Gewichtsersparnis anstrebt, verwendet man Stahlguß und Schweißkonstruktionen. Bei kleinen Schnelläufern findet vielfach auch Leichtmetallguß Anwendung. Kleinere Grundplatten werden in einem Stück hergestellt, große aus zwei oder mehreren Teilen, die durch kräftige Flansche miteinander verschraubt werden. Die Grundplatte erhält Wannenform. Bei Tauchkolbenmotoren können die drei Bauteile Grundplatte, Kurbelgehäuse und Zylinderblock zu einem oder zwei Werkstücken zusammengefaßt werden (Bild 5/1).

In der *Wanne* soll sich das von den Lagern abspritzende Öl sammeln. Bei kleinen Motoren dient die Wanne gleichzeitig als Ölbehälter, aus dem das Schmieröl mit einer Pumpe dem Kreislauf zugeführt wird. Bei großen Motoren wird das Öl einem besonderen Sammeltank zugeleitet, der auf Schiffen gewöhnlich unter der Grundplatte des Motors im Schiffsfundament oder im Doppelboden liegt.

Damit die Unterlage des Motors möglichst starr ist, wird die Grundplatte stark verrippt. Eine besonders versteifende Wirkung üben die kräftigen Lagerträger aus, die die Platte in der Querrichtung durchziehen und für die Aufnahme der Kurbelwellenlager bestimmt sind. Die *Ständer*, die die Zylinder tragen, werden bei kleinen Motoren entweder mit der Grundplatte zusammen in Kastenform oder mit den Zylindern zusammen in Form eines Zylinderblockes (Bild 5/1) ausgeführt. Im allgemeinen und vor allem bei sehr großen Motoren wird die getrennte Anordnung bevorzugt. Die Ständer werden dann aus Grau- oder Stahlguß gefertigt oder als Schweißkonstruktion hergestellt. Sehr oft werden zwei auf verschiedenen Seiten des Motors angeordnete sich gegenüberstehende Ständer zu einem A-förmigen Bauteil vereint (Bild 5/2). Dieses Bild zeigt außerdem den konstruktiven Aufbau eines großen, einfachwirkenden Zweitaktschiffsdieselmotors. Der erste Ständer ist abgebaut, so daß das Triebwerk freiliegt. Die Ständer werden meist in der Ebene der Kurbelwellenlager angebracht, so daß die Pleuellager bzw. die Schubstangen- und Kreuzkopflager gut zugänglich sind. Oberhalb der Kurbelwellenlager läßt die gebräuchliche verstrebte A-Form (Bild 5/3) genügend Platz für einen bequemen Ausbau der Lager.

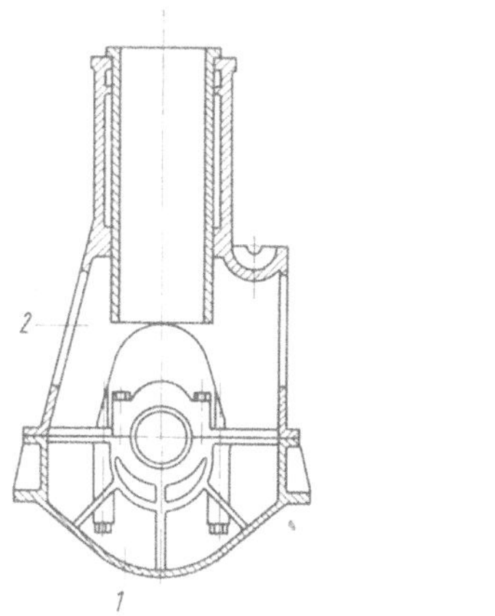


Bild 5/1. Grundplatte (1) und Gestell (2) eines Tauchkolbenmotors

Bild 5/2. Blick auf Ständer, Gleitbahn und Treibstange eines M.A.N.-Motors (Werkbild M.A.N. AG, Augsburg)

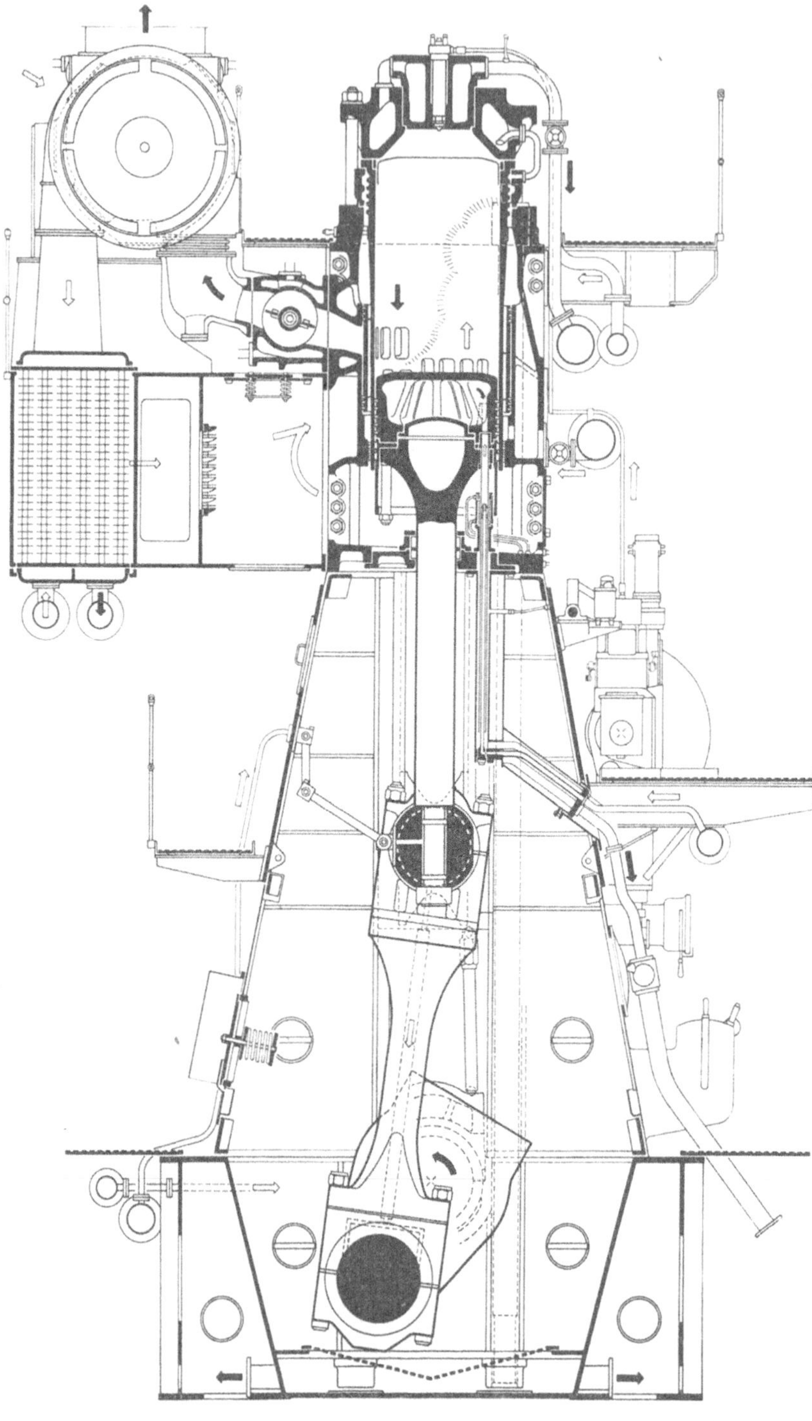

Bild 5/3. Querschnitt durch einen Sulzer-RD-Motor (Werkbild Gebr. Sulzer AG, Winterthur)

Auch die *versetzte Anordnung der Ständer* wird angewandt. Hierbei stehen die auf einer Seite des Motors angeordneten Ständer in der Ebene der Kurbelwellenlager und tragen die Gleitbahn des Kreuzkopfes, während die Ständer auf der anderen Seite in der Ebene der Kurbellager befestigt sind. Dadurch sind Kurbelwellenlager sowie Kurbel- und Kreuzkopflager von verschiedenen Seiten gleichermaßen gut zugänglich. Die Ständer erhalten vielfach Seitenflansche, durch die sie miteinander zu einem steifen Gestell verschraubt werden (Bild 5/2). Bei der Anordnung in der Ebene der Kurbelwellenlager wird der Kreuzkopf entweder eingleisig an einer zwischen zwei Ständern aufgehängten, bei größeren Motoren gekühlten Gleitbahn geführt oder viergleisig an den Seiten der vorderen und hinteren Ständer.

Bei kleineren Motoren in Tauchkolbenbauart, deren Ständer mit den Zylindern oder der Grundplatte in einem Teil vereinigt einen zusammenhängenden Rahmen bilden, bringt man in der Seitenwand den Kurbellagern gegenüber Öffnungen an. Dadurch sind die Lager zugänglich. Sie werden durch Deckel verschlossen, um Ölverluste zu vermeiden. Größere Motoren mit getrennter Anordnung der Ständer werden an den Seiten mit Blech verkleidet. Diese Verkleidung enthält Deckel oder Türen, durch die man Zugang zum Kurbelgehäuse hat. Kleinere Handlochdeckel ermöglichen die Überwachung des Triebwerkes während des Betriebes.

Des öfteren sind am vorderen und hinteren Ende des Kurbelgehäuses sogenannte *Brechplatten* aus dünnwandigem Grauguß oder Messingblech angebracht. Bei einer im Kurbelgehäuse auftretenden Ölexplosion bersten sie und verhindern dadurch die Beschädigung anderer Motorenteile. Federbelastete Rückschlagdeckel oder Deckel bzw. Türbefestigungen, die durch Zwischenschaltung federnder Glieder unter Explosionsdruck ein beschränktes Öffnen zulassen, erfüllen den gleichen Zweck. Explosionen im Kurbelgehäuse werden gefährlich, wenn sie Türen oder Deckel herausschlagen und große Mengen des Umlauföles in den Maschinenraum schleudern. Dort findet das Öl dann den nötigen Sauerstoff für eine Großexplosion.

Durch Dunstrohre sollen Ölschwaden abziehen. Verbrannte Öldämpfe dürfen nicht ins Kurbelgehäuse gelangen, da die in ihnen enthaltenen Verbindungen $SO_2$ und $H_2O$ das Umlauföl säuern, seine Schmierfähigkeit vermindern und zu Korrosion führen. Bei großen Motoren, die meist mit Kreuzkopf versehen werden, schließt man das Kurbelgehäuse gegen den Zylinder durch eine Deckplatte ab. Eine Stopfbuchse verhindert, daß vom Kolben abtropfendes angebranntes und

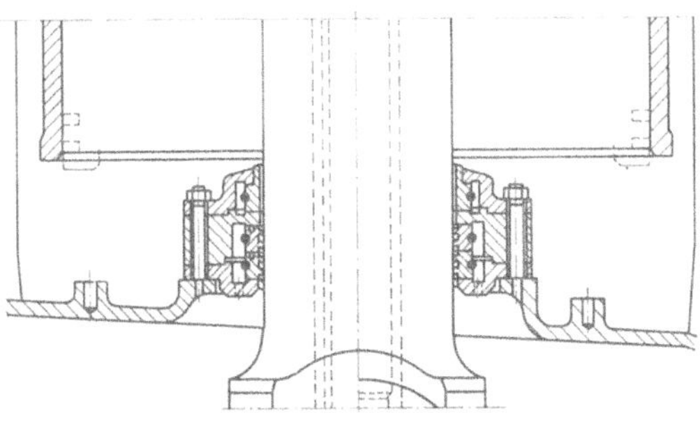

Bild 5/4. Zwischenbodenstopfbuchse eines Borsig-Fiat-Motors (Werkbild Borsig AG, Berlin)

verkoktes Schmieröl in das Kurbelgehäuse gelangen kann und das Umlauföl verschmutzt. Dies ist besonders bei der Verbrennung von Schweröl (Schwerölbetrieb) wichtig. Bild 5/4 zeigt die Stopfbuchse beim Fiat-Großmotor mit „offenem" schrägen Zwischenboden.

Man ist immer bestrebt, die Kolben der Zweitakt-Kreuzkopfmotoren so kurz zu bauen, daß nur die Kolbenstange die Kurbelgehäusedecke durchdringt. Der große Kolbendurchmesser und die Stopfbuchse verhindern, daß das verschmutzte Zylinderöl in den Kurbelraum gelangt. Es wird restlos auf der Deckplatte abgefangen und abgeleitet.

In Bild 5/5 sind die Einzelheiten der Zwischenbodenstopfbuchse und der Kühlwasserversorgung für die Kolbenkühlung des Großdiesels in Bild 5/3 dargestellt. Die Posaunenstopfbuchse ist ohne Kolbendemontage auswechselbar. Die Teleskoprohre für die Kolbenkühlwasserzu- und -abfuhr (Posaunen) liegen in Nischen, so daß kein Leckwasser in das Motorenumlauföl gelangen kann.

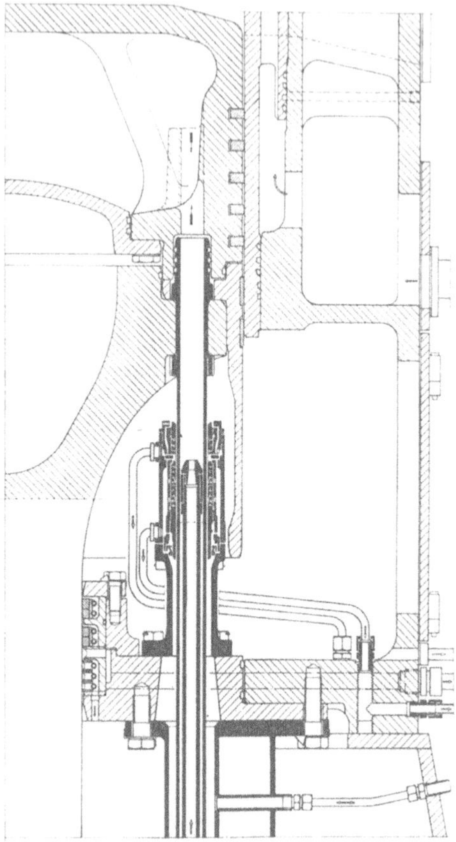

Bild 5/5. Zwischenbodenstopfbuchse und Führung der Posaunen für die Kühlwasserversorgung des Kolbens (Werkbild Gebr. Sulzer AG, Winterthur)

## 5.3. Zylinder

Die Zylinder werden bei kleineren und mittleren Motoren in Blöcken zusammengefaßt. Bei großen Motoren sind Einzelausführungen oder Zweierblöcke vorherrschend. Die Zylinder stehen entweder einzeln auf den Ständern, oder sie werden durch seitliches Verschrauben fest zu einem Gesamtblock vereinigt. In manchen Fällen stehen die Zylinder auch einzeln, während ihre Zylinderdeckel durch Seitenflansche miteinander verbunden sind. Die Zylinder werden so ausgeführt, daß man sie mit den Ständern verschrauben kann.

### 5.3.1. Zylinderkörper und Laufbuchsen

Nur sehr kleine Motoren erhalten keine besonderen Einsatz- oder Laufbuchsen. Bei allen anderen Motoren verwendet man sie, um das Ausdrehen der Zylinder nach längerer Laufzeit durch das einfachere Auswechseln der Buchsen ersetzen zu können. Die *Laufbuchsen* werden aus Perlitguß oder hochwertigem mit Vanadium, Titan oder Molybdän legiertem Grauguß gewöhnlich im Schleudergußverfahren hergestellt. In Einzelfällen werden sie auch aus Stahl geschmiedet. Der Werkstoff muß bei hohen Temperaturen eine gute Verschleißfestigkeit aufweisen, damit die Lauf- und Dichtungsflächen für die Kolbenringe nur geringe Abnutzung erfahren und somit eine lange Betriebsdauer ermöglichen. Besitzt er diese Eigenschaft nicht, so verschlechtert sich die Abdichtung des Kolbens rasch, und die Laufbuchsen müssen häufiger erneuert werden. Ein feinkörniges homogenes Gefüge und ausreichende Härte sind die wichtigsten Voraussetzungen, die der Gußwerkstoff erfüllen muß. Stahl nutzt sich im allgemeinen schneller ab.

Die Lebensdauer der Zylinder-Laufbuchsen kann durch *Hartverchromen* erhöht werden. Bei diesem Verfahren wird die Buchse als Katode geschaltet, d. h. an die Minusklemme der Spannungsquelle angeschlossen, und in ein Bad von Chromsalzen gehängt. Auf galvanischem Wege bildet sich dabei auf der zuvor leicht gerauhten Lauffläche eine Hartchromschicht. Durch langsames Drehen der Buchse während des Prozesses erzielt man eine gleichmäßige Schichtdicke. Diese soll je nach Zylindergröße 0,03 . . . 2,5 mm betragen. Ihre Härte liegt bei 1000 Vickerseinheiten, besitzt also den fünffachen Wert der Härte von Perlitguß.

Bei Hartverchromung kann die Buchse aus gewöhnlichem Zylindergrauguß bestehen. Das Verfahren liefert eine maßhaltige Oberfläche, die nicht nachgeschliffen zu werden braucht. Die Abnutzung nicht hartverchromter Laufflächen in mittleren und größeren Motoren führt im Jahr bei 300 vollen Betriebstagen normalerweise zu etwa 1 mm Durchmesserzunahme. Bei 5 . . . 6 mm zulässiger Abnutzung für Buchsen von etwa 750 mm Durchmesser, d. h. etwa 3 mm Wanddickenabnahme, entspricht das einer Lebensdauer von 5 . . . 6 a. Durch Hartverchromen wird die Abnutzung herabgesetzt. Die Laufeigenschaften der Chromschicht sind sehr gut, so daß sich auch die Abnutzung der Kolbenringe stark vermindert. Durch das Verfahren von *Van der Horst* (Zwolle/Niederlande) bilden sich Kapillarröhrchen in der Hartchromschicht, die Öl aufsaugen und so einen vorzüglichen Schmierzustand aufrechterhalten.

Für Tauchkolbenmotoren wird die Laufbuchse aus einem Stück gefertigt. Sie wird durch eine ringförmige Verstärkung am oberen Ende in einer entsprechenden Eindrehung am Zylinderkörper gehalten und zentriert. Am unteren Ende sitzt sie mit Spiel im Zylinderkörper, damit sie sich frei ausdehnen kann. Am Beispiel eines M.A.N.-GV-Motors 23,5/33, der häufig als Antriebsmaschine für Bordgeneratoren (Hilfsdiesel) eingebaut wird, ist die Konstruktion erkennbar (Bild 5/6). Da der Hohlraum zwischen Zylinderkörper und Buchse von Kühlwasser durchflossen wird, muß am unteren Ende eine Abdichtung vorgesehen werden. Diese besteht entweder aus einer kleinen Stopfbuchse oder aus Gummiringen, die in entsprechende Nuten

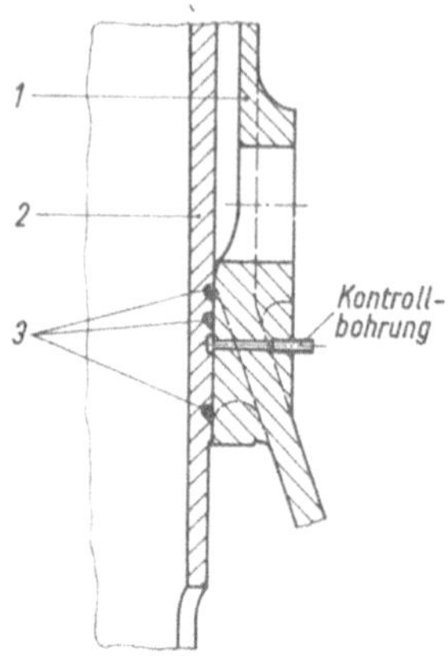


Bild 5/7. Abdichtung des Kühlwasserraumes zwischen Zylinderkörper und Laufbuchse (nach einem Werkbild von M.A.N. AG, Augsburg)

1 Zylinderblock
2 Laufbuchse
3 Bunaringe

Bild 5/6. M.A.N.-Dieselmotor GV 23,5/33 (Werkbild M.A.N. AG, Augsburg)

der Buchse oder des Zylinderkörpers eingedrückt werden (Bild 5/7). Bei den in Kreuzkopfausführung gebauten Zweitaktmotoren ist außerdem noch eine Abdichtung der Auslaß- und Spülkanäle nötig. Diese wird gleichfalls durch Gummiringe in Nuten bewirkt (siehe Bild 5/9 und Bild 5/10). Die Zylinderkörper des in Bild 5/8 gezeigten Motors wurden einzeln gegossen und durch Paßschrauben zu einem Block vereinigt. Sie besitzen eingegossene Kanäle für Spülluft und Abgase. Der obere Teil des Zylinderkörpers ist wassergekühlt. Eine auf der Steuerseite in Höhe der Schlitze angeordnete Öffnung gestattet die Kontrolle eines Teiles des Kolbens und der Schlitze in derZylinderbuchse.

Die Zylinderbuchse (Bild 5/9) ist zweiteilig aus verschleißfestem Grauguß hergestellt. Der obere Teil enthält die für den Ladungswechsel erforderlichen Spül- und Auslaßschlitze. Oberhalb der Auslaßschlitze ist die Buchse von Wasser im unteren Teil von Spülluft umgeben. Die Zylinderbuchse ist von oben in den Zylindermantel eingesetzt und wird über den Schlitzen durch eine Packung aus Spezial-Asbestringen und einen Kupferring abgedichtet. Dadurch ist bei Erwärmung die Ausdehnung der Buchse nach unten möglich. Oberhalb der Schlitze befindet sich eine wellenförmige Schmiernut mit 8 Schmieranstichen, unterhalb sind zwei weitere Schmierbohrungen für die Zylinderschmierung durch besondere Schmierapparate angeordnet. Der untere Teil der Zylinderbuchse ist von unten am Zylindermantel angeflanscht und dient der Führung des Kolbens.

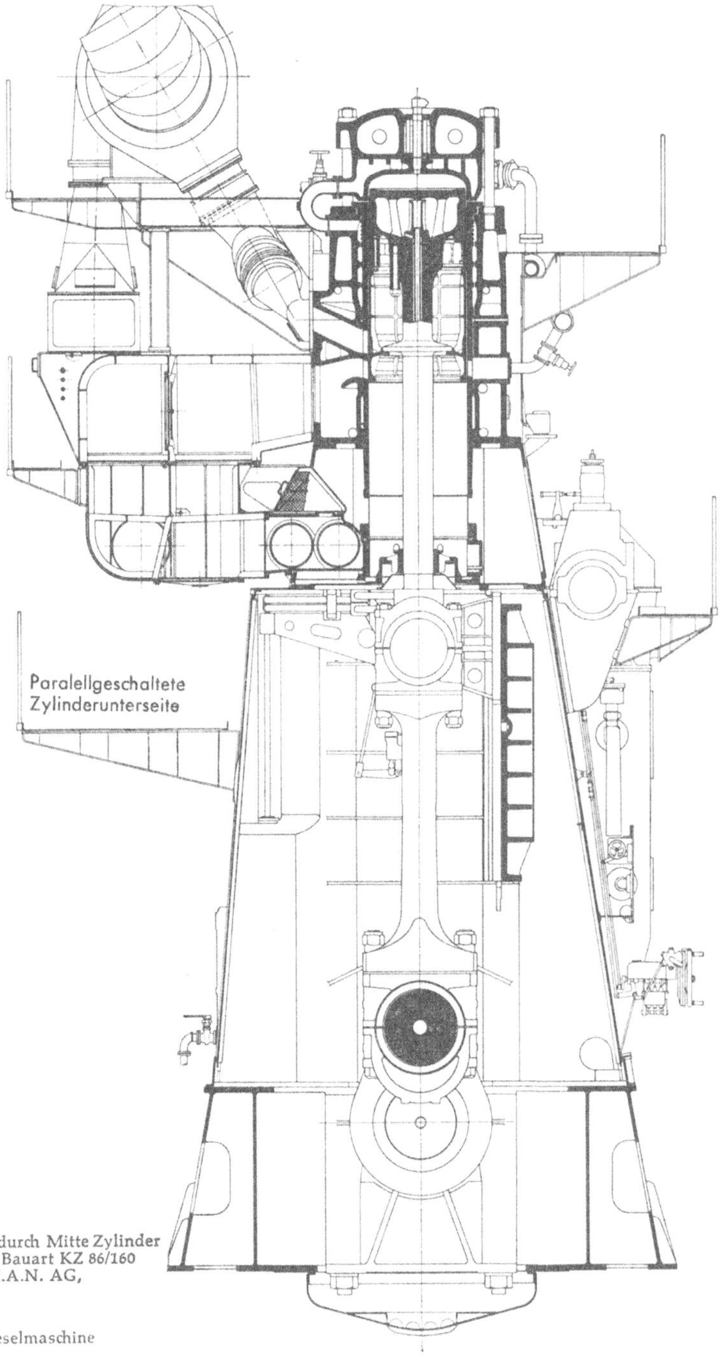


Bild 5/8. Schnitt durch Mitte Zylinder eines Motors der Bauart KZ 86/160 (Werkbild von M.A.N. AG, Augsburg)

a) Ansicht

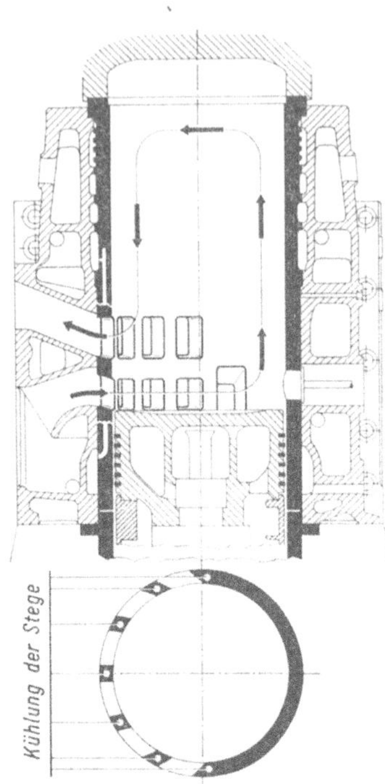


b) Schnitt

Bild 5/9. M.A.N.-Zylinderbuchse für KZ-Motoren mit Stegkühlung (Werkbild von M.A.N. AG, Augsburg)

Bild 5/10 zeigt eine *Laufbuchse* für den in Bild 5/3 dargestellten Sulzermotor. Die bei dieser Bauart mögliche intensive Kühlung der Stege zwischen den Auslaßschlitzen hält diese im Betrieb sauber. Ähnliche Überlegungen liegen der Konstruktion der Laufbuchsen mit kühlwasserdurchflossenen Spül- und Auslaßschlitzstegen beim Borsig-Fiat-Motor zugrunde. Bild 5/11 zeigt diese Laufbuchsen mit den dazugehörigen Kolben. In das Laufbuchsenoberteil, das dem größten Innenverschleiß unterliegt, ist eine auswechselbare Buchse aus Spezialgußeisen eingezogen.

Die in den Zylindern von Dieselmotoren auftretenden Temperaturen gehen über die Umwandlungstemperatur, ja sogar über die Schmelztemperatur von Grauguß hinaus. Um ausreichende Festigkeit des Werkstoffes und eine hohe Lebensdauer der Teile zu gewährleisten, bedarf es daher einer *kräftigen Kühlung*. Diese erreicht man durch Wasserumlauf in den durch Zylinderkörper und Laufbuchse begrenzten Hohlräumen.

Im Zuge der Entwicklung von Großdieselmotoren mit Zylinderbohrungen über 800 mm hat man eine Ausführung gefunden, bei der die Laufbuchse im oberen Teil (Verbrennungsraum) durch Stahlringe wirkungsvoll entlastet wird. Dies ermög-

Bild 5/10. Laufbuchse des Sulzer-RD-Motors (Werkbild Gebr. Sulzer AG, Winterthur)

a) Zylinderlaufbuchsen

b) Kolben

Bild 5/11. Borsig-Fiat-Schwerölmotor mit 750 mm Bohrung (Werkbild Borsig AG, Berlin)

lichte die Beibehaltung der für den Wärmedurchgang günstigen, bisher nur bei kleineren Motoren üblichen Wanddicken (Bild 5/12).

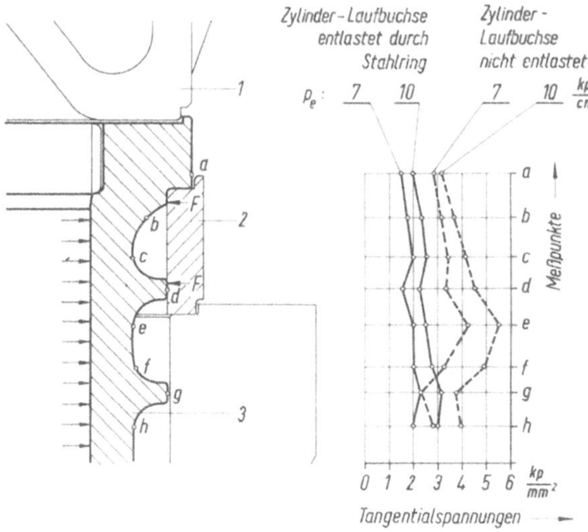


Bild 5/12. Tangentialspannungen in der Laufbuchse eines Sulzermotors 1 RSA 76
1 Zylinderdeckel
2 Stahl-Entlastungsring
3 Zylinderkörper (Laufbuchse)

### 5.3.2. Zylinderdeckel

Der den Zylinder oben abschließende Deckel wird in der Regel als besonderes Gußstück ausgeführt. Er besteht meist aus Grauguß oder Stahlguß. Der Deckel ist sehr hohen Druck- und Temperaturbeanspruchungen ausgesetzt und erfordert deshalb eine kräftige Ausführung.

*Beispiel:* Der Druck in einem Dieselmotorenzylinder erreicht in der Verbrennungsperiode den Betrag $p_z = 55$ at $= 55$ kp/cm². Der Zylinderdurchmesser $D$ beträgt 600 mm. Wie groß ist die Deckelbelastung $F$?

$$F = \frac{D^2 \pi}{4} p_z = \frac{60^2 \text{ cm}^2 \pi \, 55 \text{ kp}}{4 \text{ cm}^2} = 155\,000 \text{ kp} = 155 \text{ Mp}.$$

Die Belastung ist also recht beachtlich. Zu dieser mechanischen Belastung kommt noch die thermische. Die Ausführung der Deckel wird weiterhin erschwert durch die für die Ventile erforderlichen Aussparungen, die man auch Kanonen nennt, weil sie röhrenförmig ausgebildet sind. Weiterhin müssen die Wärmespannungen infolge der hohen Temperaturen auf der Unterseite bei der Konstruktion berücksichtigt werden. Die Deckel enthalten Hohlräume, damit sie durch Wasser gekühlt werden können. Beim Viertaktmotor müssen im Deckel je ein oder zwei Einlaß- und Auslaßventile, ferner das Kraftstoffeinspritzventil, ein Anlaß- und ein Sicherheitsventil untergebracht werden.

Infolge ihres komplizierten Aufbaus können diese Deckel nur aus Grauguß oder Leichtmetallguß gefertigt werden. Durch die stark verrippte Ausführung erhalten sie eine ausreichende Festigkeit. Bild 5/13 gibt Erfahrungswerte nach *Mayr* für die Ausführung der Wanddicke bei der Konstruktion von Zylinderdeckeln an. Bild 5/14 zeigt am Beispiel eines MWM-Motors den Aufbau des Zylinderdeckels für einen Viertaktmotor. Zylinderdeckel von Zweitaktdieselmotoren sind wegen der meist wegfallenden Ventilaussparungen konstruktiv einfacher zu gestalten und können daher aus Stahlguß hergestellt werden. Durch Verwendung dieses Werkstoffes kann man die beim Zweitaktverfahren höhere thermische Belastung (siehe 4.3) besser beherrschen. Bild 5/15 zeigt den Zylinderdeckel des in Bild 5/8 dargestellten MAN-Zweitaktmotors. Er ist zweiteilig ausgebildet. Das Unterteil (7) aus Stahlguß enthält die Kühlwasserkanäle, das Oberteil ist eine kräftige Haube aus Grauguß. Diese Haube überträgt den Verbrennungsdruck durch Stiftschrauben (2) auf den Zylindermantel (9). In der Mitte des Unterteiles ist senkrecht das Kraftstoffventil (1) angeordnet, das im Oberteil durch einen Zentriersatz geführt wird. Waagerecht sind am Unterteil Sicherheitsventil (10) und Anlaßventil (6) angebracht. Während MAN-Zylinderdeckel in einer waagerechten Ebene geteilt sind, haben andere Fabrikate eine zentrische Teilung. Der Zylinderdeckel des Sulzer-RD-Motors in Bild 5/3 ist beispielsweise zentrisch geteilt (Bild 5/16).

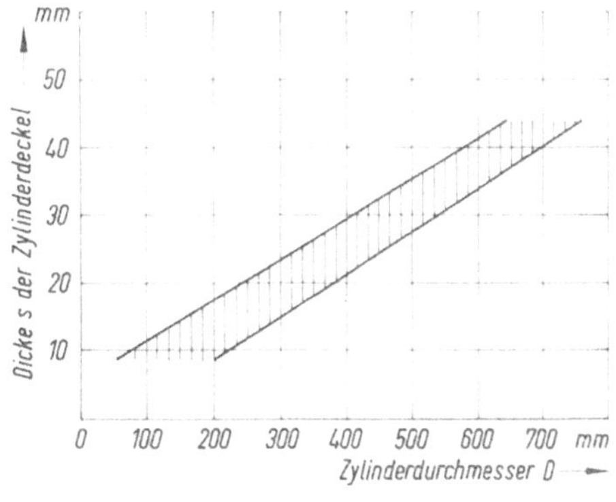


Bild 5/13. Wanddicke der Zylinderdeckel von Viertaktmotoren bei verschiedenen Zylinderdurchmessern

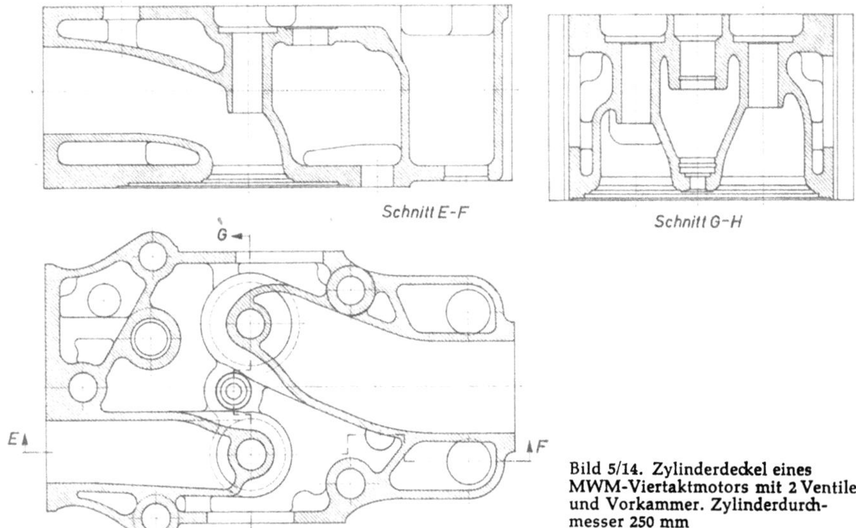


**Bild 5/14. Zylinderdeckel eines MWM-Viertaktmotors mit 2 Ventilen und Vorkammer. Zylinderdurchmesser 250 mm (Werkbild Motoren-Werke Mannheim AG)**

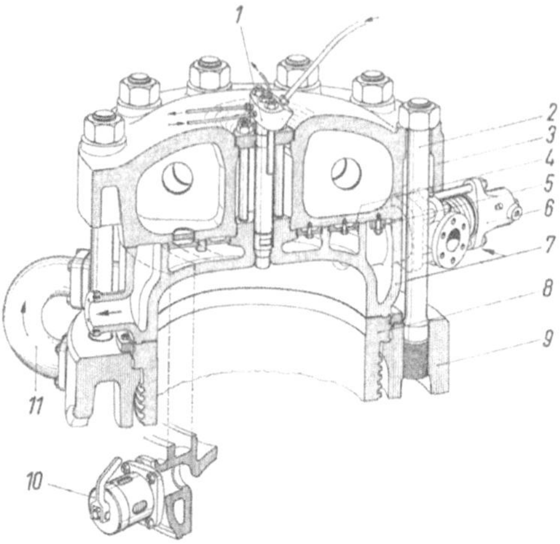


Bild 5/15. Zylinderdeckel des M.A.N.-Motors der Bauart KZ 86/160 (Bild 5/8)
1 Kraftstoff-Nadelventil
2 Deckelschraube
3 Oberteil
4 Ring
5 Zinkschutzring
6 Anlaßventil
7 Unterteil
8 Zylinderbüchse
9 Zylindermantel
10 Sicherheitsventil
11 Rohrbogen für Kühlwasserübertritt

Bild 5/16. Zylinderdeckel des Sulzer-RD-Motors (Werkbild Gebr. Sulzer AG, Winterthur)

Die beim Dieselmotor auf die Deckel wirkenden hohen Drücke beanspruchen die Verbindung der Zylinderkörper mit den Ständern bzw. mit der Grundplatte sehr stark. Daher müssen die Zylinder und Grundplatte verbindenden Ständer sehr kräftig ausgeführt werden. Bei Großmotoren werden Zylinder, Ständer und Grundplatte durch kräftige Stahlanker zusammengefügt, die von den Deckeln oder von der Oberkante der Zylinderkörper bis zur Grundplatte reichen. Die Stahlanker laufen an den Zylindern vorbei und durch die Ständer hindurch. In diesem Falle können die Ständer leichter bemessen werden. Bei anderen Ausführungen werden die Zylinderkörper durch kurze Anker mit den Ständern verbunden.

## 5.4. Kolben

Der Kolben eines Dieselmotors erfordert erheblich größeren konstruktiven Aufwand als derjenige einer Kolben-Dampfmaschine, denn die mechanische und thermische Beanspruchung ist wesentlich größer, und die Abdichtung durch die Ringe muß höheren Drücken standhalten.

Der Kolben eines Tauchmotors besteht meist aus hochwertigem Grauguß oder Leichtmetallguß. Da er bei Motoren ohne Kreuzkopf die Aufgabe hat, den Kurbeltrieb zu führen, muß er einen *Kolbenschaft* erhalten, d. h. er muß verhältnismäßig lang ausgeführt werden. Bild 5/17 zeigt den Aufbau des Tauchkolbens eines Viertaktmotors der Fa. Krupp. Bei stärkeren Motoren mit besonderer Kolbenkühlung werden Ringträgerteil und Kolbenboden, die sogenannte *Kolbenkrone,* aus Schmiedestahl oder Stahlguß hergestellt. Der aus Grauguß bestehende Schaft wird als Buchse angesetzt. Nicht öl- oder wassergekühlte Tauchkolben fertigt man am besten in einem Stück. Dies hat den Vorteil der besseren Wärmeleitung, da diese durch den Wärmeübergang von der Kolbenkrone aus Stahl auf den Schaft aus Grauguß verschlechtert wird. Je schneller die Wärme zum Kurbelraum hin abfließt, desto stärker sind die Kolben und damit der Motor belastet. Dies bedeutet wiederum, daß man bei ungeteilten Kolben auf größere Durchmesser (d. h. größere Leistung) gehen kann, ehe eine Kühlung durch Wasser oder Öl notwendig Bei den schnellaufenden kleineren Dieselmotoren (Fahrzeug-, Bootsmotoren usw.) hat sich der Leichtmetallkolben allgemein durchgesetzt. Die Verbesserung der Eigenschaften dieser Werkstoffe hat derartige Fortschritte gemacht, daß der Leichtmetallkolben fast bei allen Typen von Tauchkolbenmotoren verwendet wird.

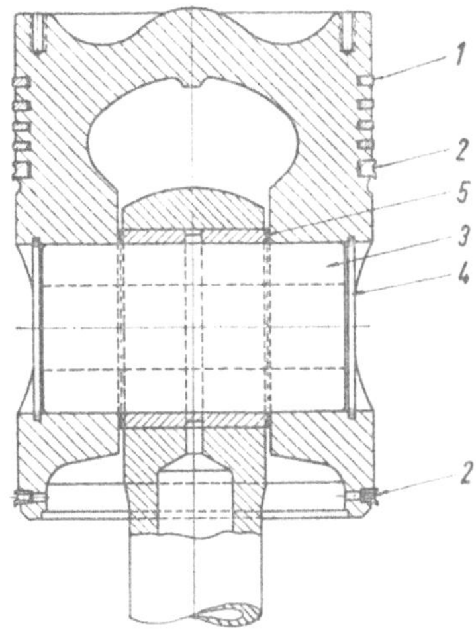


Bild 5/17. Viertakt-Tauchkolben der Firma Burmeister & Wain AG (Werkbild Burmeister & Wain AG, Kopenhagen)
1 Kolbenring
2 Ölabstreifring
3 Kolbenbolzen
4 Sprengring
5 Kolbenbolzenlager

Man hat schon Motoren mit Bohrungen bis 570 mm und etwa 400 PS Zylinderleistung mit Leichtmetallkolben ausgeführt, die keiner besonderen Kühlung

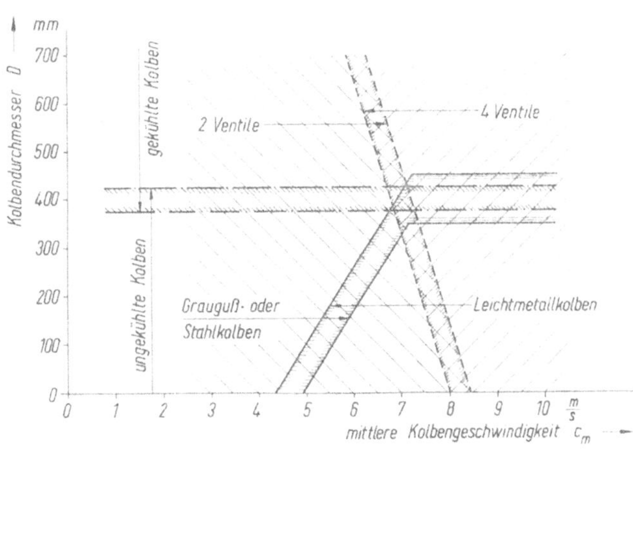


Bild 5/18. Einfluß von Zylinderdurchmesser und mittlerer Kolbengeschwindigkeit auf die Anzahl der Ventile und auf die Kolbenbauart

bedürfen. Die Entwicklung geht dahin, auch Kolben mit noch größeren Durchmessern aus Leichtmetall herzustellen.

Bild 5/19 zeigt die Vorteile der Verwendung von Leichtmetall an einem Beispiel. Der Leichtmetallkolben weist aufgrund seiner besseren Wärmeleitfähigkeit bei hohen Mitteldrücken eine Temperatur auf, die 150 grd unter der des Vergleichskolbens aus GG liegt. In der Zone des obersten Kolbenringes sollten im Betrieb keine Temperaturen über 200 °C auftreten, um das Festbrennen der Kolbenringe auszuschließen. Dieser Forderung wird der Aluminiumkolben auch bei starker Belastung gerecht. Außerdem ergibt sich beim Leichtmetallkolben eine gleichmäßigere Wärmeverteilung, was die inneren Spannungen und damit die Gefahr von Rißbildungen mindert.

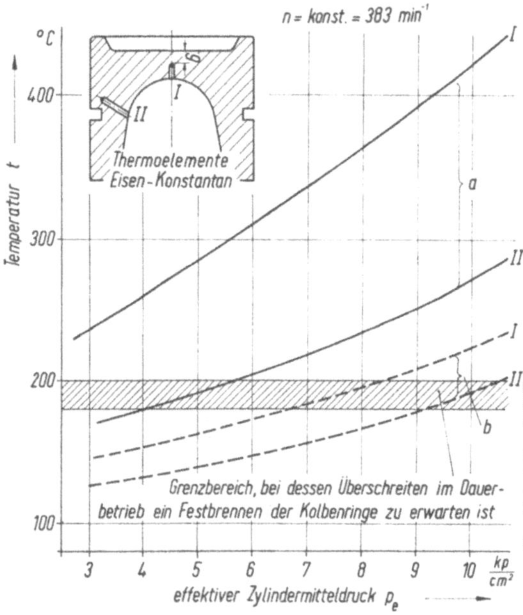


Bild 5/19. Vergleich der Temperaturen eines Aluminium- und eines Graugußkolbens von 285 mm Durchmesser
I Meßstelle Kolbenboden - Mitte
II Meßstelle oberster Kolbenring
— Gußeisen-Kolben
-·- Al-Kolben
a) Differenz bei GG-Kolben zwischen Meßstelle I und II
b) Differenz bei Al-Kolben zwischen Meßstelle I und II

Die Kolbenlegierungen aus Leichtmetall besitzen jedoch nicht die Druckfestigkeit des Graugusses oder des Stahles. Infolgedessen muß der Leichtmetallkolben am Boden und in der Bolzenzone stärker bemessen werden, um die hohen Drücke der Verbrennungsperiode auf das Bolzenlager übertragen zu können. Die erforderlichen größeren Querschnitte wirken sich günstig auf die Wärmeableitung über Ringe und Laufbuchse an das Kühlwasser aus. Das Leichtmetall hat eine Dichte von 2,7 kg/dm³, hochwertiger Grauguß erreicht 7,5 kg/dm³. Trotz der größeren Materialquerschnitte wird der Leichtmetallkolben nur etwa halb so schwer wie der Graugußkolben. Dadurch sind die bewegten Massen des Motors kleiner, der Massenausgleich einfacher, und es ergibt sich die Möglichkeit, die Kolbengeschwindigkeiten zu erhöhen.

Bei kleineren Kolben sitzt der oberflächengehärtete, hohl ausgeführte Kolbenbolzen mit Preßpassung direkt in den Kolbenaugen. Das Einsetzen erfolgt nach Erwärmung des Kolbens auf einer Heizplatte oder in Öl. Gegen Verdrehung und Verschiebung werden die Bolzen durch Halteschrauben, Keile, Zapfenscheiben oder Seegerringe (siehe Bild 5/17), gesichert. In größere Leichtmetallkolben gießt man gewöhnlich Stahlbuchsen ein, in die der Kolbenbolzen mit Schiebesitz eingesetzt wird. Die Enden sind mit kreisförmigen Einstichen versehen, in die man leicht konische Stahlringe hydraulisch eingepreßt. Dadurch werden die Bolzenenden so aufgeweitet, daß der Bolzen festsitzt. Bei Herausnahme des Bolzens drückt man die Preßringe auch wieder hydraulisch heraus. Das Einsetzen und Herausnehmen der Kolbenbolzen soll ohne Anwendung von Gewalt mit Druck- oder Ziehvorrichtungen, nicht durch Schlagen erfolgen. Man vermeidet so eine Deformation des Materials in Nähe der Kolbenaugen.

Häufige Anwendung findet der „schwimmende" Kolbenbolzen, der mit Schiebesitz eingepaßt und durch Seegerringe gegen Verschiebung gesichert wird.

Bei Viertaktmotoren in Kreuzkopf- und Tauchkolbenbauart verwendet man konische Kolben, die zum Kolbenboden hin im Durchmesser geringfügig abnehmen, da dort infolge der höheren Temperaturen größere Dehnungen auftreten.

In Zweitaktmotoren hat die Kolbenansatzbuchse (siehe Bild 5/21) bei Durchmessern bis 500 mm je nach Größe 0,3 . . . 0,7 mm Luft, bei größeren Kolben 0,7 . . . 1,0 mm. Der Kolbenkörper wird ähnlich wie beim Viertaktmotor von der Ringzone zur Decke verjüngt ausgeführt

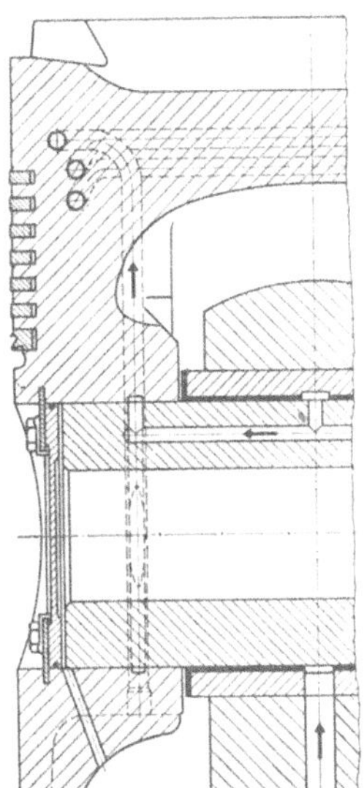

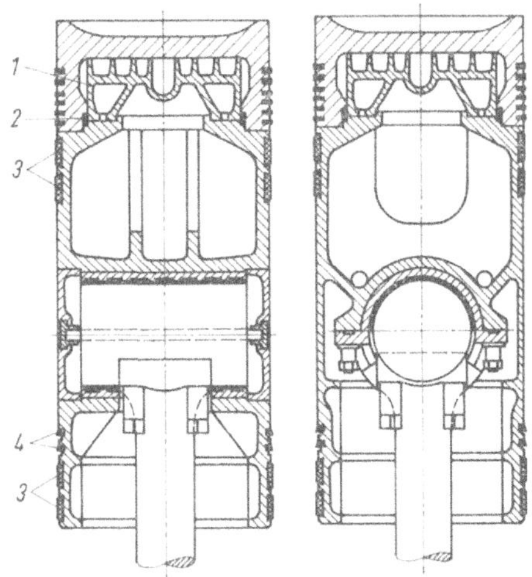


Bild 5/21. M.A.N.-Zweitakt-Tauchkolben (Werkbild M.A.N. AG, Augsburg)
1 Einsatz für Kühlölführung, 2 Dichtung zwischen Kolbenkrone und -hemd, 3 Führungsringe, 4 Ölabstreifringe

Bild 5/20. Schnitt eines mit Kühlschlange ausgerüsteten Leichtmetallkolbens

Im Grenzbereich um etwa $D = 400$ mm (siehe auch Bild 5/18) wendet man häufig Spritzkühlung des Kolbenbodens an. Vom oberen Pleuelauge der Pleuelstange aus wird dabei reichlich Umlauföl von innen gegen den Kolbenboden gespritzt, um Wärme abzuführen und Kolbenboden- und Ringzonentemperatur in zulässigen Grenzen zu halten. So braucht man in diesem Grenzbereich noch nicht die aufwendige Vollkühlung anzuwenden. Leichtmetallkolben von etwa 500 mm Durchmesser erhalten im Kolbenboden eingegossene Kühlschlangen (Bild 5/20). Aufgrund der guten Wärmeleitfähigkeit des Leichtmetallwerkstoffes sind nur geringe Kühlölmengen erforderlich, die dem Umlaufschmiersystem im Kolbenbolzen entnommen werden. Hohe Ölgeschwindigkeiten sorgen für saubere Kanäle, in denen auch keine Verkokung des Kühlöls eintritt, da die Temperaturen niedrig, in der obersten Ringzone z. B. bei 165 °C liegen.

Die Ausführung eines gekühlten Tauchkolbens für einen einfachwirkenden Zweitaktmotor der M.A.N. zeigt Bild 5/21. Der Kolben ist geteilt. Die Krone oder Kappe besteht aus Schmiedestahl, bei dem Risse durch Wärmeeinflüsse kaum auftreten. Die Kappe trägt auch die Dichtungsringe. Sie erhält einen Einsatz aus Grauguß (1) mit Ringkanälen für die Leitung des Kühlmittels (in diesem Falle Öl). Dieses wird durch Tauchrohre zu- und abgeleitet und erreicht in den Kanälen eine hohe Geschwindigkeit, so daß die überschüssige Wärme aus dem Kolbenboden sicher abgeführt wird und keine Verkrustung von Öl an den heißen Flächen auftritt.

An der Stahlkrone ist unter Zwischenschaltung einer Dichtung (2) die Kolbenführungsbuchse befestigt, die aus Grauguß besteht und kräftig verrippt ist. Diese Verstärkung ist nötig, da die hohe Druckbelastung des Kolbenbodens in der Verbrennungsperiode von der Kolbenkrone auf die Buchse und weiter auf das in der Buchse ausgebildete Pleuelkopflager übertragen wird. Die Kolbenbuchse dient hier nicht direkt der Führung des Kolbens im Zylinder und der Übertragung der durch die wechselnde Schräglage der Pleuelstange hervorgerufenen Seitenkräfte auf die Zylinderwandungen. Diese Aufgabe übernehmen vielmehr die in Schwalbenschwanznuten eingewalzten Führungsringe (3), die unten aus Bleibronze, oben aus Spezialgrauguß bestehen. Oben und unten sind je zwei solcher Ringe angebracht. Sie ragen nur ganz wenig aus der Kolbenbuchse hervor. Infolge der günstigen Dehnungseigenschaften der Bleibronze kann das Laufspiel am Schaft wesentlich kleiner gehalten werden als bei Verwendung von Grauguß. Hierdurch und aufgrund der guten Laufeigenschaften der Bleibronze auf dem Grauguß der Zylinderbuchse wird die Laufruhe des Motors verbessert. Außerdem wird es möglich, die Kolbengeschwindigkeit und damit die Leistung zu erhöhen. Das geringe Spiel der Führungsringe im Zylinder erschwert Gasdurchschläge vom Verbrennungsraum her und erhält dadurch einen guten Schmierungszustand auf der Zylinderbuchse. Oberhalb der unteren beiden Führungsringe liegen zwei Ölabstreifringe (4), die das vom Kolben aus dem Kurbelraum hochgenommene Öl abstreifen sollen. In der Nähe ihrer unteren scharfen Kante verlaufen Bohrungen in das Innere der Buchse, durch die das Öl zurückläuft.

Der Kolben des in Bild 5/8 gezeigten Großdieselmotors mit Kreuzkopfführung besteht aus drei Teilen. Das Oberteil aus Stahlguß enthält die Kolbenringnuten, die zur Verminderung des Verschleißes brenngehärtet sind. Das Unterteil aus Grauguß dient der Steuerung der Spülvorgänge. Ober- und Unterteil werden durch eine Führungshülse aus Grauguß verbunden. Die Führung des Kolbens wird durch Gleitringe im Mittelstück und im Unterteil verbessert. Der Kolben ist wassergekühlt, siehe auch Bild 5/30.

Die Entwicklung von Zweitaktgroßdieselmotoren mit Zylinderleistungen von 1500 PS und mehr erfordert besonders wegen der hohen auftretenden thermischen Beanspruchungen eine sorgfältige Bemessung und Ausführung des Triebwerkes. Häufig geht man dabei zur wirksameren Wasserkühlung über (Bild 5/22). Bei den neuen Bauformen wird die thermisch hochbeanspruchte Zone der Kolbenkrone mit geringeren Wanddicken und einer im Innern durch starke Verrippung vergrößerten Oberfläche ausgeführt, so

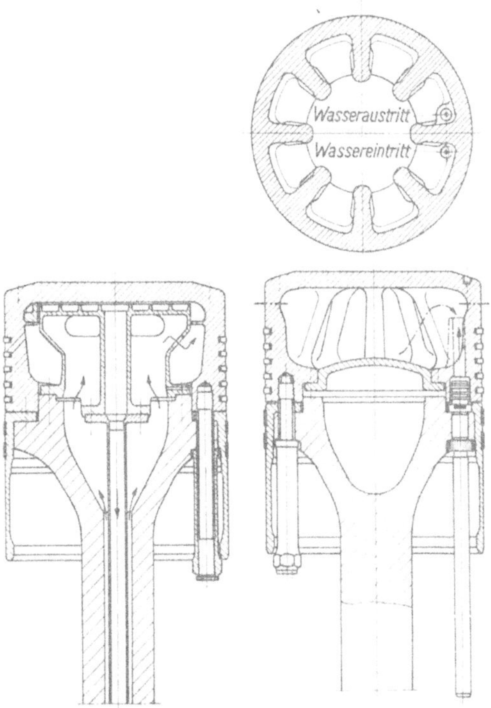


a) ölgekühlter Kolben b) wassergekühlter Kolben

Bild 5/22. Kolben des Sulzer-RD-Motors in verschiedener Ausführung (Werkbild Gebr. Sulzer AG, Winterthur)

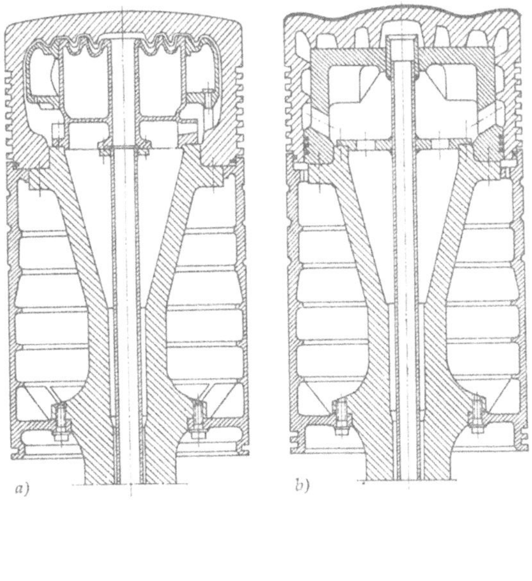


Bild 5/23. Arbeitskolben für Großmotoren mit Ölkühlung (Fiat)
a) bisherige Bauart
b) neue Bauart

daß eine wirkungsvollere Kühlung möglich ist. Die mechanische Belastung, d. h. die Gasdruckkräfte werden von dem dünnwandigen Kolbenboden auf einen kräftigen Stützzylinder übertragen, der sie direkt an die Kolbenstange weiterleitet. Bild 5/23 stellt diese neue Bauform der bisherigen gegenüber. Bild 5/23 gibt Auskunft über die Verbesserung der Kühlwirkung.

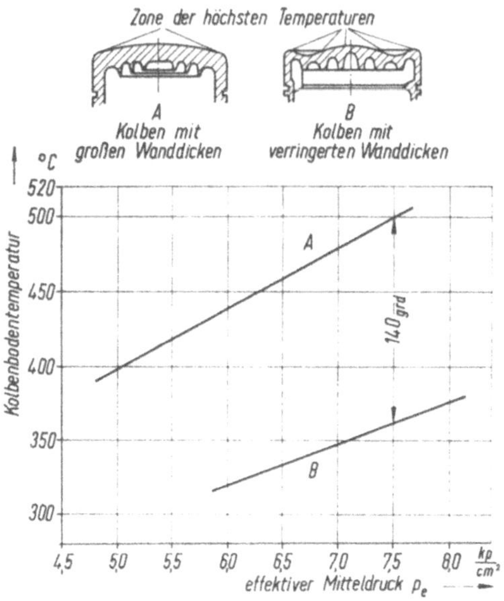


Bild 5/24. Kolbenbodentemperaturen für Kolben verschiedener Bauart

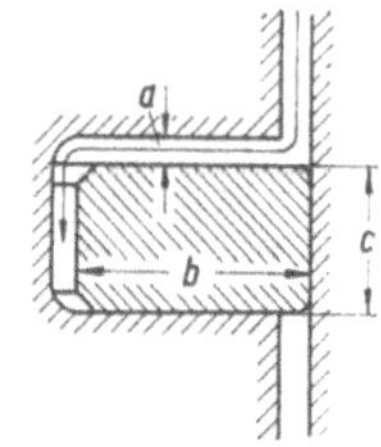


Bild 5/25. Kolbenring
a Axialspiel des Ringes in der Nut,
b Ringbreite,
c Ringhöhe

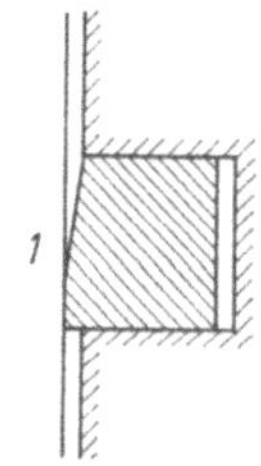


Bild 5/26. Ölabstreifring
1 Abstreifkante

Die Dichtung der Kolben im Zylinder gegen den hohen Gasdruck von 50 . . . 60 at erfolgt je nach der Bauart durch 3 . . . 9 schmale Kolbenringe. Diese werden in Trägernuten eingesprengt, die sich im Kolbenkörper befinden. Um den Verschleiß niedrig zu halten, sollen sie nur geringe Vorspannung besitzen. Als Werkstoff kommt lediglich hochwertiger Grauguß (Perlitguß) in Frage, der bei den meisten Ausführungen etwas geringere Härte besitzt als der Grauguß der Laufbuchsen (etwa 180 gegenüber 200 Brinelleinheiten). Auch die Verwendung von Ringen gleicher oder größerer Härte ist üblich. Das Gefüge des Ringwerkstoffes soll sehr feinkörnig sein, damit beim Einlaufen saubere Laufflächen erzielt werden. Die Stoßstellen der Ringe werden gegeneinander versetzt, um das Durchdringen von Gasen zu erschweren. Einzelheiten der Form und der Anordnung von Dichtungs- und Abstreifringen zeigen die Bilder 5/25 und 5/26.

Während die unteren Ringe leicht eingepaßt werden, erhalten wenigstens die beiden oberen weiten Spielsitz, je nach Größe 0,1 . . . 0,2 mm Axialspiel, damit sie bei der hohen Temperatur nicht infolge Dehnung in der Nut klemmen. Vielfach gibt man allen Dichtungsringen dieses Axialspiel, weil der Koksansatz in den Nuten so besser abgescheuert und herausgeschlagen werden kann. Die Ringe können sich dann nicht so leicht festsetzen und zu Bruch gehen. Der Kolben läuft nie ganz zentrisch, sondern führt auch geringfügige Bewegungen senkrecht zur Zylinderachse aus. Dies hat eine radiale Verschiebung der Ringe in den Nuten zur Folge. Die Gleitbewegung erfolgt vorwiegend an der Nutunterseite. Beim Aufwärtsgang des Kolbens legt sich der Ring dagegen, und beim Abwärtsgang nach der Verbrennung drückt das Gas den etwas vorspringenden Ring nach unten. Es wird also besonders an dieser Stelle Verschleiß auftreten. Der Ringstoß wird gerade oder schräg, seltener in Treppenform ausgeführt. Die Hartverchromung der Ringnuten hat sich bewährt. Bei manchen Motorentypen wird der oberste Kolbenring, der sogenannte Feuerring, an seiner Lauffläche hartverchromt. In kaltem Zustand müssen die Ringe an den Stoßstellen je nach Zylinderdurchmesser ein Spiel von 2 . . . 4 mm aufweisen, damit sie durch die starke Dehnung bei Erwärmung nicht im Zylinder festklemmen. Die Höhe (*c*) der Ringe (Bild 5/25) macht man möglichst gering, die Breite (*b*) dagegen recht groß. Durch das Axialspiel (*a*) der Ringe in den Nuten können hochgespannte Gase hinter den Ring gelangen und ihn mit großer Kraft gegen die Lauffläche pressen, so daß er den Schmierfilm zerstört und starken Verschleiß hervorruft. Bei geringer Ringhöhe bietet sich dem Druck eine kleinere Angriffsfläche, und die Anpreßkraft erreicht nicht so hohe Werte. Breite Ringe bewirken durch Drosseleffekte eine Abnahme des Druckes hinter dem Ring, tragen also zur Aufrechterhaltung einer ausreichenden Laufflächenschmierung bei. Die Ringbreite kann jedoch nicht beliebig groß ausgeführt werden, sondern muß im Verhältnis zur Ringhöhe (*c*) so bemessen werden, daß der Ring in die Nut eingesprengt, also über den Kolben gestreift werden kann, ohne daß er plastisch verformt wird. Bei den oberen Ringen ist der Anpreßdruck natürlich am größten. Er verringert sich durch Drosseleffekte nach unten mehr und mehr, so daß die unteren Ringe, die noch dazu geschmiert werden, der geringsten Abnutzung ausgesetzt sind. Die Kanten der Kolbenringe werden gewöhnlich etwas gebrochen, damit der an der Laufbuchse haftende Schmierfilm nicht zerstört wird.

Außer den einfachen Ringen verwendet man, um den Stoß zu dichten, auch zwei oder dreifache Ringe in einer Nut. Bei einem Duplexring erhält beispielsweise der eine Teil rechtwinkligen Querschnitt, sein Stoß ist gerade ausgeführt und besitzt ein ziemlich großes Spiel. Der Rechtwinkelquerschnitt wird durch den zweiten niedrigeren Ringteil ausgefüllt. Dieser ist seiner Stoßstelle gegenüber mit einem Lappen versehen, der sich in den breiten Stoß des Winkelringes legt. Durch diese Anordnung wird der Gasdurchtritt verhindert. Bei Ringen mit schrägen Stoßkanten ordnet man die Schrägungsrichtung gewöhnlich bei jeden zweiten Ring entgegengesetzt.

Im unteren Ende von Tauchkolben sitzen ein oder zwei Abstreifringe. Infolge der gedrungenen Bauart des kreuzkopflosen Motors mit verhältnismäßig kleinem Hub und großer Drehzahl wird ein großer Teil des von den Lagern abgeschleuderten Öles auf die Tauchkolben- und Laufbuchsenflächen geworfen. Damit nicht zuviel vom Kolben mit hochgenommen wird und an der Kolbenschmierung teilnimmt, wobei es zum Teil verbrennt und verkokt, wird es durch die Abstreifringe (siehe Bilder 5/17 und 5/20) wieder ins Kurbelgehäuse zurückgedrückt. Für diesen Zweck gibt man dem Ring einen nach oben abgeschrägten Querschnitt (Bild 5/26). Beim Aufwärtsgang des Kolbens erreicht das Öl, besonders bei den in Hubmitte herrschenden hohen Kolbengeschwindigkeiten, in dem von Ringschräge und Zylinderwand gebildeten Raum hohe Drücke. Es preßt den Ring zusammen, so daß dieser über den Schmierfilm hinweggleitet. Beim Hubwechsel mit der Kolbengeschwindigkeit Null legt sich der Ring wieder gegen die Lauffläche und schiebt beim Abwärtsgang das Öl mit seiner scharfen Kante nach unten ins Kurbelgehäuse. Bei Kolbenüberholungen muß der Zustand der Abstreifringe besonders sorgfältig geprüft werden. Bei Zunahme der Höhe der Anlagefläche des Ringes durch Verschleiß muß die Schräge in ihrer ursprünglichen Form wieder hergestellt oder der Ring erneuert werden. Die Abstreifkante ist nachzuschärfen. Der Kolben in Bild 5/17 besitzt oben und unten je einen Abstreifring. Direkt darunter verlaufen Bohrungen in das Innere des Kolbens. Durch sie wird das abgestreifte Öl abgeleitet. Eine andere Art von Abstreifringen hat doppel-T-förmigen Querschnitt. Bei dieser Ausführung liegen die Ablaufbohrungen ins Kolbeninnere in der Ringnut. Die Ölablaufbohrungen müssen in jedem Fall so angeordnet werden, daß kein Hochpumpen von Öl bzw. Ölnebeln in den Verbrennungsraum stattfindet, da sonst ein hoher Ölverbrauch und festgebrannte Kolbenringe die Folge sind.

Tauchkolben nehmen im mittleren Teil oberflächengehärtete Kolbenbolzen auf, an denen die Pleuelstange befestigt wird. Der Kolbenbolzen muß so im Kolben gelagert werden, daß die Resultierende der durch die Schräglage der Pleuelstange hervorgerufenen Seitenkräfte durch die Lagerstelle verläuft, d. h. daß der Kolben nicht zum Kippen neigt. Andererseits muß man bei ungekühlten Kolben den Bolzen möglichst weit von der heißen Kolbenkrone entfernt anordnen (siehe Bild 5/17), damit das Kopflager der Pleuelstange keine zu hohe thermische Belastung erfährt. Um die Bolzeneinsatzstelle herum wird die Kolbenfläche etwas freigeschliffen, da hier durch Wärmestau starke Dehnungen auftreten können.

Die Buchse des Pleuelkopflagers, mit dem sich die Stange auf dem Kolbenbolzen dreht, wird normalerweise aus Bleibronze hergestellt.

Im Gegensatz zu dieser üblichen Bauweise ist die Lagerung der Pleuelstange in den Kolben der größeren Tauchkolben-Zweitaktmotoren der M.A.N. wesentlich anders ausgeführt (vgl. Bild 5/21). Hierbei wurde eine Lagerung mit möglichst großer Tragfläche angestrebt. Der einfachwirkende Zweitaktmotor hat in den Lagern keinen Belastungswechsel, da die Kolbenkraft während des Kolbenauf- und -abwärtsganges immer nach unten gerichtet ist. Die Schmierung der Kolbenbolzenlagerung wird dadurch erschwert. Durch Vergrößerung der Lagerflächen und damit Verringerung der Flächenpressung im Lager erhält man günstigere Verhältnisse.

Die Konstrukteure der M.A.N. entwickelten folgende Ausführung (siehe Bild 5/21): Der Kolbenbolzen wird mit einer angefrästen Fläche direkt an das Pleuelstangenende geschraubt. Als Lager wird im Kolben eine Zweistofflagerbuchse angeordnet, die durch zwei mit einem Schraubenbolzen verbundene Scheiben an den Seiten abgedeckt und gegen Verdrehung gesichert wird. Diese durchgehende Buchse ist so aufgeschnitten, daß der Pleuelstangenansatz ungehindert seine Schwingbewegung ausführen kann, während die Bolzenenden voll umfaßt werden. Die für die Kraftübertragung in Betracht kommende obere Bolzenhälfte ist somit auf ihrer ganzen Länge gelagert.

Das Öl für die Schmierung des Lagers wird bei beiden Bauarten der Umlaufschmierung entnommen und in der durchbohrten Pleuelstange herangeführt. Bei dem beschriebenen M.A.N.-Motor wird der Raum oberhalb des Bolzenlagers durch Öl gekühlt. Dadurch werden die Lagertemperaturen niedrig gehalten. Das durch die Pleuelstange aufsteigende Schmieröl gelangt durch mehrere Bohrungen im Bolzen (vgl. Bild 5/21) in die Lagerung und wird in ihr durch Schmiernuten verteilt.

Größere Dieselmotoren werden vorwiegend in Kreuzkopfbauart, d. h. mit Kolbenstange ausgeführt, wodurch der Motor eine größere Bauhöhe erhält. Von der großen Anzahl der Kolbenausführungen bei Kreuzkopfmotoren können hier nur die verbreitetsten besprochen werden.

Bild 5/27 zeigt eine ältere Bauart für Viertakt- und auch Zweitaktmotoren. Der Kolbenkörper besteht aus Schmiedestahl, Stahlguß oder Grauguß, in jedem Fall aus dem gleichen Werkstoff wie die Zylinderlaufbuchse, damit die Dehnungen das Laufspiel nicht wesentlich verändern. Der leicht eingezogene Kolbenboden besitzt eine hohe Festigkeit und gibt dem Verbrennungsraum eine günstige Form. Die Kolbenstange ist mit breitem Flansch am Ringträgerteil des Kolbens befestigt.

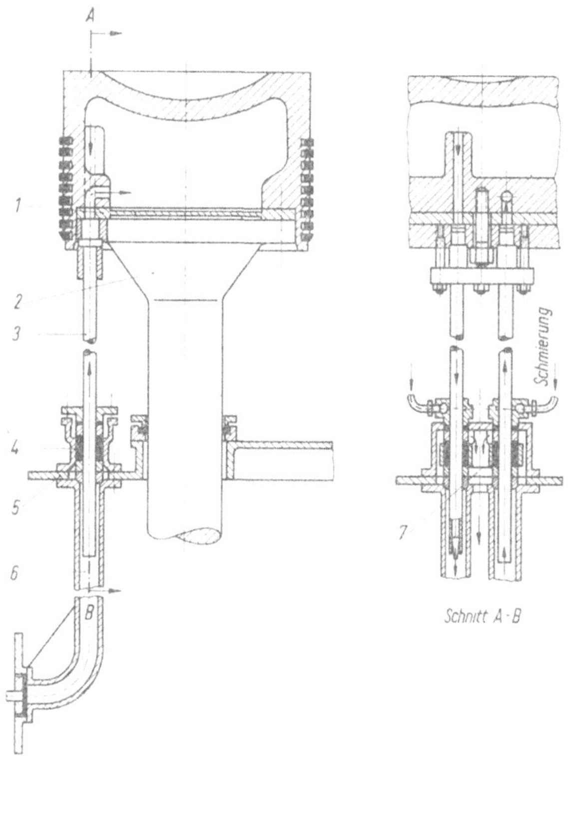


Bild 5/27
Kolben mit Planschkühlung
1 Verschlußplatte
2 Kolbenstange
3 Tauchrohre
4 Stopfbuchsen
5 Kurbelgehäusedecke
6 Posaunen
7 Leckwasserablauf

Ähnlich sind die Kolben der Zweitakt-Kreuzkopfmotoren mit Auslaßventilen ausgeführt, bei denen nur die Spülschlitze vom Kolben gesteuert werden.

Der Kolben ist ein Großraumkolben, bei dem die sogenannte *Planschkühlung* zur Anwendung kommt. Das Kühlmittel wird mit sehr geringem Überdruck eingeführt, so daß es den Kolbenraum nur teilweise anfüllt. Aufgrund der hohen Kolbengeschwindigkeiten und der raschen Richtungswechsel planscht das Wasser oder Öl gegen den Kolbenboden und kühlt so den Kolben. Bei den sich mit großer Schnelligkeit vollziehenden Vorgängen findet das Wasser keine Zeit zum Verdampfen oder zum Ausscheiden von Beimengungen (Kesselstein). Bei Ölkühlung tritt kein Verkoken auf. Der Kolbenkörper (Grauguß oder Stahl) ist unten durch eine Platte (1) abgeschlossen, gegen die sich der mit dem Kolben durch Stiftschrauben verbundene Kolbenstangenflansch (2) legt. Die Dichtung erfolgt durch 6 . . . 8 Ringe. Unterhalb der Dichtungsringe ist ein Ölabstreifring angeordnet. Seitlich der Kolbenstange sind zwei Tauchrohre (3) befestigt, eines für die Kühlmittelzufuhr, das andere für die Rückleitung. Die Zuführung mündet, wie Bild 5/27 zeigt, in den unteren Teil des Kolbenraumes, der Rücklaufkanal dagegen ist bis dicht unter die Kolbendecke geführt. Die Tauchrohre verlaufen in zwei Posaunen (6), die in der Kurbelgehäusedecke (5) befestigt sind, und werden in diesen oberhalb der Decke durch Stopfbuchsen (4) abgedichtet. Zu- und Ableitung des Kühlmittels erfolgt von außen durch feste Stutzen am Kurbelgehäuse. Ein Beispiel für den Kühlmitteltransport durch die Kolbenstange zeigt Bild 5/30. Für die Dichtung von Posaunen werden Ledermanschetten, besondere Kunststoffpackungen oder andere Spezialpackungen verwendet. Die Stopfbuchsen verhüten bei Wasserkühlung, daß Wasser in das Kurbelgehäuse und damit in das Umlauföl gelangen kann. Leckwasser aus den Stopfbuchsen wird abgeleitet, bei der in Bild 5/27 rechts gezeigten Ausführung zwischen den beiden Posaunen (7). Der Rücklauf des Kühlmittels oder eine Abzweigleitung führt immer über einen Trichter (Bild 5/29, Position 5), in dem der Kühlmittelfluß sichtbar ist. So kann man jederzeit die Funktion der Kühlung kontrollieren und die Kühlmitteltemperatur messen.

Den Kolben eines größeren Zweitaktmotors mit Kreuzkopf stellt Bild 5/28 dar. Die Kolbenkrone (1), die Kolbendecke und Ringträgerteil umfaßt, besteht aus Schmiedestahl. Der Kühlraum innerhalb der Kappe wird durch einen mit Gummiringen (8) abgedichteten Graugußdeckel (9) abgeschlossen. Der obere Teil der aus zwei Stücken bestehenden Kolbenstange ist direkt mit der Kappe (1) verschraubt. Die lange Kolbenbuchse (Kolbenschaft) (2), die der Steuerung der Auslaß- und Spülschlitze dient, ist am unteren Ende des oberen Kolbenstangenteiles befestigt und wird an dessen oberen Flansch durch einen Gummiring (7) geführt. Die dünnwandige, innen mit Verstärkungsrippen versehene Graugußbuchse (2) besitzt in kaltem Zustand gegenüber der Kolbenkrone (1) ein Stoßspiel von etwa 5 mm. Sie kann sich bei Erwärmung also frei nach oben dehnen. In der Ebene der Buchsenbefestigung befindet sich auch die Verbindungsstelle der geteilten Kolbenstange, deren unterer Teil (10) mit Preßpassung im Kreuzkopf sitzt. Die Leitungen (5) (Bild 5/29) für die Kolbenkühlung gehen von den Tauchrohren über einen an dem Kreuzkopf befestigten Stahlgußarm nach dem unteren Ende der Kolbenbuchse (2) und sind dort mit den Rohren (4) (Bild 5/28) verbunden. Diese etwa in Mitte der

Kolbenbuchse nochmals geteilten an der Kolbenstange gehalterten Leitungen (4) führen durch den Deckel (9) zum Kühlraum in der Kolbenkappe (1). Der untere Teil verläuft durch den Kolbenstangenverbindungsflansch, wo er durch Klemmbuchsen gehalten wird. Die Zulaufleitung mündet unter der Rücklaufleitung. Die Kühlwirkung wird durch Planschen hervorgerufen.

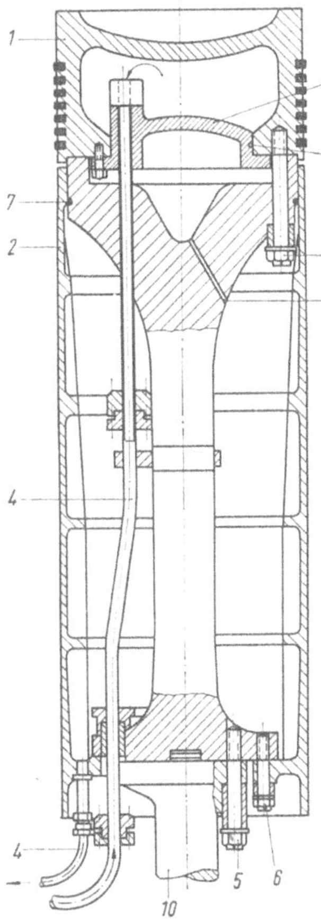


Bild 5/28. Langer Zweitakt-Kolben mit Ansatzbuchse

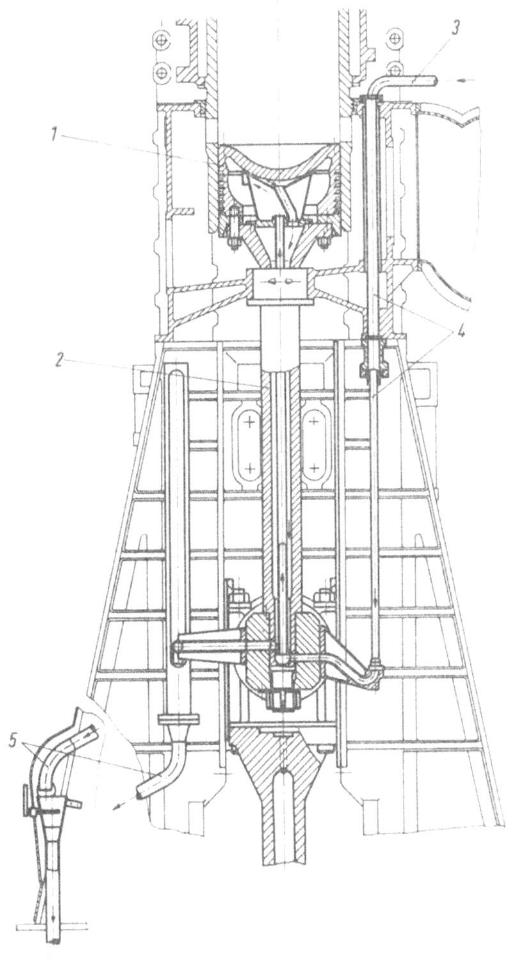


Bild 5/29. Kurzer Zweitakt-Kolben (Burmeister & Wain)

Die kleine Schrägbohrung (3) im oberen Kolbenstangenflansch soll Wasser oder Öl, das sich eventuell im Raum zwischen Flansch und Kappendeckel (9) ansammelt, ins Innere der Kolbenbuchse ableiten. Von hier fließt es durch eine Leitung über den Kreuzkopfarm nach dem Tauchrohr-Stopfbuchsengehäuse ab.

Die Führung der Kolben einfachwirkender Zweitaktmotoren übernehmen die Kolbenbuchsen. Sie erhalten daher nur geringes Spiel im Zylinder (0,7 ... 1 mm). Beim einfachwirkenden Zweitaktmotor der M.A.N. wird der Kolben im Gegensatz zu den bei Krupp und Sulzer üblichen Ausführungen durch eine besondere breite Hülse aus Sondergußeisen im Zylinder geführt (siehe Bild 5/30, Position 8). Die Kolbenringe haben so lediglich die Aufgabe zu dichten. Das etwas größere Laufspiel, das man in diesem Falle dem Kolbenkörper gibt, beeinträchtigt nicht die

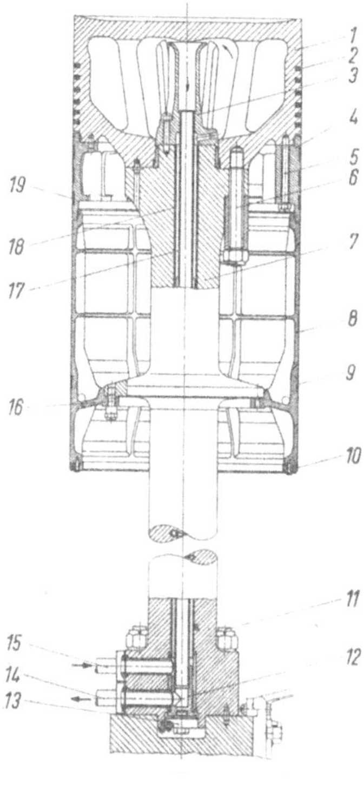


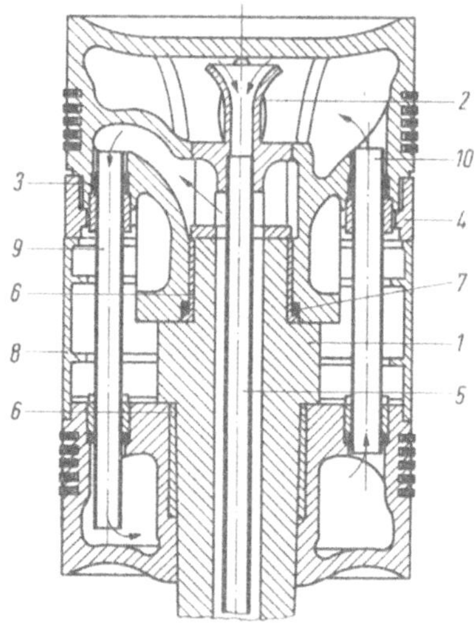


Bild 5/31. Kolben eines doppeltwirkenden M.A.N.-Zweitakt-Motors (Werkbild M.A.N. AG, Augsburg)

1 Kolbenstangenflansch,
2 Einsatz zur Führung des Kühlmittels,
3 Stopfbuchse,
4 Kolbenführungsring,
5 Einsteckrohr für den Rücklauf des Kühlmittels,
6 Buchsen,
7 Dichtungspackungen,
8 Kolbenhemd,
9 Fallrohr,
10 Steigrohr

Bild 5/30. Wassergekühlter Kolben (M.A.N.-Motor KZ 78/140) (Werkbild M.A.N. AG, Augsburg)

1 Kolbenoberteil,
2 Kolbenring,
3 Ablauftrichter,
4 Führungsring,
5 Stiftschraube,
6 Dehnschraube,
7 Kolbenstange,
8 Kolbenunterteil,
9 Gleitring,
10 Dichtring,
11 Dehnschraube,
12 Abschlußbuchse,
13 Verschlußschraube,
14 Ablaufrohr,
15 Zulaufrohr,
16 Stiftschraube,
17 Rücklaufrohr,
18 Rohr,
19 Gleitring

Funktion, die er mit seiner oberen Kante für die Steuerung derAuslaß- und Spülschlitze zu übernehmen hat. Zum Zeitpunkt dieser Steuerfunktion herrscht nur geringer Druck im Zylinder, so daß man auch den Feuerring noch weiter von der Steuerkante entfernt anordnen kann. Dadurch wird der Übergang von der Kolbendecke zum Mantel nicht durch die Ringnut geschwächt und andererseits der Feuerring der Einwirkung heißer Verbrennungsgase stärker entzogen.

Die Ausführung der Kolben bei doppeltwirkenden Zweitaktmotoren bereitet erhebliche Schwierigkeiten. Infolge der doppelseitigen thermischen Belastung werden große Wärmemengen aufgenommen, für den Transport des Kühlmittels steht jedoch nur die hohle Kolbenstange zur Verfügung. Der Kolben muß sehr lang ausgeführt werden, damit er in den Hubendstellungen jeweils die Schlitze der betreffenden Arbeitsseite verdecken kann. Bild 5/31 zeigt den Kolben eines doppeltwirkenden M.A.N.-Zweitaktmotors. Die obere und untere Kappe tragen die Dichtungsringe. Als Werkstoff findet hochwertiger Stahlguß, mitunter auch Schmiedestahl, Verwendung. Die Kappen werden durch lange Schraubenbolzen gegen den Kolbenstangenflansch gezogen und verspannt. Um den Gasdurchtritt ins Kolbeninnere, der infolge Kühlmittelverdrängung zur Verschlechterung der Kühlung führen kann, zu verhindern, versieht man die Kolbenstange ober- und unterhalb des Flansches mit Buchsen (6). Diese dichten die Aufnahmebohrungen der Kappen mit Packungen (7) ab. Dadurch wird auch das Durchlecken von Kühlmittel unmöglich gemacht. Der unter der oberen Kappe sitzende Führungsring (4) besteht aus Sondergußeisen mit günstigen Dehnungseigenschaften. Das zweiteilige Kolbenhemd (8) schließt den Kolben nach außen ab. Der Weg des Kühlmittels (Frischwasser oder Öl) ist durch die Pfeile gekennzeichnet. Es wird durch die Bohrung der Kolbenstange, den Kolbeneinsatz (2) und das Fallrohr (9) in die untere Kolbenkappe geleitet. Durch ein Steigrohr (10) gelangt das Kühlmittel weiter in die obere Kappe und fließt über den Trichter des Einsatzes (2) und das Einsteckrohr (5) in der Kolbenstangenbohrung zurück. Fall- und Steigrohr sind in der unteren Kappe fest eingesetzt, oben aber in Stopfbuchsen (3) geführt, so daß sie sich frei dehnen können.

Die hohe Wärmebelastung der Kolbenstange, insbesondere direkt unterhalb des Kolbens, und die erheblichen Temperaturunterschiede können zur Erweiterung kleiner Haarrisse führen, die durch die Bearbeitung der Stangenbohrung entstanden sind. Die wechselnde Beanspruchung der Stange auf Knickung (Druck) und Zug und die durch das Kühlwasser begünstigte Korrosion beschleunigen diese Vorgänge, die zum Bruch der Kolbenstange führen können. Zur Unterbindung der Korrosion walzt man ein dünnes Rohr aus Monelmetall in die Stangenbohrung ein. Auch ein Zusatz von ca. 0,5 % Korrosionsschutzöl zum Kühlwasser oder Verwendung von Öl als Kühlmittel führen in dieser Hinsicht zum Erfolg. Bestehen die Kolbenkappen aus Stahlguß, so muß dieser von besonders guter Qualität sein, da besonders beim Dauerbetrieb an Bord von Seeschiffen Wärmerisse vermieden werden müssen. Diese entstehen meist an der Deckenkante der oberen Kappe, d. h. im Übergang vom Kappenboden zum Mantel. Da dort die gesamte Kolbenkraft auf den Mantel übertragen wird, sind große Querschnitte erforderlich, die eine ausreichende Kühlung erschweren. Die dynamischen Beanspruchungen bei erhöhten

Temperaturen führen im Dauerbetrieb leicht zur Bildung von Rissen, durch die Gase in den Kühlraum bzw. das Kühlmittel in den Verbrennungsraum gelangen können. Nur durch Verwendung von Werkstoffen höchster Qualität kann man diese Schäden vermeiden.

Die Größe des Verdichtungsraumes und damit den Grad der Verdichtung bestimmt neben der Form von Zylinderdeckel und Kolbenboden die Stellung des Kolbens im oberen Totpunkt. Die entsprechenden Werte müssen in der Betriebsvorschrift angegeben sein. Die Kolbenstellung kann bei Tauchkolbenmotoren ausgemessen werden, bei Kreuzkopfmotoren läßt sie sich mit Hilfe von Kontrollmarken an Geitschuh und Gleitbahn überprüfen. Veränderungen infolge von Lagerabnutzung müssen durch Paßscheiben zwischen Pleuelstangenfuß und oberer Kurbellagerschale ausgeglichen werden.

## 5.5. Triebwerksteile

Die *Kurbelwelle* der Dieselmotoren wird bei kleineren Motoren aus einem Stück geschmiedet, bei größeren Motoren als gebaute oder halbgebaute Welle ausgeführt. Bei einer gebauten Welle werden Kurbelzapfen und Kurbelwangen als einzelne Teile gefertigt und mit den Wellenteilen durch Aufschrumpfen verbunden. Bei der halbgebauten Welle werden Zapfen und Wange in einem Stück geschmiedet und durch Schrumpfen mit den Wellenteilen zusammengesetzt. Wangen und Kurbelzapfen können auch aus Stahlguß hergestellt werden. Bei größeren Motoren, die eine gerade Anzahl von Zylindern haben, wird die Welle in zwei gleichen Teilen ausgeführt und durch Flansche verbunden.

Bei Motoren mit *Kolbenspülpumpe* wird diese meist vorn an die Maschine gehängt und durch eine angeflanschte Kurbel angetrieben. Diese Kurbel erhält manchmal noch einen Ansatz zum Antrieb einer Zahnradpumpe für das Umlauföl. Wellenteile, Kurbelwangen und Zapfen werden für die Führung des Öles der Umlaufschmierung durchbohrt. Dieses Öl wird gewöhnlich durch die Oberschalen der Grundlager zugeführt. Durch eine oder mehrere Querbohrungen gelangt es in die Wellenbohrung, von hier durch die Kurbelwangen zu den Kurbellagern und weiter durch die hohlgebohrte Pleuelstange zu den Kreuzkopflagern und Gleitbahnen. Die Unterschalen der Grundlager werden gewöhnlich halbrund ausgeführt, um sie bei Überholungsarbeiten herausdrehen zu können. An den Kurbelwangen werden, besonders bei Viertaktmotoren, häufig Gewichte für den Massenausgleich angebracht.

Pleuel- und Kolbenstange werden mit Rücksicht auf die hohen Drücke in der Verbrennungsperiode sehr kräftig gebaut und mit breiten Lagern versehen. Die Pleuelstangen von Kleindieselmotoren erhalten gewöhnlich Doppel-T-Querschnitt. Vielfach werden Dieselmotoren mit großen *Schwungmassen* in Form von Schwungrädern ausgerüstet. Diese dienen der Verbesserung des Drehmomentverlaufes, der infolge der wechselnden Kolbenkräfte besonders bei Motoren geringer Zylinderzahl recht ungleichförmig ist. Das Anlassen der Motoren wird durch Schwungmassen, die beachtliche Drehenergien speichern können, sehr erleichtert.

# 6. Die Schmierung der Dieselmotoren

Moderne Dieselmotoren sind gekapselt. Grund-, Kurbel-, Kolbenbolzen- bzw. Kreuzkopflager, Gleitbahnen und Kolben werden mit Drucköl geschmiert. In manchen Fällen wird dieses Öl auch zum Kühlen der Kolben verwendet.

## 6.1. Schmieröle

### 6.1.1. Betrachtungen zur Auswahl des Schmieröles

Bei *Umlaufschmierung* wird das Öl ständig umgewälzt. Da der Förderdruck und somit der Leistungsbedarf der Ölpumpe praktisch von den Reibungsverlusten im Schmiersystem bestimmt wird, ist es zweckmäßig, bei Umlaufschmierung ein dünnflüssiges Öl, d. h. eines von geringer Viskosität, zu wählen. Ein gutes nicht legiertes Umlaufschmieröl soll eine Dichte von 0,91 ... 0,92 kg/dm$^3$ bei 15 °C haben, eine Viskosität von 5 ... 7 E/50 °C und einen Flammpunkt von mindestens 175 °C (im offenen Tiegel) aufweisen.

Der Stockpunkt soll bei allen Ölen unter − 5 °C liegen. Im allgemeinen wird man das Schmieröl am zweckmäßigsten den Vorschlägen des Motorenherstellers entsprechend auswählen.

Man unterscheidet Schmieröle auch nach ihrer Stabilität. Stabile Öle sind solche, bei denen sich der Zündpunkt unter dem Einfluß von Zeit, Sauerstoff- und Temperatureinwirkung, wie sie die Betriebsbedingungen bieten, nur wenig verändert, instabil nennt man ein Öl, dessen Zündneigung unter diesen Umständen schnell anwächst. Zwei Schmieröle können in ungebrauchtem Zustand bei der Untersuchung gleiche Eigenschaften bezüglich Dichte, Viskosität und Zündpunkt zeigen, im Betrieb aber derart voneinander abweichen, daß das stabile Öl tatsächlich das allein brauchbare ist. Bei Kolbendurchschlägen, z. B. in Tauchkolbenmaschinen kann bei instabilem Öl sehr leicht eine Kurbelgehäuseexplosion eintreten, während ein stabiles Öl sie zumindest erschwert. Außerdem nimmt ein instabiles Öl bei Zylinderschmierung leicht an der Verbrennung teil. Es kommt zum Trockenlaufen der Flächen und zu Betriebsstörungen. Im allgemeinen ist ein Öl um so stabiler, je höher sein Zündpunkt liegt. Ein gutes Zylinderöl soll 11 ... 15 E/50 °C und einen Flammpunkt von mindestens 200 °C aufweisen. Beim Einsatz von Heizöl als Kraftstoff muß die Auswahl des Zylinderöles besonders sorgfältig vorgenommen werden.

Die Erfahrungen, die im Laufe der Jahre bei den Bemühungen um die Lösung des Problems von überhohem Zylinderverschleiß bei der Verwendung von Schwerölen (Heizölen) gesammelt werden konnten, führten zu der Erkenntnis, daß ein Dieselmotoren-Zylinderöl folgende Eigenschaften besitzen muß:

1. Es muß die sauren Verbrennungsprodukte in einem solchen Ausmaß neutralisieren, daß:
   a) der Verschleiß bei Verwendung von Schweröl genauso niedrig liegt wie bei normalem Dieselkraftstoff, und daß
   b) der Verschleiß so niedrig liegt wie mit anderen Schmiermitteln, unbeschadet, welchen Typs oder Aufbaues diese sind.

2. Es muß die Kolben, Zylinder und Schlitze sauber und frei von Rückständen halten.
3. Es muß die Schaugläser der Schmierapparate klar durchsichtig halten, so daß sich ein häufiger Wechsel der Flüssigkeit erübrigt.
4. Es muß die Schmierölzuführungsleitungen und Rückschlagventile rückstandsfrei halten.
5. Es muß mit der gleichen Verbrauchseinstellung verwendet werden können, wie dieses bei normalen Schmierölen üblich ist.
6. Es muß mit den bisher bekannten normalen Dieselmotorenschmierölen mischbar sein.
7. Es darf keine harten Verbrennungsprodukte bilden, durch die Maschinenteile verletzt werden können.
8. Es darf mit Wasser keine stabile Emulsion bilden, weder in den Vorratstanks noch für den Fall einer Leckage in der Kurbelwanne.
9. Es muß eine Korrosion der Kolben und Ventile durch Asche, die bei hohen Temperaturen durch die Komponenten des Schweröles hervorgerufen werden könnte, verhüten.
10. Es muß sich bei der Lagerung unter allen Bedingungen, die auch bei einem handelsüblichen Dieselmotorenschmieröl vorausgesetzt werden können, als absolut stabil erweisen.
11. Es muß hohe Haftfähigkeit und Druckbeständigkeit besitzen.

### 6.1.2. Verhalten des Schmieröles im Betrieb

Wie aus der Erläuterung des Aufbaues der Kraftstoffe hervorging, setzt sich das Schmieröl aus den schwerer zerlegbaren Molekülen der Kohlenwasserstoffe zusammen. Daher sind Koks- und Aschegehalt höher als bei gutem Kraftstoff. Die Koks- und Rußbildung tritt besonders stark auf, weil durch das Haften an den Wandungen keine innige Vermischung der Ölmoleküle mit der Verbrennungsluft stattfinden kann. Die Folgen wurden schon erwähnt. Je weniger Öl also mitverbrennt, desto besser. Das heißt aber: *nicht mehr schmieren, als unbedingt nötig!*

Schmieröl, das durch fraktionierte Destillation bzw. Kondensation gewonnen wurde, muß raffiniert werden, d. h. es muß sorgfältig von chemisch unbeständigen, verharzenden oder dunkelfärbenden Anteilen gereinigt werden. Die Reinigungsmethode besteht meist in einer Laugung mit Alkalien oder Erdalkalien zur Neutralisierung von organischen Säuren, besonders Naphtensäuren. Die Raffination mit reiner Schwefelsäure dient der Entfernung von Begleitstoffen, die zur Alterung oder Verharzung neigen. Diese Stoffe bilden im Betrieb unter Einwirkung von Luftsauerstoff Rückstände und Säuren. Durch die Einwirkung der Schwefelsäure flocken die verharzenden Stoffe aus und sinken zusammengeballt als schwerere Säureharze oder Säureteere zu Boden, so daß sie leicht abgezogen werden können.

Bei Schmier- und Spezialölen, die in Dieselmotoren, Turbinen und Zahnradgetrieben hohen Anforderungen genügen müssen, werden verschiedene Öle nicht nur gemischt, um eine geeignete Viskosität zu erreichen, sondern um sie auch durch Zusatzstoffe (Additives) weiter zu verbessern. Diese sollen die Alterungsbeständigkeit, das Viskositäts-Temperatur-Verhalten, die Druckaufnahmefähigkeit und die Schmierfähigkeit günstig beeinflussen, die Schaumbildung unterbinden und die Widerstandsfähigkeit gegenüber hohen Temperaturen sowie die Emulsionsfestigkeit (d. h. den Widerstand gegen die Vermischung mit Wasser) erhöhen.

Unter Alterung versteht man eine Verschlechterung der Schmiereigenschaften, die zu Betriebsstörungen und Motorenschäden führen kann. Ölkoks und Asche, Abrieb von Lagern und bewegten Metallteilen, Rost, Hammerschlag aus Rohren, der Luftsauerstoff und kondensierter Wasserdampf, der in Tauchkolbenmotoren bei Kolbendurchschlägen in den Kurbelraum gelangt, müssen im Umlauf durch Filterung und Ausschleuderung nach Möglichkeit abgeschieden werden. Da das gewöhnlich nicht vollständig gelingt, nimmt das Öl mit der Zeit durch Verbindung mit Luftsauerstoff und Metallen einen sauren Charakter an. Das führt zu Korrosion an metallischen Flächen unter anderen auch an den Zylinderlaufbahnen. Die ins Öl geratenen Metallteilchen wirken als Katalysatoren, d. h. sie fördern die Säurebildung. Dies hat Lackbildung und Verschlechterung der Schmiereigenschaften zur Folge. Am stärksten wirkt sich in dieser Beziehung Kupfer aus. Deshalb sollte dieses Metall im gesamten Schmiersystem nicht verwendet werden.

Metallabrieb, Verunreinigungen, Ölkoks und Wasser führen zur Bildung von Ölschlamm. Durch diesen werden die Ölwege verengt und sogar verstopft. In Zweitaktmotoren kommt es durch Absatz von Schlamm an den Auslaß- und Spülkanälen zu Verengungen und damit zur Verschlechterung der Betriebsbedingungen. Durch die Ölalterung nimmt die Schmierfähigkeit ab, die Viskosität steigt, so daß der Zusammenhang des Ölfilms gestört wird und die Abnutzung der Lager zunimmt.

Die richtige Ausführung der *Ölsammeltanks* und *-leitungen* kann die Auswirkungen der Alterung mindern und ihren Ablauf verzögern. Die Ölwege sollen reichlich bemessen werden und wenige, vor allem keine starken Umlenkungen enthalten. Die Verwendung von Kupfer für die Bauelemente ist zu vermeiden. Wichtig ist eine gute Entlüftung von Tank und Kurbelgehäuse. Beim Sammeltank kommt es auf eine gute Trennung der Mündungen von Ansaug- und Rücklaufleitung an. Nur so kann ein gleichmäßiger Kreislauf des gesamten Ölvorrates gewährleistet werden. Ist eine solche Trennung nicht vorhanden, so besteht die Gefahr, daß sich der Kreislauf auf eine gewisse Teilmenge beschränkt, die aufgrund der höheren Beanspruchung stärker den Alterungserscheinungen unterworfen ist.

Der *Rücklauf* soll über ein geneigtes Leitblech in breitem Strom in einen Überlaufraum führen, der vom Ansaugraum durch eine breite Überlauf- oder Umlenkwand getrennt ist. Oben erhält der Rücklauf eine Entlüftung. Der Tank besitzt Schrägböden, damit sich Wasser und Sinkstoffe auf kleinem Raum sammeln und bequem abgelassen werden können. Die Ablaßhähne müssen im Durchgang reichlich bemessen sein. Im Ansaugraum muß das Öl noch ein eingeschobenes Drahtsieb durchfließen, bevor es zum Ansaugrohr gelangt.

Lackbildung kommt durch die Vereinigung von Schmieröl- und Kraftstoffkoks oder Ruß mit Schmierölharzen, d. h. lackartigen Verbindungen, unter höherer Temperatur zustande. Es entsteht eine zähe Masse, die schließlich, besonders in Kolbenringnuten, fest wird. Das Umlauföl darf deshalb auch nicht zu warm gefahren werden. Im Rücklauf soll die Temperatur 70 °C nicht überschreiten. Dies ist auch nötig, weil das Öl bei höheren Temperaturen Luftsauerstoff aufnimmt und oxydiert. Die Lackbildung setzt die Kolbenringe fest, besonders die oberen. Der Kolbenkörper, der in der Zylinderbuchse ein seinem Durchmesser entsprechendes Spiel haben muß, beginnt infolge der jetzt fehlenden Führung durch die Kolbenringe zu kippen. Am stärksten ist dies bei Tauchkolben durch die Rückschubwirkung der Pleuelstange der Fall. Normalerweise wird die Translationsbewegung des Kolbens durch die sich an die Zylinderlaufbahn legenden Ringe geführt. Die Normalkraft auf die Zylindergleitbahn wird bei beweglichen Ringen vom Kolbenmantel übertragen. Die Flächenpressung und damit der Verschleiß sind dabei infolge der großen Berührungsfläche gering. Setzt sich aber ein Kolbenring durch Lackbildung fest, so kann es vorkommen, daß die gesamte Normalkraft von der sehr viel kleineren Berührungsfläche des schmalen Ringes übertragen werden muß. Dies hat erhöhte Flächenpressung, damit stärkeren Verschleiß der Lauffläche und evtl. sogar den Bruch des Ringes zur Folge. Außerdem verschlechtert sich die Abdichtung des Kolbens im Zylinder. Durch legiertes Öl im Zylinder wird die Koksbildung stark vermindert, da das Öl in der Brandzone, soweit es an der Verbrennung teilnimmt, vollkommen verbrennt und die restliche Schicht als reiner Ölfilm erhalten bleibt. Durch Unterbindung der Lackbildung tritt das Verkleben der Ringe nicht mehr auf. Wird bei Verwendung legierter Öle trotzdem Lackbildung beobachtet, so rührt sie vom Koks des Kraftstoffes her.

### 6.1.3. HD-Öle — Einphasenöle

Die Schmierung im Dieselmotorenbetrieb wurde zu einer besonders schwierigen Aufgabe, als man dazu überging, Heizöl als Kraftstoff zu verwenden. Da der Preis für das Heizöl mit einem Heizwert von etwa 9700 kcal/kg bei nur etwa 60 ... 70 % des Preises für ein Dieselöl mit einer Dichte von 0,88 kg/dm$^3$ und einem Heizwert von 10 000 kcal/kg liegt, war der Anreiz, Heizöl zu verwenden, groß. Während aber bei Verwendung von Dieselöl als Kraftstoff das für die Schmierung benutzte reine Mineralöl ausgezeichnete Eigenschaften aufwies und so wenig Abnutzung auftrat, daß man an eine Verbesserung nicht zu denken brauchte, änderte sich dies grundlegend, als man zum Heizöl als Kraftstoff überging. Der Verschleiß stieg auf das Dreifache des gewohnten Maßes. Ablagerungen an den Spül- und Auslaßkanälen bei Zweitaktmotoren führten zu einer schlechteren Verbrennung und beeinträchtigten die Leistung. Die gesteigerte Verschlammung des Umlauföles und die vermehrte Verschmutzung verursachten einen erhöhten Aufwand an Pflegearbeiten und belasteten den Betrieb erheblich.

Für den Schwerölbetrieb wurden in den letzten Jahren alkalische Schmieröle als Zylinderschmieröl entwickelt, so daß heute auch im Schwerölbetrieb Laufbuchsenstandzeiten wie bei Verbrennung von Dieselöl erreicht werden können. Ziel der Entwicklung neuer Zylinderschmieröle für Großdieselmotoren war es, eine hohe

Konzentration alkalisch wirkender Zusätze zur Verminderung des chemisch-korrosiven Verschleißes in das Schmieröl zu bringen. Dabei werden überwiegend naphtenbasische bzw. gemischtbasische Grundöle verwendet, weil diese den thermischen Belastungen am besten gewachsen sind und bei Verbrennung nur weiche Rückstände ergeben. Als Maß für die dem Öl verliehene Alkalität gilt die Total Base Number (TBN), d. h. das Vermögen eines Öles, aus Verbrennungsprodukten gebildete Säure zu neutralisieren. Die TBN darf jedoch nicht als Qualitätsmerkmal angesehen werden, da das Schmieröl noch eine Reihe weiterer Eigenschaften aufweisen muß. Die gewünschte hohe Alkalität läßt sich durch Emulsionsöle, Suspensionsöle bzw. Einphasenöle erreichen.

Da zunächst öllösliche alkalische Zusätze nicht verfügbar waren, verwendete man wasserlösliche alkalische Additive in einer wäßrigen Phase und verband diese durch einen Emulgator mit dem Grundöl. Bei Suspensionsölen sind die Träger der Alkalität ungelöst im Grundöl aufgeschwemmt.

Nachdem sich herausgestellt hatte, daß Suspensions- und Emulsionsöle nicht unter allen Bedingungen beständig waren, fanden die Laboratorien der Mineralölindustrie schließlich hochalkalische Zusätze, die sich im Schmieröl völlig lösen lassen und damit die homogenen Einphasenöle ergeben. Solche Einphasenzylinderöle für Dieselmotoren haben TBN bis über 70. Diese von allen großen Mineralölfirmen gelieferten Schmieröle ermöglichen sogar den Betrieb größerer Tauchkolbenmotoren mit Schweröl.

So wurden zur Beherrschung der mit einer ständigen Leistungssteigerung der Motoreneinheiten verbundenen höheren Belastung der Schmieröle zum Einsatz in Tauchkolbenmotoren die HD-Öle entwickelt. HD-Öle sollen überall dort eingesetzt werden, wo entsprechend der Kennzeichnung HD = Heavy Duty schwere Arbeit verrichtet werden muß. Die in den HD-Ölen enthaltenen chemischen Zusätze verbessern nicht nur die Eigenschaften des Grundöls, sondern geben dem Öl weitere bestimmte Eigenschaften, die das Mineralöl selbst nicht aufweist. Nach ihrer Wirkung kann man die Zusätze (Additives) in 5 Gruppen einteilen:

*Oxydationsverzögerer* (Anti-Oxydants, Inhibitors) verringern die Neigung des Schmieröls, Sauerstoff aufzunehmen. Sie verhindern so weitgehend Veränderungen der Ölmoleküle im Betrieb und damit die Bildung von Asphalt, Schlamm, Lacken und Säuren.

*Korrosionsverhinderer* (Anti-Corrosives) neutralisieren vorhandene und anfallende Säuren und geben den Motorenteilen einen Schutzfilm gegen Säureangriff, was besonders wichtig bei Verwendung der verhältnismäßig korrosionsanfälligen Bleibronzelager ist.

*Viskositätsindex- und Stockpunkt-Verbesserer* (Viscosity Index Improvers, Pour Point Depressants) ergeben ein wesentlich verbessertes Viskositätstemperaturverhalten (siehe 3.1.10 . . . 3.1.12) und setzen den Stockpunkt herab.

*Schaumverhinderer* (Anti Foam Agents) vermindern die Schaumneigung, die die Sauerstoffaufnahme und damit die Oxydation des Öles begünstigt.

*Verteilungsstoffe* und *reinigende Mittel* (Dispersants-Detergents) sind die wichtigsten Zusätze. Sie spalten die in das Öl gelangenden Verbrennungsrückstände auf und halten sie in Schwebe. Die Rückstände können so nicht an Motorenteilen verschleißmehrend wirken, sondern werden mit dem Altöl abgelassen.

## 6.2. Die Schmierung kleiner und mittlerer Motoren

Das Schmieröl hat die Aufgabe, die Reibung in Lager- und Gleitstellen zu mindern und die dort entstehende Wärme abzuleiten. Es wird daher im allgemeinen in einem besonderen Ölkühler, der vom Kühlwasser durchflossen wird, gekühlt. Der Umlaufölvorrat sammelt sich entweder in einer erweiterten Kurbelwanne oder wird von einer besonderen Pumpe aus der Kurbelwanne in einen Umlaufölbetriebstank gefördert. Diese Förderpumpe ist ebenso wie die Schmieröldruckpumpe an den Motor angehängt. Man verwendet hierfür vorwiegend Zahnradpumpen (Bild 6/1).

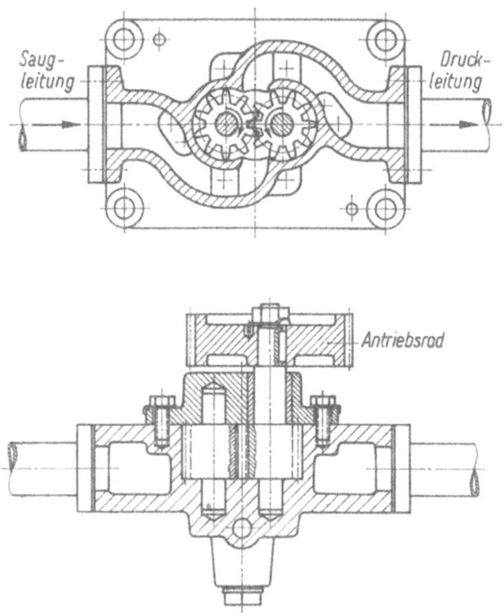

Bild 6/1. Zahnradpumpe

Zahnradpumpen fördern nach dem Verdrängungsprinzip kontinuierlich. Sie bestehen gewöhnlich aus zwei miteinander kämmenden Zahnrädern mit Außenverzahnung, die sich mit geringem Spiel in einem dicht anliegenden Gehäuse drehen. Das eine Zahnrad wird angetrieben und nimmt das zweite mit. Auf der Seite, auf der die Zähne außer Eingriff gehen, entsteht Unterdruck, der das Öl ansaugt. Es wird in den Zahnlücken zur gegenüberliegenden Seite transportiert, wo es beim Ineinandergreifen der Zähne verdrängt und auf Förderdruck gebracht wird. Einwandfreier Zustand und richtige Spieleinstellung gewährleisten den gewünschten Förderdruck. Druck- und Saugseite sind meist über ein Drucksteuerventil verbunden. Öffnen desselben vermindert den Druck, Schließen erhöht ihn.

Die Druckpumpe versorgt die Schmierstellen des Triebwerks auf folgendem Wege: Ölwanne oder Umlaufölbetriebstank – Zahnradpumpe – Filter (umschaltbarer Doppelfilter [Spaltfilter bzw. Siebfilter]) – Ölkühler – Verteilerleitung im Kurbelgehäuse – Grundlager – hohle Kurbelwelle – Kurbellager – Kolbenbolzenlager. Bild 6/2 zeigt schematisch den Ölkreislauf eines Daimler-Benz-Dieselmotors.

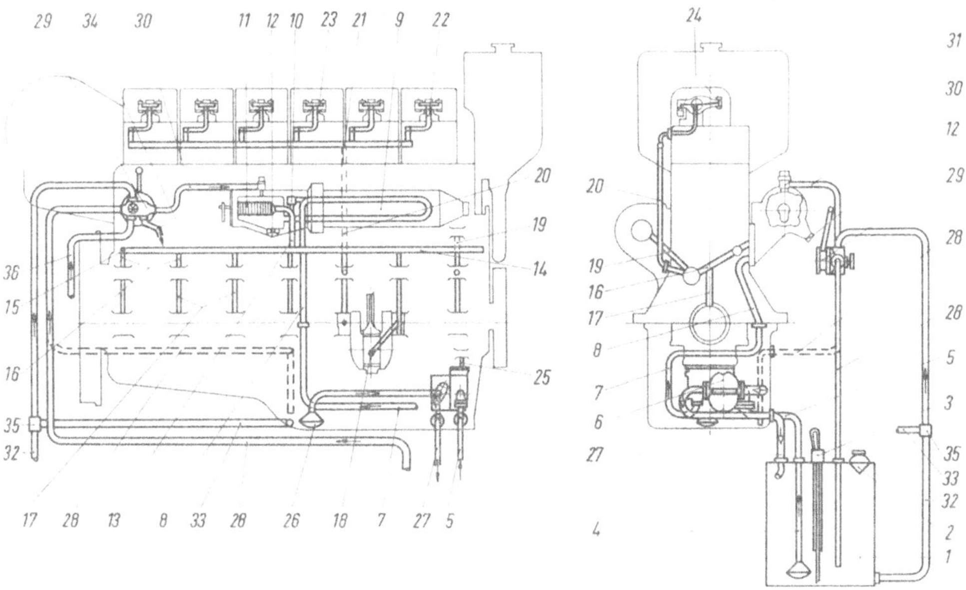


Bild 6/2. Motoren-Schmierölkreislauf des Daimler-Benz-Motors MB 84
(Werkbild Daimler-Benz AG, Stuttgart)

1 Daimler-Benz-Vorratsölbehälter 40 l,
2 Öleinfüllstutzen,
3 Ölmeßstab mit Entlüftungsfilter,
4 Saugrohr mit Saugkorb,
5 Leitung zur Ölpumpenhauptstufe (35 × 1,5),
6 Ölpumpe,
7 Druckrohr,
8 Leitung zum Schmierölwärmetauscher,
9 Schmierölwärmetauscher,
10 Überdruckventil für Schmierölwärmetauscher und Spaltfilter,
11 Spaltfiltereinsatz,
12 Schlammablaßschraube am Ölfiltergehäuse,
13 Bohrung zum Hauptölrohr,
14 Hauptölleitung,
15 Öldruckmeßstelle,
16 Ölbohrungen zu den Nockenwellenlagern,
17 Ölbohrungen zu den Kurbelwellenlagern,
18 Ölbohrungen in der Kurbelwelle zur Schmierung der Pleuellager.
19 Schmierbohrung zum Lager der Einspritzpumpen-Antriebswelle,
20 Druckrohr für Kipphebelschmierung,
21 Verteilerleitung Kipphebelschmierung,
22 Ölbohrungen für Kipphebelschmierung,
23 Ölbohrung zur Schmierung der Kipphebellager,
24 Ölbohrung für Kugelgelenke am Kipphebel,
25 Ölbohrung für Zwischenradlager (Ölpumpenantrieb),
26 Saugkorb mit Saugrohr zur Ölpumpe Rückförderstufe,
27 Druckrohr zum Vorratsölbehälter (35 × 1,5),
28 Saugrohr zur Handvorpumpe (a und b) a = (15 × 1),
29 Handvorpumpe,
30 Druckrohr zum Ölfiltergehäuse (Vorpumpanlage),
31 Rückschlagventil (Vorpumpanlage),
32 Absaugleitung zum Entleeren des Vorratsölbehälters (15 × 1),
33 Absaugleitung zum Entleeren der Ölwanne,
34 Ölablaufleitung,
35 Umschalthahn,
36 Absaugleitung für Getriebeentleerung

Das aus den Lagerstellen abfließende Lecköl sammelt sich wieder in der Kurbelwanne. Der entstehende Ölnebel und das Spritzöl gelangen auch an die Laufbuchsen und schmieren diese. Besondere Ölabstreifringe an den Arbeitskolben sorgen dafür, daß möglichst wenig Umlauföl in den Verbrennungsraum gelangt. Geringe hier unvermeidliche Verluste bilden den Ölverbrauch der Tauchkolbenmotoren, der für kleine und mittlere Leistungen normalerweise bei etwa 3 g/PSh liegt.

Der Öldruck soll nach der Betriebsvorschrift einreguliert werden. Zu hoher Öldruck vergrößert den Schmierölverbrauch und verursacht Kolbenringstecken, rauchende Verbrennung und weitere Folgeschäden. Häufig sind zwei Manometer angebracht, von denen das eine den Öldruck vor dem Filter, das andere den Druck hinter dem Filter anzeigt. Große Differenzen zwischen beiden Meßwerten deuten auf Verschmutzung des Filters hin.

Die Wirtschaftlichkeit des Motorenbetriebes kann dadurch verbessert werden, daß man durch Einschalten eines „Feinfilters" die Laufzeit der Umlaufschmierölfüllung erheblich verlängert. Als Beispiel eines solchen Feinfilters sei hier der CIC-Filter[1]) angeführt. Der Filter eignet sich jetzt auch für HD-Öle, da deren Additive nicht mit ausgefiltert werden.

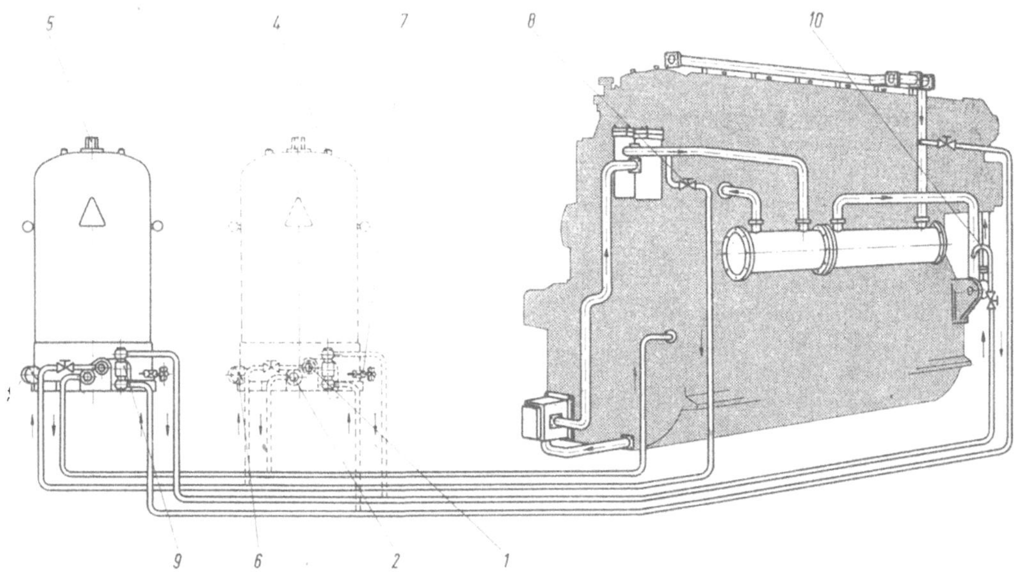


Bild 6/3. CIC-Feinfilter (Werkbild Karberg & Hennemann, Hamburg-Bahrenfeld)

1 Öl-Eintritt und Durchstoßdüse (3),
2 Öl-Austritt und Rückschlagkugel,
4 Entlüftungsschraube,
5 Kopfmutter,
6 Manometer (Filterdruck),
7 Entleerungsventil,
8 Rückschlagabsperrventil,
9 Wasserheizung Type HDU 27 und 38,
10 Heizwasser-Rückführung,

[1]) Fa. Karberg & Hennemann, Hamburg-Altona.

Die Bilder 6/3 und 6/4 zeigen den Aufbau und die Wirkungsweise eines CIC-Filters. In anderen Filtern verwendet man Textilfasereinsätze oder engmaschige Siebscheiben.

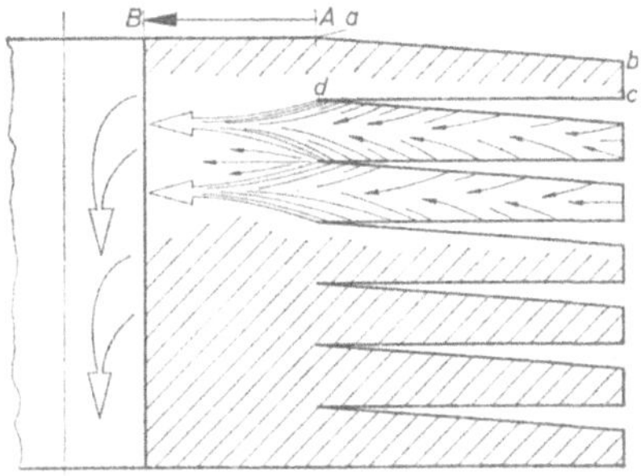


Bild 6/4. Wirkungsweise eines CIC-Filters
*a b c d* Eintrittsfläche = 8 × Zylinderoberfläche
*AB* Grundweg des Öles

## 6.3. Die Schmierung großer Motoren

Bei großen Motoren, deren Schmierölpumpen im allgemeinen nicht mehr angehängt sind, sondern von E-Motoren angetrieben werden, stellt man die Schmierölpumpen so rechtzeitig an, daß alle Schmierstellen versorgt sind, bevor die ersten Manöver beginnen. Nach dem Anlaufen der Schmierölpumpen kontrolliert man den Ölstand im Sammelbehälter und setzt im Bedarfsfall noch Öl zu. Besonders bei Tauchkolbenmaschinen muß bei Motoren von etwa 500 PS mit einem laufenden Ölverbrauch von etwa 1,5 g/PSh gerechnet werden. Motoren mit größerer Leistung verbrauchen weniger. Von Zeit zu Zeit sollte man Ölproben entnehmen und das Schmieröl untersuchen. Die Verschmutzung des Öles durch Ruß, Staub, Wasser, Kraftstoffreste u. a. führt, unterstützt durch die Katalysatorwirkung verschiedener Metalle, zur *Alterung*. Unter der Alterung des Schmieröles versteht man die Änderung seiner chemischen und physikalischen Eigenschaften, die eine Abnahme der Schmierfähigkeit zur Folge hat. Es bilden sich Ölharze und der Gehalt an freien Fettsäuren nimmt – bedingt durch saure Verbrennungsprodukte und Kraftstoffreste, die bei Tauchkolbenmotoren in das Schmieröl gelangen können – zu. Ölharze sind ölige, dicke, harzig-klebrige Bestandteile, die nicht mit den natürlichen Harzen verwandt sind. Zur Überprüfung der Alterungsneigung eines Schmieröles werden verschiedene Verfahren angewandt. Für den Schiffsdieselmotorenbetrieb dürfte wohl der *M.A.N.-Test* den wirklichen Beanspruchungen des Öles am meisten gerecht werden. In diesem Test wird verlangt, daß nach 50stündigem Erhitzen einer Ölprobe auf 135 . . . 140 °C weniger als 0,02 % der Probemenge in normalem Benzin ungelöst bleiben. Die meisten Öllieferanten unterhalten einen guten Kundendienst und prüfen gern eingesandte Ölproben, um Ratschläge für Ölpflege und Ölwechsel geben zu können. Größere Reedereien betreiben diesen Dienst selbst.

Während des Ölvorpumpens öffne man die Schauklappen am Motor und überzeuge sich durch Sichtkontrolle aller Schmierstellen vom Austreten des Öles (*Schmierprobe*). Haben die Kurbellager keine rundlaufenden Ölnuten, so ist es nötig, den Motor während der Schmierprobe langsam zu drehen (törnen). Bei nichtumlaufenden Ölnuten erhalten die Kurbellager und die Kreuzkopflager, bei Tauchkolbenmaschinen auch die Kolbenbolzenlager, nicht in allen Kurbelstellungen Schmieröl, so daß bei der Schmierprobe ohne Törnen der Eindruck erweckt werden könnte, der

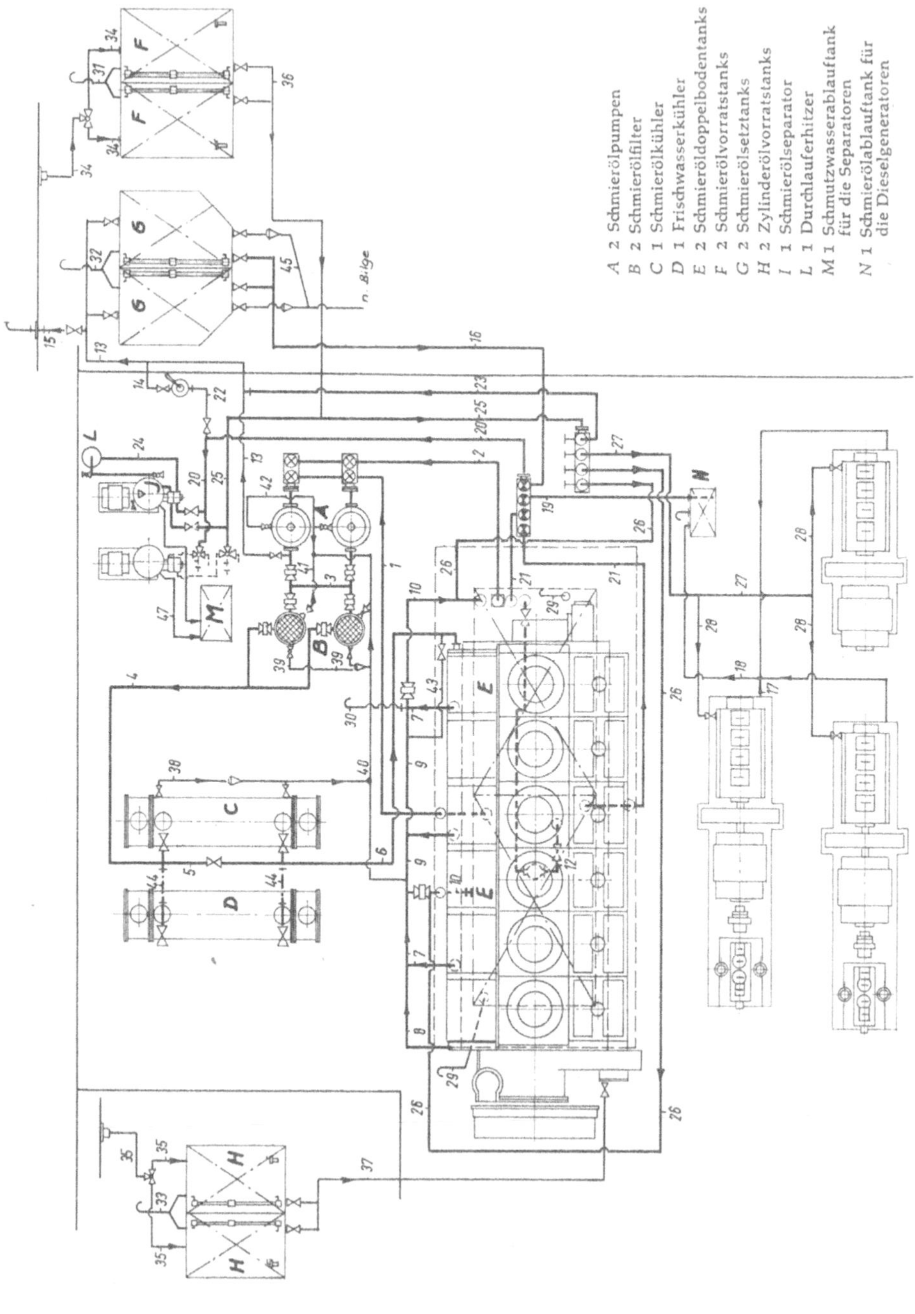
A 2 Schmierölpumpen
B 2 Schmierölfilter
C 1 Schmierölkühler
D 1 Frischwasserkühler
E 2 Schmieröldoppelbodentanks
F 2 Schmierölvorratstanks
G 2 Schmierölsetztanks
H 2 Zylinderölvorratstanks
I 1 Schmierölseparator
L 1 Durchlauferhitzer
M 1 Schmutzwasserablauftank für die Separatoren
N 1 Schmierölablauftank für die Dieselgeneratoren
n. Bilge

Bild 6/5. Schematischer Plan der Schmierölleitungen eines Motorschiffes

| Nr. | NW | Rohr-abmessungen | Werk-stoff | |
|---|---|---|---|---|
| 1 | 180 | 191 × 5,25 | St | Saugeleitung der Schmierölpumpe aus hinterem Tank |
| 2 | 180 | 191 × 5,25 | St | Saugeleitung der Schmierölpumpe aus vorderem Tank |
| 3 | 150 | 159 × 4,5 | St | Verbindungsleitung der Druckleitungen der Schmierölpumpen |
| 4 | 150 | 159 × 4,5 | St | Druckleitung von Schmierölpumpe nach Ölkühler |
| 5 | 150 | 159 × 4,5 | St | Umgehungsleitung des Ölkühlers |
| 6 | 150 | 159 × 4,5 | St | Leitung von Ölkühler nach Hauptmotor |
| 7 | 150 | 159 × 4,5 | St | Kolbenkühlölablauf |
| 8 | 50 | 57 × 2,75 | St | Austritt des Kühlöls für die Brennstoffventile |
| 9 | 200 | 216 × 6 | St | Kühlölsammelleitung |
| 10 | 250 | 267 × 6,5 | St | Kühlölrücklauf nach Tanks |
| 11 | 125 | 133 × 4 | St | Schmierölrücklauf aus Kurbelwanne nach vorderem Tank |
| 12 | 125 | 133 × 4 | St | Schmierölrücklauf aus Kurbelwanne nach hinterem Tank |
| 13 | 80 | 89 × 3,25 | St | Druckleitung der Reserve-Schmierölpumpe |
| 14 | 50 | 57 × 2,75 | St | Druckleitung der Schmierölhandpumpe nach Schmierölsetztanks |
| 15 | 50 | 57 × 2,75 | St | Ölabgabeleitung nach Deck |
| 16 | 50 | 57 × 2,75 | St | Leitung von Schmieröltanks nach Separatoren |
| 17 | 25 | 30 × 2,5 | St | Ablaufleitung von den Hilfsdieseln |
| 18 | 40 | 44,5 × 2,5 | St | Gemeinsame Ablaufleitung von Hilfsdieseln nach Schmierölablauftank |
| 19 | 50 | 57 × 2,75 | St | Saugeleitung der Separatorpumpen aus Schmierölablauftank der Hilfsdiesel |
| 20 | 50 | 57 × 2,75 | St | Saugeleitung der Separatorpumpen aus Schmieröldoppelbodentanks und Schmierölsetztanks gemeinsam |
| 21 | 50 | 57 × 2,75 | St | Saugeleitung der Separatorpumpen aus Schmieröldoppelbodentanks |
| 22 | 50 | 57 × 2,75 | St | Saugeleitung der Handpumpe aus Schmieröldoppelbodentanks |
| 23 | 50 | 57 × 2,75 | St | Druckleitung der Separatorenpumpe nach Schmierölsetztanks |
| 24 | 50 | 57 × 2,75 | St | Druckleitung der Separatorenpumpe über Ölerhitzer nach Separatoren |
| 25 | 50 | 57 × 2,75 | St | Druckleitung der Separatoren |
| 26 | 50 | 57 × 2,75 | St | Druckleitung der Separatoren nach Schmieröldoppelbodentanks |
| 27 | 50 | 57 × 2,75 | St | Druckleitung der Separatoren nach Hilfsgeneratoren gemeinsam |
| 28 | 32 | 38 × 2,5 | St | Druckleitung der Separatoren nach Hilfsgeneratoren einzeln |
| 29 | 65 | 76 × 3 | St | Entlüftungsleitung der Schmieröldoppelbodentanks |
| 30 | 25 | 30 × 2,5 | St | Entlüftungsleitung der Kolbenkühlrücklauftanks |
| 31 | 2″ | | St | Entlüftungsleitung von Schmierölvorratstank |
| 32 | 80 | 89 × 3,25 | St | Entlüftungsleitung von Schmierölsetztank |
| 33 | 2″ | | St | Entlüftungsleitung von Zylinderölvorratstank |
| 34 | 2″ | | St | Fülleitung von Deck nach Schmierölvorratstank |
| 35 | 2″ | | St | Fülleitung von Deck nach Zylinderölvorratstank |
| 36 | 50 | 57 × 2,75 | St | Ablaufleitung von Schmierölvorratstank nach Doppelbodentank |
| 37 | 25 | 30 × 2,5 | St | Ablaufleitung von Zylinderölvorratstank nach Hauptmotor |
| 38 | 15 | 20 × 2 | St | Entlüftungsleitung des Ölkühlers |
| 39 | 15 | 20 × 2 | St | Entlüftungsleitung der Ölfilter |
| 40 | 20 | 25 × 2 | St | Ölablaßleitung von Ölkühler |
| 41 | 32 | 38 × 2,5 | St | Ölablaßleitung von Ölfilter |
| 42 | 20 | 25 × 2 | St | Ölablaßleitung von Ölpumpen |
| 43 | 65 | 76 × 3 | St | Entleerungsleitung für die Ölleitung nach Hauptmotor |
| 44 | 150 | 159 × 4,5 | St | Verbindungsleitung von Schmieröl- nach Frischwasserkühler |
| 45 | 20 | 25 × 2 | St | Entwässerungsleitung von Schmierölsetztanks nach Bilge |
| 46 | 3/4″ | | St | verz. Heißwasserzusatz von Heißwasserbereiter nach Separator |
| 47 | 2″ | | St | Schmutzwasserablaufleitung von den Separatoren |

Ölzulauf sei verstopft. Der Ölkühler erhält beim Vorschmieren zweckmäßig kein Kühlwasser, damit das Schmieröl nicht unnötig abgekühlt wird und dadurch das Anfahren erschwert.

Zum Klarmachen der Motorenschmierung gehört auch das Auffüllen der Schmierpressen für die Schmieranstiche der Laufbuchsen, das Auffüllen der Fettpressen an angehängten Kühlwasserpumpen sowie das Durchschmieren aller Steuer- und Regelgestänge. Bild 6/5 zeigt den Schmierölkreislauf der Motorenanlage eines Motorschiffs.

Für die Wärmetauscher, in denen das Öl durch Frisch- oder Seewasser gekühlt wird, ergeben sich grundsätzlich zwei Formen der Ausführung:

1. Ausführung mit *geraden Rohren.* In den meisten Fällen durchfließt das Kühlmittel die dünnwandigen Kupferrohre vor geringem Durchmesser, während das Öl im freien Kühlraum zirkuliert. Prallplatten, in bestimmten Abständen mit verschieden angeordneten Durchflußöffnungen eingebaut, erhöhen die Zeit, die das Öl für das Durchfließen des Kühlers benötigt, und bewirken dadurch eine intensive Kühlung.
2. Ausführung mit *schlangenförmig gebogenen Rohren.* Bei dieser Bauform durchströmt gewöhnlich das Öl die vom Kühlmittel umspülten Rohre.

Bild 6/6 zeigt einen geradrohrigen Ölkühler. Bei Verwendung von Seewasser, basischem oder saurem Wasser muß eine Zinkschutzelektrode im Wasserraum der Kühlvorlagen angebracht werden, um elektrochemische Korrosion zu verhüten. In die Ölzu- und -abflußleitung des Kühlers werden Temperaturmeßstellen für die Kontrolle der Kühlwirkung eingebaut. Gewöhnlich sieht man auch noch eine Umgehungsleitung vor, die bei Schäden ein Ausschalten des Kühlers und somit die Instandsetzung während des Motorenbetriebes gestattet.

Bei Viertaktmotoren wirkt die Stangenkraft während der Verdichtungs-, Arbeits- und Ausschubhübe als Druckkraft, beim Ansaugen jedoch als Zugkraft. Bei doppelt wirkenden Zweitaktmotoren liegt der Fall ähnlich. Dieser Belastungswechsel begünstigt die Schmierung der Lager- und Gleitstellen außerordentlich. Die Stangenkraft des einfach wirkenden Zweitaktmotors ist unverändert eine Druckkraft, die bei jedem Hub hohe Beträge annimmt. Bei großen Leistungen muß die Kreuzkopflagerung deshalb sehr breit ausgeführt werden. Die Kreuzkopfunterschale nimmt dann mitunter die ganze Breite der Pleuelstangengabel ein. Will man dies umgehen, so muß man wegen der hohen Flächenpressung an den Gleitbahnen höhere Öldrücke anwenden. Kleine Kolbenpumpen, meist am Kreuzkopf befestigt und von der Pleuelstange angetrieben, erhöhen den Druck des Öles für die Kreuzkopfschmierung auf 10 . . . 20 at.

Zylinder und Kompressoren werden durch Schmierpressen, Hubzeitöler, Bosch- oder Drucktropföler versorgt. Beim Viertaktmotor wird das zum Zylinder geförderte Öl durch 4 . . . 8 (je nach Zylindergröße) radial angeordnete Einführungsstutzen mit Rückschlagventilen bei der unteren Totpunktlage zwischen die beiden obersten Kolbenringe gedrückt.

In Tauchkolbenmotoren gelangt trotz der Abstreifringe meist soviel Umlauföl an den Kolben und auf die Zylinderlauffläche, daß eine zusätzliche Zylinderschmierung nicht nötig ist. Eine besondere Zylinderschmiervorrichtung dient dann der Erleichterung des Anfahrens und im Bedarfsfall als Reserve.

Die Öleinführungsstutzen verlaufen in der Regel durch den Zylinderkühlraum. Sie müssen daher in Zylinder- und Laufbuchsenwand gut dichten. Um die Schwierigkeiten, die diese Abdichtungen bereiten, zu umgehen, schließt man bei Deutz-Motoren z. B. die Einführungen an den unteren Rand der Laufbuchse an. Von dort aus wird das Öl in Vertikalbohrungen der Laufbuchse aufwärts bis zu den Kolbenschmierstellen geleitet. Die Hubzeitöler pressen das Zylinderschmieröl durch dickwandige Rohre von geringem Innendurchmesser in die Schmierstellen, und zwar dann, wenn der Kolben gerade mit seinem Feuerring im Aufwärtsgang die Schmierstellen passiert. Die Kolbenringe schieben das Öl nach oben und stellen dadurch die in der Hochtemperaturzone ganz besonders wichtige Schmierung sicher. Nur bei Einführung des Öles im richtigen Zeitpunkt ist eine ausreichende Schmierung

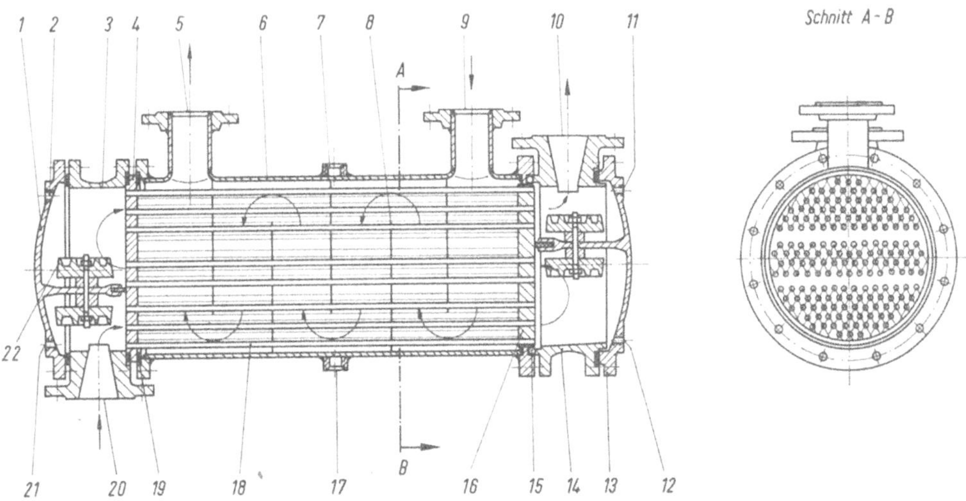


Bild 6/6. Ölkühler (Werkbild M.A.N. AG, Augsburg)

1 Abschlußdeckel,
2 Entlüftung (W),
3 Wasservorlage,
4 Rohrboden,
5 Öl-Ablauf,
6 Kühlermantel,
7 Entlüftung (Öl),
8 Leitblech,
9 Öl-Zulauf,
10 Wasser-Ablauf,
11 Entlüftung (W),
12 Entleerung (W),
13 Abschlußdeckel,
14 Wasservorlage,
15 Rundbunaring,
16 Rohrboden,
17 Entleerung (Öl),
18 Kühlrohr,
19 Dichtung,
20 Wasser-Zulauf,
21 Entleerung (W),
22 Zinkschutz

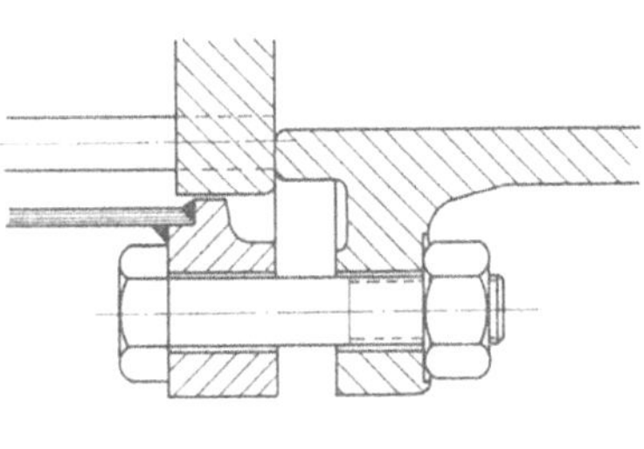

gewährleistet. Bei Verschiebung des Zeitpunktes können beispielsweise die Ringe einen Teil des Öles nach unten abführen – bei Zweitaktmotoren in die Auslaßschlitze hinein –, so daß er für die Zylinderschmierung verlorengeht.

Beim Zweitaktmotor wird das Öl meist in der oberen Hälfte des Zylinders zugeführt. Als Rückschlagventile dienen gewöhnlich Kugeln. Wird beim Zweitaktmotor das Öl in die Hochdruckzone eingedrückt, so ordnet man zwei Rückschlagventile hintereinander an, um einen sicheren Abschluß der Ölleitung zu gewährleisten. Bei Fiat/Borsig- und Demag/Modag-Motoren wird die Zylinderschmierung lastabhängig durchgeführt. Die Bohrungen durch die Zylinderlaufbuchse werden häufig schräg bzw. tangential ausgeführt oder münden in horizontale Schmiernuten der Laufbuchse. Die M.A.N. wendet für die Verteilung des Zylinderschmieröles in Kreuzkopfmotoren eine über den ganzen Buchsenumfang verlaufende wellenförmige Nute an. Man wählte diese Form, um einerseits eine günstige Ölverteilung zu gewährleisten und andererseits ein stoßfreies Darüberhinweggleiten der Ringe zu ermöglichen. Mitunter sind von den unteren Bohrungen noch senkrechte Kanäle in den Buchsen bis zur halben Hubhöhe geführt, um auch hier zur Kolbenschmierung beitragen zu können. Das von den Kolbenringen mit hochgenommene Öl soll zwischen Kolbenringen und Lauffläche dichten, den Trockenlauf verhüten und einen Verschleiß der reibenden Teile möglichst einschränken.

## 6.4. Wartung der Schmierungsanlage

Durch die Wartung soll die einwandfreie Schmierstoffversorgung aller Lager- und Gleitstellen des Motors während des Betriebes gewährleistet werden. Daher werden laufend Druck, Temperatur, Füllungsstand und Verschmutzung des Schmierstoffes überwacht. Diese Größen gestatten Rückschlüsse auf die Funktion der Schmierung. Sie machen Aussagen über den Zustand der Schmierstellen, der Leitungen, der Einrichtungen für Förderung, Kühlung, Reinigung sowie Bevorratung des Schmierstoffes. Ihre nähere Untersuchung durch Anwendung besonderer Prüfverfahren ermöglicht die Wahl des wirtschaftlichsten Zeitpunktes für den Ölwechsel. Die Wartung umfaßt weiter die Kontrolle und Pflege aller Aggregate und Elemente, die für das einwandfreie Arbeiten der Anlage von Wichtigkeit sind. Die Betriebsvorschrift enthält alle Angaben, die in dieser Hinsicht erforderlich sind. Im folgenden sollen einige wichtige Gesichtspunkte für die Wahl, die Verwendung, die Überwachung und Behandlung der Schmierstoffe betrachtet werden. Die Untersuchung der Schmierstoffe zur Bestimmung der für die Beurteilung wichtigen Kenngrößen wird in Abschnitt 3 behandelt.

### 6.4.1. Die Pflege des Schmierstoffes im Betrieb

Schmierstoffe beziehe man nach Angabe des Motorenherstellers nur von bekannten Markenlieferanten, die auch einen guten Kundendienst unterhalten. Bei Verwendung verschiedener Ölsorten ist die Vorratshaltung so zu planen, daß Verwechslungen, die mitunter zu schweren Betriebsstörungen führen können, ausgeschlossen sind. Das Öl muß in den Betriebstanks wenigstens den Mindestfüllstand erreichen, damit ein Lenzschlagen der Pumpe und die dadurch bedingte Unterbrechung der

Ölversorgung vermieden wird. Die Peilung des Füllstandes sollte stündlich erfolgen. Eine Zunahme der Menge kann durch Wasser- oder Kraftstoffeinbruch ins Schmiersystem verursacht sein. Die Vermischung des Öles mit Kraftstoff führt zu einer Ölverdünnung, die ein Fallen des Förderdruckes bewirkt. Kraftstoffversetztes Öl besitzt schlechtere Schmiereigenschaften und kann der Anlaß zu Kurbelwannenexplosionen sein. Wasserbeimischungen können Undichtigkeiten im Ölkühler oder das Eindringen von Wasser ins Kurbelgehäuse, z. B. durch Leckwerden eines Laufbuchsendichtringes, zur Ursache haben. Wassereinbruch ergibt dicke Ölemulsionen, die eine Zunahme des Öldruckes hervorrufen. Um Lagerschäden infolge der geringeren Schmierfähigkeit der Emulsion zu verhüten, muß die Füllung sofort ausgewechselt werden. Für solche Fälle sollte stets ein Setztank zur Verfügung stehen, in dem sich das im Öl befindliche Wasser aufgrund seiner größeren Dichte absetzen kann. Auch das Zentrifugieren des Öles eignet sich gut für die Abscheidung des Wassers. Zweckmäßig ist es, den Druck des Öles im Kühler etwa 0,1 . . . 0,2 at über dem des Kühlwassers zu halten, um bei undichtem Kühler das Eindringen von Wasser zu verhindern. Dabei werden jedoch Ölverluste auftreten. Daher verwendet man vielfach für Öl und Kühlwasser den gleichen Druck.

Zeigen sich Veränderungen des Tankfüllstandes oder der Ölbeschaffenheit, so muß man sofort der Ursache nachgehen. Bei Leckage ist der Ölkühler mit Hilfe der Umgehungsleitung abzuschalten und der Schaden zu beheben. In einem solchen Falle wird man den Motor meist nicht mit der vollen Leistung weiterfahren können, da sich das Öl sonst zu stark erwärmt. Die Leistung muß soweit reduziert werden, daß die Ablauftemperatur des Öles 60 °C nicht überschreitet. Bei Vorhandensein eines Reservekühlers kann der Betrieb natürlich in vollem Umfang weitergeführt werden.

Starker Wassereintritt ins Schmieröl erfordert sofortiges Stoppen des Motors und Auswechseln der Ölfüllung. Die Schmierfähigkeit des Öles wird außerdem auch durch Verunreinigungen – Abrieb von bewegten Teilen, Rostteilchen, verschwelte und verkokte Ölreste aus dem Verbrennungsraum, die bei nicht abgetrenntem Kurbelgehäuse ins Umlauföl gelangen können – herabgesetzt. Metallischer Abrieb kann, sofern er ferromagnetisch ist, durch Magnete aus dem Öl entfernt werden. Beimengungen, die eine größere Dichte als das Öl besitzen, auch geringe Wasserbeimischungen, scheiden sich im Tank ab und können von Zeit zu Zeit abgelassen werden. Schneller und vor allem gründlicher arbeitet die heute vorwiegend angewendete Schleuderreinigung (siehe auch Abschnitt 8). Mit Hilfe der Zentrifugalkräfte werden die Stoffe verschiedener Dichte getrennt und können entsprechend abgeleitet werden. Die Schleuderreinigung kann während des Betriebes erfolgen, wenn die Separatoren im Nebenschluß arbeiten.

Der Öldruck im Kreislauf ist auf der vorgeschriebenen Höhe, je nach Betriebsvorschrift 0,5 . . . 3 at, zu halten. Man bewege öfters das Überdruckventil in der Druckleitung, damit es sich nicht festsetzen kann. Ist der Öldruck bei normaler Pumpenleistung zu niedrig, so kann die Ursache in undichten oder gelösten Verbindungsrohren, in einer Ölverdünnung durch Kraftstoff, in Lagerschäden oder zu großem Lagerspiel zu suchen sein. Die vollständige Kapselung läßt im allgemeinen eine Kontrolle des Spieles der Lager mit Fühlerlehren nicht zu. Auch die Überprüfung der Lagertemperatur durch Abfühlen ist normalerweise nicht durchführbar. Mitunter kann man bei schnellaufenden Motoren die Temperatur des abgeschleuderten Öles an den Blechverkleidungen feststellen. Weisen diese Stellen Temperaturen auf, die unter den normalen liegen, so ist das ein Zeichen dafür, daß das Lager zu wenig Öl abschleudert, also wahrscheinlich verstopft ist. Die Ursache des Lagerklopfens muß nicht immer ein zu großes Lagerspiel sein, auch Kolbenfressen oder Kolbenklemmen infolge zu starker Kühlung rufen durch hohe Lagerbeanspruchung diese Erscheinung hervor. Das Brummen der Kolben tritt bei nicht ausreichender Schmierung, oft aber auch bei starker Kühlung auf. In jeden Fall müssen sofort die möglichen Ausgangspunkte überprüft werden.

Wellen- und Kurbellager sollen genügend axiales Spiel haben, damit bei Wärmedehnungen kein Klemmen auftreten kann. Die Axiallage der Welle ist zu überwachen. Für gute Schmierung und einwandfreien Lauf müssen Kreuzkopflager 0,075 . . . 0,1 mm Radialspiel erhalten, Kurbel- und Wellenlager je nach Größe der Maschine 0,1 . . . 0,2 mm.

Die Preßschmierung für Kolben und Luftverdichter ist rechtzeitig mit neuem Schmierstoff zu versorgen. Außerdem prüfe man regelmäßig das Spiel der Ringe in Ringschmierlagern, ziehe die Staufferbuchsen nach und presse Hochdruckfett in die Schmiernippel. Schrauben, Schnecken- und Stirnräder für Nocken-, Zwischen- und Reglerwellen, die außerhalb des geschlossenen Kurbelgehäuses liegen, werden gewöhnlich mit Fett geschmiert. Auf ihre ausreichende Schmierung ist zu achten.

### 6.4.2. Ölwechsel und Umstellung auf andere Ölsorten

Bei Inbetriebnahme eines neuen bzw. generalüberholten Dieselmotors und bei jedem Ölwechsel ist die Schmierungsanlage gründlich zu reinigen. Späne, Abrieb, Rost, Schlamm, Koks und andere Verunreinigungen im Leitungssystem, an den Lager- und Gleitstellen sind sorgfältig zu entfernen. Nach der mechanischen Reinigung aller zugänglichen Teile, für die nur Putzlappen, die nicht fasern, verwendet werden sollten, wird eine Spülung mit legiertem Öl vorgenommen. Man benutzt dafür die gleiche Sorte, die nachher für die Füllung vorgesehen ist. Für eine wirksame Spülung muß das Öl auf eine Temperatur von 50 . . . 80 °C erwärmt werden, die also über der normalen am Kühleraustritt gehaltenen Betriebstemperatur liegt. Die Dehnung der Wandungen und Rohre führt zum Abblättern der Schmutzablagerungen. Durch die Wirkung der Zusätze werden Verunreinigungen und Schlamm gelöst und im Öl in der Schwebe gehalten. Die Bildung schädlicher Verbindungen (Oxydation und Säurebildung) wird unterbunden. Zu Anfang der Spülung müssen die Filter vor dem Kühler und die Siebe im Sammeltank mehrmals in der Stunde gereinigt werden. Abgeschiedene Beimengungen läßt man durch die Bodenhähne ab. Nach Beendigung der Spülung überprüft man die Anlage nochmals und entfernt Schmutz- und Ölreste, die sich in Ecken und Winkeln gesammelt haben. Das Spülöl kann nach gründlicher Reinigung und Feinfilterung der Neufüllung zugesetzt werden.

Kleine Anlagen sollen 4 h, große bis zu 100 h gespült werden. Zweckmäßig ist der Einsatz von Schleuderreinigungsapparaten (Separatoren), die man im Nebenschluß mitarbeiten läßt, um schon während der Spülung einen großen Teil der Verunreinigungen abscheiden zu können.

Altöl kann, wenn es sich um größere Mengen handelt, in einem Ölwerk so aufgearbeitet (regeneriert) werden, daß es Frischöl gleichkommt. Diese Betriebe verfügen über Prüfanlagen, in denen der Alterungsgrad des Öles bestimmt werden kann, z. B. mit Hilfe der Neutralisationszahl $NZ$ (siehe 3.3.3).

Der Schmierölbedarf ist je nach Zustand und Größe des Motors sowie Geschicklichkeit des Bedienungspersonals sehr verschieden. Bei größeren Viertaktmotorenanlagen von z. B. 1000 ... 1500 PS liegt der Verbrauch der Zylinderschmierung bei 15 kg in 24 h. Zweitaktmotoren erfordern für die Zylinderschmierung bei gleicher Leistung etwa 30 ... 50 % mehr, d. h. 20 ... 25 kg in 24 h, da sich Ölverluste an den Auslaß- und Spülschlitzen nicht vermeiden lassen.

Anhaltswerte für den Ölverbrauch bei Umlaufschmierung sind in 6.2 und 6.3 genannt. Im allgemeinen ist es jedoch sehr schwer, gültige Werte anzugeben, da es zu viele Faktoren sind, die das Ergebnis beeinflussen.

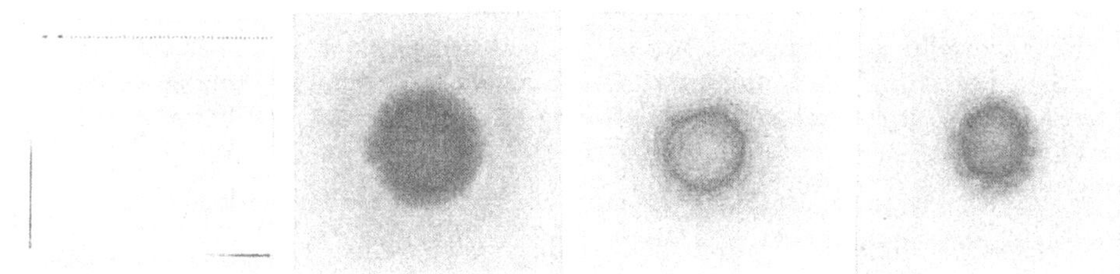


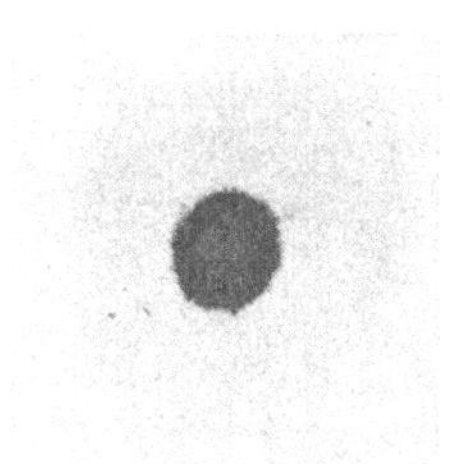


Bild 6/7. Öltropfprobe auf Fließpapier (Werkbild Deutsche Shell AG, Hamburg)

a) neues HD-Dieselmotorenschmieröl.
b) gebrauchtes HD-Dieselmotorenschmieröl, leicht verschmutzt; noch verwendbar.
c) gebrauchtes HD-Dieselmotorenschmieröl, mäßig verschmutzt; noch verwendbar.
d) gebrauchtes HD-Dieselmotorenschmieröl, mäßig verschmutzt mit Wasserbeimengung; nur bedingt verwendbar.
e) gebrauchtes HD-Dieselmotorenschmieröl, stark verschmutzt mit Wasserbeimengung; nicht mehr verwendbar.

Wird während des Betriebes eine Ergänzung der Umlaufölmengen erforderlich, so soll das Nachfüllen in Abständen, d. h. in kleinen Mengen, erfolgen. Dadurch können sich Frisch- und Altöl rasch einander anpassen, ohne daß die Wirkung der Zusätze beeinträchtigt und Schlammbildung begünstigt wird.

Eine Methode, mit einfachen Mitteln den Zustand des Motorenumlauföles zu überprüfen und so den Zeitpunkt für einen Wechsel des Öles zu bestimmen, ist die Öltropfprobe auf weißem Fließpapier (Löschpapier) (Bild 6/7). Als Vergleich dient das Tropfenbild eines frischen Öles (a). Man läßt die Proben vor der Auswertung einige Stunden bei Raumtemperatur liegen. Das Frischöl und auch wenig gebrauchtes Öl zeigen ein Bild von gleichmäßig heller Farbe (a). Bei geringer Verschmutzung entsteht in der Mitte des auseinandergelaufenen Tropfens ein Fleck von dunklerer Färbung mit verlaufendem Rand (b). Weist die Probe in der Mitte einen dunklen scharf umrissenen Fleck auf (e), so ist das Öl stark verschmutzt und bedarf eines baldigen Wechsels.

Die Ölwechselzeiten sind bei den einzelnen Motorentypen verschieden und hängen u. a. wesentlich von der Menge der Ölfüllung und dem Zustand des Motors ab. Bei fabrikneuen Motoren sollte man die Ölfüllung erstmalig nach spätestens 100 Betriebsstunden wechseln, da der Abrieb in der Einlaufzeit des Motors besonders groß ist. Jeder Ölwechsel soll unmittelbar nach dem Stillsetzen, also bei warmem Motor, erfolgen.

Legierte Öle (HD-Öle) halten Verbrennungsrückstände und andere Verunreinigungen in der Schwebe und dunkeln daher sehr schnell. Man darf sich hierdurch nicht zu einem vorzeitigen Ölwechsel verleiten lassen. Lagerstellen erhalten bei Betrieb mit HD-Öl einen Schutzüberzug und weisen infolgedessen nicht das sonst gewohnte blanke Aussehen auf.

Eine Umstellung auf andere Ölsorten soll nach Möglichkeit nur nach einer gründlichen Reinigung des Motors, z. B. anläßlich einer Generalüberholung, erfolgen. Folgender Zeitplan hat sich bei Umstellung kleinerer Motoren auf Betrieb mit HD-Öl bewährt:

1. Altöl bei warmem Motor ablassen und Motor ca. 20 min im Leerlauf spülen.
2. HD-Öl einfüllen und nach ca. 20 Betriebsstunden wechseln.
3. Zweite Ölfüllung nach etwa 50 Betriebsstunden wechseln.
4. Ölwechsel nach üblicher Betriebsdauer.

# 7. Kühlung der Dieselmotoren

Die Kühlung erstreckt sich auf Zylinder, Zylinderdeckel, Auslaßventile, Auspuffstutzen und -rohre, Schalldämpfer, Kolben, bei größeren Motoren auch auf die Kurbelwellenlager und die Gleitbahnen der Kreuzköpfe. Auch das Umlauföl, die angesaugte Luft und die Aufladeaggregate werden gekühlt. In Abschnitt 5 wurden bei der Besprechung der Bauelemente des Dieselmotors auch schon technische Einzelheiten der Kühlung erwähnt.

## 7.1. Kühlmittel und Kühlmittelaufbereitung

Stationäre Motoren im Landbetrieb werden vorwiegend mit Süßwasser gekühlt. Man entnimmt das Kühlwasser anliegenden Gewässern, in den weitaus meisten Fällen jedoch dem Versorgungsnetz. Auch in Küstengebieten ist die Verwendung von Seewasser selten. Zur Kühlung von Kolben und Lagern wird des öfteren Öl als Kühlmittel eingesetzt. Bei Schiffsmotoren unterscheidet man grundsätzlich zwischen *Seewasser-* und *Frischwasser-(Süßwasser-)Kühlung.*

Bei Seewasserkühlung muß die Kühlmittelablauftemperatur zur Vermeidung von Rückstandsbildung im System auf ca. 45 °C begrenzt werden. Bei Frischwasserkühlung besteht die Gefahr von Ausscheidungen nicht im gleichen Umfang, so daß man die Motoren mit höheren Kühlmitteltemperaturen betreiben kann. Dies hat folgende Vorteile:

a) *Geringerer Laufbuchsenverschleiß.* Bei kühleren Laufbuchsen schlägt sich ein Teil des eingespritzten Kraftstoffnebels in Form von Flüssigkeitströpfchen an den Wandungen nieder und wäscht den Schmierfilm ab. Dadurch wird die Kolbenschmierung verschlechtert und der Verschleiß steigt.

b) *Schädliche Verbrennungsprodukte,* z. B. Schwefeldioxid ($SO_2$), *entweichen* bei wärmeren Motoren gasförmig. Bei geringeren Wandungstemperaturen können sie ihren Taupunkt erreichen, beim Schmieröl die Koksbildung fördern oder durch Säurebildung Korrosion hervorrufen.

c) Der *Kraftstoffverbrauch* wärmerer Motoren liegt *niedriger,* die *Wirtschaftlichkeit* somit *höher.*

d) Wärmer gefahrene Motoren *kühlen langsamer aus* und springen aus diesem Grunde besser an.

Auf Schiffen wird das als Kühlmittel verwendete Frischwasser in einem geschlossenen Kreislauf geführt und mit Seewasser rückgekühlt. Bei diesem System müssen also nur die Leck- und Verdampfungsverluste durch mitgeführtes Frischwasser ergänzt werden.

Verschmutztes Kühlwasser muß in Filtern, die in ihrer Form den in Abschnitt 6 beschriebenen Ölfiltern gleichen, gereinigt werden. Die Anwendung des *geschlossenen Kühlmittelkreislaufes mit Rückkühlung* wird überall da von wirtschaftlichem Vorteil sein, wo einwandfreies Kühlwasser nicht in ausreichender Menge zu günstigen Bedingungen zur Verfügung steht. Unter einwandfreiem Kühlwasser versteht man Wasser von geringer Härte und geringem Gehalt an Verunreinigungen und gelösten Gasen ($CO_2$, $O_2$). Für den Umlauf verwendet man nach besonderen Verfahren aufbereitetes (gereinigtes, enthärtetes und entgastes) Wasser, das in einem besonderen Kühler mit dem in größeren Mengen vorhandenen See- oder Flußwasser rückgekühlt wird. Bei den relativ niedrigen Temperaturen, die in einem solchen Wärmetauscher vorliegen, besteht auch bei hartem und beimengungsreichem Wasser kaum die Gefahr der Rückstandsbildung. Diese Ausscheidungen treten in starkem Maße da auf, wo das Kühlmittel mit geringen Geschwindigkeiten Wandungen von hoher Temperatur umspült, so daß es zur Dampfbildung kommt.

Dem Wasser für Frischwasserkühlsysteme mit Seewasser-Rückkühlung über Wärmetauscher, wie sie bei größeren Schiffsdieselanlagen immer vorgesehen werden, wird *Korrosionsschutzöl* oder ein anderer Inhibitor zum Schutz der Kühlräume gegen Korrosion zugesetzt. Korrosionsschutzöle sind hochwertige Mineralöle mit geeigneten Emulgatoren. Das Mischungsverhältnis beträgt 1 : 100 bis 1 : 200, d. h. 0,5 . . . 1 % Ölgehalt im Kühlwasser. Die Überprüfung kann mit dem Prüfgerät[1]) zur Bestimmung des Ölgehaltes von wäßrigen Emulsionen durchgeführt werden. Die Meßflasche (Bild 7/1) wird bis zur untersten Strichmarke (Bezeichnung 30) mit der zu untersuchenden Emulsion gefüllt. Dann wird konzentrierte (rauchende) Salzsäure bis zum obersten Strich (Bezeichnung 0) zugegossen. Die Flasche wird verschlossen und der Inhalt kräftig durchgeschüttelt. Durch die Salzsäure wird das Öl von der Emulsion getrennt und steigt nach oben. Wenn sich der untere Teil der Flüssigkeit geklärt hat, kann man die Menge des abgeschiedenen Öles in Prozent an den Teilstrichmarken ablesen.

Das Absetzen von Öl an den Wandungen beeinträchtigt die Kühlwirkung, daher muß man dem Kühlwasser geeignete Mittel, z. B. Tel-K, zusetzen, durch die das an den Kühlflächen haftende Öl wieder abgelöst wird. Nach einer solchen Reinigung während des Betriebs wechselt man dann die Kühlerwasserfüllung bei nächster Gelegenheit aus. Bild 7/2 zeigt ein Frischwasserkühlschema. Es handelt sich um ein geschlossenes System, in dem das Kühlwasser weitgehend unter Luftabschluß, d. h. sauerstoffarm, gehalten wird. Lediglich im Expansionstank steht eine sehr kleine Oberfläche mit der Außenluft in Verbindung; überdies findet dort kein Durchfluß statt.

Bild 7/1. Prüfgerät zur Ermittlung des Ölgehaltes von Emulsionen

## 7.2. Kühlungsanlagen

Der *Kühlwasserförderung* dienen Kolben- oder Kreiselpumpen, die je nach Größe der Anlage entweder vom Motor oder durch Zusatzaggregate (E-Motoren) angetrieben werden. Unabhängig davon muß eine Förderpumpe mit Einzelantrieb

[1]) Zu beziehen z. B. vom Mineralöl-Zentralverband, Abt. Technischer Dienst, Hamburg 1, Glockengießerwall 2.

vorgesehen werden, die bei Betriebsstörungen eingesetzt werden kann. Sie ermöglicht bei Verwendung einer direkt vom Motor angetriebenen Pumpe auch die Versorgung aller Kühlräume vor Inbetriebnahme des Motors.

Die Pumpe fördert das Wasser mit einem Druck von 1 ... 5 at in die Hauptleitung. Die Höhe des Druckes richtet sich nach den Strömungsverlusten im Kühlsystem. Die Fördermenge muß so bemessen sein, daß auch bei höheren Kühlwassereintrittstemperaturen eine ausreichende Kühlung gewährleistet ist. Die Eintrittstemperatur entspricht in der Regel der Lufttemperatur. Für „Große Fahrt" werden die Kühlungsanlagen der Schiffsmotoren im allgemeinen für die *Tropentemperatur*, 32 °C, ausgelegt. Etwa 25 ... 30 % der vom Kraftstoff erzeugten Wärmemenge führt das Kühlwasser ab. Das folgende Beispiel soll den Einfluß der Kühlwassereintrittstemperatur auf die erforderliche Fördermenge der Pumpe zeigen.

*Beispiel:* Ein Dieselmotor hat einen Kraftstoffverbrauch von $b = 170$ g/PSh. Der Kraftstoff besitzt einen Heizwert $H$ von 10 000 kcal/kg. Wie groß muß die Fördermenge der Pumpe für 1 PSh sein, wenn das Kühlwasser

a) mit 15 °C;
b) mit 25 °C in das Saugrohr tritt und die Temperatur im Ablauf 50 °C beträgt. Das Kühlwasser führt 28 % der erzeugten Wärmemenge ab.

Abgeführte Wärmemenge:

$$Q = 0{,}17\,\frac{\text{kg}}{\text{PSh}} \cdot 10\,000\,\frac{\text{kcal}}{\text{kg}} \cdot \frac{28\,\%}{100\,\%} = 476\,\frac{\text{kcal}}{\text{PSh}}$$

a) Fördermenge bei 15 °C Eintrittstemperatur:

$$V = \frac{Q}{\varrho\, c_{\text{W}}\, (\vartheta_{\text{a}} - \vartheta_{\text{e}})} = \frac{476\,\frac{\text{kcal}}{\text{PSh}}}{1\,\frac{\text{kg}}{\text{dm}^3} \cdot 1\,\frac{\text{kcal}}{\text{kg grd}}\,(50\ ^\circ\text{C} - 15\ ^\circ\text{C})} = 13{,}6\,\frac{\text{dm}^3}{\text{PSh}} \approx 13{,}6\,\frac{\text{l}}{\text{PSh}}$$

b) Fördermenge bei 25 °C Eintrittstemperatur:

$$V = \frac{476\,\frac{\text{kcal}}{\text{PSh}}}{1\,\frac{\text{kg}}{\text{dm}^3}\, 1\,\frac{\text{kcal}}{\text{kg grd}}\,(50\ ^\circ\text{C} - 25\ ^\circ\text{C})} \approx 19\,\frac{\text{dm}^3}{\text{PSh}} \approx 19\,\frac{\text{l}}{\text{PSh}}\,.$$

Die Pumpe muß für die Fördermenge ausgelegt werden, die sich bei der höchsten im Betrieb auftretenden Eintrittstemperatur ergibt. Außerdem muß der Bedarf für die Kühlung von Zusatzaggregaten berücksichtigt werden.

Der Hauptstrang speist die zu den einzelnen Verbrauchern führenden Leitungen. Eine von diesen versorgt die Zylinder mit Kühlwasser. Bei Motoren, die keinen geschlossenen Block mit durchgehenden Kühlwasserkanälen besitzen, führen von dieser Leitung parallelgeschaltete Abzweigungen zu den einzelnen Zylindermänteln. Jede dieser Abzweigungen ist mit einem Regulierventil ausgerüstet. Das Wasser wird von unten in den Zylindermantel eingeführt und von der höchsten Stelle des Kühlraumes abgeleitet.

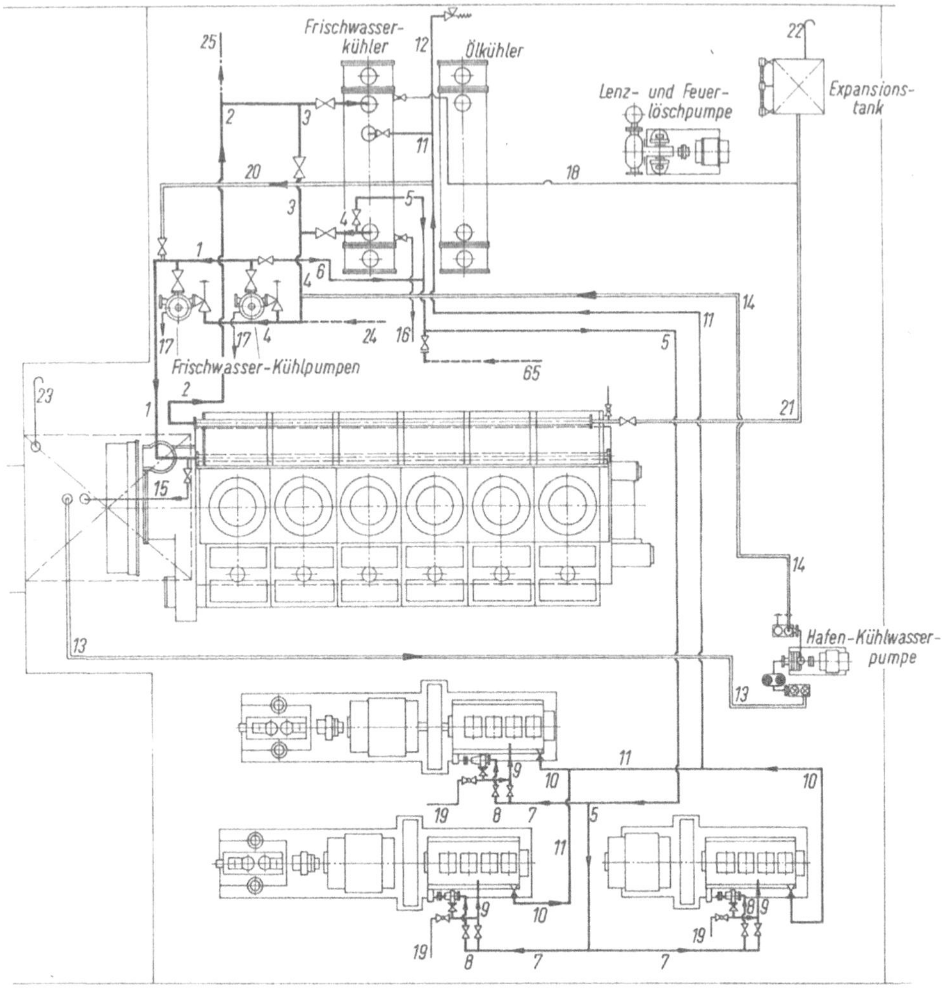


Bild 7/2. Schema einer Frischwasserkühlung

1 Druckleitung von Frischwasserkühlpumpen zum Hauptmotor,
2 Kühlwasserleitung vom Hauptmotor zum Frischwasserkühler,
3 Umgehungsleitung des Frischwasserkühlers,
4 Saugeleitung der Frischwasserkühlpumpen,
5 gemeinsame Saugeleitung der an die Hilfsaggregate angehängten Frischwasserkühlpumpen aus Frischwasserkühler,
6 Druckleitung von Hauptfrischwasserkühlpumpen nach Hilfsdieselaggregaten für direkte Kühlung,
7/8 Einzelsaugeleitungen der an die Hilfsdieselaggregate angehängten Frischwasserkühlpumpen,
9 Direktkühlanschluß der Hilfsdiesel (bei Ausfall einer angehängten Kühlwasserpumpe: über 6–7–8–9),
10 Kühlwasseraustrittsleitungen der Hilfsdiesel,
11 Kühlwasserrückführleitung von den Hilfsdieseln zum Kühlwasserrückkühler,
12 Kühlwasserausgußleitung bei Notkühlung mit Seewasser,
13 Saugeleitung der Hafen-Frischkühlwasserpumpe,
14 Druckleitung der Hafen-Frischkühlwasserpumpe,
15 Rücklaufleitung des Kühlwassers bei Hafenbetrieb. (Das Kühlwasser läuft jetzt rückwärts über 14–4–3–2 durch den Hauptmotor – 15 in den Sammeltank – 13 zur Hafenpumpe, um so den Hauptmotor warm zu halten.),
16 Entleerungsleitung des Frischwasserrückkühlers,
17 Leckwasserleitungen der Frischwasserkühlpumpen,
18 Entlüftungsleitung Rückkühler,
19 Seewasserzuleitung für Notkühlung der Hilfsdiesel,
20 Anwärmleitung für Hauptmotor im Hafenbetrieb ohne Hafenpumpe,
21 Standleitung des Expansionstanks,
22 Entlüftung des Expansionstanks,
23 Entlüftung der Kühlwassersammeltanks,
24 Notanschluß für Seewasserkühlung des Hauptmotors,
25 Notabgang bei Seewasserkühlung des Hauptmotors.

Wasser hält immer einen bestimmten Teil Luft in Lösung. Bei Erwärmung sinkt das Lösungsvermögen und die Luft steigt aufgrund ihrer geringeren Dichte nach oben. Die Dichte der Luft, ca. 1,3 kg/m³, ist etwa 770 mal geringer als die des Wassers. Die Kühlräume müssen daher so ausgeführt werden, daß sich keine Luftblasen in sogenannten toten Winkeln fangen können, da dies örtliche Überhitzungen der Wandungen zur Folge hätte. Das Wasser muß vielmehr überall in der Lage sein, die Luftblasen von den Kühlflächen abzuschwemmen.

Durch Krümmer fließt das Kühlwasser vom Zylindermantel in den Deckel und von dort in den Rücklauf. Bei verschiedenen Motoren wird es auch noch zur Kühlung der Auslaßventile, des Auslaßstutzens und des Abgasrohres herangezogen.

An den höchsten Stellen des Kühlwasserkreislaufes sind Entlüftungsventile angebracht, die während des Betriebes meist etwas geöffnet sind, um die Luft entweichen zu lassen. Eine zweite Parallelleitung mit Abzweigungen und Regulierventilen dient der Kühlwasserversorgung der Kolben. Diese müssen bei Motoren größerer Leistung auf jeden Fall mit aufbereitetem Wasser gekühlt werden, und zwar durch eine besondere Pumpenanlage, wenn das übrige Kühlsystem mit Seewasser betrieben wird. Infolge der hohen Wandungstemperaturen ist die Gefahr des Ausscheidens fester Rückstände besonders groß. Setzt man, um diese zu vermeiden, die Fördermenge herauf, so werden aufgrund der geringeren Erwärmung des Kühlwassers die Wärmespannungen erhöht und es treten auch andere in Abschnitt 7.3 erwähnte Nachteile auf. Vielfach wird wegen der genannten Schwierigkeiten Öl für die Kolbenkühlung verwendet.

Weitere Kühlleitungen führen zum Ölkühler, zu den Aufladeaggregaten, zu den Luftkühlern, den Kurbelwellenlagern und den Gleitbahnen der Kreuzköpfe. Sämtliche Kühlwasserrücklaufleitungen sollten mit Meßstellen für die Temperaturkontrolle und mit Schaugläsern bzw. offenen Abflüssen für die Funktionskontrolle versehen sein. Bei großen Motoren sind auf der Bedienungsseite Kontrollrohre verlegt, die an die einzelnen Versorgungsleitungen angeschlossen sind. Sie ermöglichen eine bequeme Überprüfung der Kühlwassertemperaturen und der Funktion des Kühlsystems (Bild 5.29). Das für die Kühlung benötigte Seewasser wird entweder direkt durch ein Bodenventil oder aus den Doppelbodentanks angesaugt. Die letztgenannte Schaltung ist aber in der Hauptsache nur für die Aufrechterhaltung eines Hilfsbetriebes ohne Landanschluß im Dock gedacht.

Sind auch die Kraftstoffventile wassergekühlt, so sollte hierfür ein getrennter Kreislauf vorgesehen werden, um bei defekten Kraftstoffventilen die Verunreinigung des gesamten Kühlwasserstromes durch Kraftstoff auszuschließen. Der Wasserbedarf für die Einspritzdüsenkühlung beträgt etwa 0,5 l/PSh.

## 7.3. Wartung der Kühlungsanlagen

Wird unsauberes Wasser zur Kühlung verwendet, so müssen die Filter täglich mehrfach überprüft und gereinigt werden. Vor Inbetriebnahme des Motors sind die Kühlräume mit der Reservepumpe zu füllen. Dabei müssen die Entlüftungshähne geöffnet werden, damit sich keine Luftsäcke bilden können. Die Hähne werden erst dann geschlossen, wenn das Wasser in vollem Strahl austritt. Beim Anfahren von

Motoren mit angehängten Kühlwasserpumpen müssen die Schnüffelventile der gekuppelten Pumpe geöffnet werden, damit die Förderung schnell einsetzt. Die Versorgung der einzelnen Kühlstellen ist an den Regulierventilen so einzustellen, daß sich die geforderten Austrittstemperaturen ergeben. Das zur Kühlung des Zylindermantels, des Deckels, der Auslaßventile und der Abgasleitungen verwendete Wasser soll bei Frischwasserumlaufkühlung mit etwa 55 ... 65 °C abfließen. Bei Verwendung von Seewasser dürfen 45 °C nicht überschritten werden. Die Temperatur des aus den Kolben, den Kurbelwellenlagern, den Gleitbahnen und dem Ölkühler rücklaufenden Wassers soll jeweils unter den genannten Werten liegen. Genaue Vorschriften enthalten die Betriebsanweisungen.

Die Einhaltung der vorgeschriebenen Temperaturintervalle ist wichtig, da eine zu niedrige Kühlmitteltemperatur die Reibungsverluste im Motor erhöht und die Zündung erschwert. Besonders beim Anfahren sollte das Kühlwasser nicht zu kalt sein, damit der Motor sich leicht durchdrehen läßt und schnell zündet. Gewöhnlich ist ein Anwärmen des Hauptmotors durch das Kühlwasser der Hilfsaggregatmotoren möglich. Bei zu hohen Temperaturen des Kühlmittels setzt an den heißen Wandungen in größerem Umfang Dampfbildung ein, die ein Entstehen von Überzügen an den Kühlflächen durch Ausscheidungen begünstigt. Allein durch Dampfblasenbildung an den Wandungen vermindert sich die Kühlwirkung beträchtlich. Zu hohe Temperaturen im Luftkühler können besonders bei Viertaktmotoren zu einer ungenügenden Frischluftladung führen, die unter Umständen eine unvollständige Verbrennung zur Folge hat.

Bei starkem Temperaturanstieg an einer Stelle ist die Versorgungsmenge zu erhöhen, evtl. auf Kosten der anderen Anschlüsse. Steigt die Temperatur bei normaler Pumpenleistung im ganzen System, so muß die Motorenleistung vermindert werden. Führt diese Maßnahme nicht zum Erfolg, so muß man stoppen und der Ursache nachgehen. Die Erhöhung der Pumpenfördermenge bei warm werdendem Motor soll möglichst langsam erfolgen, damit Wärmespannungen, die zu Materialrissen führen können, vermieden werden. Da erwärmtes Kühlwasser Luft ausscheidet, die die Kühlwirkung beeinträchtigt, sind die Entlüftungsventile während des Betriebes entweder leicht geöffnet zu halten oder wenigstens stündlich einmal zur Entfernung der angesammelten Luft zu betätigen.

Eine Abnahme der Temperatur im Rücklauf bei unveränderter Fördermenge der Kühlwasserpumpe läßt auf Verschmutzung der Kühlräume oder auf Ablagerung von Wasserstein schließen. Feste Überzüge an den Kühlflächen, die man als Wasser- oder Kesselstein bezeichnet, können sich nicht bilden, wenn man aufbereitetes oder naturweiches Wasser verwendet. Durch Abscheidungen an den Kühlflächen, gleich welcher Art, wird die Wärmeabfuhr stark behindert, so daß es infolge der wachsenden thermischen Belastung durch Abnahme der Festigkeit und verstärkte Formänderung zu Betriebsstörungen und Motorenschäden kommen kann. Aus diesem Grunde sind auch an allen zu kühlenden Teilen Handlöcher angeordnet, die eine Überprüfung und Reinigung ermöglichen. Schmutz- und Kesselsteinablagerungen an den Kühlflächen lassen sich durch Behandlung mit 33 %iger Salzsäure leicht entfernen. Man ersetzt das Kühlwasserzuführungsrohr durch einen Blindflansch und füllt die Säure von oben in den Zylindermantel. Blickt man durch die Öffnung im Deckel, so erkennt man die steinlösende und -zersetzende Wirkung der Salzsäure an der starken Gasentwicklung. Nach deren Abschluß läßt man einen Teil der Füllung ab und ersetzt ihn durch frische Säure. Bildet sich danach kein Gas mehr, so sind die steinartigen Ablagerungen zersetzt, d. h. in Schlamm verwandelt. Die Kühlräume werden entleert und mehrfach durchgespült, und zwar zunächst mit Sodalösung, um die Reste der Säure zu neutralisieren, danach mit klarem Wasser, um auch die Laugenreste zu entfernen.

Eine Kolbenkühlung mit Seewasser kommt lediglich bei einfachwirkenden Motoren geringerer Leistung in Betracht. Sie ist auch da mit größter Vorsicht anzuwenden, da der Kolbenboden höchsten Temperaturen ausgesetzt ist und eine Temperaturkontrolle der Kühlräume Schwierigkeiten bereitet. Auf jeden Fall müssen dann die Dichtungen der Kühlwasserzufuhr besonders sorgfältig überwacht werden. Gelangt Seewasser an die heißen Zylinderwandungen, so scheidet sich das Salz aus und bildet mit dem Schmieröl eine Schmirgelmasse, die zu frühzeitigem starken Verschleiß der Laufflächen und Ringe führt. Wenn die Leckage im Betrieb nicht beseitigt werden kann, muß man unter allen Umständen durch behelfsmäßige Vorkehrungen verhüten, daß das Leckwasser an die Zylinderwandungen gelangt. Bei Verwendung von Seewasser, hartem Wasser oder solchem von saurem Charakter sind zur Vermeidung elektrochemischer Korrosionen Teile aus Zink an den Handlochdeckeln oder Wandungen anzubringen. Das Zink ist unedler als die Werkstoffe des Motors, es wird also bei gut leitender Verbindung mit diesen zuerst angegriffen werden und in Lösung gehen. Man bezeichnet diese Art der Korrosionsverhütung als *katodischen Schutz* und das Zink, das die Motorenwerkstoffe dadurch schützt, daß es in Lösung geht, als *Opferelektrode.* Die rechtzeitige Erneuerung dieser Opferelektroden ist besonders zu beachten.

Auf Schiffen, die durch Eis fahren ist die sorgfältigste Überwachung der Kühlung geboten. Das Eis wird vom Schiffskörper zu Graupeln zermahlen, die infolge der Wasserströmung soweit unterschneiden, daß sie ins Bodenventil der Kühlwasserversorgung gelangen können. Werden sie eingesaugt, so verstopfen sie die Filter- und beeinträchtigen oder unterbinden sogar die einwandfreie Funktion der Kühlung. Beheizung der Ansaugleitungen und Filter oder die Beimischung von ablaufendem Kühlwasser höherer Temperatur zu dem angesaugten Eiswasser schaffen in diesem Falle Abhilfe. Bei starker Vereisung ist jedoch auch dann häufiges Überprüfen und öfteres Wechseln der Filter zu empfehlen.

# 8. Unterbringung und Behandlung von Kraftstoffen

## 8.1. Gestaltung, Anordnung und Wartung der Kraftstofftanks

Der Kraftstoff wird im allgemeinen in großen Behältern – in Tanks – untergebracht. Diese werden mit Entlüftungsrohren versehen, die bei der Füllung das Entweichen der verdrängten Luft und im gefüllten Zustand den Abzug der sich bildenden Gase ermöglichen sollen und darüber hinaus noch als Überlauf dienen. Die Beschickung erfolgt durch ein besonderes Füllrohr, die Entnahme durch ein Saugrohr. Im Maschinenbereich liegende Tanks sind an ein Überlaufsystem angeschlossen. Zur Erleichterung der Überprüfung und Reinigung wird jeder Tank mit einem Mannloch versehen. Die Kontrolle der Füllmenge wird mit Hilfe eines Peilstabes vorgenommen bzw. durch Anbringung entsprechender Vorrichtungen (Schaugläser) oder Meßgeräte ermöglicht. Bei Verwendung elektrischer Meßeinrichtungen kann durch den Einsatz von Fernanzeigegeräten der Füllstand aller Tanks von zentraler Stelle aus überwacht werden.

Sind die Tanks niederen Temperaturen ausgesetzt, so müssen Heizvorrichtungen installiert werden, damit der Kraftstoff in ausreichend flüssigem Zustand gehalten werden kann. Üblicherweise werden diese Vorrichtungen (Rohrschlangen für die Beschickung mit Heißwasser oder Dampf u. ä.) am Boden der Tanks angebracht. In manchen Fällen genügt es auch, das Saugrohr im Tank zu erwärmen. Doppelbodentanks für Schweröl mit Dampfbeheizung erhalten $\approx 0{,}1\ m^2$ Heizfläche pro $1\ m^3$ Tankraum, Hochbunker im Motorenraum $\approx 0{,}07\ m^2/m^3$. Nach den Vorschriften der *Klassifikationsgesellschaften* soll auf Schiffen der Kraftstoffvorrat nicht ausschließlich in Doppelbodentanks gebunkert werden. Etwa 10 % sollen in Hochtanks, möglichst mittschiffs untergebracht werden, damit das Schiff im Notfall immer noch einen gewissen Kraftstoffvorrat behält. Der Inhalt der Doppelbodentanks ist zuerst aufzubrauchen, da er bei Kollision und Grundberührung stärker gefährdet ist als der Inhalt der Hochtanks. Sollte letzterer aus irgendeinem Grunde zur Versorgung der Motoren verwendet werden, bevor die Bestände im Doppelboden erschöpft sind, so sind die Hochtanks sofort wieder durch Umpumpen zu füllen. Die Hochtanks sind mit Bodenventilen ausgerüstet, so daß Wasser und Sinkstoffe abgelassen werden können.

In größeren Landbetrieben und auf Schiffen verwendet man sogenannte *Setz-* oder *Tagestanks.* Das sind mindestens zwei Tanks, die im allgemeinen den Kraftstoffbedarf eines Betriebstages aufnehmen können. Sie werden im Motorenraum untergebracht und oft so hoch eingebaut, daß der Kraftstoff den Einspritzpumpen zufließt. Ihre Ausstattung entspricht der der Vorratstanks: Füllrohr, Überlaufrohr, Entlüftungsrohr, Füllstandsanzeiger, Mannloch. Die Mündung des Pumpenzulaufrohres liegt etwas über dem Behälterboden, damit sich Wasser und Sinkstoffe absetzen können. Für das Ablassen sind Ventile oder Hähne vorgesehen.

Um bei einem Brand im Motorenraum den Zulauf zu den Kraftstoffpumpen von einem außerhalb des Motorenraumes gelegenen Ort stoppen zu können, schaltet man in das Pumpensaug- bzw. Pumpenzulaufrohr ein Schnellschlußventil ein.

Die Tagestanks werden aus den Vorratstanks gespeist. Sie werden abwechselnd in Betrieb genommen. Dadurch erhalten Wasser und Verunreinigungen Zeit, sich abzusetzen. Die Tagestanks sind regelmäßig in kürzeren Abständen zu entwässern. Darüber hinaus ist für eine turnusmäßige innere Reinigung Sorge zu tragen, da abgesetzte Sinkstoffe normalerweise bei einer kurzen Entwässerung nicht ablaufen. Auch die Vorratstanks sind von Zeit zu Zeit zu entwässern und nach Leerung innen zu reinigen. Diese Reinigung ist auf jeden Fall dann durchzuführen, wenn anschließend eine andere Kraftstoffsorte gebunkert werden soll. Fallen bei der regelmäßig durchgeführten Entwässerung der Tagestanks Wassermengen an, die über das normale Maß hinausgehen, so sind die Vorratstanks, aus denen der Kraftstoff übernommen wurde, auf Undichtigkeiten zu untersuchen.

Besonders das Eindringen von Seewasser in den Kraftstoff bei Leckage der Doppelbodentanks kann zu schweren und nachhaltigen Betriebsstörungen führen. Begünstigt durch die ständigen Bewegungen des Schiffes vermischt sich das Salzwasser im Verlauf längerer Zeit innig mit dem Kraftstoff und bildet eine Emulsion, deren Brechen weder in den Setztanks noch durch Erwärmen oder Schleudern möglich ist. Lediglich die Anwendung bestimmter Zusätze führt zur Trennung. Aus diesem Grunde muß man auch auf Schiffen, deren Doppelbodenzellen abwechselnd als Kraftstoff- und als Ballasttanks dienen, die Tankreinigung mit größter Sorgfalt durchführen.

Bei der Verbrennung einer salzhaltigen Kraftstoff-Wasser-Emulsion bildet das Salz einen Bestandteil der Asche, die wie eine Schmirgelmasse wirkt, so daß der mechanische Verschleiß an den Zylinderlaufbahnen und Kolbenringen stark erhöht wird. Die Verschmutzung der Einspritzventile beeinträchtigt die einwandfreie Zerstäubung des Kraftstoffes und ruft Nachtropfen und Strahlablenkung hervor. Bei Zweitaktmotoren verengen die Ausscheidungen die Schlitzquerschnitte, bei Viertaktmotoren führen sie zu undichten Ventilen und somit zu Durchschlägen in das Ansaug- bzw. Auspuffsystem, sowie schließlich zum Aussetzen der Zündung aufgrund ungenügender Verdichtung.

Nach § 69 der Unfallverhütungsvorschriften der Seeberufsgenossenschaft (UVV) dürfen Tanks nur betreten werden, wenn mit einem Gasspürgerät Gasfreiheit festgestellt wurde; zum Nachweis der Gasfreiheit läßt man sich zweckmäßig ein entsprechendes Zeugnis eines vereidigten Chemikers ausstellen.

Kraftstofftanks dürfen niemals mit offenem Licht betreten werden, sondern nur mit Sicherheitslampen oder besonders geschützten elektrischen Handlampen, damit vorhandene Gase nicht zur Explosion gebracht werden. Aus dem gleichen Grunde sollten Wartungs- und Instandsetzungsarbeiten nur mit Spezialwerkzeugen (z. B. Werkzeugen aus Berylliumbronze) vorgenommen werden, bei denen kein Funkenschlag auftreten kann.

Vor dem Begehen müssen die Tanks gut durchgelüftet bzw. mit Druckluft ausgeblasen werden, da das Einatmen der Gase zu schweren Gesundheitsschäden führen kann. Bei Doppelbodenzellen muß das Durchlüften wegen der Verspantung besonders sorgfältig und gründlich durchgeführt werden. Wenn erforderlich, müssen Tanks vorher mit Dampf und/oder Wasser, evtl. unter Zusatz von Chemikalien, gereinigt werden.

Der im Tank arbeitende Mann soll durch ein Tau mit einer außerhalb stehenden Aufsichtsperson verbunden sein und sich zudem noch mit dieser unterhalten. Nur so hat man die Gewähr, daß Vergiftungserscheinungen, die sehr schnell zur Bewußtlosigkeit führen, sofort bemerkt werden und rechtzeitig Gegenmaßnahmen ergriffen werden können.

Zur Reinigung darf nur Putzmaterial verwendet werden, das nicht fasert, da anderenfalls Verstopfungen in Leitungen, Pumpen und Filtern auftreten können.

## 8.2. Vorrichtungen zur Kraftstoffreinigung; Wirkungsweise und Wartung

Der wirtschaftliche und weitgehend störungsfreie Betrieb der Motoren erfordert die Bereitstellung eines Kraftstoffes, dessen Gehalt an unerwünschten Beimengungen so gering wie möglich gehalten wird. In erster Linie sind es Wasser und mechanische Verunreinigungen, die dem Kraftstoff durch geeignete Vorrichtungen entzogen werden müssen, bevor er in die mit höchster Genauigkeit gefertigten Elemente der Einspritzanlage und in die Zylinder gelangt. Durch das Abscheiden der mechanischen Verunreinigungen wird außerdem der Gehalt des Kraftstoffes an unbrennbaren Bestandteilen – der Aschegehalt – vermindert. Da die Ascheteilchen zusammen mit den Koksanteilen eine stark verschleißfördernde Schmirgelmasse bilden, wirkt sich die Verringerung des Aschegehaltes günstig auf die Lebensdauer der Kolben, Laufbuchsen, Kolbenringe und Ventile aus.

Im wesentlichen sind es drei Verfahren, die zur Erfüllung der genannten Aufgabe herangezogen werden.

1. Abscheidung der Fremdstoffe unter Einfluß der *Schwerkraft* in den Tanks, speziell in den Setztanks,
2. Abscheidung der Fremdstoffe unter Einfluß der *Zentrifugalkraft* in sogenannten Separatoren,
3. Abscheidung der Fremdstoffe durch *Filter*.

Voraussetzung für die Anwendbarkeit der beiden erstgenannten Verfahren ist ein merklicher Unterschied zwischen der Dichte der Fremdstoffe und der des Kraftstoffes.

Das Absetzen von Fremdstoffen in Setztanks und ihre Entfernung aus diesen wurde im Vorstehenden schon erwähnt. Daher soll im folgenden die Wirkungsweise und Wartung der Vorrichtungen für die Kraftstoffreinigung nach den beiden letztgenannten Verfahren erläutert werden.

### 8.2.1. Separatoren

Im Prinzip ist der Separator eine mit hoher Drehzahl umlaufende Trommel, in der der Kraftstoff durch die auftretenden Fliehkräfte von den Beimengungen höherer Dichte getrennt wird. Sein Einsatz empfiehlt sich nicht nur bei Schwerölbetrieb, sondern ist auch bei Verwendung von Gas- und Dieselölen als Kraftstoff von Vorteil.

Der Separator wird üblicherweise in die Fülleitung der Tagestanks geschaltet und übernimmt mit einer angehängten Zahnradpumpe zugleich auch die Förderung des Kraftstoffes von den Vorratstanks zu den Tagestanks. Kraftstoffe werden meist ohne Wasserzusatz geschleudert, da sonst die Gefahr einer Emulsionsbildung besteht. Die Frischwassermenge, die man vor Beginn des Schleudervorganges in die Trommel füllt, übt lediglich eine Sperrfunktion aus. Das Wasser legt sich bei Betrieb des Separators an die Außenwand der Schleudertrommel und zwingt so den spezifisch leichteren Kraftstoff, den Raum im Innern des Trommelkopfes einzunehmen und aus dem dichter an der Drehachse liegenden Kanal mit höher angeordneter Ausflußmündung auszutreten. Das Sperrwasser hindert so den Kraftstoff daran, in ungereinigtem Zustand durch den Wasser- oder Schlammabfluß zu entweichen. Nur Beimengungen mit höherer Dichte können in den wassergefüllten Raum vordringen. Sie verbleiben im Sperrwasser oder setzen sich an der Trommelaußenwand fest.

Zähflüssige Kraftstoffe müssen vor dem Separieren zur Herabsetzung ihrer Viskosität erwärmt werden, so daß, besonders bei Schwerölbetrieb, eine Anwärmanlage vorgeschaltet werden muß. Gewöhnlich weist Schweröl bei Temperaturen von 70 ... 95 °C die für die Schleuderreinigung erforderliche Dünnflüssigkeit auf. Separatoren werden sowohl zur Abscheidung von Wasser und Fremdstoffen (Trennen, Bild 8/1) als auch zur alleinigen Fremdstoffabscheidung (Klären, Bild 8/2) eingesetzt. Für den Trennvorgang wird der Innendurchmesser der Wasserscheibe so gewählt, daß sich die Trennzone etwa in der Mitte der Steigkanäle befindet. Das Wasser steigt aufgrund seiner höheren Dichte außen auf, der Kraftstoff innen am Einsatz.

Schmutzteilchen und Wasseranteile treffen auf die Unterseiten der Teller und gleiten von dort in den Schlammraum, wo sich der dickflüssige Schlamm absetzt, während das Wasser abfließt. Der Kraftstoff wird durch die Steigkanäle gleichmäßig dem Tellereinsatz zugeführt. Beim Klärvorgang wird kein Wasser abgeschieden, der Ablauf des Reinigungsprozesses in den Tellern ist jedoch derselbe.

Anlagen mit mehreren Separatoren in der Trenn- und Klärstufe schaltet man oft so, daß jede Gruppe wahlweise verwendet werden kann. Die Beschickung erfolgt durch eine gemeinsame Zuleitung mit gleichen Zulaufblenden, wodurch eine einfache und übersichtliche Anordnung erreicht wird.

Da meist auf einen Tagestank gearbeitet wird, führt man den heißen Kraftstoff, der den Separator verläßt, zweckmäßigerweise über einen Wärmeaustauscher, in dem die überschüssige Wärme an das zufließende Rohöl abgegeben wird.

Günstig wirkt sich die Zugabe einer geringen Menge Kaltwasser in die Wasserableitung des Separators aus. Der Zusatz führt zur Kondensation von Wasserdämpfen und vermeidet so eine Belästigung des Bedienungspersonals.

Bei Verwendung von Schweröl-Separatoren mit normaler Trommel hat sich in der Praxis die Anordnung von zwei Trennseparatoren (siehe Bild 8/1) und einem nachgeschalteten Klärseparator (siehe Bild 8/2) gleicher Größe bewährt. Man kann so bei Verschmutzung eines Trennseparators auf den anderen umschalten und die

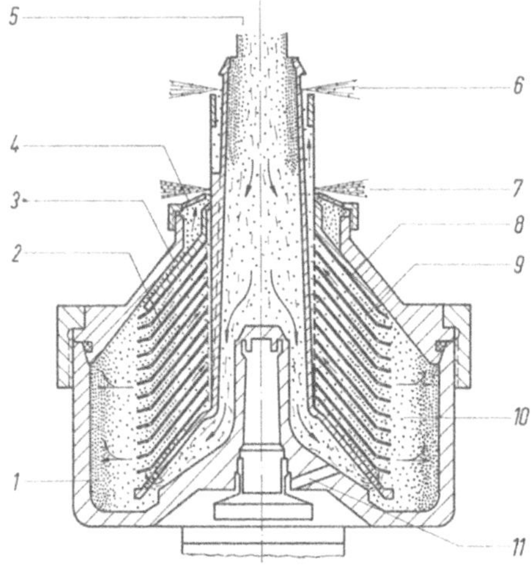


Bild 8/1. Separator in Trennschaltung mit Wasserabscheidung

1 Schlammraum,
2 Steigekanäle,
3 Wasserkanäle,
4 Wasserscheibe,
5 Schmutzöleintritt,
6 Reinölaustritt,
7 Wasseraustritt,
8 Abschlußteller,
9 Reinölzone,
10 Wasserzone,
11 Trommelentleerung.

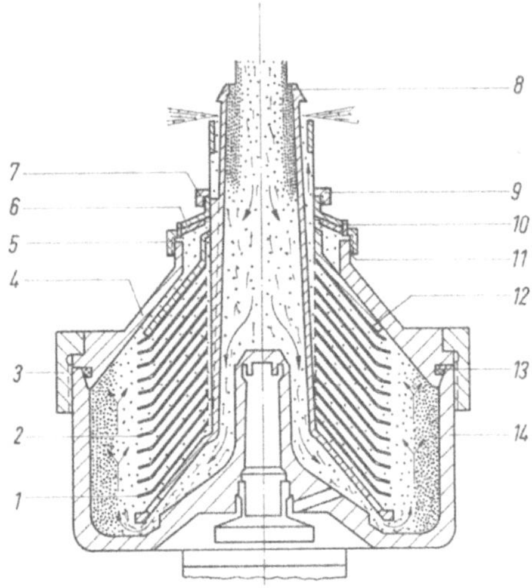


Bild 8/2. Separator in Trennschaltung ohne Wasserabscheidung

1 Abschlußteller,
2 Tellereinsatz,
3 Trommel-Verschlußring,
4 Trommeldeckel,
5 Wasserscheiben-Verschlußring,
6 Gummiring,
7 Druckring,
8 Verteiler,
9 Gewindering,
10 Verschlußscheibe,
11 Gummiring,
12 Scheideteller,
13 Gummiring,
14 Trommelmantel.

Trommelreinigung bei passender Gelegenheit durchführen. Wartungs- und Instandsetzungsarbeiten können ohne Unterbrechung des Betriebes ausgeführt werden.

Bei Verwendung von Bord-Separatoren mit normaler Tellertrommel, die von Hand gesäubert werden muß, ist die zweistufige Reinigung (Bild 8/3) allgemein üblich. Bei dieser wird in Stufe 1 fast der gesamte Anteil der separierbaren Beimengungen entfernt. In Stufe 2 braucht dann nur noch ein geringer Rest abgeschieden zu werden. Bei Störungen der Stufe 1, z. B. bei Überfüllung des Schlammraumes durch versäumte Reinigung einer Trommel, übernimmt Stufe 2 die Hauptreinigung. Sie dient also im wesentlichen als Sicherheitsstufe.

1 Schweröl vom Setztank,
2 Vorsieb,
3 Doppelpumpe,
4 Schweröl-Vorwärmer,
5 Trenn-Separator,
6 Wasser-Erhitzer,
7 Wasserablauf,
8 Schweröl-Vorwärmer,
9 Klär-Separator,
10 Einfachpumpe,
11 Reines Schweröl zum Tagestank.

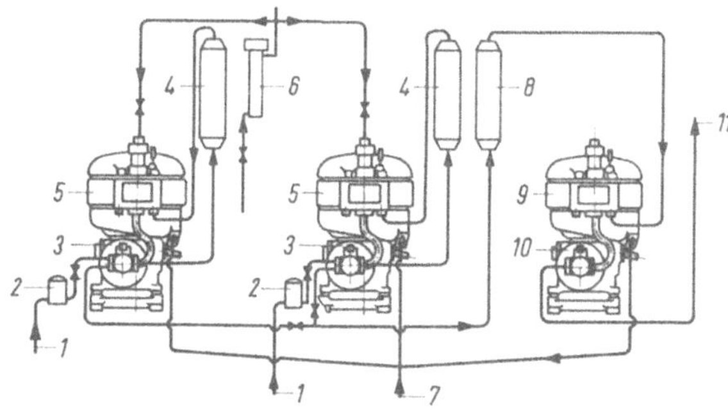


Bild 8/3. Schema einer WESTFALIA-Schweröl-Reinigungsanlage mit 2 normalen Schweröl-Separatoren Type OG in der 1. Stufe und 1 normalen Schweröl-Separator Type OG in der 2. Stufe (Werkbild WESTFALIA Separator AG, Oelde)

Diese Sicherheitsstufe kann beim Einsatz eines selbstreinigenden Separators fortfallen (Bild 8/4), da dessen Bedienung so einfach ist, daß mit einer Überfüllung des Schlammraumes nicht mehr gerechnet zu werden braucht. Die Selbstreinigung der Trommel erfolgt so schnell, daß der Betrieb praktisch nicht unterbrochen wird. Das Separiervermögen der Trommel wird niemals gestört. Bei Verminderung des Durchsatzes kann man in einer Stufe alle ausschleuderbaren Schmutzstoffe entfernen. Die wirtschaftlichste Größe der Reinigungsanlage ergibt sich bei Auslegung für laufende Separierung des Kraftstoffbedarfs, d. h. bei 24-Stunden-Betrieb des Separators. Durch Parallelschaltung mehrerer selbstentschlammender Separatoren läßt sich die Anlage jedem Kraftstoffverbrauch anpassen. Die Installation eines Reserveseparators ermöglicht den Wechselbetrieb und gestattet die zeitweilige Umschaltung auf Dieselölreinigung.

Die Trommel des selbstreinigenden Separators entspricht in ihrer Wirkungsweise der Trommel in der Normalausführung, sie trennt und klärt also ebenfalls durch eingebaute Teller (Bild 8/5). Beide Flüssigkeitsphasen, Kraftstoff und Wasser, treten frei aus der Trommel in die Auffanghaube aus.

Die Einrichtung zur Selbstentschlammung der mit Feststoffen gefüllten Trommel arbeitet mit einem einfachen Topfschieber, der unter Ausnutzung des durch Rotation erzeugten Steuerflüssigkeitsdruckes die Entleerungsschlitze am Trommelrand öffnet und schließt (siehe Bild 8/5). Dieser Topfschieber bewegt sich unabhängig vom Schleudergutdruck zwangsläufig bis in die Endstellung. Dadurch werden die Entleerungsschlitze stets vollständig geöffnet. Der Schlammausstoß erfolgt dann schlagartig bei rotierender Trommel. Es bedarf nur weniger Handgriffe, um die Selbstreinigung der Trommel bei voller Drehzahl ablaufen zu lassen. In den Bildern 8/6 a, b und c wird dieser Vorgang gezeigt und erläutert.

Der Verbrauch an Steuerwasser beträgt je Entschlammung ca. 3 . . . 5 l. Während des Laufes ist keine Wasserzugabe erforderlich.

Vor Zuführung von Kraftstoff-Wasser-Gemischen ist die Trommel zunächst mit einer bestimmten Wassermenge zu füllen, um den äußeren Flüssigkeitsverschluß herzustellen.

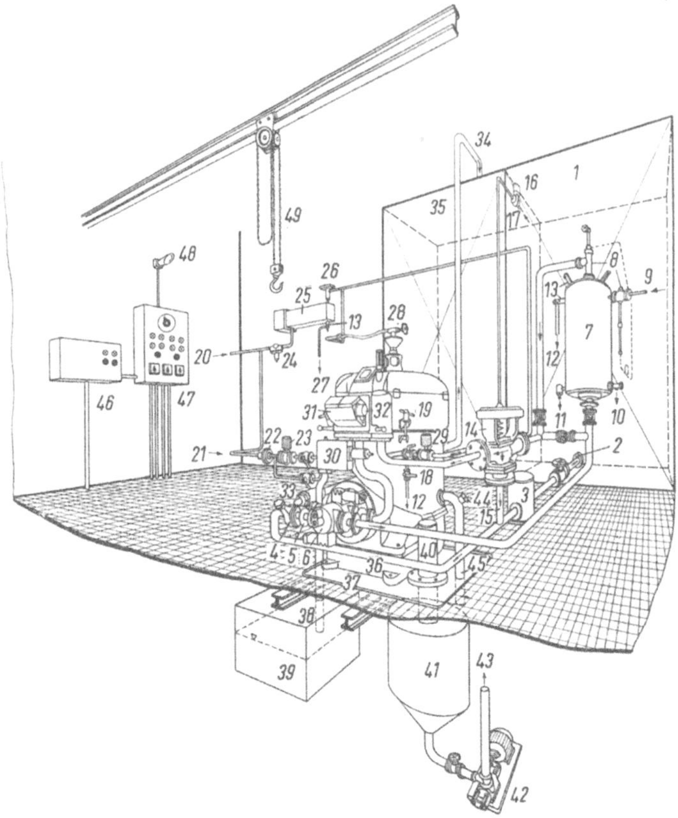


Bild 8/4. Schema einer einstufigen WESTFALIA Schweröl-Reinigungsanlage mit selbstreinigendem Bordseparator und Automatik (Werkbild WESTFALIA Separator AG, Oelde)

1 Schmutzöltank,
2 Schmutzöl-Zulauf,
3 Vorsieb,
4 Einstellblende,
5 Ausgleichkörper,
6 Zahnrad-Doppelpumpe,
7 dampfbeheizter Ölvorwärmer,
8 automatischer Temperaturregler,
9 Dampf-Eintritt,
10 Entleerungs- bzw. Entlüftungshahn,
11 Kondensat-Ablauf,
12 Lecköl zum Überlauftank,
13 Sicherheitsventil,
14 3-Weg-Ventil,
15 Schmutzöl-Rücklauf zur Pumpe,
16 Preßluft-Magnetsteuerventil für Ölzulauf,
17 Preßluft-Eintritt (Druck 1,5 bis 2 atü),
18 Haubenentleerung,
19 Separator,
20 Wasser-Zulauf,
21 Steuerwasser-Zulauf (Druck 1,5 bis 3 atü),
22 Schmutzfilter für Steuerwasser,
23 Steuerwasser-Anschluß mit Magnetventil und Bypass,
24 Druckreduzierventil (falls Wasserdruck größer als zul. Betriebsdruck des Erhitzers),
25 Elektro-Wassererhitzer,
26 Thermostat,
27 Wasser zur Bilge,
28 Zusatzwasser-Anschluß mit Reguliereinrichtung,
29 Wasser-Anschluß mit Magnetventil (Füllen, Spülen, Verdrängen),
30 Störungsmelder,
31 Schaukasten für Reinöl- und Wasserablauf,
32 Schauglas-Beleuchtung,
33 Rückschlagventil in Reinölleitung,
34 Reinöl-Ablauf,
35 Reinöltank,
36 Fundamentplatte,
37 Wanne,
38 Schmutzöl zum Überlauftank,
39 Überlauftank,
40 Schlammablauf mit Schaukasten,
40a Schmutzwasser-Ablauf,
41 Schlammtank,
42 Schlammpumpe,
43 Schlamm (Öl-Wasser-Schlamm-Gemisch),
44 Schaudeckel am Steuerwasser-Ablauf,
45 Steuerwasser-Ablauf,
46 Motor-Steuerung,
47 Ventil-Steuerung,
48 Signal,
49 Hebezeug.

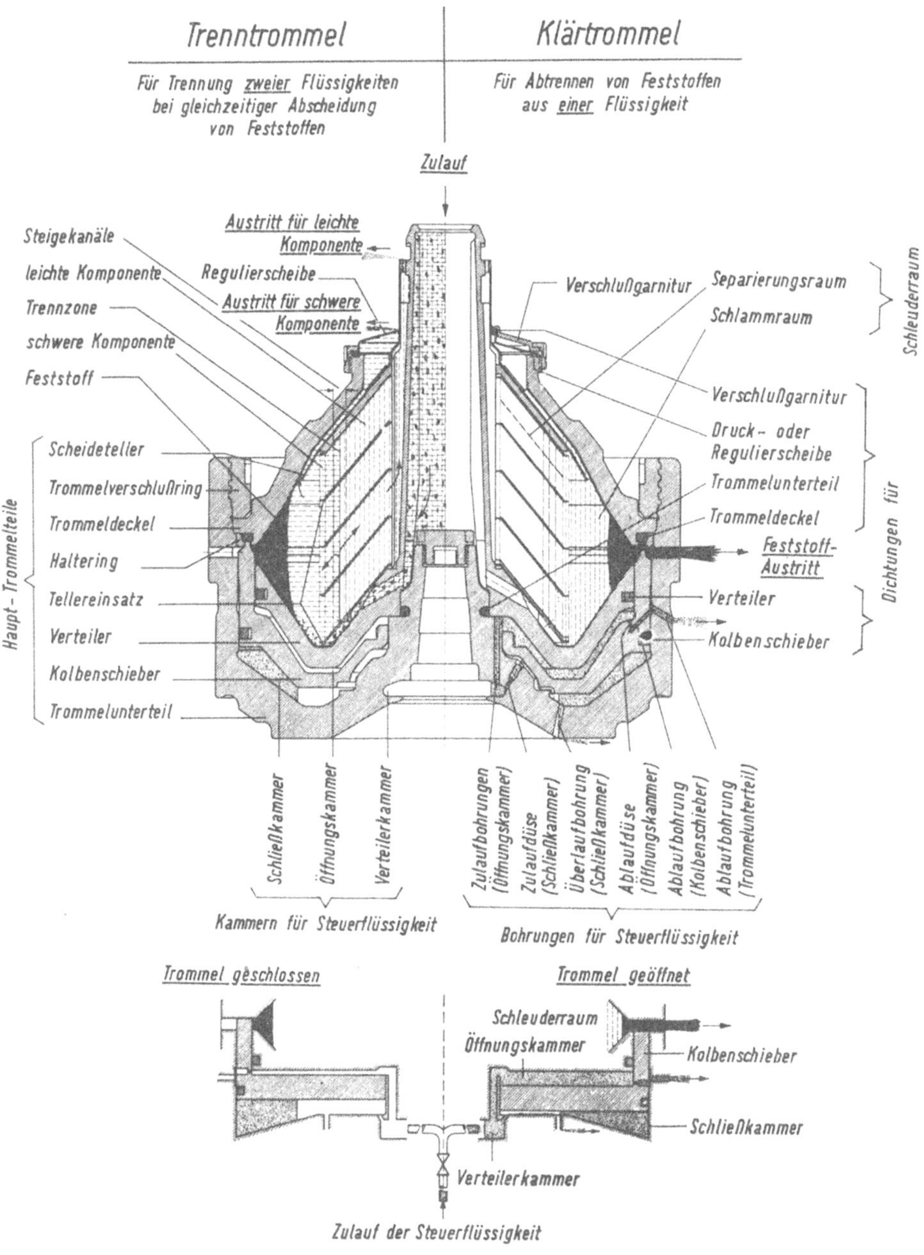


**Bild 8/5.** Aufbau eines selbstreinigenden Separators (Werkbild WESTFALIA Separator AG, Oelde)

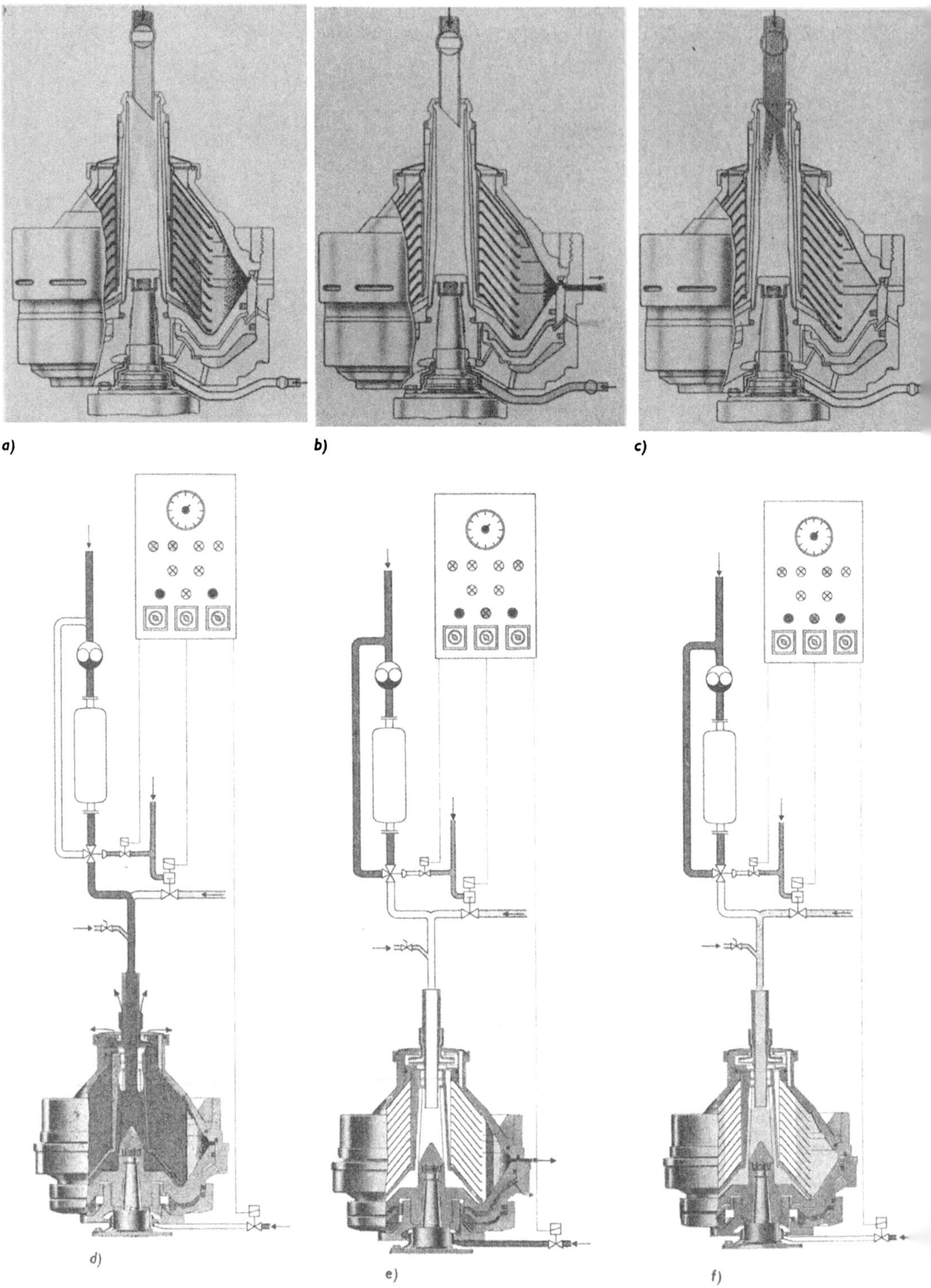

a)
b)
c)
d)
e)
f)

Die Innenteile können leicht aus der Trommel herausgenommen werden. Unterhalb des Trommelbodenteiles befinden sich keine Steuerungselemente. Dieses Teil kann daher immer auf der Spindel sitzen bleiben. Empfindliche Einbauteile wie Schrauben, Bolzen, Ventile, Federn usw. fehlen. Die Hauptdichtung liegt am Rande des Trommeldeckels und ist leicht zugänglich. Das Gewinde des über dem Trommeldeckel angeordneten Verschlußringes ist gegen das Eindringen von Schmutz geschützt.

Die Anpassung an unterschiedliche Dichten des Kraftstoffes erfolgt durch das Einsetzen von Wasserscheiben, deren Innendurchmesser der jeweiligen Dichte angepaßt sind: kleiner Innendurchmesser bei hoher Dichte, großer Innendurchmesser bei niedriger Dichte.

Die Trommel läßt sich leicht für Klärung umrüsten. Anstelle der Wasserscheiben wird eine Verschlußeinrichtung eingelegt, die den zweiten Austritt abschließt. In dieser Ausführung eignet sich das Gerät besonders für die Klärung wasserfreier Kraftstoffe.

Im Gegensatz zu den beiden eben beschriebenen Teller- bzw. Scheibenreinigern ist die *Sharples-Zentrifuge* (Bild 8/7) so ausgeführt, daß sie als Einzelgerät die vollständige Reinigung des Schweröles garantiert. Den Wirkungsteil bildet eine lange Trommel von geringem Durchmesser, die aus säurebeständigem Stahl gefertigt ist. Sie läuft mit 15 000 $min^{-1}$, d. h. mit der dreifachen Drehzahl eines Scheibenseparators um. Die dabei erzielte Scheidungskraft ist etwa 10 000 mal so hoch wie die in einem Setztank wirkende.

---

Bild 8/6. Trommelreinigung (Werkbild WESTFALIA Separator AG, Oelde)

a) Wenn der Trommelschlammraum mit Feststoffen gefüllt ist, wird der Schleudergut-Zulauf abgestellt und das Steuerwasser-Ventil für einige Sekunden geöffnet.

b) Die Druckkammer über dem Kolbenschieber füllt sich mit Steuerwasser. Der Kolbenschieber wird rasch nach unten gedrückt, gibt die seitlichen Entleerungsschlitze frei und die gesamte Trommelfüllung tritt aus.

c) Nach Absperren des Steuerwassers schließt sich die Trommel automatisch, da sich der Druckraum über dem Kolbenschieber durch eine Bohrung entleert und der Steuerwasserdruck unter dem Kolbenschieber diesen wieder anhebt. Zunächst wird die Trommel mit Wasser gefüllt. Dadurch wird ein Flüssigkeitsverschluß hergestellt, der den Auslauf z. B. von Öl am Wasseraustritt verhindert. Die Separierung kann dann nach Öffnen des Schleudergutzulaufes erneut beginnen.

d) Das Bild zeigt den Separierungsvorgang. Schmutzöl wird mittels der Zubringerpumpe durch den Vorwärmer geleitet und der Trommel zugeführt. Gleichzeitig wird tropfenweise heißes Wasser zugesetzt, um den Wasserverschluß in der Trommel zu sichern.

e) Das zweite Schema zeigt die Trommel bei der Entschlammung. Um diesen Vorgang einzuleiten, wird das Dreiwegeventil (im Schmutzölzulauf) umgeschaltet, damit das Schleudergut nicht mehr der Trommel zuläuft, sondern mittels einer Pumpe im Kreislauf geführt wird. Nach einer kurzen Wartezeit befindet sich in der Leitung zwischen Dreiwegeventil und Trommel kein Öl mehr. Nun wird entweder das in der Trommel befindliche Schleudergut (z. B. Schmieröl) durch Zugabe von Wasser aus der Trommel verdrängt oder es wird ohne vorherige Verdrängung (z. B. bei Schweröl) durch Öffnen des Magnetventils Steuerflüssigkeit in die Verteilerkammer geschickt, worauf die Trommel entschlammt. Das Zusatzwasser tropft unterdessen weiter in der Trommel.

f) Nach dem Entschlammen wird die Trommel zunächst mit Wasser aufgefüllt, um den Wasserverschluß zu bilden. Danach wird das Dreiwegeventil im Zulauf umgeschaltet, so daß das Öl wieder der Trommel zufließt. Sind sogenannte Spülentschlammungen notwendig (bei stark verschmutzten Ölen), wird mehrere Male Wasser in die Trommel geleitet und entschlammt. Der Wahlschalter „Spülen" des Steuergerätes wird entsprechend bedient. Anschließend kann die Separierung erneut beginnen.

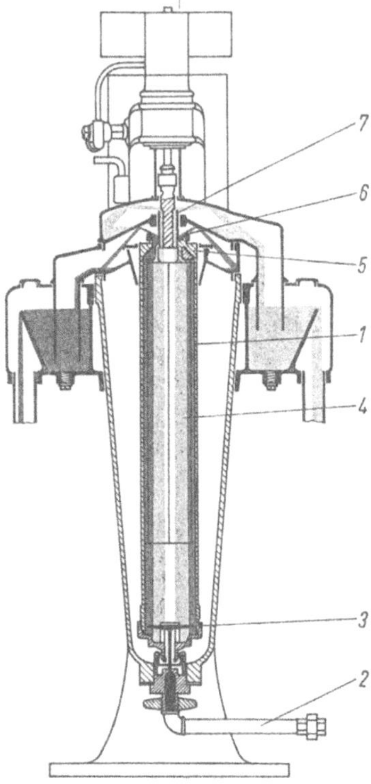


Bild 8/7. Sharples-Zentrifuge

1 Trommel
2 Kraftstoffzuleitung
3 Prallplatte
4 Mitnehmer
5 Trommelkopf
6 Wasseraustritt
7 Reinkraftstoffaustritt

Die Trommel ist in einem Gehäuse gelagert, an dessen Deckel der elektrische Antriebsmotor geflanscht ist. Der Antrieb erfolgt über ein Keilriemengetriebe, das ins Schnelle übersetzt.

In der Trommel (1) befindet sich ein dreiflügeliges Mitnehmerblech (4), das sich von oben über etwa drei Viertel der Trommellänge erstreckt.

Das untere Viertel der Trommel ist also frei. Zwischen den Blechflügeln und der Trommel bleibt ein Spalt. Der unten (bei 2) eingeführte Kraftstoff wird durch eine Prallplatte (3) zur Trommelwand hin geleitet und nimmt so allmählich an der Rotation teil.

Die volle Umlaufgeschwindigkeit erreicht der Kraftstoff erst im Mitnehmer (4). Durch diese allmähliche Beschleunigung wird eine Verwirbelung von Kraftstoff und Beimengungen vermieden und der Scheidungsprozeß sofort eingeleitet.

Bei der Ausführung für einen Maximaldurchsatz von 1,5 t/h beträgt die Höhe der Trommel $\approx$ 1,2 m, der Durchmesser $\approx$ 0,25 m. Da der Kraftstoff langsam aufsteigt, wird eine gründliche Scheidung erzielt. Während die festen Beimengungen aufgrund ihrer hohen Dichte ganz nach außen geschleudert werden und sich an der Trommelwand absetzen, werden Kraftstoff und Wasser nach oben gedrückt. Der Kraftstoff wird zwischen dem Trommelantriebsschaft und einem Einsatz hindurch zur Trommelausflußmündung (7) und von da aus zum Abfluß in der Gehäusehaube gepreßt. Der stündliche Durchsatz richtet sich nach dem Druck, der im wesentlichen vom Zulauf des nachschiebenden Kraftstoffes bestimmt wird. Das dichtere Wasser gelangt außen nach oben und fließt über eine Erweiterung im Trommelkopf (5) durch den Wasseraustritt (6) zum Ablauf in der Gehäusehaube.

Separatoren ohne selbsttätige Reinigung müssen mit einem Durchsatz arbeiten, der größer ist als der laufende Verbrauch, so daß Betriebspausen für ihre Reinigung entstehen. Bei Sharples-Zentrifugen, die gewöhnlich mit einer Reservetrommel geliefert werden, kann ein Wechsel, der nur etwa 5 min beansprucht, durchgeführt und die ausgebaute Trommel nach Abschrauben des Kopf- und Bodendeckels gereinigt werden.

Versuche haben gezeigt, daß das Hintereinanderschalten von Separatoren nicht die gleichen Reinigungsergebnisse bringt, die bei Parallelschaltung aufgrund des entsprechend geringeren Durchsatzes erzielt werden.

Bei Schwerölanlagen wählt man häufig den Dauerseparierbetrieb mit einem selbstentschlammenden Separator, der vom Setztank zum Tagestank fördert und diesen laufend gefüllt hält. Zum Setztank ist ein Überlauf vorhanden. Der Setztank wird bei diesem System von Zeit zu Zeit aus den Vorratsbunkern nachgefüllt. Dieses einfache System hat den Vorteil, daß der aus dem Tagestank den Verbrauchern zufließende Kraftstoff mehrmals im Kreislauf separiert wurde.

### 8.2.2. Filter

Filter sind Hohlraumsysteme von unterschiedlichem inneren Aufbau. Das selbst undurchlässige Material des Filters enthält in einer durch die Ausführung bedingten Verteilung unregelmäßig orientierte Poren, Spalten oder Maschenebenen wechselnder Größe und Gestalt.

Die Abscheidung der Fremdstoffe am oder im Filter beruht auf verschiedenartigen Effekten. Genannt seien hier nur: *Siebung, Adsorption, Aufprall, Ablagerung* in Toträumen und *Bindung* an Stoffe, die ihrerseits durch Adhäsion am Filtermaterial haften, z. B. Öl im Luftfilter. Für die Filterung von Kraftstoffen verwendet man Siebe, Filzscheiben, Spaltfilter und Papierfilter. Aufgrund der geringfügigen Dichteunterschiede zwischen Kraftstoff und Beimengungen und der höheren Zähigkeit des Kraftstoffes entfällt die bei Luftfilterung bestehende Möglichkeit, unter Ausnutzung des Aufpralleffektes die Reinigung mit Porenquerschnitten zu erreichen, die größer als die Fremdstoffteilchen sind. Die Poren- bzw. Spaltweite muß also etwa gleich der abzuscheidenden Korngröße sein.

Der Reinigungsvorgang wird im wesentlichen von der Filterstruktur, der Teilchengröße, der Beschaffenheit und der Konzentration der Verunreinigungen sowie von der Durchflußgeschwindigkeit bestimmt. Dabei ist zu berücksichtigen, daß sich im Betrieb die Filterwirkung aufgrund der Porenquerschnitts- bzw. Spaltweitenverkleinerung durch Schmutzstoffansatz erhöht. Gleichzeitig wächst aber auch der Durchflußwiderstand, d. h. der Druckunterschied zwischen Zufluß- und Abflußstutzen des Filters. Mißt man diesen Druckabfall mit einem Differenzmanometer, so erhält man einen Wert, der Rückschlüsse auf den Verschmutzungsgrad des Filters zuläßt.

Bei der Feinreinigung sollten Fremdkörper, deren Teilchengröße den Betrag des Passungsspieles in den Pumpenelementen und Einspritzdüsen übersteigt, nach Möglichkeit ausgeschieden werden, um deren Verschleiß in Grenzen zu halten.

Eine Verstopfung der feinen Bohrungen im Düsenendstück bzw. Verunreinigungen im Sitz der Düsennadel können die Umsetzung von Druck in Geschwindigkeit ungünstig beeinflussen und die einwandfreie Vernebelung des Kraftstoffes in Frage stellen. Verschmutzte Düsen neigen zum Nachtropfen. Es kann auch eine Ablenkung des Einspritzkegels auftreten, wodurch der Kraftstoff auf Flächen mit niedriger Temperatur trifft, wo er kondensiert und verkokt.

Für die Reinigung von Gasöl genügt im allgemeinen ein umschaltbares Doppelfilter mit Siebeinsätzen und ein nachgeschaltetes *Spaltfilter* (Bild 8/8), die beide in der Leitung vom Tagestank zum Motor angeordnet werden.

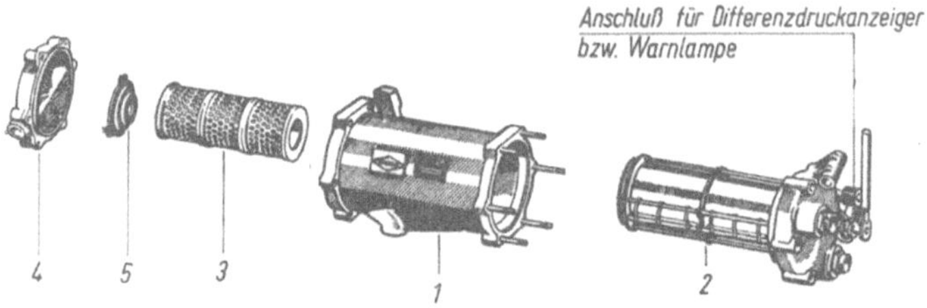


1 Filtergehäuse,
2 Spaltfilterspule,
3 Kunstgewebe-Einsatz,
4 Gehäuseboden,
5 Dichtungshalter.

Bild 8/8. Kombinierter Spaltfilter (Werkbild Knecht, Filterwerke GmbH, Stuttgart)

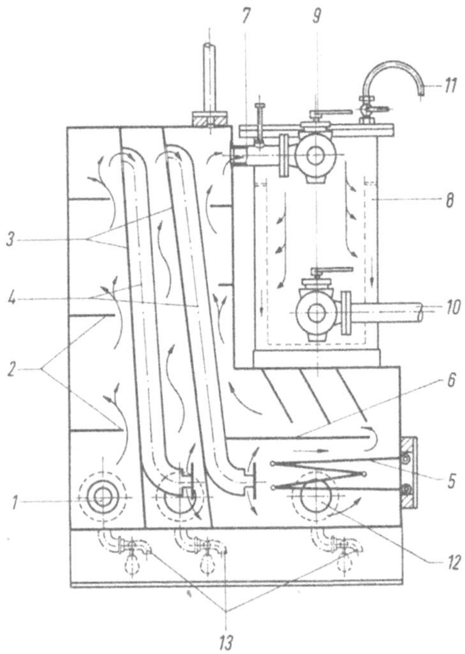


Bild 8/9. Turbofilter

1 Kraftstoffeintritt,
2 Prallbleche,
3 Trennwände,
4 Fallrohre,
5 Heizung,
6 Umlenkwand,
7 Übertritt,
8 Tuchfilter,
9 Umgehungshahn für Tuchfilter,
10 Kraftstoffaustritt,
11 Entlüftung,
12 Reinigungsöffnung,
13 Schmutzablaßhähne.

Das Spaltfilter, dem die Aufgabe der Feinreinigung obliegt, säubert sich bei Drehung der Plattenwalze selbsttätig, so daß lediglich von Zeit zu Zeit der angefallene Schlamm abgelassen werden muß.

Die beiden Filter des umschaltbaren Doppelaggregates müssen dagegen täglich abwechselnd gereinigt werden. Nach vollzogener Reinigung ist das Filter wieder zu füllen und zu entlüften, so daß es jederzeit zugeschaltet werden kann.

Bei Verwendung von Dieselöl und Schweröl als Kraftstoff sind für die Reinigung erhöhte Aufwendungen erforderlich. Durch entsprechende Konstruktion und Ausführung verlängert man den Aufenthalt des Kraftstoffes im Filter und intensiviert so die Reinigungswirkung. Auch der Einsatz anderer Filtermaterialien – textile Stoffe, Papier u. ä. – tragen zur Erhöhung des Reinheitsgrades bei. Eine bei Schwerölbetrieb vielfach angewendete Ausführung stellt der Turbulofilter der Deutschen Werft, Hamburg (Bild 8/9) dar.

Mehrfache Umlenkung durch Prallbleche (2), schräge Wände (3), Fallrohre (4) und die Trennwand (6) erhöhen die Zeit, die der bei (1) eintretende Kraftstoff für das Durchfließen der Filtereinrichtung benötigt, und ermöglicht einen verstärkten Absatz von Schmutzstoffen an den Einbauten.

Vor dem Eintritt (7) in das Tuchfilter (8) passiert der Kraftstoff eine Heizvorrichtung (5), in der durch Erwärmung die Zähigkeit herabgesetzt wird (sehr wichtig für Schwerölbetrieb). Durch die Umschalthähne (9) kann der Kraftstoffstrom bei Reinigung des Filtereinsatzes direkt in den Austritt (10) bzw. in ein Reservefilter geleitet werden. Entlüftungsanschlüsse (11), Reinigungsöffnungen (12) und Entwässerungshähne (13) gewährleisten einwandfreien Betrieb und leichte Wartung.

Selbsttätige Rückspülfilter werden in automatisierten Maschinenanlagen installiert, Sie bestehen aus mehreren Filterzellen, die bei Verschmutzung mit Hilfe eines elektrischen Steuersystems, das auf den steigenden Differenzdruck anspricht, einzeln vom Versorgungsnetz getrennt werden können. Die verschmutzten Zellen werden rückläufig durch sauberen Kraftstoff gereinigt oder durch Preßluft saubergeblasen und stehen dann wieder in Bereitschaft.

## 8.3. Kraftstoffanlagen und ihre Wartung (Betrieb mit Dieselöl)

Die Kraftstoffversorgungsanlage eines mit Dieselöl betriebenen Motorschiffes zeigt Bild 8/10. Es handelt sich um den Kraftstoffplan eines Schiffes mit achtern liegender Maschine. Die Dieselöltanks IV Backbord und IV Steuerbord befinden sich im Doppelboden des Motorenraumbereichs; die Tanks I, II und III liegen im Doppelboden des Laderaumbereichs. Tank IV Backbord ist gleichzeitig Überlauftank und deshalb mit einem Schwimmerschalter ausgerüstet, der bei Dreiviertelfüllung des Tanks akustischen und optischen Alarm auslöst, um das Personal aufmerksam zu machen, daß der Überlauftank gefüllt ist und, um seine Funktion ausüben zu können, abgepumpt werden muß.

Beiderseits des Achterschiffsaufbaus befinden sich am Oberdeck Füllstutzen mit Blindflanschen. Hier werden die Dieselölfülleitungen von Land mit biegsamen Schläuchen angeschlossen. Das Dieselöl wird beim Bunkern dann durch die Leitungen 1 bzw. 2 und 3 über einen Filter zu einem Verteilerventilkasten gepumpt, von wo es in die einzelnen Dieselöltanks im Doppelboden und über Leitung 12 und 13 bzw. 14 auch in die beiden Dieselöltanks fließt. Während die Dieselöltanks I . . . III getrennte Entlüftungsleitungen nach Oberdeck haben, werden Tank IV, die beiden Dieselölhochtanks und sämtliche weiteren Tagestanks durch die Leitungen 18 . . . 30 in ein gemeinsames Luftsammelrohr entlüftet. Dieses Luftsammelrohr hat ein besonders hoch geführtes Entlüftungsrohr (25). Wird einer der im Maschinenbereich liegenden Tanks zu voll gepumpt, so läuft er durch sein Entlüftungsrohr in

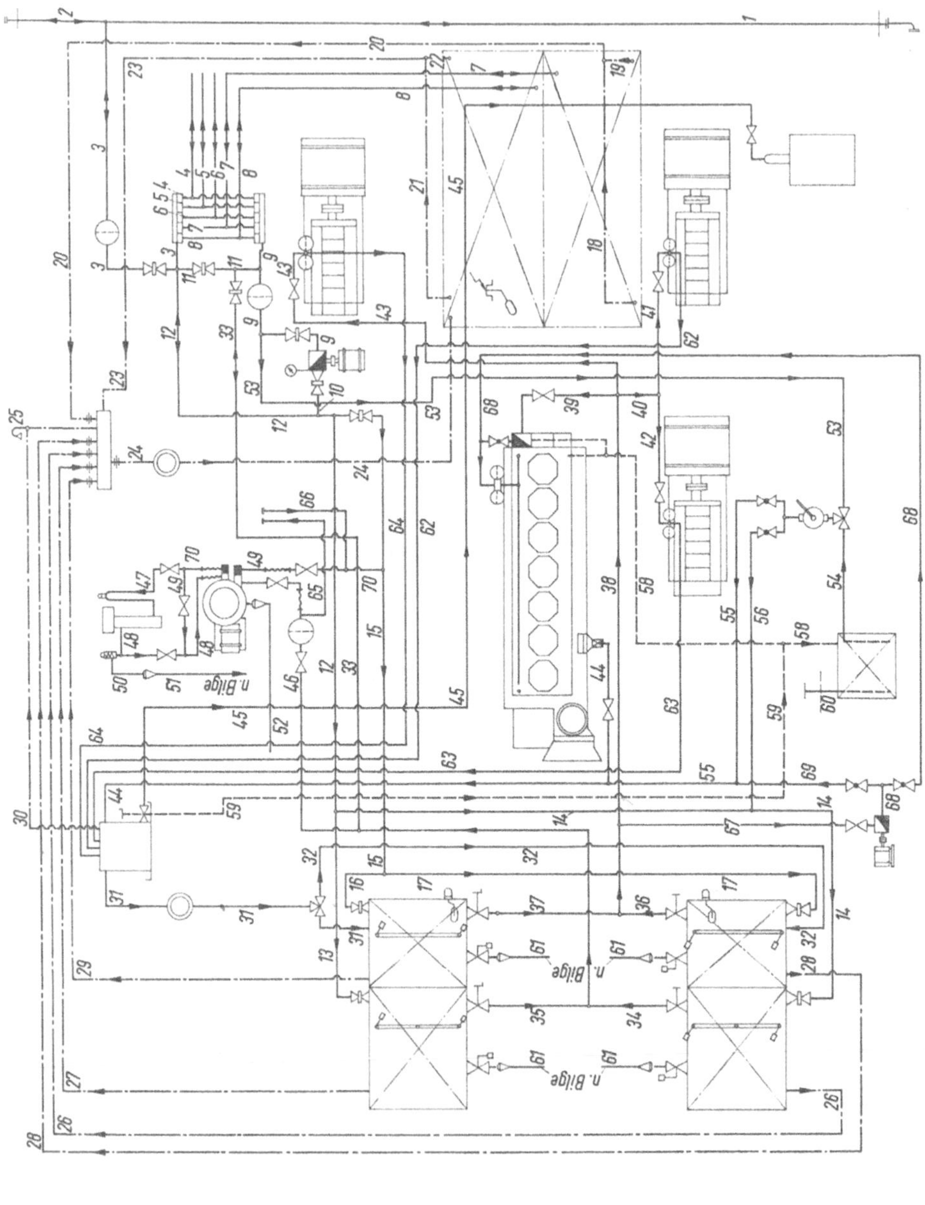

Bild 8/10. Kraftstoffversorgungsanlage eines mit Dieselöl betriebenen Motorschiffes

| Nr. | Leitung von | Leitung nach | Nr. | Leitung von | Leitung nach |
|---|---|---|---|---|---|
| 1 | Oberdeck Stb | Leitung 3 | 36 | Dieselöltagestank Stb | Leitung 38 |
| 2 | Oberdeck Bb | Leitung 3 | 37 | Dieselöltagestank Bb | Leitung 38 |
| 3 | Leitung 1 und 2 | DVK | 38 | Dieselöltagestank | Motoren |
| 4 | Dieselöltank I | Ventilgruppe | 39 | Leitung 38 | Hauptmotor |
| 5 | Dieselöltank II | Ventilgruppe | 40 | Leitung 38 | Hilfsdiesel I + II |
| 6 | Dieselöltank III | Ventilgruppe | 41 | Leitung 40 | Hilfsdiesel I |
| 7 | Dieselöltank IV Stb | Ventilgruppe | 42 | Leitung 40 | Hilfsdiesel II |
| 8 | Dieselöltank IV Bb | Ventilgruppe | 43 | Leitung 38 | Hilfsdiesel III |
| 9 | SVK | Dieselölumwälzpumpe | 44 | Überprod. Hpt. Mot. | Tagestank Heiz.-Kessel |
| 10 | Dieselölumwälzpumpe | Leitung 12 | 45 | Tagestank Heiz.-Kessel | Heizungskessel |
| 11 | Verbindung | SVK DVK | 46 | Leitung 33 | Separator |
| 12 | Leitung 3 | Leitung 13 | 47 | Separator | Erhitzer |
| 13 | Leitung 12 | Dieselölhochtank Bb | 48 | Erhitzer | Separator |
| 14 | Leitung 12 | Dieselölhochtank Stb | 49 | Leitung 47 | Leitung 48 |
| 15 | Leitung 12 | Tagestank | 50 | Sicherheitsventil | Trichter |
| 16 | Leitung 15 | Tagestank Bb | 51 | Trichter | Bilge |
| 17 | Leitung 15 | Tagestank Stb | 52 | Separator | Lenzbrunnen |
| 18 | Dieselöltank IV Stb | Leitung 20 | 53 | Leitung 9 | Handpumpe |
| 19 | Dieselöltank IV Stb | Leitung 20 | 54 | Lecköltank | Handpumpe |
| 20 | Dieselöltank IV Stb | Luftsammelrohr | 55 | Handpumpe | Tagestank Heizkessel |
| 21 | Dieselöltank IV Bb | Leitung 23 | 56 | Handpumpe | Leitung 14 |
| 22 | Dieselöltank IV Bb | Leitung 23 | 57 | Zubringerpumpe | Leitung 58 |
| 23 | Dieselöltank IV Bb | Luftsammelrohr | 58 | Lecköltank Hpt.-Mot. | Lecköltank |
| 24 | Luftsammelrohr | Überlauftank | 59 | Leckwanne Tagestank | Lecköltank |
| 25 | Luftsammelrohr | Schornsteindeck | 60 | Lecköltank | Peil + Luftrohr |
| 26 | Dieselhochtank Stb | Luftsammelrohr | 61 | Entw. Tagestank | Bilge |
| 27 | Dieselhochtank Bb | Luftsammelrohr | 62 | Überstr.-Ltg. HD I | Tagestank Heizkessel |
| 28 | Dieselöltagestank Stb | Luftsammelrohr | 63 | Überstr.-Ltg. HD II | Tagestank Heizkessel |
| 29 | Dieselöltagestank Bb | Luftsammelrohr | 64 | Überstr.-Ltg. HDIII | Tagestank Heizkessel |
| 30 | Tagestank, Heizkessel | Leitung 25 | 65 | Leitung 46 | Schmierölseparator |
| 31 | Überlauftank, Heizkessel | Tagestank Bb | 66 | Schmierölseparator | Leitung 49 |
| 32 | Überlauftank, Heizkessel | Tagestank Stb | 67 | Leitung 38 | Res.-Zubr.-Pumpe |
| 33 | Dieselölhochtank | Leitung 11 | 68 | Res.-Zubr.-Pumpe | Hauptmotor |
| 34 | Dieselölhochtank Stb | Leitung 33 | 69 | Res.-Zubr.-Pumpe | Tagestank Heizkessel |
| 35 | Dieselölhochtank Bb | Leitung 33 | 70 | Separator | Leitung 15 |

das Luftsammelrohr über; der Überlauf führt schließlich über ein Schauglas in der Leitung 24 zum Überlauftank IV Backbord. Beim Reinigen von Tanks werden die Entlüftungsleitungen durch die umsetzbaren Blindlochflansche abgeblindet.

Über die Fülleitungen 1, 2 und 3 kann auch durch Einsatz der Dieselölumwälzpumpe unter Verwendung der Leitungen 9, 10 und 12 Dieselöl abgegeben werden. Mit Hilfe der Dieselölumwälzpumpe werden die Dieselölhochtanks täglich aus den Doppelbodenbunkern aufgefüllt. Die Dieselölhochtanks Backbord und Steuerbord dienen so als Absetzbehälter. Auf jeder Wache sollte die Entwässerung kurz geöffnet werden, um abgesetztes Wasser und Schmutz zur Bilge abfließen zu lassen. Über die Leitungen 34 bzw. 35 und 33 sowie 46 läuft das Dieselöl von den Hochtanks dem Dieselölseparator zu. Bei Ausfall des Dieselölseparators kann auch der Schmierölseparator für die Reinigung von Dieselöl eingesetzt werden. Aus diesem Grund führt eine Leitung (65) mit Blindflansch an den Schmierölseparator. Eine an den Dieselölseparator angebaute Pumpe pumpt das Dieselöl über die Leitung 47 zum Vorwärmer und von da über die Leitung 48 in den Dieselölseparator. Eine zweite Pumpe fördert das Öl dann über die Leitung 49 zur Leitung 15 und über die Leitung 16 zu den Dieselöltagestanks Backbord bzw. Steuerbord. Die Dieselölhochtanks haben ebenso wie die Dieselöltagestanks Sichtstände, die durch Schnellschlußventile absperrbar sind. Die Dieselöltagestanks haben außerdem schwimmergesteuerte Magnetschalter, die optischen und akustischen Alarm auslösen, wenn die Dieselölfüllungen einen bestimmten Stand unterschreiten. Die Entwässerung der Dieselöltagestanks soll auf jeder Wache in gleicher Weise betätigt werden wie die Entwässerung für die Dieselölhochtanks. Über die Leitung 36 bzw. 37 und 38 läuft das durch den Separator gereinigte und im Tagestank auf Vorrat gehaltene Dieselöl den Verbrauchern, d. h. dem Hauptmotor und den drei Hilfsdieselaggregaten zu.

Die Kraftstoffventile des Hauptmotors werden mit Dieselöl gekühlt. Eine Reservepumpe kann als Düsenkühlpumpe arbeiten und auch die angehängte Zubringerpumpe am Hauptmotor ersetzen. Das Dieselöl läuft der Pumpe über die Leitung 67 zu und gelangt über die Leitung 68 zu den Kraftstoffpumpen und über die Leitungen 69, 55 und 44 als Kühlmittel zu den Kraftstoffventilen (Düsen). Die gleiche Pumpe kann auch benutzt werden, um über die Leitungen 68, 69, 55 und 44 den Tagestank für den Heizungskessel zu füllen. Die Überlaufleitung des Heizkesseltagestanks (31) führt über ein Schauglas zu den Tagestanks zurück, während die Entlüftungsleitung 30 an die gemeinsame Entlüftungsanlage angeschlossen ist. Über die Leitung 45 läuft das Dieselöl zur Brenneranlage des Warmwasserheizungskessels. Die Leckleitungen vom Hauptmotor (58) und vom Graben am Heizungskesseltagestank (59) führen zu einem Lecköltank unter Flur auf dem Doppelboden im Maschinenraum. Dieser kleine Tank kann durch eine Handpumpe über die Leitungen 56 und 14/13 zu den Dieselölhochtanks entleert werden. Mit der gleichen Handpumpe kann auch über die Leitungen 55 und 44 der Tagestank des Heizungskessels aufgefüllt werden.

Bild 8/11 zeigt noch einmal ein vereinfachtes Kraftstoffschema für einen Dieselmotor mit Gasölbetrieb. In diesem Fall kann auf den Separator verzichtet werden. Das Gasöl wird unmittelbar aus den Gasöltanks durch eine Kraftstofförderpumpe in die Tagestanks gepumpt. Von hier läuft es über ein umschaltbares Filter mit natürlichem Gefälle zu den Kraftstoffpumpen des zu versorgenden Motors. Solche einfachen Anlagen findet man auf kleinen Schiffen oder auch auf Schiffen, deren Hauptmotoren mit Schweröl betrieben werden und deren Hilfsdiesel wegen ihrer Schnelläufigkeit auf den Betrieb mit Gasöl angewiesen sind.

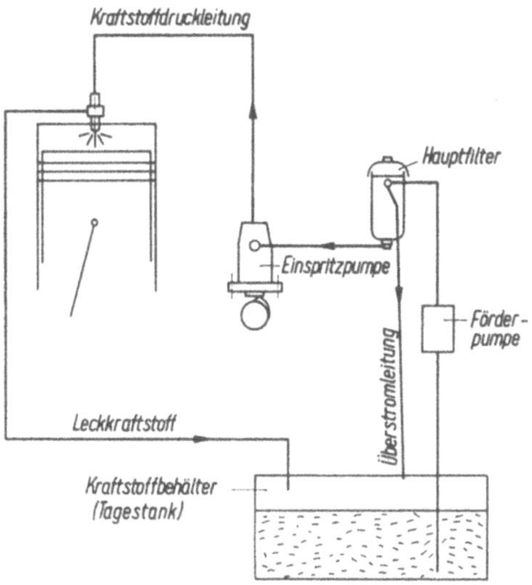


Bild 8/11. Kraftstoffschema eines Dieselmotors mit Gasölbetrieb

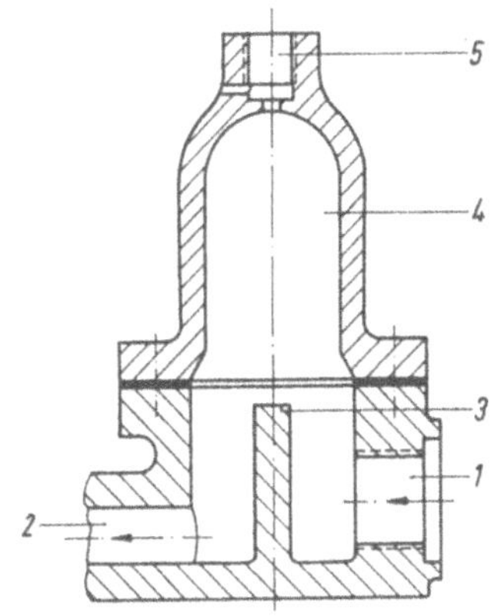


1 Einlauf,
2 Auslauf,
3 Scheidewand,
4 Luftaufnehmer,
5 Entlüftungsanschluß.

Bild 8/12. Entlüfter für Kraftstoffsysteme

Nach Instandsetzungsarbeiten am Einspritzsystem eines Motors sind die Einspritzpumpen, die Druckleitungen und die Kraftstoffdüsen sorgfältig zu entlüften. Man beginnt auf der Saugseite der Kraftstoffpumpe und entlüftet dann den Pumpenraum. Das Entlüften der Druckleitungen erfolgt unter gleichzeitigem Vorpumpen mit einem Hebel, der zu diesem Zwecke an der Einspritzpumpe angebracht ist. Dabei wird zweckmäßigerweise die Leitung am Einspritzventil gelöst. Die Kraftstoffventile verfügen in der Regel über eine eigene Entlüftungsvorrichtung. Bei verschiedenen Typen empfiehlt sich nach erfolgter Entlüftung ein mehrmaliges Betätigen der Kraftstoffpumpe mit dem Vorpumphebel bei geschlossenen Entlüftungsvorrichtungen. Das einwandfreie Arbeiten der Einspritzdüsen ist dabei an einem schnarrenden Geräusch zu erkennen. Bei Motoren mit Direkteinspritzung ist dieses Vorpumpen allerdings aufgrund der hohen Abspritzdrücke oft nicht möglich.

Größere Motoren besitzen außerdem noch Vorrichtungen zur Entlüftung des gefilterten Kraftstoffes. Es gibt im wesentlichen zwei Formen der Anordnung: Vorschaltung eines Entlüfters vor jede Kraftstoffpumpe oder Verwendung einer gemeinsamen Entlüftungsvorrichtung für alle Pumpen, die gewöhnlich hinter dem Spaltfilter angebracht wird.

Der Entlüfter (Bild 8/12) besteht aus einem Gußgehäuse, das oben durch eine Haube (4) für das Ansammeln der Luft abgeschlossen wird. Der durch die Zuführungsbohrung (1) einströmende Kraftstoff muß auf dem Weg zum Abfluß (2) die

Scheidewand (3) überwinden, wobei eine kräftige Verwirbelung eintritt, so daß sich die mitgeführte Luft abscheiden kann. Die Luft kann dann leicht von Zeit zu Zeit durch das am Kopf der Haube angebrachte Ventil (5) abgelassen werden. Auf diese Weise kann man das System ohne Schwierigkeiten frei von Luft halten.

## 8.4. Besonderheiten des Schwerölbetriebs

Unter dem Begriff *Schweröl* faßt man gewöhnlich Erdölrückstände, hochsiedende Destillate und Teeröle zusammen, die vorwiegend als Heizöle für Industrie- und Schiffsfeuerungen Verwendung finden. Der geringe Preis für Schweröle, der erheblich unter dem für Standard-Dieselkraftstoffe liegt, ist der entscheidende Punkt, der diesem Energieträger trotz mancher Schwierigkeiten die Verwendung im Motorenbetrieb sicherte.

Langjährige Versuche und Erfahrungen führten zu Erkenntnissen, deren Verwertung bei der Konstruktion und Ausführung der Kraftstoffversorgungsanlagen sowie bei der Aufbereitung des Kraftstoffes einen wirtschaftlichen Betrieb größerer Motoren mit Schweröl gewährleistet.

### 8.4.1. Eigenschaften der Schweröle

Die Zusammensetzung und damit die Eigenschaften der Schweröle hängen von der Art der Erdölverarbeitungsverfahren ab, bei denen sie anfallen. Dementsprechend muß man mit sehr unterschiedlichen Werten rechnen. Nachstehende Tabelle soll eine Vorstellung vom Umfang der Streuung vermitteln und aufgrund eines Vergleichs mit Kennwerten von Standard-Dieselkraftstoffen eine Abschätzung der Qualität von Schwerölen ermöglichen.

| Kraftstoffkennwerte | Schweröl | Standard-Dieselkraftstoff |
|---|---|---|
| Dichte bei 20 °C | 0,940 ... 0,995 $\frac{g}{cm^3}$ | 0,820 ... 0,860 $\frac{g}{cm^3}$ |
| Viskosität | 5 ... 100 E/50 °C | 1,1 ... 1,85 E/20 °C |
| Heizwert | 9500 ... 9700 $\frac{kcal}{kg}$ | 9700 ... 10 200 $\frac{kcal}{kg}$ |
| Flammpunkt | 65 ... 185 °C | 55 ... 99 °C |
| Conradson-Test | 1,0 ... 15,0 % | 0 ... 0,05 % |
| Asche | 0,03 ... 0,5 % | 0 ... 0,02 % |
| Hartasphalt | 5,0 ... 11,5 % | 0 ... 0,6 % |
| Schwefel | 0,5 ... 5,0 % | 0,3 ... 1,0 % |

Weil für Schweröle im allgemeinen keine genauen Qualitätsangaben vorliegen, müssen die Betriebsanlagen für die ungünstigsten Werte ausgelegt werden.

Infolge der hohen Viskosität stoßen das Umpumpen, das Reinigen und nicht zuletzt die Einspritzung auf besondere Schwierigkeiten, daher muß das Schweröl zur Viskositätsverminderung angewärmt werden. Für die Schleuderreinigung, bei der u. a. auch der hohe Asphaltanteil durch Ausscheidung verringert werden soll, darf die Temperatur nicht zu hoch gewählt werden; sonst besteht die Gefahr, daß der Hartasphalt in Lösung geht.

Die Einspritzung des Kraftstoffes zum rechten Zeitpunkt in einwandfrei zerstäubtem Zustand erfordert die Einhaltung einer bestimmten Viskosität (2 . . . 3 E) an der Düse. Um diese zu erreichen, müssen einige Schwerölsorten so stark angewärmt werden, daß aufgrund der Anwesenheit leichtflüchtiger Anteile Gasblasenbildung zu befürchten ist, wenn die Anwärmung in der Saugleitung der Kraftstoffpumpe erfolgt. Die Erhöhung des Druckes in dieser Leitung auf 5 . . . 6 at durch Vorschalten einer zusätzlichen Pumpe sichert in der Regel die Versorgung der Kraftstoffpumpe mit blasenfreiem Kraftstoff.

Trotz bester Reinigung in Filtern und Separatoren ist der Kolben- und Laufbuchsenverschleiß bei Verwendung von Schweröl größer als beim Betrieb mit Dieselöl. Man kann bei normalen Dieselölen mit einer Standzeit von 4 . . . 5 a pro Laufbuchse rechnen und muß bei Verwendung von Schwerölen mit hohem Gehalt an Koks, Asche und Schwefel in ungünstigsten Fällen alle 1 . . . 2 a einen Wechsel dieser Teile in Kauf nehmen. Das in Bild 8/13 gezeigte Diagramm macht Angaben über die Abhängigkeit der Laufbuchsenstandzeiten von der Kraftstoffbeschaffenheit.

*Kurve 1:* Stark verunreinigter Kraftstoff mit hohem Schwefelgehalt und Wasserbeimengung
*Kurve 2:* Kraftstoff: Asche: 0,03 %
Schwefel: 1,65 %
Koks: 1,14 % (Bildung harter Rückstände am Kolben)
(gestrichelt: weiterfahren mit Gasöl)
*Kurve 3:* Kraftstoff: Asche: 0,04 . . . 0,14 %
Schwefel: 0,7 . . . 1,45 %
Koks: 5,6 . . . 9,1 %
*Kurve 4:* Kraftstoff: Schweres Dieselöl
*Kurve 5:* Kraftstoff: Asche: < 0,02 %
Schwefel: < 1,0 %
Koks: < 0,8 %
Kurve 5 ergab sich aus der Untersuchung von 150 Motorenzylindern bei Verwendung von Gas- bzw. Dieselöl.

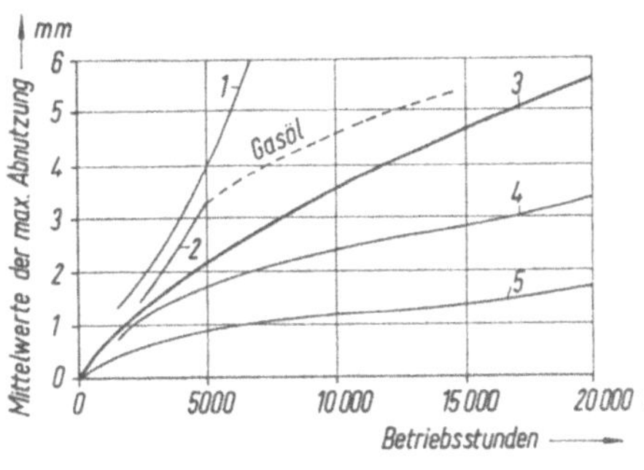


Bild 8/13. Laufbuchsenabnutzung in Abhängigkeit von Betriebszeit und Kraftstoffbeschaffenheit

Es hat sich gezeigt, daß die Laufbuchsenabnutzung außer vom Aschegehalt ganz wesentlich vom Schwefelgehalt beeinflußt wird. Während Schiffsdieselöle höchstens 1 % Schwefel enthalten dürfen, beträgt der Anteil bei Schwerölen bis zu 5 %. Dieser hohe Schwefelgehalt wirkt sich neben der korrosiven Abnutzung infolge Schwefelsäurebildung aus den Verbrennungsprodukten besonders durch die Bildung harter Koksablagerungen bei hohen Temperaturen stark verschleißfördernd aus. Daher sollten nach Möglichkeit Schweröle mit mehr als 3 % Schwefelgehalt nicht für den Dieselmotorenbetrieb verwendet werden.

Düsenverkokungen, Kolbenringstecken, Verkokung von Spül- und Auslaßschlitzen sowie Koksablagerungen auf den Dichtflächen der Auslaßventile werden durch eine langsame, unvollkommene Verbrennung begünstigt, deren Ursache im hohen Asphaltgehalt des Schweröls zu suchen ist. Besonders die niedrige Motortemperatur beim Anfahren und Manövrieren begünstigt die Ausscheidung des Asphaltes als Koks. Man fährt deshalb schwerölbetriebene Dieselanlagen beim Manövrieren häufig mit Dieselöl und schaltet erst bei Vollastbetrieb mit Beginn der eigentlichen Seereise auf Schweröl um. Ein Pier-zu-Pier-Schwerölbetrieb erfordert Einrichtungen, durch die bei längeren Stoppzeiten ein Schweröldurchfluß durch das Einspritzsystem hergestellt wird, um ein „Einfrieren" zu verhindern.

Die Verbesserung der Verbrennung durch konstruktive Maßnahmen oder durch Zusätze zum Kraftstoff, erhöhte Betriebstemperaturen durch Frischwasserkühlung und die Verwendung von Spezialölen gestatten es jedoch, Verschmutzung und Verschleiß in erträglichen Grenzen zu halten. Nach Möglichkeit soll die Mischung von Verbrennungsrückständen des Schweröles mit dem Schmieröl vermieden werden. Kreuzkopfmotoren, bei denen der Kurbelraum gegenüber den Zylindern abgedichtet ist, eignen sich daher besonders gut für den Schwerölbetrieb.

Der Betrieb von schnellaufenden Dieselmotoren mit Schweröl bereitet aufgrund der Reaktionsträgheit dieses Kraftstoffes, Schwierigkeiten. Die Zündwilligkeit, gekennzeichnet durch die Cetanzahl, liegt bei Schwerölen unter 35 (genaue Angaben sind in der Regel nicht bekannt) gegenüber 35 . . . 50 bei Standard-Dieselkraftstoffen. Dies ist neben der ungünstigen Beeinflussung des Schmieröles durch Verbrennungsrückstände der Grund dafür, daß die Verwendung von Schweröl bei Tauchkolbenmotoren im wesentlichen den Motoren mit Zylinderleistungen über 125 PS (Zylinderdurchmesser über 300 mm) vorbehalten ist. In jedem Fall ist der gleichmäßige Lauf unter Vollast einem wechselnden Betrieb im Teillastbereich vorzuziehen.

Zusammenfassend wäre festzustellen, daß der Schwerölbetrieb umfangreichere Versorgungs- und Aufbereitungsanlagen bedingt, höhere Anforderungen an das Personal stellt und einen erhöhten Arbeitsaufwand erfordert.

Da die Mineralölindustrie auch schon gereinigte Schweröle von besserer Qualität, z. B. das Bunkeröl C 3, und Mischungen von Schwer- und Dieselölen, sogenannte *Intermediate*, in allen Viskositätsbereichen anbietet, ist es möglich, die Vorteile geringerer Kraftstoffkosten bei angemessenen Mehraufwendungen für den Betrieb nutzen zu können. Großdieselmotoren kann man mit diesen Kraftstoffen auch im Teillastbereich betreiben, so daß die Fahrt „von Pier zu Pier" ohne Kraftstoffumstellung möglich wird.

### 8.4.2. Verbesserung der Eigenschaften von Schwerölen durch chemische Zusätze

Gute Ergebnisse sind bei Schwerölbetrieb durch chemische Zusätze (Additive) – ähnlich wie beim Schmieröl – erzielt worden. Im wesentlichen sind es die folgenden unangenehmen Eigenschaften des Schweröles, die man durch entsprechende Zusätze abzuschwächen oder auszuschalten sucht.

1. Unvollkommene Verbrennung mit starker Rückstandsbildung infolge des hohen Gehaltes an Fremdstoffen,
2. Lack- und Schlammbildung aus verkoktem Kraftstoff aufgrund des hohen Asphaltgehaltes und der Anwesenheit von Schwefel,
3. Säurebildung aus den Verbrennungsrückständen des Schwefels mit kondensiertem Wasserdampf, besonders bei Unterschreitung des Taupunktes in den Abgaswegen.

Schlammpartikel, die auf mechanischem Wege nur ungenügend aufgeteilt werden können, sind die Ursache für eine unvollkommene Verbrennung und einen hohen Anteil an unverbrannten Koksrückständen. Diese Rückstände absorbieren das bei der Verbrennung des Schwefels entstehende Schwefeldioxid ($SO_2$). Das in der Asche vorhandene Vanadinpentoxid ($V_2O_5$) wirkt bei der Bildung schädlicher chemischer Verbindungen als Katalysator (siehe 2.3.3). Unter anderem wird Schwefeldioxid zu Schwefeltrioxid ($SO_3$) oxydiert. Dieses setzt sich mit dem durch Verbrennung von Wasserstoff ($H_2$) entstehenden Wasserdampf ($H_2O$) bei Unterschreitung des Taupunktes in die stark aggressive Schwefelsäure ($H_2SO_4$) um.

Im Schweröl enthaltenes Vanadin verbrennt zu Vanadinpentoxid und führt bei Anwesenheit von Natrium zur Bildung von niedrigschmelzenden (eutektischen) Gemischen in Form von verschleißfördernder Asche oder aggressiver Schlacke. Der die Säurebildung unterstützende Einfluß wurde schon erwähnt.

Schwerölzusätze haben als Grundstoff häufig ein aromatisches Solvens mit niedrigem Flammpunkt, das in der Lage ist, schwere Rückstände zu dispergieren und aufzulösen. Sie enthalten außerdem im allgemeinen Emulgatoren, die die Bildung von Emulsionen (Wasser in Öl und Öl in Wasser) verhindern. Wirksame Rostinhibitoren auf Aminbasis neutralisieren freie Säuren und verhindern Korrosionen im Kraftstoffsystem.

Oberflächenaktive Verbindungen reduzieren die Bildung von unlöslichen Rückständen im Öl. Sie halten gleichzeitig mit Hilfe des Solvens die Rückstände, die durch Oxydation und Polymerisation entstehen, innerhalb des Kraftstoffes in disperser Phase, wodurch eine Zusammenballung verhindert wird.

Kraftstoffzusätze sollten keine chlorinierten Solventien enthalten, die korrosive Salzsäure nach der Verbrennung bilden. Der Aschegehalt sollte sehr gering sein.

Zur Verbesserung der Wirkung empfiehlt es sich, die Zusätze in entsprechend abgestimmter Mischung, nicht etwa einzeln, dem Kraftstoff hinzuzufügen. Je nach Drehzahl (Maß für die Schnelligkeit des Verbrennungsablaufes) muß die Zusatzmischung dem Kraftstoff im Verhältnis 1 : 2000 (niedere Drehzahlen) bis 1 : 1000 (höhere Drehzahlen) in den Aufbereitungstanks beigegeben werden.

Es hat sich auch als durchaus möglich erwiesen, den Schlamm, der in den Bunkern als permanenter Ballast mitgeführt wird, durch Zusätze aufzulösen und in Kraftstoff zu verwandeln, so daß wieder die Tragfähigkeit des Schiffes wie bei reinen Bunkern erreicht wird.

### 8.4.3. Versorgungs- und Aufbereitungsanlagen für Schweröl

Das Schweröl verlangt in den verschiedenen Stadien seiner Aufbereitung zur Einstellung der jeweils gewünschten Viskosität Temperaturen, die seiner Zusammensetzung genau angepaßt sind. Schon bei der Übernahme und in den Tanks muß der Kraftstoff erwärmt werden, um den Leistungsbedarf der Pumpen möglichst gering zu halten – die Strömungswiderstände wachsen proportional mit der Viskosität –. Bild 8/14 zeigt schematisch den Weg des Schweröles von der Übernahmeleitung bis zum Motor. Beim Bunkern wird der Kraftstoff direkt oder von einer Pumpe (23) in die Vorratstanks gefördert. Diese sind mit Heizschlangen ausgerüstet, die den Verhältnissen entsprechend mit Sattdampf oder Heißwasser beschickt werden. Die dadurch bewirkte Verminderung der Viskosität begünstigt das Absetzen von Wasser und Fremdstoffen. Die Leitung zum Tagestank (70) führt über einen Vorwärmer (84) und die Separatoren (44 und 45), die parallel angeordnet sind. Eine optimale Reinigung in Filter und Schleuderapparaten setzt eine Viskosität voraus, die 5 E nicht überschreitet. Je nach Kraftstoffart muß hierfür in dem Vorwärmer eine Temperatur von 70 . . . 95 °C erreicht werden. Die obere Grenze der Erwärmung wird von dem schon erwähnten Lösungsvermögen des Hartasphaltes bei

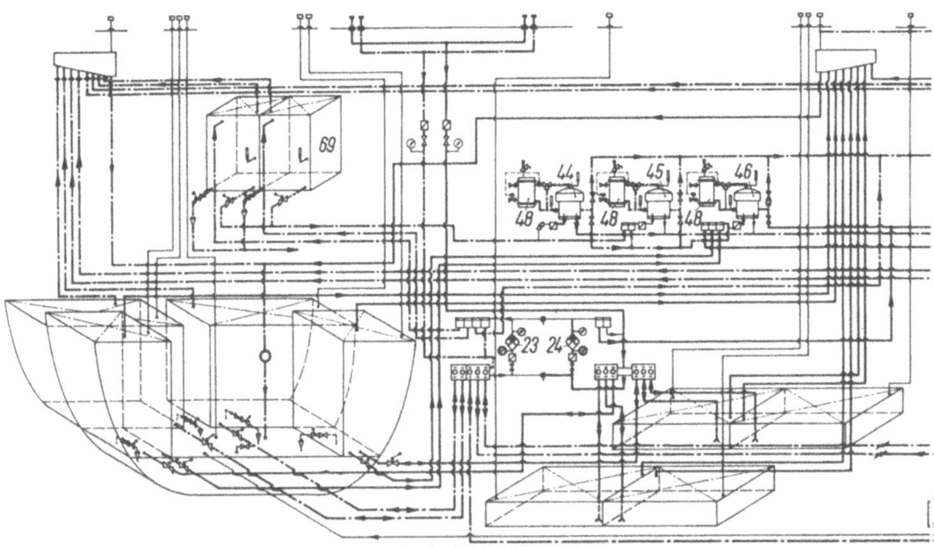


Bild 8/14. Weg des Schweröls von der Übernahmeleitung bis zum Motor (Werkbild Deutsche Werft Hamburg)

1 Hauptmotor,
3 Dieselgenerator,
4 Dieselgenerator,
23 Schwerölförderpumpe,
24 Dieselförderpumpe,
25 Schwerölbetriebspumpe,
26 Heizöl-Betriebspumpe,
28 Schlammejektor,
42 Schwerölvorwärmer für Hauptmotor,
43 Heizölvorwärmer,
44 Schwerölseparator, selbstreinigend,
45 Schwerölseparator,

höheren Temperaturen und der Neigung zum Schäumen durch gasförmige Ausscheidung leichtflüssiger Bestandteile gesetzt. Die letztgenannte Erscheinung macht sich durch knisternde Geräusche in den Kraftstoffleitungen bemerkbar.

Das gereinigte Schweröl wird zunächst im Tagestank (70) gesammelt und von dort durch eine Pumpe (25) im Kreislauf über eine weitere Anwärmanlage (42) und zwei hintereinandergeschaltete Doppelfilter für Feinreinigung (53)) umgewälzt. Dabei wird der Kraftstoffbedarf des Hauptmotors (1) abgenommen. Aufgrund der regelmäßigen Umwälzung über den Vorwärmer (42)) fließt der Kraftstoffpumpe Schweröl von annähernd konstanter Temperatur und somit gleichbleibender Viskosität zu.

Bei der betrachteten Anlage werden die Hilfsmotoren (3) mit Dieselöl betrieben. Eine Anwärmung ist hierbei unter normalen Umständen nicht erforderlich (Viskosität von Standarddieselkraftstoff 1,1 ... 1,85 E/20 °C, siehe Tabelle 8.4.1). Das Dieselöl läuft den Kraftstoffpumpen aus dem Hochtank (71) über ein Doppelfilter (100) zu. Eine Verbindungsleitung gestattet die Versorgung der Kraftstoffanlage des Hauptmotors mit Dieselöl für das Anfahren, den Teillastbetrieb beim Manövrieren und zum Zwecke der Reinigung.

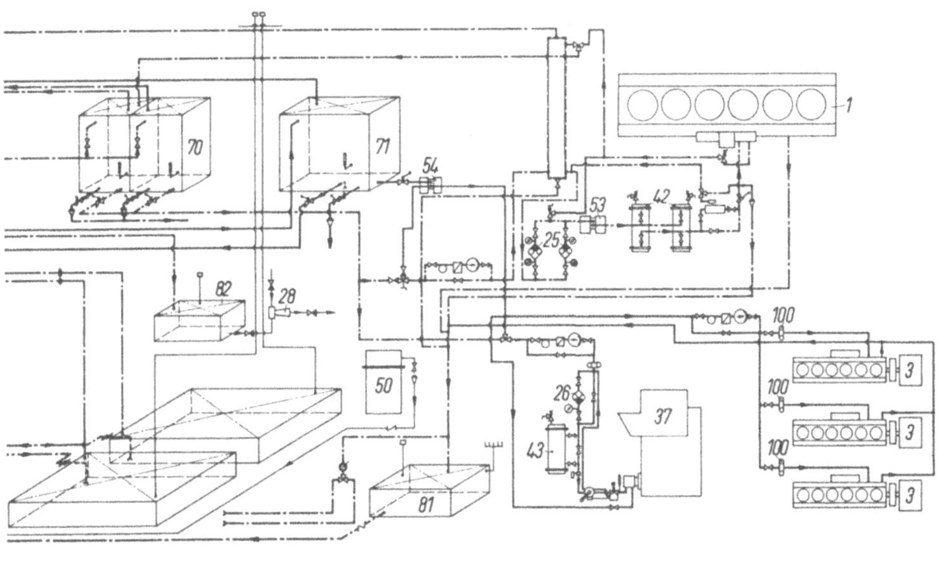


46 Dieselölseparator,
48 Durchlauferhitzer für Separator,
50 Bilgewasserentöler,
53 Schweröldoppelfilter,
54 Dieselöldoppelfilter,
69 Schwerölsetztank,
70 Schweröltagestank,
71 Dieselöltagestank,
81 Treiböllecktank,
82 Schlammtank für Separatoren,
100 Dieselöldoppelfilter,
37 Eckrohrkessel

Die streng einzuhaltenden Temperaturen des Schweröls im ganzen Durchgang verlangen größte Aufmerksamkeit und Übung. Sie müssen als unsichere Faktoren ausgeschaltet werden, wenn Anfahren, Manöver und Revierfahrten mit ihren schnell wechselnden Leistungen mit Sicherheit durchgeführt werden sollen. Dieselöl kann auch gegen Ende des Betriebes rechtzeitig eingesetzt werden, um ein Verdicken des Schweröles in Leitungen, Pumpen und Ventilen zu verhindern, das zu Einspritzstörungen und Verstopfungen führt. Es ist ratsam, auch das Dieselöl hoch anzuwärmen, um den Übergang auf Schweröl störungsfrei zu halten.

Anschließend soll nun der Weg des Schweröles vom Tagestank zum Einspritzventil am Beispiel einer Anlage von Borsig/Fiat (Bild 8/15) verfolgt werden.

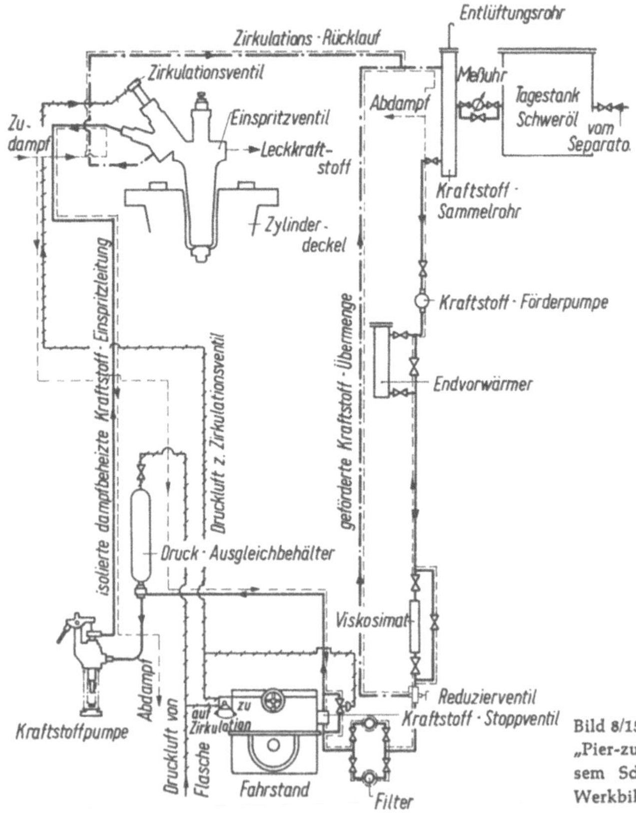


Bild 8/15. Brennstoffsystem für das „Pier-zu-Pier"-System mit hochviskosem Schweröl (System Borsig-Fiat, Werkbild Borsig AG, Berlin)

Während es ausreicht, die Schwerölbunker, Schwerölabsetztanks, den Turbulofilter (siehe Bild 8/9) und die Vorwärmer vor den Separatoren örtlich zu beheizen, muß man am Motor das gesamte Rohrnetz warm halten.

In Separatoren gereinigtes Schweröl wird im Schweröltagestank auf etwa 50 °C vorgewärmt gehalten. Auf dem Weg zum Motor passiert der Kraftstoff zunächst eine Meßuhr. An der volumetrischen Meßuhr sollte eine Temperaturmessung möglich sein, damit unter Berücksichtigung der temperaturabhängigen Dichte, s. Abschnitt 2.1, eine Mengenbestimmung durchgeführt werden kann. Bei Verstopfungen oder sonstigen Störungen an der Meßuhr kann diese durch eine Umgehungsleitung ausgeschaltet werden. Sodann gelangt der Kraftstoff in ein hohes Kraftstoffsammelrohr, wo sich der vom Tagestank zufließende Kraftstoff mit dem von den Kraftstoffpumpen am Motor nicht abgenommenem Kraftstoff und ggf. mit dem Zirkulationsrücklauf mischt. Auf dem weiteren Wege zum Dieselmotor wird der Kraftstoff dann von einer Kraftstoff-Förderpumpe auf den sogenannten Vorpumpdruck gebracht und im Endvorwärmer soweit erwärmt, daß er die am Viskosimaten (Viskosimtätsmesser und -regler) eingestellte Sollwert-Viskosität erreicht.

Dann gelangt der Kraftstoff über den Viskosimaten, über Filter und über ein Kraftstoff-Stopp-Ventil am Fahrstand zu den ebenfalls in Fahrstandnähe angeordneten Motor-Kraftstoffpumpen und von dort zu den Einspritzventilen in den Zylinderdeckeln. Das gesamte Leitungssystem vom Kraftstoff-Sammelrohr bis zu diesen Ventilen ist so beheizt, daß Wärmeverluste vermieden werden. Die Begleitheizung wird mit den Kraftstoffrohren gemeinsam einisoliert.

Bei längeren Stoppzeiten wird am Fahrstand auf „Zirkulation" geschaltet, was bei automatisierten Anlagen auch automatisch erfolgen kann. Dabei werden die Zirkulationsventile an den Einspritzventilen pneumatisch geöffnet, und über die Kraftstoffförderpumpen kann jetzt Kraftstoff im Kreise zirkulieren, ohne daß weiterer Kraftstoff dem Tagestank entnommen wird. Die Temperaturregelung bleibt dabei wirksam. Bedingt durch die Bauart der Motorkraftstoffpumpen mit Sauge- und Überströmventil ist dies Zirkulieren bei Füllung 0 möglich.

Mit dieser Einrichtung ist störungsfreier Pier-zu-Pier-Schwerölbetrieb möglich.

Für die einwandfreie Funktion eines Dieselmotors ist die Einhaltung eines konstanten Einspritzdruckes an der Kraftstoffdüse von großer Wichtigkeit. Dieser viskositäts- und somit temperaturabhängige Druck sinkt beim Ansteigen der Vorwärmtemperatur erheblich. Außerdem wirkt sich eine Änderung der Viskosität sehr stark auf die Qualität der Zerstäubung und den Einspritzbeginn aus. Wird der normale Viskositätswert, der an der Düse zwischen 2 . . . 4 E liegt, überschritten, so erfolgt die Einspritzung zu früh, und die Zerstäubung vollzieht sich nur unvollkommen. Zudem wird das Triebwerk bei Frühzündung wesentlich stärker beansprucht. Bei zu niedriger Viskosität, also zu hoher Vorwärmung, erfolgt die Einspritzung zu spät, was ebenfalls eine schlechte Zerstäubung zur Folge hat. In beiden Fällen sinkt die Leistung des Motors und damit die Wirtschaftlichkeit. Außerdem sind bei großer Viskosität Beschädigungen des Kraftstoffpumpenantriebes aufgrund der hohen Belastung zu befürchten.

Bild 8/16 zeigt den Regelkreis einer Anlage, die von den Askania-Werken in Zusammenarbeit mit der M.A.N. für die Konstanthaltung der Viskosität des Kraftstoffes im Einspritzsystem entwickelt wurde.

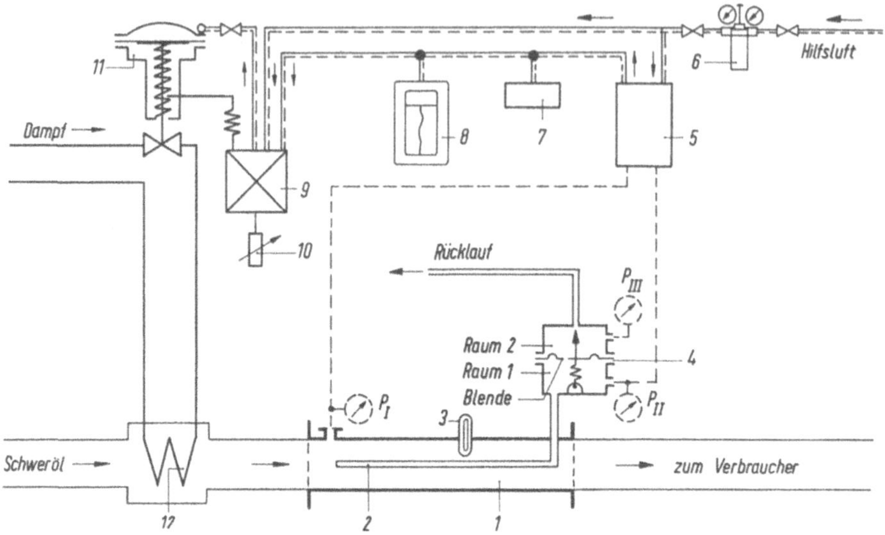


Bild 8/16. Schematische Darstellung der Viskositätsregelung mit dem Askania-Viskosimat

1 Meßrohr, 2 Kapillare, 3 Thermometer, 4 Durchflußregler, 5 Differenzdrucktransmitter, 6 Druckminderer, 7 Viskositätsanzeiger, 8 Viskositätsschreiber, 9 Regler-Steuerwerk, 10 Sollwerteinsteller, 11 Regelventil, 12 Wärmetauscher.

Der Abfall des Druckes von $p_I$ in der ungestörten Strömung am Anfang des Meßrohres (1) auf $p_{II}$ in dem über die Kapillare (2) abgeleiteten Teilstrom ist bei konstantem Durchfluß der Viskosität proportional.

Als Durchflußregler (4) dient ein sehr einfach und robust aufgebautes kleines Gerät ohne Hilfskraft. Es besteht aus einer Kammer, die durch eine Membran in zwei Hälften geteilt ist. Eine Bohrung in dieser Membran arbeitet als Meßblende. In Raum 1 des Reglers ist die Membran durch eine Zugfeder verankert, in Raum 2 trägt sie einen Ventilkegel, der die Ausgangsöffnung der Membranstellung entsprechend öffnen oder schließen kann. Im Gleichgewichtszustand ergibt sich zwischen den beiden Kammern ein Druckunterschied, der durch die Spannung der Zugfeder festgelegt ist. Wird der Gleichgewichtszustand durch vermehrten oder verminderten Durchsatz in der Leitung zur Einspritzpumpe gestört, so biegt sich die Membran in der einen oder anderen Richtung durch. Dadurch ändert der Ventilkegel jeweils seine Stellung und öffnet oder schließt die Ausflußöffnung so, daß der Gleichgewichtszustand wieder erreicht wird. Um nicht direkt mit Schweröl messen zu müssen und um einen einwandfreien Regelimpuls für die Änderung der Heizdampfzufuhr in den Wärmetauscher (12) zu erhalten, wird noch ein Differenzdrucktransmitter (5) verwendet, der den Kraftstoffdifferenzdruck in einen proportionalen Luftdruck umwandelt. Durch den Transmitter können dann beliebig

Anzeiger (7), Schreiber (8) und Regler (9) mittels Luftdruckänderungen betätigt werden.

Bild 8/17 stellt ein Viskositätsdiagramm dar, das vom Schreibgerät der betrachteten Anlage aufgenommen wurde.

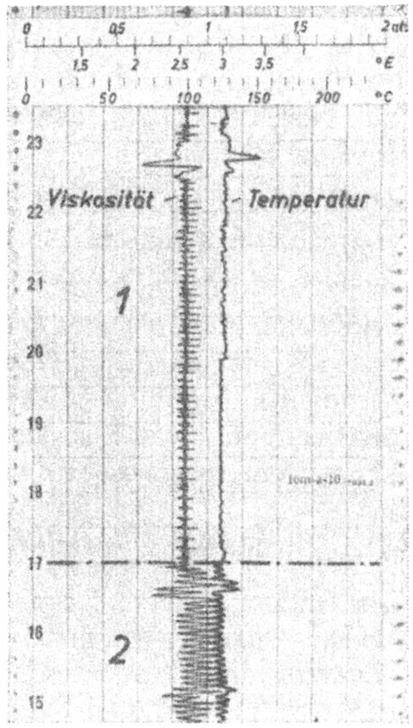


Bild 8/17. Viskositätsdiagramm 1 2

# 9. Steuerung der Dieselmotoren

## 9.1. Steuerungseinrichtungen und Steuerung des Gaswechsels bei Vier- und Zweitaktmotoren

Unter dem Begriff *Steuerungseinrichtungen* faßt man bei Verbrennungskraftmaschinen gewöhnlich die Teile zusammen, die den Gaswechselvorgang steuern, z. B. beim Dieselmotor den periodischen Austausch der Verbrennungsgase gegen Frischluft bewirken.

Beim Viertaktmotor erfolgt die Steuerung dieser Vorgänge durch *Ventile* – man verwendet fast ausschließlich federbelastete Tellerventile –, die von Kurvenscheiben, den Nocken, angetrieben werden.

Bei Zweitaktmotoren wird der Gaswechselvorgang häufig durch den Arbeitskolben gesteuert, der die Mündungen der entsprechenden Kanäle – die Schlitze – in bestimmtem periodischen Rhythmus freigibt bzw. verschließt. Vielfach rüstet man Zweitaktmotoren auch zusätzlich mit einem Ventilmechanismus aus, der dann den Abgasstrom steuert (siehe Kapitel 4).

### 9.1.1. Konstruktive Ausbildung der Ventilantriebe

Die Nocken werden auf einer parallel zur Kurbelwelle gelagerten Welle, der Nocken- oder Steuerwelle, angeordnet und entsprechend befestigt. Bei kleineren Motoren werden Nockenscheiben und Welle in einem Stück gefertigt. Motoren mit mehreren Ein- und Auslaßventilen je Zylinder werden manchmal mit zwei Nockenwellen, eine für die Steuerung der Einlaß-, die andere für die Betätigung der Auslaßventile, ausgerüstet. Da Verschleiß an den Nockenerhebungen zu Änderungen der Steuerzeiten führt, werden die Laufflächen gehärtet.

Bei Dieselmotoren, deren hoher Verdichtungsgrad kleine Verbrennungsräume und somit hängende Ventile erfordert, unterscheidet man zwei grundsätzliche Möglichkeiten der Anordnung für die Nockenwelle. Die untenliegende Nockenwelle betätigt die Ventile über Stoßstangen und Kipphebel, die obenliegende nur über Schwinghebel. Die getriebetechnisch günstigste Ausführungsart ist die direkte Betätigung des Ventils, evtl. über eine mit dem Schaft verbundene Führungsbuchse. Diese Anordnung hat jedoch Nachteile konstruktiver und betrieblicher Art, so daß sie nur selten angewandt wird.

Durch eine Umdrehung der Nockenwelle wird jedes Ventil einmal betätigt. Dementsprechend stimmt deren Drehzahl beim Zweitaktmotor (mit Auslaßventilen) mit der Kurbelwellendrehzahl überein. Bei Viertaktmotoren dagegen läuft sie mit der halben Motordrehzahl um.

Der Antrieb der Nockenwelle muß unter genauer Einhaltung der entsprechenden Übersetzung (1 : 1 bzw. 2 : 1) zwangsläufig erfolgen. Wegen der Parallellage von Kurbel- und Steuerwelle werden *Stirnräder* oder *Rollenkettengetriebe* verwendet. Seltener ist der Antrieb über eine senkrechte oder schräg liegende Zwischenwelle unter Anwendung von Kegelrad- bzw. Schraubradpaarungen.

Bild 9/1 zeigt den Antrieb einer am Fuß des Zylindermantels gelagerten Nockenwelle eines Viertaktmotors (Übersetzung 2 : 1) über Stirnräder. Bei einer obenliegenden, d. h. am Zylinderkopf angeordneten Steuerwelle wird man in vielen Fällen den Antrieb über eine Rollenkette wie ihn (Bild 9/2) für einen Zweitaktmotor (Übersetzung 1 : 1) zeigt, bevorzugen. Den Vorteilen, die Kettenantriebe bezüglich der Überbrückung großer Achsabstände aufweisen, stehen als Nachteile die infolge des Ungleichförmigkeitsgrades und der Fliehkraft auftretenden Schwingungen (Schlagen der Kette) und die Abhängigkeit des exakten Gleichlaufes der Kurbel- und Nockenwelle von einer belastungsabhängigen Spannung der Kette gegenüber. Als Kettenspanner eignen sich daher vorwiegend Vorrichtungen, die die Kettenspannung jeweils selbsttätig auf den gewünschten Wert einstellen. Bei Vorhandensein eines Druckölsystems werden hydraulisch betätigte Kettenspanner dieser Aufgabe am besten gerecht. Als Spanner finden Stahlbänder mit aufgesetzten Gummiprofilen, bei längeren Ketten zweckmäßiger Spannräder Verwendung, die in jedem Falle im unbelasteten Trum angeordnet werden.

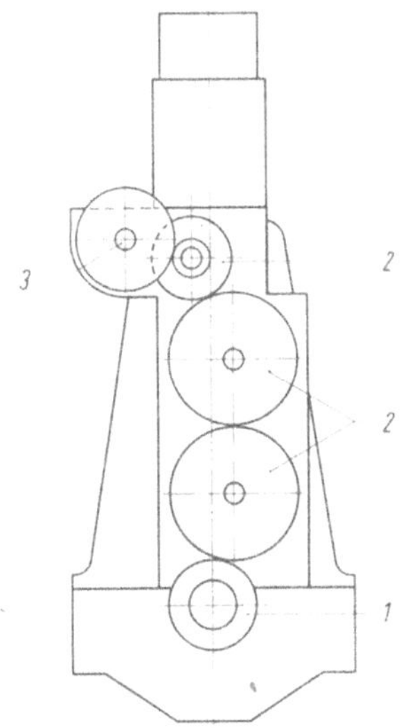


**Bild 9/1. Steuerwellenantrieb durch Stirnräder**

1 Stirnrad auf der Kurbelwelle,
2 Zwischenräder,
3 Stirnrad auf der Nockenwelle.

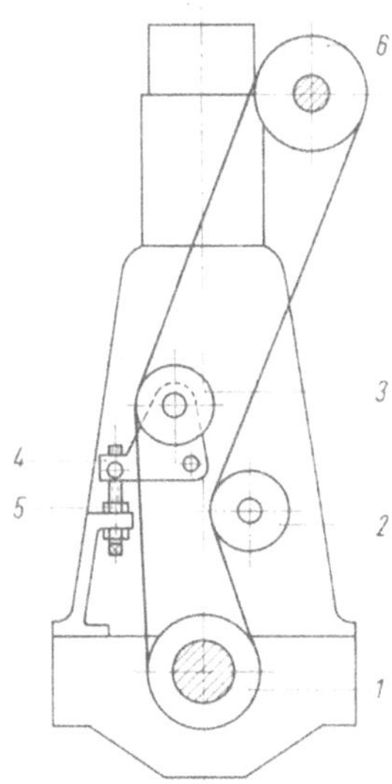


**Bild 9/2. Steuerwellenantrieb durch Rollenkette**

1 Kettenrad auf der Kurbelwelle,
2 Zwischenrad,
3 Spannrad,
4 Spannblock,
5 Stellschraube,
6 Kettenrad auf der Nockenwelle.

Zur Vermeidung bzw. Verminderung der Ausschläge durch Schwingungserscheinungen, die bei längeren Ketten ein beachtliches Maß annehmen können, müssen Schwingungsdämpfer eingebaut werden. Schon die Anordnung von Zwischenrädern

(2 in Bild 9/2) vermindert die Ausschläge. Bei größeren Achsabständen wird man dagegen lange Schienen verwenden müssen, deren aufgesetztes Gummiprofil den Rollen der Kette als Führung dient.

Beim Auswechseln einer Steuerkette ist darauf zu achten, daß Ketten, sofern sie nicht vorgereckt geliefert werden, in der ersten Zeit ihres Einsatzes besonders große Verlängerungen aufweisen. Diesem Umstand ist bei Verwendung mechanischer Spanner (siehe Bild 9/2, Pos. 3, 4, 5), die für wenig wechselnde Betriebszustände durchaus geeignet sind, entsprechende Aufmerksamkeit zu schenken.

Das auf der Nockenwelle sitzende Kettenrad (6 in Bild 9/2) wird in der Regel zweiteilig ausgeführt – Zahnkranz und Nabenkörper getrennt. Beide Teile sind miteinander verschraubt. Mit Hilfe von Langlöchern am Zahnkranz können sie relativ zueinander verdreht werden. Auf diese Weise kann eine Korrektur der gegenseitigen Stellung von Kurbelwelle und Nockenscheiben bei Veränderungen infolge von Lagerabnutzung und Kettenverschleiß bzw. -längung vorgenommen werden. Vielfach verwendet man Doppelrollenketten oder zwei unabhängige Ketten nebeneinander, die so dimensioniert sind, daß jeweils eine davon in der Lage ist, den auftretenden Belastungen standzuhalten. Bei den Ketten handelt es sich durchweg um Spezialausführungen, deren Aufbau geringe Reibung und somit unbedeutenden Verschleiß garantiert.

Viertaktmotoren sind im Zylinderdeckel mit Ein- und Auslaßventilen ausgerüstet. Bei modernen Motoren sind es zur Verbesserung der Gaswechselvorgänge oft mehrere für einen Zylinder. So besitzt beispielsweise die Zylindereinheit des Maybach-MD-Motors sechs konzentrisch angeordnete Ventile, drei Einlaß- und drei Auslaßventile.

Bei Zweitaktmotoren gibt es Bauarten, die den Abgasstrom durch ein oder mehrere Auslaßventile je Zylinder steuern, während die Spülung von unten über Spülkanäle erfolgt, die den Zylinder ganz umgeben. Bei den übrigen Bauarten vollzieht sich der Gaswechsel durch Auslaß- und Spülschlitze und wird vom Kolben gesteuert.

Die Betätigung der Ventile wird über ein kinematisches Getriebe, einen sogenannten Mechanismus, erreicht, dessen Antrieb der Nockenwelle obliegt. Einzelheiten eines solchen Steuermechanismus bei obenliegender Nockenwelle zeigt Bild 9/3. Die drehende Bewegung der Nockenscheibe (1) wird durch den auf der Hebelwelle (8) gelagerten Kipphebel (9) in eine Schwingbewegung umgeformt. Die Übertragung vom Kipphebel auf das Ventil, das in seiner Führung ja nur geradlinig verschoben werden kann, erfolgt in den meisten Fällen kraftschlüssig. Man ordnet dabei ein Zwischenglied (Kugelzapfen, Rolle, Daumen o. a.) an, das die geringfügigen Seitenbewegungen ausgleichen kann. Der Kraftschluß bedingt, daß nur die Öffnung des Ventils vom Mechanismus, der Schließvorgang jedoch durch die Ventilfeder bewirkt wird.

In Bild 9/4 ist der erweiterte Mechanismus bei untenliegender Nockenwelle dargestellt. Der Kipphebel (5) wird hierbei von einer Stoßstange (13) angetrieben, die während des Betätigungsvorganges über eine Rolle mit der Nockenscheibe in

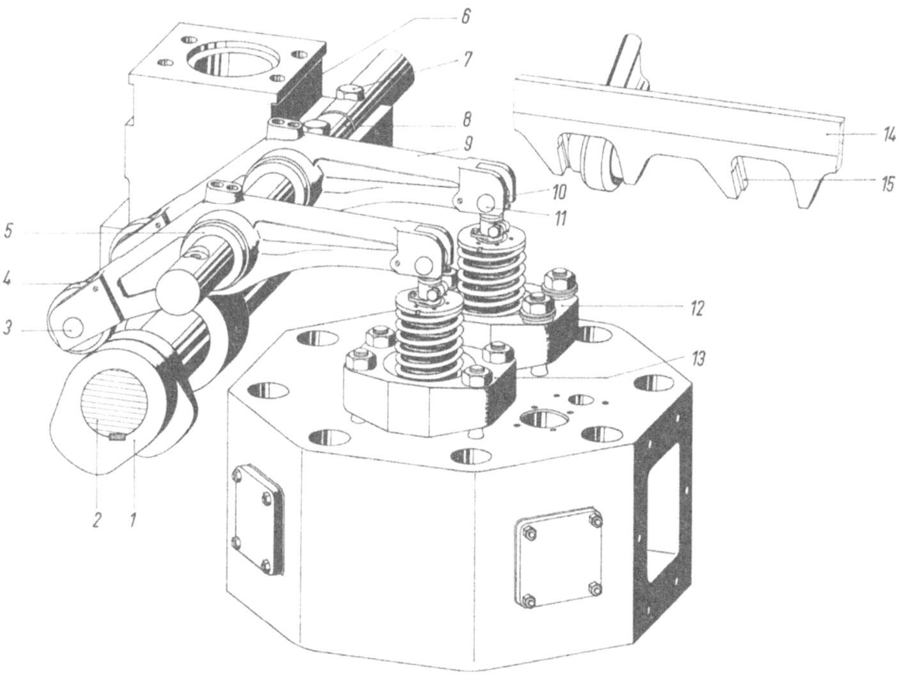


Bild 9/3. Ventilantrieb (Werkbild M.A.N. AG, Augsburg)

1 Einlaßnocken,
2 Steuerwelle,
3 Bolzen,
4 Antriebsrolle,
5 Stellring,
6 Pumpenback,
7 Sechskantschraube,
8 Hebelachse,
9 Steuerhebel,
10 Rolle,
11 Bolzen,
12 Auslaßventil,
13 Einlaßventil,
14 Führungsblech,
15 Gleitstück.

kraftschlüssiger Verbindung steht. Die Lage der Stoßstange wird im betrachteten Beispiel durch eine Führung (15/16) fixiert.

Die Lagerung der Kipphebel auf der Hebelwelle (3) ist bei umsteuerbaren Motoren gewöhnlich exzentrisch ausgeführt, um beim Umsteuern die Stoßstange von der Nockenscheibe abheben zu können.

Bei formschlüssiger Verbindung von Kipphebel und Ventilschaft sowie Kipphebel und Stoßstange werden diese Glieder beim Schließvorgang von der Ventilfeder bewegt. Besteht dagegen nur eine kraftschlüssige Verbindung zwischen Ventil und Kipphebel, so wird diese vielfach beim Schließen von einer Zugfeder zwischen Zylinderdeckel und Stoßstange aufrechterhalten. So ergibt sich nach Ablauf der Rolle von der Nockenerhebung zwischen beiden ein gewisses Spiel, die sogenannte Rollenlose. Diese muß vorhanden sein, damit einmal die Ventilfeder das Ventil (12) völlig schließen kann und zum anderen eine unnötig starke Belastung der Rollenlagerung, die zum Heißlaufen und Fressen führen könnte, vermieden wird. Der

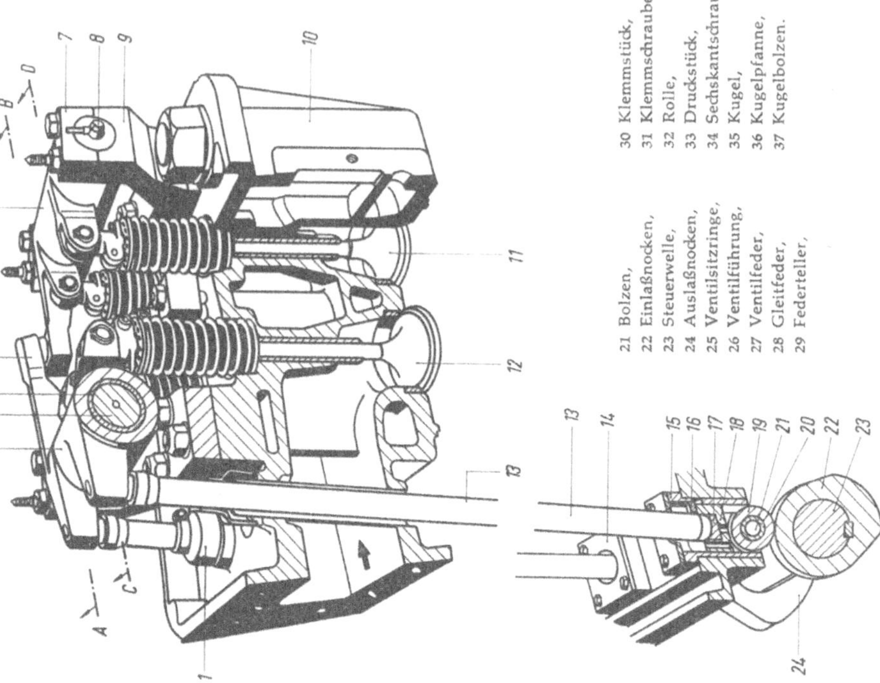

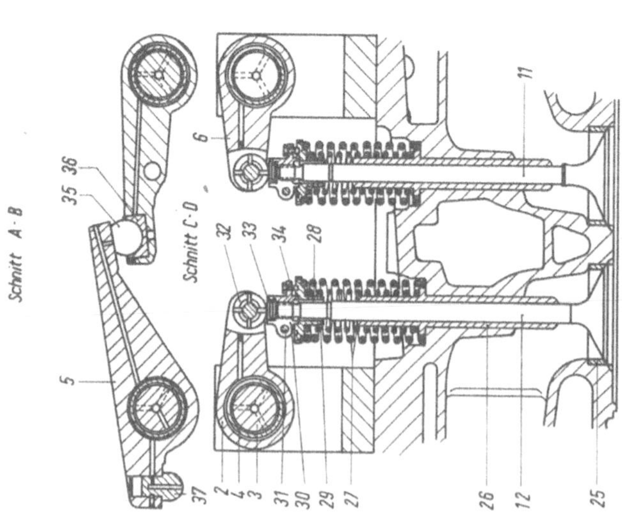


**Bild 9/4. Ein- und Auslaßventile mit Antrieb**

1 Abdeckkappe,
2 Steuerhebel,
3 Hebelachse,
4 Lagerbüchse,
5 Zwischenhebel,
6 Steuerhebel,
7 Deckel,
8 Schmieranschluß,
9 Lagerbock,
10 Zylinderdeckel,
11 Auslaßventil,
12 Einlaßventil,
13 Stoßstange,
14 Deckel,
15 Stößelführung,
16 Gleitstein,
17 Kugelpfanne,
18 Rollenstößel,
19 Antriebsrolle,
20 Büchse,
21 Bolzen,
22 Einlaßnocken,
23 Steuerwelle,
24 Auslaßnocken,
25 Ventilsitzringe,
26 Ventilführung,
27 Ventilfeder,
28 Gleitfeder,
29 Federteller,
30 Klemmstück,
31 Klemmschraube,
32 Rolle,
33 Druckstück,
34 Sechskantschraube,
35 Kugel,
36 Kugelpfanne,
37 Kugelbolzen.

Betrag des Spieles bei kaltem und warmem Motor ist in der Betriebsanleitung angegeben. Die genaue Einstellung durch Verstellen des Druckstückes und der Klemmhülse (Bild 9/4, Pos. 31 und 33) mit Hilfe einer Fühlerlehre muß sorgfältig vorgenommen werden, da die Glieder des Steuermechanismus im Betrieb aufgrund der Erwärmung Längenänderungen erfahren, die in der Regel das Ventilspiel verringern. Nähere Angaben über die Einstellung der Ventilsteuerung macht Abschnitt 9.1.3. Die Ausführung der Ventilsteuerung, wie sie Bild 9/4 darstellt, findet im Prinzip bei der Mehrzahl der Viertaktmotoren Anwendung. Auf Abweichungen wird im weiteren Verlauf der Ausführungen eingegangen.

### 9.1.2. Ventile

Die gebräuchlichste Ventilform ist das *Tellerventil* (Bild 9/5). Der Teller, dessen Umfang mit einer kegelförmigen Dichtfläche versehen ist, wird durch Feder- und Gasdruck in den entsprechend bearbeiteten Ventilsitz gepreßt und stellt so eine einwandfreie Abdichtung zwischen den Ansaug- bzw. Auslaßkanälen und dem Zylinder sicher. Ventile werden gewöhnlich aus einem Stück geschmiedet. Die Fertigung durch Gießen und die geteilte Ausführung von Schaft und Teller, die miteinander verschraubt oder verspannt zum Einsatz kommen, sind seltener. Der kräftig dimensionierte Schaft dient der Führung der Hubbewegung in einer Buchse und ermöglicht zudem bei der ungeteilten Ausführung eine ausreichende Wärmeabfuhr vom thermisch hochbeanspruchten Teller. Als Werkstoffe für die Ventile werden vorwiegend warmfeste Stähle, Chrom-Silicium-Stähle für Einlaßventile und Chrom-Nickel-Stähle für Auslaßventile, bzw. hochwertiger Grau- oder Stahlguß verwendet. In manchen Fällen, besonders bei schnellaufenden Motoren und solchen, die mit Schweröl betrieben werden, panzert man die Dichtungsflächen mit Hartmetall oder Stelliten, um den Verschleiß in Grenzen zu halten und so höhere Standzeiten zu erreichen. Als Material für die Ventilsitze finden Sonderbronzen, hochwertiger Grauguß, warmfeste Stähle und bei Schnelläufern kleinerer Bauart auch Hartmetall Verwendung.

Bei besonders starker thermischer Belastung, also vorwiegend bei den Auslaßventilen hochbeanspruchter Motoren, verwendet man gelegentlich zur Verbesserung der Wärmeabfuhr vom Teller eine Natriumfüllung im Schaft.

#### 9.1.2.1. Einlaßventil

Das nur bei Viertaktmotoren anzutreffende Einlaßventil steuert die Zufuhr der Verbrennungsluft. Es muß so ausgebildet werden, daß es einen ausreichenden Durchtrittsquerschnitt, der im wesentlichen von den Abmessungen und der Gestaltung des Tellers sowie von der Größe des Hubes bestimmt wird, freigibt. Optimale Ansaugverhältnisse werden durch geringe Ansaugunterdrücke und einen entsprechend hohen Füllungsgrad im Zylinder gekennzeichnet. Die entstehenden Unterdrücke werden durch Reibungs- und Drosselverluste im Ansaugsystem verursacht. Die konstruktive Folgerung aus dieser Tatsache ist die Ausführung kurzer Ansaugwege mit möglichst geringen Querschnittsverminderungen. Nachteilig wirkt sich in dieser Hinsicht auch das für die Verschleißminderung erforderliche Vorschalten einer Filterreinigung zur Reinigung der angesaugten Luft aus.

Da die Größe des Ventils, begrenzt durch die Einbauverhältnisse und die Höhe der Massenkräfte, gewisse Werte nicht übersteigen kann, ordnet man vielfach mehrere Einlaßventile für einen Zylinder an, um möglichst gute Füllungsgrade zu erzielen. Wie bereits in Abschnitt 4 erwähnt, ist die Leistung eines Motors unter anderem vom Füllungsgrad bzw. vom Ansaugdruck abhängig. Auf die Möglichkeit der Aufladung wird in Abschnitt 11 eingegangen.

Bild 9/5 zeigt die Anordnung eines Einlaßventils im Zylinderdeckel. Ein Gußgehäuse (2) nimmt den Ventilschaft (1) auf und sorgt mit Hilfe einer eingepreßten

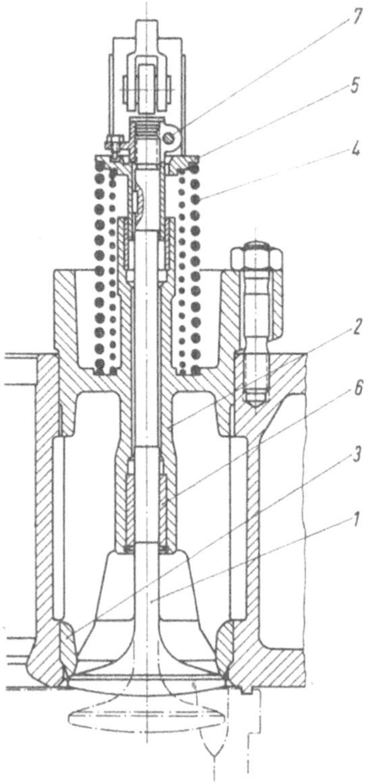


Bild 9/5. Einlaßventil des M.A.N.-Viertakt-Dieselmotors Bauart GV 52/74 (Werkbild M.A.N. AG, Augsburg)

1 Ventilschaft,
2 Ventilgehäuse,
3 Ventilsitz,
4 Ventilfedersatz,
5 Druckteller,
6 Führungsbuchse,
7 Klemmstück.

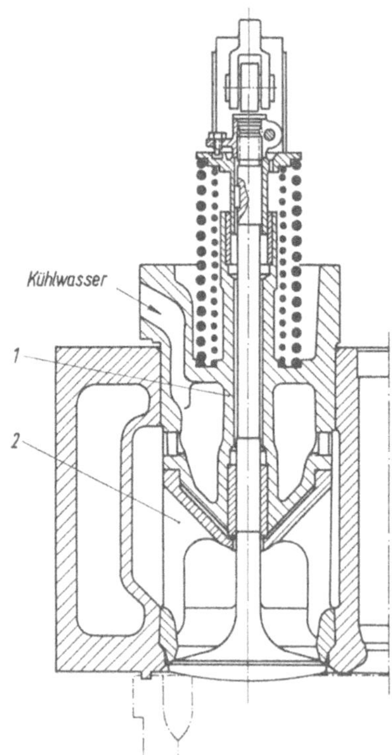


Bild 9/6. Auslaßventil des M.A.N.-Viertakt-Dieselmotors Bauart GV 52/74 (Werkbild M.A.N. AG, Augsburg)

1 Ventilkorb,
2 Auswechselbarer Ventilsitz.

Buchse (6) für eine saubere Geradführung der Hubbewegung. Der Ventilsitz (3) ist ein Teil des Gehäuses und dient auch der Führung und Abdichtung desselben im Zylinderdeckel.

Die angesaugte Frischluft bewirkt aufgrund ihrer niedrigen Temperatur eine Kühlung von Ventil und Gehäuse. In der Regel stellen sich dadurch im Betrieb Temperaturverhältnisse ein, die eine zusätzliche Kühlung von außen durch Wasser bzw. von innen durch die schon erwähnte Natriumfüllung überflüssig machen.

Im oberen Teil des Ventilgehäuses (2) ist die Ventilfeder (4) angeordnet. In vielen Fällen ist es aus Gründen der Raumersparnis erforderlich, die gewünschte Federkraft durch zwei parallel geschaltete Schraubenfedern – einen sogenannten Federsatz – aufzubringen. Die ineinander gesteckten Federn sollen dabei gegensinnige Windungsrichtungen besitzen, damit beim Bruch einer Feder eine Störung der Funktion der anderen durch Verklemmen mit den Reststücken vermieden wird. Der Druckteller (5), der durch das Klemmstück (7) am Schaft befestigt ist, stellt die Verbindung zwischen Federsatz und Ventil her. Wie schon erläutert, verrichtet der Federsatz die Schließarbeit und sorgt – unterstützt durch den Gasdruck – für ein einwandfreies Dichten am Ventilsitz.

Hat das Einlaßventil (Bild 9/5) ein besonderes Gehäuse, das in einer Aufnahmebohrung des Deckels (Kanone) befestigt ist, so kann der Ausbau bei Instandsetzungsarbeiten nach Entfernung der Kipphebel ohne Schwierigkeiten durchgeführt werden.

Bei kleineren Motoren werden die Ventile im Deckel geführt (siehe Bild 9/4). Der Ventilausbau ist dann erst nach Abnahme des Deckels möglich.

Bei guter Schmierung der Führungen treten Störungen an Einlaßventilen äußerst selten auf, da die thermische Belastung infolge der Kühlung durch die angesaugte Luft keine extremen Werte annimmt. Wird jedoch ein Ventil undicht, so erwärmt es sich stark durch die heißen Verbrennungsgase, die dann in die Ansaugkanäle dringen. Mit zunehmender Verschlechterung der Abdichtung geht die Kompression zurück und infolge Mangels an Frischluft treten rauchende Verbrennung und schließlich Zündaussetzer auf.

### 9.1.2.2. Auslaßventil

Das Auslaßventil, das außer bei Viertaktmotoren auch bei verschiedenen Ausführungen von Zweitaktmotoren eingebaut wird, dient der Steuerung des Abgasstromes. Es gleicht bezüglich Größe und Ausführung im wesentlichen dem zuvor besprochenen Einlaßventil. Im Gegensatz zu diesem ist es jedoch stets der Einwirkung heißer Abgase ausgesetzt, so daß, zumindest bei Motoren größerer Leistung, eine Kühlung erforderlich wird. Bei dem in Bild 9/6 dargestellten Auslaßventil erfolgt diese mit Wasser. Das Kühlwasser wird dem mit Hohlräumen versehenen Ventilkorb (1) zugeführt und fließt nach dem ebenfalls gekühlten Abgasrohr ab.

Der als Einzelteil gefertigte Ventilsitz (2), der ebenso wie der Ventilteller starker Verschleißbeanspruchung unterliegt, wird durch den Ventilkorb (1) in den Zylinderdeckel gepreßt. Er kann so bei Instandsetzungsarbeiten leicht ausgewechselt werden.

Wichtig beim Auslaßventil ist eine gute Wärmeleitung vom Teller zum Schaft, die durch entsprechende Dimensionierung des Schaftquerschnittes gesichert werden kann. Vom Schaft wird die Wärme dann über die Führungsbuchse und die Gehäusewandungen an das Kühlwasser abgegeben.

Auch beim Auslaßventil strebt man einen möglichst großen Hub an, um durch reichliche Durchflußquerschnitte die Drosselverluste, die beim Ansaugvorgang zu erhöhten Restgasanteilen im Zylinder führen, zu vermindern. Damit das Ventil, das im oberen Totpunkt ja noch nicht geschlossen hat, nicht den Kolben berührt, muß häufig die Kolbendecke mit Aussparungen, d. h. Vertiefungen, versehen werden. Die Anordnung mehrerer Auslaßventile zur Verbesserung der Ausstoßvorgänge findet in ähnlicher Ausführung wie bei den Einlaßventilen vielfach Anwendung.

Angesichts der hohen Betriebstemperaturen erfordert das Auslaßventil wärmebeständigen Werkstoff bester Qualität. Der Beobachtung des Abgassystems ist größte Aufmerksamkeit zu schenken, um bei Ventilschäden rechtzeitig eine Überholung durchführen zu können. In der Regel sind Undichtigkeiten am Ventilsitz, die durch Wärmeverzug des Schaftes oder Rückstandsablagerungen an den Dichtflächen verursacht werden, Ausgangspunkte größerer Schäden. Besonders bei Verwendung minderwertiger Kraftstoffe bzw. bei schlechter Verbrennung sowie bei relativ hohem Ölanteil im Verbrennungsraum treten infolge von Koksablagerungen an den Sitzflächen örtlich Undichtigkeiten auf. Durch diese Ritzen treten beim Verbrennungsvorgang Feuerstrahlen in die Abgaskanäle über. Dies führt zu thermischen Beanspruchungen, denen der Werkstoff an Sitz und Teller nicht mehr gewachsen ist. Zunächst treten nur begrenzte Zerstörungen auf, durch die die Undichtigkeit jedoch rasch zunimmt. Die Verdichtung nimmt ab, der Motor beginnt zu rauchen. Während des Ansaugvorganges werden Abgase aus der Auspuffleitung zurückgesaugt, der Luftmangel vergrößert sich. Die Zerstörungen am Ventil erreichen innerhalb kurzer Zeit ein Ausmaß, das den Arbeitsablauf im Zylinder zum Erliegen bringt.

Das Rauchen des Motors – ein Zeichen unvollkommener Verbrennung – ist wohl am Auspuff zu erkennen, doch kann man nicht ohne weiteres feststellen, von welchem Zylinder es herrührt. Man kann den Schaden lokalisieren, indem man die an jedem Auslaßventilstutzen angebrachten Hähne bzw. die Indikatorhähne an den Zylindern der Reihe nach öffnet. Am gesuchten Zylinder tritt der Feuerstrahl nicht rein, sondern mit Rauch vermischt aus. Indikatorhähne darf man nur kurzzeitig öffnen, da sich sonst der Sitzkegel festsetzt oder durch Verbrennen der Kanten undicht wird. Man kann auch Papier vor die Hahnöffnungen halten, auf dem sich bei unvollkommener Verbrennung der unverbrannte Kraftstoff abzeichnet.

Schlechtes Dichten der Ventile kann aber auch durch Korrosion verursacht werden. Besonders bei Stillstand können Säuren – vorwiegend Schwefelsäure ($H_2SO_4$) –, die sich aus Verbrennungsrückständen unter Zutritt von Kondenswasser bilden, die Dichtflächen durch Anfressen zerstören.

Besitzt das Auslaßventil ein eigenes Gehäuse, so darf man beim Einsetzen in den Deckel die Flanschschrauben nicht zu stark anziehen, damit die Dehnung bei Erwärmung nicht zum Verzug des Gehäuses führt. Günstig ist in dieser Hinsicht die Verwendung eines Drehmomentschlüssels, da dieser nicht nur die Einhaltung bestimmter Werte, sondern vor allem auch einen gleichmäßigen Anzug aller Schrauben ermöglicht. Die entsprechenden Werte für die Anzugmomente findet man gewöhnlich in den Anleitungen des Motorenherstellers. Nach Erwärmung im Betrieb wird der Anzug kontrolliert und gegebenenfalls korrigiert.

Da Gehäuseverzug zum Klemmen des Ventilschaftes führen kann, werden mitunter auch konstruktive Maßnahmen getroffen, um die Wärmedehnungen zu kompensieren. Zu nennen wären die Zwischenschaltung federnder oder elastischer Glieder und die Verwendung formelastischer Schrauben.

Gleitende Teile – Schaft, und bei Führung der Federdruckplatte auch der Federtellerkolben (siehe Bild 9/17) – paßt man beim Auslaßventil zweckmäßig mit Spiel ein. Dies sollte so bemessen sein, daß auch bei extremen Betriebsbedingungen ein Klemmen, das aufgrund der unterschiedlichen Dehnungseigenschaften der Werkstoffpaarung auftreten kann, verhütet wird. Gleichzeitig wird dadurch die Schmierstoffzufuhr erleichtert. Eine sparsame Schmierung mit dünnflüssigem Öl (evtl. auch mit einer Mischung aus Kraftstoff [Dieselöl] und Öl) ist angeraten, da sich an dem heißen Ventilschaft Krusten bilden können, die die Hubbewegung stark beeinträchtigen. Gewöhnlich vermag die Ventilfeder gegen diesen Widerstand das Ventil nicht mehr völlig zu schließen. Die Folgen sind die gleichen wie bei Undichtigkeiten an den Sitzflächen infolge Rückstandsablagerung. Ermüdete oder gebrochene Ventilfedern sind, sofern keine Sichtkontrolle möglich ist, am Schlagen des Ventiles zu erkennen. Da die gleiche Erscheinung auch beim Hängen der Ventile infolge verschmutzter oder trockener Führungen auftritt, sollte man zunächst Öl zuführen. Dauert das Schlagen an, so muß man die Feder nachspannen oder erneuern. Auslaßventilgehäuse können bei den hohen Temperaturen leicht in den Kanonen festbrennen, so daß ein Ausbau auf Schwierigkeiten stößt. Die Anwendung von Gewalt ist dann in jedem Falle zu vermeiden. Man baut zuerst das Einlaßventilgehäuse aus, legt einen Stahl- oder Bronzeklotz auf den Kolben unter das Auslaßventil und drückt damit das Gehäuse durch vorsichtiges Törnen des Motors heraus.

Der Auspuffkanal im Zylinderdeckel wird, wie schon angeführt, vom Kühlwasserstrom umflossen. Die Krümmer münden in die hinter dem Motor angeordnete Auspuffleitung, die gewöhnlich ebenfalls wassergekühlt ausgeführt wird. In diese Leitung, die in die freie Atmosphäre mündet, schaltet man zur Geräuschminderung in der Regel einen Schalldämpfer in Form eines Auspufftopfes. Da die Abgase beim Öffnen der Auslaßorgane noch einen Überdruck von mehreren Atmosphären besitzen, erfolgt das Abströmen stoßartig unter starker Geräuschentwicklung. Dabei setzt sich der Überdruck in Geschwindigkeit um. Man kann die Geräusche dämpfen, indem man die hohe Geschwindigkeit, die die Abgase in periodischem Rhythmus annehmen, durch Querschnittserweiterungen im Auspuffsystem, d. h. durch Zwischenschalten von größeren Behältern vermindert. Diese gewöhnlich senkrecht angeordneten Töpfe werden in regelmäßigen Abständen mit waagerechten Prallblechen versehen, die wechselseitig Öffnungen für den Durchtritt der Abgase besitzen. Auf diese Weise wird die Strömungsgeschwindigkeit weiter herabgesetzt und es gelingt außerdem, die Stöße zu mildern und die Ungleichförmigkeit des Abgasstromes zu verringern. Schalldämpfer dieser oder ähnlicher Ausführung werden aus Stahlblech hergestellt und zur Vermeidung der starken Wärmeabstrahlung mit Isoliermaterial verkleidet oder mit einem Mantel für Wasserkühlung versehen. Zur bequemen Reinigung versieht man sie je nach Größe mit Hand- oder Mannlöchern. Ein Ventil am Fuß dient der Entwässerung. Gewöhnlich schlagen sich die bei der Verbrennung gebildeten Wasserdämpfe erst im Abgassystem in Form von Kondenswasser nieder. Da sich aus den Verbrennungsprodukten bei Vorhandensein von Wasser Säuren bilden können, die Korrosion verursachen, muß für eine regelmäßige Entwässerung Sorge getragen werden.

Mitunter ordnet man ein Sicherheitsventil oder eine Sprengplatte aus Grauguß an, um bei besonders heftigen Auspuffstößen, die vor allen Dingen beim Anfahren auftreten können, Schäden im System zu verhüten.

### 9.1.3. Einstellung der Ventilsteuerung

Aufgrund der hohen Drücke, die innerhalb sehr kurzer Zeiträume zur Wirkung kommen, sind beim Dieselmotor Einstellarbeiten an der Ventilsteuerung mit ganz besonderer Genauigkeit auszuführen.

In regelmäßigen Abständen muß das Ventilspiel überprüft werden. Es kann mit einer Fühlerlehre zwischen Stoßstangenrolle und Nockenscheibe bzw. Kipphebel und Ventilschaft (oder Druckstück) gemessen werden (Bild 9/7). Die Einstellung erfolgt durch Verändern der Stellung des Klemmstückes (Bild 9/4, Pos. 31). Das vorgeschriebene Ventilspiel soll einerseits gewährleisten, daß das Ventil auch bei Wärmedehnungen von Stoßstange und Schaft einwandfrei schließen kann, und andererseits eine übermäßige Beanspruchung von Lager- und Gleitstellen des Mechanismus vermeiden. Zu großes Ventilspiel vermindert den Öffnungswinkel und den Hub der Ventile, was zu Leistungsabfall führt (Bild 9/8).

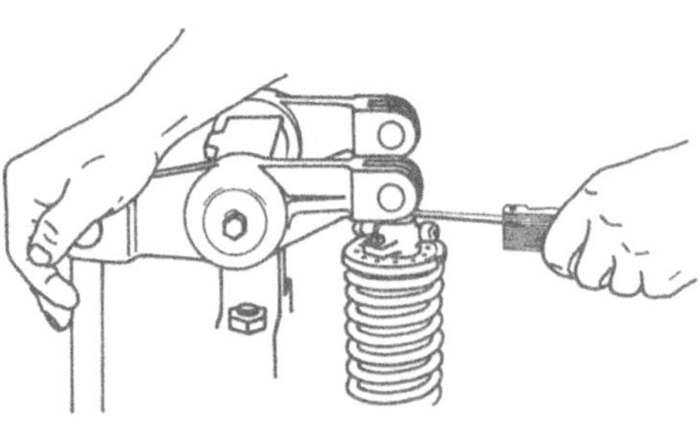

Bild 9/7. Prüfen des Ventilspiels an einem M.A.N.-Motor

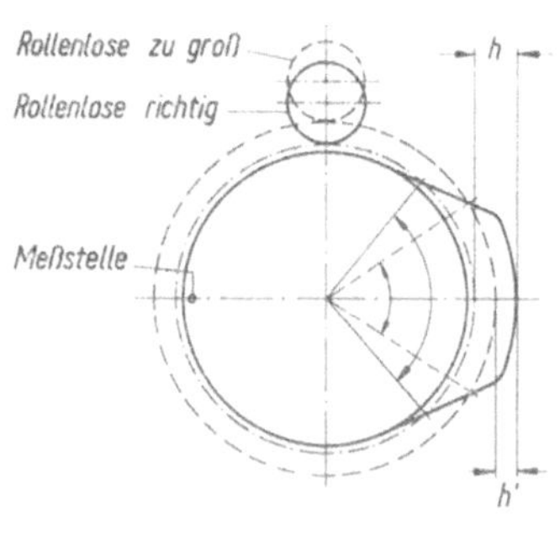


Bild 9/8. Einfluß der Spieleinstellung auf Öffnungswinkel $\alpha$ und Hub $h$

Das Ventilspiel wird in der Regel zunächst bei kaltem Motor nach den in der Betriebsanleitung angegebenen Werten eingestellt. Bei Erwärmung des Mechanismus im Betrieb verkleinert es sich. Messungen des Spieles zwischen Rolle und Nockenscheibe sollten immer bei der gleichen Stellung der Nockenscheibe vorgenommen werden, da die Scheiben nicht absolut genau gefertigt werden können. Die entsprechende Stelle kennzeichnet man zweckmäßigerweise durch eine seitliche Markierung mit dem Körner (Bild 9/8).

Die Wärmedehnung von Stoßstange und Schaft ist von deren Länge und den Temperaturen, denen sie ausgesetzt sind, abhängig. Da durch unterschiedliche Zustände am warmen Motor verschiedene Größen des Spieles an den einzelnen Ventilen auftreten können, sollten in jedem Fall bei Betriebstemperatur eine Nachprüfung und gegebenenfalls Korrekturen durchgeführt werden. Spielwerte für den Betriebszustand findet man ebenfalls in der Betriebsanleitung.

Wird das Ventil über ein Rollenglied betätigt, so kann man sich auch während des Betriebes davon überzeugen, ob eine ausreichende Rollenlose vorliegt. Kann man die Rolle festhalten, wenn sie über den Grundkreis der Nockenscheibe läuft, so ist genügend Spiel vorhanden.

Ein Beispiel aus der Praxis soll die Notwendigkeit dieser Überprüfung verdeutlichen.

Die Messung des Ventilspieles (der Rollenlose) an den Auslaßventilen eines Vierzylindermotors ergab folgende Werte:

| Zylinder | I | II | III | IV |
|---|---|---|---|---|
| bei kaltem Motor | 0,9 mm | 0,9 mm | 0,9 mm | 0,9 mm |
| bei warmem Motor | 0,5 mm | 0,45 mm | 0,3 mm | 0,5 mm |
| Unterschied | 0,4 mm | 0,45 mm | 0,6 mm | 0,4 mm |

Das vorgeschriebene Spiel bei warmem Motor ist 0,5 mm. Also muß am Ventil des Zylinders III die Einstellung korrigiert werden.

In manchen Fällen kann auch eine Kontrolle der Ventilöffnungszeiten notwendig werden.

Auf dem Prüfstand des Motorenherstellers werden die Eröffnungs- und Schließzeitpunkte auf einen Grad Kurbelwinkel genau festgestellt.

Die ermittelten Werte werden in der Betriebsvorschrift aufgeführt. Die Öffnungszeiten werden auch vielfach in Steuerdiagrammen angegeben. In einem solchen Diagramm trägt man das Arbeitsspiel eines Zylinders in Abhängigkeit vom Kurbelwinkel $\alpha$ auf und vermerkt die Ventilöffnungsintervalle, in manchen Fällen auch die Einspritzperioden. Grundsätzlich gibt es zwei Möglichkeiten der Darstellung: das Kreis- und das Linien-(Wellen-)diagramm. Die letztgenannte Form des Steuerdiagrammes für einen Viertakt- und einen Zweitaktmotor zeigt Bild 9/9.

Die Ermittlung bzw. Überprüfung der Öffnungs- und Schließwinkel nimmt man an der Schwungscheibe vor. Auf dieser befinden sich vom Hersteller angebrachte

Marken für die Kolbentotpunktlagen der einzelnen Zylinder. Ein am Motorengestell angebrachter Zeiger gestattet an der Schwungscheibe die Bestimmung beliebiger Kolbenstellungen für jeden Zylinder.

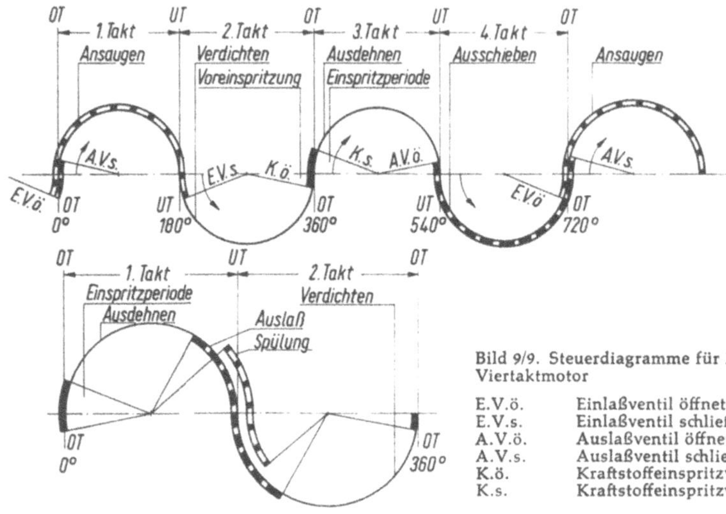


Bild 9/9. Steuerdiagramme für Zweitakt- und Viertaktmotor

| | |
|---|---|
| E.V.ö. | Einlaßventil öffnet |
| E.V.s. | Einlaßventil schließt |
| A.V.ö. | Auslaßventil öffnet |
| A.V.s. | Auslaßventil schließt |
| K.ö. | Kraftstoffeinspritzventil öffnet |
| K.s. | Kraftstoffeinspritzventil schließt |

Gewöhnlich mißt man den Ventilöffnungsbogen, d. h. den Weg, den ein Punkt am Umfang der Schwungscheibe während der Öffnungsperiode zurückgelegt hat. Durch einfache Umrechnung erhält man daraus den entsprechenden Drehwinkel, der durchlaufen wurde.

Es gilt

$$\frac{\text{Länge des Bogens am Umfang } b}{\text{Umfang der Schwungscheibe } U} = \frac{\text{gesuchter Winkel } \alpha^\circ}{360^\circ}$$

*Beispiel:* Schwungscheibendurchmesser $D_s = 1900$ mm.

Welcher Bogen entspricht einem Grad Kurbelwinkel?

$$\frac{b}{U} = \frac{\alpha^\circ}{360^\circ}\,; \qquad U = D_s\,\pi\,.$$

$$b = U\,\frac{\alpha^\circ}{360^\circ} = D_s\,\pi\,\frac{\alpha^\circ}{360^\circ} = 1900\text{ mm}\,\pi\,\frac{1^\circ}{360^\circ} \approx 16{,}6\text{ mm}.$$

Der Öffnungszeitpunkt der Ventile ist erreicht, wenn die Rolle auf der Nockenscheibe aufsetzt und sich nicht mehr drehen läßt. Enthält der Ventilmechanismus kein Rollenglied, so muß der Zeitpunkt des Aufsetzens des Kipphebels auf den Schaft bzw. das Druckstück bestimmt werden. Schließzeitpunkt ist der Augenblick des Abhebens der entsprechenden Glieder.

Zur Ermittlung der Öffnungs- bzw. Schließwinkel wird die Strecke vom Zeiger bis zur benachbarten Totpunktlage für den betrachteten Zylinder am Umfang der

Schwungscheibe gemessen. Aus diesem Maß wird mit der oben angeführten Gleichung der jeweilige Winkel berechnet.

*Beispiel:* Für ein Auslaßventil wird auf einer Schwungscheibe von $D_S = 1\,900$ mm Durchmesser ein Bogen $b = 520$ mm von der Öffnungsstellung zur *OT*-Marke gemessen. Wie groß ist der Voröffnungswinkel des Ventils?

$$\frac{b}{U} = \frac{\alpha^\circ}{360^\circ}; \quad U = D_S \cdot \pi.$$

$$\alpha = 360^\circ \frac{b}{D_S \pi} = 360^\circ \cdot \frac{520 \text{ mm}}{1\,900 \text{ mm} \cdot \pi} \approx 31{,}3^\circ.$$

Die Ermittlung der Öffnungszeiten von Ein- und Auslaßventilen erfolgt in normaler Betriebsstellung, für die Bestimmung der Anlaßventilöffnung muß auf „Anlassen" umgeschaltet werden.

Aus Bild 9/9 ist zu ersehen, daß das Öffnen und Schließen der Ventile nicht in den Totpunktlagen erfolgt. Die Verschiebung gegenüber diesen Punkten wird durch das Anstreben optimaler Verhältnisse beim Ansaugen und Ausschieben bedingt (siehe auch 4.1). Im betrachteten Beispiel schließt das Einlaßventil 23° Kurbelwinkel nach *UT*, also erst zu Beginn des Verdichtungshubes, während das Auslaßventil schon vor Beginn des Ausschubhubes, 18° vor *UT*, öffnet. Eine ähnliche Verschiebung der Öffnungs- und Schließzeiten (Ventilüberschneidungszeit) wird man bei allen Viertaktmotoren beobachten können.

Genauen Aufschluß über das richtige Arbeiten des Motors und damit auch über die richtige Einstellung der Ventilsteuerung und der Einspritzung vermittelt das Indikatordiagramm. Auf diese Möglichkeit zur Überprüfung der Vorgänge im Motorenzylinder wird in 12.4 eingegangen.

### 9.1.4. Wartung und Instandsetzung

Die Wartung der Ventilsteuerung beschränkt sich im wesentlichen auf die laufende Kontrolle der Steuermechanismen und der Ventile. Sofern die Lager- und Gleitstellen der Übertragungsglieder nicht durch Spritz- oder Umlauföl geschmiert werden, muß für eine ausreichende Schmierung, d. h. für die Betätigung von Schmiervorrichtungen, Auffüllen von Schmierbuchsen usw. Sorge getragen werden. Es ist für einen wirtschaftlichen Motorenbetrieb wichtig, daß Schäden frühzeitig erkannt werden. Nur so können die dann erforderlich werdenden Instandsetzungsarbeiten mit einem angemessenen Aufwand von Arbeitszeit und Material ausgeführt werden. Zudem vermeidet man Folgeschäden, die Anlaß zu schweren Zerstörungen im Motor sein können.

Merkmale, die auf Betriebsstörungen in der Ventilsteuerung hinweisen, wurden in den vorstehenden Abschnitten erwähnt.

Doch auch bei störungsfreiem Betrieb müssen die Ventile und ihre Sitze in bestimmten Zeitabständen überprüft und aufgrund des normalen Verschleißes eingeschliffen bzw. ausgewechselt werden. Die Zeitspannen, die zwischen derartigen Überholungen liegen, werden von vielen Einflußgrößen, z. B. vom Werkstoff, der

Bauart des Motors, dem Grad der Beanspruchung, der Qualität des Kraftstoffes u. a. bestimmt. Erfahrungen, die man bei Bedienung der Motoren sammelt, gestatten es jedoch bald, genauere Angaben über die Intervalle zwischen den Überprüfungen und Überholungen zu machen. Diese sollten im Interesse der Lebensdauer der Motoren und der Betriebssicherheit in keinem Fall zu lang bemessen werden. Besonders nach Indienststellung und Generalüberholung eines Motors müssen häufiger Revisionen vorgenommen werden als später.

Nach Einstellung der Steuerung kann man durch Abdrücken der Zylinder mit Druckluft eine Dichtigkeitsprüfung durchführen, die sich auf Ventile, Zylinderdeckel und Kolben erstreckt. Man stellt dafür den Kolben des zu prüfenden Zylinders auf den oberen Totpunkt. Die Ventile müssen geschlossen sein (Ende des Verdichtungshubes). Damit der Motor unter Wirkung der Druckluft nicht anspringt, läßt man die Drehvorrichtung eingerückt und stellt den Bedienungshebel auf „Stop".

Die Instandsetzungsarbeiten erstrecken sich hauptsächlich auf Ventile, Sitze und Ventilfedern, also auf die Teile, die der stärksten Beanspruchung unterliegen. Ventile und Sitze werden, sofern die Abdichtung zu wünschen übrig läßt, gereinigt, an den Dichtflächen bearbeitet und eingeschliffen. Bei stärkerem Verschleiß oder Beschädigung werden die Teile erneuert. Die Güte der Abdichtung wird anschließend durch Tuschieren der Sitzflächen nachgeprüft.

Die Ventilfedern werden so vorgespannt, daß die Ventile gerade mit Sicherheit schließen. Höhere Vorspannung führt zu stärkerer Abnutzung der Berührungsstellen des Mechanismus und zu erhöhtem Kraftaufwand für den Ventilantrieb, der zur Verschlechterung des mechanischen Wirkungsgrades des Motors führt.

Nach Abschluß der Instandsetzungsarbeiten ist der Mechanismus zunächst gründlich durchzuschmieren und einzustellen. Die Einstellung ist nach dem Probelauf zu überprüfen und gegebenenfalls zu korrigieren.

Die Dichtigkeitsprüfung wird mit Druckluft von 10 . . . 15 at vorgenommen. Dieser Druck ist ausreichend, da sich die Dichtigkeitsverhältnisse im Betrieb verbessern. Dies trifft besonders für die Abdichtung zwischen Kolben und Zylinderwand zu, wo der Schmierfilm das Dichten der Ringe wesentlich unterstützt. Das Einführen der Druckluft kann beispielsweise durch den Indikatorhahn erfolgen.

Undichtigkeiten des Einlaßventils kann man durch Abhorchen am Saugstutzen feststellen. Das Auslaßventil wird über den Auspuffprüfhahn kontrolliert.

## 9.2. Kraftstoffeinspritzvorrichtung und Steuerung bzw. Regelung des Einspritzvorganges

Aufgabe der Kraftstoffeinspritzvorrichtungen ist es, eine bestimmte Kraftstoffmenge zum richtigen Zeitpunkt in zerstäubtem Zustand in den Zylinder zu bringen. Eine zweckmäßige Gestaltung des Verbrennungsraumes soll dann die innige Mischung des Kraftstoffnebels mit der Verbrennungsluft ermöglichen, so daß eine vollkommene Verbrennung stattfinden kann. Um eine Vorstellung von den

Schwierigkeiten zu vermitteln, die den genannten Forderungen entgegenstehen, soll an dieser Stelle die Größenordnung der Zeiträume ermittelt werden, die für die geschilderten Vorgänge zur Verfügung stehen.

Betrachten wir zunächst einen Dieselmotor mit der Drehzahl $n = 180\ \text{min}^{-1}$. Der Einspritzvorgang möge innerhalb eines Kurbelwinkels $\alpha_E = 18°$ erfolgen.

$$\text{Einspritzzeit } t_E = \frac{\text{Einspritzwinkel } \alpha_E{}°}{360° \cdot \text{Drehzahl}},$$

$$t_E = \frac{\alpha_E{}°}{360° \cdot n} = \frac{18°}{360° \cdot 120}\ \text{min} = \frac{18° \cdot 60\ \text{s}}{360° \cdot 120} = 0{,}025\ \text{s}.$$

Bei diesem ausgesprochenen Langsamläufer stehen also nur 25 ms für das Einspritzen, Verdampfen, Vergasen, Zünden und Verbrennen des Kraftstoffes zur Verfügung. Untersuchen wir in dieser Hinsicht einen schnelläufigeren Motor mit $n = 600\ \text{min}^{-1}$ und einem Einspritzwinkel $\alpha_E = 40°$ Kurbelwinkel, so ergibt sich eine Einspritzzeit

$$t_E = \frac{\alpha_E{}°}{360° \cdot n} = \frac{40° \cdot \text{min}}{360° \cdot 600} = \frac{40° \cdot 60\ \text{s}}{360° \cdot 600} \approx 0{,}011\ \text{s}.$$

Daraus ist zu ersehen, daß die Beherrschung der Einspritzung und Verbrennung um so schwieriger wird, je höher die Drehzahlen liegen.

## 9.2.1. Einspritzverfahren; Gestaltung der Verbrennungsräume und Einspritzventile

Man ist bestrebt, einen möglichst hohen Prozentsatz der durch den Kraftstoff zugeführten Energie im Motor in nutzbare mechanische Arbeit umzuwandeln. Aus diesem Grund muß man in erster Linie bemüht sein, in den Motorenzylindern Verhältnisse zu schaffen, durch die die Kraftstoffe möglichst vollkommen verbrennen können.

### 9.2.1.1. Verbrennungsvorgänge im Motor

Die Oxydation (Verbrennung) des flüssigen Kraftstoffs, d. h. die Verbindung seiner brennbaren Bestandteile mit dem Sauerstoff der Luft, geht über Zwischenprodukte vor sich. Einen wesentlichen Einfluß auf die Reaktions-, d. h. die Verbrennungsgeschwindigkeit, üben Druck und Temperatur aus. Im Dieselmotor erfolgt aufgrund der hohen Temperaturen im Verbrennungsraum – bei Beginn des Einspritzens $\approx 575\ °C$, nach Einsetzen der Verbrennung örtlich Spitzentemperaturen von $\approx 2100\ °C$ – im allgemeinen keine Verdampfung des Kraftstoffes unter anschließender Vermischung mit der Verbrennungsluft. Zumindest ist dies nicht in größerem Umfang der Fall. Die Kraftstoffmoleküle zerfallen schon vorher. Der im Verhältnis zur Geschwindigkeit, in der dieser Vorgang abläuft, zu langsam zuströmende Sauerstoff wird, bevor noch eine homogene Mischung entstehen kann, in einer Reihe von Selbstentzündungen verbraucht. Übrig bleibt ein Skelett von

Kohlenstoffmolekülen, das kaum noch Zeit findet, restlos zu oxydieren. Diese Erscheinungen verursachen die bekannten Zündgeräusche im Dieselmotor und das Auftreten von Ruß und Koks trotz hohen Luftüberschusses.

Die Vorgänge laufen etwa wie folgt ab:

1. Einspritzen des flüssigen Kraftstoffes in die verdichtete Luft,
2. Vermischung mit der heißen Luft,
3. Verdampfung bei hoher Temperatur in Gegenwart von Sauerstoff,
4. Unkontrollierte Selbstentzündung von Kraftstoffanteilen mit niedriger Entzündungstemperatur, Erhöhung der Kohlenstoffkonzentration im brennbaren Restanteil,
5. Verbrennung mit anfangs hoher Reaktionsgeschwindigkeit, die zum Ende hin zunehmend geringer wird.

Auf verschiedenen Wegen, die man bei der Entwicklung von Einspritzverfahren und bei der Gestaltung der Brennräume beschritt, gelang es, die unerwünschten Nebenerscheinungen zumindest soweit zu beherrschen, daß heute ein Dieselmotorenbetrieb mit zufriedenstellenden Wirkungsgraden und angemessenen Laufzeiten möglich ist.

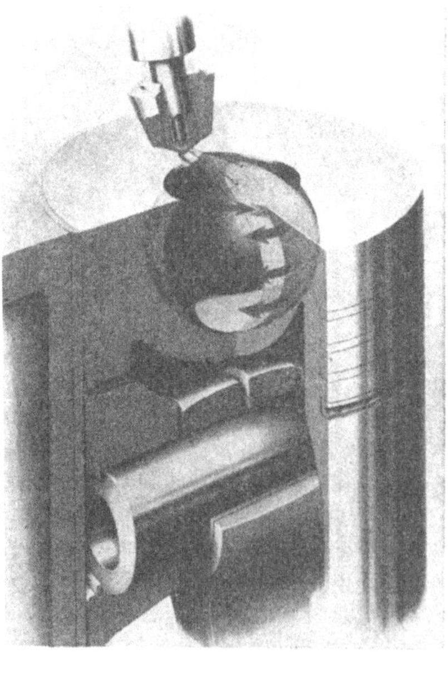

Bild 9/10. Brennraumgestaltung und Einspritzung (Werkbild M.A.N. AG, Augsburg)

Eine Neuentwicklung auf dem Gebiet des Dieselmotorenbaues, die einen wesentlich verbesserten Ablauf der Verbrennungsvorgänge gewährleistet, stellt das *Meurer-Verfahren* der Firma M.A.N. dar. Durch Anwendung des M-Verfahrens konnte der Anteil des Kraftstoffes, der infolge unkontrollierter Selbstentzündung verbrennt, entscheidend gesenkt werden. Dieser Umstand wirkte sich unter anderem auch in einer Verminderung der Motorengeräusche aus. Leider konnte das Verfahren bisher nur bei kleineren Motoren mit Erfolg Anwendung finden. Bild 9/10 zeigt den Kolben eines nach dem M.A.N.-M-Verfahren arbeitenden Motors. Das Einspritzen des Kraftstoffes erfolgt durch eine Zweilochdüse in den Mittenkugelbrennraum. Infolge des beim Ansaughub erzeugten Luftwirbels wird der Kraftstoff auf der Kugeloberfläche filmartig verteilt, er verdampft und verbrennt geräuscharm. Durch den Schlitz im Pleuelauge wird von innen Kühlöl gegen den Kolbenboden gespritzt.

Um einen Vergleich des Ablaufes der Verbrennungsvorgänge nach dem herkömmlichen und dem neuen Verfahren zu gestatten, werden im folgenden die Verbrennungsphasen des M-Verfahrens aufgeführt:

1. Einspritzung des flüssigen Kraftstoffes:
   a) rd. 5 % in die verdichtete Luft, dabei Verbrennung wie beim herkömmlichen Dieselmotor (siehe oben);
   b) rd. 95 % auf die Kolbenwandung (Kugelbrennraum);
2. Verdampfung bei niedriger Temperatur unter Luftmangel (langsame Voroxydation);
3. Vermischung von Kraftstoffdampf mit Luft;
4. Fremdzündung durch glühende Kohlenstoffteilchen aus der 5 %-Zone;
5. Verbrennung vor Eintritt der Selbstentzündung.

#### 9.2.1.2. Entwicklung der Einspritzverfahren

Schon *Rudolf Diesel* versuchte, durch hohen Pumpendruck eine möglichst wirksame Zerstäubung des Kraftstoffes zu erreichen. Die technischen Mittel waren jedoch im letzten Jahrzehnt des vorigen Jahrhunderts zu unvollkommen, um befriedigende Ergebnisse erzielen zu können. Handelt es sich doch um Drücke von mehreren hundert Atmosphären, gegen die Pumpenkolben und Kraftstoffnadelventil dichthalten müssen. Diese Schwierigkeiten wurden endgültig erst in den zwanziger Jahren dieses Jahrhunderts durch die verfeinerte Bearbeitungstechnik überwunden. Bis dahin war man darauf angewiesen, den Kraftstoff mit Hilfe von Druckluft einzublasen und zu zerstäuben. Die Erzeugung von Druckluft mit 50 ... 70 at im Verdichter kostete aber 8 ... 10 % der Motorenleistung. Durch die Einführung der reinen Druckzerstäubung ergaben sich wesentlich günstigere Verhältnisse und die mechanischen Wirkungsgrade konnten durch das Fortfallen des Verdichters für die Erzeugung von Einblasluft erheblich verbessert werden. Nachdem das Problem der Druckzerstäubung selbst für die größten Motoren gelöst ist und veraltete, ursprünglich noch mit Luftzerstäubung arbeitende Dieselmotoren in verschiedener Weise auf Druckzerstäubung umgestellt wurden, findet dieses Verfahren keine Anwendung mehr.

So gut der Kraftstoff durch die Druckluftzerstäubung mit der Verbrennungsluft verwirbelt wurde, so schwierig war diese Aufgabe bei der Druckzerstäubung zu lösen, da die Kraftstoffmenge pro Arbeitshub und deshalb auch die Durchwirbelungsenergie sehr gering sind.

Den differenzierten Anforderungen des Dieselmotorenbetriebes hinsichtlich Leistung (Größe) und Drehzahl entsprechend haben sich eine Reihe verschiedener Verfahren für Einspritzung und Verwirbelung mit der Verbrennungsluft in der Praxis eingeführt und bewährt.

1. Direkteinspritzung, auch Strahlzerstäubung genannt,
2. Vorkammerverfahren,
3. Wirbelkammerverfahren,
4. Luftspeicherverfahren.

In den folgenden Abschnitten sollen diese Verfahren unter besonderer Berücksichtigung der Gestaltung von Verbrennungsraum und Einspritzorganen erläutert werden.

### 9.2.1.3. Aufbau und Wirkungsweise der Einspritzventile

Im Prinzip besitzt ein Einspritzventil folgenden Aufbau: In ein Gehäuse aus hochwertigem Stahl wird eine Ventilnadel so sauber eingeschliffen, daß sie gegen den hohen, mehrere hundert Atmosphären betragenden Druck dicht halten kann. Darüber hinaus muß sich die Nadel leicht bewegen lassen, damit sie den Druckimpulsen der Kraftstoffpumpe präzise folgen kann. Gegen den Verbrennungsraum dichtet sie mit einem Kegelansatz im Sitz des Nadelgehäuses (Bild 9/11, Pos. 6)

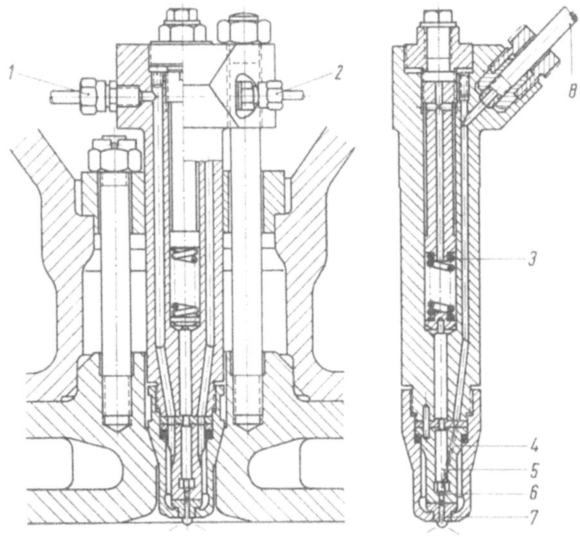


Bild 9/11. Gekühltes Kraftstoff-Nadelventil
1 Kühlwasserzulauf,
2 Leckölablauf,
3 Feder,
4 Nadelführung,
5 Düsennadel,
6 Nadelsitz,
7 Düse,
8 Kraftstoffzufluß.

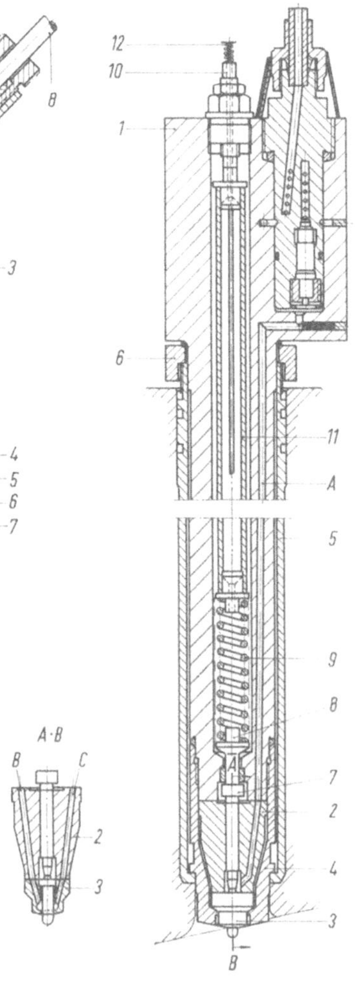


Bild 9/12. Kraftstoffventil der Fa. Borsig mit Vorrichtung zur Federkraftbeeinflussung bei Archaouloff-Einspritzung (Werkbild Borsig AG, Berlin)

1 Ventilkörper,
2 Nadelführung,
3 Düsenplatte,
4 Düsenkappe,
5 Mantelrohr,
6 Verschraubung,
7 Düsennadel,
8 Druckstück,
9 Druckfeder,
10 Druckstab,
11 Stabverlängerung,
12 Fühlnadel,
A Kraftstoffzufuhr,
B/C Kühlmittelzu- und abführung

oder eines gehärteten Düseneinsatzes (Bild 9/12, Pos. 3), der mit feinen Bohrungen – den Zerstäubungsdüsen – versehen ist. Man unterscheidet nach Anzahl der Bohrungen – je nach Größe des Motors eine bis neun – Einloch- und Mehrlochdüsen. Für kleinere Motoren führt man Nadelgehäuse und Düsenplatte in einem Stück aus und bezeichnet sie als Düsenkörper (Bild 9/13, Pos. 11). Bekannt sind die von der Firma Bosch hergestellten Düsenelemente (kurz „Düsen" genannt), die in verschiedenen Ausführungen geliefert werden (Bilder 9/14 und 9/15). Zu erwähnen wäre besonders neben den Ein- und Mehrlochdüsen die Zapfendüse (Bild 9/15 b). Bei dieser ist die Nadel unterhalb des Dichtungskegels mit einem zylindrischen Ansatz versehen, der die relativ große Bohrung im Düsenkörper bis auf einen ganz schmalen Ringspalt ausfüllt. Durch diesen wird der Kraftstoff beim Öffnen des Ventils – Abheben der Nadel vom Sitz – gedrückt und dabei zerstäubt. Die Funktion des Nadelventils läßt sich an Hand der Bilder 9/15 und 9/13 gut erläutern. Durch die seitlich angeordnete Bohrung im Düsenkörper gelangt der von der Pumpe kommende Kraftstoff in einen Ringkanal. Der in diesen Kanal ragende Teil der Nadel besitzt eine kegelförmige Verjüngung, so daß sich dem Druck der Kraftstoffpumpe für die Hubbewegung eine nutzbare Angriffsfläche bietet, die der Kreisringfläche aus den beiden Kegelduchmessern entspricht. Von oben wird die Nadel durch eine Feder (7 in Bild 9/13) belastet, deren Vorspannung vom Druck im Ringkanal überwunden werden muß, wenn die Nadel abheben soll. Über eine Einstellschraube (4 in Bild 9/13) läßt sich die Federspannung variieren, so daß eine Einstellung des Öffnungs- d. h. des Abspritzdruckes auf ± 1 at möglich wird.

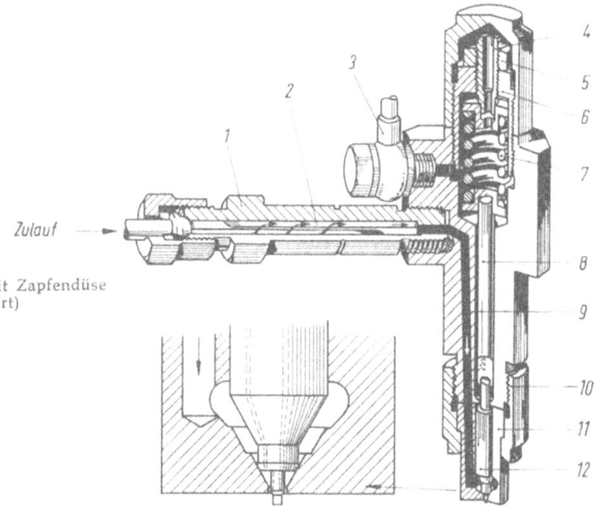


Bild 9/13. Bosch-Düsenhalter mit Zapfendüse (Werkbild Bosch GmbH, Stuttgart)
1 Druckrohrstutzen,
2 Stabfilter,
3 Leckölanschluß,
4 Einstellschraube,
5 Gegenmutter,
6 Schraubverschluß,
7 Druckfeder,
8 Druckbolzen,
9 Zulaufbohrung,
10 Überwurfmutter,
11 Düsenkörper,
12 Düsennadel

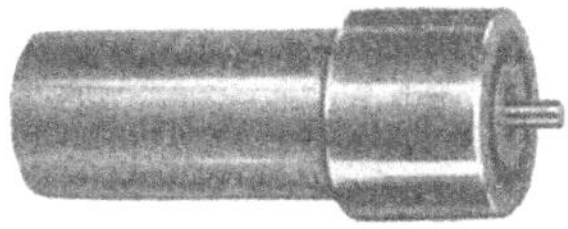

Bild 9/14. Bosch-Düsenelement (Nadel und Düsenkörper) (Werkbild Bosch GmbH, Stuttgart)

Im Interesse des raschen Ansprechens des Ventils auf die Druckimpulse der Pumpe ist es zweckmäßig, die Nadel mit geringen Abmessungen auszuführen, damit die Massenkräfte gering bleiben.

Die Düsenbohrungen führt man so kurz und den Bohrungsraum unterhalb des Sitzes so klein wie möglich aus, damit dort nach Schluß des Ventils nur eine geringe Kraftstoffmenge verbleiben kann. Dadurch wird die Gefahr des Nachtropfens eingeschränkt. In feinen Bohrungen kann sich nämlich der Kraftstoff aufgrund der Adhäsion halten. Nachtropfen, das auch durch undichte Nadelsitze verursacht werden kann, führt zum Nachbrennen, Verqualmen und Verkoken des zu spät und mangelhaft zerstäubt in den Zylinder gelangten Kraftstoffes.

Die Kraftstoffventile größerer Motoren werden in der Regel durch Wasser oder Öl gekühlt. Man vermeidet dadurch das Einsetzen der Verbrennung in Nähe des Düsenkopfes, an einer Stelle also, an der der Kraftstoffstrahl noch nicht genügend aufgelöst ist. Eine Verbrennung kann dort nur in unvollkommener Form erfolgen, da nicht genügend Verbrennungsluft hinzutritt; Verqualmen und Verkoken sind die Folge. Ausgelöst werden diese Erscheinungen bei ungekühlten Ventilen durch starke Erwärmung des Kraftstoffes im Einspritzventil. Durch Kühlung wird die Temperatur des austretenden Kraftstoffes geringer gehalten und die Zündung findet erst in einiger Entfernung vom Düsenkopf statt, wo der Strahl sich schon stärker aufgelöst und mit der Verbrennungsluft vermischt hat. Man erreicht also durch Kühlung eine vollkommenere Verbrennung und vermeidet ein Verschmutzen der Düsen durch Koksansatz.

Bild 9/11 zeigt ein gekühltes Kraftstoffventil. Nadelführung (4) und Düse (7) werden durch eine Überwurfmutter mit dem Gehäuse verbunden. Das Ventil wird durch kräftige Stiftschrauben in den Kegelsitz der Aufnahmebohrung (Kanone) im Zylinderdeckel gedrückt. Die entsprechenden Dichtflächen trägt die Überwurfmutter. Die Kühlung erfolgt durch Wasser, das durch die Leitung (1) zufließt, in dem von der Überwurfmutter gebildeten Kühlraum Nadelführung und Düseneinsatz umspült und durch eine zweite Bohrung im Gehäuse austritt. Eingesetzte Dichtungen sollen verhindern, daß Kühlwasser in den Zylinder gelangt. Hinzuweisen wäre hierbei noch auf die Leckölabführung (2). Damit der Kraftstoff, der durch die Nadelführung hindurchgetreten ist, nicht zu einer Druckbildung im Federraum führt, ist der als Einstellschraube ausgebildete Federdruckbolzen mit Bohrungen versehen, die dem Lecköl den Abfluß in die Leitung (2) ermöglichen. Druck im Federraum würde den Abspritzdruck des Ventils verändern und so die rechtzeitige Einspritzung und die einwandfreie Zerstäubung in Frage stellen. Brennstoffzufuhr, Nadelbetätigung und Ausbildung des Düseneinsatzes entsprechen den schon geschilderten Beispielen.

Das in Bild 9/13 dargestellte Bosch-Einspritzventil findet vorwiegend Verwendung bei Motoren kleiner und mittlerer Leistung. Eine Kühlung ist daher gewöhnlich nicht erforderlich. Der Düsenkörper (11) (siehe auch die Bilder 9/14 und 9/15) wird durch eine Überwurfmutter (10) an die plangeschliffene Gehäuseunterkante gedrückt. Die von der Ventilfeder (7) aufgebrachte Schließkraft wird über Druckteller und Druckbolzen (8) auf die Nadel (12) übertragen. Der Abspritzdruck kann durch Änderungen der Federspannung mittels Einstellschraube (4) sehr genau eingestellt werden. Kraftstoff, der durch die Nadelführung hindurchtritt und über die Druckbolzenbohrung in den Federraum gelangt, wird von dort über Leitungsanschluß (3) abgeführt. Die Kraftstoffzufuhr erfolgt über einen in das Gehäuse geschraubten Druckrohrstutzen (1). Dieser wird bei Verwendung von Mehrlochdüsen, deren feine Bohrungen leicht zum Verstopfen neigen, mit einem Stabfilter ausgerüstet, der selbst kleinste Verunreinigungen zurückhält.

In das Bosch-Kraftstoffventil können die in Bild 9/15 gezeigten Düsenausführungen eingebaut werden. Einlochdüsen werden vorwiegend in Vorkammer- und Luftspeichermotoren benutzt, während Zapfen- und Mehrlochdüsen hauptsächlich bei Direkteinspritzung Anwendung finden.

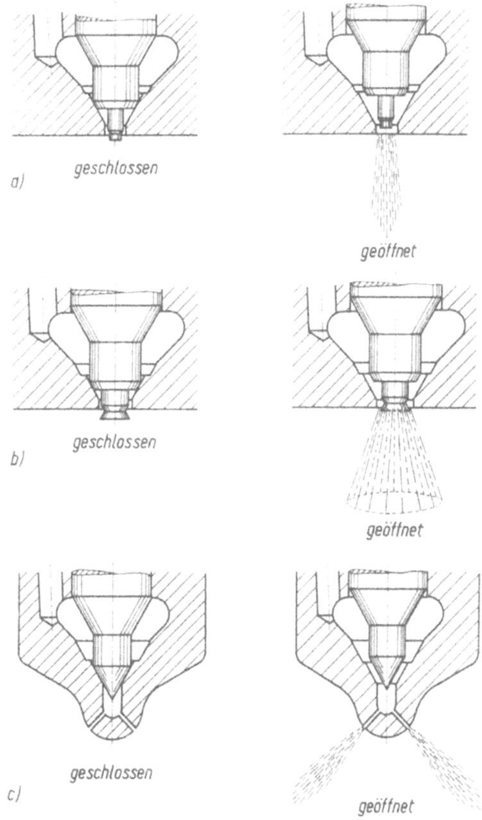


Bild 9/15. Bosch-Düsen (Werkbild Bosch GmbH, Stuttgart)

a) Zapfendüse (DN..), zylindrisches Spritzzapfenende (schmaler Strahl),
b) Zapfendüse (DN..), kegeliges Spritzzapfenende (breiter Strahl),
c) Lochdüse (DL..)

Meistens ordnet man im Deckel *ein* Kraftstoffventil an, in besonderen Fällen aber auch zwei oder mehrere, beispielsweise in doppeltwirkenden Motoren auf der Unterseite. Das Ventil sitzt normalerweise in der Mitte des Deckels (Bilder 5/14; 5/15; 5/16), damit der Kraftstoff möglichst gleichmäßig auf den Verbrennungsraum verteilt werden kann.

Neben den bisher betrachteten Kraftstoffeinspritzventilen verwendete man früher bei sehr kleinen Maschinen ein Einspritzorgan, das man aufgrund der fehlenden Schließelemente (Nadel und Feder) als „offene" Düse bezeichnete. Ihr Aufbau war denkbar einfach: ein Stahlröhrchen, das an dem in den Zylinder weisenden Ende ein oder zwei Düsenbohrungen besaß, durch die der Kraftstoff eingespritzt und zerstäubt wurde. Die Schließfunktion übernahm das Druckventil der Kraftstoffpumpe. Nachteilig wirkte sich aus, daß die Einspritzung aufgrund der Trägheit der vom Düsenkopf bis zum Pumpendruckventil anstehenden Flüssigkeitssäule nicht in scharf begrenzten Zeiträumen erfolgen konnte. Dazu wurde auch die Zerstäubung zum Ende des Vorganges hin zunehmend unvollkommener, während andererseits immer die Gefahr des Nachtropfens bestand, sofern die Düsenbohrungen nicht so fein waren, daß sich der Kraftstoff in ihnen aufgrund der Adhäsion halten konnte. Man verwendet daher heute nur noch „geschlossene" Düsen.

Störungen an Kraftstoffventilen werden vorwiegend durch ungenügend gereinigten Kraftstoff (siehe 8.2) hervorgerufen. Die sehr feinen Düsenbohrungen, die beispielsweise in Mehrlochdüsen zu finden sind, können schon durch sehr geringe Verunreinigungen verstopft werden. Verstopfungen beeinträchtigen die Zerstäubung und vermindern dadurch die Qualität der Verbrennung. Die gleichen Erscheinungen treten auf, wenn die Düsenbohrungen vom Verbrennungsraum her durch Koksansatz verschmutzen.

In beiden Fällen kann unter Umständen das schlagartige Einstellen der Höchstleistung an der Kraftstoffpumpe zu einer Beseitigung der Verstopfungen führen. Bringt diese Maßnahme jedoch keinen Erfolg, so muß das Ventil ausgebaut und eingehend überprüft werden. Dies geschieht am besten durch „Abdrücken" der Kraftstoffventile mit einer besonderen Abspritzpumpe oder einer dafür hergerichteten Reservekraftstoffpumpe. Dabei ist die Federspannung der Ventile so einzustellen, daß sich der richtige Abspritzdruck ergibt, der am Ventilkörper eingeschlagen oder in der Betriebsvorschrift angegeben ist. Der austretende Kraftstoffstrahl ist zu beobachten und die Güte der Zerstäubung zu beurteilen. Dabei muß man besonders auf etwaiges Nachtropfen der Kraftstoffdüse achten, da diese Erscheinung Nachbrennen mit schlechtem Ausbrand, Anstieg der Verbrennungstemperatur und Verkoken des Verbrennungsraumes, der Düse, der Kolbenringe sowie der Auslaßventile zur Folge hat. Nachtropfende Ventile müssen eingeschliffen werden. Sollte dies nicht mehr möglich sein oder nicht zum Erfolg führen, so wechselt man Nadel und Nadelführung aus. Bei Mehrlochdüsen empfiehlt es sich, den austretenden Kraftstoffstrahl ein vorgehaltenes Papier durchschlagen zu lassen, um erkennen zu können, ob alle Düsenbohrungen offen sind.

Beim Abspritzen und Papiervorhalten dürfen die Hände nicht in den Bereich der Kraftstoffstrahlen kommen, da sonst die aus der Düse tretenden Kraftstofftröpfchen tief in die Haut eindringen. Dies führt zu schwer heilenden Entzündungen!

#### 9.2.1.4. Direkteinspritzung (Strahlzerstäubung)

Bei Direkteinspritzung wird der Kraftstoff durch ein oder mehrere Ventile direkt in den mit verdichteter Verbrennungsluft gefüllten Verbrennungsraum eingespritzt.

Eine gute Zerstäubung erfordert in diesem Falle einen hohen Pumpendruck und zweckmäßigerweise den Einsatz von Mehrlochdüsen mit Bohrungen, deren Durchmesser im Bereich 0,25 . . . 1,00 mm liegen. Um Verstopfungen zu vermeiden, darf nur sorgfältig gefilterter Kraftstoff verwendet werden.

Es kommt beim Einspritzen infolge des Druckunterschiedes zwischen den Drücken in der Einspritzleitung und im Zylinder zu einer Expansion und Auflösung des Strahles in feine Tröpfchen. Die Strahlen sollen sich in Form eines Kegelmantels ausbreiten. Pumpendrücke von 300 . . . 700 at bewirken in der Regel eine zufriedenstellende Zerstäubung und einen ausreichenden Durchschlagsweg des Strahles in der verdichteten Verbrennungsluft. Da der Verdichtungsdruck bei Motoren verschiedener Größe etwa gleiche Werte besitzt, ist praktisch nur der erforderliche Durchschlagsweg, der von den Abmessungen des Verbrennungsraumes abhängt, bestimmend für den Einspritz- und damit auch für den Pumpendruck.

Der erforderliche Pumpendruck wächst also mit der Motorengröße. Bei Motoren mit Bohrungen über 700 mm muß die Ausflußgeschwindigkeit an der Düsenbohrung 350 m/s überschreiten, damit der Strahl auch in die äußeren Teile des Verbrennungsraumes durchschlagen kann. Dieser Wert entspricht einer Druckdifferenz zwischen Einspritzleitung und Zylinder von ca. 550 at.

Die Drücke werden durch die kräftige Ausbildung der relativ kleinen Kraftstoffpumpe gut beherrscht, denn die Dichtung des Pumpenkolbens gegen den hohen Druck kann durch Einschliff in eine Buchse so ausgeführt werden, daß sie allen Anforderungen genügt. Die Druckleitung zwischen Pumpe und Ventil muß Wanddicken besitzen, die einmal den hohen Drücken gewachsen sind und zum anderen starke elastische Formänderungen – das sogenannte „Atmen" der Leitung – unmöglich machen. Unter „Atmen" versteht man das Aufweiten und Dehnen bei Druckanstieg und das Zusammenziehen bei Druckentlastung, einen Vorgang also, der sich äußerst ungünstig auf Einspritzung und Zerstäubung auswirkt.

Die Pumpe darf bei den meisten Bauarten nur während der Einspritzperiode drücken und muß daher durch einen Nocken betätigt werden, der eine auf die Kurbel des zugehörigen Zylinders abgestimmte Stellung erhält. Das Kraftstoffventil wird dann automatisch durch den Pumpendruck betätigt.

Aus Bild 9/16 ist zu ersehen, daß die aus der Mehrlochdüse austretenden Kraftstoffstrahlen bei ruhender Verbrennungsluft nicht zu einer gleichmäßigen Verteilung der Kraftstoffteilchen im Verbrennungsraum führen können.

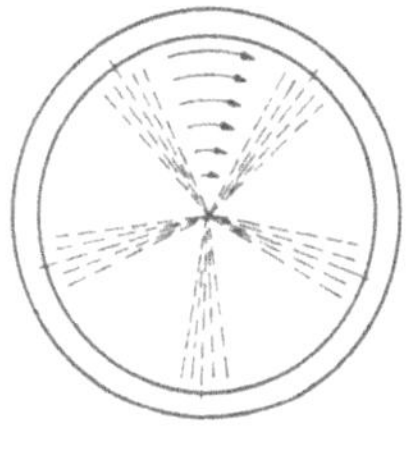

Bild 9/16. Verteilung des aus einer Mehrlochdüse tretenden Kraftstoffes

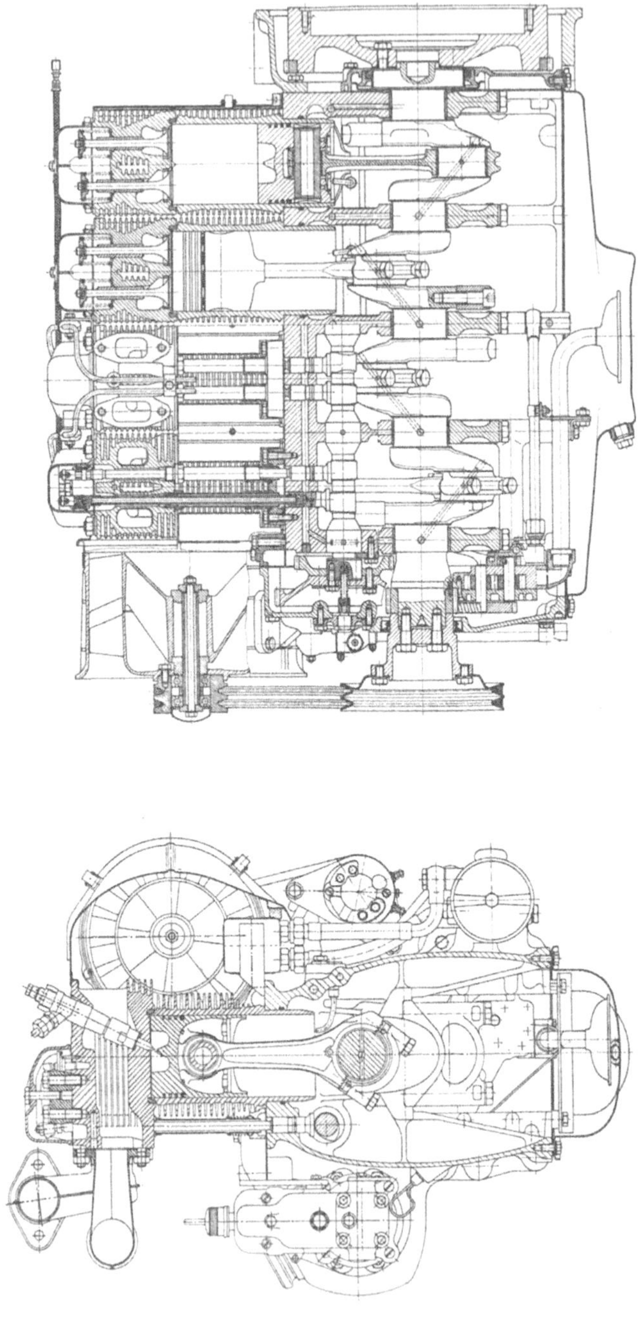

Bild 9/17. MWM-Dieselmotor (Werkbild Motoren-Werke Mannheim AG)

In Motoren mit Strahlzerstäubung wird der Kraftstoffstrahl beim Austritt aus den Bohrungen der Düsenplatte durch die schon erwähnte Vergrößerung seines Volumens aufgelöst. Die schlagartig erfolgende Umformung von Druck- in Geschwindigkeitsenergie unterstützt diesen Vorgang. Auch die Reibung zwischen den Kraftstoffteilchen und der verdichteten Verbrennungsluft trägt zur kegelförmigen Ausbildung des Strahles bei, begrenzt aber dessen Ausdehnung ebenfalls. Bei der Schnelligkeit, mit der sich die Verbrennungsvorgänge abspielen, ist aufgrund der ungenügenden Vermischung mit einer unvollkommenen Verbrennung zu rechnen, die sich im Rauchen des Motors äußert. Daher muß der Verbrennungsluft eine wirbelförmige Bewegung erteilt werden, so daß sie die Kraftstoffteilchen über den ganzen Verbrennungsraum verteilen kann. Wie man diese Aufgabe in der Praxis löst, soll an Hand einiger ausgeführter Beispiele gezeigt werden.

Der in Bild 9/17 dargestellte Dieselmotor besitzt einen Verbrennungsraum, der von einer parabolisch geformten Vertiefung im Kolbenboden und der ebenen Fläche des Zylinderdeckels begrenzt wird. Der Kraftstoff wird durch eine Mehrlochdüse unter einem Winkel von etwa 45° eingespritzt. Der Strahl kann sich dadurch besser auflösen und auch in die äußeren Teile des Brennraumes vordringen. Die Vertiefung im Kolbenboden enthält am Ende des Ansaughubes etwa ein Zehntel des im Zylinder befindlichen Luftvolumens. Beim Verdichtungshub wird die den Hubraum anfüllende Luft mit beachtlicher Geschwindigkeit (der Kolben besitzt eine mittlere Kolbengeschwindigkeit von etwa 7 m/s) in die Kolbenbodenvertiefung gedrängt. Dadurch bilden sich Strömungen und Wirbel aus, die auch die Einspritz- und Verbrennungsperiode hindurch erhalten bleiben, so daß eine gute Verwirbelung der Kraftstoffteilchen mit der Verbrennungsluft erfolgen kann. Die Verbrennung in allen Teilen des Verdichtungsraumes hat eine ziemlich gleichmäßige thermische Beanspruchung des Kolbenbodens zur Folge. Aus diesem Grunde kann man Kolben derartiger Motoren auch bei größeren Zylinderleistungen ohne Wasser- oder Ölkühlung arbeiten lassen. Graugußkolben können in diesem Falle bis zu einem Durchmesser von 460 mm, Leichtmetallkolben sogar bis 570 mm Durchmesser ohne Kühlung auskommen.

In größeren Motoren erhält der Verbrennungsraum meist die Gestalt eines flachgedrückten Ellipsoids, wobei sowohl Deckel als auch Kolbenboden entsprechende Vertiefungen aufweisen. In kleineren Motoren führt man Deckel und Kolbenboden eben aus, so daß der Verbrennungsraum die Form einer Zylinderscheibe von geringer Höhe be-

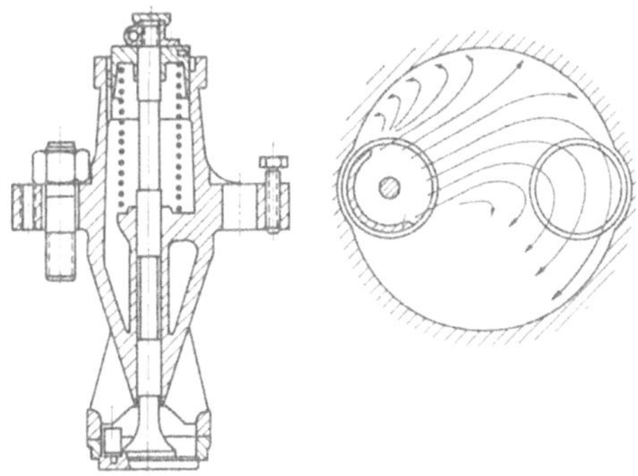

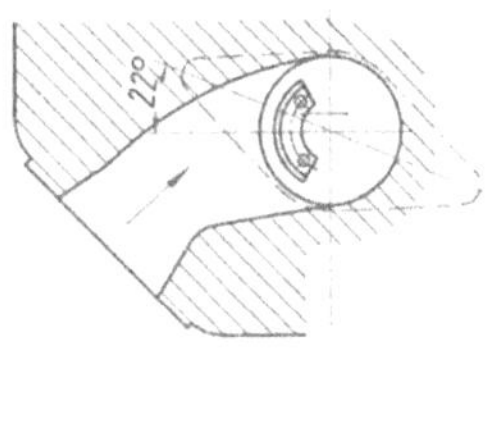


Bild 9/18. Einlaßventil mit Wirbelschirm

sitzt. Die hohen Drehzahlen, die bei diesen Motorengrößen üblich sind, verursachen von sich aus eine ausreichende Wirbelbildung.

Bei Viertaktmotoren kann man geeignete Luftströmungen auch dadurch erzeugen, daß man das einseitig sitzende Einlaßventil mit einem Wirbelschirm versieht. Bild 9/18 zeigt ein solches Ventil und das Stromlinienbild der dadurch hervorgerufenen Strömung. Beim Zweitaktmotor kann man ähnliche Effekte durch tangential angeordnete Spülschlitze erreichen.

Da die Hübe sehr rasch aufeinander erfolgen, hält die Luftbewegung über den Verdichtungshub hinaus bis in die Einspritzperiode hinein an und sorgt so für eine gute Verteilung der Kraftstoffteilchen.

### 9.2.1.5. Vorkammerverfahren

Beim Vorkammerverfahren wird der Verdichtungsraum in den von Kolben und Deckel begrenzten Teil und die im Zylinderdeckel untergebrachte Vor- und Zündkammer aufgegliedert. Letztere umfaßt etwa 20 ... 30 % des gesamten Verdichtungsvolumens und steht durch eine weite Bohrung mit dem übrigen Teil des Verdichtungsraumes in Verbindung (Bild 9/20). Die Gestalt des Verdichtungsraumes und der Vorkammer weist etwa ebenso viele Ausführungsformen auf, wie es Fabrikate gibt. Das Arbeitsprinzip ist aber überall das gleiche.

Das Vorkammerverfahren ist im Grunde genommen ein besonderes Wirbelverfahren. Geht man davon aus, daß die Vorkammer 25 % des gesamten Verdichtungsrauminhaltes, der etwa 7 % des Hubvolumens ausmacht, besitzt, so befinden sich bei Beginn der Verdichtung (Kolbenstellung im unteren Totpunkt) rund 1,7 % der Verbrennungsluft in der Vorkammer. Am Ende des Verdichtungshubes enthält die Vorkammer dann 25 % des angesaugten Luftvolumens, d. h. die Luftmenge in der Vorkammer hat sich auf den etwa 14fachen Betrag erhöht. Das in Bild 9/19 gezeigte Indikatordiagramm gibt Aufschluß über den Druckverlauf in Abhängigkeit vom Kolbenweg, und zwar stellt die ausgezogene Linie den Verlauf im Raum zwischen Kolbenboden und Zylinderdeckel, die gestrichelte den in der Vorkammer dar.

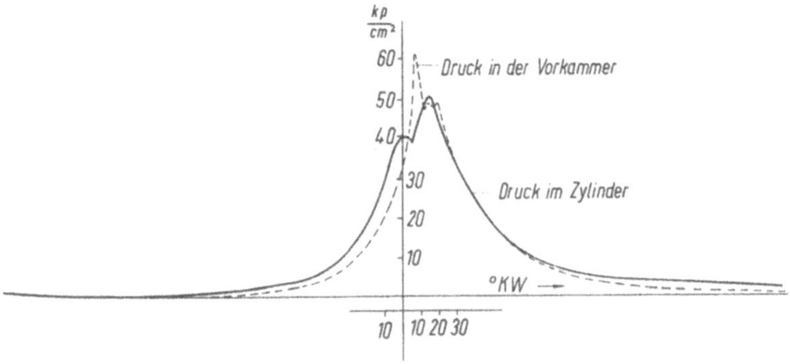


Bild 9/19. (Oszilloportdiagramm des Mak-Motors MW 24 (4 Zyl., $d = 180$; $s = 240$; $Nc = 140$ PS bei $n = 1000\ \text{min}^{-1}$, $P_e = 5{,}9\ \text{kp/cm}^2$)

Man sieht, daß bis fast zum oberen Totpunkt der Verdichtungsdruck in der Vorkammer immer etwas hinter dem im eigentlichen Verdichtungsraum zurückbleibt. Das ist ein Zeichen für das Überströmen, das auch während der Einspritzung des Kraftstoffes in die Vorkammer (Bild 9/20) unter Wirbelbildung der Luft noch andauert.

Bis zu der im oberen Totpunkt erfolgenden Zündung vermischen sich dadurch in der Vorkammer Kraftstoff und Luft gut. Die Verbrennung setzt zunächst nur in der Vorkammer ein. Der Druck steigt daher dort erheblich über den im übrigen Teil des Verbrennungsraumes an (siehe Vorkammerdruckverlauf in Bild 9/19). Infolgedessen setzt ein Rückströmen der Gase in den eigentlichen Verbrennungsraum ein, das unter Bildung kräftiger Wirbel vonstatten geht. Da die Verbrennungsluft in der Vorkammer schnell erschöpft ist, vergast der restliche Kraftstoff in der jetzt stark erhitzten Kammer und wird in diesem Zustand durch die Rückströmbewegungen in den anderen Teil des Verbrennungsraumes mitgerissen. Dort vollzieht sich dann der Hauptteil der Verbrennung. Durch das Vergasen des Kraftstoffes in der Vorkammer nach Aufbrauchen der Luft wird in dieser stets – mit Ausnahme des Augenblickes, in dem die Zündung im eigentlichen Verbrennungsraum einsetzt – ein höherer Druck herrschen. Das ist auch noch nach Beendigung der Verbrennung der Fall, da sich die Gase im Zylinderraum unter Abwärtstreiben des Kolbens schneller entspannen, als dies in der Vorkammer möglich ist.

Die nach Ausschub der Abgase im Zylinder verbleibenden Restgase werden in der folgenden Verdichtungsperiode vorwiegend in die Vorkammer, die ja den obersten Teil des Zylinders darstellt, hineingedrückt. Im folgenden Beispiel soll untersucht werden, welchen Anteil die Restgase am Vorkammerinhalt unter bestimmten Voraussetzungen haben können.

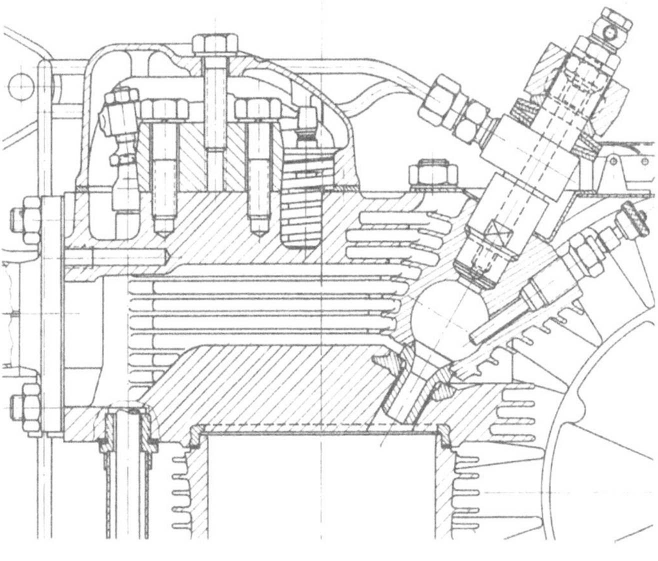

Bild 9/20. MWM-Vorkammer-Dieselmotor (AKD-107) (Werkbild Motoren-Werke Mannheim AG)

Die Vorkammer soll, entsprechend den vorstehenden Ausführungen, am Ende des Verdichtungshubes 25 % der angesaugten Luftmenge enthalten. Nimmt man einen Verdichtungsgrad von 1 : 14 an, so befinden sich zu Beginn des Verdichtungshubes 15 Teile Luft im Zylinder. Der Restgasanteil soll 1 Teil von den genannten 15 betragen.

Nach erfolgter Verdichtung enthält die Vorkammer:

$$\frac{25}{100} \cdot 15 \text{ Teile} = 3{,}75 \text{ Teile.}$$

Zieht man davon den Restgasanteil ab, verbleiben

$$3{,}75 \text{ Teile} - 1 \text{ Teil} = 2{,}75 \text{ Teile Verbrennungsluft.}$$

Die Füllung der Vorkammer besteht dann entsprechend zu

$$\frac{2{,}75}{3{,}75} \cdot 100\,\% \approx 73{,}5\,\% \text{ aus Verbrennungsluft.}$$

Diese Menge genügt, um die erste Verbrennung zu unterhalten und so das Vergasen zu ermöglichen.

Die Vorkammer ist kein Glühkopf, sie wird im Gegenteil gekühlt, wie Bild 9/20 zeigt. Sie wird daher nur bei Dieselmotoren verwendet, deren Verdichtung im Hinblick auf eine kräftige Luftströmung und eine gute Zündung in der mit Restgasen reichlich durchsetzten Verbrennungsluft der Vorkammer auf 40 ... 45 at gesteigert wird (Bild 9/19). Bei kalten Motoren wird wegen der Kühlung der Vorkammer bei manchen Motoren die Zündtemperatur nicht sicher erreicht. Solche Motoren erhalten deshalb Starthilfen durch elektrische Anlaß-Vorglüh-Spiralen oder einschraubbare Anlaßzündpatronen.

In den Bildern 9/20 und 5/14 sind aus der großen Anzahl der Vorkammerbauarten einige wiedergegeben. Der Einspritzdruck liegt niedriger als in Motoren mit Direkteinspritzung, und man kann Einlochdüsen mit verhältnismäßig großer Austrittsbohrung verwenden. Eine Verstopfung dieser Regelbohrung tritt seltener als bei den für die Strahlzerstäubung erforderlichen Feinbohrungen auf, so daß der Kraftstoff nicht so fein gefiltert zu werden braucht. Der Lauf des Vorkammermotors ist aufgrund der niedrigeren Spitzendrücke weicher als der eines Motors mit direkter Einspritzung.

Man führt hauptsächlich kleinere Motoren als Vorkammermotoren aus. Bild 9/20 stellt einen luftgekühlten MWM-Viertakt-Kleindieselmotor mit schräg liegender Vorkammer dar, der viel als Einbaumotor verwendet wird. Motoren unter 20 PS Zylinderleistung arbeiten mitunter im Zweitaktverfahren, da dieses eine sehr einfache konstruktive Ausbildung gestattet. Das einfache Spülsystem der kleinen Zweitakt-Vorkammermotoren ermöglicht keine so gute Kraftstoffausnutzung wie bei entsprechenden Viertaktmotoren. Sie liegt jedoch um etwa 20 % günstiger als bei Glühkopfmotoren, die aus diesem Grunde mehr und mehr vom Dieselmotor verdrängt werden.

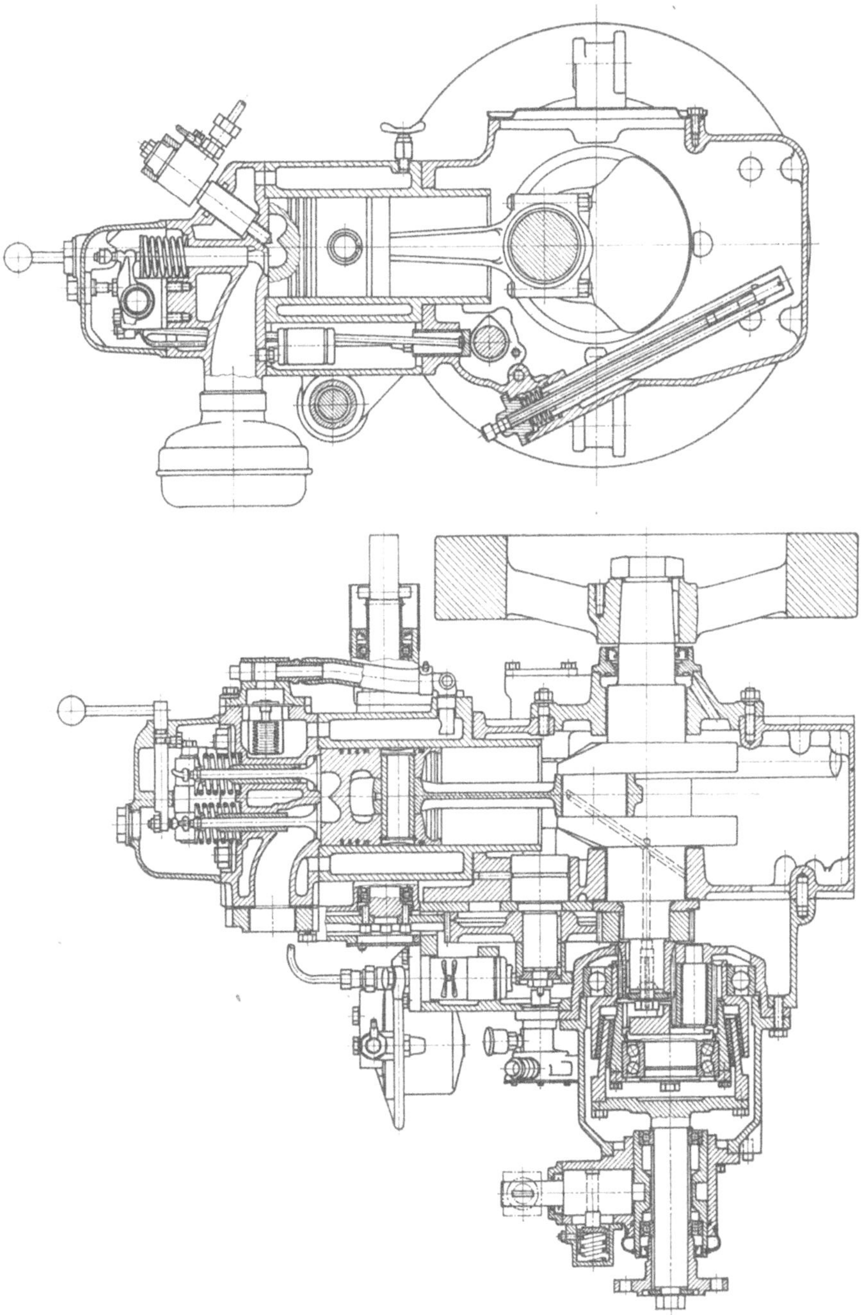

Bild 9/21. Pentabootsmotor MD 1 (Werkbild Penta-Volvo)

Einen Anhalt für den Kraftstoffverbrauch in Motoren mit 50 ... 100 PS Zylinderleistung bietet folgende Tabelle an Hand praktischer Durchschnittswerte:

| Motorart | Spezifischer Kraftstoffverbrauch $b_e$ in g/PSh |
|---|---|
| Zweitakt-Vorkammermotor | 200 |
| Viertakt-Vorkammermotor | 180 ... 190 |
| Motor mit Strahlzerstäubung | 170 |

### 9.2.1.6. Einspritzverfahren und Unterteilung des Verbrennungsraumes bei Kleindieselmotoren

Bei kleinen Motoren ist es unter Umständen schwierig, einen für die richtige Strahlausbreitung geeigneten Verbrennungsraum zu schaffen. Bei dessen Gestaltung hat

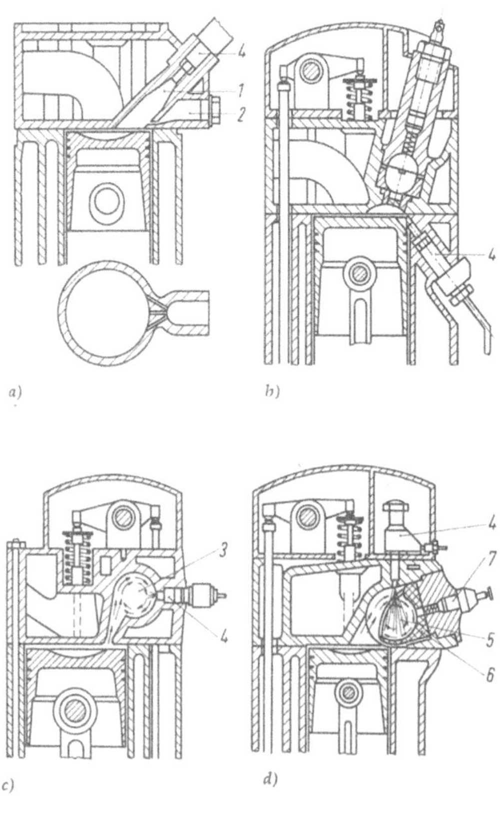


Bild 9/22
Gestaltung des Verdichtungsraumes beim
a) Nachkammerverfahren,
b) Luftspeicherverfahren,
c) Wälzkammerverfahren,
d) Wirbelkammerverfahren

1 Hauptverdichtungsraum,
2 Nachkammer
3 Wälzkammer,
4 Kraftstoffventil,
5 Wirbelkammer,
6 Glühschale,
7 Glühkerze

man die Wahl zwischen innerer und äußerer Unterteilung. Bei einer inneren Unterteilung wird der Verdichtungsraum, und damit im wesentlichen auch der Verbrennungsraum, in den Kolben verlegt und der Kraftstoff direkt eingespritzt. Bild 9/21 stellt als Beispiel einen Pentabootsdiesel MD 1 (5 PS, 2000 $min^{-1}$, $D$ = 79,37 mm, $S$ = 90 mm, Verdichtungsverhältnis $\varepsilon = 18$) dar.

Bei einer äußeren Unterteilung wird der Hauptteil des Verdichtungsraumes in den Zylinderdeckel verlegt. In Bild 9/22 sind hierfür einige typische Vertreter dargestellt: Nachkammerverfahren, Luftspeicherverfahren, Wälzkammerverfahren und Wirbelkammerverfahren. Sinn dieser Verfahren ist eine gute Vermischung des Kraftstoffstrahles mit der Verbrennungsluft. Beim Nachkammerverfahren wird eine Wirbelbildung durch die beim Arbeitshub aus der Nachkammer (2) ausströmende Luft besorgt, während die Strahlausbreitung im Hauptverdichtungsraum (1) erfolgt. In die Nachkammer (2) tritt also kein Kraftstoff. Auch beim Luftspeicherverfahren gelangt in den vom Hauptbrennraum abgeteilten Luftspeicher kaum Kraftstoff. Nachkammer bzw. Luftspeicher umfassen bis ca. 30 % des Gesamtverdichtungsraumes. Die aus der Nachkammer bzw. dem Luftspeicher ausströmende Luft bewirkt zwar eine gute Durchwirbelung des Zylinderinhaltes; diese Luftzufuhr zum Brennraum erfolgt jedoch verhältnismäßig spät, so daß die Verbrennung verzögert wird, was höhere Abgasverluste und damit einen ungünstigen Kraftstoffverbrauch zur Folge hat.

Dieser Nachteil wird beim Wälz- und Wirbelkammerverfahren vermieden.

Eine Sonderform des Luftspeicherverfahrens stellt das Lanovaverfahren dar. Bild 9/23 zeigt, daß hierbei das Kraftstoffventil (6) und die hintereinandergeschalteten Luftspeicher (3 und 4) einander gegenüber in der Einschnürung der die Brennkammer (2) bildenden Deckelaussparung angeordnet sind. Durch die Form der Brennkammer (2) wird ein Doppelwirbel erzeugt, der die Vermischung von Luft und Kraftstoff fördert. Man kann das Lanovaverfahren auch als Vereinigung von Vorkammer- und Luftspeicherverfahren auffassen, denn der durch eine Einlochdüse eingespritzte Kraftstoff wird teilweise bis in den Luftspeicher (3) geschleudert. In diesem erfolgt eine vorkammerartige Verbrennung, während der zweite Speicherraum (4) als Nachkammer wirkt. Beim Anlassen eines Lanovamotors kann die Speicherkammer (4) durch ein Abschaltventil (5) geschlossen werden, so daß der Verdichtungsraum entsprechend verkleinert wird, wodurch die für die Anfangszündungen notwendigen höheren Verdichtungstemperaturen auftreten.

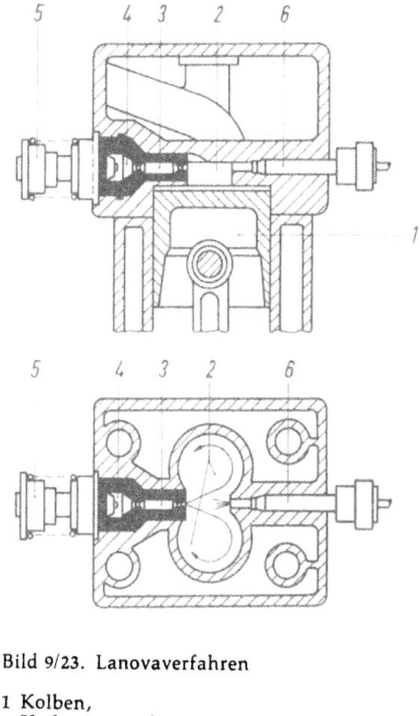


Bild 9/23. Lanovaverfahren

1 Kolben,
2 Verbrennungskammer,
3 Luftspeicher 1,
4 Luftspeicher 2,
5 Abschaltventil,
6 Kraftstoffventil

### 9.2.2. Kraftstoffpumpen

Dieselmotoren rüstet man für jeden Zylinder mit einer Kraftstoffpumpe aus. Bei kleineren Mehrzylindermotoren können die Einzelpumpen zu einem Block zusammengefaßt werden. Für kleine schnellaufende Dieselmotoren bis 1,4 l Zylinderinhalt und mit Drehzahlen bis 5000 $min^{-1}$ wurde von der Fa. Bosch auch eine Verteilereinspritzpumpe mit Hubkolbenregler entwickelt. Diese Pumpe hat nur einen Kolben und dazu einen Verteiler für 3, 4, 6 Zylinder. Doppeltwirkende Motoren erhalten zwei Kraftstoffpumpen pro Zylinder, eine für die Ober-, die andere für die Unterseite des Kolbens.

Die Kraftstoffpumpen der Motoren mit Strahlzerstäubung müssen bei den meisten Ausführungen Drücke von 300 . . . 700 at erzeugen. Die normale Kraftstoffpumpe ist so kräftig ausgeführt, daß sie dieser Aufgabe bei den kleinen Fördermengen ohne weiteres gerecht wird. Eines der wichtigsten Probleme – die Dichtung des Kolbens gegen die hohen Drücke – wird mit den Mitteln der heutigen Technik durch Einschliff in eine Stahl- oder Graugußbuchse vollkommen gelöst.

Der Antrieb der Pumpen erfolgt vorwiegend durch Nockenscheiben (Bilder 9/24 und 9/25). In umsteuerbaren Motoren müssen daher im allgemeinen für jede der Pumpen zwei Nockenbahnen vorgesehen werden, die den Ablauf der Förderung der jeweiligen Betriebsart – Vorwärts- oder Rückwärtslauf – entsprechend dem Arbeitsspiel des Motors anpassen. Die Nockenscheiben werden entweder auf der Hauptnockenwelle angebracht, oder es wird eine besondere Nockenwelle für die Betätigung der Kraftstoffpumpen und Anlaßsteuerschieber angeordnet, deren Antrieb ebenfalls von der Kurbelwelle erfolgt.

Die Leistung des Dieselmotors ist von der Menge des zugeführten Kraftstoffes abhängig. Die Art, in der die Fördermenge der Kraftstoffpumpen der Belastung des Motors entsprechend geregelt wird, ist ein Unterscheidungsmerkmal, das eine Aufgliederung der Kraftstoffpumpenausführungen in drei Gruppen gestattet.

*1. Schrägnockenpumpen*

Der Antrieb der Pumpe erfolgt durch eine axial verschiebbare Nockenwelle. Diese ist mit Scheiben versehen, deren Erhebungskurven zusätzlich eine stetige Zunahme in axialer Richtung aufweisen. Eine Axialverschiebung der Welle hat in diesem Falle eine stufenlose Änderung des Pumpenkolbenhubes von Null- auf Vollförderung zur Folge. Zudem ergibt sich die Möglichkeit, auch die Zeitpunkte des Förderbeginns und -endes durch entsprechende Ausführung des Betätigungswinkels, d. h. der Erstreckung der Erhebungskurve, zu beeinflussen. Der Anwendungsbereich dieser Pumpenform unterliegt aufgrund unvermeidlicher Mängel in der Ausführung – axiale Belastung des Stößels, ungünstige Berührungsverhältnisse zwischen Rolle und Nockenscheibe usw. – einer starken Beschränkung.

*2. Überströmkolbenpumpen* (Bilder 9/25 und 9/31)

Bei dieser Ausführung bleibt der Förderhub unverändert. Die Nutzförderung wird jedoch durch Entlastung des Pumpendruckraumes über ein Ventil begrenzt.

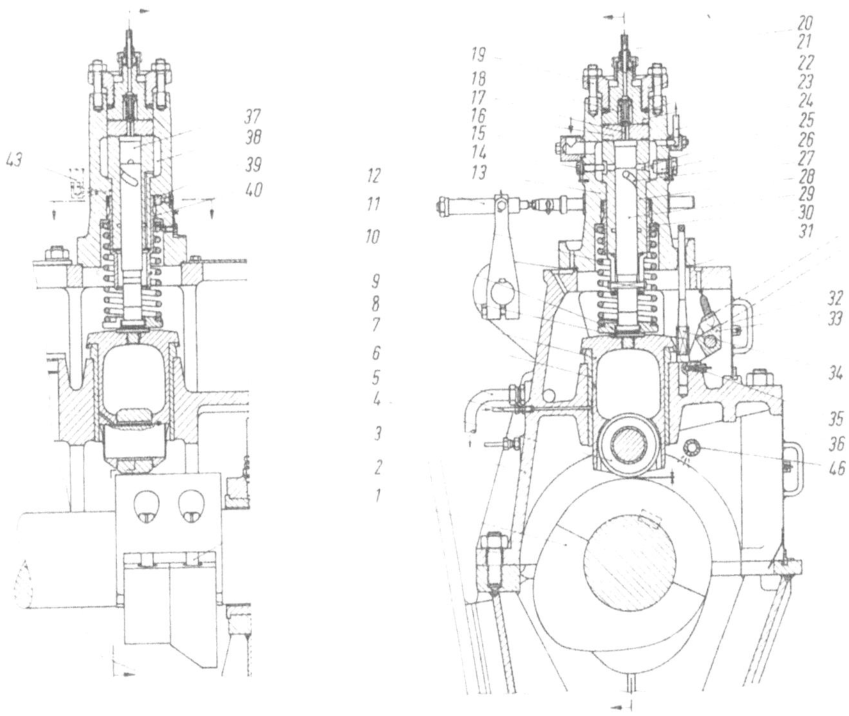


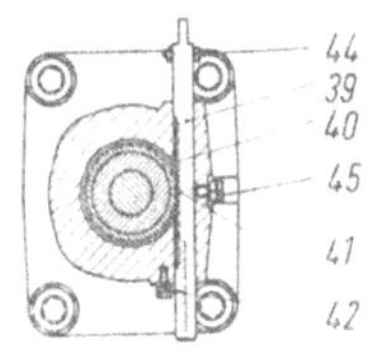


Bild 9/24. M.A.N.-Kraftstoffpumpe (Werkbild M.A.N. AG, Augsburg)

1 Brennstoffnocken,
2 Stellschraube,
3 Antriebsgehäuse,
4 Antriebsrolle,
5 Anschluß für Schmieröl,
6 Anschluß für Leckbrennstoff,
7 Führungsbüchse,
8 Führungskolben,
9 Druckplatte,
10 Federteller,
11 Druckfeder,
12 Zwischenglied,
13 Pumpengehäuse,
14 Fixierschraube,
15 Saugleitung,
16 Zwischenplatte,
17 Druckventilkegel,
18 Einsatzstück,
19 Stiftschraube,
20 Druckleitung,
21 Druckflansch,
22 Dichtung,
23 Ventilträger,
24 Entlüftungsleitung,
25 Saugbohrung,
26 Prallschraube,
27 Steuernut,
28 Stempelführung,
29 Pumpenstempel,
30 Federteller,
31 Beilagen,
32 Verschalung,
33 Aufpumphebel,
34 Bolzen,
35 Arretierung,
36 Verschalung,
37 Druckraum,
38 Saugraum,
39 Regelstange,
40 Regelhülse,
41 Markierung,
42 Zeiger,
43 Öler,
44 Stellring,
45 Fixierschraube,
46 Spritzdüse

Während der Öffnung dieses Ventils fördert die Pumpe über ein Leitungssystem in den Saugraum zurück. Man unterscheidet hierbei zwei Ausführungsformen:

a) Begrenzung des Nutzförderhubes durch Öffnung des Saugventils in bestimmtem Umfang zu Beginn des Druckhubes und somit ein Verschieben des Förderbeginns und/oder

b) Begrenzung des Nutzförderhubes durch Öffnung eines zusätzlich angeordneten Überströmventils in bestimmtem Umfang zum Ende des Druckhubes und somit ein Verschieben des Förderendes.

3. *Drehkolbenpumpen* (Bilder 9/24, 9/26 und 9/30)

Die Kolben dieser Pumpen sind mit sogenannten Schrägkanten versehen (Bild 9/26). Durch Verdrehen der Kolben kann die Stellung der Schrägkanten zur Rückströmbohrung so geändert werden, daß der Nutzförderhub den jeweiligen Anforderungen angepaßt wird.

In den beiden folgenden Abschnitten sollen Kraftstoffpumpen der beiden letztgenannten Formen behandelt und Einzelheiten der Regelung besprochen werden.

### 9.2.2.1. Kraftstoffpumpen mit Überströmregelung

Die Pumpenfördermenge bei jedem Druckhub wird hierbei durch Beeinflussung des Saugventils bzw. durch entsprechendes Öffnen des Überströmventils geregelt. Die Pumpe liefert bei voll ausgenutztem Druckhub meist erheblich mehr Kraftstoff als der Motor für Normalvollastbetrieb benötigt. Sie wird deshalb bei geringen Undichtigkeiten noch genug fördern, andererseits aber auch einer Überlastung des Motors genügen können. Bei normaler Vollast wird der Druckhub meist nur zu etwa 70 % ausgenutzt. Das Saug- oder Aufstoßventil wird daher vom Beginn des Druckhubes bis zu einer Kolbenstellung offengehalten, von der ab durch den restlichen Hubweg die nötige Kraftstoffmenge gefördert werden kann. Solange das Ventil offensteht, drückt der Kolben den angesaugten Kraftstoff wieder in die Saugleitung zurück. Soll der Motor stoppen, so wird das Ventil während des ganzen Druckhubes offengehalten (Nullförderung). Bei Regulierung mit Hilfe des Saugventils wird der Förderbeginn von dessen Öffnungszeit während des Druckhubes bestimmt. Die Beendigung der Einspritzung (Förderende) liegt dagegen bei dieser Ausführung immer an einem bestimmten Punkt des Kurbelweges.

Bei Stellung des Hebels der Handregelung auf „Normal" ist die eingespritzte Menge auf Normallast abgestimmt.

Wird das Saugventil überhaupt nicht (oder nur kurze Zeit) während des Druckhubes geöffnet, so steigt die Pumpenleistung auf das Höchstmaß, und es liegt Voll- oder Überlastbetrieb des Motors vor.

Wie schon gesagt, überschreitet die Pumpenleistung bei voller Ausnutzung des Druckhubes meist selbst das für Überlast zulässige Maß, so daß auch bei dieser Einstellung das Saugventil im allerersten Teil des Druckhubes noch offengehalten werden muß.

Man findet diese Art der Regelung vorwiegend bei älteren Motoren mit veränderlicher Drehzahl (auf Schiffen, in Triebwagen usw.). Läuft nämlich der Motor langsamer, also mit verminderter Leistung, so wird auch der Voreinspritzwinkel, der für Zerstäubung und Vergasung des Kraftstoffes nötig ist, langsamer durchfahren, d. h. die Zeit, die für diese Vorgänge zur Verfügung steht, nimmt bezogen auf den Voreinspritzwinkel zu. Bliebe der Kraftstoffeinspritzbeginn der gleiche, so könnte es Frühzündung geben. Die Pumpe regelt jedoch die diesem Betriebszustand des Motors entsprechende Fördermenge durch längeres Offenhalten des Saugventils zu Beginn des Druckhubes. Dadurch wird der Voreinspritzwinkel verringert und die Zündung im oberen Totpunkt gewährleistet. In vielen Fällen wird diese Verstellung des Einspritzzeitpunktes jedoch nicht den Anforderungen genügen, so daß man auch bei dieser Regelung eine zusätzliche Verstellmöglichkeit vorsehen muß, wie sie bei Einsatz von Drehkolbenpumpen und Pumpen mit Überströmventilen in Motoren mit veränderlicher Drehzahl üblich ist. (Näheres siehe 9.2.2.3.)

Bei Motoren mit gleichbleibender Drehzahl (z. B. für Generatorantrieb) wird der Voreinspritzwinkel immer in gleichbleibenden Zeiträumen durchfahren. Deshalb regelt man hier die Einspritzung gegen Ende des Pumpendruckhubes, indem man z. B. zur Verringerung der Leistung das Überströmventil vor dem Hubende öffnen läßt.

Als Beispiel soll eine Kraftstoffpumpe der MWM beschrieben werden (Bild 9/25): In dem aus Stahl gefertigten Pumpengehäuse sind die für Förderung und Regelung erforderlichen Elemente so eingesetzt, daß ihr Austausch ohne Schwierigkeiten erfolgen kann.

Betrachten wir zunächst die Antriebs- und Regelungsmechanismen. Die Antriebsnockenscheibe (11) besitzt eine asymmetrische Erhebungskurve, die dem Pumpenkolben (13) eine rasche Aufwärtsbewegung (Druckhub) erteilt und den von der Federkraft eingeleiteten Saughub mit mäßiger, nahezu gleichförmiger Geschwindigkeit ablaufen läßt. Die auf der Scheibe laufende Rolle (17) ist in einem Schwinghebel (16) gelagert, der mit einer Klemmverbindung (Klemmschraube [20]) auf dem Exzenter (9) der Verstellwelle (2) befestigt ist. Das Verdrehen der Verstellwelle ändert die gegenseitige Lage von Rolle und Nockenscheibe und ermöglicht so eine genaue Einstellung des Förderbeginns. Diese Vorrichtung ersetzt also die Anordnung einer verstellbaren Nockenscheibe. Die Bewegungsübertragung vom Schwinghebel auf den Pumpenkolben (13) erfolgt über einen Schubstempel (21), der im Schwinghebel in einer Kugelpfanne gelagert ist. Durch diese wird eine von der Schwingbewegung des Hebels unbeeinflußte geradlinige Bewegung des Stempels ermöglicht. Der Vorpumphebel (1), der unter den Schwinghebel greift, gestattet das Betätigen des Pumpenkolbens von Hand bei Entlüftung von Pumpe und Einspritzsystem.

Am oberen Ende des Schubstempels (21) ist ein Regelhebel (5) angelenkt, der sich auf der Gegenseite über die Einstellschraube (12) an einem Exzenter der Regelwelle (15) abstützt. Durch diesen Regelhebel wird das Überströmventil (14) betätigt und damit die Fördermenge der Pumpe bestimmt. Die Einstellung kann vom Bedienungsstand aus über den an der Regelwelle (15) befestigten Kraftstoffregelhebel erfolgen. Durch ein Kerbzahnsegment (3), in das ein entsprechendes Gesperre des Regelhebels eingreift, ist eine genaue Einstellung der gewünschten Kraftstoffmenge in einem Bereich möglich, der am Einstellsegment zwischen „Stop" und „Vollast" 60° umfaßt. Das Einstellintervall beträgt etwa 2°. Die Regelwelle (15) steht mit allen Kraftstoffpumpen des Motors in Verbindung.

Bewegt sich der Pumpenkolben (13) abwärts, so öffnet das Saugventil (10) und der Kraftstoff wird vom Saugraum (18) in den Druckraum (4) und den Pumpenzylinder gesaugt. Zu Beginn des Druckhubes schließt das Saugventil und das Druckventil (6) öffnet. Der Kraftstoff wird über die Druckleitung zum Einspritzventil gedrückt. Entsprechend der Stellung des Kraftstoffregelhebels wird das Überströmventil (14) durch Hebel (5) nach erfolgter Förderung der gewünschten Kraftstoffmenge aufgestoßen, und die Pumpe fördert während des restlichen Hubes in den Saugraum (18) zurück.

Das Saugventil (10) arbeitet ohne Federbelastung. Ventil und Sitz bilden ein Bauelement, das in das Gehäuse eingeschraubt wird. Auch das Pumpenelement – Buchse mit eingeschliffenem Kolben (13) – und das Überströmventil (14) stellen geschlossene Bauteile dar, die man ins Gehäuse einsetzen kann. Das federbelastete Druckventil (6) dagegen dichtet in einem Sitz, der ins Gehäuse eingearbeitet ist.

Die Betätigung des Überströmventils (14) erfolgt über einen im Ventilgehäuse eingeschliffenen Druckstift, der mit dem Ventilkegel fest verbunden ist und einen im Regelhebel (5) kugelpfannengelagerten Stößel. Durch die beiden Druckfedern (19 a und b) wird eine kraftschlüssige Verbindung zwischen Ventilkörper und Regelhebel gesichert. Während des Nutzförderhubes ergibt sich zwischen Druckstift und Stößel ein Spiel, das ein sicheres Schließen des Ventilkegels gewährleistet.

Die Entlüftungsschraube (8) ermöglicht das Ablassen von Luft aus dem Pumpensaug- und -druckraum, wobei jedoch mit Hilfe des Stößels (7) das Saugventil (10) geöffnet werden muß.

#### 9.2.2.2. Drehkolbenpumpen mit Schrägkantenregelung

Die bekannteste Vertreterin einer Drehkolbenpumpe mit Schrägkantenregelung dieser Gruppe ist die Bosch-Kraftstoffpumpe, die als Einzelpumpe (Bild 9/26) oder als geschlossenes Aggregat für mehrere Zylinder geliefert wird.

Die Pumpe besitzt kein Saugventil, sondern nur eine Zulaufbohrung (11), die vom Pumpenkolben (3) seiner Hubstellung entsprechend verdeckt oder freigegeben wird. Der im Pumpenzylinder (4) eingeschliffene Kolben (3) ist am oberen Ende mit Aussparungen versehen, die im Pumpenzylinder einen Hohlraum bilden. Dieser steht über eine senkrechte Nut (siehe Bild 9/28, Pos. 3) im Kolben mit dem Saug- und Druckraum oberhalb des Kolbens in Verbindung. Der Kolbenfuß faßt mit einem stegartigen Ansatz in die Schlitze einer Hülse, die mit einem Zahnkranz versehen ist. Über die Regelzahnstange (12) ist ein Verdrehen der Hülse und damit auch des Pumpenkolbens möglich. Durch eine derartige Drehung wird, wie aus Bild 9/27 zu ersehen ist, die Stellung der Schrägkante zur Rückströmbohrung geändert. Der Hubweg des Kolbens ist von der Erhebung der Nockenscheibe

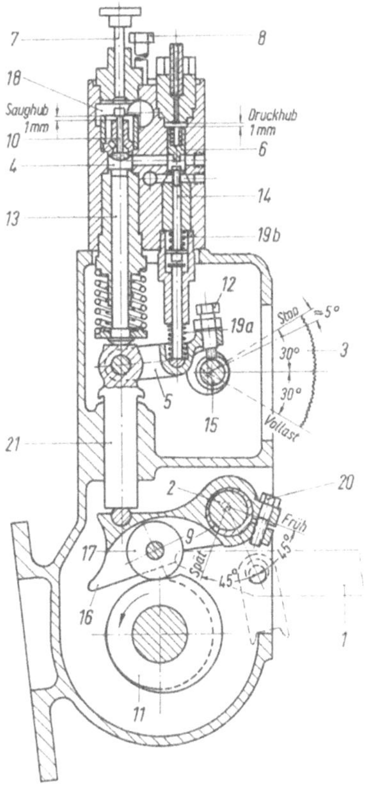


Bild 9/25. Kraftstoffpumpe

1 Handhebel, Vorpumphebel,
2 Regelwelle für den Zündpunkt,
3 Einstellsegment,
4 Kraftstoffdruckraum,
5 Regelhebel,
6 Druckventil,
7 Stößel,
8 Entlüftungsschraube,
9 Exzenterbuchse,
10 Saugventil,
11 Nockenscheibe,
12 Einstellschraube,
13 Pumpenkolben,
14 Regel- oder Ausstoßventil,
15 Regelwelle mit Exzenter für die Pumpenleistung,
16 Rollenlenker,
17 Rolle,
18 Kraftstoffsaugraum,
19 Federn für Ausstoßventil,
20 Klemmschraube
21 Schubstempel

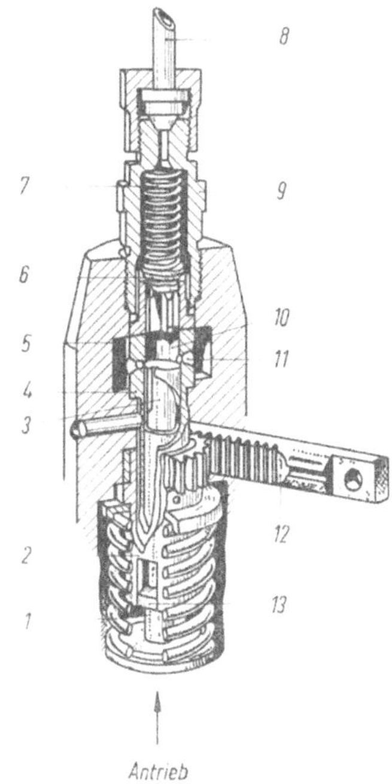


Bild 9/26. Bosch-Kraftstoffpumpe

1 Kolbenfeder,
2 Regelhülse,
3 Kolben,
4 Zylinder,
5 Saugraum,
6 Druckventil,
7 Ventilfeder,
8 Druckleitung,
9 Druckrohr-Anschluß,
10 Druckraum,
11 Steuerbohrung,
12 Regelstange,
13 Kolbenfahne (Mitnehmer)

abhängig und läßt sich daher nicht verändern. Die Regelung der Fördermenge je Hub erfolgt durch die Schrägkante, die entsprechend den jeweiligen Betriebsbedingungen den Nutzförderhub durch Freigabe der Rückströmbohrung beendet. Während des restlichen Hubweges wird dann der Kraftstoff über ein Leitungssystem in den Saugraum der Pumpe zurückgefördert. Bild 9/27 zeigt die Kolbenstellungen, d. h. die Lage der Schrägkanten bei Voll-, Teil- und Nullförderung. Aus Bild 9/28, das eine Abwicklung des Kolbenoberteiles mit der Schrägkante (2) darstellt, ist die gegenseitige Lage zwischen dieser und der Rückströmbohrung (4) sowie die Größe des Nutzförderhubes für die in Bild 9/27 gezeigten Kolbenstellungen zu entnehmen.

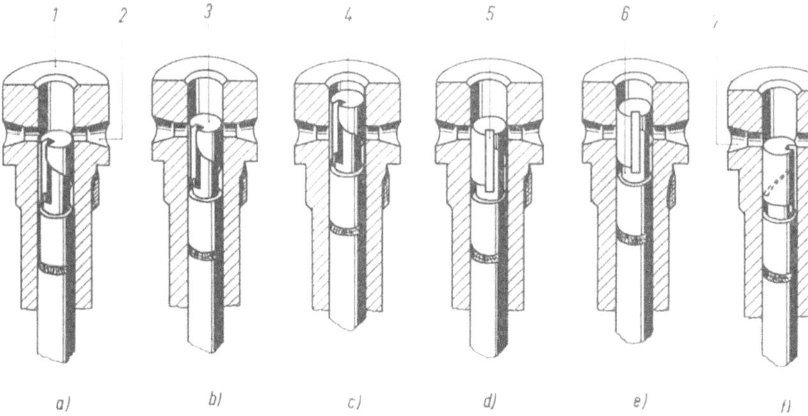


Bild 9/27. Nutzförderhub in Abhängigkeit von der Kolbenstellung bei einer Bosch-Kraftstoffpumpe (Werkbild Bosch GmbH, Stuttgart)

1 Zylinder,
2 Steuerbohrung,
3 Kolben,
4 schräge Steuerkante,
5 Längsnut,
6 Ringnut,
7 Zulaufbohrung

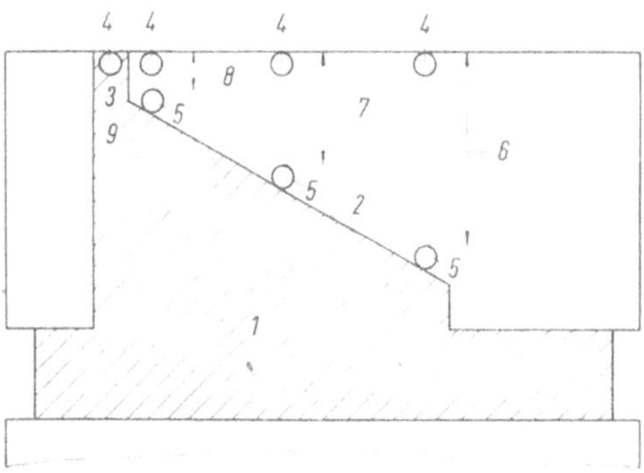


Bild 9/28. Abwicklung des Regelkopfes eines Pumpenkolbens (Werkbild Bosch GmbH, Stuttgart)

1 Anfräsung des Kolbens,
2 Schrägkante,
3 Durchlaßnute,
4 Stellung der Ablaufbohrung bei Beginn des wirksamen Förderhubes,
5 Beginn der Öffnung der Ablaufbohrung beim Ende des wirksamen Förderhubes entsprechend der Kolbenstellung,
6 Förderhub für Vollast,
7 Förderhub bei Teillast,
8 Förderhub bei Leerlauf,
9 Nullförderung

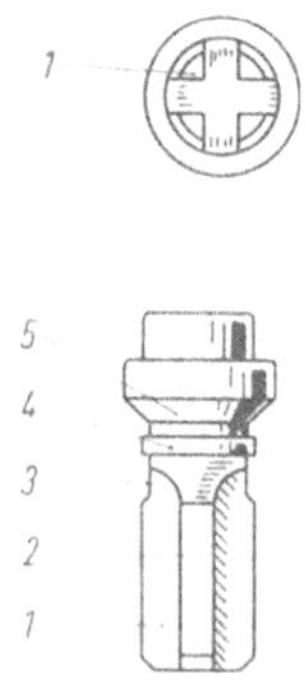


Bild 9/29. Druckventil der Bosch-Kraftstoffpumpe (Werkbild Bosch GmbH, Stuttgart)

1 Längsnut,
2 Ventilkegel,
3 Tauchkölbchen,
4 Ringnut,
5 Schaft

Die Zulaufbohrung wird bei jeder möglichen Stellung von Nut und Schrägkante während des Druckhubes vom Kolbenmantel verschlossen. Die Rücklaufbohrung wird dagegen von der Schrägkante nach Zurücklegung eines bestimmten Hubweges, der von der Drehung des Kolbens abhängt, freigegeben. Der Kraftstoff kann dann aus dem Druckraum oberhalb des Kolbens durch die senkrechte Nut und den im Kolben ausgesparten Raum in die Rückströmleitung gelangen.

Vielfach wird der Zahnkranz an der Drehhülse einzeln gefertigt und auf die Hülse geklemmt. Dadurch können Korrekturen am Verdrehmechanismus vorgenommen werden.

Das Druckventil (Bild 9/29) der Boschpumpe bedarf besonderer Erwähnung. Durch seine Ausführungsform wird das Nachtropfen der Einspritzdüsen weitgehend unterbunden. Unterhalb des Dichtkegels (5) trägt der in einer Kreuzstegführung endende Schaft einen zylinderförmigen Ansatz (4) von geringer Höhe, der in die Durchgangsbohrung eingeschliffen ist. Sinkt der Druck im Pumpenzylinder nach Freigabe der Rückströmbohrung, so beginnt die Ventilfeder (siehe Bild 9/26, Pos. 7), das Druckventil zu schließen. Dabei sperrt der zylindrige Ansatz sofort den Ventildurchgang. Nach weiterem Druckabfall schließt das Ventil dann völlig durch Absenken auf den Sitz. Dies hat aber eine geringfügige Vergrößerung des Volumens im Einspritzsystem zur Folge, das zu einem raschen Absinken des Druckes und damit zum sofortigen Schließen des Einspritzventiles führt. Auf diese Weise wird ein Nachtropfen mit ungenügender Zerstäubung ausgeschlossen.

Den vollständigen Aufbau einer M.A.N.-Einspritzpumpe zeigt Bild 9/24. Der Antrieb erfolgt über einen Schubkolben (8). Dieser trägt an einem Ende die auf der Nockenscheibe laufende Rolle. Der Schubkolben kann auch mit Hilfe des Vorpumphebels von Hand betätigt werden.

### 9.2.2.3. Verstellung des Voreinspritzwinkels

Der Betrieb des Motors im Teillastbereich mit verminderter Drehzahl erfordert neben der Regulierung der Pumpenfördermenge auch eine Verstellung des Einspritzbeginns. Der Zeitraum, der für Zerstäubung, Verdampfung und Vergasung des Kraftstoffes zur Verfügung steht, wird von der Drehzahl des Motors und der Lage des Förderbeginns vor dem oberen Totpunkt bestimmt. Um Früh- oder Spätzündung zu vermeiden, muß man bei Änderung der Drehzahl gewöhnlich auch den Zeitpunkt des Einspritzbeginns verstellen und so dem Kraftstoff eine dem jeweiligen Betriebszustand angepaßte Zeit zur Aufbereitung geben.

Eine Verstellvorrichtung für diesen Zweck wurde bei der Besprechung der MWM-Kraftstoffpumpe (siehe Bild 9/25) erläutert. In vielen Fällen – besonders bei häufigem Wechsel der Drehzahl – ist es jedoch lästig, die Einstellung der Fördermenge und des Förderbeginns an verschiedenen Hebeln durchzuführen. Außerdem können dabei auch Schwierigkeiten bezüglich der Abstimmung der beiden Einstellungen zueinander auftreten.

Eine wesentliche Vereinfachung der Bedienung bei gleichzeitiger Verbesserung der Anpassung an jeden Betriebszustand erreicht man durch den Einsatz von Kraftstoffpumpen mit automatischer Einspritzverstellung.

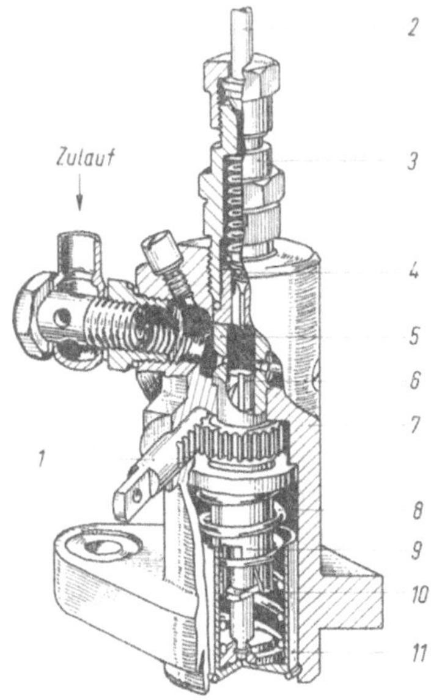


Bild 9/30. PF-Pumpe im Schnitt (Werkbild Bosch GmbH, Stuttgart)

1 Regelstange,
2 Druckleitung,
3 Druckrohr-Anschluß,
4 Druckventil,
5 Zylinder,
6 Kolben,
7 Gehäuse,
8 Kolbenfeder,
9 Regelhülse,
10 Kolbenfahne (Mitnehmer),
11 Führungshülse

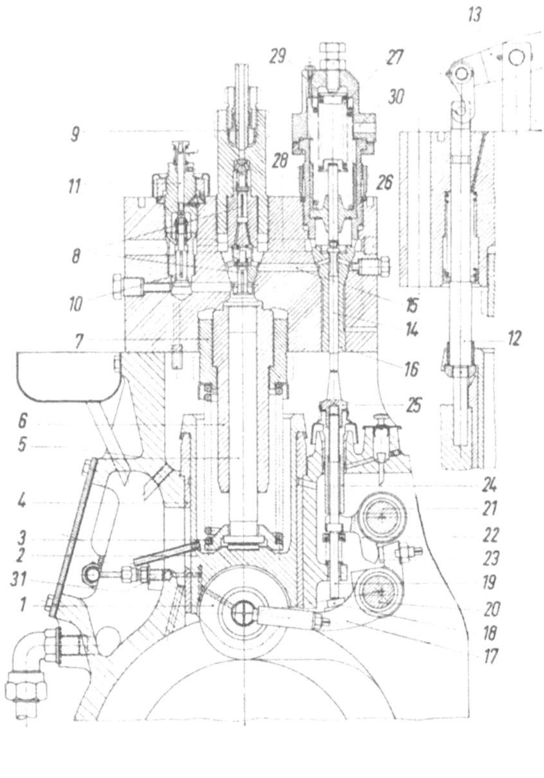


**Bild 9/31**
M.A.N.-Kraftstoffpumpe mit automatischer Voreinspritzregelung (Werkbild M.A.N. AG, Augsburg)

1 Antriebsrolle,
2 Rollenführung,
3 Feder,
4 Führungsbüchse,
5 Pumpenstengel,
6 Stempelführung,
7 Mutter,
8 Druckventil,
9 Brennstoff-Druckleitung,
10 Saugventil,
11 Abstellstift,
12 Abstellbolzen,
13 Handhebel,
14 Überströmventil,
15 Kanal,
16 Einsatz,
17 Hebel,
18 Druckplatte,
19 Stößel,
20 Nachregulierwelle,
21 Vorregulierwelle,
22 Daumenhebel,
23 Druckstück,
24 Stößelführung,
25 Stößelkopf,
26 Pufferkolben,
27 Feder,
28 Bohrung,
29 Kontrollstift,
30 Anschluß für Leckbrennstoff,
31 Schmieranstrich

Bild 9/31 zeigt eine solche Einspritzpumpe der Firma M.A.N. Im Gegensatz zu den bisher betrachteten Pumpen mit Überströmregelung kann hier das Überströmventil auch zu Beginn des Druckhubes geöffnet werden. Es können also sowohl Förderbeginn als auch Förderende in gewünschtem Umfang geregelt werden. Welle 21 regelt den Einspritzbeginn, Welle 20 das Förderende.

Bei der in Bild 9/31 gezeigten Pumpe wird also gleichzeitig mit der Verstellung der Fördermenge automatisch auch der richtige Zeitpunkt für das Einspritzen eingestellt.

Bild 9/32 soll die Änderung von Förderbeginn und Förderende graphisch veranschaulichen. Für die Nullförderung möge der Punkt $M$ auf der Nockenbahn gelten. Bei kleiner Leistung muß beispielsweise die Fördermenge $F_1$ eingespritzt werden. Dazu gehört nach der Abbildung ein Voreinspritzwinkel von $\alpha_1 = 8^\circ$. Bei einem Zweitaktmotor mit einer Drehzahl $n = 125\ \text{min}^{-1}$ entspricht das einer Zeit für die Aufbereitung des Kraftstoffes vor der Verbrennung von

$$t = \frac{\text{Voreinspritzwinkel}\ \alpha}{360^\circ \cdot \text{Drehzahl}\ n} = \frac{8^\circ \cdot \text{min}}{360^\circ \cdot 125} = \frac{8^\circ \cdot 60\ \text{s}}{360^\circ \cdot 125} \approx 0{,}01\ \text{s}.$$

Diese zum Aufbereiten erforderliche Zeit wird hauptsächlich von der Art des Kraftstoffes bestimmt und kann für alle Drehzahlen als annähernd konstant angesehen werden. Beträgt nun bei Vollastbetrieb die Drehzahl $n = 270\ \text{min}^{-1}$, so muß der Voreinspritzwinkel bei gleicher Aufbereitungszeit den Wert

$$\alpha_2 = 360^\circ \cdot t \cdot n = 360^\circ \cdot \frac{1}{100}\ \text{s} \cdot 270\ \frac{1}{\text{min}} = \frac{360^\circ}{100}\ \text{s} \cdot \frac{270}{60\ \text{s}} \approx 16^\circ$$

besitzen.

Bei Verdoppeln der Drehzahl muß also auch der Voreinspritzwinkel verdoppelt werden.

Der Punkt $M$ auf der Nockenbahn kann mit Hilfe der Regulierschraube (23) (Bild 9/31) verschoben werden. Die in Bild 9/32 angegebene Höhe $h$ entspricht der Dicke eines Kontrollpaßbleches, das die Herstellerfirma der Pumpe liefert. Legt man dieses Paßblech zwischen Nockengrundkreis und Rolle, so wird der Pumpenkolben um den Hubweg $h$ angehoben.

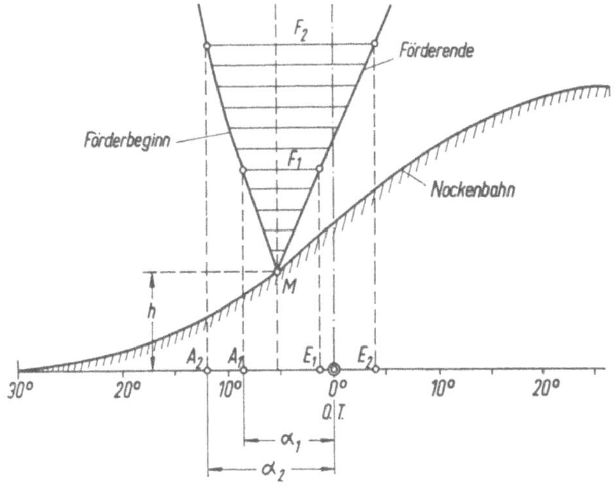


Bild 9/32. Veränderung des Voreinspritzwinkels

Kraftstoffe verschiedener Herkunft besitzen gewöhnlich unterschiedliche Zündeigenschaften. Hat man beispielsweise einen leicht zündenden Kraftstoff verwendet und dafür einen Voreinspritzwinkel eingestellt, der dieser Eigenschaft angepaßt war, so muß man bei Umstellung auf einen schwer zündenden Kraftstoff einen größeren Voreinspritzwinkel wählen. Die Verstellung kann an der betrachteten Pumpe leicht durch Veränderung der Regulierschraubenstellung ausgeführt werden.

Bei der Einstellung schließt man in der Regel einen Kompromiß zwischen guter Kraftstoffausnutzung, also größerer Wirtschaftlichkeit, verbunden mit Frühzündung, die sich in einer erhöhten Triebwerksbelastung auswirkt, und einer günstigeren Belastung des Triebwerkes, verbunden mit einer schlechteren Ausnutzung des Kraftstoffes.

Die Schrägkantenregelung, deren bekannteste Form die Bosch-Kraftstoffpumpe darstellt, gestattet in der Ausführung des Bildes 9/26 nur eine Fördermengenregulierung, bei der das Ende der Einspritzung verändert wird.

Die Regelung des Einspritzbeginns kann erst durch Einbau eines Zwischenhebels wie bei der Überströmventilregelung (siehe Bild 9/31) oder durch Abschrägung der

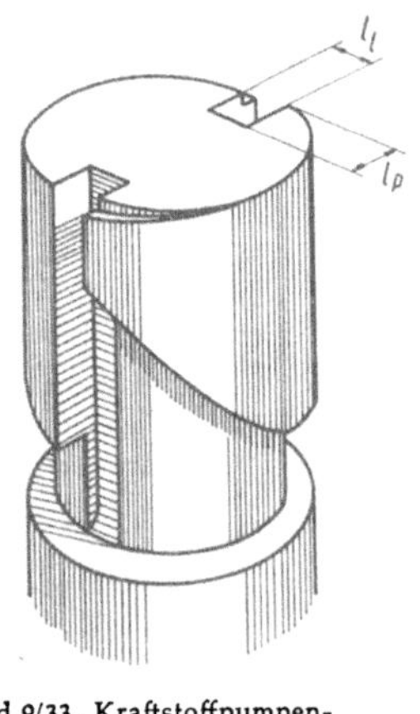


Bild 9/33. Kraftstoffpumpen-Kolben mit zusätzlicher oberer Schrägkante

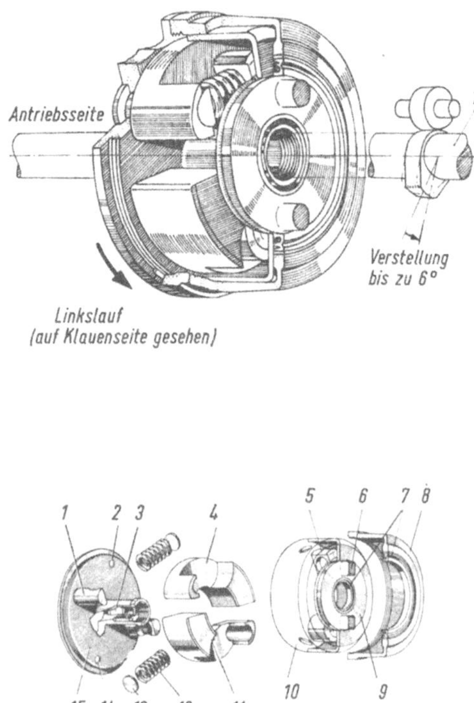


1 Lagerbolzen,
2 Entlüftungsschraube,
3 Rundmutter,
4 Fliehgewicht,
5 Mitnehmerbolzen,
6 Kuppelklaue,
7 Dichtringe,
8 Gehäuse,
9 Antriebsflansch,
10 Lagerkapsel,
11 Kurvenbahn,
12 Schraubenfeder,
13 Einlegscheibe,
14 Fetteinfüllschraube,
15 Kuppelflansch,
16 Nockenwelle (Einspritzpumpe)

Bild 9/34. Kraftstoffpumpenantrieb

oberen Kraftstoffpumpenstempelkante (siehe Bild 9/33) erreicht werden. Diese Pumpen, die von der Firma Bosch in höchster Präzision hergestellt werden, gehören heute zu den verbreitetsten Pumpen. Die in Bild 9/30 gezeigte Pumpe, deren Kolben mit oberer Schrägkante ausgeführt ist, bewirkt automatisch bei kleinerer Fördermenge das zur niedrigeren Drehzahl gehörige spätere Einspritzen.

Für Motoren mit konstanter Drehzahl, z. B. Hilfsdiesel, kommen naturgemäß Pumpen ohne Schrägkante an der Kolbendruckfläche zur Anwendung.

Bei Motoren, deren Kraftstoffpumpen weder mit einer automatischen (siehe Bild 9/34), noch mit einer mechanischen von Hand zu betätigenden Vorrichtung für die Verstellung des Förderbeginns ausgerüstet sind, muß der entsprechende Voreinspritzwinkel durch Verstellung der Kraftstoffnockenscheibe eingestellt werden.

Zu diesem Zwecke wird die Nockenscheibe vielfach geteilt ausgeführt. Der Halbring ohne Erhebungskurve ist mit einer Keilnut versehen und wird mit dem anderen Teil durch zwei Schrauben verbunden. Die Führung der Schrauben in dem vom Keil in seiner Lage fixierten Ringteil bzw. im Nockensegment wird so gestaltet, daß durch unterschiedliche Einschraubtiefe eine radiale Verschiebung des Nockensegmentes erreicht werden kann (Ausführung ähnlich der in Bild 9/24 gezeigten). Die Grobeinstellung kann unter Beobachtung des Laufverhaltens des Motors durchgeführt werden. Neigt der Motor zu stoßartigem Lauf, so ist das ein Zeichen für Frühzündung. Der Voreinspritzwinkel wurde also zu groß gewählt. Man geht dann zweckmäßig Grad um Grad zurück, bis der ruhige Lauf des Motors anzeigt, daß der richtige Punkt erreicht ist. Die Feineinstellung erfolgt am besten mit Hilfe einer indikatorischen Untersuchung.

#### 9.2.2.4. Einstellung und Überprüfung der Einspritzpumpen

Alle Kraftstoffpumpen eines Motors sollen gleiche Förderleistung haben. Zur Kontrolle löst man die Druckleitung an den Kraftstoffventilen und dreht alle Pumpen gleich oft durch, wobei die geförderten Kraftstoffmengen in Meßgläsern aufgefangen werden. Zuvor muß man durch „Vorpumpen“ sicherstellen, daß die Kraftstoffpumpen „entlüftet“ sind und ordnungsgemäß fördern. Alle Pumpen sollen dann bei gleicher Anzahl der Umdrehungen und gleicher Fördereinstellung gleiche Mengen fördern. Die Einstellung der Fördermenge ist bei den verschiedenen Pumpenarten unterschiedlich.

Die Einstellung der MWM-Kraftstoffpumpe (siehe Bild 9/25) erfolgt am besten nach dem Nullförderungspunkt. Zunächst wird die Kurbel des betreffenden Zylinders in Drehrichtung so lange bewegt, bis sie beim Verdichtungshub etwa 90° vor dem oberen Totpunkt steht. Den Kompressionshub erkennt man beim Viertaktmotor daran, daß Ein- und Auslaßventile geschlossen sind und die Pumpenrolle (17 in Bild 9/25) kurz vor dem Beginn der Erhebungskurve der Nockenscheibe steht.

Die Motorensteuerung legt man auf „Betrieb“, die Kraftstoffeinstellung auf „Volllast“. Wenn man bei dieser Stellung der Pumpe mit dem Handhebel vorpumpen will, so läßt sich der Kraftstoffpumpenkolben nicht bewegen (d. h. die Pumpe ist „hart“). Das stark federbelastete Kraftstoffventil gibt nicht nach und der Handhebel ist zu schwach, um den Gegendruck zu überwinden. Man versucht nun unter gleichzeitigem langsamem Drehen der Regulierwelle (15) von Vollast- auf Stopstellung weiterzupumpen. Kurz vor Erreichen der Nullage muß sich der Handhebel (1) ohne nennenswerten Widerstand niederdrücken lassen. Das ist ein Zeichen dafür, daß das Überströmventil zu öffnen beginnt und die Förderung zum Einspritzventil beendet ist, d. h. die Nutzfördermenge ist gleich Null.

Liegt dieser Nullpunkt ziemlich weit von der Stoplage entfernt, so erhält der Zylinder zu wenig Kraftstoff und seine Leistung liegt zu niedrig. In diesem Falle muß die Einstellschraube (12) etwas herausgedreht werden, bis der Nullpunkt die richtige Lage erreicht. Ist andererseits bei Kraftstoffeinstellung auf „Stop" die Pumpe bei Betätigung des Handhebels noch „hart", dann fördert sie zu viel, und die Regelschraube (12) muß etwas hineingedreht werden, bis der Handhebel (1) nachgibt. Fördert im Betrieb die eine oder andere Pumpe selbst bei „Stop" noch etwas, so läßt sich dies beim Auslaufen des Motors durch Abhören der Zündung feststellen und durch Nachregulieren der betreffenden Pumpe sofort beheben.

Bei der betrachteten Pumpe besteht eine weitere Möglichkeit der Feststellung des Nullförderstoppunktes darin, daß man den Regulierhebel (5) vorn am Sitz der Schraube (12) von Hand anhebt und fühlt, ob das Überströmventil (14) noch geschlossen ist. Man kann dabei genau den Unterschied in der Spannung der beiden beim Öffnen anzuhebenden Federn (19 a) und (19 b) feststellen. Das Überströmventil hat geöffnet, wenn die obere Feder (19 b) gerade angehoben ist.

Auf diese Weise muß jede Pumpe für sich eingestellt werden. Spiel im Gestänge verändert mit der Zeit die Pumpeneinstellung, wodurch Abweichungen zwischen den Leistungen der einzelnen Zylinder auftreten können. In einem solchen Falle müssen die Kraftstoffpumpen überprüft und gegebenenfalls neu eingestellt werden. Zuvor muß man sich jedoch vergewissern, daß keinerlei Fehler am Motor vorliegen (Undichtigkeit an Kolben und Ventilen, Kraftstoffpumpenelementen oder -ventilen), die ebenfalls zu verminderten Zylinderleistungen führen können.

Unabhängig von der Handregulierung wird die Pumpenleistung auch noch vom Fliehkraftregler beeinflußt. Dieser ist durch Gestänge mit einem Doppelhebel verbunden, der ebenfalls auf das Saug- oder Überströmventil einwirken kann. Bei Überschreitung der zulässigen Drehzahl wird das Saug- oder Überströmventil dann vom Regler automatisch geöffnet. Für die Hebeleinstellung wird die Reglerhülse, an der das Betätigungsglied für den Hebel angeschlossen ist, bis auf etwa 3 mm an den höchsten Ausschlag herangerückt. Dann soll bei innerer Totpunktlage des Pumpenkolbens der Hebelarm den Anschlagbund am Ventilstempel gerade so berühren, daß ein dahintergehaltenes Licht durchschimmert. Kommt man bei der Überprüfung zu diesem Ergebnis, so ist die Nullstellung für den Regler richtig fixiert, und der Motor kann nicht durchgehen.

Bei Boschpumpen (siehe z. B. Bild 9/26) wird, wie schon in 9.2.2.2 erwähnt, der Zahnkranz auf der Kolbendrehhülse meist als Klemmstück ausgebildet (in der Abbildung ist das nicht der Fall). Die dadurch mögliche Änderung der gegenseitigen Lage beider Teile kann für Korrekturen der Fördermenge (und somit der Zylinderleistung) genutzt werden. Stimmt ein Zylinder in seiner Leistung nicht mit den übrigen überein, so löst man die Klemmschraube durch eine Öffnung in der Wandung des Pumpengehäuses, verdreht Hülse und Kolben und zieht das Klemmstück anschließend wieder fest. Der Betrag der Verdrehung zur Erhöhung oder Verminderung der Fördermenge ist außerordentlich gering. Zur Erleichterung der Einstellarbeiten sind Klemmstück und Hülse mit Markierungsstrichen versehen, so daß bei einiger Erfahrung die notwendige Verdrehung abgeschätzt werden kann. Sind Zahnkranz und Hülse aus einem Stück gefertigt, so sind je nach Bauart entweder die Zahnstange oder ein damit unmittelbar verbundener Hebel verstellbar ausgeführt. Man hat also auch dann die Möglichkeit, die Leistung eines jeden Zylinders für sich einstellen zu können.

Bei Verwendung von sauberem Dieselkraftstoff treten kaum Störungen an der Kraftstoffpumpe auf. Sollte doch einmal ein Pumpenelement (Pumpenkolben und -zylinder) undicht werden, so wechselt man es gegen ein neues aus, denn Nachschleifen hat keinen Sinn.

Ist der Kraftstoff verunreinigt, muß man damit rechnen, daß die Pumpenventile in ihrer Funktion behindert werden.

Undichte Saug- und Überströmventile vermindern die Nutzfördermenge und damit die Zylinderleistung. Undichte Druckventile beeinträchtigen den Saughub und sind die Ursache für schlechte Zerstäubung und Nachtropfen an den Düsen. Ventile kann man mit feiner Schleifpaste einschleifen. Diese muß jedoch nach Beendigung der Arbeit mit Hilfe von Kraftstoff sorgfältig entfernt werden. Man verwende grundsätzlich keine Putzwolle oder fasernde Tücher, da gerade Textilfasern oft die Ursache für undichte Ventile sind.

Erhöhtes Spiel im Antriebsmechanismus und im Regelgestänge führt zur Änderung des Förderzeitpunktes und der Fördermenge. Es muß daher sofort nach Feststellung beseitigt werden.

Die Überprüfung der Kraftstoffpumpen auf einwandfreien Zustand der Elemente, Ventile und Dichtungen erfolgt mit Hilfe von Druckluft. Man führt diese am Druckstutzen ein, nachdem zunächst das Druckventil und das Saugrohr bzw. die Saugraumentlüftungsschraube entfernt wurden (bei Überströmpumpen). Auf diese Weise kann man Kolben, Saug- und Überströmventil sowie Abdichtungen und Verschraubungen kontrollieren. Undichte Stellen kann man am Geräusch der durchtretenden Luft erkennen. Das Auftragen von Seifenwasser bewährt sich besonders bei der Überprüfung von Gehäuse und Verschraubungen. Zur Prüfung des Druckventils wird dieses eingesetzt und die Druckraumentlüftung geöffnet. Wenn kein Sausen an der Entlüftung zu hören ist, dichtet das Ventil einwandfrei.

### 9.2.3. Zündfolge bei Reihenmotoren

Die Möglichkeiten der Kurbelanordnung bei Vier- und Zweitaktreihenmotoren verschiedener Zylinderzahl sind in Bild 9/35 dargestellt. Zwei- und Dreizylindermotoren erhalten bei Arbeitsweise nach dem Zwei- und Viertaktverfahren die gleiche Kurbelversetzung von 180° (Bild 9/35 a) bzw. 120°.

Bei *Vierzylinder-Viertaktmotoren* sind die beiden äußeren Kurbeln (Zylinder I und IV) in gleicher Richtung angeordnet. Das gleiche gilt für die beiden inneren Kurbeln (Zylinder II und III). Beide Kurbelpaare sind um 180° zueinander versetzt (Bild 9/35 a). Die Kurbeln, deren Zylindernummern addiert die Zahl fünf ergeben, haben also immer die gleiche Stellung: I und IV; II und III.

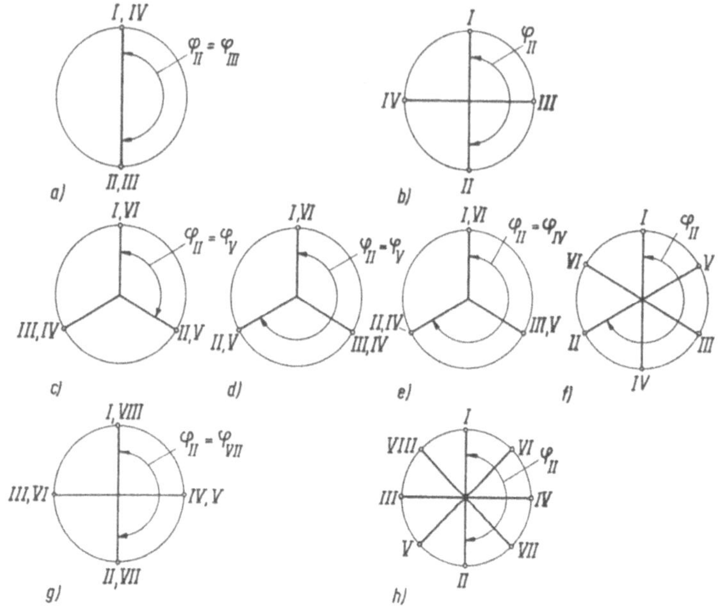


Bild 9/35. Kurbelanordnungen

a) Zwei- und Vierzylinder-Viertaktmotoren,
b) Vierzylinder-Zweitaktmotoren,
c) d) und e) Sechszylinder-Viertaktmotoren,
f) Sechszylinder-Zweitaktmotoren,
g) Achtzylinder-Viertaktmotoren,
h) Achtzylinder-Zweitaktmotoren

Es werden somit jeweils gleichgerichtete Hübe ausgeführt: Ansaugen und Ausdehnen bzw. Verdichten und Ausschieben. Dadurch ergibt sich die Zündfolge **I – III – IV – II** bzw. **I – II – IV – III**.

*Vierzylinder-Zweitaktmotoren* erhalten eine Kurbelversetzung um jeweils 90°, da bei jeder Umdrehung einer Kurbel eine Zündung erfolgt (Bild 9/35 b). Die Versetzung wird so ausgeführt, daß sich Kurbeln gegenüber stehen, deren Zylindernummern jeweils die Differenz 1 haben, also II und I bzw. IV und III. Als Zündfolge erhält man so **I – IV – II – III**.

*Sechszylinder-Viertaktmotoren* können verschiedene Kurbelanordnungen erhalten. Bei der in Bild 9/35 c gezeigten Anordnung weisen die Kurbeln gleiche Stellung auf, deren Zylindernummern die Summe 7 ergeben: I und VI; II und V; III und IV.

Die Versetzung wird zur Kurbelwellenmitte symmetrisch ausgeführt. Die Versetzungswinkel $\varphi_i$ der Kurbeln bezogen auf die Kurbel in Zylinder I sind:

$$\varphi_{\mathrm{I}} = 0^\circ$$
$$\varphi_{\mathrm{II}} = 120^\circ$$
$$\varphi_{\mathrm{III}} = 240^\circ$$
$$\varphi_{\mathrm{IV}} = 240^\circ$$
$$\varphi_{\mathrm{V}} = 120^\circ$$
$$\varphi_{\mathrm{VI}} = 0^\circ$$

Die andere in Bild 9/35 d dargestellte Möglichkeit ergibt die Kurbelversetzungswinkel

$$\varphi_{\mathrm{I}} = 0^\circ$$
$$\varphi_{\mathrm{II}} = 240^\circ$$
$$\varphi_{\mathrm{III}} = 120^\circ$$
$$\varphi_{\mathrm{IV}} = 120^\circ$$
$$\varphi_{\mathrm{V}} = 240^\circ$$
$$\varphi_{\mathrm{VI}} = 0^\circ$$

Die möglichen Zündfolgen lassen sich aus den folgenden Schemata (Bilder 9/36 und 9/37) ableiten. Der Zündungsversatz, d. h. der Kurbelwinkel zwischen nacheinander zündenden Zylindern, beträgt in jedem Fall 120°.

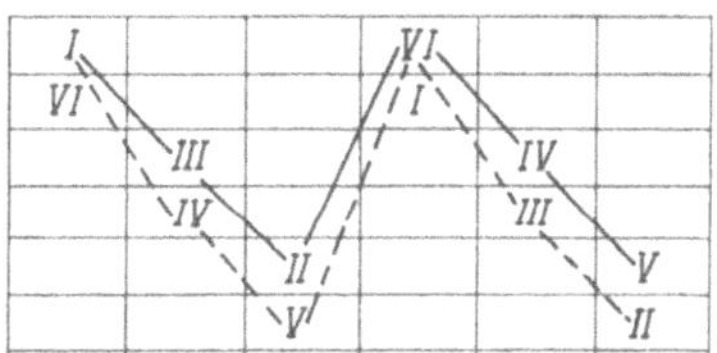


| | | | | | | |
|---|---|---|---|---|---|---|
| — Zündfolge 1 | I | III | II | VI | IV | V |
| Zündfolge 2 | I | III | V | VI | IV | II |
| Zündfolge 3 | I | IV | II | VI | III | V |
| --- Zündfolge 4 | I | IV | V | VI | III | II |

Bild 9/36

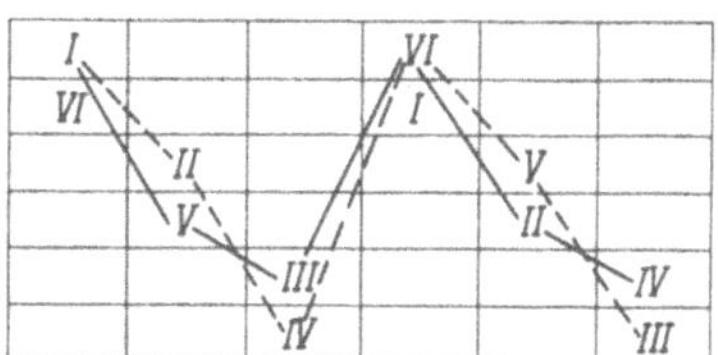


| | | | | | | |
|---|---|---|---|---|---|---|
| Zündfolge 1 | I | II | III | VI | V | IV |
| --- Zündfolge 2 | I | II | IV | VI | V | III |
| — Zündfolge 3 | I | V | III | VI | II | IV |
| Zündfolge 4 | I | V | IV | VI | II | III |

Bild 9/37

Eine dritte Ausführungsmöglichkeit zeigt Bild 9/35 e:

$\varphi_{\mathrm{I}} = 0^\circ$
$\varphi_{\mathrm{II}} = 240^\circ$
$\varphi_{\mathrm{III}} = 120^\circ$
$\varphi_{\mathrm{IV}} = 240^\circ$
$\varphi_{\mathrm{V}} = 120^\circ$
$\varphi_{\mathrm{VI}} = 0^\circ$

Durch Vertauschen der Zylinder I und VI lassen sich in den betrachteten Fällen jeweils 4 weitere Folgen aufstellen, die praktisch Wiederholungen der aufgeführten Folgen darstellen.

Im allgemeinen bevorzugt man bei den erwähnten Ausführungen die jeweils unter Ziffer 3 angegebenen Zündfolgen.

Bei Sechszylindermotoren, die nach dem Zweitaktverfahren arbeiten, kröpft man die Kurbelwelle wie folgt (Bild 9/35 f):

$\varphi_{\mathrm{I}} = 0^\circ$
$\varphi_{\mathrm{II}} = 240^\circ$
$\varphi_{\mathrm{III}} = 120^\circ$
$\varphi_{\mathrm{IV}} = 180^\circ$
$\varphi_{\mathrm{V}} = 60^\circ$
$\varphi_{\mathrm{VI}} = 300^\circ$

Zündungsversatz 60°

Gegenüberstellung ergibt sich dabei für Kurbeln, deren Zylindernummern die Differenz 3 aufweisen, IV und I; V und II; VI und III. Die Zündfolge ist **I – VI – II – IV – III – V.**

| | | | | | | |
|---|---|---|---|---|---|---|
| *Zündfolge 1* | *I* | *II* | *III* | *VI* | *IV* | *V* |
| *Zündfolge 2* | *I* | *II* | *V* | *VI* | *IV* | *III* |
| *Zündfolge 3* | *I* | *IV* | *III* | *VI* | *II* | *V* |
| *Zündfolge 4* | *I* | *IV* | *V* | *VI* | *II* | *III* |

Die Kurbelwelle von Achtzylinder-Viertaktmotoren (Bild 9/35 g) können mit folgenden Versetzungswinkeln ausgeführt werden:

| | Ausführung A | Ausführung B |
|---|---|---|
| $\varphi_{\mathrm{I}}$ | 0° | 0° |
| $\varphi_{\mathrm{II}}$ | 180° | 180° |
| $\varphi_{\mathrm{III}}$ | 270° | 90° |
| $\varphi_{\mathrm{IV}}$ | 90° | 270° |
| $\varphi_{\mathrm{V}}$ | 90° | 270° |
| $\varphi_{\mathrm{VI}}$ | 270° | 90° |
| $\varphi_{\mathrm{VII}}$ | 180° | 180° |
| $\varphi_{\mathrm{VIII}}$ | 0° | 0° |

Zündungsversatz 90°

Gleichstellung ergibt sich in beiden Fällen für Kurbeln, deren Zylindernummern die Summe 9 ergeben. Die möglichen Zündfolgen lassen sich leicht mit Hilfe eines Schemas – in gleicher Form wie im vorstehenden aufgezeigt – ermitteln.

Die bevorzugte Zündfolge ist **I – VI – II – V – VIII – III – VII – IV**.

Die Versetzungswinkel des Achtzylinder-Zweitaktmotors (siehe Bild 9/35h) sind:

$\varphi_{\mathrm{I}} = 0^\circ$
$\varphi_{\mathrm{II}} = 180^\circ$
$\varphi_{\mathrm{III}} = 270^\circ$
$\varphi_{\mathrm{IV}} = 90^\circ$
$\varphi_{\mathrm{V}} = 225^\circ$ Zündungsversatz 45°
$\varphi_{\mathrm{VI}} = 45^\circ$
$\varphi_{\mathrm{VII}} = 135^\circ$
$\varphi_{\mathrm{VIII}} = 315^\circ$

Bei dieser Anordnung stehen sich Kurbeln gegenüber, deren Zylindernummern die Differenz 1 haben.

In Motoren mit ungerader Zylinderzahl werden die Kurbeln durchweg gleichmäßig zueinander versetzt:

bei Fünfzylindermotoren also um $72^\circ$,
bei Siebenzylindermotoren um $\frac{360^\circ}{7}$.

Es ist leicht einzusehen, daß ein Zweitaktmotor bei gleicher Zylinderzahl einen günstigeren Verlauf des Drehmomentes aufweist als ein Viertaktmotor, da jede Kurbelumdrehung einen Arbeitstakt enthält.

Noch gleichförmiger wird der Momentenverlauf bei einem doppeltwirkenden Zweitaktmotor, wenn man wiederum gleiche Zylinderzahl voraussetzt. Meist wird bei doppelt wirkenden Motoren die gleiche Kurbelanordnung und Zündfolge angewendet wie bei einfach wirkenden Zweitaktmotoren.

Bei einem sechszylindrigen doppeltwirkenden Zweitaktmotor läßt sich beispielsweise der Massenausgleich besonders günstig gestalten, wenn folgende Werte für Kurbelanordnung und Zündfolge gewählt werden:

$\varphi_{\mathrm{I}} = 0^\circ$; Zündfolge: **I – VI – II – IV – III – V**
$\varphi_{\mathrm{II}} = 240^\circ$
$\varphi_{\mathrm{III}} = 120^\circ$
$\varphi_{\mathrm{IV}} = 180^\circ$ Zündungsversatz 60°
$\varphi_{\mathrm{V}} = 60^\circ$
$\varphi_{\mathrm{VI}} = 300^\circ$

Den günstigsten Tangentialkraftverlauf und das beste Schwingungsverhalten erzielt man bei einem solchen Motor mit der Kurbelanordnung

$$\begin{aligned} \varphi_{\mathrm{I}} &= 0^\circ \\ \varphi_{\mathrm{II}} &= 240^\circ \\ \varphi_{\mathrm{III}} &= 240^\circ \\ \varphi_{\mathrm{IV}} &= 150^\circ \\ \varphi_{\mathrm{V}} &= 120^\circ \\ \varphi_{\mathrm{VI}} &= 270^\circ, \end{aligned} \qquad \text{Zündungsversatz } 60^\circ$$

und der Zündfolge **I – VI – III – IV – V – II.**

Die Zündfolge wird im wesentlichen von der Form der Kurbelwelle bestimmt, steht jedoch mit den Steuerzeiten unmittelbar im Zusammenhang.

Motoren mit versetzten Zylindern, z. B. V-Motoren, haben zwei Zylindergruppen, deren Zylindermittellinien den Winkel $\psi$ einschließen. Um diesen Winkel sind die Zündzeitpunkte, die zur gleichen Kurbel gehören, gegenüber der Reihenanordnung verlegt.

Der Konstrukteur wird die Wahl der Zündfolge immer im Hinblick auf die Bauform des Motors, den Massenausgleich, das Drehschwingungsverhalten, leicht herstellbare Form und günstige Beanspruchung der Kurbelwelle treffen.

## 9.3. Anlaßvorrichtungen und Steuerung des Anlaßvorganges

### 9.3.1. Anlaßverfahren

Man unterscheidet grundsätzlich zwei Verfahren für das Anlassen von Verbrennungsmotoren:

1. Der Motor wird durch ein Zusatzaggregat auf eine Drehzahl gebracht, die den Beginn der Arbeitsspiele gewährleistet. Als Zusatzaggregate finden E-Motoren, pneumatisch oder hydraulisch betätigte Motoren und Turbinen Anwendung. In der Regel greifen sie über Ritzel in einen Zahnkranz auf der Schwungscheibe ein. Zur Erzielung höherer Momente wird in manchen Fällen noch ein Vorgelege dazwischen geschaltet. Da das an der Schwungscheibe aufgebrachte Moment normalerweise nicht nur Trägheitswiderstände überwinden, sondern auch Verdichtungsarbeit verrichten muß, entlastet man vielfach die Zylinder während des Beschleunigungsvorganges mit Hilfe sogenannter Dekompressionsventile. Bei Erreichen einer für den Anlaßvorgang günstigen Drehzahl werden diese Ventile geschlossen und der Motor kann aufgrund der mittlerweile gespeicherten Drehenergie verdichten und zünden.

   Eine andere Möglichkeit besteht im „Aufziehen" einer Schwungmasse, die dann bei einer bestimmten Drehzahl mit der Kurbelwelle gekuppelt wird. Durch Absinken der Schwungmassendrehzahl wird dem Motor Energie für das Verdichten und Zünden vermittelt. Der Vorteil dieser Ausführung liegt in dem relativ geringen Leistungsbedarf, da das Aufziehen der Schwungmasse sich über größere Zeiträume erstrecken kann als es beim direkten Anlassen möglich wäre.

   Im Prinzip lassen sich alle genannten Formen unter dem Begriff: *Anlassen von außen* zusammenfassen. Zu erwähnen wäre in diesem Zusammenhang auch das Anlassen von Hand, das bei kleinsten Motoreneinheiten angewendet werden kann. Da die erforderlichen Antriebsmomente von der Masse der translatorisch und den Massenträgheitsmomenten der drehend beschleunigten Teile und von der Beschleunigung selbst abhängen, wird das Anlassen von außen von gewissen Motorengrößen an unwirtschaftlich. Man greift dann auf ein zweites Verfahren zurück:

2. Der Motor wird durch Aufbringen ausreichender Druckkräfte in den Zylindern angelassen. In diesem Falle wird den Zylindern zu Beginn des Arbeitshubes hochgespannte Druckluft zugeführt. Diese Methode findet vorwiegend Anwendung bei größeren Motoren, aber auch umsteuerbare Motoren kleinerer Leistung werden mit Vorrichtungen für diese Art des Anlassens ausgerüstet. Man könnte dieses Verfahren analog zur Definition des ersten als *Anlassen von innen* bezeichnen.

### 9.3.2. Anlassen mit Druckluft

Die hochgespannte Anfahrluft wird den Zylindern aus einem Druckluftbehälter über Anlaßventile im rechten Augenblick zugeleitet. Da der Zeitpunkt des Einströmens entscheidend für den Anlaßvorgang ist, müssen diese Ventile in Abhängigkeit von der Kolbenstellung gesteuert werden.

Die einfachste Ausführung dieser Art stellt das handbetätigte Anlaßventil dar. Es kommt nur bei kleinen Motoren, die keine Umsteuervorrichtungen besitzen, zur Anwendung. Man rüstet hierbei nur einen Zylinder mit einem Anlaßventil aus. Der Kolben dieses Zylinders muß zum Anlassen auf den Beginn des Arbeitshubes, d. h. einige Grad Kurbelwinkel nach *OT* gestellt werden. Durch Hebeldruck öffnet man das Anlaßventil und die einströmende Luft setzt den Motor in Gang. Genügt dieser erste Druckluftstoß dem Motor nicht fürs Anspringen, so muß der Vorgang nach erneutem Einstellen des Kolbens wiederholt werden. Ein Unterstützen des Anlaufes durch weitere Druckluftstöße ist in diesem Falle nicht möglich, da das Erfassen der richtigen Öffnungszeitpunkte des Ventiles auf Schwierigkeiten stößt.

Erheblich günstigere Verhältnisse ergeben sich bei Verwendung von Anlaßventilen, die von einem Nockenbetrieb mit entsprechenden Übertragungsmechanismen gesteuert werden. Man spricht in diesem Falle von direkt gesteuerten Ventilen. Der Anlaßwinkel, d. h. der Drehwinkel der Kurbelwelle während der Öffnungszeit des Anlaßventils, erstreckt sich bei Anordnung eines Ventils über 100 ... 140° Kurbelwinkel. Sind mehrere Zylinder mit einem Anlaßventil ausgerüstet, so richtet sich der Anlaßwinkel nach der Anzahl der Zylinder und der Kurbelanordnung. Auch die Art der Motorenausführung – umsteuerbar oder nicht umsteuerbar – spielt in diesem Zusammenhang eine Rolle. Die Öffnungszeiten der nacheinander betätigten Ventile sollen sich um etwa 10° Kurbelwinkel überschneiden, damit in jeder Kurbelstellung das sichere Anspringen des Motors gewährleistet ist. Die Öffnung erfolgt während des Arbeitshubes, und zwar beginnt sie im oberen Totpunkt oder einige Grad Kurbelwinkel nach *OT*. Bei Direktsteuerung des Anlaßventiles führt man die Nockenkurve nicht symmetrisch zu ihrer Mittellinie aus. Man gibt ihr vielmehr am Anfang eine ziemlich große Steigung, so daß die volle Ventilöffnung sehr schnell erreicht wird. Der Abfall der Erhebungskurve erfolgt dann annähernd gleichmäßig. Auf diese Weise ermöglicht man einen kräftigen Druckluftstoß am Anfang und reduziert den Luftverbrauch zum Ende des Hubes hin beträchtlich.

Die verbreitetste Form der Betätigung von Anlaßventilen ist durch den Einsatz von Druckluft gekennzeichnet. Es handelt sich dabei um eine mittelbare Steuerung, bei der die Druckluftversorgung der Öffnungsorgane über nockenbetätigte Steuerventile erfolgt.

Diese Art des Anlassens wird schon bei Motorenleistungen von 200 PS an bevorzugt, bei Motoren größerer Leistung mit Umsteuervorrichtung wird sie heute allgemein angewendet. Gewöhnlich bleibt die Öffnung des Ventils in diesem Falle in vollem Umfang über den ganzen Anlaßwinkel hinweg bestehen.

Bei umsteuerbaren Zweitaktmotoren kann man schon von drei Zylindern an mit einer guten Manövrierfähigkeit rechnen, wenn man davon ausgeht, daß der Anlaßwinkel immer etwa 10° über dem Versetzungswinkel der Kurbeln nacheinander zündender Zylinder liegen muß. Durch diese Maßnahme wird das Überwinden der Totpunktlagen wesentlich erleichtert. Bei dieser Überlegung ist zu beachten, daß der maximale Anlaßwinkel vom Kurbelweg beim Arbeitshub begrenzt wird, also immer kleiner als 180° Kurbelwinkel sein muß. Viertaktmotoren müssen daher mindestens sechs Zylinder besitzen, um die gleichen Eigenschaften ausweisen zu können. Da entsprechend der erforderliche Anlaßwinkel bei geringerer Kurbelversetzung abnimmt, ist der Bedarf an Druckluft zum Anlassen beim Viertaktmotor größer als beim Zweitaktmotor.

Zur Einschränkung des Luftverbrauches verwendet man deshalb bei Direktsteuerung der Anlaßventile die schon erwähnten unsymmetrischen Nocken oder führt die Erhebungskurve in zwei Teilen aus. Der eine Teil öffnet das Ventil voll und ermöglicht so einen kräftigen Druckluftstoß. Der zweite, auf den umgeschaltet wird, wenn der Motor sich dreht, verringert die Öffnung des Ventiles und sorgt so dafür, daß der Motor mit reduziertem Luftverbrauch auf die Drehzahl gebracht wird, bei der auf „Betrieb" geschaltet werden kann. Geringerer Luftaufwand ist auch für das einwandfreie Zünden beim Anfahren von Vorteil. Durch Expansion der Druckluft im Zylinder sinkt ihre Temperatur stark ab. Es erfolgt also eine kräftige Innenkühlung, die das Erreichen der erforderlichen Zündtemperaturen erschwert.

Auch bei mittelbar gesteuerten Anlaßvorrichtungen besteht grundsätzlich die Möglichkeit, den Druckluftstrom durch Verminderung der Durchschnittsquerschnitte an den Ventilen zu verringern. Allerdings wird hierzu ein größerer konstruktiver Aufwand erforderlich sein.

### 9.3.3. Anlaßvorrichtungen

Zunächst soll der Aufbau eines mechanisch gesteuerten Anlaßventiles, wie es Bild 9/38 darstellt, erläutert werden. Das aus Grauguß gefertigte Ventilgehäuse wird in der Aufnahmebohrung des Zylinderdeckels (Kanone) durch einen kegelförmigen Ansatz bzw. bei geraden Anlageflächen durch Zwischenlegen eines Kupferringes abgedichtet. Die zum Dichten erforderliche Flächenpressung wird von

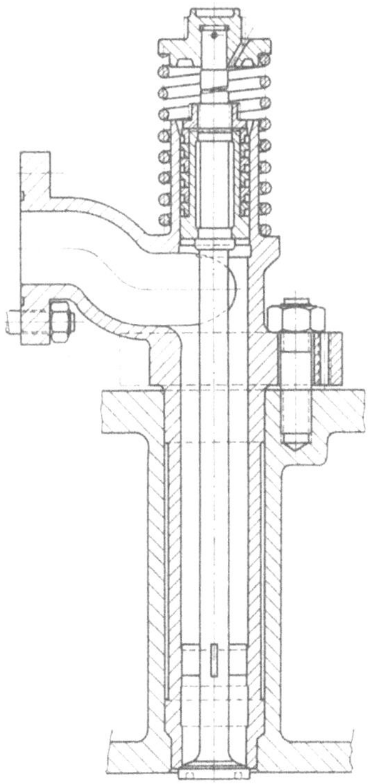

Bild 9/38. Mechanisch gesteuertes Anlaßventil

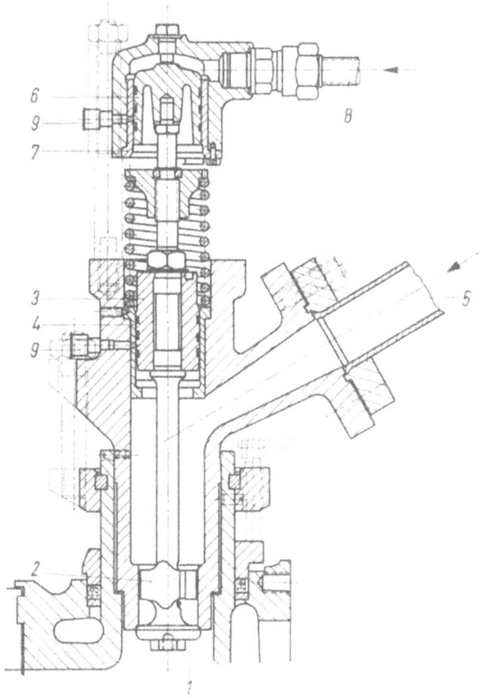


Bild 9/39. Anlaßventil mit Druckluftbetätigung

1 Ventilkegel,
2 Spindelführungskreuz,
3 Druckausgleichskolben,
4 Kolbenlaufbuchse,
5 Eintritt der Anlaßluft,
6 Schubkolben,
7 Einsatzbuchse,
8 Eintritt der Druckluft vom Steuerschieber,
9 Kolbenschmiervorrichtung

den Flanschschrauben aufgebracht. Ventilkegel und Schaft stellt man in einem Stück aus hochwertigem Stahl her. Die Tellerfläche des Kegels versieht man vielfach mit Sackbohrungen, um beim Einschleifen zwischen Ventil und Werkzeug eine formschlüssige Verbindung zu erhalten. Am Schaft des Ventiles befestigte Stege sorgen im unteren Teil des Gehäuses für eine einwandfreie Geradführung der Hubbewegung. Die Stege sind so in Kreuzform angeordnet, daß sie die durch den Stutzen zuströmende Anlaßluft nur geringfügig drosseln. Oberhalb der Lufteintrittsöffnung ist der Schaft mit einem Kolben versehen, dessen Außendurchmesser dem der Austrittsbohrung entspricht. Die bei geschlossenem Ventil von der Anfahrluft mit 30 ... 50 at Druck beaufschlagten Kreisringflächen von Kolben und Ventilkegel besitzen dementsprechend gleiche Größe. Dadurch heben sich die entgegengesetzt gerichteten Druckkräfte auf. Die Hubbewegung kann so mit großer Genauigkeit durch geringe Kräfte eingeleitet werden und für das Schließen benötigt man nur eine schwache Feder, die sich durch geringen Raumbedarf auszeichnet. Der Ventilschluß erfolgt dabei weich unter weitgehender Schonung von Sitz und Kegel. Der Entlastungskolben hat außerdem die Aufgabe, ein Entweichen der Anfahrluft nach außen zu unterbinden. Zu diesem Zwecke muß er in der Gehäusebohrung eingeschliffen werden oder, wie bei größeren Ausführungen üblich, mit Dichtringen (Bild 9/38) versehen werden. Die Ventilfeder wird von einem zylindrischen Gehäuseansatz geführt und übt die Schlußkraft über einen am Ende des Schaftes befestigten Druckteller auf das Ventil aus. Das Gehäuse muß mit eingebautem Ventil in den Zylinderdeckel eingesetzt werden. Dabei ist auf gleichmäßigen Anzug der Stiftschrauben zu achten. Da der Gehäuseflansch auf dem Zylinderdeckel nicht zur Anlage kommt, kann ungleicher Anzug einen Verzug des Gehäuses und damit ein Verklemmen des Ventilschaftes bewirken.

Anlaßventile in der Art des eben Besprochenen findet man häufig bei nicht umsteuerbaren Motoren und Motoren kleinerer Leistung mit Umsteuervorrichtung. Sie werden mechanisch, d. h. durch Nockentriebe mit entsprechenden Übertragungsmechanismen, gesteuert bzw. betätigt.

Bei pneumatischer Betätigung versieht man das Ventil zum Öffnen mit einem einseitig beaufschlagten Schubkolbenzylinder.

Die für die Ventilbetätigung benötigte Druckluft wird über ein besonderes Steuerorgan – in der Regel ein nockenbetätigter Schieber – zugeführt. Dieser Schieber beaufschlagt bzw. entlüftet den Schubkolbenzylinder entsprechend den vorgeschriebenen Anlaßzeiten. Bild 9/39 zeigt ein pneumatisch betätigtes Anlaßventil der Firma M.A.N. In Bild 9/40 ist der zugehörige Anlaßsteuerschieber dargestellt. Das Anlaßventil gleicht in seinem Aufbau prinzipiell dem im vorstehenden behandelten. Das Schließen des Ventiles wird auch hier durch die Ventilfeder bewirkt. Hinzuweisen wäre auf die Einsatzbuchsen (Bild 9/39, Pos. 4 und 7), die als Laufflächen für Schub- und Entlastungskolben dienen, und die Anstiche (9) für deren Schmierung.

Der Steuerschieber (Bild 9/40) ist umsteuerbar und hat infolgedessen zwei Nocken auf der Steuerwelle.

Bei Gleichlauf von Kurbel- und Anlaßsteuerwelle (Zweitaktverfahren) ergibt sich im betrachteten Beispiel ein Anlaßwinkel von rund 140°. Die Kurvenvertiefung steuert den Anlaßvorgang.

Die Steuerung erfolgt in Abhängigkeit von der Kolbenstellung. Sie leitet die Ventilöffnung einige Grad Kurbelwinkel nach *OT* beim Arbeitshub ein. Die Luft zur Betätigung der Anlaßventile wird ebenso wie die Anlaßluft dem Anlaßdruckluftbehälter entnommen. Ihr Druck liegt in der Regel unter dem Verdichtungsenddruck im Zylinder, beispielsweise mit 30 at gegenüber 38 . . . 45 at. In manchen Fällen wird der Druck für die Schubkolbenbetätigung auch in einem Reduzierventil vermindert. Die Vorspannung der Ventilfedern und die Querschnitte der Schubkolben werden so bemessen, daß das Anlaßventil als Rückschlagventil wirken kann. Es öffnet unter Druck der Getätigungsluft erst dann, wenn der Druck im Zylinder diesen unterschreitet. Das Rückströmen heißer Verdichtungsluft in die Anfahrluft ist somit ausgeschlossen, solange das Ventil dicht ist.

Das An- und Abschalten der Druckluftversorgung der Anlaßvorrichtungen vom Sammelbehälter her erfolgt meist am Bedienungsstand. Durch das Bedienungshandrad wird das Hauptanlaßventil betätigt, das der Druckluft nur während des Anlaßvorganges den Weg zu den Anlaßvorrichtungen freigibt, bei Stellung auf „Stop" und „Betrieb" jedoch das gesamte System gegenüber der Atmosphäre entlüftet. Ein von der Firma M.A.N. konstruiertes Hauptanlaßventil zeigt Bild 9/41. In einem Führungszylinder (2) kann ein federbelasteter Kolben (1) von seinem

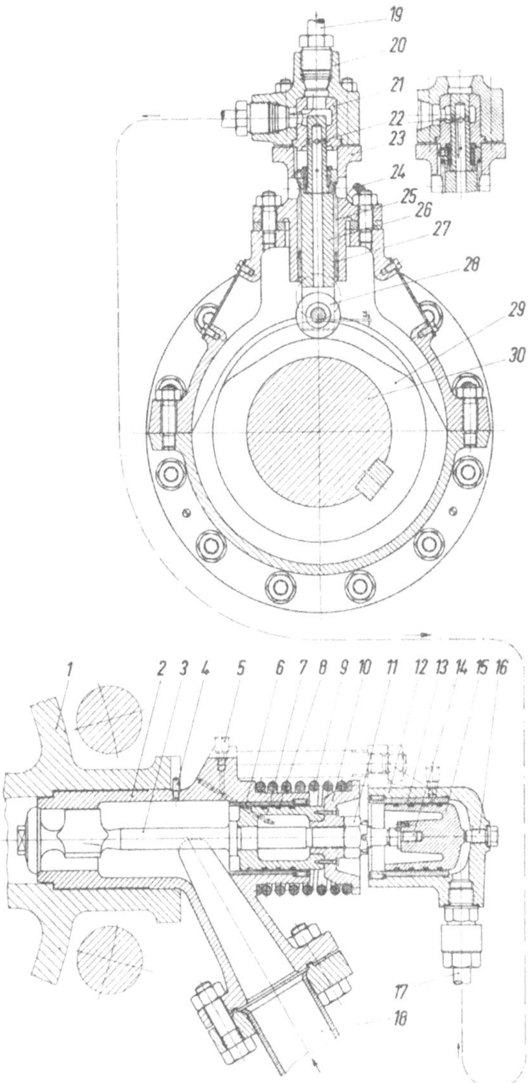


Bild 9/40. Anlaßsteuerschieber der M.A.N. (Werkbild M.A.N. AG, Augsburg)

1 Zylinderdeckel,
2 Ventilgehäuse,
3 Ventilkegel,
4 Schaftschraube,
5 Fettbüchse,
6 Büchse,
7 Führungskolben,
8 Dichtringe,
9 Druckfeder,
10 Federteller,
11 Kronenmutter,
12 Zylinder,
13 Büchse,
14 Schraube,
15 Steuerkolben,
16 Sechskantschraube,
17 Steuerluftleitung,
18 Anlaßleitung,
19 Luftleitung,
20 Deckel,
21 Bundbüchse,
22 Entlüftungsbohrung,
23 Gehäuse,
24 Drehöler,
25 Feder,
26 Steuerschieber,
27 Büchse,
28 Rolle,
29 Anlaßnocken,
30 Steuerwelle

kegelförmigen Sitz aus senkrechte Hubbewegungen ausführen. Bei Stellung des Bedienungshandrades auf „Stop" und „Betrieb" ruht der Kolben unter dem Druck der über Leitung (3) zuströmenden Steuerluft in seinem Sitz und sperrt so den Durchtritt der Druckluft vom Behälter [Leitung (4)] zur Anlaßleitung (5). In dieser Stellung öffnet er über eine Druckstange ein federbelastetes Ventil (6), das die Verbindung zwischen der Anlaßluftleitung (5) und der Außenluft über Leitung (7) herstellt. Die Feder des Entlüftungsventils (6) besitzt eine stärkere Vorspannung als die des Ventilkolbens (1). Stellt man das Bedienungsrad auf „Anlassen", so wird der Druck auf den Ventilkolben über Leitung (3) auf Atmosphärendruck reduziert und die stärkere Feder schließt das Entlüftungsventil (6) unter gleichzeitiger Freigabe des Durchganges von Leitung (4) nach Leitung (5). Die Druckluft kann jetzt ungehindert zu den Anlaßorganen strömen.

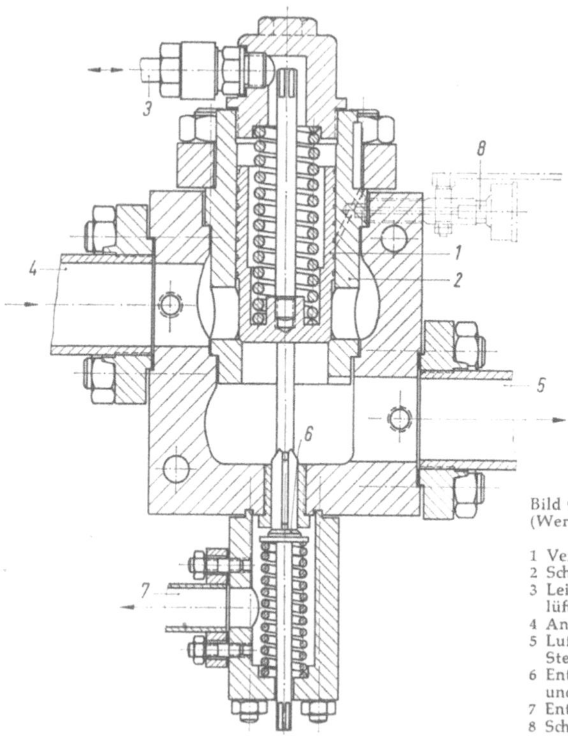


Bild 9/41. Hauptanlaßventil der M.A.N. (Werkbild M.A.N. AG, Augsburg)

1 Ventilschieber,
2 Schieberführungsbuchse mit Sitz,
3 Leitung für Beaufschlagung bzw. Entlüftung der Steuerschieber,
4 Anlaßluft vom Luftgefäß,
5 Luft zu den Anlaßventilen und Steuerschiebern,
6 Entlüftungsventil für Anlaßventile und Steuerschieber,
7 Entlüftungsleitung,
8 Schmiergefäß für den Ventilschieber

Die Anlaßvorrichtung eines Motors größerer Leistung ist in Bild 9/42 dargestellt. Sie soll aufgrund gewisser Abweichungen gegenüber den zuvor betrachteten Ausführungen kurz besprochen werden. Der Antrieb des Steuerorgans wird über eine Schraubradpaarung von der Kurbelwelle abgeleitet und erfolgt über eine Vertikalwelle (2), die am oberen Ende eine Plankurvenscheibe (1) trägt. Diese rotiert unter einem Stahlgehäuse, in dem kreisförmig ebensoviele Steuerventile (3) angeordnet sind, wie der Motor Anlaßventile besitzt. Sie sind der Kurbelstellung der zugeordneten Zylinder entsprechend zueinander versetzt. Beim Anlaßvorgang werden die Steuerventile über den Drucklufteintrittskanal (10) beaufschlagt, wodurch die Rollen (12) die Kurvenscheibe berühren. Bei Einlauf einer Rolle in eine Vertiefung der Scheibe wird der Steuerventilkolben durch Druck auf die Differenzfläche (untere druckbelastete Projektionsfläche des Ventilkolbens (3) in Höhe des Kanals (10) ist größer als die obere) nach unten geschoben, die Entlüftungsbohrungen (9) werden von der Gehäusewand verdeckt. Gleichzeitig wird die Leitung (5) zum Schubkolben (6) des Anlaßventils freigegeben, dieses öffnet und Anlaßluft kann in den Zylinder strömen. Beim Auslaufen aus der Vertiefung auf den Scheibenrand wird der Druckluftstrom zum Öffnungszylinder unterbrochen und dieser über Leitung (5), die Bohrungen (9) im Steuerkolben (3), den Entlüftungskanal (11) und Leitung (15) gegen Atmosphäre geschaltet. Das Anlaßventil schließt unter Einwirkung der Federkraft. Steht die Motorensteuerung auf „Stop" oder „Betrieb", so wird die Druckluftzufuhr über die Leitungen (7) und (8) gesperrt, die Feder (4) zieht den

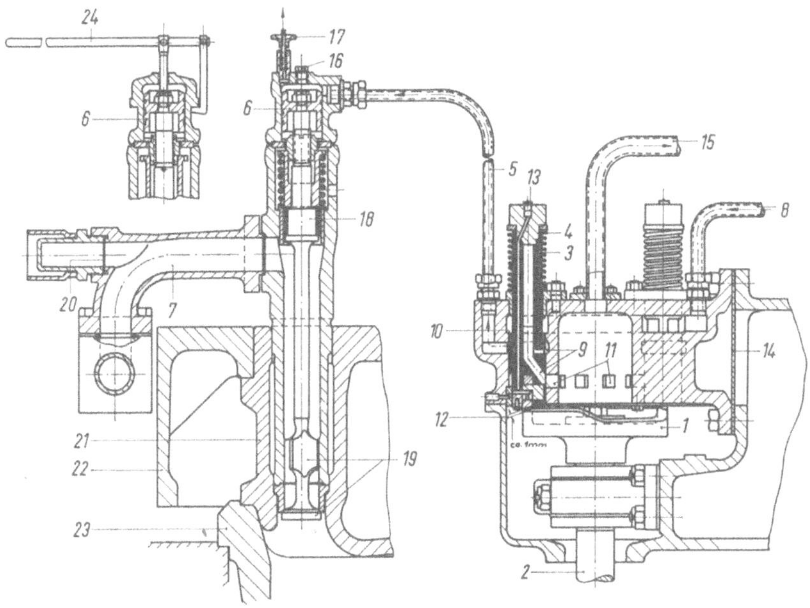


Bild 9/42. Anlaßvorrichtung mit Steuerschiebern

1 Nockenscheibe mit Einfallnocken,
2 Nockenwelle,
3 Anlaßsteuerschieber,
4 Schieberfeder,
5 Luftleitung vom Steuerschieber zum Schubkolben,
6 Schubkolben für Anlaßventil,
7 Anlaßluftleitung,
8 Anlaß-Steuerluftleitung,
9 Kanäle für Luftsteuerung,
10 Lufteintrittskanal,
11 Entlüftungskanal,
12 Steuerschieberrolle,
13 Schieber- und Rollenschmierung,
14 Paßscheibe,
15 Entlüftung,
16 Verschlußschraube,
17 Schmierung,
18 Druckausgleichskolben,
19 Anlaßventilkegel mit Führungskreuz,
20 Brechplatte,
21 Zylinderdeckel,
22 Deckelpreßring,
23 Zylinderlaufbuchse,
24 (oben links) Gerät zur Gangbarmachung des Schubkolbens und Anlaßventiles

Steuerkolben (3) in die obere Endlage und hebt dadurch die Rolle (12) von der Kurvenscheibe (1) ab. Das Anlaßventil ist gegen Atmosphäre geschaltet und bleibt geschlossen.

Zur Dämpfung der Anlaßgeräusche läßt man die gemeinsame Entlüftungsleitung (15) für Steuerventil und Öffnungszylinder in den Spülluftaufnehmer münden. Bei Hängen eines Anlaßventiles, das zu einem Druckstau in dem mit der Anlaßluftleitung verbundenem Leitungssystem des Steuerorgans führt, oder im Falle einer Ölexplosion in der Anlaßluftleitung kann sich die Luft bei Überschreiten des zulässigen Druckes durch Heraussprengen der Brechplatten (20) den Weg in die Atmosphäre bahnen. Außerdem befinden sich auch noch Brechplatten an den Enden der durchgehenden Anlaßluftleitung.

Für die Schmierung von Steuerkolben und Rolle ist ein Nippel (13) mit angeschlossenen Bohrungen vorgesehen. Die Versorgung des Öffnungszylinders mit Schmierstoff erfolgt über eine aufgesetzte Vorrichtung (17). Bei Schwergängigkeit des Anlaßventils besteht nach Herausnahme der Verschlußschraube (16) die Möglichkeit, ein Gerät (24) anzusetzen, mit dem man von Hand Öffnungsbewegungen

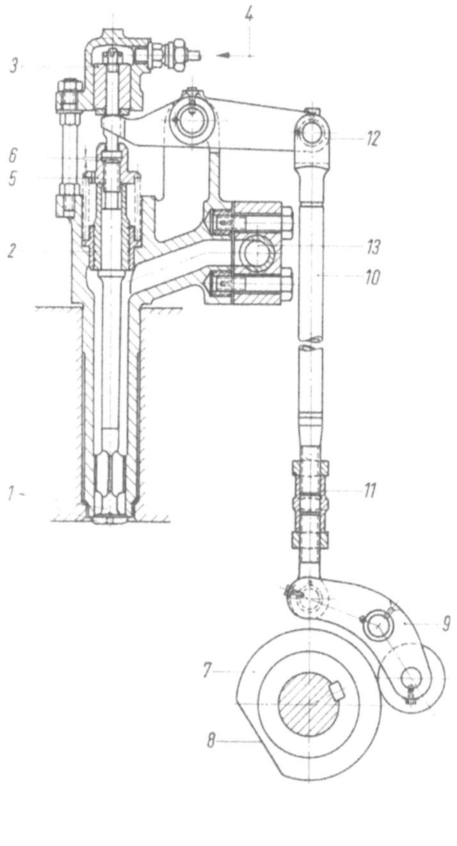


Bild 9/43. Mechanisch gesteuertes Anlaßventil mit Druckluftbetätigung

1 Anlaßventilkegel,
2 Druckausgleichskolben,
3 Schubkolben,
4 Eintritt der Druckluft in den Schubkolbenzylinder,
5 Verbindungsmuffe zwischen Schubkolbenstange und Anlaßventilspindel,
6 Spiel zwischen Schubkolbenstange und Anlaßventilspindel,
7 Nockenscheibe,
8 Steuerkurve,
9 Rollenhebel,
10 Stoßstange,
11 Spannschloß,
12 Ventilhebel,
13 Anschluß für Anlaßluft

durchführen kann, um unter Schmierung eine Beseitigung der Widerstände zu erreichen. Unterhalb der Plankurvenscheibe ist die vertikal verlaufende Welle (2) geteilt und an den Enden mit Kegelrädern versehen. Die Verbindung wird über ein schwenkbar angeordnetes Kegelradpaar hergestellt (die Anordnung entspricht der eines Fahrzeugausgleichgetriebes, mit dem Unterschied, daß die Halterung der Ausgleichräder nicht umlaufen kann). Durch Schwenken des Kegelradpaares um den Umsteuerwinkel kann man die Stellung des Anlaßsteuerorgans der jeweils gewünschten Drehrichtung des Motors anpassen.

Für Viertakttauchkolbenmotoren bis etwa 250 PS Zylinderleistung verwendete die Firma Krupp eine Anlaßvorrichtung, die pneumatisch betätigt, aber rein mechanisch gesteuert wird (Bild 9/43). Der Kolben (3) des Öffnungszylinders steht bei Stellung der Motorensteuerung auf „Anlassen" ständig unter dem Druck der über Leitung (4) zuströmenden Luft. Das Absperren der Druckluftzufuhr und die gleichzeitige Entlüftung des Öffnungszylinders bei den Stellungen „Stop" und „Betrieb" erfolgt über ein Hauptventil am Bedienungsstand.

Der Aufbau der unteren Öffnungsorgane unterscheidet sich nicht von dem der zuvor betrachteten. Hier endet jedoch die Kolbenstange des Betätigungskolbens (3) mit einem Bund in der gleichzeitig als Federdruckteller fungierenden Verbindungsmuffe (5), die unter Ermöglichung eines Spieles an der Stelle (6) die Verbindung zum Ventilschaft herstellt. Dieses Spiel garantiert in jedem Falle das vollständige Schließen des Ventilkegels (1) unter Federdruck. Der Ventilbetätigungshebel (12) ist über eine Stoßstange (10), deren Länge durch ein Spannschloß (11) verstellbar ist, mit dem Rollenhebel (9) verbunden. Die auf der Steuerwelle angeordnete Kurvenscheibe (7) ist mit einer Vertiefung (8) ausgeführt.

Herrscht im Öffnungszylinder Atmosphärendruck, so hält die Feder das Anlaßventil geschlossen und die Rolle wird durch das Gewicht der Stoßstange, des äußeren Armes des Ventilhebels (12) und des inneren Teiles des Rollenhebels (9) von der Kurvenscheibe abgehoben. Der Schubkolben (3) befindet sich in seiner oberen Endlage. Beim Anlaßvorgang wird der Schubkolben (3) von Druckluft beaufschlagt und bringt über das Gestänge die Rolle auf der Kurvenscheibe zur Anlage. Läuft diese auf dem kreisförmigen Teil der Kurvenscheibe, so kann der Schubkolben nur einen der Rollenlose entsprechenden Weg zurücklegen, um den sich das an der Stelle (6) vorhandene Spiel verkleinert. Eine Betätigung des Ventils ist noch nicht möglich. Läuft die Rolle jedoch in die Vertiefung der Kurvenscheibe ein, so wird das Ventil, immer der jeweiligen Rollenstellung entsprechend, geöffnet. Beim Auflauf auf den Kreisteil der Scheibe schiebt der Hebelmechanismus den Schubkolben soweit zurück, daß nach Schließen des Ventils durch die Feder an der Stelle (6) wieder Spiel vorliegt. Der Hebelmechanismus ist so bemessen, daß er bei Klemmen des Ventils in der Lage ist, dieses gegen alle Widerstände bis auf einen dem Rollenspiel entsprechenden Spalt zu schließen. Das Spiel zwischen Rolle und Scheibe sowie das in der Verbindungsmuffe kann durch das Spannschloß (11) der Stoßstange genau eingestellt werden. Bei umsteuerbaren Motoren reicht das geringe Rollenspiel auf dem Kreisteil der Scheibe aus, um die Verschiebung der Nockenscheiben ohne Schwierigkeiten ausführen zu können.

### 9.3.4. Überwachung und Wartung der Anlaßvorrichtungen

Das Anlaßventil tritt nur beim Anfahren des Motors, bei umsteuerbaren Motoren darüber hinaus noch während der Manöver, in jedem Falle jedoch nur für kurze Zeit in Tätigkeit. Da es bei Betrieb des Motors höchsten Temperaturen ausgesetzt ist, kann es sich leicht festsetzen, wenn das an den Sitzflächen und Führungen befindliche Öl verkrustet oder sich Rost bildet. Man sollte daher mechanisch gesteuerte Anlaßventile vor jedem Anlaßvorgang mittels eines Schlüssels oder eines anderen geeigneten Gerätes anlüften und auf ihre Gangbarkeit prüfen. In der Auslaß-, Ansaug- und Spülperiode lassen sie sich, sofern sie in Ordnung sind, leicht bewegen. Undichte Anlaßventile erkennt man am Warmwerden der Anlaßluftleitung. Schließt ein Ventil beim Anlassen nicht, so kann das je nach dem Grad der Undichtigkeit mehr oder weniger schwerwiegende Folgen haben. Zunächst sinkt der Druck in den Anlaßluftgefäßen, da dann während aller Takte Luft von hoher Spannung in den Zylinder gelangt. Bei Viertaktmotoren tritt ein Luftstrom aus dem Ansaugstutzen heraus. In der Verdichtungsperiode können so hohe Drücke auftreten, daß bei Versagen der Sicherheitsventile der Motor beschädigt werden kann. Der Anlaßventilkegel gibt nur einen relativ geringen Querschnitt frei, so daß sich der hohe Verdichtungsdruck nicht schnell genug nach der Anlaßluftleitung hin ausgleichen kann. In solchen Fällen kann sich die Pleuelstange verbiegen, oder es entstehen Anrisse in der Welle. Andererseits kann die infolge hoher Verdichtung stark erhitzte Luft ins Anlaßventilgehäuse und in die Luftleitung dringen und das bei Vorhandensein von Öl entstehende Schmieröl-Luft-Gemisch entzünden. Die Konzentration des Sauerstoffes ist hier etwa 30mal so hoch wie in der Atmosphäre. Die folgende Explosion kann unter Umständen Gehäuse und Rohr zerstören. Man sichert sich gegen diese Auswirkungen durch den Einbau von Sprenglatten (siehe Bild 9/42).

Das Anlassen ist für den Motor ein ungünstiger Vorgang, da sich die Druckluft während der Expansion im Motorenzylinder stark abkühlt, während gleichzeitig für das Einsetzen der Zündung und das Anspringen des Motors eine hohe Temperatur verlangt wird. Durch die sich abkühlende Luft können in warmen Motoren auch Wärmespannungen entstehen, die zu Rißbildungen führen. Es ist deshalb wichtig, die Hauptmotorenanlage am Ende der Seereise vor dem ersten Manöver, z. B. kurz vor der Übernahme des Lotsen, eine gewisse Zeit reduziert zu fahren, damit die Betriebstemperatur des Motors absinkt. Schiffs- und Maschinenleitung müssen auf Motorschiffen in dieser Beziehung gut zusammenarbeiten. Auch wenn beim Lotsenmanöver keine Rückwärtsfahrt nötig ist, so empfiehlt es sich doch, vor Einfahrt ins Revier ein Rückwärtsmanöver durchzuführen, um sich von der einwandfreien Funktion der Umsteuer- und Anlaßvorrichtungen zu überzeugen. Springt ein Motor nicht an, so hilft auch ein mehrfaches Wiederholen des Anlaßvorgangs nicht, da der Motor durch das Einströmen und Expandieren der Anlaßluft immer weiter auskühlt, wodurch die Wahrscheinlichkeit des Anspringens weiter herabgesetzt wird. Zudem wird bei den meisten Motoren schon während des Anlassens Kraftstoff eingespritzt, so daß die Zylinder nach mehrmaligem erfolglosen Anlassen schließlich mit Kraftstoff überflutet sind und aus diesem Grunde schwerer zünden.

Läßt sich ein Motor nicht in Gang bringen, so kann das

a) an Fehlern in den Anlaßorganen selbst liegen. Springt er trotz Anlaßbewegung nicht an, so kann die Ursache

b) mangelhafte oder ganz fehlende Kraftstoffeinspritzung bzw.

c) trotz erfolgter Kraftstoffeinspritzung nicht stattfindende Zündung sein.

Nachstehend sollen die hauptsächlichsten Fehlerquellen zu a) untersucht werden:

1. Der Anlaßventilkegel bzw. der Betätigungskolben des Anlaßventils bleibt hängen oder ist undicht. Das Hängenbleiben hat seine Ursache im Ansatz von Schmutzteilchen oder in der Rostbildung durch mitgerissenes Kondenswasser aus den Flaschen (deshalb Durchblasen vor den Manövern).

   Auch Rußteilchen, die durch kleine Undichtigkeiten der Anlaßventile in die Anlaßleitung bis zu den Schaltkegeln und Steuerkolben vorgedrungen sind (vgl. Bild 9/49), können derartige Störungen im Anlaßsystem hervorrufen.

2. Der Steuerkolben im Anlaßluftverteiler kann festsitzen. Bei kleineren Motoren sind die Anlaßluftverteiler der einzelnen Zylinder häufig in einem Bauteil, dem Anlaßluftverteilerstern, vereinigt (Bild 9/44). Beim Anlaßvorgang strömt nach Betätigung des Hauptanlaßventils Druckluft durch den Ringkanal auf die einzelnen Steuerkolben, die hierdurch unter Überwindung der Federspannung, durch die sie vorher nach außen gedrückt wurden, nun nach innen auf die Nockenscheibe gepreßt werden. Derjenige Steuerkolben, der jeweils in den

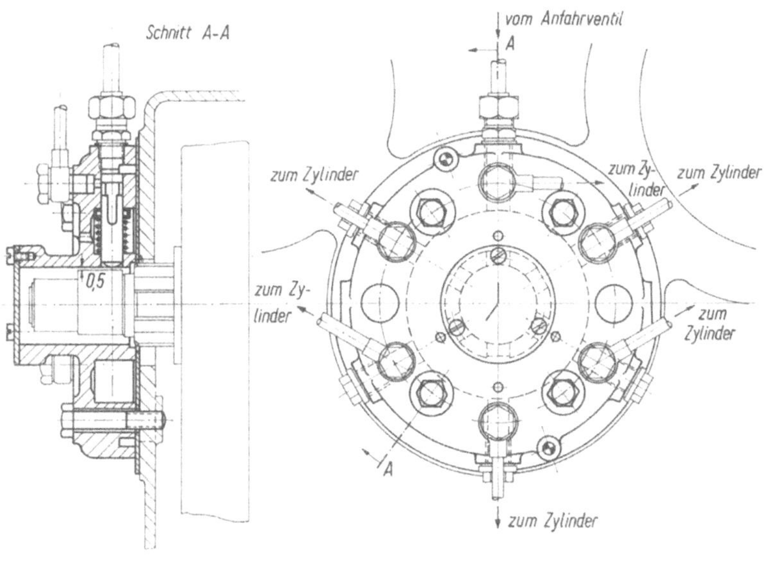


Bild 9/44. Anlaßluftverteiler

abgeflachten Teil der Nockenscheibe (negativer Nocken) gelangt, gibt durch diese Bewegung der Anlaßluft den Weg zum zugehörigen Zylinder frei, so daß jetzt Druckluft auf den Kolben des Anlaßventils treten kann und dieses öffnet.

Diese kleinen Steuerschieber im Verteilerstern sollen besonders bei längerer Seereise in nicht zu großen Zeitabständen leicht eingefettet werden, damit sie nicht anrosten. Gutes Entwässern der Luftflaschen verringert die Gefahr des Mitreißens von Kondenswasser in die Anlaßluftleitung und damit die Gefahr der Rostbildung. Die Anlaßluftleitung zwischen dem Hauptanlaßventil am Fahrstand und den Anlaßventilen sollte ebenfalls immer ein Entwässerungsventil enthalten, das mit Ausnahme des Anlaßvorganges stets offengehalten wird. Vor dem Anlassen – nach Stillstand des Motors – bläst man durch diese Entwässerung beim „Herumschlagen" des Propellers ebenfalls durch. Undichte Anlaßventile erkennt man im Betriebe durch Dunsten an den beschriebenen Entwässerungsvorrichtungen und am Warmwerden der Anlaßluftleitung.

3. Der Anlaßluftdruck kann zu gering sein bzw. bei Anlagen mit Druckminderventil zwischen Luftflaschen und Motor kann das Reduzierventil unklar oder falsch eingestellt sein.

4. Bei Motoren mit elektrischen Anlassern kann die Verbindung der Anlasserkabel lose (Schmoren der Anschlüsse) oder der Akkumulator nicht genügend aufgeladen sein. Es ist besonders auf eine gute metallische Verbindung zwischen den Anschlußklemmen und den Polen der Batterie zu achten. Klemmen und Pole müssen durch Vaseline vor Korrosion geschützt werden. Liegt Spannung am Anlasser, ohne daß er läuft, bzw. bewegt der laufende Anlasser den Motor nicht, so ist der Eingriff des Anlasserritzels im Schwungrad zu überprüfen. Dies gilt in entsprechender Form auch für Hilfsdiesel, die statt des elektrischen Anlassers eine kleine Luftturbine als Anlaßmotor haben (Werkspoor).

5. Die Einstellung der Steuerdaten der Anlaßventile (bei direkt nockengesteuerten Anlaßventilen) oder die der Steuerluftverteiler (bei luftbetätigten Anlaßventilen) kann falsch sein.

## 9.4. Umsteuerung

Schiffe, deren Antrieb nicht über ein Wendegetriebe erfolgt und die auch nicht mit einer Umsteuerschraube ausgerüstet sind, müssen Motoren besitzen, deren Drehrichtung für die Rückwärtsfahrt umgekehrt werden kann. Der Einsatz von Wendegetrieben beschränkt sich im allgemeinen auf kleinere Einheiten, deren Antriebsleistung unter 1000 PS liegt.

Die verbreitetste Form, Rückwärtsmanöver durchzuführen, ist ganz offensichtlich die Drehrichtungsumkehr der Motoren. Dazu sind Aggregate und Vorrichtungen erforderlich, die die Steuerung des Gaswechsels, der Kraftstoffeinspritzung und selbstverständlich auch des Anlaßvorganges dem geänderten Betriebsablauf anpassen. Die gebräuchlichste Ausführung dieser Art ist durch axial verschiebbare Steuerwellen gekennzeichnet, die für jede Betätigungsstelle mit zwei nebeneinander liegenden Nockenscheiben ausgerüstet sind. Die eine Scheibe versieht den Antrieb bei Vorwärtsfahrt, die andere bei Rückwärtsfahrt. Die Umsteuerung erfolgt durch axiale Verschiebung der Steuerwellen. Die Nocken werden in beiden Fällen in gleicher Form ausgeführt, denn sie sollen ja die gleichen Öffnungswinkel für die Ventile bzw. die gleiche Betätigungsdauer der Kraftstoffpumpen und den gleichen Anlaßwinkel gewährleisten. Der geänderten Drehrichtung entsprechend sind sie jedoch zueinander um einen bestimmten Winkel – den Umsteuerwinkel – versetzt angeordnet.

Die Ermittlung dieses Umsteuerwinkels soll am Beispiel eines Auslaßventiles in einem Viertaktmotor erläutert werden. So kann die Fragestellung lauten: Um welchen Winkel müssen die Nockenscheiben für Vorwärts- und Rückwärtsfahrt auf der Steuerwelle zueinander versetzt angebracht werden, wenn das Ventil 40° Kurbelwinkel vor *UT* öffnet und 20° nach *OT* schließt? Man beachte: Bei Viertaktmotoren läuft die Kurbelwelle doppelt so schnell um wie die Nockenwelle. Kurbelwinkel verhalten sich also zu Nockenwinkeln wie 2 : 1.

Für den Gesamtöffnungswinkel gilt:

$$\alpha_{\ddot{O}K} = 40^\circ + 180^\circ + 20^\circ = 240^\circ \text{ Kurbelwinkel},$$
$$1 \text{ Hub} \triangleq 0{,}5 \text{ Umdrehungen} \triangleq 180^\circ \text{ Kurbelwinkel}.$$

An der Nockenwelle ergibt sich

$$\alpha_{\ddot{O}N} = \frac{240^\circ}{2} = 120^\circ \text{ Nockenwinkel}.$$

Der Anfangspunkt der Nockenerhebungskurve liegt bei Kurbelstellung in *OT* (Bezugsstellung) um

$$\alpha_{1N} = \frac{180^\circ}{2} - \frac{40^\circ}{2} = 70^\circ \text{ Nockenwinkel}$$

in Vorwärtsdrehrichtung versetzt.

Der Mittelpunkt der Erhebungskurve befindet sich dann in einer um

$$\alpha_{MN} = 70^\circ + \frac{120^\circ}{2} = 130^\circ \text{ Nockenwinkel}$$

versetzten Lage.

Bei Kurbelstellung in *OT* muß also der Halbierungspunkt der Erhebungskurve des Rückwärtsnocken um den gleichen Winkelbetrag, aber in entgegengesetzter Richtung verschoben, liegen.

Der Gesamtumsteuerwinkel – der Winkel, der von beiden Nockenhalbierungslinien eingeschlossen wird – beträgt also:

$$\alpha_{UN} = 2 \cdot 130^\circ = 260^\circ \text{ Nockenwinkel}.$$

### 9.4.1. Ausführungen von Umsteuervorrichtungen

Die axiale Verschiebung der Steuerwellen, die jeweils den für die gewünschte Drehrichtung vorgesehenen Nocken in Einsatzstellung bringt, erfolgt bei modernen Motoren durch hydraulisch oder pneumatisch betätigte Servoaggregate.

Bei kleinen Motoren verschiebt man die Nockenwelle, ohne die Abtriebsglieder von den Scheiben abzuheben. Dazu versieht man die Nockenscheiben mit seitlichen Abschrägungen, um die Rollen und Hebel vor Beschädigungen zu schützen und den Kraftaufwand für den Verschiebevorgang zu vermindern.

Bild 9/45 zeigt die mit Schrägnocken versehene Steuerwelle eines M.A.N.-Viertaktmotors, die durch einen druckölbeaufschlagten Scheibenkolben verschoben wird. In der Mitte zwischen den Kraftstoffpumpen liegen die Nockenscheiben für die Betätigung von Ein- und Auslaßventil.

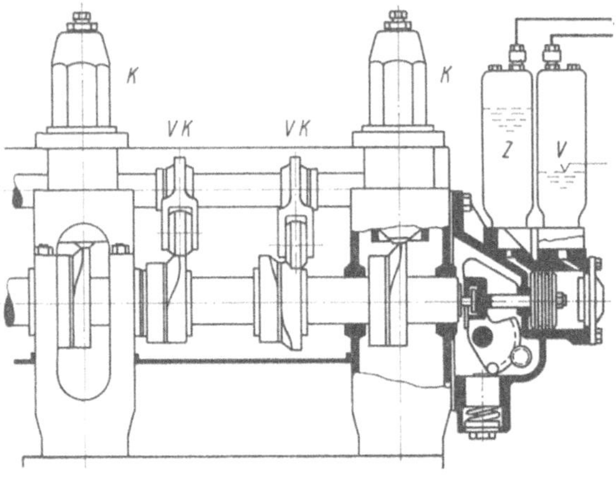


Bild 9/45
Steuerwelle mit Schrägnocken

*Z* Druckölbehälter für Schaltung auf Rückwärtsbetrieb,
*V* Druckölbehälter für Schaltung auf Vorwärtsbetrieb

Da bei dieser eben geschilderten Art der Verschiebung die Übertragungsmechanismen und die Steuerorgane (z. B. die Ventile) mitbewegt werden müssen, läßt sie sich in der Regel bei größeren Motoren aufgrund des starken Anwachsens der Verstellkräfte nicht mehr anwenden. Man vermindert dann die Verschiebewiderstände durch Abheben der Rollen und Hebel von den Nockenscheiben. Die Vorrichtung für das Abheben wird mit der für die Nockenwellenverschiebung durch Sperrglieder zwangläufig so gekoppelt, daß ein Verschieben der Nockenwelle nur möglich ist, wenn alle Abtriebsglieder abgehoben sind. Auf diese Weise vermeidet man Schäden an den Steuermechanismen.

Das Abheben wird gewöhnlich durch exzentrische Lagerung der Kipphebel ermöglicht, die exzentrisch auf der gemeinsamen Hebelwelle sitzen. Durch Drehen dieser Welle um 180° können die Kipphebel um die doppelte Exzentrizität angehoben werden. Die Stoßstangen werden dann durch die Zugfedern von den Nocken abgehoben. Eine zweite Möglichkeit besteht bei untenliegender Nockenwelle, also bei Antrieb der Ventile über Stoßstangen im Abheben durch ein Verdrehen der

Lenkerwelle. Bild 9/46 zeigt das Schema einer für diesen Zweck geschaffenen Vorrichtung, bei der die Lenkerwelle die Form einer Kurbelwelle besitzt. Der Abhebevorgang kann bei kleineren Motoren von Hand erfolgen. Bild 9/3 stellt den dafür erforderlichen Hebelmechanismus am Beispiel eines Ventiltriebes mit obenliegender Nockenwelle dar. Bei größeren Motoren verwendet man für diese Aufgabe hydraulisch oder pneumatisch betriebene Drehkolbenmotoren. In vielen Fällen werden

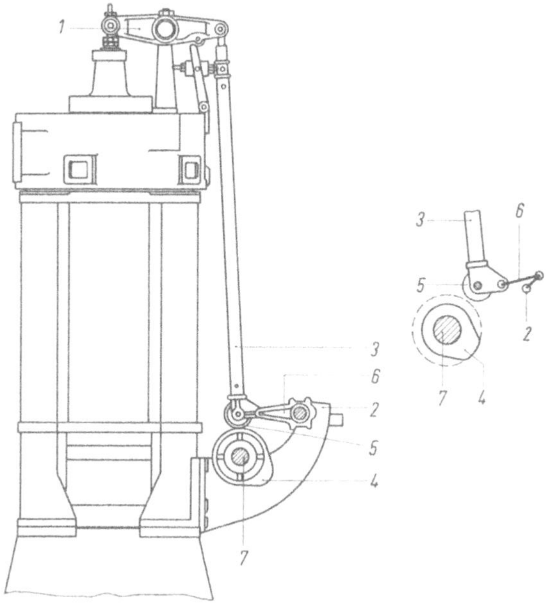


**Bild 9/46. Schema eines Ventiltriebes mit Vorrichtung zum Abheben der Stoßstange beim Umsteuervorgang**

1 Kipphebel,
2 Lenkerwelle,
3 Stoßstange,
4 Nocken,
5 Rolle,
6 Lenker,
7 Nockenwelle

zusätzlich Dämpfungsglieder – beispielsweise Flüssigkeitsdämpfer – angeordnet, die eine stoßfreie Betätigung gewährleisten.

Das Abheben der Übertragungsglieder für die Anlaßventile wird ebenfalls durch deren exzentrische Lagerung ermöglicht, während die Rollen der Einspritzpumpen meist durch Daumenrollen abgehoben werden.

Aus Bild 9/47 kann man den Aufbau und die Funktion der Vorrichtung zur Steuerwellenverschiebung an einem M.A.N.-Zweitaktmotor KZ 78/140 ersehen.

Der von beiden Seiten beaufschlagte Differentialkolben (1) wird durch Öl betätigt, das in den beiden Umsteuergefäßen (5 und 6) abwechselnd unter Druck gesetzt wird. Das Öl fungiert nur als nahezu inkrompressibles Übertragungsmedium, der Druck wird pneumatisch aufgebracht. Die Kolbenstange ist über die Kupplung (4) mit der Steuerwelle (3) verbunden. An der Kupplung ist ein Hebel (7) angelenkt, der fest mit der Hebelwelle (9) verbunden ist und über eine am anderen Ende angebrachte Rolle mit dem federbelasteten Dämpfungs- und Arretierungskolben (8) in Berührung steht. Das Zahnsegment (10), das ebenfalls auf der Hebelwelle befestigt ist, kann durch Ritzel (11) von Hand betätigt werden und ermöglicht so,

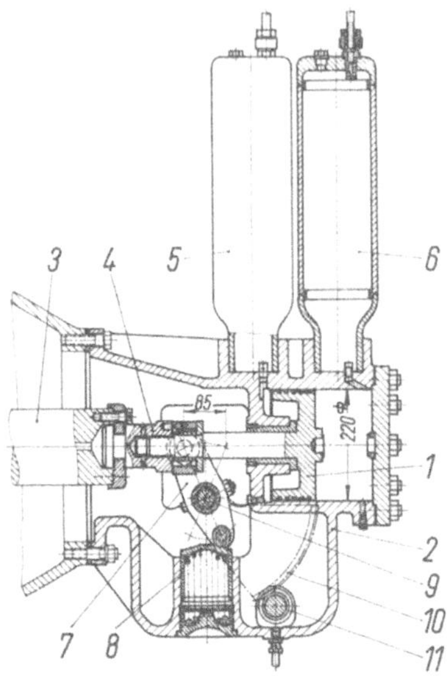


Bild 9/47. Servoaggregat für Steuerwellenverschiebung

1 Schubkolben,
2 Zylinder,
3 Steuerwelle,
4 Kupplung,
5 Umsteuergefäß,
6 Umsteuergefäß,
7 Haltehebel,
8 Federkolben,
9 Hebelwelle,
10 Zahnsegment für Handumsteuerung,
11 Ritzel

z. B. bei Instandsetzungsarbeiten die mechanische Verschiebung der Steuerwelle, deren beide Endlagen durch Anschläge fixiert sind.

Die gezeichnete Lage des Kolbens entspricht der „Vorwärts"-Stellung der Steuerwelle. Die Verschiebung auf „Rückwärts"-Stellung vollzieht sich wie folgt: Umsteuergefäß (5) wird mit Druckluft beaufschlagt. Gleichzeitig wird die Druckluftleitung zu Umsteuergefäß (6) entlüftet. Das Öl wird in den linken Raum des Zylinders gepreßt und verschiebt den Kolben (1) nach rechts. Dabei wird das im rechten Zylinderraum befindliche Öl in das Umsteuergefäß (6) rückgefördert. Der Hebel (7) führt bei der Axialverschiebung des Kolbens (1) eine Schwingbewegung aus, die eine Betätigung des federbelasteten Kolbens (8) zur Folge hat. In der Endstellung rechts wird die Steuerwelle durch Arretierung des Hebels (7) vom Federkolben (8) gehalten.

Bild 9/48 zeigt schematisch einen Bedienungsstand mit Schaltelementen für den Umsteuervorgang. Die Steuerwelle ist hier mit Schrägnocken ausgerüstet. Die Vorrichtung zur Steuerwellenverschiebung (16) entspricht der eben besprochenen. Die Steuerung der Druckluft, die den Verschiebevorgang einleitet, obliegt dem Drehschieber (7), der lose auf der Hauptwelle (2) des Bedienungsaggregates sitzt. Durch Drehen des Bedienungshandrades (1) von „Stop" auf „Umsteuern" wird der Schieber über ein mit der Hauptwelle fest verbundenes Klinkengesperre um 45° verdreht. Dadurch werden jeweils die Druckluftleitungen so beaufschlagt bzw. entlüftet, daß der gewünschte Vorgang ablaufen kann. Die benötigte Druckluft wird dem Anlaßdruckbehälter entnommen und gelangt über den Steuerschieber (8) und den Verbindungskanal (9) in den Drehschieber, von wo sie zum entsprechenden Umsteuergefäß weitergeleitet wird. Ein Parallelabzweig führt vom Steuerschieber (8) zu den Dekompressionsventilen (14) in den Zylinderdeckeln, die den Verdichtungsvorgang in den Zylindern unterbinden, bis der Motor die zum Anspringen erforderliche Drehzahl erreicht hat.

Der Anlaßvorgang wird im vorliegenden Falle vom Bedienungsaggregat aus gesteuert. Die vom Anlaßdruckbehälter kommende Druckluft muß zunächst das Steuerventil (5) passieren. Dieses wird bei Drehung des Handrades auf „Anlassen" durch die fest mit der Hauptwelle verbundene Nockenscheibe über den Hebel (4) geöffnet und gibt den Weg zu den Anlaßorganen frei. Die Druckluft beaufschlagt

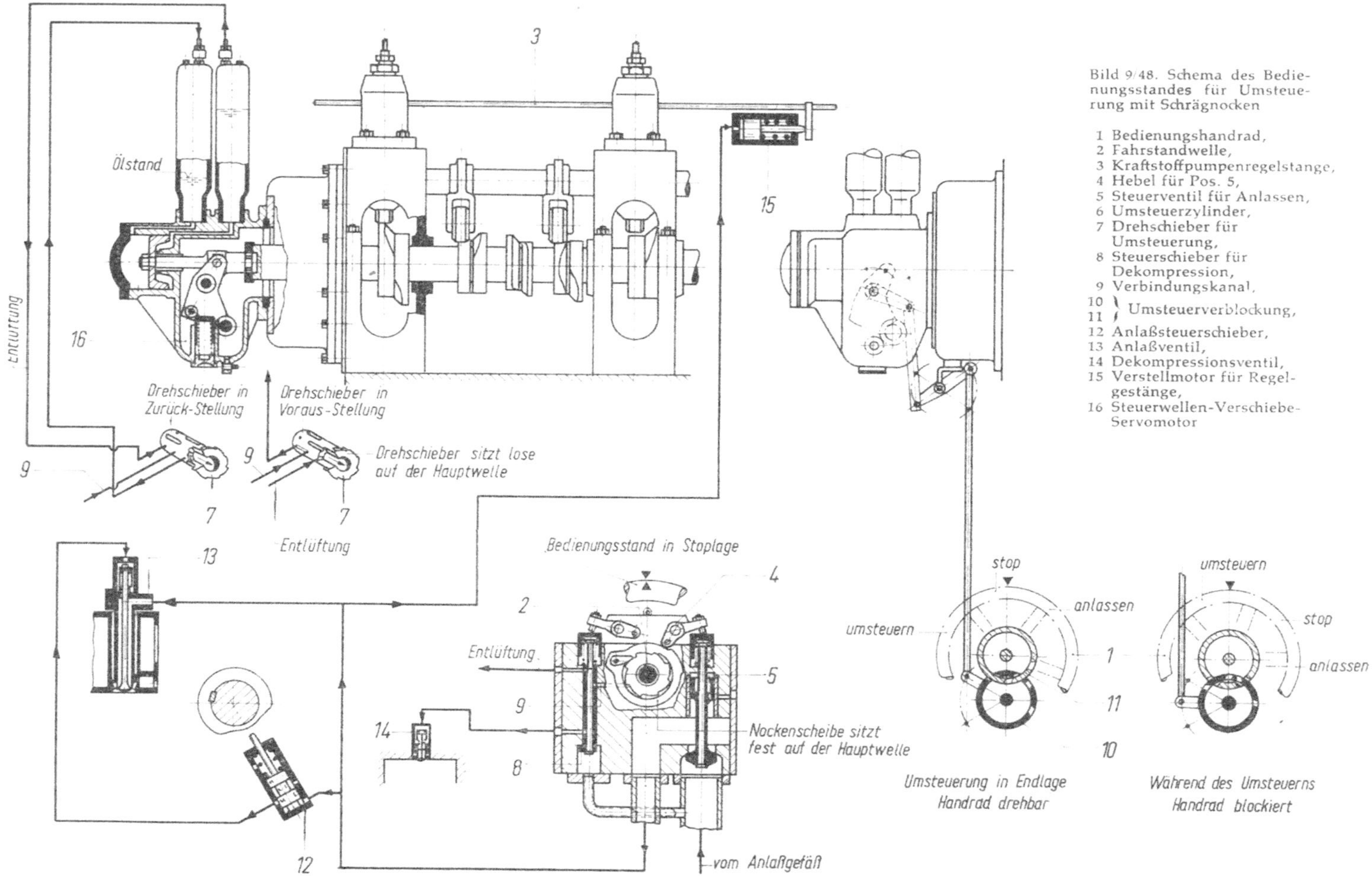


Bild 9/48. Schema des Bedienungsstandes für Umsteuerung mit Schrägnocken

1 Bedienungshandrad,
2 Fahrstandwelle,
3 Kraftstoffpumpenregelstange,
4 Hebel für Pos. 5,
5 Steuerventil für Anlassen,
6 Umsteuerzylinder,
7 Drehschieber für Umsteuerung,
8 Steuerschieber für Dekompression,
9 Verbindungskanal,
10, 11 Umsteuerverblockung,
12 Anlaßsteuerschieber,
13 Anlaßventil,
14 Dekompressionsventil,
15 Verstellmotor für Regelgestänge,
16 Steuerwellen-Verschiebe-Servomotor

jetzt die Anlaßventile (13), die Anlaßsteuerschieber (12) und schiebt über den Verstellzylinder (15) das Regelgestänge der Kraftstoffpumpen auf „Vollast".

Die nockengesteuerten Anlaßsteuerschieber geben bei entsprechender Scheibenstellung Druckluft auf die Steuerteile der Anlaßventile und öffnen damit der Anlaßluft den Weg zu den entsprechenden Zylindern.

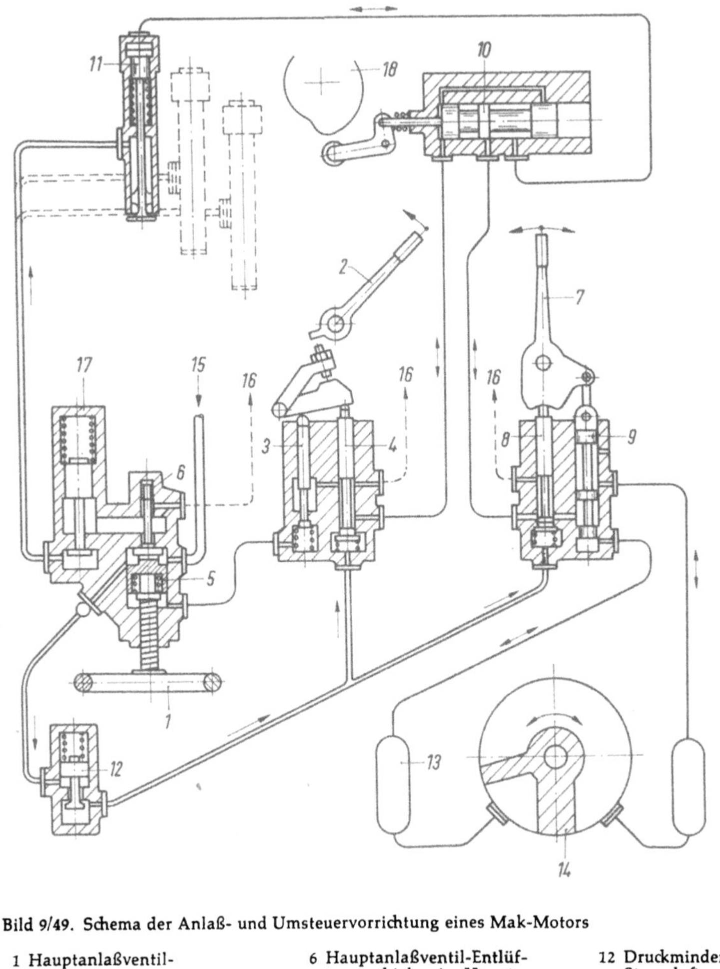


Bild 9/49. Schema der Anlaß- und Umsteuervorrichtung eines Mak-Motors

1 Hauptanlaßventil-Handrad,
2 Anlaßhebel,
3 Entlüftungsschieber für Hauptanlaßventil im Anlaßblock,
4 Entlüftungsschieber für Anlaßsteuerschieber im Anlaßblock,
5 Hauptanlaßventilschieber im Hauptanlaßventil,
6 Hauptanlaßventil-Entlüftungsschieber im Hauptanlaßventil,
7 Umsteuerhebel,
8 Verblockungsschieber im Umsteuerblock,
9 Steuerschieber im Umsteuerblock,
10 Anlaßsteuerschieber,
11 Anlaßventil,
12 Druckminderventil für Steuerluft,
13 Druckbehälter für Dämpfungsöl,
14 Umsteuerservomotor,
15 Von Anlaßluftflasche,
16 Entlüftungen,
17 Anlaß-Reduzierventil,
18 Anlaßnocken

Bild 9/49 zeigt als weiteres Beispiel den Schaltplan der Elemente für die Umsteuerung und das Anlassen eines Mak-Motors. Die Steuer- und Betätigungsorgane werden in diesem Falle mit Druckluft von reduzierter Spannung beaufschlagt.

### 9.4.2. Sicherheitsventile am Zylinder

Im allgemeinen rüstet man nur umsteuerbare Motoren mit Sicherheitsventilen aus. Sie sollen das Auftreten unzulässig hoher Drücke verhindern und so den Motor vor Schäden bewahren. Ursachen für das Entstehen solcher Drücke wurden in den Abschnitten 9.2 und 9.3 geschildert. Vorwiegend treten sie beim Anfahren auf, wenn den Zylindern zu große Kraftstoffmengen zugeführt wurden, die bei Zündung explosionsartig verbrennen. Die durch die Anlaßluft stark erhöhte Sauerstoffkonzentration im Zylinder begünstigt diesen Vorgang.

Das Sicherheitsventil ist ein direkt federbelastetes Ventil, das entweder in einer Aufnahmebohrung des Zylinderdeckels (Kanone) untergebracht oder mitunter auch in der Zylinderwand in Höhe des Verbrennungsraumes angeordnet ist. Der Öffnungsdruck sollte den normalen Zylinderdruck um nicht mehr als 10 at übersteigen.

Eine regelmäßige Funktionskontrolle ist erforderlich, da sich aufgrund der seltenen Inanspruchnahme leicht Schwergängigkeit einstellt.

# 10. Verdichter

## 10.1. Einteilung

### 10.1.1. Einteilung nach dem Druckverhältnis

Nach DIN 1945 werden die Verdichter entsprechend dem Verhältnis des Druckes auf der Druckseite $p_D$ zu dem auf der Saugseite $p_S$ in 3 Gruppen unterteilt.

| Gruppe | Druckverhältnis $p_D/p_S$ (Absolutdrücke) | Druckerhöhung gegenüber der freien Atmosphäre $\Delta p$ in kp/cm² |
|---|---|---|
| 1. Lüfter | $< 1{,}1$ | $< 0{,}1$ |
| 2. Gebläse | 1,1 ... 3,0 | 0,1 ... 2,0 |
| 3. Verdichter | $> 3{,}0$ | $> 2{,}0$ |

Bei Gruppe 3 unterscheidet man weiter zwischen

3.1. Niederdruckverdichter mit $\Delta p = 2{,}0 \ldots 10{,}0 \dfrac{\text{kp}}{\text{cm}^2}$,

3.2. Mitteldruckverdichter mit $\Delta p = 10{,}0 \ldots 100{,}0 \dfrac{\text{kp}}{\text{cm}^2}$ und

3.3. Hochdruckverdichter mit $\Delta p > 100{,}0 \dfrac{\text{kp}}{\text{cm}^2}$.

Als Fördermedien kommen Gase aller Art in Frage: Luft, technische Gase und Dämpfe. Neben dem reinen Transport, bei dem die Druckerhöhung lediglich zur Überwindung von Strömungswiderständen erforderlich ist, besitzt die Erzeugung, Übertragung und Speicherung der in hochgespannten Gasen enthaltenen Energie die größte Bedeutung. Die mannigfaltigen Verwendungsmöglichkeiten dieser Energie für den Betrieb von Arbeitsmaschinen, Hilfsaggregaten, Werkzeugen usw. erfahren aufgrund der gewöhnlich nur geringen Aufwand erfordernden Umsetzung in mechanische Arbeit (z. B. beim Anlassen von Dieselmotoren, Betrieb von Drucklufthämmern usw.) immer mehr Verbreitung. Dieser letztgenannte Vorteil überwiegt in vielen Fällen den Nachteil eines infolge doppelter Energieumsetzung ungünstigen Wirkungsgrades.

*Anwendungsbeispiele:*

1. Lüfter: Belüftung von Lade-, Maschinen- und Wohnräumen;

2. Gebläse: Beschaffung von Verbrennungsluft für Feuerungsanlagen, Spül- und Ladeluftbeschaffung;

3. Verdichter

3.1. Niederdruckverdichter: Erzeugung von Druckluft für die Energieübertragung, Antrieb von Druckluftwerkzeugen usw.;

3.2. Mitteldruckverdichter: Erzeugung von Druckluft für das Anlassen von Dieselmotoren, Verdichtung von Gasen für den Ferntransport;

3.3. Hochdruckverdichter: Füllen von Druckgasflaschen.

### 10.1.2. Einteilung nach dem Arbeitsprinzip und der Bauart

DIN 1945 gibt folgende Einteilung nach dem Arbeits- bzw. Funktionsprinzip an

1. Hubkolbenverdichter (Kolben- und Membranbauart),
2. Umlaufkolbenverdichter (Drehkolben- und Rollkolbenbauart),
3. Kreiselradverdichter (radiale, halbaxiale und axiale Bauart),
4. sonstige Verdichter (z. B. Strahlgebläse).

Das Funktionsprinzip der beiden ersten Gruppen faßt man häufig auch unter der Bezeichnung *Verdrängerprinzip* zusammen. In der Regel sind Verdichter, die nach dem Verdrängerprinzip arbeiten, den Kreiselverdichtern bei kleinen Fördermengen überlegen. Die Grenze des wirtschaftlichen Einsatzes liegt bei Kolbenverdichtern für das Druckverhältnis $p_D/p_S = 11$ beispielsweise bei 10 000 m³/h, für $p_D/p_S = 5$ bei etwa 3000 m³/h. Für hohe Druckverhältnisse werden – von einigen Sonderfällen abgesehen – ausschließlich Kolbenverdichter gewählt. Überschneiden sich die Anforderungen, d. h. sollen große Fördermengen auf hohe Drücke verdichtet werden, so kombiniert man Kreiselradverdichter (Vorverdichtung) und Kolbenverdichter (Endverdichtung).

Eine wesentliche Rolle bei der Auswahl des geeignetsten Funktionsprinzips spielen auch die Betriebsbedingungen. Es kommt darauf an, daß diese erfüllt werden und der Verdichter dabei wirtschaftlich arbeitet. An Hand der Kennungen der in Frage kommenden Typen kann man sich darüber Klarheit verschaffen.

So ist beispielsweise bei direktem Antrieb durch den Motor das Hubkolbengebläse aufgrund seines Betriebsverhaltens für die Aufladung des Dieselmotors im gesamten Drehzahlspektrum geeignet, da es auch bei geringen Drehzahlen der Ladeluft einen ausreichenden Druck vermitteln kann.

Eine weitere Gliederungsmöglichkeit ergibt sich im Hinblick auf die Bauart. So unterscheidet man die Kolbenverdichter – nur diese sollen in diesem Abschnitt näher betrachtet werden – nach folgenden Gesichtspunkten:

1. Lage der Zylinder: liegende und stehende Maschinen, Reihen-, V-, Boxerbauart;
2. Anzahl der Zylinder: Ein- und Mehrzylindermaschinen;
3. Anzahl der Druckstufen: ein- und mehrstufige Maschinen;
4. Anzahl der Kurbeln: ein- und mehrkurbelige Verdichter.

## 10.2. Thermodynamische Grundlagen

### 10.2.1. Zustandsgleichungen

Luft ist ein reales Gas, für das nur im Bereich niedriger Drücke und Temperaturen das allgemeine Gesetz für ideale Gase gilt.

Aus den Gesetzen von *Boyle-Mariotte* und *Gay-Lussac* folgt, daß sich für ein ideales Gas mit den Zuständen $p_1$, $v_1$, $T_1$ und $p_2$, $v_2$, $T_2$ in der folgenden Gleichung gleiche Werte ergeben:

$$\frac{p_1 v_1}{T_1} = \frac{p_2 v_2}{T_2} = const. \tag{1}$$

Diese Konstante wird als Gaskonstante $R$ bezeichnet. Es gilt also allgemein

$$\frac{p v}{T} = R. \text{ Die Einheit ist } \frac{\text{kpm}}{\text{kg grd}}. \tag{2}$$

Somit gilt auch

$$p \cdot v = R T. \tag{2 a}$$

Führt man für das spezifische Volumen $v = \frac{1}{\varrho}$ die Beziehung $\frac{1}{\varrho} = \frac{V}{m}$ ein, so erhält man

$$p V = m R T. \tag{3}$$

Das abweichende Verhalten realer Gase bei höheren Drücken und Temperaturen berücksichtigt man durch Einführen eines Korrekturfaktors $k$ in Gleichung (2 a):

$$p v = k \cdot R T. \tag{4}$$

$k$ ist abhängig vom Druck und von der Temperatur. Entsprechende Werte sind der einschlägigen Literatur zu entnehmen.

### 10.2.2. Volumenänderungsarbeit und Zustandsänderungen

Legt der Kolben nur einen unendlich kleinen Weg ds zurück (Bild 10/1), so kann man annehmen, daß der Druck $p$ der Luft im Zylinder unverändert bleibt. Die Arbeit, die eine Volumenänderung $\mathrm{d}V = A\,\mathrm{d}s$ bewirkt, ist demnach

$$\mathrm{d}W = p\,\mathrm{d}V = p\,A\,\mathrm{d}s, \tag{5}$$

also gleich der von der Gasdruckkraft $p\,A$ auf dem Wege ds verrichteten Arbeit.

Die auf dem endlichen Weg $s$ verrichtete Arbeit ergibt sich durch Integration:

$$W = \int_{V_1}^{V_2} p \, \mathrm{d}V \, ; \qquad \mathrm{d}V = A \, \mathrm{d}s \tag{5a}$$

und kann bei Kenntnis der Abhängigkeit von $p$ und $V$ berechnet werden.

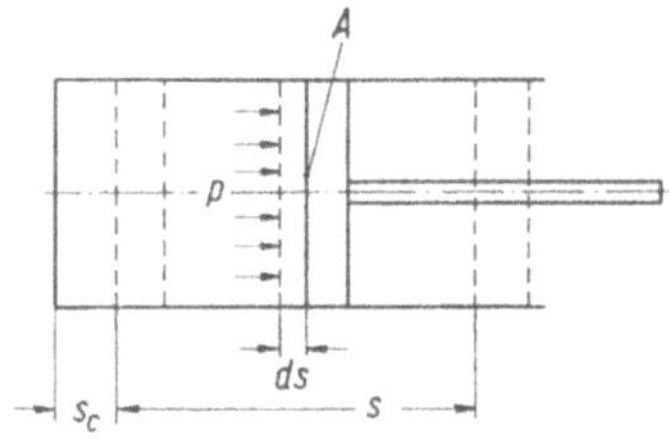


**Bild 10/1. Zur Ableitung der Volumenänderungsarbeit**

Zum Erwärmen einer bestimmten Gasmenge um eine beliebige Temperaturdifferenz ist bei konstantem Druck eine größere Wärmemenge erforderlich als bei konstantem Volumen. Man unterscheidet daher bei Gasen die spezifische Wärme bei konstantem Druck $c_p$ und die bei konstantem Volumen $c_v$.

Nach dem ersten Hauptsatz der Thermodynamik verändert sich bei Wärmezu- oder -abfuhr einmal die innere Energie $U$ (fühlbare Wärme) des Gases – zu erkennen an der Änderung der Temperatur – zum anderen wird Volumenänderungsarbeit verrichtet – zu erkennen an der Änderung von Druck und / oder Volumen. Der erste Hauptsatz sagt aus:

$$Q_{12} = U_2 - U_1 + A W_{12}, \tag{6}$$

d. h. die bei Änderung des Gaszustandes vom Punkt 1 zum Punkt 2 zu- oder abgeführte Wärmemenge $Q_{12}$ ist gleich der Änderung der inneren Energie, vermehrt um den Wärmewert der aufgenommenen oder abgegebenen Volumenänderungsarbeit $W_{12}$.

Wie schon in Kapitel 1 erwähnt, entspricht einer Arbeit eine Wärmemenge

$$W = 1 \text{ kpm } \frac{1}{427} \text{ kcal} = Q. \tag{7}$$

Die innere Energie $U$ ergibt sich aus der Masse $m$ des Gases, der spezifischen Wärme bei konstantem Volumen $c_v$ und der Absoluttemperatur $T$ ($T = \vartheta/{}^\circ\text{C} + 273$ in °K)

$$U = m \, c_v \, T. \tag{8}$$

Setzt man diesen Wert für $U$ in Gleichung (6) ein, so wird

$$Q_{12} = m \, c_v \, (T_2 - T_1) + \frac{1}{427} W_{12}. \tag{6a}$$

Die größere zur Erwärmung bei konstantem Druck erforderliche Wärmemenge $m \, c_p \, (T_2 - T_1)$ tritt also zum Teil $m \, (c_p - c_v) \, (T_2 - T_1)$ als latente (verborgene) Wärme auf und dient zum Verrichten von Ausdehnungsarbeit.

Zwischen $c_p$ und $c_v$ besteht folgender Zusammenhang:

$$c_p - c_v = \frac{1}{427} R. \tag{9}$$

Führt man noch das Verhältnis von $c_p$ zu $c_v$ ein:

$$\frac{c_p}{c_v} = \varkappa, \tag{10}$$

so wird

$$c_v = \frac{\frac{1}{427} R}{\varkappa - 1} \text{ bzw. } \frac{1}{427} R = c_v (\varkappa - 1) \tag{11}$$

und

$$c_p = \frac{\varkappa \frac{1}{427} R}{\varkappa - 1} \text{ bzw. } \frac{1}{427} R = c_p \frac{\varkappa - 1}{\varkappa} \tag{12}$$

Die Volumenänderungsarbeit $W$ läßt sich bei Kenntnis der Änderung von Temperatur, Druck und Volumen berechnen.

Geht man von unendlich kleinen Zustandsänderungen aus, so kann man unter Anwendung der Infinitesimalrechnung für Gleichung (6 a) schreiben

$$\mathrm{d}Q = m c_v \,\mathrm{d}T + \frac{1}{427} \mathrm{d}W = m c_v \,\mathrm{d}T + \frac{1}{427} p \,\mathrm{d}V. \tag{6b}$$

Für die Zustandsgleichung (3) erhält man unter gleichen Voraussetzungen:

$$p \,\mathrm{d}V + V \,\mathrm{d}p = m R \,\mathrm{d}T. \tag{3a}$$

Damit sind fünf verschiedene Zustandsänderungen möglich:

1. *Isochore Zustandsänderung:* $V = const.$ ($\mathrm{d}V = 0$). Durch Wärmezu- oder -abfuhr ändern sich Druck und Temperatur ($\mathrm{d}Q \neq 0$, $\mathrm{d}p \neq 0$, $\mathrm{d}T \neq 0$).
2. *Isobare Zustandsänderung:* $p = const$ ($\mathrm{d}p = 0$). Änderung des Volumens und der Temperatur durch Wärmezu- oder -abfuhr ($\mathrm{d}Q \neq 0$, $\mathrm{d}V \neq 0$, $\mathrm{d}T \neq 0$).
3. *Isotherme Zustandsänderung:* $T = const$ ($\mathrm{d}T = 0$). Trotz Wärmezufuhr oder -entzug ändern sich nur Druck und Volumen, die Temperatur bleibt konstant.
4. *Adiabate Zustandsänderung:* $Q = const$ ($\mathrm{d}Q = 0$; $Q_{12} = 0$). Druck, Temperatur und Volumen ändern sich ohne Wärmezufuhr oder -entzug ($\mathrm{d}p \neq 0$, $\mathrm{d}T \neq 0$, $\mathrm{d}V \neq 0$).
5. *Polytrope Zustandsänderung:* Änderung von Druck, Temperatur und Volumen bei Wärmezufuhr oder -entzug ($\mathrm{d}Q \neq 0$, $\mathrm{d}p \neq 0$, $\mathrm{d}T \neq 0$, $\mathrm{d}V \neq 0$).

Bei der rechnerischen Untersuchung der Zustandsänderungen ist zu setzen für

a) $p$ der absolute Druck,
$p_{abs} = p_{ü} + p_0$,
$p_{ü}$ = Überdruck,
$p_0$ = Atmosphärendruck.

In der Technik wird vorwiegend die Technische Atmosphäre at als Druckeinheit verwendet.

$$1\ \text{at} = 1\ \frac{\text{kp}}{\text{cm}^2}.$$

Für geringe Drücke verwendet man auch die Einheit mm WS bzw. m WS, das ist der Bodendruck einer Wassersäule mit der Höhe $h$ in mm bzw. m.

$$1\ \text{mm WS} = 10^{-4}\ \frac{\text{kp}}{\text{cm}^2} = 10^{-4}\ \text{at},$$

$$1\ \text{m WS} = 10^{-1}\ \frac{\text{kp}}{\text{cm}^2} = 10^{-1}\ \text{at}.$$

Der Atmosphärendruck wird jedoch gewöhnlich in der Einheit mm QS oder in Torr angegeben, wobei 1 mm QS der Bodendruck einer Quecksilbersäule von der Höhe $h = 1$ mm ist.

$$1\ \text{mm QS} = 1\ \text{Torr} = 1{,}36 \cdot 10^{-3}\ \frac{\text{kp}}{\text{cm}^2}$$

bzw.

$$1\ \text{at} = 736\ \text{Torr}. \qquad 750\ \text{Torr} \mathrel{\hat{=}} 1000\ \text{mb}.$$

b) $T$ die absolute Temperatur in °K (Grad Kelvin)

$$T = \frac{\vartheta}{°\text{C}} + 273\ \text{in}\ °\text{K}; \qquad \vartheta = \frac{T}{°\text{K}} - 273\ \text{in}\ °\text{C}.$$

Bei einem Kolbenverdichter, in dem durch Zuführung von mechanischer Arbeit eine Volumenverringerung und Druckerhöhung bewirkt wird, entfällt die isochore Zustandsänderung.

### 10.2.3. Zustandsänderung bei konstanter Temperatur

Aus

$$p_1 V_1 = m R T \quad \text{und} \quad p_2 V_2 = m R T \tag{3}$$

folgt

$$p_1 V_1 = p_2 V_2 = const. \tag{13}$$

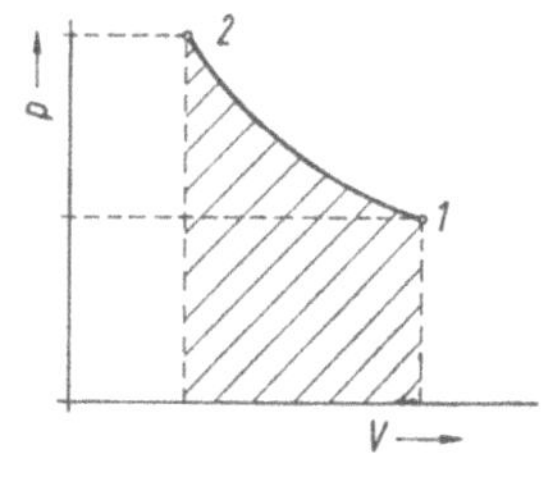


**Bild 10/2**
**Isotherme Zustandsänderung**

Im $p, V$-Diagramm stellt sich diese Zustandsänderung als Hyperbel dar (Bild 10/2). Die Volumenänderungsarbeit $W_{12}$ entspricht der schraffierten Fläche unter der Drucklinie. Mit Hilfe der höheren Mathematik kann man die Gleichung für $W_{12}$ ermitteln:

$$W_{12} = p_1 V_1 \ln \frac{p_1}{p_2}, \tag{14}$$

bzw. bei Verwendung der Beziehung

$$\frac{p_1}{p_2} = \frac{V_2}{V_1} \tag{13a}$$

$$W_{12} = p_1 V_1 \ln \frac{V_2}{V_1}. \tag{14a}$$

Setzt man für $p_1 V_1 = m R T$ ein, so ergibt sich

$$W_{12} = m R T \ln \frac{p_1}{p_2} = m R T \ln \frac{V_2}{V_1}. \tag{14b}$$

Aus dieser Gleichung erhält man bei $p_1 < p_2$ (Verdichtung) einen negativen Wert, der eine aufzubringende Arbeit kennzeichnet, bei $p_1 > p_2$ (Entspannung) einen positiven Wert, der auf Arbeitsabgabe hinweist.

Die bei Verdichtung abzuführende, bzw. bei Entspannung zuzuführende Wärmemenge ergibt sich aus Gleichung (6 a) mit $T_2 - T_1 = 0$ zu

$$Q_{12} = \frac{1}{427} W_{12}. \tag{15}$$

Entsprechend dem Vorzeichen von $W_{12}$ wird die bei Verdichtung abgeführte Wärme negativ, die bei Entspannung zugeführte Wärme dagegen positiv.

*Beispiel:* Ein Gas besitzt bei $p_1 = 3$ ata (absoluter Druck) das Volumen $V_1 = 144\ \text{cm}^3$. Wie groß ist sein Druck $p_2$ nach Verdichtung auf $V_2 = 36\ \text{cm}^2$. Welche Verdichtungsarbeit muß verrichtet und welche Wärmemenge abgeführt werden?

Die Zustandsänderung soll isotherm ablaufen.

a) Aus $\frac{p_1}{p_2} = \frac{V_2}{V_1}$ folgt $p_2 = p_1 \frac{V_1}{V_2} = 3\ \text{ata} \cdot \frac{144\ \text{cm}^3}{36\ \text{cm}^3} = 12\ \text{ata}.$

b) $W_{12} = p_1 V_1 \cdot \ln \frac{V_2}{V_1} = 3 \frac{\text{kp}}{\text{cm}^2} \cdot 144\ \text{cm}^3 \ln \frac{36}{144},$

$W_{12} = 432 \cdot \ln \frac{1}{4}\ \text{kpcm} \approx -600\ \text{kpcm} = -6\ \text{kpm}.$

Arbeit muß zugeführt werden.

c) $Q_{12} = \frac{1}{427} \cdot W_{12} = \frac{1\ \text{kcal}}{427\ \text{kpm}} (-6\ \text{kpm}) \approx -1{,}4 \cdot 10^{-2}\ \text{kcal}.$

Wärme muß abgeführt werden.

### 10.2.4. Adiabate Zustandsänderung

Die Arbeit erhält man mit $Q_{12} = 0$ aus Gleichung (6 a):

$$Q_{12} = m c_v \Delta T + \frac{1}{427} V_{12} = 0,$$

$$W_{12} = -427\ m c_v \Delta T. \tag{16}$$

Mit

$$427\ c_v = \frac{R}{\varkappa - 1}\ \text{[siehe Gleichung (11)] wird}$$

$$W_{12} = m \frac{R}{1 - \varkappa} (T_2 - T_1) \tag{16 a}$$

oder mit $m R T = p V$ (3)

$$W_{12} = \frac{1}{1 - \varkappa} (p_2 V_2 - p_1 V_1) \tag{16 b}$$

bzw.

$$W_{12} = \frac{p_1 V}{1 - \varkappa} \left(\frac{T_2}{T_1} - 1\right) \tag{16 c}$$

Die Zustandsgleichung ergibt sich aus Gleichung (6 b) und (3 a). Wenn

$$dQ = m c_v dT + \frac{1}{427} p\, dV = 0,$$

dann ist

$$m c_v dT = \frac{1}{427} p\, dV. \qquad p\,dV + V\,dp = m R\, dT.$$

Aus beiden Gleichungen ergibt sich:

$$p\,dV + V\,dp = - \frac{\frac{1}{427} R}{c_v} p\,dV$$

und

$$- V\,dp = p\,dV \left(1 + \frac{\frac{1}{427} R}{c_v}\right).$$

Mit $1 + \frac{\frac{1}{427} R}{c_v} = \varkappa$ (11) erhält man $\qquad - V\,dp = \varkappa\, p\, dV$

und

$$\frac{dp}{p} = - \varkappa \frac{dV}{V}.$$

Durch Integration ergibt sich

$$\frac{p_1}{p_2} = \left(\frac{V_2}{V_1}\right)^{\varkappa} \quad \text{oder} \quad p_1 V_1^{\varkappa} = p_2 V_2^{\varkappa} = const. \tag{17}$$

Setzt man diese Werte in das allgemeine Gasgesetz (3 a) $p V = m R T$ ein, so wird aus

$$\frac{p_1 V_1}{p_2 V_2} = \frac{T_1}{T_2} \qquad \frac{V_2^{\varkappa}}{V_1^{\varkappa}} \frac{V_1}{V_2} = \left(\frac{V_2}{V_1}\right)^{\varkappa - 1} = \frac{T_1}{T_2} \tag{17 a}$$

und

$$\frac{p_1}{p_2}\left(\frac{p_2}{p_1}\right)^{\frac{1}{\varkappa}} = \left(\frac{p_1}{p_2}\right)^{\frac{\varkappa-1}{\varkappa}} = \frac{T_1}{T_2}. \tag{17b}$$

Mit Hilfe dieser Beziehungen kann man die Arbeitsgleichung der Adiabate weiter umformen.

$$W_{12} = \frac{p_1 V_1}{1-\varkappa}\left(\frac{T_2}{T_1} - 1\right) = \frac{p_1 V_1}{1-\varkappa}\left(\left[\frac{p_2}{p_1}\right]^{\frac{\varkappa-1}{\varkappa}} - 1\right) =$$
$$= \frac{p_1 V_1}{1-\varkappa}\left(\left[\frac{V_1}{V_2}\right]^{\varkappa-1} - 1\right). \tag{16d, e}$$

Der Faktor $\varkappa = c_p / c_v$ besitzt für zweiatomige Gase ($H_2$, $O_2$, $N_2$) und ungefähr auch für Luft bei 0 °C und 760 Torr den Wert $\varkappa = 1{,}4$. Es ist zu beachten, daß sich $c_p$ und $c_v$ und damit auch $\varkappa$ mit der Temperatur und dem Druck ändern. Für genauere Rechnungen wird daher empfohlen, diese Abhängigkeit durch Verwendung von Werten aus den entsprechenden Tabellen der einschlägigen Literatur zu berücksichtigen.

Eine adiabate Zustandsänderung kann nur in einer wärmedichten Maschine erfolgen ($dQ = 0$). Diese Bedingung ist in der Praxis nur annähernd erfüllbar. Der Druckverlauf bei adiabater Zustandsänderung stellt sich im $p$, $V$-Diagramm als eine Exponentialkurve dar, die steiler verläuft als die entsprechende Kurve bei isothermer Zustandsänderung (Bild 10/3).

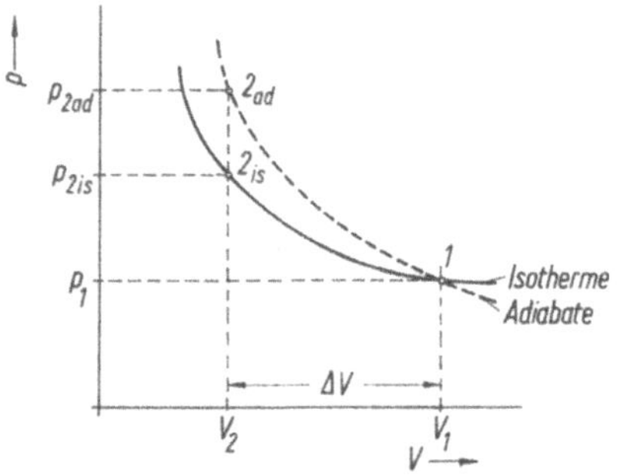


Bild 10/3. Druckverlauf bei isothermer und adiabater Verdichtung vom gleichen Zustand (1) aus

Bei gleichem Ausgangspunkt 1 ergibt sich bei adiabater Verdichtung von $V_1$ auf $V_2$ ein höherer Enddruck und damit auch eine höhere Endtemperatur als bei isothermer Verdichtung.

*Beispiel 1:* Luft ($\varkappa = 1{,}4$) von $t = 27$ °C, $V_1 = 144$ cm³ und $p_1 = 3$ ata soll auf $V_2 = 36$ cm³ adiabat verdichtet werden. Enddruck $p_2$, Endtemperatur $T_2$ und Arbeit $W_{12}$ sollen ermittelt werden und mit den Werten bei isothermer Verdichtung verglichen werden.

a) $$p_2 = p_1\left(\frac{V_1}{V_2}\right)^{\varkappa} = 3\text{ ata}\left(\frac{144}{36}\right)^{1,4} = 3\text{ ata}\cdot 4^{1,4} = 3\text{ ata}\cdot 6{,}97 = 20{,}9;$$

$p_{2\,\mathrm{ad}} = 20{,}9$ ata gegenüber $p_{2\,\mathrm{is}} = 12$ ata.

b) $T_1 = \frac{t}{^\circ C} + 273$ in °K,

$T_1 = (27 + 273)\ ^\circ K = 300\ ^\circ K,$

$$T_2 = T_1 \frac{V_1}{V_2}^{\varkappa - 1} = 300\ ^\circ K \left(\frac{144}{36}\right)^{1,4-1} = 300\ ^\circ K \cdot 4^{0,4} = 300\ ^\circ K \cdot 1,742,$$

$T_{2\,ad} = 522\ ^\circ K,$

$t_{2\,ad} = (522 - 273)\ ^\circ C = 249\ ^\circ C$ gegenüber $t_{2\,is} = t_1 = 27\ ^\circ C$.

c) $$W_{12} = \frac{p_1 V_1}{1 - \varkappa}\left(\left[\frac{V_1}{V_2}\right]^{\varkappa - 1} - 1\right),$$

$$W_{12} = \frac{3\ kp \cdot 144\ cm^3}{cm^2\ (1 - 1,4)}\left(\left[\frac{144}{36}\right]^{1,4-1} - 1\right),$$

$W_{12} = 1080\ kpcm\ (1,742 - 1) = -1080\ kpcm \cdot 0,742,$

$W_{12\,ad} = -801\ kpcm = -8,01\ kpm$ gegenüber $W_{12\,is} = -6\ kpm$.

*Beispiel 2:* In einem Kolbenverdichter ist der Zylinder bei Beendigung des Ansaughubes mit Luft vom absoluten Druck $p_1 = 0,95$ ata gefüllt. Die Verdichtung erfolgt mit dem Verhältnis $V_1 / V_2 = 14$. Wie hoch wird der Verdichtungsenddruck, wenn keine Wärme zu- oder abgeführt wird (adiabate Zustandsänderung)?

$$p_2 = p_1 \left(\frac{V_1}{V_2}\right)^{\varkappa} = 0,95\ ata \cdot 14^{1,4},$$

$p_2 = 0,95\ ata \cdot 40,2 = 38,2\ ata.$

### 10.2.5. Polytrope Zustandsänderung

Zustands- und Arbeitsgleichung der polytropen Zustandsänderung ergeben sich aus denen der adiabaten durch Einführung des Faktors $n$ anstelle von $\varkappa$. Für Luft gilt in der Regel

$$\varkappa > n > 1.$$

Es gilt also

$$p_1 V_1^n = p_2 V_2^n = const \tag{18}$$

und

$$W_{12\,pol} = \frac{p_1 V_1}{1 - n}\left(\left[\frac{V_1}{V_2}\right]^{n-1} - 1\right). \tag{19}$$

Umformungen können in gleicher Weise wie in 10.2.4 beschrieben durchgeführt werden.

Im $p$, $V$-Diagramm liegt der polytrope Druckverlauf zwischen dem isothermen und dem adiabaten (Bild 10/4). Bei polytroper Verdichtung auf ein bestimmtes Volumen $V_2$ ergeben sich daher Werte für Endtemperatur und -druck, die zwischen denen bei isothermer und adiabater Verdichtung erreichten liegen.

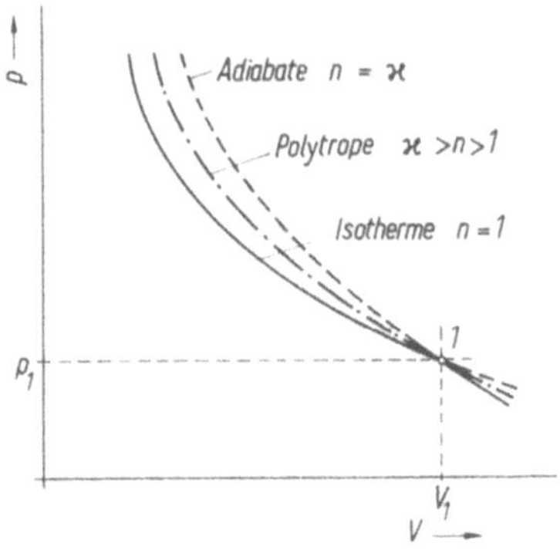


Bild 10.4. Gegenüberstellung verschiedener Zustandsänderungen

Die spezifische Wärme bei polytroper Zustandsänderung $c_n$ ergibt sich aus folgender Gleichung

$$c_n = c_v \frac{n - \varkappa}{n - 1}. \tag{20}$$

Damit wird die bei polytroper Zustandsänderung zu- oder abzuführende Wärme

$$Q_{12\,\mathrm{pol}} = m\, c_n\, (T_2 - T_1), \tag{21}$$

und das Verhältnis der Wärme zur Arbeit beträgt

$$\left(\frac{Q_{12}}{\frac{1}{427} W_{12}}\right)_{\mathrm{pol}} = \frac{\varkappa - n}{\varkappa - 1}. \tag{22}$$

*Beispiel 1:* Bei Verdichtung mit $V_1/V_2 = \varepsilon = 14$ wird ein Enddruck $p_2 = 33{,}5$ ata ($p_1 = 0{,}95$ ata) erreicht. Die Zustandsänderung erfolgt polytrop. Welchen Wert besitzt in diesem Falle der Polytropenexponent $n$?

$$p_2 = p_1\, \varepsilon^n.$$

Logarithmieren führt zu

$$\lg p_2 = \lg p_1 + n \lg \varepsilon.$$

Auflösen nach $n$ führt zu:

$$n = \frac{\lg p_2 - \lg p_1}{\lg \varepsilon} = \frac{\lg \frac{p_2}{p_1}}{\lg \varepsilon},$$

$$n = \frac{\lg 33{,}5 - \lg 0{,}95}{\lg 14} \approx \frac{1{,}52\,504 - (0{,}977\,72 - 1)}{1{,}14\,613},$$

$$n \approx \frac{1{,}547\,32}{1{,}146\,13} \approx 1{,}35.$$

*Beispiel 2:* Wie hoch liegen die Endtemperaturen bei adiabater und polytroper Verdichtung für die im vorangehenden Beispiel genannten Daten und eine Lufteintrittstemperatur $\vartheta = 20$ °C.

a) $$T_{2\,\mathrm{ad}} = T_1 \left(\frac{V_1}{V_2}\right)^{\varkappa - 1} = T_1\, \varepsilon^{\varkappa - 1}; \quad \varkappa = 1{,}4,$$

$$T_1 = \frac{t}{^\circ\mathrm{C}} + 273 \text{ in } ^\circ\mathrm{K},$$

$$T_1 = (20 + 273)\ ^\circ\mathrm{K} = 293\ ^\circ\mathrm{K},$$

$$T_{2\,\mathrm{ad}} = 293\ ^\circ\mathrm{K} \cdot 14^{1{,}4-1} = 293\ ^\circ\mathrm{K} \cdot 14^{0{,}4} = 293\ ^\circ\mathrm{K} \cdot 2{,}87 = 841\ ^\circ\mathrm{K},$$

$$\vartheta_{2\,\mathrm{ad}} = (841 - 273)\ ^\circ\mathrm{C} = 568\ ^\circ\mathrm{C}.$$

b) $T_{2\,\mathrm{pol}} = T_1\,\varepsilon^{n-1}; \qquad n = 1{,}35,$

$$T_{2\,\mathrm{pol}} = 293\ ^\circ\mathrm{K} \cdot 14^{1{,}35-1} = 293\ ^\circ\mathrm{K} \cdot 14^{935} = 293\ ^\circ\mathrm{K} \cdot 2{,}52 = 739\ ^\circ\mathrm{K},$$

$$\vartheta_{2\,\mathrm{pol}} = (739 - 273)\ ^\circ\mathrm{C} = 466\ ^\circ\mathrm{C}.$$

*Beispiel 3:* Ein Luftverdichter saugt Luft von $p_1 = 1$ ata und $t_1 = 17\ ^\circ\mathrm{C}$ an und verdichtet sie adiabat auf $p_2 = 75$ ata.

a) Welche Endtemperatur ergibt sich?

b) Wie groß ist der Exponent $n$ bei polytroper Verdichtung, wenn die tatsächliche Endtemperatur 70 grd unter der bei adiabater Verdichtung erreichten liegt?

a) $T_1 = (17 + 273)\ ^\circ\mathrm{K} = 290\ ^\circ\mathrm{K}; \quad \varkappa = 1{,}4,$

$$T_{2\,\mathrm{ad}} = T_1 \left(\frac{p_2}{p_1}\right)^{\frac{\varkappa - 1}{\varkappa}} = 290\ ^\circ\mathrm{K} \left(\frac{75}{1}\right)^{\frac{1{,}4-1}{1{,}4}} =$$

$$= 290\ ^\circ\mathrm{K} \cdot 75^{0{,}286} = 290\ ^\circ\mathrm{K} \cdot 3{,}445 \approx 1\,000\ ^\circ\mathrm{K},$$

$$t_{2\,\mathrm{ad}} = (1\,000 - 273)\ ^\circ\mathrm{C} = 727\ ^\circ\mathrm{C}.$$

b) $T_{2\,\mathrm{pol}} = T_{2\,\mathrm{ad}} - 70\ \mathrm{grd} = 930\ ^\circ\mathrm{K},$

$$\frac{T_2}{T_1} = \left(\frac{p_2}{p_1}\right)^{\frac{n-1}{n}},$$

$$\lg T_2 - \lg T_1 = \frac{n-1}{n}(\lg p_2 - \lg p_1).$$

$$n\,[(\lg T_2 - \lg T_1) - (\lg p_2 - \lg p_1)] = \lg p_1 - \lg p_2,$$

$$n = \frac{\lg p_1 - \lg p_2}{(\lg T_2 - \lg T_1) - (\lg p_2 - \lg p_1)},$$

$$n = \frac{\lg 1 - \lg 75}{(\lg 930 - \lg 290) - (\lg 75 - \lg 1)} = \pm \frac{\lg 75}{\lg 930 + \lg 290 + \lg 75},$$

$$n = \frac{1{,}875\,06}{-2{,}968\,48 + 2{,}462\,40 + 1{,}875\,06} = \frac{1{,}875\,06}{1{,}368\,98} = 1{,}37.$$

### 10.2.6. Technische Arbeit

Man bezeichnet die Arbeit, die im $p$, $V$-Diagramm der Fläche über der Druckachse entspricht, als technische Arbeit $W_t$, im Gegensatz zur bisher behandelten Volumenänderungsarbeit $W$, die der Fläche über der Volumenachse entspricht (Bild 10/5).

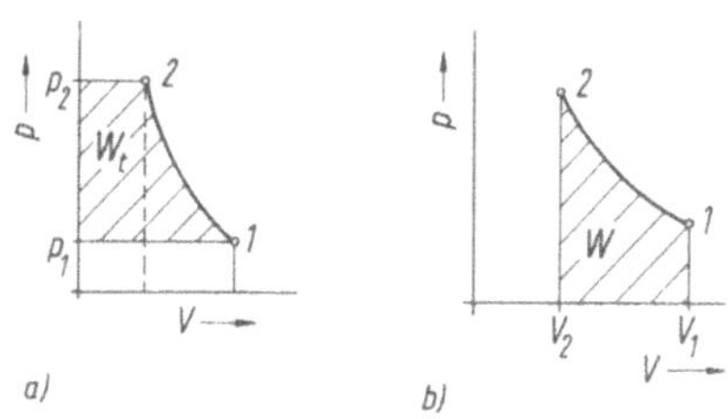


Bild 10/5. Darstellung der Arbeit im p-V-Diagramm

a) Technische Arbeit $W_t$,

b) Volumenänderungsarbeit $W$

$$\text{Volumenänderungsarbeit } L = \int_{V_1}^{V_2} p\,\mathrm{d}V, \tag{5a}$$

$$\text{technische Arbeit } L_t = \int_{p_1}^{p_2} V\,\mathrm{d}p. \tag{23}$$

Bei Verdichtern ist es zudem noch üblich, den Arbeitsaufwand und die abgeführte Wärmemenge auf die Masse bzw. das Volumen zu beziehen.

$$w = \frac{W}{m} \text{ in } \frac{\text{kpm}}{\text{kg}}; \qquad q = \frac{Q}{m} \text{ in } \frac{\text{kcal}}{\text{kg}}$$

bzw.

$$W_i = \frac{W}{V} \text{ in } \frac{\text{kpm}}{\text{m}^3}; \qquad Q_i = \frac{Q}{V} \text{ in } \frac{\text{kcal}}{\text{m}^3}.$$

Technische Arbeit

a) bei isothermer Zustandsänderung

$$W_{t\,12_{is}} = -W_{12_{is}} = p_1 V_1 \ln \frac{p_2}{p_1}, \tag{24}$$

$$w_{t\,12_{is}} = -w_{12_{is}} = p_1 v_1 \ln \frac{p_2}{p_1}, \tag{24a}$$

$$W_{i\,12_{is}} = -\frac{W_{12_{is}}}{V_1} = p \ln \frac{p_2}{p_1}. \tag{24b}$$

b) bei adiabater ($z = \varkappa$) bzw. polytroper ($z = n$) Zustandsänderung

$$W_{t\,12} = -z W_{12} = \frac{z}{z-1} p_1 V_1 \left( \left[\frac{p_2}{p_1}\right]^{\frac{z-1}{z}} - 1 \right) \tag{25}$$

und entsprechend

$$w_{t\,12} = \frac{W_{t\,12}}{m} \text{ bzw. } W_{i\,12} = \frac{W_{t\,12}}{V_1}.$$

### 10.2.7. Verdichter mit schädlichem Raum

Die Anordnung der Ventile sowie die Gefahr des Anstoßens des Kolbens machen es unmöglich, die im Zylinder befindliche Luft vollständig auszuschieben. Es verbleibt im Zylinder ein Restvolumen verdichteter Luft. Der von diesem Volumen angefüllte Raum wird *schädlicher* Raum genannt. Der Rest verdichteter Luft nimmt an der Expansion teil und vermindert so das Ansaugvolumen des Verdichters.

Die Größe des schädlichen Raumes $V_0$ wird bezogen auf das Hubvolumen $V_h$ durch das Verhältnis $\varepsilon_0$ gekennzeichnet:

$$\varepsilon_0 = \frac{V_0}{V_h}. \tag{26}$$

An Hand eines theoretischen $p, V$-Diagrammes (Bild 10/6, siehe dazu auch das Indikatordiagramm Bild 10/7) sollen Arbeitsaufwand, erforderliche Wärmeabfuhr und Füllungsgrad eines Verdichters mit schädlichem Raum untersucht werden.

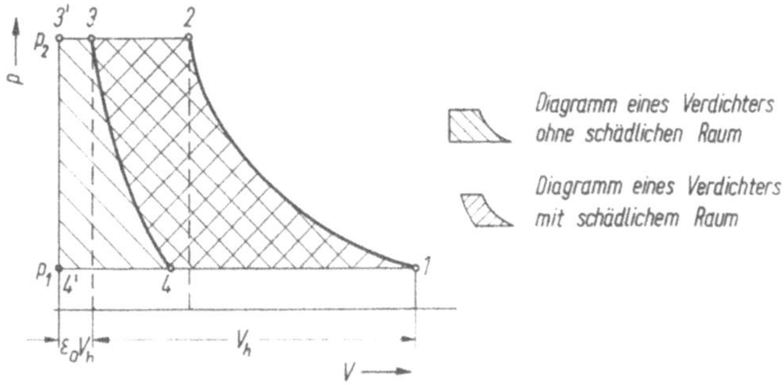


Bild 10/6
Theoretisches p-V-Diagramm eines Verdichters mit schädlichem Raum

41 Ansaugen bei konstantem Druck (Isobare),
12 Verdichtung (Isotherme, Polytrope, Adiabate),
23 Ausschieben bei konstantem Druck (Isobare),
34 Entspannen (Isotherme, Polytrope, Adiabate)

Der Arbeitsaufwand $W_{\mathrm{Kr}}$ (Kr Kreisprozeß) entspricht der schraffierten Fläche im $p, V$-Diagramm.

$$W_{\mathrm{Kr}} = W_{12} + W_{23} - W_{34} - W_{41}\,.$$

Dabei ist für die Arbeit bei konstantem Druck ($W_{23}$, $W_{41}$) zu setzen:

$$W_{\mathrm{ab}} = p_{\mathrm{a}}\,(V_{\mathrm{b}} - V_{\mathrm{a}}). \tag{27}$$

Zweckmäßiger ist es jedoch, den Arbeitsaufwand über die technische Arbeit zu berechnen:

$$W_{\mathrm{Kr}} \triangleq \text{Fläche } 1\,2\,3'\,4' - \text{Fläche } 4\,3\,3'\,4',$$

$$W_{\mathrm{Kr}} = W_{\mathrm{t}\,12} - W_{\mathrm{t}\,34}\,.$$

Geht man von der Annahme aus, daß Verdichtung und Rückausdehnung nach der gleichen Zustandsänderung – und bei adiabater bzw. polytroper Änderung darüber hinaus auch mit dem gleichen Exponenten $\varkappa$ bzw. $n$ – erfolgen, so ergibt sich der Arbeitsbedarf für 1 m³ angesaugte Luft

a) bei isothermer Zustandsänderung zu

$$W_{\mathrm{i}_{\mathrm{is}}} = p_1 \ln \frac{p_2}{p_1}\,; \tag{28}$$

b) bei adiabater ($z = \varkappa$) bzw. polytroper ($z = n$) Zustandsänderung zu

$$W_{\mathrm{i}} = \frac{z}{z-1}\, p_1 \left( \left[\frac{p_2}{p_1}\right]^{\frac{z-1}{z}} - 1 \right). \tag{29}$$

Bei Kenntnis des stündlich zu verdichtenden Volumenstromes $\dot{V}$ (nach DIN 1945 bezogen auf den Zustand im Saugstutzen) kann man daraus die indizierte Verdichterleistung berechnen:

$$P_{\mathrm{i}} = \frac{\dot{V}}{\mathrm{m^3/h}} \cdot \frac{W_{\mathrm{i}}}{\mathrm{kpm/m^3}} \cdot \frac{1}{3\,600 \cdot 75} \text{ in PS.} \tag{30}$$

Eine Gegenüberstellung der Arbeitsgleichungen für Verdichter mit und ohne schädlichen Raum (an dieser Stelle soll darauf verzichtet werden) zeigt, daß die Verdichtungsarbeit, bezogen auf das angesaugte Luftvolumen (bzw. auf die Masse) gleich groß ist.

Der schädliche Raum erhöht also den Arbeitsbedarf nicht unmittelbar, er vermindert aber die Förderleistung und macht bei vorgeschriebener Fördermenge einen größeren Verdichter erforderlich, der auch größere Verluste aufweist.

Der theoretische Füllungsgrad $\lambda_{\mathrm{F\,theor}}$ gibt das infolge der Rückausdehnung der Luft im schädlichen Raum auf $V_s = V_1 - V_4$ verminderte Ansaugvolumen bezogen auf das Hubvolumen an:

$$\lambda_{\mathrm{F\,theor}} = \frac{V_s}{V_h} = \frac{V_1 - V_4}{V_h},$$

$$V_1 = V_h + V_0 = V_h\,(1 + \varepsilon_0),$$

$$V_4 = V_0 \left(\frac{p_2}{p_1}\right)^{\frac{1}{z'}} = V_h\,\varepsilon_0 \left(\frac{p_2}{p_1}\right)^{\frac{1}{z'}}.$$

| Zustandsänderung | Rück-Ausdehnungs-Exponent $z'$ |
|---|---|
| isotherm | 1 |
| adiabat | $\varkappa$ |
| polytrop | $n$ |

$$\lambda_{\mathrm{F\,theor}} = \frac{V_h\,(1+\varepsilon_0)\left[1 - \left(\frac{p_2}{p_1}\right)^{\frac{1}{z'}}\right]}{V_h}, \tag{31}$$

$$\lambda_{\mathrm{F\,theor}} = 1 - \varepsilon_0 \left[\left(\frac{p_2}{p_1}\right)^{\frac{1}{z'}} - 1\right].$$

Die stündlich abzuführende Wärmemenge ergibt sich

a) bei isothermer Zustandsänderung gemäß Gleichung (15) zu

$$Q_{\mathrm{is}} = \frac{1}{427} W_{\mathrm{i\,is}} \cdot \dot{V}; \tag{32}$$

b) bei adiabater Zustandsänderung zu

$$Q_{\mathrm{ad}} = 0;$$

c) bei polytroper Zustandsänderung gemäß Gleichung (21) zu

$$Q_{\mathrm{pol}} = \dot{m}\,c_n\,(T_2 - T_1) = \dot{V}\,\varrho_1\,(T_2 - T_1)\,c_n. \tag{33}$$

### 10.2.8. Vorgänge in wirklichen Verdichter

Nach den Verdichterregeln DIN 1945 ist das Ansaugvolumen $V_1$ stets auf den Zustand im Saugstutzen zu beziehen ($p_1$ ; $T_1$).

Die Abweichungen vom theoretischen $p, V$-Diagramm (Bild 10/6) werden durch die Strömungswiderstände in den Ventilen hervorgerufen (Bild 10/7).

Setzt man das nutzbare Saugvolumen $V_1$ in erster Näherung gleich dem Saugvolumen der theoretischen Maschine und berücksichtigt nur den Temperaturanstieg von $T_1$ infolge Wärmeaufnahme des Gases von den Zylinderwandungen auf dem Wege von 4 über 1 nach $b$ auf $T_1''$, so ergibt sich für den Füllungsgrad $\lambda_F$, der Verluste durch den schädlichen Raum, Drosselung und Aufheizung erfaßt,

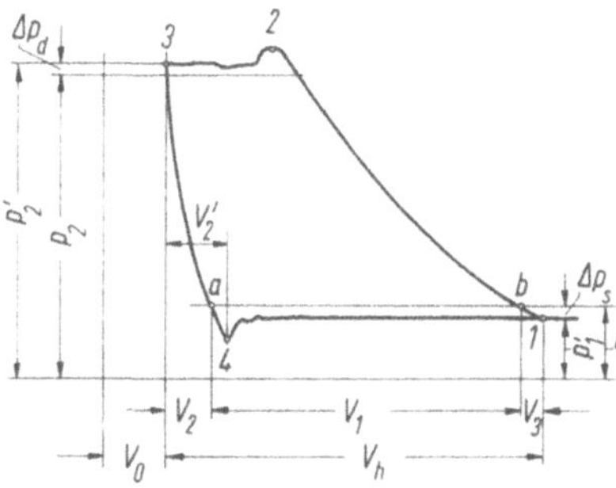

Bild 10/7. Indikatordiagramm eines Verdichters

$$\lambda_F \approx \lambda_{F\,\text{theor}} \cdot \frac{T_1}{T_1''} = \left\{1 - \varepsilon_0\left[\left(\frac{p_2}{p_1}\right)^{\frac{1}{z'}} - 1\right]\right\} \frac{T_1}{T_1''} \,. \tag{34}$$

Das Verhältnis $T_1/T_1''$ hängt vom Wärmezustand der Maschine ab und kann für normale Bauarten mit 0,95 angenommen werden. Der schädliche Raum $\varepsilon_0$ besitzt bei normaler Ausführung Werte von 3 ... 8 %.

Der Liefergrad $\lambda$ gibt das Verhältnis der Liefermenge $\dot{V}$ in m³ je Zeiteinheit zur Ansaugmenge $\dot{V}_1$ an:

$$\lambda = \frac{\dot{V}}{\dot{V}_1} \,. \tag{35}$$

Lieferverluste ($\lambda < 1$) sind Lässigkeitsverluste, die durch Undichtigkeiten des Verdichters entstehen. Bei normalen Ausführungen kann $\lambda = 0{,}97 \ldots 0{,}99$ gesetzt werden.

Der Ausnutzungsgrad $\lambda_H$ ist als Verhältnis der Liefermenge zur größtmöglichen theoretischen Ansaugmenge definiert, die durch Hubraum und Drehzahl festgelegt ist.

$$\lambda_H = \frac{\dot{V}}{V_h n''} = \lambda_F \cdot \lambda \,; \tag{36}$$

$$\lambda_H = 0{,}80 \ldots 0{,}90 \text{ für } \Delta p \approx 7 \,\frac{\text{kp}}{\text{cm}^2} \text{ (in einer Stufe)},$$

$$\lambda_H = 0{,}78 \ldots 0{,}88 \text{ für } \Delta p \approx 2 \,\frac{\text{kp}}{\text{cm}^2} \text{ (in einer Stufe)}.$$

Der Ausnutzungsgrad ist entscheidend für die Wahl der Abmessungen eines Verdichters bei einer bestimmten geforderten Liefermenge.

Die erforderliche Antriebsleistung eines Verdichters errechnet sich bei direktem Antrieb zu

$$P_A = \frac{P_i}{\eta_m}. \tag{37}$$

Der mechanische Wirkungsgrad $\eta_m$ ist abhängig von der Bauart, der Güte der Bearbeitung und der Schmierung. Man kann bei billigen Ausführungen

$$\eta_m \approx 0{,}85$$

setzen, bessere Ausführung erbringt

$$\eta_m \approx 0{,}9 \ldots 0{,}92.$$

### 10.2.9. Feuchte Luft

Atmosphärische Luft enthält stets in kleinen Mengen Wasserdampf. Solange der Sättigungszustand nicht erreicht ist, kann Wasserdampf als Gas mit einem geringen Partialdruck angesehen werden. Das Daltonsche Gesetz besagt: Der Gesamtdruck einer Gasmischung ist gleich der Summe der Partialdrücke (Drücke der Einzelgase). Jedes Gas verhält sich so, als ob es allein den zur Verfügung stehenden Raum ausfüllen würde. Die Aufnahmefähigkeit der trockenen Luft für Wasserdampf ist begrenzt und vom Druck und von der Temperatur abhängig. Der herrschende Druck $p$, z. B. der atmosphärische Druck, setzt sich aus den Partialdrücken der trockenen Luft ($p_L$) und des Wasserdampfes ($p_W$) zusammen. Also gilt:

$$p = p_L + p_W. \tag{38}$$

Der Sättigungszustand ist durch das Vorhandensein des Sättigungsdruckes $p_{WS}$ bei der vorliegenden Temperatur gekennzeichnet. Die Abhängigkeit vom Sättigungsdruck und von der Temperatur ist aus den Dampftafeln zu entnehmen.

Meist ist der Wasserdampf bei Raumtemperatur überhitzt, d. h. der Partialdruck $p_W$ ist kleiner als der Sättigungsdruck. Das Verhältnis von $p_W$ zu $p_{WS}$ wird als relative Feuchtigkeit $\varphi$ definiert

$$\varphi = \frac{p_W}{p_{WS}}. \tag{39}$$

Der absolute Feuchtigkeitsgehalt $x$ errechnet sich für $p_W < p_{WS}$ mit Hilfe des Daltonschen Gesetzes zu

$$x = 0{,}622 \frac{p_W}{p - p_W} = 0{,}622 \frac{\varphi\, p_{WS}}{p - \varphi\, p_{WS}} \text{ in } \frac{\text{kg } H_2O}{\text{kg trockene Luft}}. \tag{40}$$

Für $p_W = p_{WS}$ ergibt sich der absolute Feuchtigkeitsgehalt $x''$ bei Sättigung

$$x'' = 0{,}622 \frac{p_{WS}}{p - p_{WS}} \qquad (\varphi = 1). \tag{41}$$

Das Verhältnis $x$ zu $x''$ wird als Sättigungsgrad $\chi$ bezeichnet.

$$\chi = \frac{x}{x''} = \varphi \frac{p - p_{WS}}{p - \varphi p_{WS}}. \tag{41}$$

Bei nicht zu hohen Temperaturen, wenn $p_{WS}$ sehr klein gegen $p$ ist, gilt mit ausreichender Genauigkeit

$$\chi \approx \varphi. \tag{41 a}$$

Das spezifische Volumen der feuchten Luft [$(1 + x)$ kg Gemisch] ergibt sich zu

$$v = \frac{(0{,}622 + x)\, 3{,}461 \dfrac{T}{°K}}{\dfrac{p}{\text{Torr}}(1 + x)} \text{ in } \frac{\text{m}^3 \text{ feuchte Luft}}{\text{kg feuchte Luft}}.$$

Die Beziehung zwischen der Masse feuchter Luft $m_{LF}$ und der trockenen Luft $m$ lautet

$$m_{LF} = m\,(1 + x). \tag{43}$$

Die Wassermasse $m_W$ wird damit

$$m_W = x\,m = x \frac{m_{LF}}{1 + x}. \tag{44}$$

Gewöhnlich rechnet man jedoch mit zeitbezogenen Größen

$$\dot{m}_W = x\,\dot{m} = x \frac{\dot{m}_{LF}}{1 + x}, \tag{44 a}$$

oder, da in der Regel der Volumenstrom $\dot{V}$ feuchter Luft bekannt ist:

$$\dot{m}_W = x \frac{\dot{V}}{v\,(1 + x)}. \tag{44 b}$$

Aufgrund der vorstehenden Beziehungen kann man bei Kenntnis des Barometerstandes $p$, der Lufttemperatur $\vartheta$ und der relativen Feuchtigkeit $\varphi$ (Bestimmung mit Hilfe eines Hygrometers oder Psychrometers) den absoluten Wassergehalt der angesaugten Luft bestimmen.

*Beispiel:* Ein Verdichter saugt $\dot{V} = 3$ m³/min feuchte Luft von $\vartheta = 15$ °C und $\varphi = 70\%$ an. Der Barometerstand beträgt $p = 736$ Torr $\approx 1$ ata. Wie groß ist die absolute Wassermenge pro Stunde $\dot{m}_W$, die durch die Luft zugeführt wird.

Aus den Dampftafeln wird für $\vartheta = 15$ °C der Sättigungsdruck $p_{WS} = 0{,}0175$ ata (linear interpoliert) abgelesen.

$$x = 0{,}622 \frac{\varphi p_{WS}}{p - \varphi p_{WS}} = 0{,}622 \frac{0{,}7 \cdot 0{,}0175 \text{ at}}{1 \text{ at} - 0{,}7 \cdot 0{,}0175 \text{ at}} \approx 0{,}00762 \frac{\text{kg } H_2O}{\text{kg trockene Luft}},$$

$$v = \frac{(0{,}622 + x)\, 3{,}461\, T/{}^\circ\mathrm{K}}{\frac{p}{\mathrm{Torr}}\,(1 + x)} \approx \frac{0{,}6296 \cdot 3{,}461 \cdot 288}{736 \cdot 1{,}0076} \approx 0{,}845\, \frac{\mathrm{m^3\ feuchte\ Luft}}{\mathrm{kg\ feuchte\ Luft}},$$

$$\dot{m}_\mathrm{W} = \frac{x\, V}{v\,(1 + x)} = \frac{0{,}00762 \cdot 3\ \mathrm{m^3\,kg}}{0{,}845\ \mathrm{m^3\,min}\ 1{,}00762} \approx 0{,}0268\, \frac{\mathrm{kg}}{\mathrm{min}} = 1{,}61\, \frac{\mathrm{kg}}{\mathrm{h}}.$$

Bei Änderung von Druck und Temperatur ändert sich auch die relative Feuchtigkeit von $\varphi$ in $\varphi'$. Dabei gilt:

$$\varphi' = \varphi\, \frac{p'\, p_\mathrm{WS}}{p\, p'_\mathrm{WS}}. \tag{45}$$

Die relative Feuchtigkeit kann den Wert 1 bzw. 100 % nicht übersteigen, da der überschüssige Wasserdampf in Form von Kondenswasser ausfällt.

Die relative Feuchtigkeit nimmt während der Verdichtung infolge der Erwärmung ab. Bei Abkühlung der Druckluft in Behälter und Leitungen steigt sie jedoch wieder an, so daß in der Regel aufgrund des erhöhten Druckes eine Kondensation der Feuchtigkeit auftritt.

*Beispiel:* Die Luft wird von dem im vorstehenden Beispiel behandelten Verdichter in die Luftaufnahmegefäße gepreßt, wo sie nach Abkühlung den Zustand $p' = 50$ ata, $\vartheta' = 15\,^\circ$C annimmt. Wie groß ist die relative Feuchtigkeit $\varphi'$ für diesen Zustand, und wie groß ist die stündlich ausgeschiedene Wassermenge $\dot{m}_\mathrm{W}$?

$$\varphi' = \varphi\, \frac{p'\, p_\mathrm{WS}}{p\, p'_\mathrm{WS}}.$$

Da $\vartheta = \vartheta'$ ist auch $p_\mathrm{WS} = p'_\mathrm{WS}$. Somit ist

$$\varphi'_\mathrm{theor} = \varphi\, \frac{p'}{p} > 1,$$

d. h. es tritt Abscheidung von Wasser auf. Die Druckluft befindet sich im Sättigungszustand.

$$\varphi' = 1.$$

Das Verhältnis der in Form von Wasserdampf gebundenen absoluten Wassermengen für die Zustände im Saugstutzen und in den Luftgefäßen ist

$$\frac{x}{x'} = \frac{\varphi\, p_\mathrm{WS}\,(p' - \varphi'\, p'_\mathrm{WS})}{\varphi'\, p'_\mathrm{WS}\,(p - \varphi\, p_\mathrm{WS})};\quad \vartheta = \vartheta' => p_\mathrm{WS} = p'_\mathrm{WS},$$

$$\frac{x}{x'} = \frac{\varphi\, p' - p_\mathrm{WS}\, \varphi'}{\varphi'\, p - p_\mathrm{WS}\, \varphi}$$

und da $p_\mathrm{WS} \ll p < p'$

$$\frac{x}{x'} \approx \frac{\varphi}{\varphi'}\, \frac{p'}{p} = \frac{0{,}7}{1{,}0}\, \frac{50\ \mathrm{at}}{1\ \mathrm{at}} = 35.$$

Der Massenstrom der trockenen Luft bleibt konstant

$$\dot{m}_W = x \cdot \dot{m}; \qquad \dot{m}_W = x' \dot{m}.$$

$$\frac{\dot{m}_W}{\dot{m}_{W'}} = \frac{x}{x'},$$

folgt

$$\dot{m}'_W = \frac{x'}{x} \dot{m}_W .$$

Abgeschieden wird

$$\dot{m}_{W\,ab} = \dot{m}_W - \dot{m}'_W = \left(1 - \frac{x'}{x}\right) \dot{m}_W = \left(1 - \frac{1}{35}\right) \dot{m}_W ,$$

$$\dot{m}_{W\,ab} = \frac{34}{35} \dot{m}_W = \frac{34}{35} \cdot 1{,}61 \frac{\text{kg}}{\text{h}} = 1{,}52 \frac{\text{kg}}{\text{h}} .$$

## 10.3. Kolbenverdichter zur Erzeugung von Druckluft zum Anlassen der Motoren

### 10.3.1. Druckverhältnis

Die Dieselmotoren werden mit Druckluft angelassen, deren maximaler Betriebsdruck in den Speicherbehältern in der Regel 30 . . . 35 kp/cm² beträgt. Bei hochaufgeladenen Motoren geht man bis zu dem für größere Druckbehälter üblicher Bauart zulässigen Höchstdruck von 40 kp/cm². Höhere Speicherdrücke würden zwar ein geringeres Speichervolumen erfordern, dafür aber den Bauaufwand für diese Anlagen wesentlich vergrößern (größere Wanddicken). Der geringste Druck, bei dem kalte Motoren noch anlaufen können, liegt im Bereich 10 . . . 12 kp/cm².

Der im Verdichter erzielte Enddruck muß beträchtlich über dem Speicherdruck liegen, z. B. etwa 50 kp/cm² Verdichtungsenddruck bei 30 kp/cm² Speicherdruck, da sowohl durch Drosselung in Ventilen und Leitungen, als auch durch Abkühlung der Druckluft im Speicher ein erheblicher Druckabfall auftritt. Der Verdichter müßte also, um bei dem genannten Beispiel zu bleiben, ein Druckverhältnis $p_D/p_S = 50$ aufweisen. Es wäre nun zu untersuchen, wieviel Stufen erforderlich sind, um dieses Verhältnis wirtschaftlich realisieren zu können.

Betrachtet man zunächst das maximale Druckverhältnis einer Stufe, das sich aus der Beziehung für den Füllungsgrad [Gleichung (34)] durch Einsetzen von $\lambda_F = 0$ ergibt, so erhält man dafür folgende Gleichung:

$$\left(\frac{p_2}{p_1}\right)_{\max} = \left(\frac{1}{\varepsilon_0} + 1\right)^{z'} .$$

Für $\varepsilon_0 = 0{,}05$ und $z' = 1$ (Isotherme) erhält man daraus:

$$\left(\frac{p_2}{p_1}\right) = \left(\frac{p_D}{p_S}\right)_{\max} = 21.$$

Somit muß ein Verdichter mit $p_D/p_S = 50$ mindestens zweistufig ausgeführt werden, sofern die Rückausdehnung der Luft im schädlichen Raum isotherm erfolgt.

Verläuft dieser Vorgang jedoch adiabat, so wird

$$\left(\frac{p_D}{p_S}\right)_{max} = 21^{1,4} \approx 70.$$

Will man dieses Druckverhältnis durch adiabate Verdichtung in einer Stufe verwirklichen, so tritt bei Annahme einer Ansaugtemperatur von $\vartheta = 17\ °C \triangleq T = 290\ °K$ eine Verdichtungsendtemperatur von

$$T_2 = T_1 \left(\frac{p_2}{p_1}\right)^{\frac{\varkappa - 1}{\varkappa}} = 290\ °K \cdot 70^{0,286} \approx 975\ °K \triangleq 703\ °C$$

auf.

Bei dem als erforderlich angenommenen Verhältnis $p_D/p_S = 50$ würde sich eine Endtemperatur von 615 °C ergeben, ein Wert, der im Hinblick auf die Werkstofffestigkeit und die Funktion der Schmierung nicht zugelassen werden kann. Also auch unter diesen Voraussetzungen muß der Verdichter mindestens zweistufig ausgeführt werden.

Aus der vorstehenden Betrachtung geht auch hervor, daß man die Ansaugtemperatur möglichst niedrig halten muß, d. h. die Luft an einer Stelle anzusaugen, wo sie niedrige Temperaturen aufweist. Bei dieser Gelegenheit sei darauf hingewiesen, daß man auf einen Ansaugfilter nur dann verzichten darf, wenn man sicher sein kann, daß die angesaugte Luft frei von Beimengungen (Staub, Fasern usw.) ist. Sonst besteht die Gefahr von erhöhtem Verschleiß und Beeinträchtigung der Ventilfunktion im Verdichter und im Anlaßluftsystem.

### 10.3.2. Mehrstufige Verdichtung

Der Idealfall isothermer Verdichtung läßt sich technisch nicht realisieren, da einerseits die Zeit zur Kühlung zu kurz und andererseits die Kühlfläche zu klein ist. Bei mehrstufiger Verdichtung kann man diesem Grenzfall, der sich durch ein Minimum an Arbeitsbedarf auszeichnet, jedoch nahe kommen, indem man die Druckluft bei der Überleitung von der einen zur anderen Stufe zwischenkühlt. Besonders bei Verwendung wasserbeschickter Wärmeaustauscher kann die Lufttemperatur vor Eintritt in die nächste Stufe bis auf die Ansaugtemperatur heruntergekühlt werden. Die Vorteile, die sich daraus im Hinblick auf den Arbeitsaufwand (Leistungsbedarf) ergeben, zeigt Bild 10/8 am Beispiel eines zweistufigen Verdichters ohne schädlichen Raum. Wie in Abschnitt 10.2.7 ausgeführt, kann diese vereinfachte Darstellung für die Beurteilung des Arbeitsaufwandes herangezogen werden.

Die Fläche *adegh* stellt den Arbeitsaufwand bei isothermer Verdichtung dar. Ließe diese sich verwirklichen, so brächte die zweistufige Ausführung gegenüber der einstufigen keinen Arbeitsgewinn. Geht man dagegen von einer adiabaten Verdichtung – Arbeitsaufwand ≙ Fläche *abcgh* – aus, so vermindert sich bei der Zweistufenanordnung mit Zwischenkühlung ($\vartheta_b$ auf $\vartheta_d = \vartheta_a$) der Arbeitsaufwand um den der Fläche *bcfd* entsprechenden Betrag und die Endtemperatur $\vartheta_f$ ist kleiner als $\vartheta_c$.

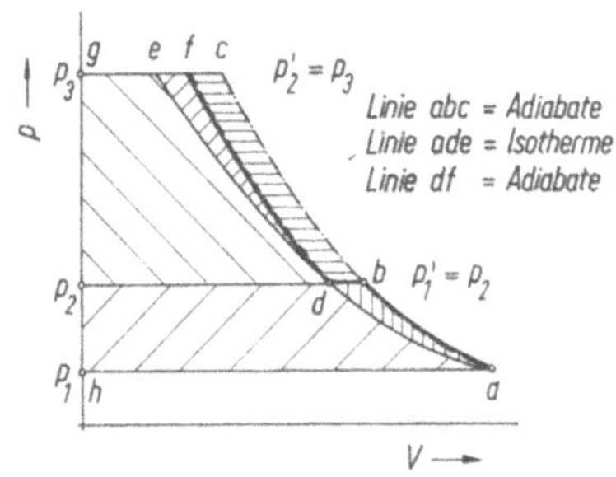


Bild 10/8. Zweistufiger Verdichter ohne schädlichen Raum

Das Gesamtdruckverhältnis sollte so auf die einzelnen Stufen aufgeteilt werden, daß die Stufendruckverhältnisse gleich groß sind. Sorgt man außerdem für gleiche Ansaugtemperaturen in allen Stufen, so führt dies bei Vernachlässigung der Druckverluste zwischen den Stufen, die in Ventilen, Leitungen und Wärmetauschern auftreten, zu gleichen Verdichtungsarbeiten in allen Stufen. Wählt man zudem noch den Hub aller Stufen gleich groß, so ergeben sich auch gleiche Kolbenkräfte. Wesentlichster Vorteil der Mehrstufenverdichtung ist jedoch die erheblich geringere Endtemperatur, bedingt durch die Zwischenkühlung. Neben der beträchtlich verminderten thermischen Beanspruchung der Werkstoffe und der Vermeidung der Gefahr von Schmierölexplosionen ist vor allem von Bedeutung, daß die Druckluft bei Abkühlung in den Speichern einen geringeren Druckabfall aufweist.

### 10.3.3. Praktische Ausführung von Verdichtern

#### 10.3.3.1. Gestaltungsrichtlinien für Kolbenverdichter

Für den betrachteten Verwendungszweck kommen Einkurbelverdichter mit Stufenkolben und in neuerer Zeit auch Mehrzylindermaschinen zum Einsatz. Mit Rücksicht auf eine gute Ausnutzung des Triebwerkes sollte man bei diesen bestrebt sein, gleiche maximale Kolbenkräfte für den Hin- und Rückgang zu erhalten. Abdichtungen gegen die freie Atmosphäre sollten in Räumen hohen Druckes nach Möglichkeit vermieden werden, um die Reibungsleistung gering zu halten und einer Verschlechterung des Liefergrades durch hohe Lässigkeitsverluste vorzubeugen.

Neben diesen konstruktiven Forderungen muß auch leichte Überprüfung und Instandsetzung (leichter Ausbau der Stufenkolben) möglich sein.

Konstruktive Lösungen, die allen Forderungen genügen, werden schwer zu finden sein, denn neben den hier aufgeführten Gesichtspunkten müssen noch eine Reihe anderer beachtet werden.

Da wäre z. B. der Umstand, daß Verdichten und Ansaugen aufeinanderfolgender Stufen möglichst gleichzeitig erfolgen soll, damit der Zwischenkühler vor starken Druckschwankungen bewahrt bleibt.

Wichtiger Punkt ist es auch, den schädlichen Raum klein zu halten. Man versieht Kolben und Deckel mit glatten Oberflächen, die einander angepaßt sind und ordnet die Ventile im Deckel oder Mantel so an, daß die Abstände zwischen Ventilplatten und Kolben im oberen Totpunkt möglichst gering sind. Ein Abstand des Kolbens vom Deckel bei dieser Triebwerkstellung, der je nach Verdichtergröße 1 ... 3 mm beträgt, ist jedoch unbedingt erforderlich, um das Anschlagen des Kolbens bei Wärmedehnungen im Betrieb zu vermeiden. Dabei ist zu berücksichtigen, daß dieser Abstand durch Kondenswasser und eingedrungenes Schmieröl, beides nahezu inkompressible Medien, vermindert werden kann.

### 10.3.3.2. Steuerung der Kolbenverdichter

Die Steuerungsorgane der Kolbenverdichter ermöglichen – ähnlich wie beim Verbrennungsmotor – den Gaswechsel, d. h. den Ein- und Austritt, zu festgelegten Zeiten. Man verwendet heute fast ausschließlich selbsttätige Ventile, deren Öffnen durch Differenzdruckkräfte bewirkt wird, während sie durch Federn geschlossen werden. Eine Zwangssteuerung des Gaswechsels findet man eigentlich nur noch bei Vakuumpumpen, da dort die Druckdifferenzen für die Ventilbetätigung nicht ausreichen.

Zum Einsatz kommen vorwiegend Ringventile. Diese bestehen aus dem Ventilsitz (je nach Beanspruchung aus Grauguß, Sphärolithguß oder geschmiedetem Stahl mit einsatzgehärteten Dichtflächen gefertigt), der Ventilplatte, den Ventilfedern und dem Hubfänger. Die Ventilplatte erfordert aufgrund der schlagartigen Beanspruchung Werkstoffe bester Qualität von großer Zähigkeit, z. B. Cr-Ni-Stahl. Die Ventilfedern sorgen für das schnelle und sichere Schließen und sollen darüber hinaus ein Flattern vermeiden. Der Hubfänger schließlich dient der Ventilhubbegrenzung.

Die Ventile werden möglichst gut zugänglich eingebaut, um Wartungs- und Instandsetzungsarbeiten zu erleichtern. Im übrigen ordnet man sie so an, daß einerseits eine optimale Ausnutzung des Einbaudurchmessers für den Gasdurchgang gewährleistet ist, und zum anderen der schädliche Raum möglichst klein gehalten wird.

### 10.3.3.3. Antrieb und Regelung der Kolbenverdichter

Man unterscheidet zwischen dem Antrieb des Verdichters durch den Hauptmotor und dem Antrieb durch Hilfsmotoren.

Die auf Schiffen häufig zu findende Art des Verdichterantriebes besteht in der Kupplung mit einem Dieselgeneratorsatz zur Erzeugung elektrischer Energie. Die Verbindung wird über eine im Lauf schaltbare Kupplung – z. B. eine Lamellenkupplung – hergestellt, so daß der Verdichter je nach Bedarf zugeschaltet bzw. abgesetzt werden kann. Bei Antrieb durch den Hauptmotor – nur bei Verdichtern geringerer Förderleistung – läuft der Verdichter in der Regel dauernd mit und wird durch Beeinflussung des Niederdrucksaugventiles auf Leerlauf geschaltet. Für das Anlassen nach längerem Stillstand muß in jedem Falle eine vom Hauptmotor unabhängige Drucklufterzeugung möglich sein. Bei kleineren Anlagen reicht dazu vielfach schon ein handbetätigter Verdichter aus.

Schiffe, die mit Hilfe umsteuerbarer Motoren manövrieren, müssen über eine unabhängige Erzeugungsanlage und ausreichende Speichermöglichkeit verfügen.

Um das Anlaufmoment möglichst klein zu halten, kann man den Verdichter durch Offenhalten der Saugventile aller Stufen mittels Greifer entlasten.

Für die Regelung der Förderleistung der Verdichter begnügt man sich meist mit der einfachen Handregelung, da die kurzen Betriebszeiten einen größeren Aufwand kaum rechtfertigen. Hauptaufgaben der Regelung sind Leerlaufschaltung bzw. Absetzen der Verdichter bei Erreichen des maximalen Speicherdruckes und Regulierung der Förderleistung beim Betrieb der Verdichter während der Manöver.

Werden für den Antrieb Gleichstrommotoren eingesetzt, so kann man die Liefermenge durch Änderung der Drehzahl (Liefermenge ist proportional der Drehzahl) regeln. Auch bei Dieselantrieb kann diese Möglichkeit genutzt werden, dann natürlich nur in bestimmten Grenzen.

Eine freizügige Anordnung ist bei Antrieb der Anlaß- und Steuerluftverdichter durch E-Motoren möglich. In automatischen Schiffsanlagen werden solche Aggregate automatisch druckgesteuert zu- und abgeschaltet.

Die automatische Aussetzregelung ist besonders bei langen Stillstandszeiten von Vorteil. Sie eignet sich nur für kleine Aggregate mit elektrischem Antrieb. Bei Erreichen des maximalen Speicherdruckes wird der Motor durch einen druckabhängig gesteuerten Schalter stillgesetzt. Bei absinkendem Druck erfolgt auf gleichem Wege das Anschalten.

Für die Leerlaufschaltung empfiehlt sich die schon erwähnte Beeinflussung der Saugventile durch Greifer, die mit einem Zweistellungsschalter (Ein – Aus) gekoppelt sind. Der Wirkungsgrad dieser Regelung wird um so schlechter, je größer das Verhältnis der Leerlauf- zur Betriebszeit wird, da die gleiche Luftmenge ständig hin- und herbewegt wird, und zudem die mechanischen Widerstände weiterhin überwunden werden müssen. Als Vorteil ist die Einfachheit der Anordnung und ihre geringe Störanfälligkeit zu werten.

Eine Stufenregelung wird gemäß den Ausführungen in 10.2.8 durch Zuschalten veränderlicher schädlicher Räume möglich. Eine stufenlose Regelung ergibt sich, wenn man das Saugventil über bestimmte Zeiträume während des Druckhubes geöffnet hält. Da die letztgenannte Regelung sehr kompliziert ist, wendet man sie nur bei Großverdichtern an.

Die Leistung der Anlaßluftverdichter soll nach den Vorschriften des Germanischen Lloyd mindestens betragen:

$$Q = 1{,}5 \cdot I\,(P - p) \text{ in dm}^3\text{/h}$$

bezogen auf den atmosphärischen Zustand (siehe 10.3.3.5).

### 10.3.3.4. Kühlung

Die Kühlung der Zylinder durch Wasser oder Luft kann wohl die thermische Beanspruchung des Werkstoffes herabsetzen, nicht aber die Endtemperatur der Druckluft merklich mindern. Im Mittel werden etwa 15 % der Gesamtwärme durch Mantel- und Deckelkühlung abgeführt. Es bedarf also besonderer Wärmetauscher als Zwischen- oder Nachkühler, um eine ausreichende Wärmeabfuhr zu gewährleisten. Bei kleinen Ausführungen kann eine Zwischenkühlung durch ein Rohrschlangensystem erzielt werden, das innerhalb der Zylinderkühlräume verlegt ist. Allerdings wird dadurch der Aufbau des Verdichters kompliziert.

Verdichter mittlerer und großer Förderleistung werden durchweg mit Röhrenkühlern ausgerüstet, die in Nähe des Verdichters oder direkt an seiner Gehäusewandung nebeneinander angeordnet sind.

Die Kühlung erfolgt in den meisten Fällen im Kreuzstrom. Bei Drücken bis 25 kp/cm² umströmt die Luft das in Rohren geführte Kühlwasser. Durch Einbau von Prallblechen in den Druckmantel zwingt man die Luft zur Querumströmung der Rohre in wechselnder Richtung. Die Kühlwirkung wird intensiviert, wenn anstelle der glatten Rohre Rippenrohre verwendet werden.

Bei höheren Drücken würde die Ausführung des Druckmantels zu großen Aufwand bedingen. Man läßt daher die Druckluft mit hoher Geschwindigkeit die Rohre durchströmen, die vom Kühlwasser im Kreuzstrom umspült werden. Auch hier dienen Prallbleche zur Verlängerung der Durchströmwege und zur Erzielung von Querströmen. Gelegentlich findet man auch Doppelrohrkühler, deren innere Rohre von der Druckluft durchströmt werden, während in den äußeren Rohren Kühlwasser im Gegenstrom fließt.

Der Luftteil der Kühler muß mit einer Ablaßvorrichtung ausgerüstet sein, damit auch während des Betriebes Kondenswasser und kondensierte Schmieröldämpfe entfernt werden können.

Da eine Verschmutzung der eigentlichen Kühlflächen den Wärmeübergang beträchtlich verschlechtert, muß der Wärmetauscher mit Handlöchern für Überprüfung und Reinigung versehen werden. Außerdem muß ein leichter Ausbau des Rohrbündels möglich sein. In ausgebautem Zustand läßt sich dann der Ölfilm auf der Luftseite und die abgeschiedenen Kühlwasserbeimengungen leicht entfernen.

Um eine Havarie des Kühlwasserteiles bei Undichtigkeit des Druckluftteiles zu vermeiden, ist ersterer gewöhnlich mit einer Brechplatte versehen, die bei Druckanstieg birst und dadurch eine Zerstörung des Kühlmantels verhindert. Allerdings muß in einem solchen Fall der Betrieb sofort unterbrochen werden, da sonst infolge der rasch ansteigenden Drucklufttemperaturen eine thermische Überbeanspruchung der Verdichterwerkstoffe und eventuell eine Explosion der vom Luftstrom mitgerissenen Schmierölpartikel auftreten können.

Sicherheitsventile haben sich nicht bewährt, da sie einmal zu geringe Querschnitte für den Druckabbau freigeben, und zum anderen aufgrund des seltenen Arbeitens schwergängig werden und versagen können.

Das Gehäuse der Wärmetauscher wird meist aus Grauguß oder Stahlblech hergestellt. Als Werkstoff für die Rohre verwendet man Messing oder Bronze. Es werden aber auch vielfach Stahlrohre eingebaut, die im Hinblick auf den Wärmedurchgang nur unwesentlich veränderte Verhältnisse bringen.

Bei Verwendung von Seewasser oder anderem nicht aufbereitetem Wasser für die Kühlung werden im Kühlraum Zinkschutzelektroden angebracht, um an den Kühlerwerkstoffen elektrochemische Zersetzungen zu vermeiden.

Der Überwachung des Betriebes dienen Meßeinrichtungen zur Bestimmung des Stufendruckes – Manometer am Ein- oder Austritt der Druckluft am Zwischenkühler – und der Temperaturen des Kühlwassers sowie der Druckluft. Beim Kühlwasser mißt man die Ein- und Austrittstemperatur, bei der Druckluft – sofern überhaupt – die Eintrittstemperatur in die nächste Stufe.

Bild 10/9 zeigt das kombinierte Zwischen- und Nachkühlaggregat eines dreistufigen Verdichters. Der gemeinsame Kühlraum besitzt zwischen den Rohrbündeln der einzelnen Stufen nur Prallbleche, so daß das Niederdruckbündel – in der Mitte am

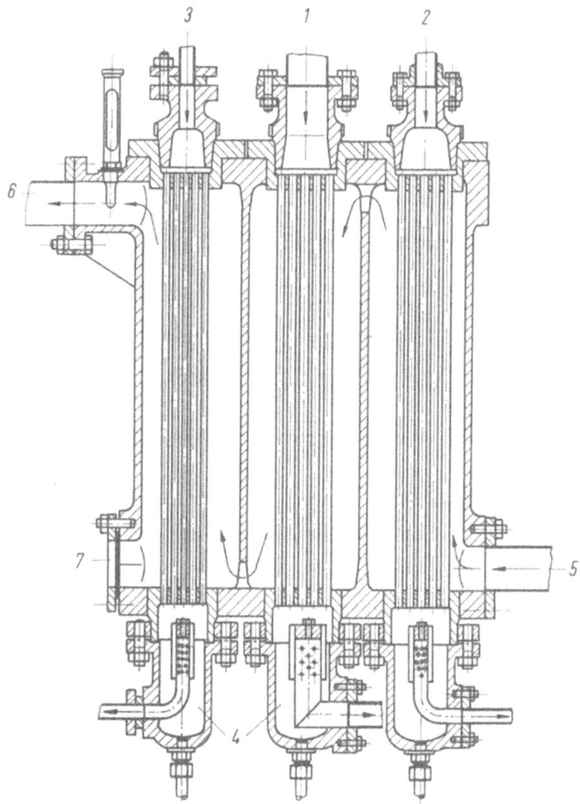


Bild 10/9
Kombiniertes Zwischen- und Nachkühlaggregat eines Dreistufenverdichters

1 Niederdruckbündel,
2 Mitteldruckbündel,
3 Hochdruckbündel,
4 Abscheider für kondensiertes Wasser und Schmieröl,
5 Kühlwassereintritt,
6 Kühlwasseraustritt,
7 Brechplatte

größten Zuleitungsquerschnitt zu erkennen – im Gleichstrom, die außenliegenden Mittel- und Hochdruckbündel – rechts und links – im Gegenstrom vom Kühlwasser umströmt werden. Aus (4) ist die Ausführung der Wasser- und Ölabscheidevorrichtung zu ersehen.

#### 10.3.3.5. Speichergefäße und Druckluftleitungen

Das Mindest-Gesamtspeichervolumen $I$, das auf deutschen Schiffen für einen umsteuerbaren Motor bereitgestellt werden muß, berechnet sich nach folgender Überschlagsgleichung der deutschen Schiffsklassifikationsgesellschaft Germanischer Lloyd:

$$I = \frac{a}{(D+H)} \cdot \frac{V_h}{(p-q)} \cdot \sqrt[3]{z} \cdot b \cdot c \cdot d$$

hierin $D$ Zylinderdurchmesser in cm,
$H$ Hub in cm,
$V_h$ Hubvolumen eines Zylinders in l,
$p$ höchster Betriebsdruck des Anlaßluftbehälters in atü,
$z$ Zylinderzahl,
$p_e$ mittlerer effektiver Arbeitsdruck im Zylinder in atü;

für $a$ ist zu setzen:

bei 2-Takt-Motoren: $a = 4300\sqrt{D} + 5000$,
bei 4-Takt-Motoren: $a = 3500\sqrt{D} + 2500$;

für $b$ ist zu setzen:

bei 2-Takt-Motoren mit $p_e$ bis 7 atü: $b = 1{,}0$,

bei 2-Takt-Motoren mit $p_e = 7 \ldots 10$ atü: $b = \frac{p_e}{5{,}3} - 0{,}3$,

bei 4-Takt-Motoren mit $p_e$ bis 10 atü: $b = 1{,}0$,

bei 4-Takt-Motoren mit $p_e = 10 \ldots 15$ atü: $b = \frac{p_e}{5{,}6} - 0{,}8$

(höhere Werte von $p_e$ werden nicht über 10 bzw. 15 atü berücksichtigt);

für $c$ ist zu setzen:

$c = 1$ für Einwellenanlagen mit einem Motor,

$c = 2$ für Einwellenanlagen mit 2 gleichen Motoren und im Betrieb nicht schaltbaren Kupplungen und Getriebe,

$c = 1{,}5$ für Einwellenanlagen mit 2 gleichen Motoren und im Betrieb schaltbaren Kupplungen und Getriebe,

$c = 3{,}0$ für Zweiwellenanlagen mit 2 gleichen Motoren über im Betrieb nicht schaltbaren Kupplungen und Getriebe je Welle,

$c = 2{,}0$ für Zweiwellenanlagen mit 2 gleichen Motoren über im Betrieb schaltbaren Kupplungen und Getriebe je Welle,

$c = 2{,}0$ für Dreiwellenanlagen,

$c = 2{,}0$ für Vierwellenanlagen;

für $d$ ist zu setzen:

$$d = \frac{p}{30} \text{ für } p > 30 \text{ atü (ohne Druckminderventil): } d = 1{,}0 \text{ wenn } p \leqq 30 \text{ atü.}$$

Für einen nicht umsteuerbaren Motor genügt die Bereitstellung von 30 % des oben angegebenen Volumens.

Als Speicher dienen Behälter, die nach Vorschrift der Klassifikationsgesellschaften aus weichem S-M-Stahl mit hoher Dehnung hergestellt werden. Kleinere Behälter, sogenannte Luftflaschen, werden gezogen. Bei größeren Behältern werden die gewalzten Stahlmäntel in Längsrichtung verschweißt und vorgeformte Böden angeschweißt. In beiden Fällen sind die fertigen Behälter einem Glühprozeß zu unterziehen, um Resteigenspannungen abzubauen.

Die Ausführungen müssen in jedem Falle eine Kontrolle des Behälterinneren gestatten. Bei Behälterlängen unter 2,5 m ist eine Öffnung an einem Ende ausreichend, bei Längen über 2,5 m muß diese Öffnung entweder die Abmessungen eines Mannloches besitzen oder beide Böden müssen mit Öffnungen versehen werden. Handlöcher müssen mindestens 120 mm Durchmesser aufweisen. Bei Luftflaschen genügt die Möglichkeit der Überprüfung nach Abnahme des Ventilkopfes. Die Abdichtung der Flanschen erfolgt gewöhnlich durch Kupferasbest-Zwischenlagen.

Zum Ablassen bzw. Abblasen von Kondenswasser muß eine Vorrichtung vorhanden sein. Diese kann aus einem Ventil am Boden oder Mantel des Behälters bestehen oder im Ventilkopf angeordnet sein, wohin das Kondensat, unter Einwirkung des Druckes, durch eine Rohrleitung, die über der tiefsten Stelle des Behälters endet, gelangt. Jeder Behälter, der unabhängig von anderen mit Druckluft gefüllt und abgeschlossen werden kann, muß mit einem Druckmeßgerät mit rotem Strich beim höchsten Betriebsdruck und einem Sicherheitsventil versehen werden. Bei Parallelschaltung mehrerer Behälter können die Sicherheitsvorrichtungen in der gemeinsamen Speiseleitung eingebaut werden.

Um bei plötzlichem Auftreten einer unzulässig hohen Drucksteigerung, wie sie beispielsweise ein Brand im Maschinenraum durch starke Erwärmung der Druckluft hervorrufen kann, das Sprengen des Behälters zu vermeiden, versieht man ihn häufig mit einem Schmelzpfropfen. Dieser ist unbedingt erforderlich, wenn das Sicherheitsventil absperrbar ist.

Bei umsteuerbaren Motorenanlagen großer Leistung werden Anlaßluftspeicher bis 15 $m^3$ Inhalt verwendet. Der maximale Speicherdruck beträgt gewöhnlich 30 $kp/cm^2$. Höhere Drücke vermindern das Speichervolumen, erfordern aber, besonders bei Großbehältern, wesentlich größere Wanddicken. In erster Näherung ist nämlich die Wanddicke dem Produkt von Behälterdurchmesser und Speicherdruck proportional.

Ordnet man die Behälter horizontal an, so sollten sie bei Lage parallel zur Schiffslängsachse eine Neigung von 10°, bei Querlage entsprechend größere Neigung erhalten. Durch diese Maßnahme sichert man die Ansammlung von Kondensat auf kleinstem Raum, erleichtert das Abblasen und beschränkt die Fläche, die aufgrund des hohen Sauerstoffgehaltes der Druckluft leicht zur Korrosion neigt. Bild 10/10 zeigt zwei verschiedene Ausführungsformen von Druckluftspeicherbehältern, rechts eine sogenannte Luftflasche, links einen kesselförmigen Speicher.

Das Druckluftleitungssystem setzt sich aus nahtlosen Stahlrohren und den Stellgliedern (Armaturen) zusammen. Sind Teile der Anlage schwingmetallgelagert, so müssen für deren Anschluß Hochdruckschläuche verwendet werden. Die Verschraubung der Rohre miteinander und der Rohre mit den Armaturen erfolgt am günstigsten durch die bekannten Ermeto-Verschraubungen mit Schneidring.

Das vom Verdichter zum Behälter führende Rohr ist am Absperrventil angeschlossen. Das Einlaßrohr ragt weit in den Behälter hinein – etwa bis zur halben Höhe – wodurch die Abscheidung von Kondenswasser und Öl begünstigt und deren Mitreißen durch den Druckluftstrom in das Entnahmeventil vermieden wird. Das Entnahmeventil ist ebenfalls als Absperrventil ausgebildet. Im Hinblick auf die hohen Drücke werden die Ventilspindeln nicht durch Stopfbuchsen abgedichtet, sondern erhalten oberhalb des Ventilkegels einen zweiten kegelförmigen Ansatz, der sich nach Öffnung des Ventils gegen einen Sitz aus Kunststoff – wie beim Ventilkegel selbst – legt.

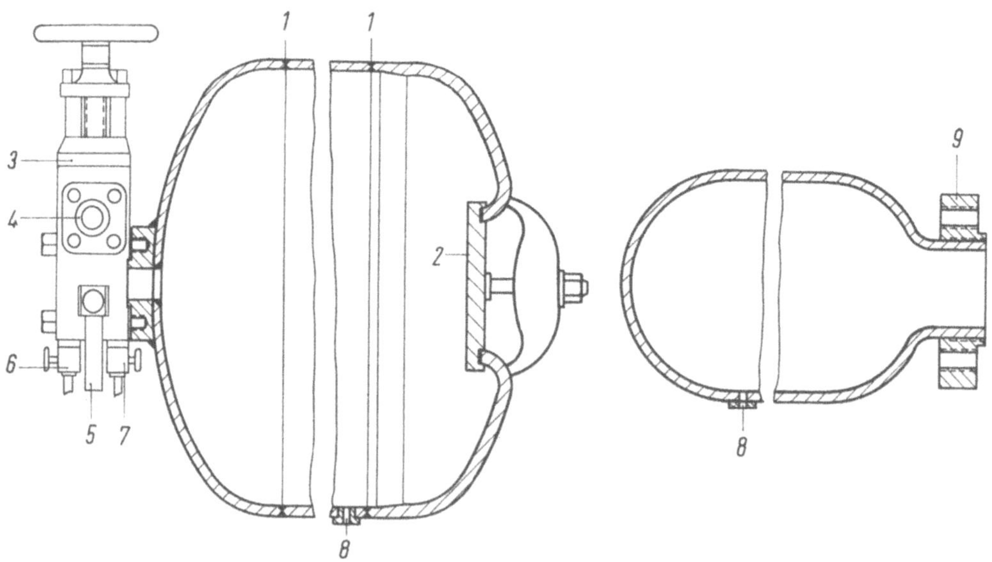


Bild 10/10. Druckluftbehälter
Rechts: Luftflasche,
Links: Speicherkessel

1 Schweißstellen,
2 Mannloch,
3 Ventilkopf,
4 Brechplatte,
5 Sicherheitsventil,
6 Manometeranschluß,
7 Entwässerungsventil,
8 Kondenswasserablaß,
9 Dichtflansch

Das Entnahmeventil mündet in die Anlaßluftverteilungsleitung, die die parallelgeschalteten Anlaßventile der einzelnen Zylinder bzw. das Hauptanlaßventil beaufschlagt.

Das Anstellen von Druckluftleitungen ist unter langsamem Öffnen der Ventile vorzunehmen, da die infolge der anfangs hohen Druckdifferenz mit großer Geschwindigkeit einströmende Luft beim Auftreffen auf die Enden der zu füllenden Leitung einen Verdichtungsstoß erfährt. Dieser kann starke Erwärmungen hervorrufen und dadurch zu Schmierölexplosionen führen.

Das freie Ende der Verteilerleitung ist gewöhnlich mit einer Brechplatte versehen, die im Falle einer Schmierölexplosion das Anlaßsystem vor Schäden bewahren soll. Durch Anbringen eines Drahtgeflechtes vor der Platte schützt man das Bedienungspersonal vor Verletzung durch Splitter.

Erfolgt der Bruch der Platte während eines Manövers, so kann das Schiff in Gefahr kommen, da das Anlaßsystem erst nach Ersatz der Platte wieder einsatzfähig ist. Um dieses Gefahrenmoment zu beseitigen, wurden verschiedene Vorrichtungen entworfen, z. B. das in Bild 10/11 gezeigte Anlaß-Sicherheitsventil, das anstelle der Brechplatte am freien Ende der Verteilerleitung angebracht wird. Der Ventilkolben (2) wird beidseitig beaufschlagt, einmal vom Verteilernetz (1) und zum anderen von einer Leitung (6), die Druckluft an einer Stelle des Anlaßsystems entnimmt, auf die eine Explosion sich nicht unmittelbar auswirken kann.

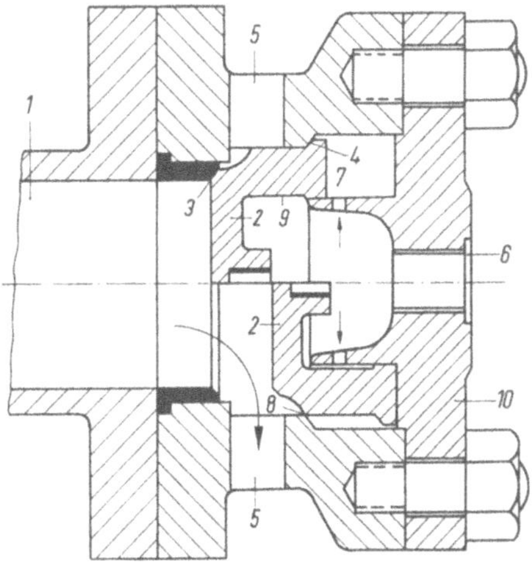


Bild 10/11. Anlaßluft-Sicherheitsventil

1 Anlaßluft-Verteilerleitung,
2 Ventilkolben,
3, 4 Ventilsitze,
5 Auslaßschlitze,
6 Gegendruckluftanschluß,
7 Verbindungsbohrung,
8 Überströmkante,
9 Aussparung,
10 Deckel

Das Verhältnis der von Leitung (6) beaufschlagten Kolbenfläche zu der von Leitung (1) her unter Druck stehenden, ist so bemessen, daß ein bestimmter Überdruck im Verteilernetz (1) den Ventilkolben (2) aus seiner im oberen Teil der Skizze gezeigten Ruhestellung in die im unteren Teil dargestellte Lage verschiebt. Dabei werden die Auslaßschlitze (5) geöffnet, die einen Durchströmquerschnitt freigeben, der in etwa dem der Leitung (1) entspricht. Auf diese Weise wird das Netz wirkungsvoll entlastet. Nach Abklingen der Explosionsdruckwellen schiebt der unverändert von

Leitung (6) her wirkende Druck den Kolben (2) langsam wieder in seine Ruhelage, und die Manövrierfähigkeit des Schiffes ist wieder hergestellt. Schlagartiges Öffnen des Ventiles wird durch Kompression der nach Verschließen der Bohrungen (7) im Ringraum zwischen Deckel (10) und Gehäuse verbleibenden Luft verhindert. Übermäßiger Bremsdruck kann sich gegen Ende des Kolbenhubes über die Kanten (8) zum Auslaß (5) hin abbauen. Geführt wird der Kolben nur von der schmalen Mantelfläche, die auf den mit den Bohrungen (7) versehenen Deckelansatz läuft. Dadurch wird eine ausreichende Leichtgängigkeit des Ventilkolbens sichergestellt.

Es empfiehlt sich, von Zeit zu Zeit bei abgeschaltetem Anlaßsystem durch Einführen eines Werkzeuges in die Auslaßschlitze (5) die Gangbarkeit zu überprüfen.

Manche Anlagen besitzen einen Leitungszweig, durch den die Nieder- bzw. Mitteldruckstufe hinter dem Zwischenkühler angezapft werden kann. Diese Vorrichtung ist beim Auffüllen völlig geleerter Speicherbehälter von Vorteil, da die Füllung der Behälter bis zu einem Druck von etwa 10 kp/cm² dadurch wesentlich beschleunigt wird.

Den Rohrplan einer Anlaßluftanlage zeigt Bild 10/12.

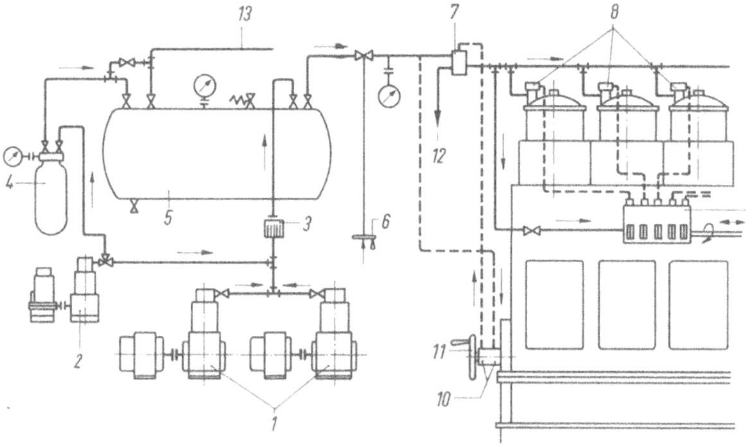


Bild 10/12. Anlaßluftanlage

1 Anlaßluftverdichter (Antrieb durch E-Motoren),
2 Reserveverdichter (Dieselantrieb),
3 Vorrichtung zur Kondensatentfernung,
4 Reserveluftflasche,
5 Hauptluftflasche,
6 Hauptabsperrventil,
7 Hauptanlaßventil,
8 Anlaßventile,
9 Anlaßsteuerblock,
10 Hauptanlaßschalter,
11 Manöverrad,
12 Entlüftungsleitung,
13 Leitung für Betriebsdruckluft zur Versorgung der Hilfsmotoren

## 10.3.4. Betrachtung eines ausgeführten Verdichters

Für Schiffsanlagen werden Hilfsmaschinen mit möglichst kleinem Raumbedarf und geringem Gewicht verlangt. Auf dem Gebiet der Anlaßluftverdichter kommt die in den letzten Jahren zu beobachtende Drehzahlsteigerung dieser Maschinen dieser

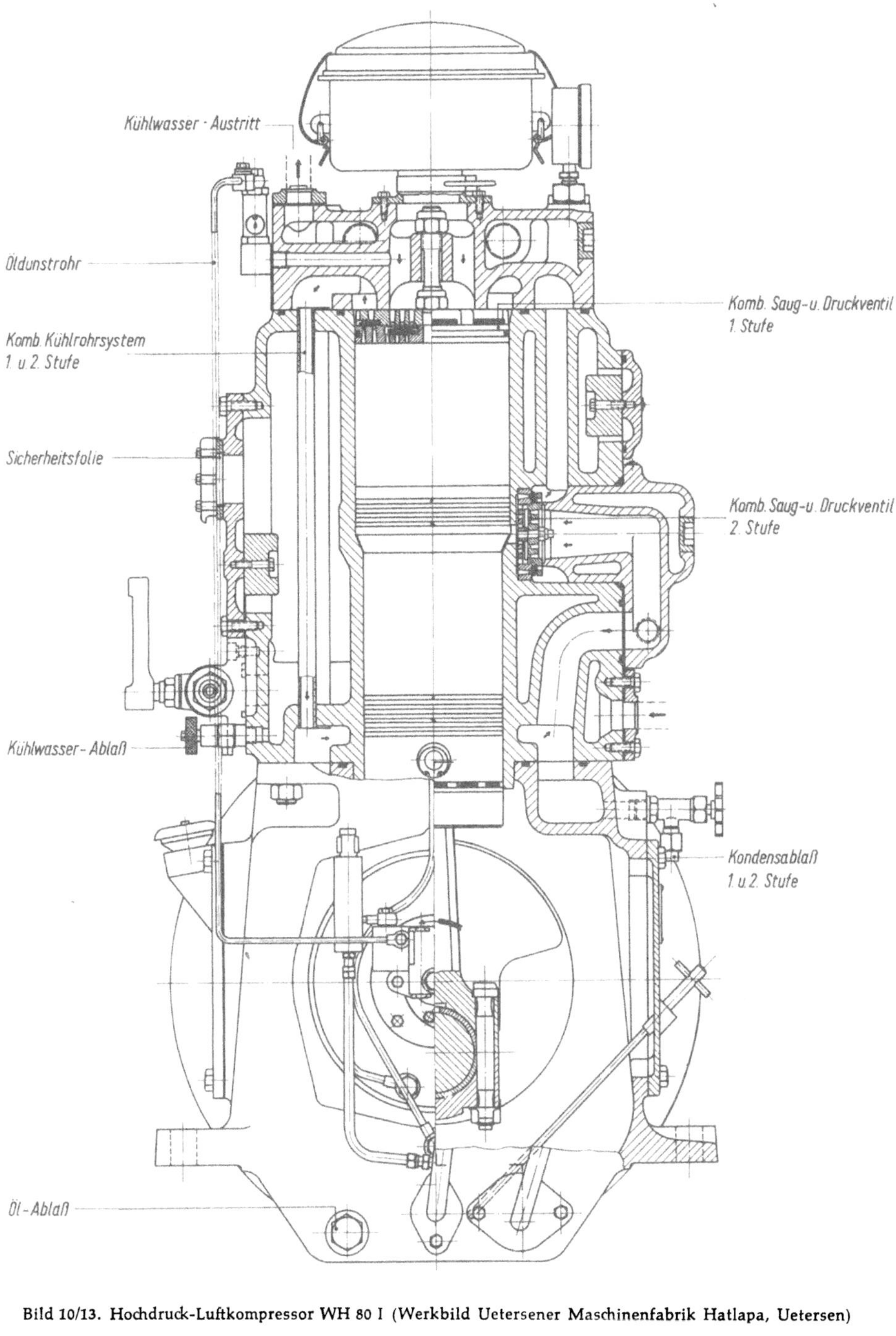


Bild 10/13. Hochdruck-Luftkompressor WH 80 I (Werkbild Uetersener Maschinenfabrik Hatlapa, Uetersen)

Forderung entgegen. Bei richtiger Konstruktion und Anwendung moderner Forschungsergebnisse auf dem Gebiet der Verschleißminderung sind schnellaufende Hilfsmaschinen ebenso betriebssicher wie langsamlaufende Maschinen. Nachdem lange Zeit die Drehzahlen der Anlaßluftverdichter bei 500 $min^{-1}$ lagen, verfügt man jetzt über Verdichter mit etwa 1500 $min^{-1}$, die seit einigen Jahren mit gutem Erfolg in Betrieb sind. Bei der Neuentwicklung war zu beachten, daß die Spaltgeschwindigkeit in den Ventilen in vertretbaren Grenzen blieb und die mittlere Kolbengeschwindigkeit 5 . . . 6 m/s nicht wesentlich überschritt.

Bild 10/13 zeigt einen modernen Hatlapa-Anlaßluftverdichter des Typs WH 80. Diese Dreizylindermaschine saugt bei einer Drehzahl von 1500 $min^{-1}$ eine Luftmenge von 336 $m^3/h$ bei 760 Torr und + 20 °C an und verdichtet sie auf 30 atü.

Dieser Verdichter hat eine Masse von 560 kg gegenüber 1820 kg Masse, die ein älterer Verdichter mit etwa gleicher Fördermenge bei einer Drehzahl von 500 $min^{-1}$ aufweist. Der Grundflächenbedarf ist dabei etwa der gleiche, während die Höhe der schnelläufigeren Maschine rund $^1/_3$ geringer als die der langsamlaufenden ist.

Aus der Schnittzeichnung Bild 10/13 sind Aufbau und Einzelheiten der Konstruktion zu entnehmen. Die geschlossene Form wurde nicht zuletzt durch den Verzicht auf angehängte Kühler erreicht. Diese sind als Röhrenkühler innerhalb des Zylinders dem Kühlwasserraum organisch eingefügt. Alle Austausch- und Verschleißteile sind leicht zugänglich geblieben.

Stehende Ausführung, Einfachwirkung und Zweistufigkeit sowie Wasserkühlung kennzeichnen diesen Verdichtertyp, der mit 1, 2 oder 3 Zylindern gebaut wird. wird. Das Kurbelgehäuse ist öl- und staubdicht gekapselt. Durch große Montagedeckel sind alle Teile des Triebwerks leicht zugänglich. Die ausgewuchtete Kurbelwelle aus Sphäroguß läuft in Gleitlagern. Der Differentialkolben aus Leichtmetall ist so bemessen, daß für Hin- und Rückgang annähernd gleiche Kräfte im Kurbelbetrieb auftreten. Aufgrund dessen läuft der Verdichter besonders ruhig. Die

**Bild 10/14**
**Kompressor WH 80 (Werkbild Uetersener Maschinenfabrik Hatlapa, Uetersen)**

Zylinder aus verschleißfestem Gußeisen sind mit großen, durchgehenden Wasserräumen versehen und werden ebenso wie der Zylinderkopf wassergekühlt. Die konzentrischen Spezial-Ringplatten-Ventile der ersten und zweiten Stufe arbeiten selbsttätig. Das konzentrisch angeordnete Saug- und Druckventil für die erste Stufe nimmt die gesamte obere Zylinderfläche ein. Die dadurch erzielten großen Ventilquerschnitte ergeben geringe Ventilwiderstände. Die Kühlung der Druckluft nach der ersten und nach der zweiten Stufe erfolgt durch radial angeordnete Kühlrohrsysteme im Zylinder. Zinkschutzelektroden verhüten innerhalb der Kühlräume Seewasser-Korrosionsschäden. Die Zahnradölpumpe ist direkt mit der Kurbelwelle gekuppelt und versorgt alle Lagerstellen mit Drucköl. Die Zylinderlaufbahn der ersten Stufe wird durch Öldunst vom Kurbelgehäuse her geschmiert.

Drehzahlen bis 1750 $min^{-1}$ ermöglichen die direkte Kupplung mit Standardantriebsmaschinen für alle Frequenzen auch bei Dreipunktlagerung. Diese Lagerung (Bild 10/14) erlaubt einfache Montage und gestattet auch das Aufstellen auf Schwingmetall zur Verhinderung von Körperschallübertragung auf die Schiffsverbände.

## 10.3.5. Drucklufterzeugung durch Motorenzylinder

Bei kleinen Motoren verzichtet man vielfach sowohl auf unabhängig als auch auf direkt angetriebene Verdichter. Den ersten Start ermöglicht man durch Kohlensäure oder Druckluft aus einer anderen Quelle. Danach ist der Motor in der Lage, eine entsprechende Speicheranlage selbst zu füllen.

Man unterscheidet zwei Wege:

a) die Speicherung abgezapfter Abgase, die dem Motor während des Verdichtungs- und Arbeitshubes entnommen werden, und

b) die Speicherung reiner Luft durch Nullförderung der Kraftstoffpumpe des betreffenden Zylinders.

In beiden Fällen wird das über ein kleines Ventil mit losem Kegel abgezapfte Druckmedium über einen Kühler zur Luftflasche geleitet, die im Laufe des Betriebes nach und nach bis zu einem Druck von 30 ... 35 $kp/cm^2$ aufgeladen wird. Der lose Kegel des Ventiles, dessen geringer Hub von 1 ... 1,5 mm durch eine Spindel eingestellt werden kann, dient während der Perioden niederen Druckes im Zylinder als Rückschlagventil.

Um Beschädigungen des Ventiles aufgrund hoher Temperaturen des Mediums, die besonders bei Fall a) auftreten, zu vermeiden, sollte das Abzapfen intermittierend erfolgen. Die Öffnungsdauer, die in der Betriebsanleitung angegeben ist, sollte dabei nicht überschritten werden.

## 10.3.6. Wartung und Überprüfung der Verdichter

### 10.3.6.1. Schmierung der Verdichter

Die Schmierung der Verdichter muß besonders sorgfältig überwacht werden. In den vorstehenden Abschnitten wurde schon auf die Folgen einer Überschmierung hingewiesen:

1. Gemischbildung mit der Druckluft und dadurch Gefahr von Explosionen,
2. Verkleinerung des Sicherheitsabstandes zwischen Kolben und Deckel,
3. Temperaturerhöhung durch Ölverschmutzung der Kühlflächen.

Es ist darauf zu achten, daß das vorgeschriebene Kompressoröl (Flammpunkt nicht unter 200 °C) verwendet wird und der erforderliche Ölstand vorhanden ist. Bei Druckumlaufschmierung ist der Öldruck zu überwachen. Ölfilter bzw. -siebe sind regelmäßig zu überprüfen. Die vorgeschriebenen Ölwechselzeiten, abhängig von Qualität und Verbrauch, müssen eingehalten werden. Werden für die Zylinderschmierung Schmierpressen oder Tropföler verwendet, so ist deren Funktion zu überprüfen.

Beim Anfahren versorgt man zunächst alle Kolben mit Öl, um einen durchgehenden Ölfilm herzustellen. Während des Betriebes kann man die Schmierung dann meist auf die erste Stufe beschränken, da die öldurchsetzte Luft den anderen genügend Schmierstoff zuführt.

#### 10.3.6.2. Kühlung der Verdichter

Der Kühlwasserdurchsatz beim Verdichter ist so zu regulieren, daß die Austrittstemperatur 35 ... 40 °C nicht überschreitet, da sich oberhalb dieser Temperaturen bei Verwendung von Seewasser oder nicht aufbereitetem Wasser ein Rückstand bildet. Durch diesen wird die Kühlwirkung wesentlich vermindert. Auch niedrigere Ablauftemperaturen sind zu vermeiden, da sie den Schmierfilm ungünstig beeinflussen.

Die Kühlung ist rechtzeitig vor dem Anfahren des Verdichters anzustellen und an dem meist sichtbaren Abfluß zu kontrollieren. Bei Kühlwassertemperaturen unter 10 °C ist Vorsicht geboten. Man öffnet die Leitungen dann erst beim oder kurz nach dem Anfahren, um Trockenlauf infolge zu starker Abkühlung der Maschine zu vermeiden.

Die Gängigkeit der Sicherheitsventile an den Kühlräumen ist in bestimmten Abständen zu überprüfen, damit keine Schäden infolge Undichtigkeiten des Druckluftteiles auftreten können.

Steigt die Lufttemperatur hinter einem Kühler an und geht sie trotz erhöhter Kühlmittelzufuhr nicht zurück, so kann eine Verminderung der Kühlwirkung durch Eintritt von Luft in den Kühlraum oder durch Verschmutzung der Kühlflächen die Ursache sein. In einem solchen Falle ist der Betrieb rechtzeitig einzustellen, da eine starke Erhöhung der Drucklufttemperaturen zu Schmierölverkokung (Ursache von Undichtigkeiten von Kolben und Ventilen) und Trockenlauf in den folgenden Stufen sowie zu den gefürchteten Schmierölexplosionen im Leitungssystem führen kann. Man baut dann die meist als herausnehmbare Einsätze ausgebildeten Rohrbündel aus und reinigt sie. Die Ölschicht auf der Luftseite beseitigt man am einfachsten durch Auskochen in Sodalösung. Die Kühlwasserausscheidungen klopft man ab. Ablagerungen an schwer zugänglichen Stellen, z. B. Zylinderkühlräumen, entfernt man mit Hilfe von Salzsäure. Anschließend muß unbedingt reichlich mit reinem Wasser gespült werden. Bei Verwendung von Seewasser und nicht aufbereitetem Wasser müssen die Zinkschutzelektroden von Zeit zu Zeit überprüft werden. Das im Abscheider angesammelte Kondensat – Wasser und Öl – ist regelmäßig abzublasen.

#### 10.3.6.3. Unregelmäßigkeiten in der Druckluftlieferung, Ventilüberprüfung

Die Drücke und die Ansaugtemperaturen der einzelnen Stufen sind während des Betriebes laufend zu überwachen. Bei Abweichungen von den üblichen Werten sollten sofort die Ursachen untersucht werden. So weist z. B. die Drucksteigerung in einer Stufe auf Ventilundichtigkeiten in der nächst höheren hin. Besonders gut kann man diese Erscheinung beim Abstellen des Verdichters beobachten. Gehen die Drücke der einzelnen Stufen gleichmäßig zurück, so sind die Ventile in Ordnung. Ist dies nicht der Fall, so steigt der Druck in der niederen Stufe, während er in der höheren schnell fällt. Im übrigen machen sich Ventilschäden durch Absinken der Förderleistung, Druckabfall in der betreffenden Stufe oder anomale Erwärmung der Ventilköpfe bemerkbar. Eine sofortige genaue Überprüfung ist dann erforderlich. Gelangen Bruchstücke einer Ventilplatte in den Zylinderraum, so führt das zu schweren Zerstörungen an Kolben und Laufflächen.

Verminderte Förderleistung kann außerdem auch die Folge undichter Kolben (z. B. infolge verklebter Ringe), einer Vergrößerung des schädlichen Raumes sowie undichter oder durch Ölablagerung im Querschnitt verminderter Leitungen sein.

Die Kontrolle der Dichtigkeit von Rohrverschraubungen nimmt man am einfachsten durch Bepinseln mit Seifenlösung vor.

Den schädlichen Raum, dessen Änderung praktisch nur aus einer Änderung des Sicherheitsabstandes zwischen Kolben und Deckel resultieren kann, überprüft man durch Ausmessen dieses Abstandes. Zu diesem Zweck führt man durch ein herausgenommenes Ventil einen Bleidraht ein, dessen Durchmesser etwas größer als der geforderte Abstand ist. Stimmen die Abmessungen, so wird der Draht bei Bewegung des Triebwerkes vom Kolben im oberen Totpunkt auf das betreffende Maß zusammengedrückt. Ist das nicht der Fall, oder stellt man bei dieser Gelegenheit fest, daß keine ausreichende Distanz vorliegt, so korrigiert man mit Hilfe von Paßblechen am Pleuelstangenfuß.

Eine andere Möglichkeit der Kontrolle ergibt sich durch Lösen des Pleuellagers bei Kolbenstellung im oberen Totpunkt und Hochschieben des Kolbens bis zum Anschlag. Die Differenz der Abstände der Führungskolbenunterkante vom unteren Zylinderrand in beiden Fällen entspricht dem gesuchten Abstand.

Müssen die Ventile instandgesetzt werden – üblicher Zeitraum zwischen den Überholungen etwa 500 Betriebsstunden – so sollten bei dieser Gelegenheit auch folgende Punkte überprüft werden:

1. Schmierzustand der Zylinder. Entsprechend dem Befund ist eine Regulierung vorzunehmen.

2. Stoßspiel der Kolbenringe. Bei den Ringen des Hochdruckkolbens sollte dieses je nach Durchmesser zwischen 1 ... 1,5 mm liegen. Bei größeren Werten muß Austausch erfolgen.
3. Konizität und Unrundheit des Zylinders. Die Prüfung wird durch Einführen von Kolbenringen durchgeführt. Treten Unterschiede im Stoßspiel an verschiedenen Stellen des Zylinders von 1,5 ... 2 mm und merkliche Unrundheit auf, so muß der Zylinder ausgeschliffen werden.

Die beiden letztgenannten Kontrollen brauchen jedoch, sofern keine Anzeichen auf Schäden hindeuten, nur jährlich einmal vorgenommen werden.

Nach jeder Ventilinstandsetzung muß eine Druckprobe ausgeführt werden. Dazu verwendet man gespeicherte Druckluft. Man beginnt mit der höchsten Stufe. Zur Kontrolle des Druckventiles wird das Saugventil ausgebaut. Undichtigkeiten machen sich bei Beaufschlagung der Druckseite durch Luftströmungen im Saugventilgehäuse bemerkbar. Das Saugventil prüft man, indem man nach Druckentlastung durch das Sicherheitsventil das Druckventil der betrachteten und der nächst niederen Stufe ausbaut und dann Druckluft einläßt. Ist das Saugventil dicht, so darf an der Druckventilöffnung der nächsten Stufe kein Sausen zu vernehmen sein. In gleicher Weise werden auch die Ventile der übrigen Stufen untersucht.

Die Dichtigkeit der Kolben kann bei dieser Gelegenheit ebenfalls kontrolliert werden. Man entfernt das zum betrachteten Kolben gehörige Druckventil und desgleichen das des folgenden Kolbens (Stufenkolben!), läßt Druckluft in den Zylinderraum des untersuchten Kolbens einströmen und horcht an der Ventilöffnung des folgenden.

Die Dichtigkeit des dem Kurbeltrieb zugewandten Kolbens kann bei Untersuchung der betreffenden Ventile direkt überprüft werden.

Ein- und Ablassen der Druckluft muß langsam erfolgen, um Druckstöße zu vermeiden. Beim Abnehmen der Ventilköpfe löse man zunächst die Verschraubungen nur einige Gänge und lüfte die Dichtungen an, damit Druckausgleich eintreten kann.

Es sei noch darauf hingewiesen, daß sich – ähnlich wie beim Verbrennungsmotor – durch Aufnehmen von Indikatordiagrammen feststellen läßt, ob der Verdichter einwandfrei arbeitet oder nicht. Aus dem Verlauf des Diagramms kann man bei einiger Übung auf die vorhandenen Mängel, z. B. Ventilundichtigkeiten, Schließverzögerungen, Ventilflattern usw. schließen.

## 10.4. Gebläse zur Spül- und Ladeluftbeschaffung

Die Spül- und Ladeluftbeschaffung erfolgt mit Druckverhältnissen von $p_D/p_S = 1{,}05 \ldots 3{,}0$. Die Grenze zwischen Spülung und Aufladung liegt bei etwa $p_D/p_S = 1{,}2 \ldots 1{,}3$.

Es kommen sowohl Verdränger- als auch Kreiselradgebläse zum Einsatz. Der Grenzbereich zwischen den Anwendungsgebieten von Kolben- und Kreiselradgebläsen liegt für $p_D/p_S = 1{,}2$ (Spülung) bei einer Ansaugmenge von 200 bis 900 m³/h, für $p_D/p_S = 2{,}0$ (Aufladung) bei 500 . . . 2000 m³/h.

Setzt man einen durchschnittlichen Luftbedarf von 12 m³ bei Bezugsstand für 1 kg Kraftstoff an und rechnet im Mittel mit $b_e = 200$ g/PSh, so ergibt sich für die Spülung schon von etwa 100 PS und für die Aufladung von etwa 250 PS an die Möglichkeit des wirtschaftlichen Einsatzes von Kreiselradgebläsen.

Aufgrund des ungünstigen Teillastverhaltens konnten sich Kreiselradgebläse für die Spülluftbeschaffung jedoch nicht in nennenswertem Umfange einführen. Zudem arbeitet das Verdrängergebläse, jeweils nur für die Versorgung einer oder weniger Zylindereinheiten eingesetzt, auch bei größeren Motoren im günstigen Bereich.

Das Gebiet der Aufladung von Viertaktmotoren beherrscht das Kreiselradgebläse – in der Ausführung als Abgasturbolader –, heute jedoch in weitem Umfang. Auch für die Aufladung von Zweitaktmotoren gewinnt es kombiniert mit Verdrängergebläsen immer mehr an Bedeutung. Das Kapitel 11 bringt Näheres über die Ausführung und das Betriebsverhalten von Kreiselradgebläsen, soweit es in diesem Zusammenhang von Interesse ist.

### 10.4.1. Hubkolbengebläse

Hubkolbengebläse für die Spülluftbeschaffung – gewöhnlich bezeichnet man sie ihrer Aufgabe entsprechend als Kolbenspülluftpumpen – werden durchweg doppelt wirkend ausgeführt (annähernd gleiche Kolbenkräfte bei Hin- und Rückgang). Ihr Antrieb wird entweder über Schwinghebel vom Kreuzkopf abgeleitet oder erfolgt direkt durch eine Kurbel am vorderen Ende der Kurbelwelle. Um die Zylinderabmessungen, die aufgrund der niedrigen Drehzahlen und der großen Fördermengen bei großen Motoren beträchtliche Ausmaße annehmen, in Grenzen zu halten, wählt man häufig die Tandemanordnung, die aus zwei übereinander angeordneten doppeltwirkenden Zylindern besteht (Bild 10/15).

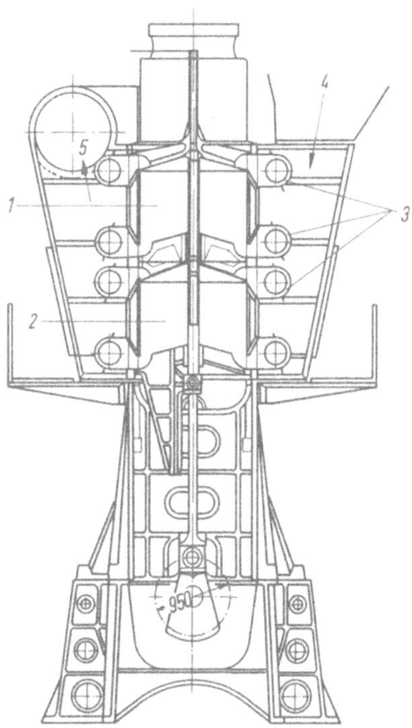


**Bild 10/15. Doppeltwirkende Kolbenspülluftpumpen in Tandemanordnung**

1 oberer Zylinder,
2 unterer Zylinder,
3 Ventile,
4 Ansaugkanal,
5 Spülluftaufnehmer.

Die Verdichtung muß niedrig, bei $p_D/p_S = 1{,}05 \ldots 1{,}2$ gehalten werden, um Wirbelbildung zu vermeiden, die zur Vermischung von Spülluft und Abgasen führt. Kleine Schnelläufer erfordern zur Erzielung ausreichender Spülgeschwindigkeiten etwas erhöhte Druckverhältnisse bis $p_D/p_S \approx 1{,}3$.

Die Antriebsleistung beträgt etwa 4 ... 6 % der Hauptmotorenleistung.

Die Kolben werden mit einem, höchstens aber zwei schmalen Ringen bestückt. Die Kolbenstangenstopfbuchsen werden mit Weich- oder Metallpackungen gedichtet. Die Saug- und Druckventile sind Ringplattenventile, die man an beiden Kolbenseiten jeweils zu Gruppen zusammenfaßt, um ausreichende Durchflußquerschnitte zu erhalten.

In Bild 10/16 ist eine Kolbenspülluftpumpe der Firma Sulzer dargestellt, deren eine Druckventilgruppe in Einzelansicht gezeigt wird. Die Gruppe setzt sich aus mehreren Ringen zusammen, die unter anderem die Sitze der Ring-Ventilplatten umfassen, deren Hub nur wenige Millimeter beträgt. Das ganze System wird durch eine Schraube verspannt und gehalten. Die Zugänglichkeit ist gut.

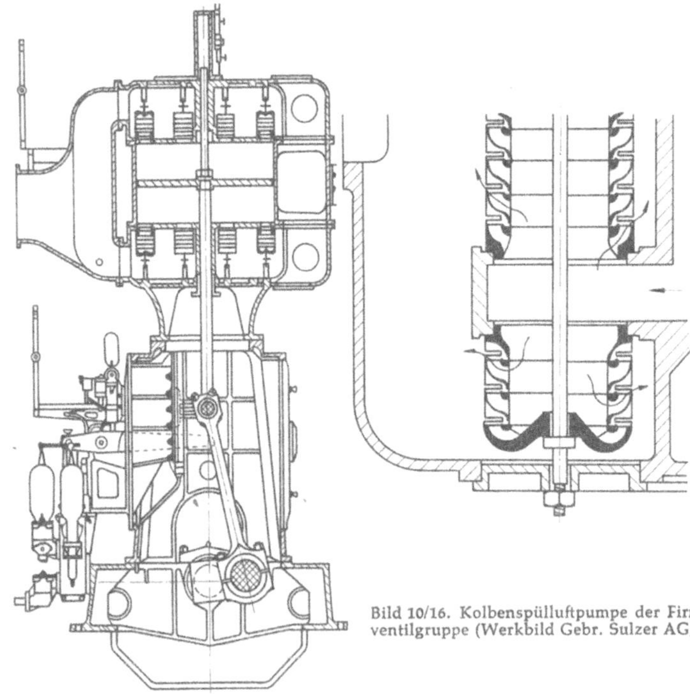

Bild 10/16. Kolbenspülluftpumpe der Firma Sulzer mit Druckventilgruppe (Werkbild Gebr. Sulzer AG, Winterthur)

Auch bei Hubkolbengebläse soll möglichst Luft von niedriger Temperatur angesaugt werden, nicht mit Rücksicht auf die Verdichtungsendtemperaturen, die im Gegensatz zum Luftverdichter keine Rolle spielen, sondern um eine möglichst große Luftmenge ansaugen zu können.

Die Saugleitung wird bei manchen Ausführungen mit einem Schalldämpfer versehen, um das starke Ansauggeräusch zu mindern. Diese Maßnahme wirkt sich jedoch auf den Ansaugedruck und die Liefermenge ungünstig aus. Die Luft wird in den Spülluftaufnehmer gefördert, von dem aus Kanäle zu den Spülschlitten führen.

Die Druckleitungen der Pumpe und der Aufnehmer sind mit Entwässerungsvorrichtungen ausgerüstet.

Kolbenspülluftpumpen bedürfen nur geringer Wartung und erfordern bei normalem Betrieb einmal im Jahr eine Überprüfung und eventuelle Überholung.

Für die Aufladung von Motoren eignen sich Hubkolbengebläse weniger, obwohl sie ein ausgezeichnetes Teillastverhalten aufweisen. Sie erfordern bei den geringen Druckverhältnissen zu große Abmessungen und eignen sich dadurch schlecht für hohe Drehzahlen.

### 10.4.2. Umlaufkolbenverdichter in Drehkolbenbauart

Man unterscheidet *Zweiwellenverdichter*, z. B. Roots-Gebläse, und *Einwellenverdichter*, z. B. Zellengebläse.

Das Roots-Gebläse (Bild 10/17) wirkt nach dem gleichen Prinzip wie die Zahnradpumpe. Als Drehkolben werden Doppelflügel von der Form einer Lemniskate verwendet. Die Flügel, die durch außenliegende Steuerzahnräder gegenläufig bewegt werden, dichten gegenseitig und gegen die Gehäusewandungen berührungs-

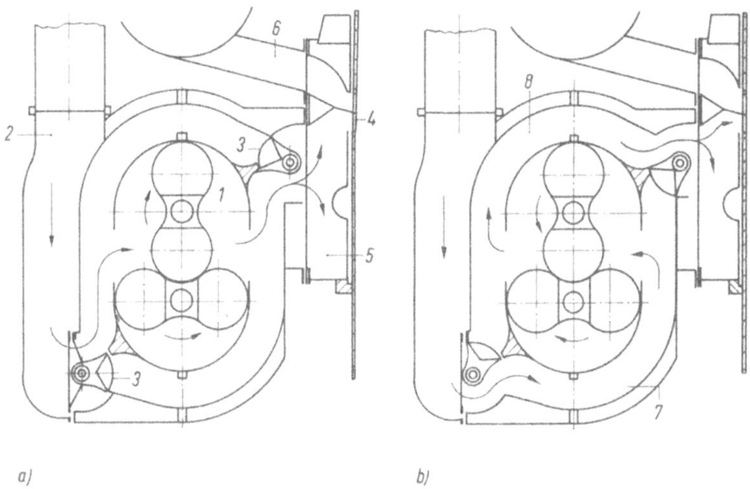


Bild 10/17. Roots-Gebläse für umsteuerbare Motoren
a) Vorwärtslauf des Motors,
b) Rückwärtslauf des Motors.

1 Wirkteil mit Drehkolbenpaar,
2 Ansaugkanal,
3 Umstellschieber,
4 Spülschlitze,
5 Spülluftaufnehmer,
6 Auspuffleitung,
7, 8 Umleitungskanäle.

frei mit geringem Spiel ab. Da sich Drehkolben und Gehäuse im Betrieb unterschiedlich erwärmen, kann dieses Spiel nicht beliebig klein gemacht werden. Es ist die Ursache für den relativ schlechten Liefergrad. Dagegen ist der Füllungsgrad sehr hoch, da das Gebläse keinen schädlichen Raum besitzt. Rootsgebläse können mit Drehzahlen bis zu 3000 $min^{-1}$ betrieben werden (in Einzelfällen wurden schon wesentlich höhere Drehzahlen angewandt). Das Zusammenarbeiten dieser Gebläse mit Verbrennungsmotoren bei Spülung oder Aufladung ergibt aufgrund der günstigen Kennung beträchtliche Vorteile für das Betriebsverhalten der Motoren.

Da innerhalb der Förderzellen keine Volumenänderung, d. h. keine Verdichtung auftritt, ist die Liefermenge kaum vom Druckverhältnis abhängig. Die Erzielung eines einigermaßen günstigen Liefergrades setzt jedoch genaueste Bearbeitung der Drehkolbenpaare und des Gehäuses voraus.

Man kann mehrere Rootsgebläse – bis zu vier – zu einer Einheit zusammenfassen, die in einem, selbstverständlich unterteilten Gehäuse untergebracht werden. Die Drehkolbenpaare werden dabei auf zwei gemeinsamen Wellen – entsprechend der Anzahl der Paare – gleichmäßig zueinander versetzt angeordnet. Das Auftreten mehrerer Arbeitsspiele je Umdrehung führt zu einer wesentlichen Verminderung des Ungleichförmigkeitsgrades der Förderung.

Bei direkt vom Motor angetriebenen Rootsgebläsen muß bei Umsteuerung, d. h. Drehsinnänderung, eine Umleitung des Fördermediums möglich sein, damit der Spülluftaufnehmer auch dann mit der Druckseite des Gebläses in Verbindung steht.

Bild 10/17 zeigt das Schema einer derartigen Ausführung. Bild a stellt den Verlauf der Förderung bei Normalbetrieb, also Vorwärtslauf des Motors, dar. Die Umstellschieber (3) – sie sind zwangsläufig mit der Umsteuervorrichtung gekoppelt – verschließen die beiden Umleitungskanäle (7 und 8), die den Wirkteil (1) umgeben. Die angesaugte Luft gelangt auf dem kürzesten Wege durch das Gebläse (1) in den Spülluftaufnehmer (5) und zu den Spülschlitzen (4) des Motors.

In Bild b kann man den Weg des Förderstromes bei Rückwärtslauf des Motors verfolgen. Die umgeschalteten Schieber (3) haben jetzt die Umleitungskanäle (7 und 8) geöffnet, die den Luftstrom unter doppelter Umleitung und dadurch mit erhöhten Verlusten zum Spülluftaufnehmer (5) führen.

# 11. Aufladung von Dieselmotoren

## 11.1. Allgemeine Betrachtungen über die Aufladung

Die Aufladung von Vier- und Zweitaktmotoren bezweckt eine Leistungssteigerung durch Erhöhen des indizierten Mitteldruckes. Sie soll also ermöglichen, in einem Zylinder mit gegebenen Abmessungen mehr Kraftstoff zu verbrennen. Dazu muß im Vergleich zu unaufgeladenen Motoren eine größere Menge Luft im Zylinder für die Verbrennung bereitgestellt werden. Um dies zu erreichen, muß die Luft dem Motor in vorverdichtetem Zustand zugeführt werden. Man denkt dabei in erster Linie an eine Druckerhöhung. Da sie aber auch einen Temperaturanstieg der Luft mit sich bringt, spielt die Rückkühlung bei der Aufladung eine ganz bedeutende Rolle. Man kennt die Aufladung mittels Kolbenpumpen, Kapselgebläsen und Turboverdichtern, die vom Dieselmotor her oder aus fremder Quelle angetrieben werden. Bild 11/1 zeigt die Zunahme der Ladeluftdichte mit steigendem Druck mit und ohne Ladeluftkühlung.

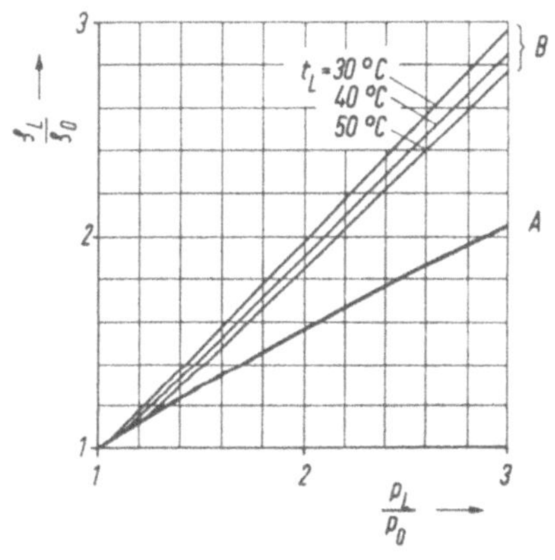


Bild 11/1. Verdichtung der Ladeluft
$A$ ohne Ladeluftkühlung
$B$ mit Rückkühlung auf $t_L$
Vorausgesetzt sind:
Ansaugetemperatur 25 °C
Ansaugedruckverlust 100 mm WS
$p_0$ Umgebungsdruck
$p_L$ Ladedruck
$\varrho_0$ Dichte der Umgebungsluft
$\varrho_L$ Dichte der Ladeluft
$t_L$ Ladelufttemperatur

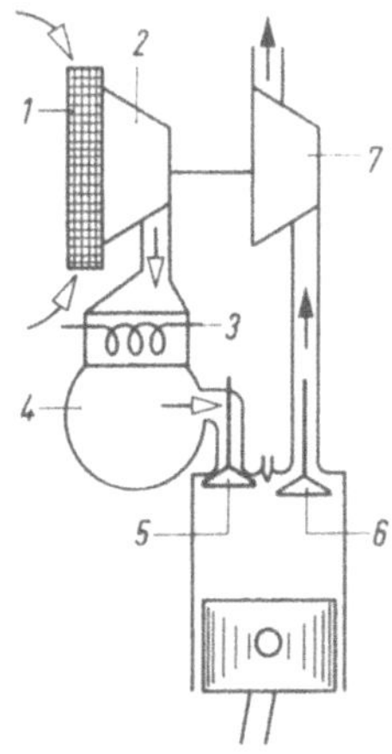


Bild 11/2. Schema eines mit Turbolader aufgeladenen Viertakt-Dieselmotors

1 Ansaugefilter des Turboladers meist kombiniert mit Schalldämpfer,
2 Verdichter des Turboladers,
3 Ladeluftkühler,
4 Ladeluftleitung (gemeinsam für alle Zylinder),
5 Einlaßventile,
6 Auslaßventile,
7 Abgasturbine des Turboladers.

Die am weitesten verbreitete Aufladeart ist die Abgasturboaufladung (Bild 11/2). Abgasturbolader sind heute zu einem integrierenden Bestandteil aufgeladener Dieselmotoren geworden. Darum wird auch in den nachfolgenden Kapiteln ausschließlich von dieser Aufladeart die Rede sein.

Neben den genannten Arten, bei denen für die Verdichtung der Luft durchweg herkömmliche Kompressoren verwendet werden, sind hier auch die dynamischen Aufladeverfahren zu erwähnen. Man unterscheidet dabei zwischen der Druckwellen-Aufladung durch abgestimmte Ansauge- und Auspuffleitungen und der Comprex-Druckwellen-Aufladung.

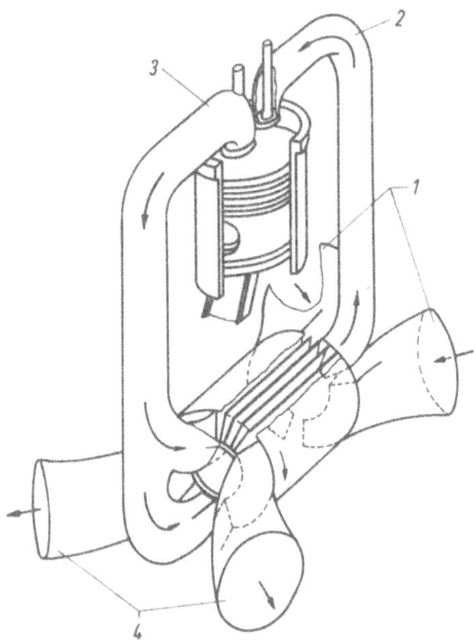


Bild 11/3. Schema eines mit Comprex aufgeladenen Viertakt-Motors

1 Frischlufteintritt mit Umgebungsdruck,
2 Eintritt der vorverdichteten Luft in den Motor,
3 Austritt der Auspuffgase mit Auspuffdruck aus dem Motor,
4 Austritt der auf Umgebungsdruck expandierten Auspuffgase in die Umgebung.

Beidemal nützt man die Wirkung instationärer Strömungen aus. Im ersten Fall handelt es sich darum, in der Ansaugleitung durch die intermittierende Luftversorgung des Zylinders eine Schwingung zu erzeugen, die einen Druckanstieg im Zylinder am Ende des Einlaßvorganges hervorruft. Dies geschieht durch zweckmäßige Wahl der Länge der Ansaugleitung. Entsprechend gelingt es durch Abstimmung der Auspuffleitung, eine Saugwirkung am Zylinder hervorzurufen, mit der die Spülung unterstützt werden kann. Die auf diese Art erzielbare Leistungssteigerung ist zwar sehr begrenzt, aber es sind damit immerhin schon Steigerungen bis zu 25% erreicht worden.

Bei der zweiten Art der Druckwellen-Aufladung wird die Wirkung instationärer Strömungen in einem sogenannten Comprex (*Compression-Expansion*) ausgenützt, einer Maschine, die ähnlich dem Turbolader die Abgase aufstaut (Bild 11/3). Am Umfang eines rotierenden Zylinders sind in axialer Richtung Zellen angeordnet. Von der einen Seite her werden sie mit Auspuffgasen beschickt, die in den Zellen ruhende Frischluft nach der anderen Seite hin verdrängen und dabei verdichten. Auf diese Weise wird die in den Auspuffgasen steckende Energie unmittelbar an die Ladeluft weitergegeben.

### 11.1.1. Arbeitsweise aufgeladener Dieselmotoren

Der Betrag der Leistungssteigerung durch Aufladung hängt von der Möglichkeit ab, die Luftmenge im Zylinder zu erhöhen. Er wird bestimmt vom Volumen, das der Luft im Zylinder bei Kompressionsbeginn zur Verfügung steht und von ihrem Zustand. Dabei ist zu beachten, daß der Zustand im Zylinder nicht identisch ist mit jenem in der Spül- oder Ladeluftleitung. Dies rührt daher, daß einerseits beim Einströmen in den Zylinder durch die Einlaßorgane Drosselverluste entstehen, andererseits aber auch eine Erwärmung der Luft durch die heißen Zylinderwände auftritt.

Zudem verbleiben oftmals Restgase von der vorangehenden Verbrennung im Zylinder. Sie beanspruchen einen Teil des Zylindervolumens und tragen zudem zur Erwärmung der Zylinderladung bei. Weiter ist zu bedenken, daß der Kolben während des Ladungswechsels in Bewegung ist und dadurch den Zustand der Luft ebenfalls beeinflußt.

Insgesamt weist die Luft im Zylinder eine Dichte auf, die bei Viertaktmotoren um ungefähr 10 % und bei Zweitaktmotoren um etwa 15 % kleiner ist als in der Spül- oder Ladeluftleitung. Bei Zweitaktmotoren ist die Abnahme wegen der stärkeren Erwärmung durch die Restgase etwas größer.

Das Volumen, das der Frischluft im Zylinder zur Verfügung steht, wird durch den Anteil der im Zylinder verbleibenden Restgase und durch die Steuerung beeinflußt. Bei gespülten Viertaktmotoren ist es zum Beispiel nahezu 100 % des Volumens, das der Zylinder aufweist, wenn der Kolben im unteren Totpunkt steht. Bei Zweitaktmotoren beträgt es aber nur etwa 75 %, je nach der Qualität der Spülung und dem Zeitpunkt, in dem die Auslaßorgane schließen. Es wäre natürlich möglich, durch Anheben des Spül- oder Ladedruckes jederzeit die gewünschte Luftmenge im

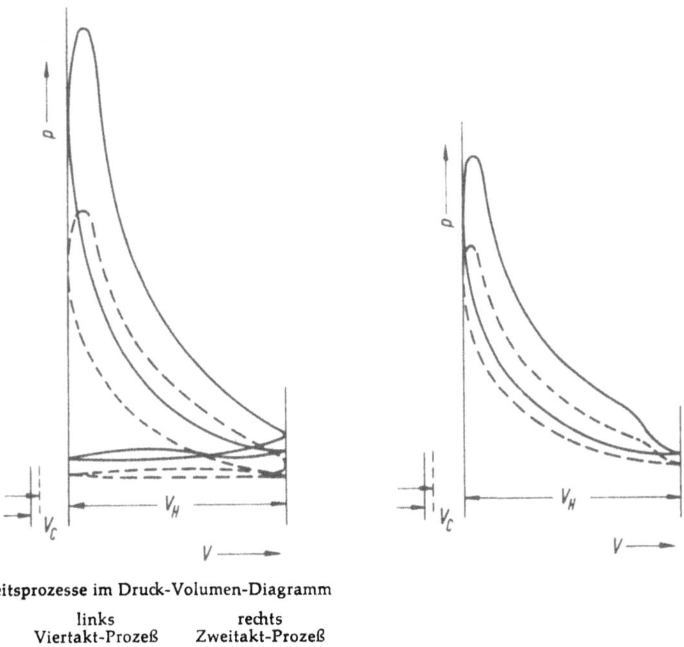


**Bild 11/4.** Arbeitsprozesse im Druck-Volumen-Diagramm

| | | links Viertakt-Prozeß | rechts Zweitakt-Prozeß |
|---|---|---|---|
| | $p_i$ (kg/cm²) | 7 | 6 |
| *unaufgeladen* | $\varepsilon$ | 15 | 15 |
| | $p_{max}$ (atü) | 60 | 50 |
| | $p_i$ (kg/cm²) | 15 | 10 |
| *aufgeladen* | $\varepsilon$ | 13 | 13 |
| | $p_{max}$ (atü) | 110 | 70 |

$p_i$ indizierter Mitteldruck

$\varepsilon = \frac{V_H + V_c}{V_c}$ = Kompressionsverhältnis

$p_{max}$ Zünddruck

$V_c$ Kompressionsvolumen

$V_H$ Hubvolumen

Zylinder zu erreichen. Diese Maßnahme ist so lange angebracht, als dadurch der Kompressionsdruck und damit auch der Zünddruck die zulässigen Werte nicht überschreiten. Zu Beginn der Aufladeentwicklung versuchte man wegen der mechanischen Belastung der Lager usw. mit recht bescheidenen Zünddrücken auszukommen. Um trotzdem die geforderten Ladedrücke zu erreichen, wurde das Kompressionsverhältnis des Motors verringert. Diese Maßnahme kann natürlich nicht beliebig weit getrieben werden, da sonst Schwierigkeiten mit der Entzündung des eingespritzten Brennstoffes beim Starten und Anfahren auftreten. Obwohl man auch bei den heute verwendeten hohen Auflagegraden mit Kompressionsverhältnissen fährt, die niedriger sind als jene von unaufgeladenen Motoren, wird bereits bei der Auslegung und Entwicklung eines Motors jener Maximaldruck in Rechnung gestellt, der zur Erreichung der projektierten Leistung erforderlich ist. Je robuster eine Konstruktion ist, je höher also der zulässige Maximaldruck angesetzt werden kann, um so leichter ist es, günstige Voraussetzungen für die Aufladung zu schaffen.

In Bild 11/4 ist ein Arbeitsdiagramm eines Viertaktmotors vereinfacht dargestellt. Die von den Kurvenzügen eingeschlossenen Diagrammflächen sind proportional der während eines Arbeitsspieles verrichteten inneren Arbeit. In erster Näherung nehmen die Drücke des Arbeitsprozesses im gleichen Verhältnis zu wie die Motorleistung durch Aufladung gesteigert wurde. Die Temperaturen werden nur sehr wenig beeinflußt (Bild 11/5). Es kann gezeigt werden, daß die Kühlwasserverluste mit zunehmenden Mitteldrücken, also mit zunehmender Aufladung, verhältnismäßig kleiner werden. Das bedeutet, daß ein wachsender Anteil der mit dem Kraftstoff dem Zylinder zugeführten Wärme in den Gasen verbleibt mit dem Ergebnis,

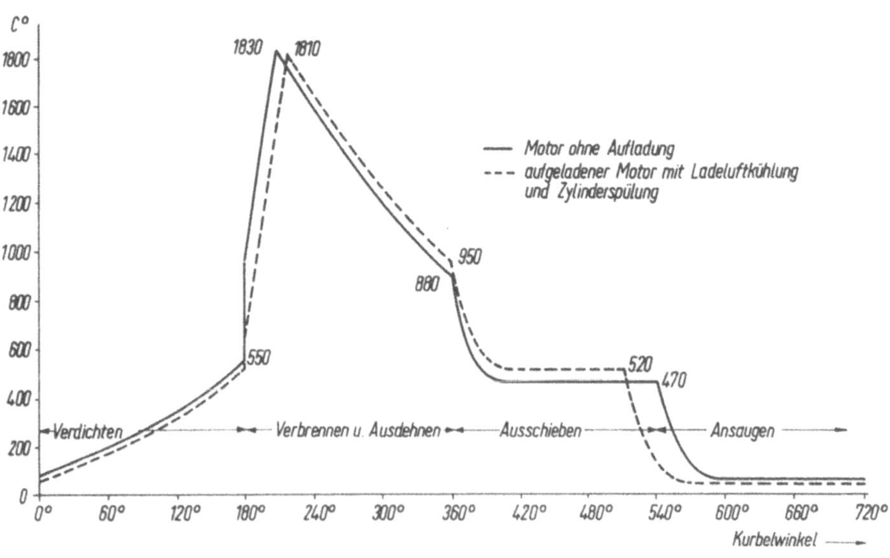


**Bild 11/5. Temperaturverlauf über dem Kurbelwinkel**

daß auch die Temperaturen ansteigen. Man hat es aber in der Hand, zum Beispiel durch intensive Rückkühlung der Ladeluft die Ausgangstemperaturen des Arbeitsprozesses tiefer zu legen als bei unaufgeladenen Motoren. Dadurch kann ein Anstieg der Spitzentemperaturen vermieden werden.

Durch die Aufladung eines Dieselmotors kann auch sein Kraftstoffverbrauch leicht verbessert werden, indem die Verluste an Kolbenarbeit im Zusammenhang mit dem Ladungswechsel verkleinert werden können. Darüber hinaus fällt bei Zweitaktmotoren die Antriebsleistung der Spülpumpen entweder gänzlich weg oder kann doch beträchtlich verringert werden. Es muß aber hervorgehoben werden, daß die in den letzten Jahren erzielten Verbesserungen des Brennstoffverbrauches nicht in erster Linie auf diesen Faktoren beruhen, sondern zur Hauptsache dem allgemeinen Fortschritt im Motorenbau zuzuschreiben sind.

### 11.1.2. Abgasturbolader

In den Anfängen der Aufladung hat man für die heute recht bescheiden anmutenden Ladedruckverhältnisse Turbolader mit mehrstufigen Verdichtern und sogar auch mit mehrstufigen Turbinen gebaut. Heute bestehen sämtliche handelsüblichen Turbolader zur Aufladung von Dieselmotoren aus einem einstufigen Verdichter mit axialer Zuströmung und radialer Abströmung (Bild 11/6). Es können mit ihnen je

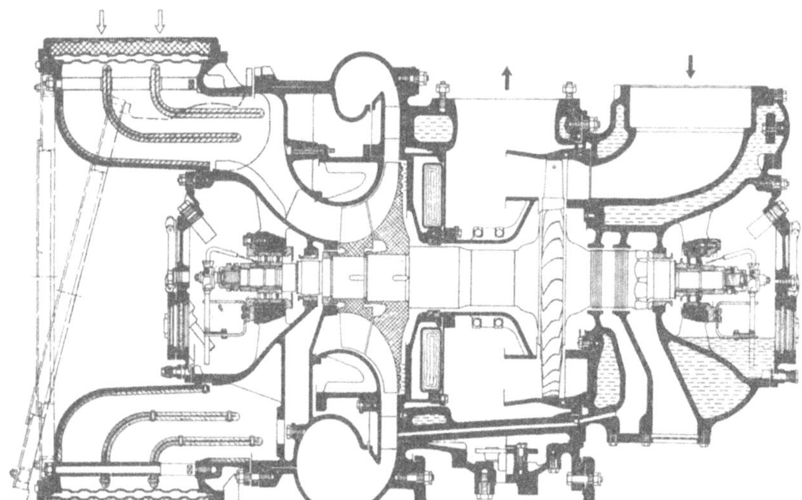

Bild 11/6. BBC-Abgasturbolader der VTR-Baureihe
Außenliegende Wälzlager mit Eigenschmierung, wassergekühlte Gasgehäuse (Werkbild BBC)

nach Fabrikat Druckverhältnisse von 2 : 1 bis über 3 : 1 bewältigt werden. Die einstufigen Turbinen werden bei den größeren Turboladern meist mit axialer Beschaufelung gebaut; bei kleineren Gruppen findet man sowohl die axiale als auch die radiale Bauweise (Zentripetal-Turbinen).

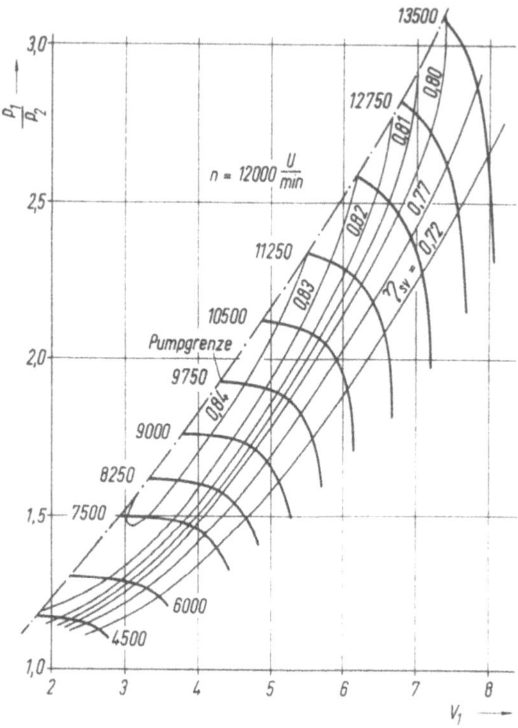


Bild 11/7
Kennfeld eines Turbolader-Verdichters

$p_1$ Ansaugedruck,
$p_2$ Förderdruck,
$V_1$ Ansaugevolumen bezogen auf den Ansaugezustand,
Turboladerdrehzahl,
$\eta_{sv}$ isentroper Verdichter-Wirkungsgrad.

Ein typisches Kennfeld eines Verdichters ist in Bild 11/7 gezeigt. Es wird durch die sogenannte Pumplinie, auch Pumpgrenze, in einen stabilen und einen nicht stabilen Bereich unterteilt.

Zur Anpassung des Turboladers an den Motor muß der Verdichter so bemessen sein, daß sein Betriebspunkt rechts der Pumpgrenze in dem stabilen Bereich liegt. Im Interesse großer Stabilität wäre man geneigt, möglichst weit von der Pumpgrenze wegzugehen. Dagegen spricht aber, daß dort der Wirkungsgrad mehr und mehr abfällt. Die Auswahl des geeignetsten Verdichters wird deshalb aufgrund von Versuchen an den einzelnen Motoren getroffen. Sollte ein Verdichter aus irgendeinem Grunde einmal links der Pumpgrenze betrieben werden, so reißt die Strömung ab und die Luft beginnt schlagartig entgegengesetzt der vorgesehenen Strömungsrichtung den Verdichter zu verlassen. Dieser Vorgang ist mit einem

Geräusch, dem Pumpen, verbunden. Mit der Turbine wird nicht nur der Verdichter angetrieben. Mit hrer Hilfe wird durch richtige Bemessung ihrer Strömungsquerschnitte der Lade- oder Spüldruck am Motor erreicht.

Bild 11/8 zeigt einen Querschnitt durch ein weiteres Fabrikat eines Turboladers mit innenliegenden Gleitlagern.

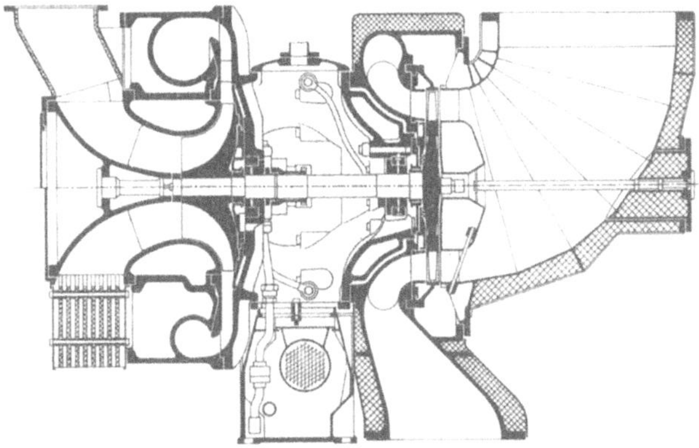

Bild 11/8. Schnitt durch eine M.A.N.-Aufladegruppe (Werkbild M.A.N. AG, Augsburg)

## 11.2. Aufladung von Viertaktmotoren

Bei Viertaktmotoren wird die Luft von den einzelnen Zylindern selbst angesaugt. Es ist also mit Hilfe der Aufladung lediglich dafür zu sorgen, daß diese Luft im gewünschten vorverdichteten Zustand dem Motor zur Verfügung steht. Eine Möglichkeit, Luft über die angesaugte Menge hinaus in den Zylinder zu bringen, besteht in der Spülung. Durch sie sollen die Restgase aus dem Zylinder verdrängt und durch Frischluft ersetzt werden. Es ist zu bedenken, daß damit auch die Erwärmung der Zylinderladung durch die Restgase vermieden wird. Die Spülung stellt in diesem Zusammenhang einen Bestandteil der Aufladung dar, durch den eine Leistungssteigerung erzielt wird, ohne daß die mechanische oder thermische Belastung des Motors zunimmt. Der Turbolader beschafft sowohl die Spülluft als auch die Ladeluft. Die dazu erforderliche Energie kann ihrer Herkunft nach folgendermaßen aufgeteilt werden (Bild 11/9):

> Von der bei Auslaßbeginn in den Zylindergasen steckenden Energie kann in der Turbine des Turboladers bis zu etwa 1/3 ausgenützt werden.
>
> Durch Ausschieben der Gase aus dem Zylinder kann Kolbenarbeit über die Abgase an die Turbine übertragen werden.
>
> Die während der Spülphase aus dem Zylinder verdrängten Restgase leisten den letzten und kleinsten Beitrag zur Turbinenenergie.

Dank der Tatsache, daß die Ausschiebearbeit des Kolbens über einen beträchtlichen Bereich verändert werden kann, war es schon sehr früh möglich, Viertaktmotoren aufzuladen, schon zu einem Zeitpunkt, als die Kenntnisse über die Aufladung und die Turboladerwirkungsgrade noch recht bescheiden waren. Die Viertakt-Aufladung fand bereits in der 20er Jahren eine ansehnliche Verbreitung. Damals mußte die mäßige Qualität natürlich mit erhöhtem Kraftstoffverbrauch und damit auch mit erhöhter thermischer Belastung des Motors bezahlt werden. Die Anforderung, die heute an die Viertakt-Aufladung gestellt wird, besteht in erster Linie darin, die Ausschiebearbeit des Kolbens so klein wie möglich zu halten, um dadurch in den Genuß eines günstigen Kraftstoffverbrauches zu gelangen. Daneben soll die Möglichkeit einer Spülung des Zylinders geschaffen werden.

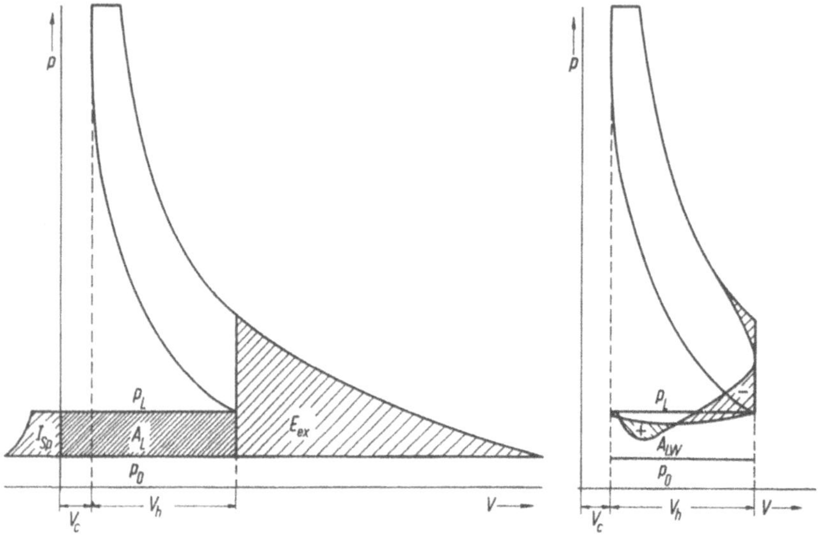


**Bild 11/9.** Abgasenergie zum Aufladen eines Viertakt-Dieselmotors, Gliederung nach ihrer Herkunft

$p$ Druck,
$p_L$ Ladedruck,
$p_0$ Umgebungsdruck,
$V$ Volumen,
$V_c$ Kompressionsvolumen,
$V_h$ Hubvolumen.

Für die Verdichtung der Verbrennungs- und Spülluft stehen im Abgas theoretisch folgende Energiebeträge zur Verfügung:

Links: Idealer Ladungswechsel

$E_{ex}$ Energie, gewinnbar bei isentroper Expansion des Verbrennungsgases bis auf den Umgebungsdruck
$A_L$ Verdrängungsarbeit der Verbrennungsluft
$I_{Sp}$ Enthalpie der Spülluft (die nicht am Diesel-Prozeß teilnimmt)

Rechts: Wirklicher Ladungswechsel
Zusätzlich zu den links genannten Größen ist zu berücksichtigen

$A_{LW}$ Ladungswechselarbeit (bei positivem Vorzeichen wird die Arbeit an die Kurbelwelle abgegeben, bei negativem Vorzeichen wird die Arbeit vom Kolben an das Arbeitsmedium abgegeben).

Anfänglich wurden die Auswirkungen der Spülung stark überschätzt. Man fand, daß die mittleren Abgastemperaturen mit steigender Spülluftmenge abnehmen und hat daraus fälschlicherweise den Schluß gezogen, daß auch die thermische Belastung zurückgehe. Wohl kann sie sich in den Abgastemperaturen widerspiegeln, aber die Temperaturen dürfen nicht bedingungslos als Maß dafür gewertet werden. Die Spülung soll nur zur Verdrängung der Restgase aus dem Zylinder dienen. Was darüber hinaus an Luft durch den Zylinder geschickt wird, ist nutzlos. Früher hat man wohl daran gedacht, diese Luft zur Kühlung der Brennraumwände und der Auslaßventile zu verwenden. Da aber ihre Verdichtung Arbeit kostet, die nur durch vermehrte Ausschiebearbeit des Kolbens dem Turbolader zur Verfügung gestellt werden kann, steigt der Kraftstoffverbrauch und damit auch die Wärmebelastung des Motors. Die erhoffte Kühlwirkung bleibt also aus oder wandelt sich gar ins Gegenteil.

Es ist zweckmäßig, bei den Aufladeverfahren von Viertaktmotoren folgende Gliederung vorzunehmen:

1. Stoßbetrieb,
2. Stau- oder Gleichdruckbetrieb,
3. Aufladeverfahren für Hochaufladung.

### 11.2.1. **Stoßbetrieb** (siehe auch 11.3.1.1)

Der Abgasturboaufladung lag von allem Anfang der Gedanke zugrunde, die bei Auslaßbeginn in den Zylindergasen steckende Energie durch Verwendung enger Auspuffleitungen in einer Turbine auszunutzen. Dieser Gedanke stellt auch heute noch das eigentliche Merkmal des Stoßbetriebes dar und hat gleichermaßen Gültigkeit sowohl bei Viertakt- als auch bei Zweitaktmotoren. Viertaktmotoren werden

Bild 11/10. Aufgeladener Viertakt-Schiffsdiesel-Motor in V-Form (Werkbild M.A.N. AG, Augsburg)

auch heute noch fast ausschließlich im Stoßbetrieb aufgeladen. Die weiter oben genannten Forderungen, nämlich mit möglichst wenig Ausschiebearbeit des Kolbens auszukommen und eine Spülung des Zylinders zu ermöglichen, können durch zweckmäßige Wahl der Steuerzeiten für die Auslaß- und Einlaßventile sowie durch geeignete Zusammenfassung der Auspuffleitungen der einzelnen Zylinder erfüllt werden. Bild 11/10 zeigt einen modernen im Stoßbetrieb aufgeladenen Motor, dessen Abgasleitung unterteilt ist, rechts oben der große Ladeluftkühler, links eine der beiden stirnseitig angeordneten Aufladegruppen. Als Regel gilt, daß die Auspuffleitungen nur von solchen Zylindern zusammengefaßt werden dürfen, deren Zündabstand mindestens 180° Kurbelwinkel beträgt. Wird von dieser Regel abgewichen, so ist der Ladungswechsel ernstlich in Frage gestellt.

### 11.2.2. Stau- oder Gleichdruckbetrieb (siehe auch 11.3.1.2)

Wenn bei der Viertakt-Aufladung vom herkömmlichen Stoßbetrieb abgewichen wird, so ist dafür die Frage des Kraftstoffverbrauches ausschlaggebend. Im Zusammenhang mit hohen Ladedruckverhältnissen kann nämlich im Staubetrieb ein etwas günstigerer Kraftstoffverbrauch erzielt werden. Dies beruht auf dem für den Staubetrieb kennzeichnenden Merkmal, daß die Turbine stets gleichmäßig und voll beaufschlagt wird und deshalb auch dauernd mit dem bestmöglichen Wirkungsgrad arbeitet. Mit dem Staubetrieb müssen aber folgende Nachteile in Kauf genommen werden: Bei Teillast steigt der Druck in der Auspuffsammelleitung über den Ladedruck hinaus an, wodurch eine Spülung unmöglich wird und der Motor der Gefahr einer Verschmutzung ausgesetzt ist. Daneben reagiert der Turbolader auf alle Laständerungen des Motors nur sehr langsam. Daher kann der Staubetrieb nur bei hochaufgeladenen Motoren verwendet werden, die dauernd mit voller Leistung arbeiten, z. B. in stationären Anlagen zur Deckung von Grundlasten, Pipelineanlagen o. ä.

### 11.2.3. Aufladeverfahren für Hochaufladung

Es sei vorweggenommen, daß sich angesichts der ungünstigen Beaufschlagung der Turbine die 5-, 7-, 10-, 14- und 20-Zylinder-Motoren wohl kaum für eine Hochaufladung eignen werden. Bei der Aufladung mit hohen Ladedruckverhältnissen ist man unter allen Umständen auf den guten Wirkungsgrad einer vollbeaufschlagten Turbine angewiesen. Bei den 3-, 6-, 9-, 12-, 18- und 24-Zylinder-Motoren sind diese Voraussetzungen von vornherein erfüllt. Für die 4-, 8- und 16-Zylinder-Motoren wurde die sogenannte 4-Stoß-Aufladung entwickelt. Dabei werden die Auspuffleitungen von je 4 Zylindern zusammengefaßt, deren Zündabstand 180° Kurbelwinkel beträgt (Bild 11/11). Die Anwendung des 4-Stoßverfahrens beschränkt sich auf langsamlaufende Motoren, bei denen durch geeignete Steuerung der Auslaß- und Einlaßventile die Spülung vor den oberen Totpunkt verlegt wurde. Diese Maßnahme verhindert, daß die Spülung durch den Auspuffstoß des nachfolgenden Zylinders gestört wird.

Bei schnellaufenden Motoren mit 4, 8 und 16 Zylindern genügt es nicht mehr, den Zeitpunkt der Spülung vorzuverlegen, um den Reflexionen in den Auspuffleitungen auszuweichen. Es müssen zusätzliche Maßnahmen getroffen werden. Beim soge-

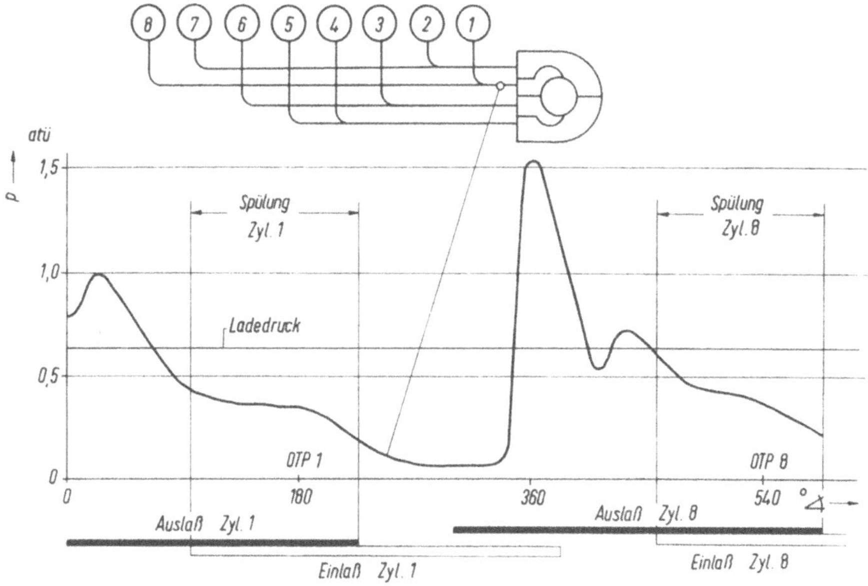


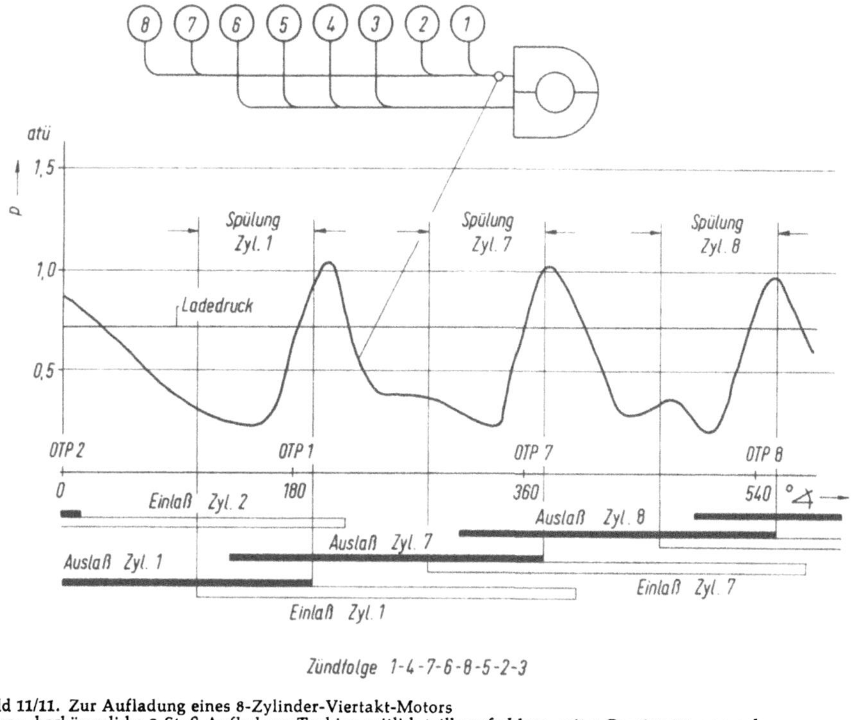


Bild 11/11. Zur Aufladung eines 8-Zylinder-Viertakt-Motors
oben: herkömmliche 2-Stoß-Aufladung-Turbine zeitlich teilbeaufschlagt, mit 4 Gaseintritten versehen,
unten: 4-Stoß-Aufladung, voll beaufschlagte Turbine, mit 2 Gaseintritten versehen.
Die Spülung wurde vorverschoben und ihre Dauer verkürzt.
$p$ Druck
*OTP* oberer Totpunkt

nannten Pulseconverter werden die Auspuffleitungen vorerst von Zylindern zusammengefaßt, deren Zündabstand 360° Kurbelwinkel beträgt (Bild 11/12). Diese Leitungsstränge werden bis vor die Turbine hingeführt und erst dort paarweise zusammengefaßt und zwar derart, daß 4 Zylinder mit je 180° Zündabstand mit dem gleichen Turbineneintritt verbunden sind. Mit dieser Anordnung wird erreicht, daß die Reflexionen von Auspuffstößen abgeschwächt und erst gegen das Ende der Spülphase am Zylinder ankommen. Damit läßt sich auch bei schnelllaufenden Motoren eine Spülung der Zylinder verwirklichen.

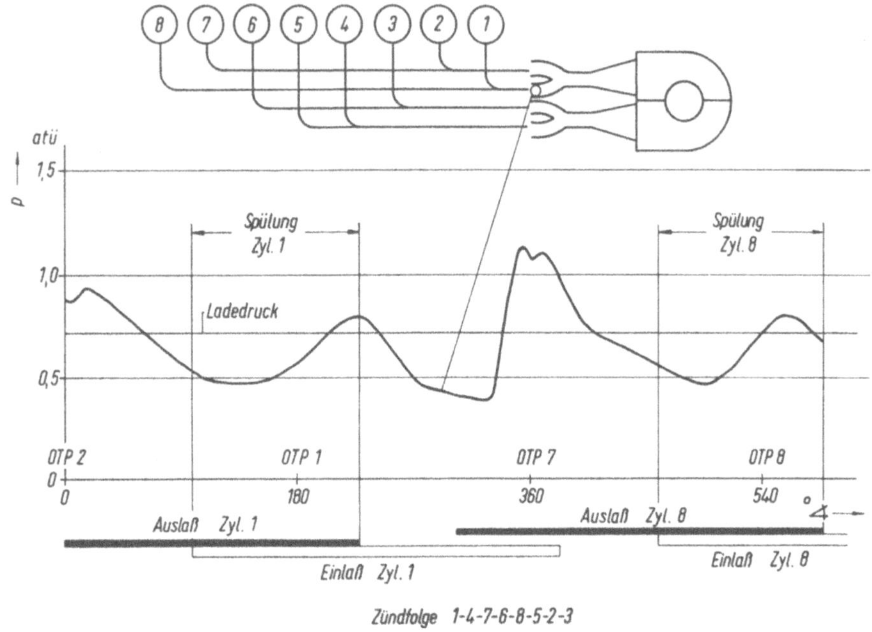


**Bild 11/12.** Aufladung eines raschlaufenden 8-Zylinder-Viertakt-Motors
Wirkungsweise eines Pulseconverters; vollbeaufschlagte Turbine mit 2 Gaseintritten. Die Reflexionen der Auspuffstöße wirken sich in den benachbarten Leitungssträngen nur schwach aus.

Werden Ladedruckverhältnisse – etwa für die Höhenaufladung – gefordert, die mit einstufigen Verdichtern von handelsüblichen Turboladern nicht mehr bewältigt werden können, so greift man zur Zweistufen-Aufladung. Dabei sind die Turbolader sowohl luftseitig wie auch gasseitig in Serie geschaltet (siehe auch 11.3.1.3)

## 11.3. Aufladung von Zweitakt-Dieselmotoren

Beim Zweitaktmotor nimmt der Ladungswechsel nicht wie beim Viertaktmotor einen durch die Kolbenbewegung aufgezwungenen Ablauf. Der Zweitaktmotor saugt die zur Verbrennung benötigte Luft nicht selbst an, sondern sie wird ihm zugeführt. Vom Erfolg der Spülung hängt es ab, ob diese Luft auch nutzbringend verwendet werden kann. Man versucht, mit einer möglichst geringen Frischluftmenge die heißen Gase möglichst vollständig aus dem Zylinder hinauszubringen, mit anderen Worten, eine möglichst große Reinheit der Zylinderladung für die anschließende Verbrennung zu erzielen. Dies läßt sich wohl am einfachsten bei Motoren mit Längsspülung (Gleichstromspülung) erreichen (Bild 11/13). Unter ihnen sind die Motoren mit Auslaßventilen im Zylinderkopf zu nennen und die Motoren der Gegenkolbenbauart, bei denen die Auslaßschlitze durch einen zweiten Kolben gesteuert werden.

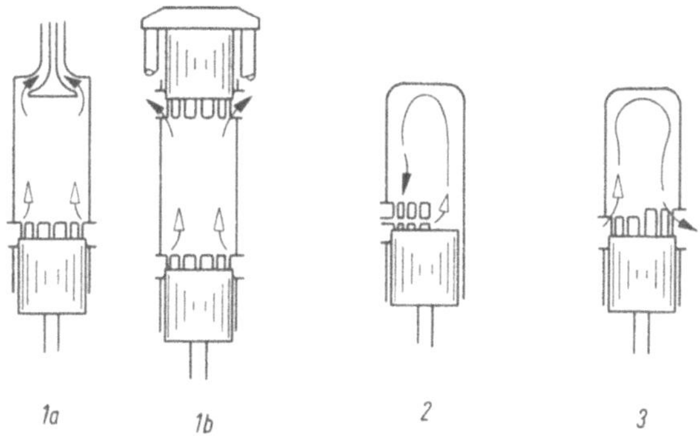


Bild 11/13. Spülsysteme von Zweitakt-Dieselmotoren

1 Längs- oder Gleichstromspülung,
1a) Motoren mit Auslaßventilen
1b) Gegenkolbenmotoren
2 Umkehrspülung,
3 Querspülung.

Heute sind aber auch die Quer- und vor allem die Umkehrspülung derart gut erprobt und entwickelt, daß kaum ein namhafter Unterschied zur Längsspülung besteht. Es ist bei jeder Art der Spülung damit zu rechnen, daß an der Trennschicht zwischen der eintretenden Frischluft und den auszuspülenden heißen Gasen eine mehr oder weniger ausgeprägte Vermischung der beiden Medien eintritt. Um dennoch den gewünschten Reinheitsgrad der Zylinderladung sicherzustellen, ist ein größerer Gesamtluftdurchsatz nötig, etwa 20 . . . 50 % mehr als bei der Viertaktmaschine. Als Folge davon liegen die mittleren Abgastemperaturen an Zweitaktmotoren deutlich unter jenen von gleich belasteten Viertaktmotoren.

Da der Kolben bei der Zweitaktmaschine nicht die heißen Gase aus dem Zylinder ausstößt, entfällt auch die Ausschiebearbeit des Kolbens, die für die Viertakt-Aufladung von so großer Bedeutung ist. Da diese Möglichkeit beim Zweitaktmotor fehlt, ist es verständlich, daß man alle Anstrengungen unternehmen muß, die Energie der Auspuffgase möglichst weitgehend auszunützen. Nur auf diesem Weg kann ein guter Kraftstoffverbrauch erzielt werden. Diese Forderung gewinnt in Anbetracht des großen Leistungsbedarfes für die Aufladung mit zunehmenden Mitteldrücken immer mehr an Bedeutung. Bild 11/14 veranschaulicht, welche Leistung für die Beschaffung der Spülluft benötigt wird. Bei einem Aufladegrad von 30 %, wie er am Anfang der Zweitakt-Aufladung allgemein üblich war, ist hierzu eine Leistung von etwa 10 % der Motorleistung erforderlich; bei den heutigen Aufladegraden von 80 . . . 100 % macht sie aber bereits 25 % der Motorleistung aus. Unabhängig davon, welche Wege bei der Ausnützung der Auspuffenergie eingeschlagen werden, ob das Stoßverfahren oder das Gleichdruckverfahren (Stauverfahren) angewendet wird, spielt der Gesamtwirkungsgrad des Abgasturboladers eine hervorragende Rolle. Es mag deshalb einleuchten, daß sich die Zweitakt-Aufladung erst zu dem Zeitpunkt hat durchsetzen können, als einerseits Abgasturbolader mit gutem Wirkungsgrad auf dem Markt verfügbar waren und als andererseits genügend Kenntnisse über den Ladungswechsel bei Zweitaktmotoren vorlagen.

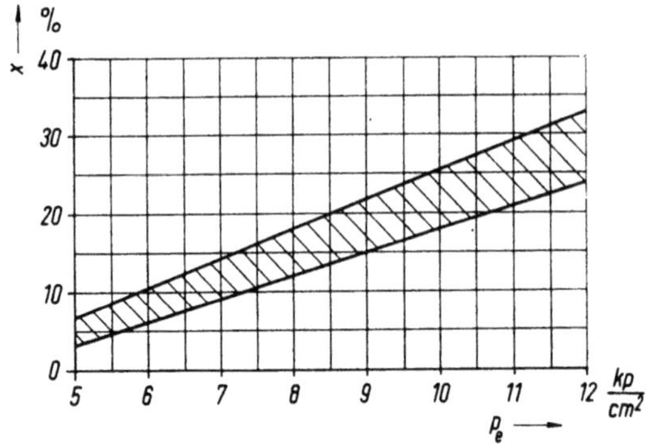


Bild 11/14
Energiebedarf zur Spülluftbeschaffung
$x$ erforderliche Leistung an der Welle des Verdichters in % der Motorleistung,
$p_e$ effektiver Mitteldruck als Maße für den Grad der Aufladung.

Bei den großen Zweitaktmotoren der Kreuzkopfbauweise, wie sie hauptsächlich für den Schiffsantrieb verwendet werden, hat sich die Aufladung vollständig durchsetzen können. Schnellaufende aufgeladene Zweitaktmotoren kleiner Abmessungen gibt es bis jetzt nur wenige. Es werden zwar gegenwärtig große Anstrengungen unternommen, um auch für das Drehzahlgebiet etwa über 300 $min^{-1}$, das bisher vor allem dem Viertaktmotor vorbehalten war, konkurrenzfähige Zweitaktmotoren auf den Markt zu bringen. Wenn dies bis heute auf Schwierigkeiten gestoßen ist, so ist wohl zur Hauptsache folgender Grund zu nennen. Der Preis pro PS nimmt mit abnehmenden Motorabmessungen und demnach mit steigender Drehzahl ab, hingegen bleibt der Preis für die Abgasturbolader pro Kubikmeter geförderter Luft ungefähr konstant. Je kleiner also die Motorabmessungen sind, um so teurer wird die Aufladung. Dieser Nachteil kann nur dadurch ausgeglichen werden, daß man von vornherein in Verbindung mit der Aufladung eine verhältnismäßig große Leistungssteigerung anstrebt.

Die Verfahren zur Aufladung von Zweitaktmotoren sind recht vielfältig. Das kommt daher, daß einerseits, wie oben gezeigt wurde, verschiedene Spülarten zur Anwendung gelangen und daß andererseits neben dem Turbolader noch zusätzliche Einrichtungen bei der Beschaffung der Spülluft eingesetzt werden. Man gliedert die Aufladeverfahren nach der Art, wie die Abgasenergie ausgenützt sowie nach der Art, wie die Spülluft beschafft wird.

### 11.3.1. Art der Ausnützung der Abgasenergie

Man unterscheidet zwischen

1. Stoßbetrieb,
2. Gleichdruckbetrieb oder Staubetrieb und
3. zweistufiger Expansion, bei der
   a) die Hochdruckstufe im Stoßbetrieb und
   b) die Niederdruckstufe im Geichdruckbetrieb arbeitet.

#### 11.3.1.1. Der Stoßbetrieb

Beim Stoßbetrieb will man einen möglichst großen Teil der bei Öffnungsbeginn des Auslasses in den Zylindergasen vorhandenen Energie in der Turbine des Abgasturboladers nützen. Um dies zu erreichen, werden enge Auspuffleitungen verwendet. Sie werden während der Vorauslaßperiode aufgefüllt; es bildet sich ein verhältnismäßig hoher Druck, der in der Turbine verarbeitet wird. Je kleiner das Volumen der Leitungen, um so weniger Energie geht bei diesem Auffüllvorgang verloren. Dem Wunsch nach einem kleinen Volumen kann durch die Wahl enger Leitungen nur teilweise entsprochen werden. Je kleiner nämlich der Leitungsdurchmesser ist, um so größer werden die Reibverluste und um so langsamer entleert sich der Zylinder; beides ist unerwünscht. Man wird also versuchen, durch geeignete Zusammenfassung der Auspuffleitungen und durch den Anbau der Turbolader nahe an die Zylinder die totale Leitungslänge so klein wie möglich zu halten. Diese Maßnahme darf aber nicht auf Kosten von strömungsgerecht ausgebildeten Leitungsstücken gehen. Es müssen sanfte Krümmer und sorgfältig entworfene Verzweigungen verwendet werden. Andernfalls überwiegen die Strömungsverluste und machen den erstrebten Gewinn wieder zunichte.

Das Ausströmen der Gase aus dem Zylinder in die Auspuffleitung ist zu Beginn der Auslaßperiode mit Drosselverlusten verbunden. Sie sind um so größer, je größer der Unterschied zwischen dem Druck im Zylinder und dem Druck in der Leitung und je kleiner der momentane Strömungsquerschnitt der Auslaßorgane ist. Man muß also den Auslaß möglichst rasch und gleichzeitig möglichst weit öffnen. Diese Forderung ist bei schlitzgesteuerten Motoren leichter zu erfüllen als bei Ventilmotoren.

Um ein Rückschlagen heißer Zylindergase in die Spülluftleitung zu vermeiden, soll der Zylinderdruck im Zeitpunkt, in dem die Einlaßschlitze öffnen, etwa auf den Spüldruck abgesunken sein. Der Auslaß muß also so frühzeitig geöffnet werden, daß diese Forderung erfüllt ist. Weil eine kleine Menge heißer Gase bereits aus dem Zylinder entweichen kann, wenn der oberste Kolbenring die Einlaßschlitze abzudecken beginnt, kann ein vollständig rückschlagfreier Betrieb nur bei Verwendung von Rückschlagventilen am Einlaß, wie sie z. B. bei Fiat zu finden sind, erzielt werden.

Ein besonders wichtiges Merkmal des Stoßbetriebes liegt in der Möglichkeit, die der Abgasturbine zugeführte Energie durch die Wahl des Auslaßöffnungszeitpunktes zu beeinflussen. Im selben Maß, wie dadurch die Turbinenleistung verändert werden kann, läßt sich auch das Arbeitsvermögen des Turbolader-Verdichters verändern. Dadurch gelingt es bis zu einem gewissen Grad, den Luftdurchsatz durch den Motor, d. h. die Spülluftmenge, zu steuern. Bei Ventilmotoren läßt sich dies leicht verwirklichen. Öffnet man beispielsweise den Auslaß früher, dann beginnen die Gase den Zylinder unter erhöhtem Druck und bei höherer Temperatur zu verlassen. Der Energieinhalt des Auspuffstoßes wird größer, woraus sich für die Turbine ein direkter Nutzen ergibt. Eine ähnliche Maßnahme läßt sich auch bei Gegenkolbenmotoren verwirklichen. Dort kann der Auslaß früher geöffnet werden, indem die Auslaßschlitze in ihrer Höhe vergrößert werden oder indem die Kurbel für den Auslaßkolben gegenüber der Kurbel für den Einlaßkolben stärker versetzt wird.

Es ist allerdings folgendes zu bedenken, wenn durch früheres Öffnen des Auslasses mehr Energie an die Turbine gebracht werden soll: Da der Druck im Zylinder zu einem früheren Zeitpunkt abzusinken beginnt, geht auch Kolbenarbeit verloren. Vergleicht man nun die verlorene Kolbenarbeit mit jener, die der Turbolader in der Lage ist, mehr zu verrichten, so findet man, daß dies eine teure Methode ist, um mehr Spülluft zu beschaffen. Immerhin wird man einen etwas erhöhten Kraftstoffverbrauch in Kauf nehmen, wenn es dadurch möglich wird, auf die Mithilfe von Spülpumpen zu verzichten. In der Tat gelingt es bei Ventilmotoren (Burmeister & Wain, Mitsubishi und Stork) und bei Gegenkolbenmotoren (Doxford), die nötige Spülluft über dem ganzen Lastbereich mit Turboladern allein zu beschaffen.

Es ist auch zu erwähnen, daß bei früherem Öffnen des Auslasses die Gase mit erhöhter Temperatur den Zylinder zu verlassen beginnen. Der Wärmeübergang vom Gas an das Material nimmt zu und damit steigt die thermische Belastung der Auslaßorgane.

Aus diesen Betrachtungen ist zu schließen, daß der Methode der Energiedosierung durch früheres Öffnen des Auslasses Grenzen gesetzt sind. Außerdem wird sie bei quer- und umkehrgespülten Motoren, die im Stoßbetrieb aufgeladen sind, auch aus anderen als den eben angeführten Gründen nicht angewendet. Bei diesen Motoren werden die Auslaßorgane (Schlitze) durch die Bewegung des Kolbens gesteuert. Es ergibt sich, wenn man von Motoren mit Nachladeschieber (Sulzer) absieht, ein symmetrisches Steuerdiagramm. Ein frühes Öffnen bringt demnach auch ein langes Offenbleiben des Auslasses nach dem unteren Totpunkt mit sich. Dadurch stellt sich ein späterer Beginn der Kompression ein und oftmals auch ein unliebsames Entweichen der Zylinderladung während der Nachauslaßperiode. In Fällen, in denen die Auspuffleitungen von je drei Zylindern verbunden sind und einem gemeinsamen Turbineneintritt zugeführt werden, bedeutet ein früheres Öffnen des Auslasses auch eine Vergrößerung der Überlappung der Steuerzeiten von zwei nacheinander auslassenden Zylindern (Bild 11/15). Dies bewirkt ein Nachladen,

**Bild 11/15. Stoßbetrieb bei Zweitakt-Dieselmotoren. Beispiel mit symmetrischer Steuerung**

oben: Aufladung einer 3-Zylinder-Gruppe, wie sie bei 3-, 6-, 9- und 12-Zylinder-Motoren anzutreffen sind.
Als Folge der Überlappung der Steuerzeiten der einzelnen Zylinder beginnt die Kompression mit einem verhältnismäßig hohen Druck.

unten: Aufladung einer 2-Zylinder-Gruppe, z. B. bei 8-Zylinder-Motoren.
Während der Nachauslaßperiode kann ein Teil der Zylinderladung aus dem Zylinder entweichen, die Kompression beginnt mit einem tieferen Druck.

$p_Z$ Druck im Zylinder
$p_{AL}$ Druck in der Auspuffleitung
*K* Kompressionsbeginn
*UTP* unterer Totpunkt
*VA* Vorauslaß
*NA* Nachauslaß

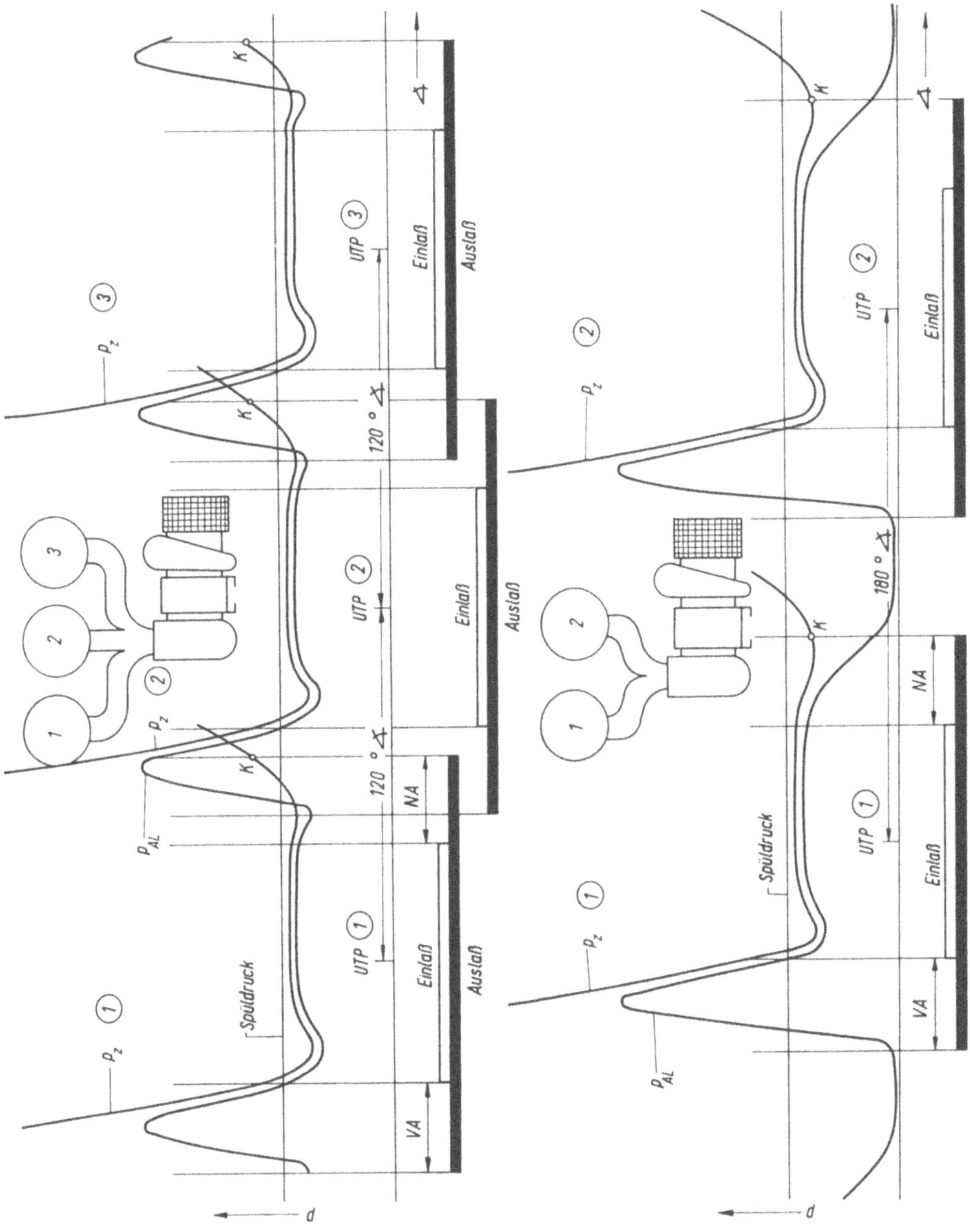

p_z
Spüldruck
p_AL
UTP ①
UTP ②
UTP ③
Einlaß
Auslaß
VA
NA
120 ° ∢
180 ° ∢
K
d

indem der Inhalt der Auspuffleitungen teilweise wieder in den Zylinder zurückgeschoben wird. Ist die Nachladewirkung schwach, so stellt sie ein willkommenes Mittel dar, die Zylinderladung am Entweichen zu hindern. Tritt die Nachladung aber stark in Erscheinung, so ist das eher unerwünscht, da der Zylinderdruck stark erhöht wird und die Ladung durch die Vermischung mit den Leitungsgasen erwärmt wird.

Ein weiteres Merkmal des Stoßbetriebes ist, daß die Umsetzung der Abgasenergie in der Turbine, also deren Wirkungsgrad, verhältnismäßig stark von der Zusammenfassung der Auspuffleitung abhängt.

Als Faustregel gilt: Bei Zweitaktmotoren im Stoßbetrieb dürfen die Auspuffleitungen nur von solchen Zylindern zusammengefaßt und einem gemeinsamen Turbineneintritt zugeführt werden, deren Zündabstand nicht weniger als 120° Kurbelwinkel beträgt. Wäre der Zündabstand kleiner, z. B. nur 45° (8-Zylinder-Motoren) oder 60° (6-Zylinder-Motoren), so würde der Druck in der gemeinsamen Auspuffleitung infolge des Auslaßstoßes des benachbarten Zylinders während der Spülphase ansteigen. Leitungsgase würden in den Zylinder zurückgeschoben, die Spülung würde unterbrochen und der Ladungswechsel könnte nicht vollzogen werden. Wird die Regel über den Zündabstand von 120° beachtet, so können die Auspuffleitungen von je drei nebeneinanderliegenden Zylindern von 3-, 6-, 9- und 12-Zylinder-Motoren zusammengefaßt werden. An solchen 3-Zylinder-Gruppen kann die Abgasenergie in der Turbine mit dem größten Nutzeffekt verarbeitet werden. Ein namhafter Abfall des Turbinenwirkungsgrades muß in Kauf genommen werden, wenn die Leitungen von nur zwei Zylindern auf ein Turbinensegment geführt werden oder wenn es sich gar nur um einen Zylinder handelt. Während der Zeit, da die einzelnen Turbinensegmente nicht mit Gasen beschickt werden, treten Ventilationsverluste auf. Sie sind um so größer je kleiner der gesamte Beaufschlagungsgrad der Turbine ist. An den Begrenzungen von Turbinensegmenten machen sich Randverluste bemerkbar, die um so bedeutender sind, je größer der jeweilige Unterschied der momentanen Gefälle in den benachbarten Segmenten ist. Neben den Ventilations- und Randverlusten sinkt dadurch der Wirkungsgrad, daß die Turbine im Stoßbetrieb, bedingt durch die dauernde Änderung von Druck und Temperatur an ihrem Eintritt, nicht stets im Bestpunkt betrieben werden kann.

Da sich die genannten Verluste bei 3-Zylinder-Anordnungen nur sehr schwach auswirken, in den anderen Fällen aber bis zu 20 % (multiplikativ) ausmachen können, ist es verständlich, daß die Unterschiede in der Qualität der Aufladung bei 3-, 6-, 9- und 12-Zylinder-Motoren einerseits und bei Motoren mit den übrigen Zylinderzahlen andererseits nicht einfach übergangen werden können. Die Motorenbauer gehen verschiedene Wege. Zum Beispiel werden die Motoren, deren Zylinderzahl durch 3 dividierbar ist, im Stoßbetrieb aufgeladen, die Motoren mit den übrigen Zylinderzahlen aber im Staubetrieb, oder das Bauprogramm sieht überhaupt nur die Fertigung von 3-, 6-, 9- und 12-Zylinder-Motoren vor. Bei längsgespülten Ventilmotoren besteht die Möglichkeit bei den vorteilhaften 3-Zylinder-Anordnungen, den Auslaß später zu öffnen, um damit einen etwas verbesserten Kraftstoffverbrauch zu erreichen.

### 11.3.1.2. Stau- oder Gleichdruckbetrieb

Beim Staubetrieb werden die Auspuffgase aller Zylinder in eine gemeinsame Auspuffsammelleitung geführt. Diese soll ein genügend großes Volumen aufweisen, um zu vermeiden, daß Druckschwankungen, herrührend von den Auspuffstößen der einzelnen Zylinder, die Spülung anderer Zylinder beeinträchtigen. Treten trotzdem solche Störungen auf, kann die Auspuffsammelleitung in einzelne Abschnitte unterteilt werden, die durch Blendenöffnungen miteinander verbunden sind. Bild 11/16 zeigt das Beispiel eines Großdieselmotors mit Aufladung im Staubetrieb.

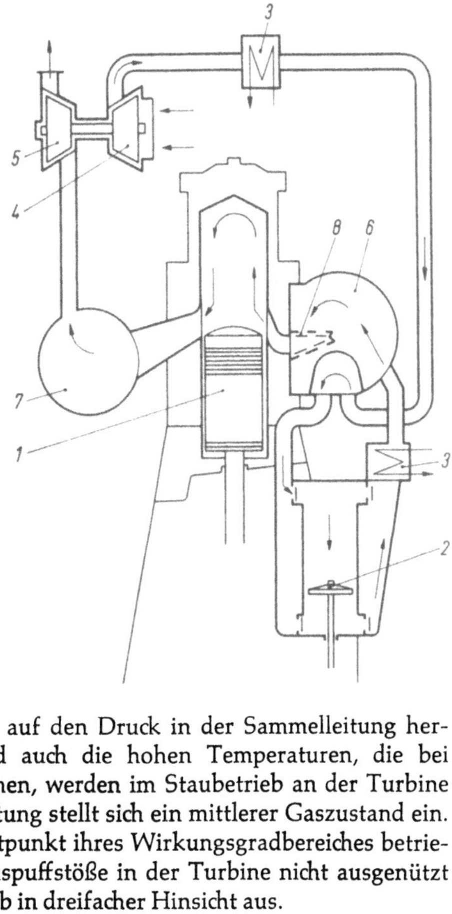


Bild 11/16. Stau-Serien-Aufladung an Borsig-Fiat-Schwerölmotoren

1 Arbeitskolben,
2 Spülluft-(Ladeluft-) Pumpenkolben,
3 Ladeluftkühler,
4 Ladegebläse,
5 Abgasturbine,
6 Ladeluftaufnehmer,
7 Abgassammelleitung,
8 Spül-(Lade-)Ventile.

Beim Auslaßvorgang werden die Gase auf den Druck in der Sammelleitung heruntergedrosselt. Der hohe Druck und auch die hohen Temperaturen, die bei Auslaßbeginn im Zylinder noch herrschen, werden im Staubetrieb an der Turbine also nicht ausgenützt. In der Sammelleitung stellt sich ein mittlerer Gaszustand ein. Dadurch kann die Turbine stets im Bestpunkt ihres Wirkungsgradbereiches betrieben werden. Der Umstand, daß die Auspuffstöße in der Turbine nicht ausgenützt werden können, zeichnet den Staubetrieb in dreifacher Hinsicht aus.

a) Die an der Turbine verfügbare Energie reicht bei Teillast zur Beschaffung der Spülluft nicht aus. Es sind also im Staubetrieb neben den Turboladern unter allen Umständen zusätzliche Einrichtungen in Form von Pumpen usw. erforderlich, um den Motor im ganzen Lastbereich zufriedenstellend aufladen zu können.

b) Im Gegensatz zum Stoßbetrieb besteht praktisch keine Möglichkeit, durch Änderung des Auslaßbeginnes die der Turbine zugeführte Energie zu beeinflussen. Dies bedeutet aber, daß der Vorauslaß nur gerade gemäß der Forderung nach rückschlagfreiem Betrieb bemessen werden muß. Der Zylinderdruck soll also zum Zeitpunkt des Einlaßbeginns etwa auf den Spüldruck abgesunken sein.

c) Da sich während des Vorauslasses auch im Verbindungsstück zwischen Zylinder und Auspuffsammelleitung kein nennenswerter Überdruck aufbaut, können die Gase den Zylinder bedeutend rascher verlassen als im Stoßbetrieb; der Zylinderdruck sinkt schneller ab. Dies ermöglicht, die Vorauslaßperiode kleiner zu bemessen, den Auslaß erst später zu öffnen. Damit ist aber ein Gewinn an Kolbenarbeit verbunden, der einer Einsparung an Kraftstoff von bis zu 4 gr/PSeh gleichkommt.

### 11.3.1.3. Zweistufige Expansion

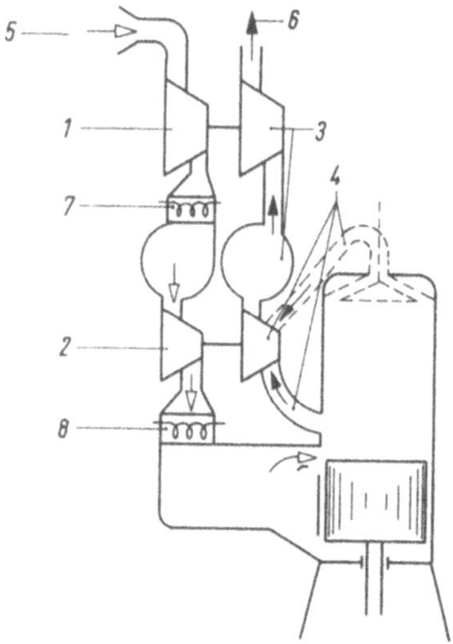


Bild 11/17. Schema der Zweistufen-Aufladung eines Zweitakt-Dieselmotors

1 Niederdruckverdichter,
2 Hochdruckverdichter,
3 Abgasturbine im Gleichdruckbetrieb,
4 Abgasturbine im Stoßbetrieb,
5 Frischlufteintritt,
6 Abgasaustritt,
7 Zwischenkühler,
8 Ladeluftkühler.

Die zweistufige Expansion sieht vor, daß die Auspuffgase zuerst in einer Hochdruckstufe im Stoßbetrieb und anschließend in einer Niederdruckstufe im Staubetrieb entspannt werden (Bild 11/17). Diese Art der Ausnützung der Abgasenergie kommt heute nur im Zusammenhang mit der zweistufigen Aufladung vor, wobei die Stauturbine den Niederdruckverdichter antreibt und die Luft über einen Zwischenkühler dem Hochdruckverdichter zuführt. Dieser wird von der Stoßturbine angetrieben.

Bei Viertaktmotoren wird man die Zweistufen-Aufladung anwenden, wenn Ladedruckverhältnisse verlangt werden, die in einstufiger Verdichtung mit handelsüblichen Turboladern nicht mehr bewältigt werden können. Da bei Zweitaktmotoren, heutzutage wenigstens, die verlangten Ladedruckverhältnisse ohne Schwierigkeiten mit einstufigen Verdichtern erreicht werden können, liegt hier der Zweistufen-Aufladung ein anderer Gedanke zugrunde, nämlich der Wunsch, aus den Vorteilen des Stoß- und des Staubetriebes gleichermaßen Nutzen zu ziehen. Dabei ist daran gedacht, die Turbolader der beiden Stufen derart zu bemessen, daß im Bereich der Vollast die Staustufe den Hauptanteil der Verdichterarbeit übernimmt. Dadurch werden für die Aufladung Bedingungen geschaffen, die jenen des einstufigen Staubetriebes sehr ähnlich sind: verhältnismäßig kleiner Vorauslaß, womit ein günstiger Brennstoffverbrauch gesichert ist, und Betrieb der Turbine stets bei optimalem Wirkungsgrad. Eine Eigenschaft der Zweistufen-Aufladung liegt nun darin, daß beim Übergang von Motorvollast auf Teillast der Anteil der Staustufe an der Verdichtungsarbeit immer mehr zurückgeht und der Anteil der Stoßstufe immer größer wird. Der Aufladebetrieb bei Teillast gleicht also jenem des einstufigen Stoßbetriebes. Es brauchen also keine zusätzlichen Pumpen usw. bei der Beschaffung der Spülluft eingesetzt zu werden, wie dies im einstufigen Staubetrieb unumgänglich ist.

Die Zweistufen-Aufladung wird nur bei hohen Mitteldrücken in Frage kommen. Der Aufwand mag sich rechtfertigen einerseits bei Motoren, die bisher im reinen Stoßbetrieb mit Turboladern allein aufgeladen wurden, bei denen aber der geforderte Luftdurchsatz nur noch unter Preisgabe eines günstigen Kraftstoffverbrauches erreicht wird, also bei Motoren, deren Zylinderzahlen nicht durch 3 dividierbar sind. Andererseits kann die Zweistufen-Aufladung sinnvoll werden bei Motoren, die bisher im Staubetrieb aufgeladen wurden, wenn dadurch die Spülpumpen weggelassen werden können.

### 11.3.2. Die Beschaffung der Spülluft

Neben dem Betrieb mit Turboladern allein, wie er nur bei längsgespülten Motoren angewendet wird und – wie früher beschrieben – nur im Stoßbetrieb möglich ist, werden als zusätzliche Einrichtungen Kolbenpumpen oder andere Verdichter zur Mithilfe bei der Beschaffung der Spülluft herangezogen. Diese *Zusatzverdichter* können *in Serie* oder *parallel* zu den Turboladern geschaltet sein.

#### 11.3.2.1. Serienbetrieb

Beim Serienbetrieb werden 3 Schaltungen unterschieden: Das *Curtis-Verfahren*, das *Duplex-Verfahren* und die *Sulzer-Schaltung.*

Beim Curtis-Verfahren bildet der Turbolader die erste Stufe und der zusätzliche Verdichter die zweite. Der Turbolader verdichtet die Luft von Atmosphärendruck bis auf etwa 70 . . . 95 % des Spüldruckes und fördert sie über einen Ladeluftkühler in eine erste Sammelleitung. Dort wird sie von den Spülpumpen angesaugt, auf Spüldruck verdichtet und in die Spülluftleitung hineingebracht. Bei den Schiffsmotoren von Fiat und den Götaverken handelt es sich bei den Spülpumpen um vom Motor angetriebene Kolbenpumpen. Bei gegebenen Abmessungen dieser Pumpen hängt der Luftdurchsatz in der Hauptsache von der Motordrehzahl und dem Zustand der Luft vor den Pumpen ab. Die Rückkühlung nach der ersten Verdichterstufe, also nach dem Turbolader, erlaubt, bei vorgeschriebenem Luftdurchsatz, die Spülpumpen kleiner zu bemessen.

Beim Duplex-Verfahren wird der Zusatzverdichter vor dem Turbolader eingesetzt. Da er Luft von atmosphärischem Zustand ansaugt, ist das von ihm zu verarbeitende Luftvolumen größer als jenes bei den Spülpumpen im Curtis-Betrieb. Dies erfordert Verdichter mit größerer Kapazität, weshalb bei diesem System keine Kolbenpumpen, sondern meist fremdangetriebene Turboverdichter verwendet werden (Nordberg und Nydqvist & Holm).

Die von Sulzer an den RD-Motoren verwendete Schaltung (Bild 11/18) ist dadurch gekennzeichnet, daß nur ein Teil der von den Turboladern geförderten Luft durch die Serienpumpen erfaßt wird. Jeder Zylinder besitzt seine eigene Spülpumpe in Form der Kolbenunterseiten. Der Kompressionsraum dieser Pumpen umfaßt die Einlaßschlitze und ist durch Rückschlagventile mit der für alle Zylinder gemeinsamen Spülluftleitung verbunden. Während des Expansionshubes wird die Luft unter dem Kolben verdichtet. Im Moment, in dem der Kolben die Einlaßschlitze freizugeben beginnt, strömt die Luft in den Zylinder. Der Druck unter dem Kolben sinkt und erreicht etwa im unteren Totpunkt das Niveau des Spüldruckes. Die Rückschlagventile öffnen und die Turboladerluft strömt direkt in den Zylinder und den Kolbenunterseitenraum.

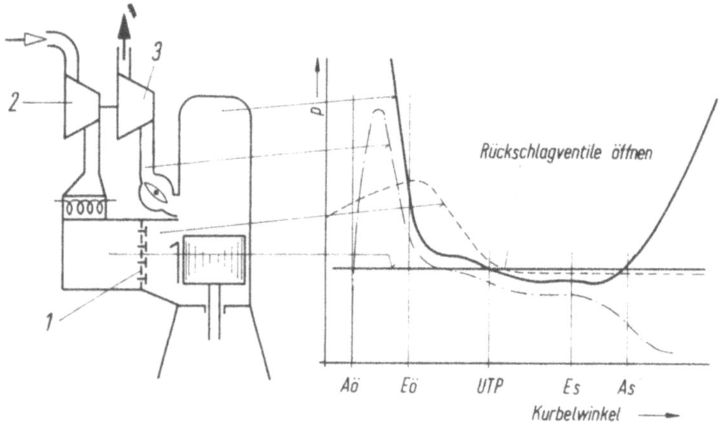


Bild 11/18. Aufladung der Sulzer-RD-Motoren (Sulzer-Schaltung)

*p* Druck,
*Aö* Auslaß öffnet,
*Eö* Einlaß öffnet,
*UTP* unterer Totpunkt,
*Es* Einlaß schließt,
*As* Auslaß schließt.

1 Ventile,
2 Hochdruckverdichter,
3 Abgasturbine.

Bei dieser Schaltung erreicht der Spüldruck bei Einlaßbeginn seinen höchsten Wert. Dadurch wird die Spülphase kräftig eingeleitet und dem Rückschlagen heißer Zylindergase in den Spülluftraum wird entgegengewirkt. Der Vorauslaß kann gegenüber einem Betrieb mit konstantem Spüldruck kleiner bemessen werden.

### 11.3.2.2. Parallelbetrieb

Im Gegensatz zum Serienbetrieb, bei dem die gesamte Luftmenge nur wenig verdichtet, also mit kleinem Druckverhältnis verarbeitet wird, wird beim Parallelbetrieb nur ein kleiner Teil der Gesamtluftmenge von Atmosphärendruck auf Spüldruck verdichtet, also mit großem Druckverhältnis verarbeitet. Der Serienbetrieb erfordert demnach voluminöse Einrichtungen, im Parallelbetrieb kommt man dagegen mit entsprechend kleinen Zusatzverdichtern aus. Bei den M.A.N.-KZ-Motoren handelt es sich dabei um die Kolbenunterseiten.

Der Parallelbetrieb von Turboladern und Kolbenpumpen weist das Merkmal auf, daß die Betriebslinie im Kennfeld des Turboladerverdichters (Bild 11/19) wesentlich flacher verläuft als beispielsweise im Serienbetrieb. Dadurch wird im Bereich der Motorteillast der stabile Betrieb der Turbolader gefährdet. Es sind deshalb Maßnahmen zu treffen, mit denen die Luftversorgung des Motors auch bei Teillast sichergestellt werden kann. Bild 11/20 zeigt als Beispiel die Aufladung im Stoß-Parallel-Betrieb an M.A.N.-KZ-Motoren.

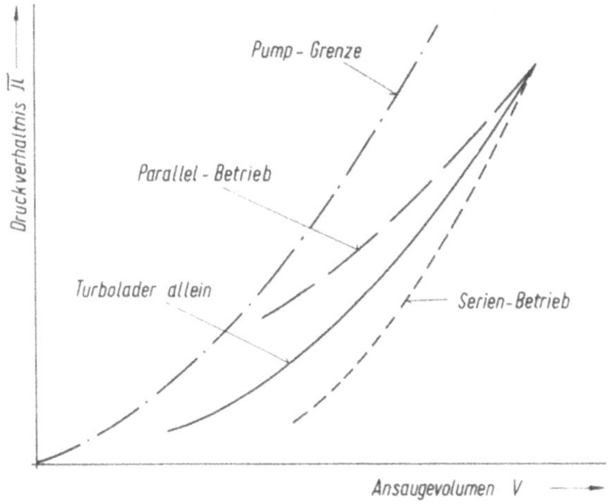


Bild 11/19. Verdichter-Kennfeld Betriebslinien für die verschiedenen Aufladeverfahren

$\pi$ Druckverhältnis
$V$ Ansaugevolumen

Wohl das bekannteste von der M.A.N. angewendete Verfahren ist der Serien-Parallel-Betrieb (Bild 11/21). Die Kolbenunterseiten sind teilweise parallel und teilweise in Serie zu den Turboladern geschaltet. Die Verdichter der Turbolader fördern die Luft über einen Ladeluftkühler in den äußeren Teil der Spülluftleitung, die erste Stufe. Bei kleiner Motorlast entnehmen ihr die in Serie geschalteten Unterseiten Luft und fördern sie in den inneren Teil der Spülluftleitung, die zweite Stufe. Die parallel geschalteten Unterseiten fördern über einen separaten Kühler direkt in die zweite Stufe. Mit zunehmender Motorleistung reicht dann die Kapazität der Serienunterseiten nicht mehr aus, um die gesamte von den Turboladern gelieferte Luft anzusaugen. Der Druck in der ersten Stufe steigt an, die Rückschlagventile öffnen und schaffen eine Verbindung zwischen dem äußeren und dem inneren Teil der Spülluftleitung. Von da an herrscht reiner Parallelbetrieb.

Ein anderes sehr einfaches Verfahren, um die Stabilität der Turbolader bei Teillast zu gewährleisten, stellt die Ejektor- auch Injektorschaltung dar (Bild 11/22).

Sie wird an M.A.N.-Motoren vielfach verwendet. Dabei sind nur jene Unterseiten als Pumpen ausgebildet, die zur Beschaffung der Parallelluft vorgesehen sind. Die übrigen Unterseiten werden zu keiner Arbeit herangezogen. Bei Teillast des Motors wird die Parallelluft nicht direkt der Spülluftleitung zugeführt, sondern durch einen Ejektor in die Förderleitung des Turboladers gebracht. Die Mündung des Ejektors ist klein bemessen, so daß die Luft mit verhältnismäßig großer Geschwindigkeit austritt und die vom Turbolader geförderte Luft mit sich reißt. Die so entstandene Strahlpumpenwirkung genügt, um einen stabilen Betrieb der Turbolader zu erzielen. Bei höherer Motorlast, bei der die Turbolader ohnehin stabil arbeiten, wird eine Klappe umgestellt, die der Parallelluft den direkten Weg in die Spülluftleitung öffnet.

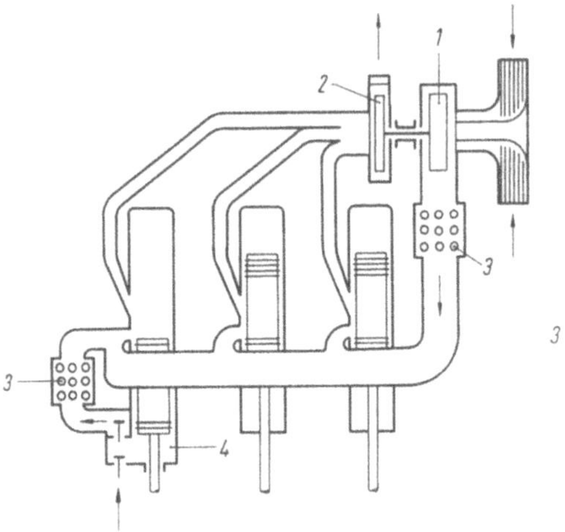


Bild 11/20. Aufladung der M.A.N.-KZ-Motoren Stoß-Parallel-Betrieb

1 Lader,
2 Abgasturbine,
3 Ladeluftkühler,
4 parallele Unterseitenpumpe.

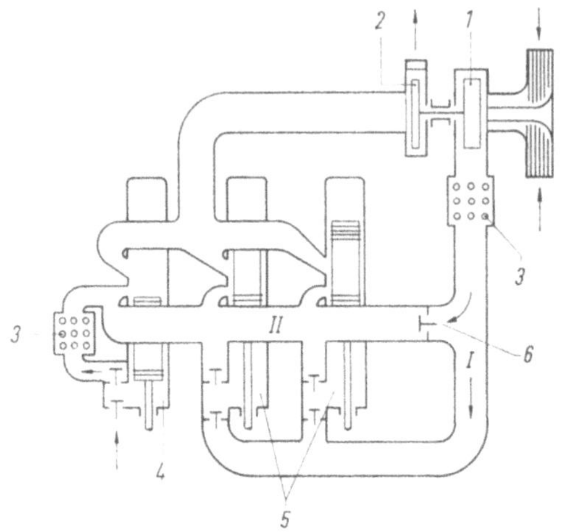


Bild 11/21. Aufladung der M.A.N.-KZ-Motoren; Serien-Parallel-Betrieb
(Werkbild M.A.N. AG, Augsburg)

1 Lader,
2 Abgasturbine,
3 Ladeluftkühler,
4 parallele Unterseitenpumpe,
5 Unterseitenpumpen in Serie,
6 Bypaßventil.

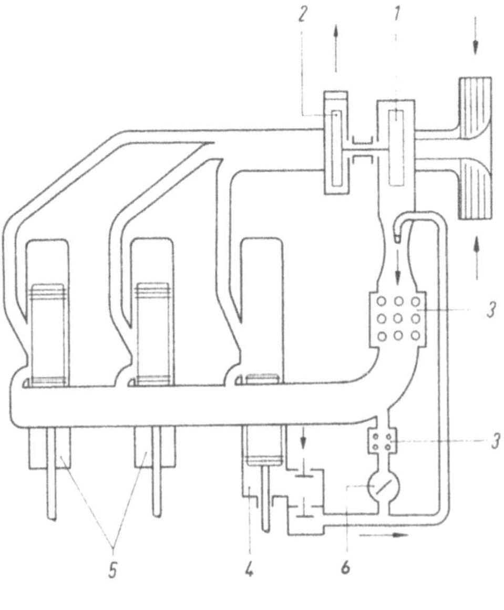


Bild 11/22
Aufladung der M.A.N.-KZ-Motoren; Parallel-Injektor-Verfahren
(Werkbild M.A.N. AG, Augsburg)

1 Lader,
2 Abgasturbine,
3 Ladeluftkühler,
4 parallele Unterseitenpumpe,
5 inaktive Unterseiten,
6 Umschaltventil von Injektor auf Parallel-Betrieb

Ähnliche Gedanken wie der Ejektorschaltung liegen dem Luftantrieb des Verdichters zugrunde. Bei Anwendung an M.A.N.-Motoren wird die Unterseitenluft unter erhöhtem Druck in das Verdichtergehäuse des Turboladers geführt und von dort z. B. mittels Düsen auf das Verdichterrad geleitet, wodurch der Turbolader angetrieben wird.

Beim Luftantrieb der Turbine wird die unter Druck stehende Luft einem besonders dafür vorgesehenen Turbinensegment zugeführt. Auch damit kann bei Parallelbetrieb eine stabilisierende Wirkung auf die Turbolader bei Motorteillast ausgeübt werden.

# 12. Wartung, Überprüfung und Überholung der Motoren, Ermittlung der Betriebsdaten

## 12.1. Klarmachen zum Betrieb

Man öffnet die Zugangstüren und Deckel am Triebwerksraum und kontrolliert alle Sicherungen. Nach dem Einrücken der Drehvorrichtung werden an ventilgesteuerten Motoren die Ventile mit Hilfe ihrer Hebelmechanismen durch besondere Schlüssel oder Hartholzhebel bewegt, um die Gangbarkeit zu prüfen. Danach wird die Motorensteuerung auf „Anlassen" gestellt, wobei die Druckluftzufuhr zu den Anlaßvorrichtungen abgesperrt bleibt. Unter Drehung des Motors – zwei volle Umdrehungen bei Viertaktmotoren, eine bei Zweitaktmotoren – wird das Öffnen und Schließen der Ventile sowie die Funktion der Übertragungsglieder beobachtet. Vom Vorhandensein eines ausreichenden Rollenspiels überzeugt man sich dabei durch Drehen der Rollen von Hand beim Lauf über die Grundkreise der Nockenscheiben. Die gleiche Kontrolle wird anschließend noch einmal bei Stellung der Motorensteuerung auf „Betrieb" wiederholt. Um die Behinderung der Drehung durch Verdichtungsvorgänge in den Zylindern auszuschalten, werden die Indikatorhähne geöffnet.

### 12.1.1. Schmierung

Bei Druck-Umlaufschmierung muß der Sammeltank zu dreiviertel gefüllt sein bzw. der Füllstand in der Ölwanne den Vorschriften entsprechen. Man läßt Wasser und Schlamm, die sich am Boden angesammelt haben, ab und überprüft die Filteranlagen. Hähne und Ventile des Systems werden, soweit erforderlich, geöffnet. Durch Einschalten der motorunabhängigen Schmierölpumpe wird das System auf Druck gebracht und kann auf Dichtigkeit geprüft werden. Man kontrolliert sämtliche umlaufgeschmierten Lager hinsichtlich ihrer Versorgung. Wird an den Lagerseiten beim Törnen des Motors mit der Drehrichtung kein Öl herausgepreßt, so kann auf eine Verstopfung der Schmierbohrungen geschlossen werden. Besondere Beachtung erfordern die Kolbenbolzenlager der Tauchkolbenmotoren, da sie am äußersten Ende des Leitungssystems liegen. Die Überprüfung der ausreichenden Ölversorgung aller Lager muß sehr sorgfältig durchgeführt werden, da in der Regel während des Betriebes infolge des Schließens aller Öffnungen keine Beobachtung mehr möglich ist. Ist der Motor mit ölgekühlten Kolben ausgerüstet, so muß auch dieses Kühlsystem einer Kontrolle unterworfen werden.

Die von Hand zu schmierenden Lager- und Gleitstellen werden versorgt, Ventilspindeln und -druckteller mit Schmieröl oder einer Mischung aus gleichen Teilen Schmieröl und Kraftstoff benetzt. Bei Ringschmierlagern überzeugt man sich von der Beweglichkeit der Ringe und bringt die Ölfüllung auf den vorgeschriebenen Stand. Die Schmierpressen für Zylinder und Luftverdichter werden aufgefüllt und zur Versorgung der Laufflächen mit Öl von Hand betätigt. Weiterhin müssen alle

Staufferbuchsen nachgefüllt und angezogen werden. Die Lager- und Verbindungsstellen der außerhalb des Triebwerksraumes angeordneten Triebe für die Steuer- und Reglerwellen werden gewöhnlich durch Schmiernippel mit Hochdruckfett versorgt. Die Gleitstellen der Verzahnungen und Kurventriebe benetzt man am besten mit Zylinderöl. Bei der Schmierung von Wälzlagern sei man besonders sorgfältig, da hier auch eine zu reichliche Schmierung von Schaden sein kann.

### 12.1.2. Kühlung

Zunächst stellt man die Kühlwasserleitungen an. Auf Schiffen müssen zuvor die Seewasserfilter nachgesehen bzw. bei Frischwasserkühlung die Sammeltanks voll aufgefüllt werden. Dann öffnet man die Entlüftungsventile im Kühlsystem des Motors und der Luftverdichter und füllt mit der unabhängigen Pumpe alle Kühlräume. Die Entlüftungsventile werden geschlossen, wenn das Wasser in vollem Strahl aus ihnen hervortritt. Die Pumpe wird bei Motoren mit angehängten Pumpen abgestellt, nachdem man sich an den einzelnen Ablaufstellen davon überzeugt hat, daß alle zu kühlenden Teile ausreichend versorgt werden. Bei großen Motoren bleiben die Entlüftungen zur Sichtkontrolle auch während des Betriebes geöffnet. Vorhandene Anwärmvorrichtungen, Wärmetauscher auf der Druckseite des Systems oder Vorrichtungen zum Einspeisen von Dampf werden bei geringen Kühlwasserzulauftemperaturen, besonders dann, wenn der gesamte Maschinenraum abgekühlt ist, für eine Erwärmung des Wassers auf 30 . . . 40 °C eingesetzt. Diese Temperatur liegt einerseits niedrig genug, um Ausscheidungen zu vermeiden, reicht aber andererseits aus, die Zylinderwände soweit anzuwärmen, daß beim Anlassen die Zündung schnell einsetzt. Kleinere Motoren sind zum Anwärmen der Zylinderräume in der Regel mit elektrischen Glühkerzen ausgerüstet, die die früher verwendeten Papierpatronen völlig verdrängt haben.

### 12.1.3. Kraftstoffversorgung

Die Kraftstoffverbrauchsbehälter (Tagestanks) füllt man zweckmäßigerweise am Tage vorher auf, um Wasser und Sinkstoffen Zeit zum Absetzen zu geben. Kurz vor Aufnahme des Betriebes werden die Fremdstoffe abgelassen. Nach Überprüfung der Filter wird ein Tank auf die Leitungen zu den Kraftstoffpumpen geschaltet, ggf. die leichte Beweglichkeit der Schwimmer für Zulaufregulierung kontrolliert und das Einspritzsystem entlüftet. Beim Vorpumpen werden die Kraftstoffpumpen auf Vollförderung gestellt, anschließend wieder auf die normale Fördermenge. In jedem Fall muß das Triebwerk in eine Stellung gebracht werden, die in den einzelnen Zylindern ein Arbeiten der Handpumpe gestattet, z. B. Saug- oder Überströmventil der jeweiligen Pumpe dürfen nicht vom Regelgestänge offengehalten werden.

Falls Kraftstoffe hoher Viskosität (Schweröle) verwendet werden, ist gewöhnlich eine Vorrichtung zum Anwärmen des Kraftstoffes durch Dampf oder Heißwasser vorhanden. Über die Ausführung solcher Vorwärmer wurde in Abschnitt 8.4.3 berichtet.

Durch eine unabhängige Umwälzpumpe wird der Kraftstoff im Kreislauf durch das System gepumpt, um durch mehrfaches Durchströmen der Vorwärmer eine gleichmäßige Erhöhung der Temperatur und damit eine entsprechende Verringerung der Viskosität zu erzielen. Je nach Kraftstoffzähigkeit wärmt man auf Temperaturen im Tagestank zwischen 30 °C und 50 °C vor.

### 12.1.4. Druckluftversorgung

Das Öffnen der Ventile in den Druckluftleitungen und das Zuschalten der Druckluftbehälter muß langsam erfolgen, um Luftstöße, die mit Erwärmung verbunden sind, zu vermeiden. Die Behälter sind auf Betriebsdruck zu füllen und zu entwässern. Den Ansaugschieber des ggf. gekuppelten Luftverdichters öffnet man ganz, damit die beim Anfahren verbrauchte Druckluft schnell ergänzt werden kann. Die Ventile auf der Saug- und auf der Druckseite werden hinsichtlich Sauberkeit und Funktionsfähigkeit untersucht.

Die Entwässerungshähne an den Ölabscheidern öffnet man und schließt sie erst nach dem Anspringen des Motors, um den Kraftbedarf beim Anlaßvorgang nicht wesentlich zu erhöhen. Zusätzliche Verdichter mit Antrieb durch E-Motoren oder Hilfsdiesel, die gewöhnlich bei größeren umsteuerbaren Motorenanlagen benötigt werden, setzt man kurz vor dem Anfahren in Betrieb. Bei Dieselmotorenantrieb wird in der Regel außer dem Verdichter noch ein Generator angeschlossen. Schaltkupplungen machen dann den wechselweisen Einsatz der beiden Arbeitsmaschinen möglich.

### 12.1.5. Unfallverhütung

Die Vorschriften der Seeberufsgenossenschaft sind in allen Punkten genauestens zu beachten. Beim Klarmachen zum Betrieb sollte eine sorgfältige Überprüfung der einzelnen Positionen erfolgen. So muß beispielsweise der Maschinenraum über zwei freie Ausgänge verfügen, die dem Personal bei Ausbruch eines Brandes das Verlassen des Raumes sichern sollen. Schutzgeländer und -bleche sollen überall dort fest angebracht sein, wo ein Abgleiten oder Fallen zu befürchten ist. Die Bodenplatten, Treppenstufen und der Belag der Bedienungsgänge sollen mit wirksamem Gleitschutz versehen sein und ölfrei gehalten werden. Alle beweglichen und vorstehenden Motorenteile müssen durch fest angeordnete Schutzvorrichtungen gegen Berührung abgesichert sein. Die Sperrvorrichtung der Kraftstoffbehäter und die Sicherheitszüge sind regelmäßig auf Gängigkeit zu prüfen. Neben der vorgeschriebenen Anzahl von Feuerlöschern – einer von 45 l Inhalt und für je 1000 PS Motorenleistung einer von 9 l Inhalt, mindestens jedoch zwei – soll eine Kiste mit Sand zur Brandbekämpfung bereitstehen. Darüber hinaus müssen zwei Löschschläuche angeschlossen sein, die bei sofortiger Einsatzbereitschaft jeden Teil des Maschinenraumes mit ihrem Strahl erreichen können.

Die Isolation der elektrischen Anlagen ist in gewissen Zeitabständen auf ihren Zustand zu überprüfen, um Funkenbildung durch Kurzschlüsse auszuschließen.

Leicht entzündliche Kraftstoffe mit Flammpunkten unter 30 °C müssen außerhalb des Maschinenraumes in freier Luft, auf Schiffen an Oberdeck an einem frei zugänglichen Ort gelagert werden.

Auf Holzschiffen muß der Motor in einer leicht zugänglichen und dichten Blechwanne angeordnet werden, die für die Aufnahme von Lecköl vorgeschrieben ist.

## 12.2. Anlassen mit Druckluft

Das Anfahren eines Dieselmotors mit Hilfe von Druckluft erfordert vom Bedienungspersonal ein bestimmtes Maß an Geschicklichkeit und Erfahrung. Auch bei selbsttätig gesteuerten Anlaßvorrichtungen kann man darauf nicht völlig verzichten. Der Verbrauch an Druckluft und beim Manöverbetrieb auch die Manövrierfähigkeit des Schiffes hängen ja stark von der Wahl des richtigen Zeitpunktes für das Einschalten der Kraftstoffzufuhr ab. Zudem sinkt die Wahrscheinlichkeit des Anspringens mit der Anzahl der Anlaßvorgänge, da die Anlaßluft infolge Drosselung im Anlaßventil und Ausdehnung im Zylinder eine starke Temperaturabnahme erfährt, so daß sich die Zylinderräume abkühlen und die Zündung immer mehr erschweren.

Bei nicht umsteuerbaren Motoren ist gewöhnlich nur die Hälfte aller Zylinder – in vielen Fällen sogar nur einer – mit Anlaßventilen ausgerüstet. Man muß daher vor dem Anlassen das Triebwerk so weit drehen, bis der oder einer der mit Druckluft zu beaufschlagenden Kolben in Drehrichtung eben jenseits des oberen Totpunktes, d. h. im Anfang des Ausdehnungshubes steht. Nach Ausrücken der Drehvorrichtung kann dann die Druckluftzufuhr eingeschaltet werden. Der Motor sollte nach Möglichkeit unbelastet angelassen werden. Anhang auf der Betriebsseite schaltet man, sofern der Betrieb es erlaubt, ab. Das Anspringen des Motors, d. h. das Zünden nach Schaltung auf Kraftstoff und das Laufen durch eigene Kraft erkennt man am Ansteigen der Drehzahl. Gelingt das Anlaßmanöver nicht, so muß es wiederholt werden. Dabei sind die Kraftstoffpumpen bis zum Zünden auf Nullförderung zu stellen, da sich noch vom ersten Versuch her genügend Kraftstoff in den Zylindern befindet. Man vermeidet so heftige, explosionsartige Zündungen mit unzulässigem Druckanstieg.

Kleine nicht umsteuerbare Motoren werden gewöhnlich mit zwei Anlaßflaschen, von denen eine als Reserve gedacht ist, ausgerüstet. Sinkt der Druck durch Erschöpfung des Vorrates in beiden Flaschen unter den erforderlichen Anlaßdruck, so bleibt als letzte Möglichkeit nur noch das Anfahren mit Hilfe von Kohlensäure. In den seltensten Fällen verfügt nämlich eine solche Motorenanlage über einen unabhängigen Verdichter, der schnell genug die fehlenden Luftmengen ersetzen kann. Die Verwendung von Sauerstoff zum Starten ist unzulässig und höchst gefährlich, da beim Zusammentreffen mit Kraftstoff heftige Explosionen auftreten können. Die Kohlensäure, die infolge der Druckabnahme vom flüssigen in den gasförmigen Zustand übergeht, soll langsam zugeführt werden. Am besten wärmt man dabei das Überströmrohr mit Hilfe einer Lötlampe etwas an. Sofort nach dem Anspringen ist die Kohlensäureflasche zu schließen, und man muß als nächstes für das Auffüllen der Luftflaschen durch den angehängten Verdichter sorgen.

Umsteuerbare Motoren besitzen normalerweise an allen Zylindern Anlaßventile. Vielfach wird auch eine Schaltung der Anlaß- bzw. Manöverorgane in zwei Gruppen angewandt. Auf diese Weise kann nach dem Anlassen aller Zylinder mit Druckluft zunächst nur die eine Gruppe der Zylinder auf „Betrieb" geschaltet werden und erst nach Einsetzen der Zündungen auch die andere. Von der Geschicklichkeit des Bedienenden hängt es ab, ob die Schaltzeitpunkte richtig erfaßt werden und damit Druckluft gespart wird. Der angekuppelte Verdichter wird sofort nach dem Anlassen mit voller Leistung eingesetzt. Sind viele rasch aufeinanderfolgende Manöver durchzuführen, so reicht selbst die Fördermenge eines unabhängigen Verdichters nicht aus, um den Bedarf zu decken. Die Liefermenge des angehängten Verdichters spielt in einem solchen Fall überhaupt keine Rolle. Auch hierbei entscheidet also die Geschicklichkeit, mit der die Manöver ausgeführt werden, über die bis zur Erschöpfung der Druckluftvorräte mögliche Anzahl von Anlaßvorgängen. Um jedoch in dieser Beziehung günstige Voraussetzungen zu schaffen, werden die Vorratsbehälter in der Regel größer ausgeführt, als es die Aufsichtsbehörden vorschreiben.

Moderne Schiffsmotorenanlagen werden heute häufig von der Brücke aus über den Telegraphen automatisch angelassen. Auch die Anlaßluftversorgung wird dann druckabhängig automatisch geregelt.

Zweitaktmotoren mit Doppelwirkung werden gewöhnlich nur auf einer Zylinderseite mit Anlaßventilen ausgerüstet. Die andere wird schon zu Beginn des Anlassens auf Kraftstoff geschaltet.

Umsteuerbare Zweitaktmotoren mit Einfachwirkung versieht man bei mehr als 10 Zylindern nur für die Hälfte der Zylinder mit Anlaßventilen, so daß man auch hier die Möglichkeit hat, den Rest der Zylinder sofort mit Kraftstoff zu versorgen.

Anlaßversager treten auf, wenn ein Anlaßventil in geöffneter Stellung klemmt und infolgedessen hohe Drücke während des Aufwärtshubes auftreten. Die durch das als nächstes öffnende Ventil einströmende Druckluft versucht, den Motor in Drehrichtung weiterzubewegen, vermag aber nicht die Gegenkraft innerhalb des anderen Zylinders völlig zu überwinden, so daß auf dem Wege zum Kräfteausgleich ein Pendeln einsetzt. Starke Geräusche, die von der ausströmenden Luft verursacht werden, und das Abblasen des Sicherheitsventils weisen ebenfalls auf diese Störung hin.

Das Anlassen führt auch dann nicht zum Erfolg, wenn der Anlaßdruck zu gering ist, wenn Einlaß- oder Auslaßventile in geöffneter Stellung klemmen, so daß die Anlaßluft entweichen kann, oder wenn die Schließfeder eines Anlaßventils gebrochen ist. Zündungsversager treten bei zu kaltem Motor und ferner bei Undichtigkeit an den Kolben oder an den Gaswechselventilen auf. Auch ungenügende Verdichtung kann der Grund dafür sein, daß die erforderliche Zündtemperatur nicht erreicht wird. Das gleiche ist der Fall, wenn nicht genügend Kraftstoff vorgepumpt wurde oder derselbe in hohem Maße wasserhaltig ist.

Als nächstes wären die Gründe zu untersuchen, die zum Stehenbleiben des Motors nach den ersten Zündungen führen. Als erstes wäre da ungenügende oder völlig aussetzende Förderung der Kraftstoffpumpen zu nennen. Die Ursache dafür können

Lufteinschlüsse im Einspritzsystem, Undichtigkeit der Pumpen, ihrer Saug- oder Druckventile, abgesperrter Kraftstoffzulauf oder falsche Stellung des Kraftstoffregulierhebels sein. Ferner kann sie auf verstopfte Düsenbohrungen zurückzuführen sein. Auch erhebliche Frühzündung, infolge Hängens der Kraftstoffnadeln, Undichtigkeiten am Nadelsitz oder falsche Einstellung der Kraftstoffnocken wären zu erwähnen.

Unterläßt man die regelmäßigen Überprüfungen und Überholungen und widmet man der Wartung nicht genügend Sorgfalt, so muß man durchaus mit derartigen Störungen rechnen.

Nach dem Anspringen öffnet man das Schnüffelventil der ggf. angehängten Kühlwasserpumpe, um sie schnell zum Ansaugen und Fördern zu bringen. Die Manometer auf den Druckseiten des Luftverdichters, der Kühlwasser- und der Schmierölpumpe sind zu beobachten. Die angezeigten Werte lassen erkennen, ob der Motor in ausreichendem Maße von den angehängten Hilfsmaschinen versorgt wird. Erst wenn man sich davon überzeugt hat, werden die unabhängigen Maschinen abgeschaltet. Die unabhängige Kühlwasserpumpe oder die Wasserzufuhr aus einem Netz wurde ja schon nach dem Auffüllen der Kühlräume abgestellt. Eine gewisse Erwärmung des Kühlwassers unterstützt das schnellere Durchwärmen des Motors. Bei Motoren mit unabhängigen Kühlwasserpumpen ist während des Manövrierens die Kühlwassertemperatur laufend von Hand oder durch Regler möglichst konstant zu halten.

In jedem Falle sind die Ablaufstellen des Kühlwassers zu überwachen.

Alle auftretenden Störungen sollten vollständig beseitigt werden, bevor der Motor voll belastet wird.

Damit sich der Motor gleichmäßig durchwärmt und sich die Dehnungen aller Teile aufeinander einstellen können, steigert man die Belastung nur langsam. Bei kleineren Motoren geht man innerhalb von 15 min auf Vollast, bei größeren Motoren erstreckt sich dieses Hochverfahren über den doppelten Zeitraum und mehr.

## 12.3. Wartung während des Betriebes

An der Färbung der Auspuffgase erkennt man bei einem einwandfrei arbeitenden Motor, ob er seine Betriebstemperatur erreicht hat. Dann sind nämlich die Abgase, gegen den hellen Himmel gesehen, fast unsichtbar.

Zur Kontrolle des Betriebes sind die Drücke und Temperaturen in den Versorgungssystemen – Kühlwasser-, Schmieröl-, Kühlöl-, Kraftstoff-, Druckluft- und Ladeluftversorgung – regelmäßig abzulesen und gegebenenfalls zu notieren. Außerdem überzeuge man sich in gewissen Abständen an den sichtbaren Abläufen der Kühlmittel- und Schmierleitungen vom einwandfreien Umlauf.

Angaben über die richtige Funktion und Möglichkeiten zur Behebung häufiger auftretender Störungen sind für die einzelnen Baugruppen des Motors in den vorangegangenen Abschnitten zu finden.

Einige Betriebsstörungen sollen auch hier noch hinsichtlich der Erkennungsmöglichkeiten und der Maßnahmen zu ihrer Behebung näher untersucht werden. Weitere Hinweise findet man in den Betriebsanleitungen, die von den Herstellerbetrieben mitgeliefert werden.

## 12.3.1. Unregelmäßigkeiten im Betrieb

### 12.3.1.1. Rauchende Verbrennung

Das Rauchen des Motors, d. h. die Dunkelfärbung der Abgase, sollte sofort an den Auspuffprobierhähnen oder den Indikatorhähnen näher untersucht werden. Zunächst einmal muß festgestellt werden, ob sämtliche Zylinder rauchen oder nur einzelne. Gewöhnlich ist dies beim Öffnen der Hähne durch Sichtkontrolle aller Zylinder leicht zu bestimmen. Man kann aber auch Löschpapier vor die Öffnungen halten, auf dem sich unverbrannter Kraftstoff deutlich abzeichnet. Die Indikatorhähne dürfen für diese Untersuchung nur kurzzeitig geöffnet werden, da durchtretende Feuerstrahlen sonst Ausbrennerscheinungen an den Dichtkegeln hervorrufen bzw. die Führungen beschädigen.

Stellt sich heraus, daß alle Zylinder Rauch entwickeln, d. h. eine schlechte Verbrennung haben, dann sind zuerst die Einstellungen der Kraftstoffpumpen und bei Zweitaktmotoren zusätzlich die Höhe des Spüldruckes zu kontrollieren. Gewöhnlich ist zu hohe Kraftstoffzufuhr bzw. bei Zweitaktmotoren zu geringer Spüldruck, in beiden Fällen also Luftmangel die Ursache. Einwandfreie Motoren werden bei zu hohen Einspritzmengen einen Drehzahlanstieg aufweisen. Es genügt dann, die Kraftstoffzufuhr so weit zu vermindern, bis die Auspuffgase wieder hell werden. Tritt das Rauchen aller Zylinder unter Leistungsrückgang (Drehzahlabfall) auf, so kann die Ursache eine Verengung der Auslaßquerschnitte sein. Ablagerungen von Ruß und Koks bewirken einen hohen Gegendruck beim Ausschieben bzw. Spülen und vermindern dadurch den Füllungsgrad.

Raucht ein einzelner Zylinder, so kann das an mangelhafter Verdichtung, z. B. infolge von Verschleiß bzw. Schäden an dem Kolben oder den Ventilen, liegen.

Ferner kann diese Erscheinung durch Verstopfung der Düsenbohrungen oder Verengung des Einlaßquerschnittes hervorgerufen werden. Mehrlochdüsen leiten nämlich bei Verstopfung einer Bohrung die gesamte Einspritzmenge durch die freien Öffnungen in den Zylinder. Dies hat eine unzureichende Vermischung des Kraftstoffes mit der Verbrennungsluft zur Folge, die trotz theoretisch ausreichenden Luftüberschusses auftritt, da die im Sektor der verstopften Bohrung befindliche Luft die Verbrennung nur unwesentlich unterstützen kann. Verschmutzte bzw. verstopfte Düsenbohrungen können unter Umständen durch stoßweisen Wechsel der Pumpeneinstellung von Voll- auf Nullförderung gereinigt werden.

Bei manchen Viertaktmotoren können Ventile, speziell Einspritzventile, auch während des Motorenbetriebes ausgewechselt werden. Bei Verschmutzung eines Kraftstoffventils wird man dann zunächst die zugehörige Pumpe auf Nullförderung stellen, die Kraftstoff- und Kühlwasseranschlüsse des Ventils lösen und die Ein- und Auslaßventile anlüften. Dies geschieht durch Unterlegen eines passenden

Klotzes oder einer besonderen Vorrichtung unter die Kipphebel. Die Öffnung der Ventile soll etwa 10 mm betragen, darf aber nicht zu einer Berührung mit dem Kolben im oberen Totpunkt führen. Durch diese Vorkehrung und das Öffnen des Indikatorhahnes und Sicherheitsventils wird eine Verdichtung innerhalb dieses Zylinders weitgehend unterbunden. Nach vorheriger Verringerung der Motordrehzahl löst man dann die Verschraubungen und hebt das Ventil heraus. Sitzt das Ventil fest in seiner Führung, so kann eine Drehzahlerhöhung das Lösen bewirken. Dabei dürfen aber die Flanschmuttern dem Ventil nur einen geringen Luftweg gestatten. Das Herausheben und Auswechseln gegen ein Reserveventil muß wegen der Luftstöße des Kolbens sehr schnell erfolgen. Ein solcher Ventilwechsel bei laufendem Motor ist nur dann möglich, wenn er ohne den Ausbau von Teilen erfolgen kann, die für den Betrieb des Motors von Wichtigkeit sind (z. B. Kipphebelwellen usw.). Meist ist dieses Verfahren jedoch nicht anwendbar.

#### 12.3.1.2. Leistungsabfall

Die Drehzahl eines Motors und damit seine Leistung können absinken, wenn ein Hauptlager warm läuft, ein Kolben trocken läuft und frißt oder wenn infolge zu starker Kühlung die Kolben klemmen. Trockenlauf der Kolben macht sich durch Brummen bemerkbar. Sofern die Schmierbohrungen frei sind, schafft eine Erhöhung der Ölmenge für die Zylinderschmierung sofort Abhilfe. Bei Verschmutzung und Verstopfung der Schmierleitungen muß der Motor abgestellt und gereinigt werden.

Das Warmlaufen von Kolben oder großen Lagern ist am charakteristischen Geruch des verschwelenden Öles zu erkennen.

Ein Leistungsabfall tritt auch auf, wenn beispielsweise die Kraftstoffpumpe eines Zylinders aufgrund irgendeines Defektes in ihrer Förderung nachläßt oder der Sitz eines Kraftstoffnadelventils ausschlägt. Verfügt man nicht über eine Indiziervorrichtung, um die Leistungen der einzelnen Zylinder nachzuprüfen, so kann man sich wie folgt helfen:

Angenommen, ein Vierzylindermotor weist einen Leistungsabfall auf. Man sperrt die Kraftstoffzufuhr zu Zylinder I, während die übrigen drei Zylinder mit unveränderter Pumpeneinstellung weitergefahren werden. Nachdem der Motor eine konstante, jetzt reduzierte Drehzahl angenommen hat, schaltet man Zylinder I wieder zu und setzt dafür II ab. Zeigt sich das gleiche Bild, dann wird als nächster Zylinder III abgesetzt. Bei Abschaltung des Zylinders, der die Ursache für den Leistungs- bzw. Drehzahlabfall war, wird die Drehzahl am wenigsten abfallen. Man hat damit die Störung lokalisiert und kann den Schaden nach Untersuchung des Einspritzsystems an diesem Zylinder beheben.

Ungleichmäßiger Lauf und damit schwankende Leistungsabgabe eines Motors sind gewöhnlich auf unregelmäßige Kraftstoffversorgung zurückzuführen. Die Ursache kann starke Verunreinigung des Kraftstoffes durch Wasser bzw. Schlamm, mangelhaftes Schließen von Kraftstoffpumpenventilen (Druck-, Saug- oder Überströmventile) oder Lufteintritt im Pumpensaugteil sein. Nach Überprüfung von Tank und

Filtern wird man eventuell die Pumpe reinigen müssen. Saug- bzw. Aufstoßventile bestimmter Pumpenausführungen kann man mit Hilfe der aus dem Gehäuse ragenden Spindeln drehen und so unter Umständen eine Beseitigung der an die Sitzflächen gelangten Verunreinigungen erreichen.

#### 12.3.1.3. Schäden und Störungen im Kühlsystem

Risse auf der Unterseite des Zylinderdeckels, in den Laufflächen der Buchse und bei Wasserkühlung der Kolben auch solche im Kolbenboden haben das Eindringen von Kühlwasser in den Zylinder während der Ausschiebe- und der Ansaugperiode zur Folge. In diesem Teil des Taktablaufes übersteigt nämlich der Druck des Kühlwassers den im Zylinderraum herrschenden Druck. Das infolge der hohen Zylindertemperaturen verdampfende Wasser ist an der Weißfärbung der Abgase zu erkennen. Gelangen größere Wasseranteile in die Verbrennungsluft, so kann die Zündung aussetzen. Während der Verdichtung und Ausdehnung überwiegt gewöhnlich der Druck im Zylinder. Daher treten heiße Gase durch die Risse in die Kühlräume, verdrängen das Wasser und erwärmen es. Die Erhöhung der Wandtemperaturen sowie der Temperaturen im Kühlwasserablauf kann also auf derartige Risse hinweisen. Die Temperaturen sollten deshalb stets sorgfältig beobachtet werden.

Bei Zweitaktmotoren, in deren Zylindern ja nur kurzzeitig geringe Drücke auftreten, wird man kaum mit einem Eindringen von Wasser rechnen müssen. Dafür erfolgt aber eine stärkere Erwärmung von Wandungen und Kühlwasser.

Man sollte zur Vermeidung der erwähnten Folgen grundsätzlich bei jeder Gelegenheit – Kolbendurchsicht, Ventilrevision, Einspritzventilwechsel usw. – die Wandungen des Zylinderraumes sorgfältig untersuchen, um Risse schon im Anfangsstadium erkennen zu können. Den Boden des Deckels kann man ohne Abbau nach sorgfältiger Reinigung mit Petroleum überprüfen, indem man durch die offene Ventilkanone einen Spiegel einführt und für gute Beleuchtung sorgt. Bei Viertaktmotoren treten Deckelrisse meistens zwischen Kraftstoff- und Auslaßventil auf. Erkennt man Risse, bevor sie durchgehen, und kann man die betroffenen Teile nicht sofort auswechseln, dann beugt man einer Rißerweiterung durch Verminderung der Zylinderdrücke durch geringere Kraftstoffzufuhr vor.

Steigt die Kühlwassertemperatur aus anderen Gründen über das zulässige Maß, so muß man mit der Leistung heruntergehen und langsam nachkühlen, da sonst Risse entstehen können.

Geht bei gleichbleibender Kühlpumpenförderung die Abflußtemperatur zurück, ohne daß sich die Ansaugtemperatur ändert, so kann man auf Schmutzablagerung oder Kesselsteinbildung an den Kühlflächen schließen, durch die der Wärmedurchgang wesentlich verschlechtert wird. In diesem Falle muß bei nächster Gelegenheit das Kühlsystem (siehe Abschnitt 7) gründlich gereinigt werden.

#### 12.3.1.4. Klopfen des Motors

Das Klopfen des Triebwerkes wird entweder durch zu frühe bzw. zu späte Zündung, lose Lager oder zu geringen Schmieröldruck, bei Tauchkolbenmotoren auch durch zu großes Kolbenbolzenspiel verursacht. Bei einfachwirkenden Zweitaktmotoren ruft großes Lagerspiel kein Klopfen hervor, da die Lagerbelastung stets in gleicher Richtung erfolgt.

Bei anderen Motoren tritt Lagerklopfen auch infolge Trockenlaufens oder Fressens der Kolben auf.

Schußartiges Stoßen setzt ein, wenn eine Kraftstoffnadel hängenbleibt. Durch Frühzündung während des Verdichtungshubes steigt der Druck im oberen Totpunkt so stark an, daß das Sicherheitsventil abbläst.

Das Kippen der Kolben im Hubwechsel infolge zu großen Spiels macht sich durch ähnliche Geräusche bemerkbar wie das Lagerklopfen.

Das Klopfen eines Luftverdichters wird ebenso wie beim Motor durch Spiel im Triebwerk oder aber durch zu starke Verdichtung, die im Hochdruckteil schon durch zu reichliche Schmierung eintreten kann, verursacht.

### 12.3.2. Bedienungs- und Wartungshinweise

#### 12.3.2.1. Kritische Drehzahlen

Kritische Drehzahlen sind auf den Drehzahlanzeigern gewöhnlich besonders markiert. Sie müssen bei Leistungsänderungen schnellstens durchfahren werden, da die in ihrem Bereich auftretenden Resonanzschwingungen innerhalb des Triebwerkes – besonders innerhalb der Kurbelwelle – hohe Wechselbeanspruchungen des Werkstoffes zur Folge haben. Diese können mit der Zeit zu Materialermüdung und Dauerbrüchen führen.

#### 12.3.2.2. Zusammenfassung der wesentlichsten Wartungsarbeiten

Die im folgenden aufgeführten Wartungsarbeiten sollen regelmäßig im angegebenen Turnus durchgeführt werden.

a) Wenigstens einmal stündlich:

1. Offenliegende Ventilhebelrollen nachprüfen, ob Rollenlose vorhanden ist.
2. Kühlräume entlüften.
3. Luftrohre zu den Anlaßventilen nachfühlen. Erwärmte Rohre weisen auf undichte Ventile hin.
4. Alle Thermometer und Manometer ablesen, Kühlwasserabläufe beobachten und nachfühlen.
5. Zylinderdeckel-, Stopfbuchsen-, Ventilgehäuse- und Luftleitungsdichtungen auf Dichtigkeit abhorchen.
6. Beobachtungsdeckel am Kurbelgehäuse oder Kurbelraumentlüftungen beobachten, ob Rauchbildung zu starke Lagererwärmung anzeigt.
7. Schmierpressen kontrollieren. Ihren Füllstand sowie den des Ölsammeltanks überprüfen.

b) Einmal alle vier bis sechs Stunden:

1. Kraftstoff- und Schmierölfilter reinigen und wechseln.
2. Bilgen lenzen.
3. Ölstände ablesen.
4. Spindeln der Auslaßventile etwas drehen, soweit dies möglich ist.

c) Einmal täglich:

1. Diagramme nehmen, was bei normalem Betriebsablauf auch in größeren Zeitabständen erfolgen kann.
2. Bei Vorhandensein eines Zentrifugalölreinigers einen Teil des Schmieröls zentrifugieren.
3. Kraftstoff- und Schmierölverbrauch feststellen.

Die Versorgung der Einzelschmierstellen ist nach Bedarf vorzunehmen.

## 12.4. Überprüfung der Arbeitsweise des Motors durch Indizieren

Gewißheit über das richtige Arbeiten des Motors bei günstigster Nutzung der vom Kraftstoff zugeführten Energie kann man sich auf einfache Weise durch Ausführung indikatorischer Untersuchungen verschaffen. Neben einem Vergleich der Arbeitsabläufe in den einzelnen Zylindern und der Erkennung falscher Einstellwerte oder der Auffindung von Störungsquellen ermöglichen Indikatordiagramme auch die Ermittlung der in den Zylindern verrichteten Arbeit.

Da der Dieselmotor aufgrund der hohen Arbeitsdrücke und Temperaturen sowie der äußerst geringen Kraftstoffmengen, die je Arbeitshub eingespritzt werden, Betriebsstörungen gegenüber sehr empfindlich ist, sollten regelmäßig in bestimmten Abständen derartige Untersuchungen vorgenommen werden.

Frühzeitiges Erkennen von Störungen im Arbeitsablauf ermöglicht in den meisten Fällen ein Beheben ohne Betriebsunterbrechung und ist daher von größter Wichtigkeit. Motoren geringerer Leistung werden gewöhnlich nicht mit einem Indiziergestänge ausgerüstet. Trotzdem sollte auch hier ein Indikator vorhanden sein, um handgezogene Diagramme nehmen zu können. Wenn diese auch nicht zur Ermittlung der indizierten Leistung herangezogen werden können, so helfen sie doch, viele Fehler im Betriebsablauf zu erkennen. Allein die Ersparnis an Kraftstoff bei günstigster Einstellung, die mit Hife des Indikators ermittelt werden kann, wiegt die Kosten des Geräts in kurzer Zeit auf.

### 12.4.1. Indikatoren

Die Indikatoren müssen sich stets in einwandfreiem Zustand befinden. Zur gegenseitigen Kontrolle, die das Ausscheiden fehlerhaft arbeitender Geräte ermöglicht, nimmt man mit mehreren Indikatoren Diagramme am gleichen Zylinder auf. Zeigt sich eine gute Übereinstimmung, dann sind die Instrumente in Ordnung und man vermeidet es, aus falschen Diagrammen unrichtige Schlüsse zu ziehen.

Besondere Vorsicht ist bei der Aufnahme von Schaubildern an normal arbeitenden Zylindern geboten, da Feuerstrahlen in den Indikatorzylinder dringen und dort das Schmieröl verbrennen können. Daher sollten jeweils höchstens zwei Diagramme aufgenommen und dann Zylinder und Kolben des Gerätes gereinigt und abgeschmiert werden.

Einen Indikator für langsamlaufende Dieselmotoren zeigt Bild 12/1. Der über Kanal (1) auf den Indikatorkolben (2) einwirkende Arbeitsdruck des untersuchten Motorenzylinders führt zu einer Verschiebung des Kolbens und der mit ihm fest verbundenen Kolbenstange (3). Durch die an der Kolbenstange befestigte Indikatorfeder (4) wird eine Proportionalität zwischen den auftretenden Drücken und den

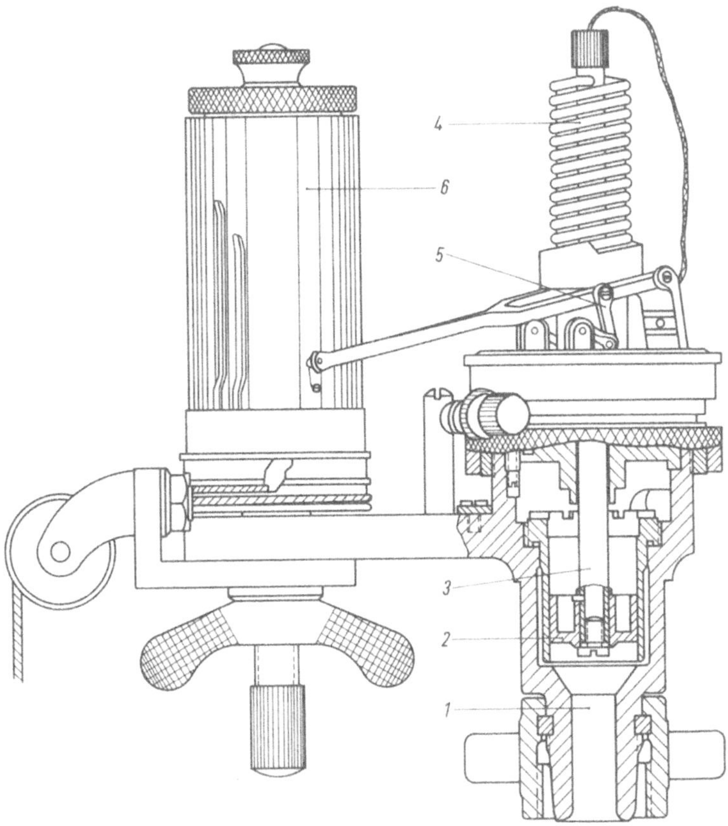


Bild 12/1. Indikator für langsamlaufende Dieselmotoren

1 Verbindung zum Motorenzylinder,
2 Indikatorkolben,
3 Indikatorkolbenstange,
4 Indikatorfeder,
5 Schubhebelgestänge,
6 Schubtrommel.

Bewegungen des Kolbens erzielt. Das an der Kolbenstange angelenkte Schreibgestänge (5) zeichnet den Bewegungsverlauf des Kolbens auf das an der Trommel (6) befestigte Indikatorpapier. Die Trommel kann mittels eines Seilzuges gedreht werden, der entweder vom Indikatorgestänge des Zylinders oder von Hand betätigt wird. Die Federkonstante der Indikatorfeder muß den zu erwartenden Drücken angepaßt werden. Bei Drücken über 30 at verwendet man gewöhnlich die „1-mm-Feder", bei der 1 at einer Höhe von 1 mm im Diagramm entspricht.

### 12.4.2. Indikatordiagramme

Indikatordiagramme sind im Prinzip $p, V$-Schaubilder. Aufgrund der Proportionalität zwischen Kolbenweg und Zylindervolumen genügt es, den Druck über dem Kolbenweg anzugeben. Man unterscheidet offene und geschlossene Diagramme danach, ob gleiche Kolbenstellungen bei verschiedenen Hüben die gleichen Abszissenwerte (Kolbenweg) besitzen oder nicht.

#### 12.4.2.1. Verdichtungsdiagramme

Das einwandfreie Dichten der den Zylinderraum begrenzenden Teile – Ventile, Kolben usw. – und die richtige Höhe des Verdichtungsdruckes kann man ohne Fremdantrieb bei mehrzylindrigen Motoren nur mit Hilfe eines Indikators überprüfen. Man fährt für diesen Zweck den Motor mit einem oder mehreren Zylindern und nimmt an den übrigen, deren Kraftstoffversorgung abgesperrt ist, Verdichtungsdiagramme. Anschließend läßt man die untersuchten Zylinder den Motor treiben und überprüft nach Absperrung der Kraftstoffzufuhr die restlichen in gleicher Weise. Der Seilzug der Trommel wird dabei nicht eingehängt, sondern langsam von Hand gezogen, so daß sich in fortlaufender Folge eine Reihe von Druckkurven verschiedener Hübe auf dem Papierbelag der Trommel abzeichnet (offene Diagramme, Bild 12/2). Man läßt den Motor zunächst mit geringer Drehzahl laufen und steigert diese dann stufenweise bis zur Betriebsdrehzahl. Beträgt diese beispielsweise 200 $min^{-1}$, so beginnt man mit 50 $min^{-1}$, erhöht dann auf 100 $min^{-1}$, 150 $min^{-1}$ und schließlich auf 200 $min^{-1}$. Bei jeder dieser Drehzahlen nimmt man den Druckverlauf für mehrere Hübe auf, so daß das Diagramm am Ende einen guten Vergleich der Verdichtungsenddrücke bei verschiedenen Drehzahlen ermöglicht.

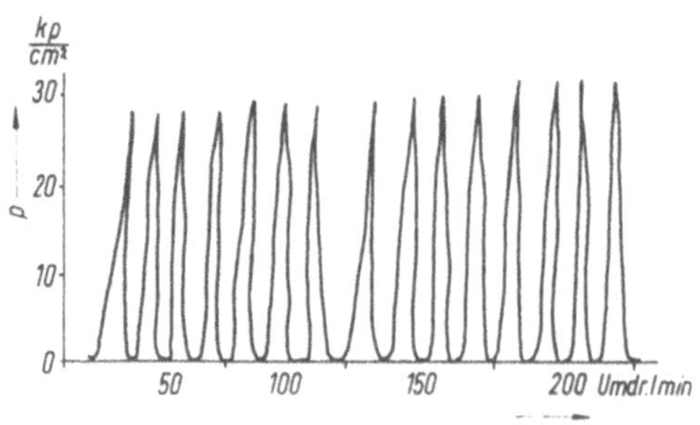


Bild 12/2. Verdichtungsdiagramm

Ein einwandfreier Motor weist mit steigender Drehzahl wachsende Drücke auf, da aufgrund des schnelleren Arbeitsablaufes Lässigkeitsverluste und Verluste durch Auskühlung geringer werden. Die absolute Höhe des Druckes ist ein Kennzeichen für die Größe des Verdichtungsraumes und den Zustand der Kolbenringe und der Ventilsitze.

#### 12.4.2.2. Leerlaufdiagramme

Unter den gleichen Voraussetzungen wie bei der im vorstehenden geschilderten Untersuchung kann man auch Leerlaufdiagramme (Bild 12/3) aufnehmen, wenn man den Seilzug der Trommel am Indikatorgestänge einhängt. Dabei ergeben sich geschlossene Diagramme, die von der Verdichtungs- und der Ausdehnungslinie begrenzt werden. Bei einwandfreien Zylindern sollen beide Linien dicht nebeneinander verlaufen. Je weiter sie sich voneinander entfernen, desto größer sind die Verluste durch Undichtigkeiten und Auskühlung.

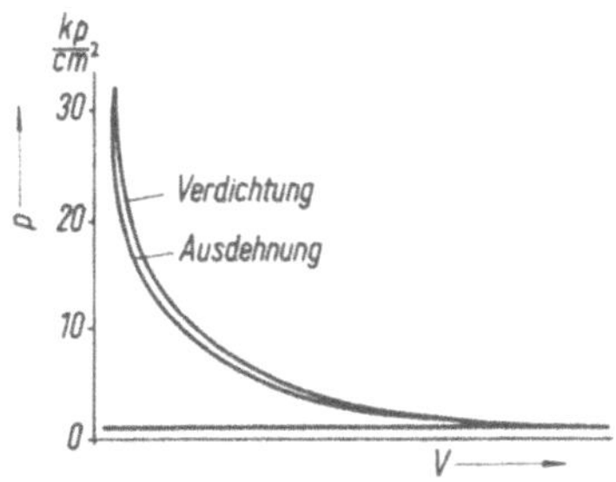


Bild 12/3. Leerlaufdiagramm

Verdichtungs- und Leerlaufdiagramme lassen sich auch bei normalem Betrieb, dann natürlich nur für eine Drehzahl, nehmen, indem man einen Zylinder kurz durch Beeinflussung des Saug- oder Aufstoßventils der Kraftstoffpumpe absetzt und untersucht.

#### 12.4.2.3. Anfahrdiagramme

Bild 12/4 zeigt ein Luftanlaßschaubild. Der Verdichtungsenddruck übersteigt den Druck der Anlaßluft, der im betrachteten Fall etwa 15 at beträgt, erheblich, so daß

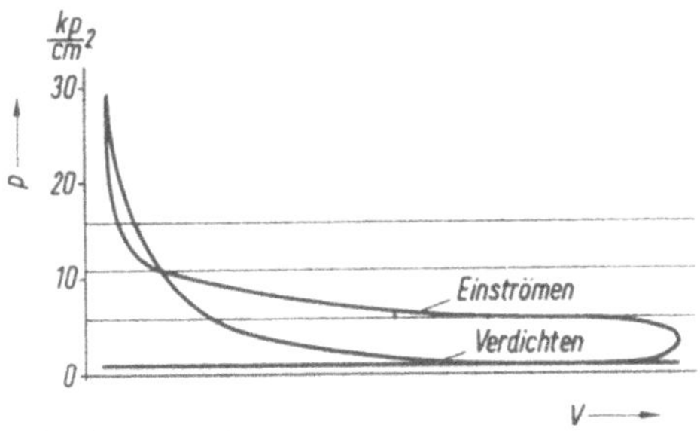


Bild 12/4. Luftanfahrdiagramm

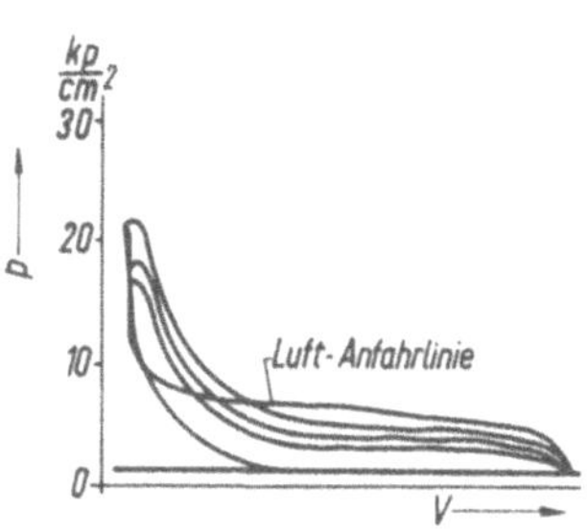


Bild 12/5. Übereinanderliegende Anfahrdiagramme

diese erst nach Entspannung der verdichteten Luft einströmen kann. Der Einströmvorgang erstreckt sich fast über den ganzen Hub, wobei jedoch der Druck der Anlaßluft trotz voll geöffneten Ventils beträchtlich abfällt. Dieser Abfall ist auf die Drosselung beim Einströmen durch das mit einem geringen Durchflußquerschnitt ausgeführte Ventil in den großen Zylinder zurückzuführen. Man wählt die Ventilgrößen so klein wie möglich, da einmal die Schwächung des Deckels durch die Ventilkanone und zum anderen die Gefahr des Klemmens oder Festsetzens infolge seltenen Gebrauchs eingeschränkt werden sollen. Bild 12/5 gibt ein über eine Anzahl von Umdrehungen aufgenommenes Anfahrdiagramm wieder. Man kann daraus die Luftanfahrlinie und den Übergang auf Kraftstoffeinspritzung erkennen. Die Diagrammfläche und der Enddruck vergrößern sich schon nach wenigen Zündungen durch die steigenden Zylindertemperaturen.

### 12.4.2.4. Normale und versetzte Arbeitsdiagramme

Die normalen Schaubilder dienen der Ermittlung der im Zylinder verrichteten Arbeit und geben einen Einblick in die Arbeitsweise des Motors. Die Darstellung der Vorgänge beim Ladungswechsel, die sich ja bei geringen Drücken abspielen, kann aufgrund der starken Indikatorfeder, deren Verwendung die hohen Enddrücke vorschreiben, nur ungenügend sein. Bei Viertaktmotoren fallen beispielsweise Ausschiebe- und Ansauglinie praktisch zusammen. Für genaue Untersuchungen dieser Vorgänge müssen daher Schwachfederdiagramme aufgenommen werden, über die im nächsten Abschnitt näheres gesagt wird. Doch auch der Aufzeichnung im Bereich des Spitzendruckes fehlt die für die Auswertung erforderliche Übersichtlichkeit. Das hat seine Ursache in der ungleichförmigen Drehung der Schreibtrommel des Indikators, die von der Bewegung des Motorenkolbens abgeleitet wird. Die Kolbengeschwindigkeit und damit auch die Umfangsgeschwindigkeit der Trommel erreichen ihre Höchstwerte etwa bei der Hälfte des Hubes, während sie über einen relativ großen Bereich in der Nähe der Totpunkte nur äußerst geringe Werte aufweisen (in den Totpunkten selbst sind sie Null). Nun ist es aber gerade der Bereich um den oberen Totpunkt, in dem sich die für die Beurteilung so wichtigen Verbrennungsvorgänge abspielen. Infolge der geringen Trommelbewegung werden sie so dicht zusammengedrängt aufgezeichnet, daß keine Auswertung mehr möglich ist. Man muß daher den Antrieb der Trommel von einem um 60°, 90° oder 120° versetzten Kolben ableiten, damit die Zünd- und Verbrennungsvorgänge infolge der höheren Trommelgeschwindigkeit übersichtlich dargestellt werden (Bild 12/6).

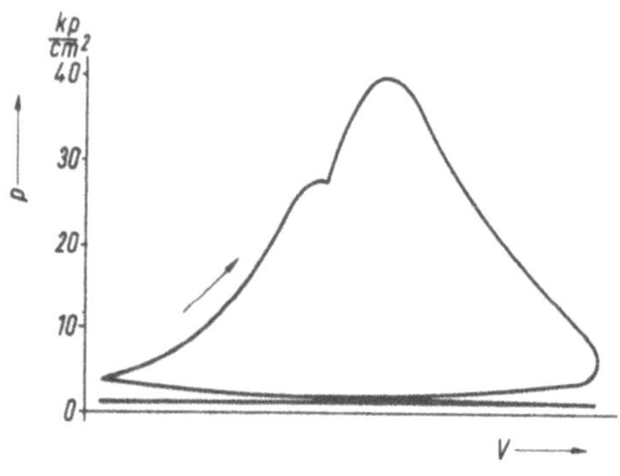


Bild 12/6. Versetztes Arbeitsdiagramm (geschlossenes, motorengezogenes Diagramm)

Mit Hilfe der in Bild 12/7 gezeigten Stellungskupplung können geschlossene, um 90° versetzte Diagramme aufgenommen werden. Sie übernimmt bei Kolbenmaschinen ohne Indikatorgestänge nach Anflanschen an ein freies Wellenende den Antrieb der Schreibtrommel. Eine Schaltkupplung ermöglicht stoßfreies An- und Abschalten des Gerätes bei laufendem Motor. Im angekuppelten Zustand kann der Kurbelwinkel des jeweils zu untersuchenden Zylinders an der Teilscheibe eingestellt werden.

Bild 12/7. Stellungskupplung (Werkbild Maihak AG, Hamburg)

#### 12.4.2.5. Schwachfederdiagramme

Zur Aufzeichnung der Ladungswechselvorgänge rüstet man den Indikator mit Federn geringerer Richtkraft aus, die einen Maßstab der Diagramme von 5...15 mm je 1 at ergeben. Infolgedessen wird der Indikatorkolben beim Auftreten höherer Drücke in seiner obersten Stellung verharren, so daß sich dabei im Diagramm eine waagerechte Linie ergibt. Dafür werden die Vorgänge beim Ansaugen und Ausschieben bzw. bei der Spülung vergrößert und dadurch übersichtlicher dargestellt.

Bild 12/8 zeigt das Schwachfederdiagramm eines nicht aufgeladenen Viertaktmotors. Die Aufzeichnung beginnt, nachdem sich der größte Teil des Arbeitshubes

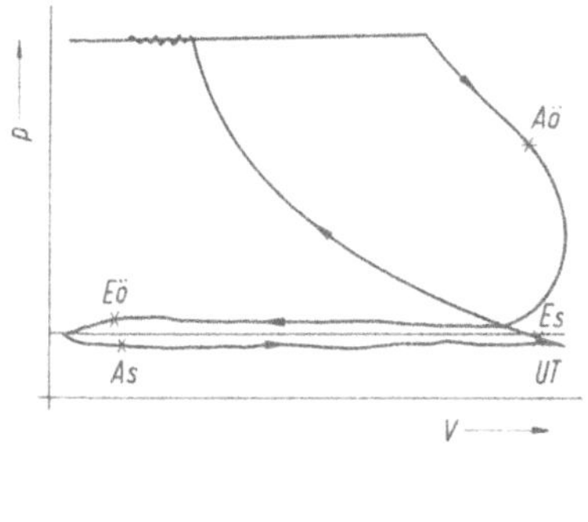


Bild 12/8. Schwachfederdiagramm eines Viertakt-Motors ohne Aufladung

*Aö* Auslaß öffnet,
*As* Auslaß schließt,
*Eö* Einlaß öffnet,
*Es* Einlaß schließt.

vollzogen hat und der Druck soweit abgesunken ist, daß der Indikatorkolben freikommt. Kurz vor dem unteren Totpunkt beginnt das Auslaßventil langsam zu öffnen. Der Druck fällt stärker ab, liegt aber im Hubwechsel noch beträchtlich über dem Atmosphärendruck. Mit einsetzendem Ausschiebehub sinkt er zunächst rasch, hält sich dann aber aufgrund der Ausströmwiderstände bis zum Öffnen des Einlaßventils kurz vor dem oberen Totpunkt etwa 0,1 at über dem Atmosphärendruck, der erst im Hubwechsel erreicht wird. Bei Beginn des Ansaughubes fällt er weiter ab, erreicht bei Schließen des Auslaßventils einen Wert von rund 0,1 at unter dem Atmosphärendruck, den er, von gewissen Schwankungen abgesehen, bis zur Beendigung des Hubes beibehält. Zu Beginn des Verdichtungshubes schließt das Einlaßventil, der Druckverlauf schneidet die Linie, die den Atmosphärendruck darstellt und steigt steil an, bis der Indikatorkolben wieder oben anstößt. Die vom Schreibstift aufgezeichneten Schwingungen werden durch den harten Anschlag des Kolbens erregt und durch Vibration des Schreibgestänges verstärkt.

Bei aufgeladenen Motoren liegen Ausschiebe- und Ansauglinie oberhalb der atmosphärischen Linie.

Das in Bild 12/9 dargestellte Schwachfederdiagramm wurde an einem Sulzer-Zweitaktmotor mit Nachladeschlitzen (N) aufgenommen. Die Kanäle zu diesen Schlitzen werden solange von Ringplattenventilen verschlossen gehalten, bis der Spüldruck den Druck im Zylinder überwiegt. Auf diese Weise können keine Abgase in die Spülluftaufnehmer eindringen.

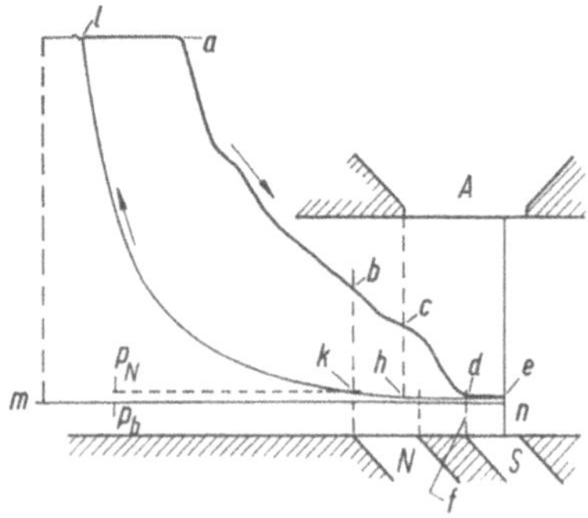


Bild 12/9. Schwachfederdiagramm eines Zweitakt-Motors mit Nachladung

*A* Auslaßschlitze,
*S* Spülschlitze,
*N* Nachladeschlitze,
$p_N$ erreichter Nachladedruck,
$p_b$ Umgebungsdruck (barometrischer Druck).

Die im Diagramm von *a* bis *c* verlaufende Entspannungslinie weist im Bereich von *b* bis *c* einen verstärkten Abfall auf, der durch das Einströmen der Abgase in den zwischen Nachspülschlitzen und -ventilen liegenden Kanalraum verursacht wird. In *c* beginnt die steuernde Kolbenkante den Auslaßkanal (*A*) freizugeben. Bis zur Öffnung des Spülkanals (*S*) in *d* hat der Druck fast die Atmosphärenlinie (*m* — *n*) erreicht und bleibt bis *h* etwa konstant. Von *d* über den unteren Totpunkt *e* bis *f* vollzieht sich das Ausschieben der Abgase durch die auf geringen Überdruck verdichtete Spülluft. Im Bereich zwischen *d* und *e* öffnen die Ringplattenventile den Nachspülkanal (*N*), so daß größere Spülluftmengen eintreten können. In *h* wird der Spülvorgang durch das Schließen des Auslaßkanals (*A*) beendet und der Nachladevorgang auf Spülluftdruck setzt ein. Nach Schließen des Nachspülkanals (*N*) in *k* beginnt die Verdichtung, deren Druckverlauf im Diagramm nur bis zum Anschlag des Indikatorkolbens bei dem in *l* herrschenden Druck aufgezeichnet ist.

Der Kolbenweg von *e* nach *k* macht aber schon einen beträchtlichen Teil des gesamten Hubes aus, so daß die Verdichtungsperiode wesentlich kürzer ausfällt als beim Viertaktmotor, wo sie sich fast über den ganzen Aufwärtshub erstreckt. Dafür besitzt die Zylinderfüllung des Zweitaktmotors bei Verdichtungsbeginn einen Überdruck, der je nach Spüldruck und Spülverfahren zwischen 0,1 at und 0,25 at liegt. Die Füllung des Viertaktmotors ohne Aufladung weist dagegen einen Unterdruck auf, so daß die Verdichtungsenddrücke bei beiden doch etwa den gleichen Wert erreichen.

**12.4.2.6. Regeldiagramme**

Die Funktion der Kraftstoffpumpe wird durch Aufnahme eines Regeldiagramms (Bild 12/10) überprüft, das sich durch das Übereinander-Aufzeichnen mehrerer Druckverläufe ergibt, die bei stufiger Änderung der Pumpeneinstellung auftreten. Der Kraftstoffregulierhebel wird dazu von Hub zu Hub um die gleiche Anzahl von Rasten weitergerückt.

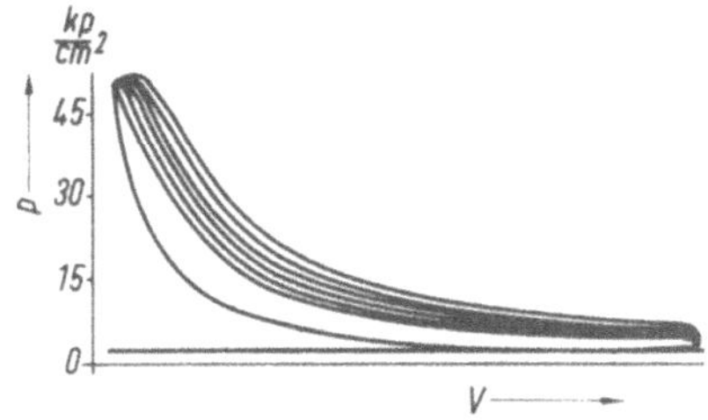


Bild 12/10. Regeldiagramm

Während die Verdichtungslinien praktisch zusammenfallen (geringe Abweichungen sind durch den Anstieg der Zylindertemperatur bedingt), werden die Ausdehnungslinien bei einwandfrei arbeitender Pumpe mit jeder Einstellungsstufe weiter nach oben verschoben, die Spitzendrücke erhöhen sich aber nur geringfügig. Die Diagrammfläche nimmt entsprechend der vergrößerten Kraftstoffzufuhr zu, d. h. die erhöhte Einspritzmenge vermehrt die im Zylinder verrichtete Arbeit. Enthält das Diagramm Unregelmäßigkeiten – Abweichungen von der geschilderten Tendenz – so deutet das auf Funktionsstörungen in der Pumpe, Spiel in den Verbindungsstellen des Gestänges oder bei bestimmten Pumpenausführungen auf falsche Pumpenventil-Betätigung hin.

**12.4.2.7. Offene Arbeitsdiagramme**

Eine übersichtliche Darstellung der Vorgänge im oberen Druckbereich erhält man durch Antrieb der Schreibtrommel von Hand, so daß die Zünd- und Verbrennungsvorgänge in einem größeren Bereich des Diagramms dargestellt werden. Da die Trommel nur in einer Richtung gedreht wird, ergeben sich offene Schaubilder, die selbstverständlich nicht mehr zur Ermittlung der indizierten Arbeit verwendet werden können. Das Ziehen von Hand gestattet eine Änderung der Trommelumfangsgeschwindigkeit und damit das Variieren der Aufzeichnung des Druckverlaufs in weitem Rahmen.

Man zieht am besten gleichmäßig während des Ablaufes einer Kurbelumdrehung (von *UT* bis *UT*). Besonders bei schnellaufenden Motoren bedarf es einiger Geschicklichkeit, den richtigen Moment für den Beginn des Ziehens zu wählen und eine passende Geschwindigkeit einzuhalten. Als Anhalt für den Ablauf einer Kurbelumdrehung kann die Bewegung der Ventile, der Steuerwelle oder am zweckmäßigsten die des Zugarmes für die Indikatorschnur am Indikatorgestänge dienen. Bei Viertaktmotoren muß man natürlich die Umdrehung erfassen, während deren Ablauf sich Verdichtung und Ausdehnung vollziehen. Das ist nicht immer einfach und erfordert eine beträchtliche Übung.

In Bild 12/11 ist ein offenes, handgezogenes Arbeitsdiagramm eines einwandfrei arbeitenden Vorkammermotors dem normalen gegenübergestellt. Die im Normalschaubild in einem kleinen Bereich aufgezeichnete Kuppe erstreckt sich im handgezogenen Diagramm über einen mehr als fünffach vergrößerten Bildabschnitt. Das Ende der Verdichtung, das Einsetzen und der Verlauf der Verbrennung lassen sich daher genauestens erkennen.

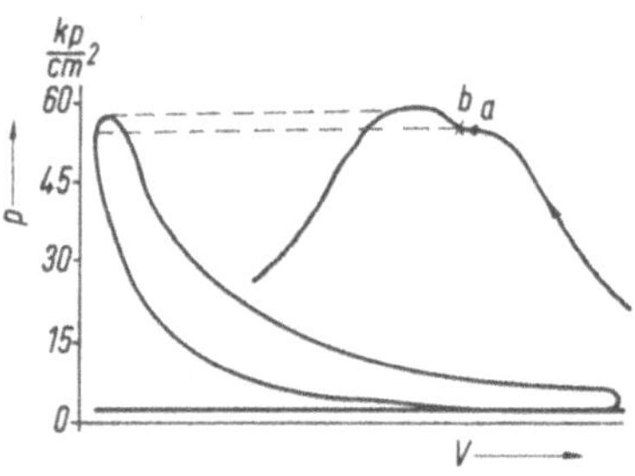


Bild 12/11. Offenes und geschlossenes Arbeitsdiagramm eines Vorkammermotors

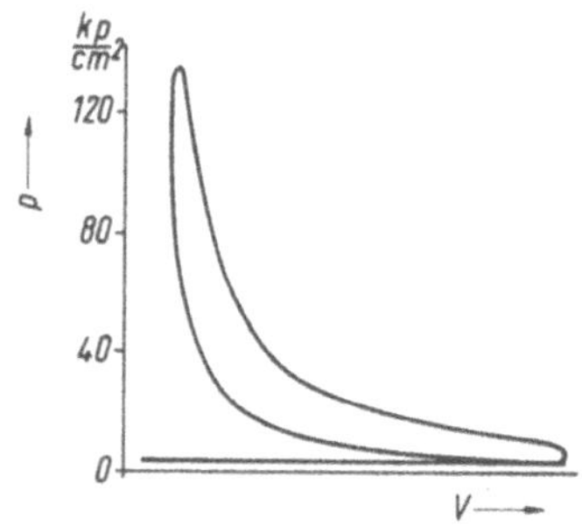


Bild 12/12. Arbeitsdiagramm eines hochaufgeladenen M.A.N.-KV-Motors

Der Druckanstieg während der Verdichtung vermindert sich gegen Ende des Hubes und erreicht nahezu den Wert Null (annähernd waagerechter Kurvenverlauf bei *a*). Die Ursache liegt auch in den Auswirkungen von Wandungs- und Lässigkeitsverlusten, die bei der in Nähe des Hubwechsels geringen Kolbengeschwindigkeit größere Ausmaße annehmen. In *b* setzt die Zündung ein. Aufgrund des starken Temperaturanstieges steigt der Druck bis etwa zur Hälfte der Einspritzperiode. Es folgt ein allmählicher Abfall, der durch eine rasche Vergrößerung des Volumens oberhalb des Kolbens bedingt wird. Hinsichtlich der Triebwerksbeanspruchung wäre eine Gleichdruckverbrennung günstiger. Diese läßt sich jedoch nicht erreichen, da die Einspritzung nicht so fein abgestimmt werden kann. Zufriedenstellende Verhältnisse ergeben sich aber schon, wenn der Unterschied zwischen Verdichtungsenddruck und Spitzendruck 3 . . . 8 at nicht übersteigt.

Bei Direkteinspritzung strebt man im Hinblick auf einen günstigen Kraftstoffverbrauch eine rasche Energieumsetzung an. Der Spitzendruck erreicht dabei Werte, die um mehr als 10 at und bei Schnelläufern um noch größere Beträge über dem

Verdichtungsenddruck liegen. Allgemein soll $p_z/p_c$ etwa 1,25 ... 1,35 nicht übersteigen. Bei nicht aufgeladenen Motoren liegen die Spitzendrücke im Bereich von 50 ... 60 at, wachsen mit dem Grad der Aufladung und weisen heute bei hochaufgeladenen Motoren Werte von weit über 100 at auf (Bild 12/12). Die geschlossenen Arbeitsdiagramme von Motoren mit Direkteinspritzung verlaufen im Hochdruckbereich spitzer als die von Vorkammermotoren (vergleiche die Bilder 12/11 und 12/12), d. h. es erfolgt eine gemischte Verbrennung, die einer Gleichraumverbrennung nahe kommt. Die Verbrennungsvorgänge sind dabei noch stärker zusammengerückt, so daß gerade hier ein offenes Schaubild zur genauen Beurteilung der Verbrennungsvorgänge wichtig ist.

## 12.4.3. Deutung von Unregelmäßigkeiten in den Diagrammen

### 12.4.3.1. Frühzündung

Die in den Bildern 12/13 und 12/14 gezeigten offenen Druckverläufe weisen nicht den in Bild 12/11 im Bereich von $a$ wiedergegebenen Sattel auf. Der Druckanstieg infolge der Verdichtung nimmt also nicht mit Verminderung der Kolbengeschwindigkeit ab, sondern wird durch die zu früh einsetzende Verbrennung weiter verstärkt. Die Verbrennung bei gleichzeitiger Verdichtung führt zu erhöhten Spitzendrücken. Das normale, geschlossene Schaubild (—) zeigt anstelle des flachen Druckverlaufes (.....) eine mehr oder weniger stark ausgeprägte Spitze.

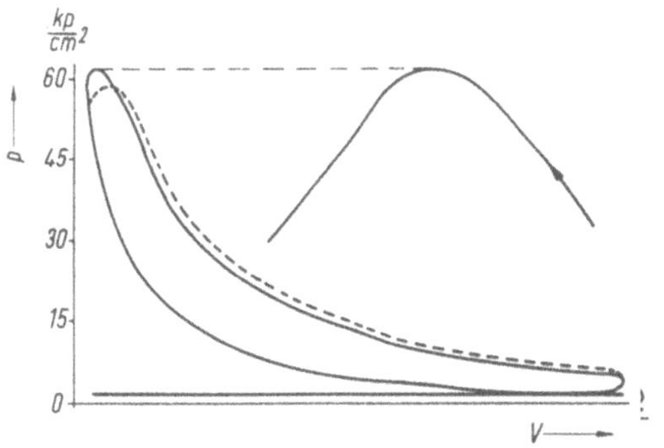


Bild 12/13. Frühzündung

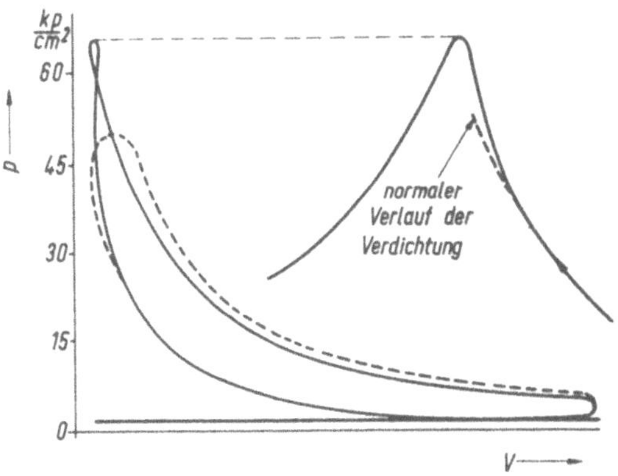


Bild 12/14. Stark verfrühte Zündung

Die Ursache von zu früher Zündung ist gewöhnlich im Pumpenantrieb zu suchen: zu geringes Rollenspiel oder falsche Stellung des Kraftstoffnockens. Durch Verstellung des Nockens entgegen der Drehrichtung kann der Fehler behoben werden.

Aus Bild 12/14 ist der Druckverlauf bei sehr früh erfolgender Zündung zu ersehen. Der Spitzendruck (—) – er liegt wesentlich höher als der bei Normalbetrieb (.....) – wird noch vor dem oberen Totpunkt erreicht (Durchschleifen des Kurvenzuges). Es findet eine reine Gleichraumverbrennung statt. Das Triebwerk des Motors wird dabei sehr stark beansprucht, der Motor stößt. In diesem Falle muß sofort Abhilfe durch Verstellen des Kraftstoffnockens oder, falls vorhanden, der Vorrichtung zur Einstellung des Förderbeginns geschaffen werden. Der Erfolg dieser Maßnahmen ist durch das Aufnehmen von Diagrammen zu überprüfen.

Häufig tritt Frühzündung bei Umstellung auf einen anderen zündfreudigeren Kraftstoff auf. Bei Übergang auf einen schwerzündenden Kraftstoff muß mit Spätzündung gerechnet werden. Daher sollte man bei jedem Wechsel der Kraftstoffsorte rechtzeitig eine indikatorische Untersuchung des Motors vornehmen.

### 12.4.3.2. Spätzündung

Bild 12/15 läßt die bei Spätzündung auftretenden Vorgänge erkennen. Die verdichtete Luft beginnt sich nach dem Hubwechsel auszudehnen (*a* bis *b*). Der Druckabfall wird durch Wandungs- und Lässigkeitsverluste verstärkt. Im geschlossenen Diagramm ist daher eine Schleifenbildung, im offenen eine Einsattelung (Kamelhöcker) zu beobachten. Erst in *b* setzen verspätet Einspritzung und Verbrennung unter Drucksteigerung ein. Bei Spätzündung sinkt infolge der beginnenden Ausdehnung der Verbrennungsluft die Zylindertemperatur, so daß unter Umständen Zündungsversager auftreten können. Die verspätete Verbrennung im Bereich von *b* bis *c*, auch Nachbrennen genannt, führt zu einem Leistungsabfall. Die freiwerdende Energie kann aufgrund des geringeren Resthubes nicht mehr in ausreichendem Umfang genutzt werden. Der Ausdehnungsdruck und die Abgastemperatur liegen daher über den bei Normalbetrieb üblichen Werten. Das Triebwerk klopft und die Abgase weisen eine Dunkelfärbung auf. Zu großes Rollenspiel oder falsche Stellung des Kraftstoffnockens sind die Ursache. Die Korrektur der Nockeneinstellung erfolgt durch Verstellen in Drehrichtung.

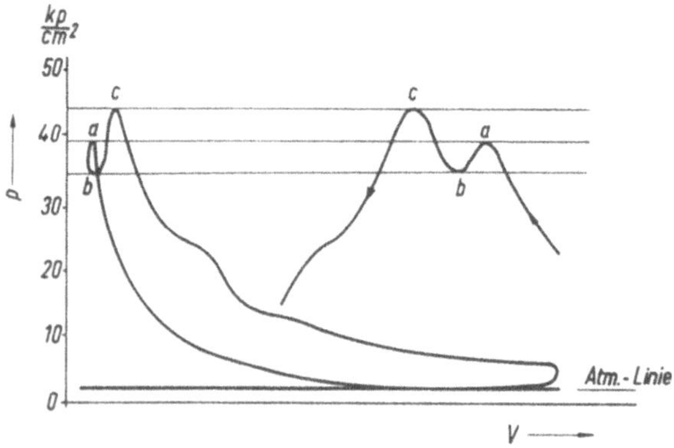


**Bild 12/15. Spätzündung**

### 12.4.3.3. Überprüfung des Zündzeitpunktes

Bild 12/16 gibt übereinander aufgezeichnete Schaubilder wieder, wie sie beim Einstellen des Kraftstoffnockens auftreten. Der Kurvenverlauf *a* weist den niedrigsten Spitzendruck und im Normaldiagramm eine breite Kuppe auf, die auf eine geringe Spätzündung deutet, was der Sattel im offenen Schaubild bestätigt. Die Triebwerksbeanspruchung im Fall *a* ist günstiger als die bei den Druckverhältnissen in Fall *b* und *c* auftretende. Eine noch spätere Zündung würde sich durch Auspufftrübung und steigenden spezifischen Kraftstoffverbrauch bemerkbar machen.

Das Normaldiagramm *b* besitzt eine schlanker und höher auslaufende Kuppe. Im offenen Schaubild zeigt sich der Übergang von der Verdichung zur Verbrennung, den man bei der Einstellung des Förderbeginns anstreben sollte. Die Mehrbelastung infolge des höheren Spitzendruckes kann das Triebwerk auch im Dauerbetrieb ohne weiteres aufnehmen. Entscheidend ist der gegenüber Einstellung *a* günstigere spezifische Kraftstoffverbrauch.

Bei dem Diagramm *c* erfolgt die Zündung etwas zu früh. Das Normaldiagramm zeigt anstelle der Kuppe fast eine Spitze. Der beträchtlich erhöhte Spitzendruck hat eine zu starke Beanspruchung des Triebwerkes und einen harten Lauf des Motors zur Folge. Der spezifische Kraftstoffverbrauch ist allerdings der niedrigste, der bei den drei Einstellungen erreicht wird.

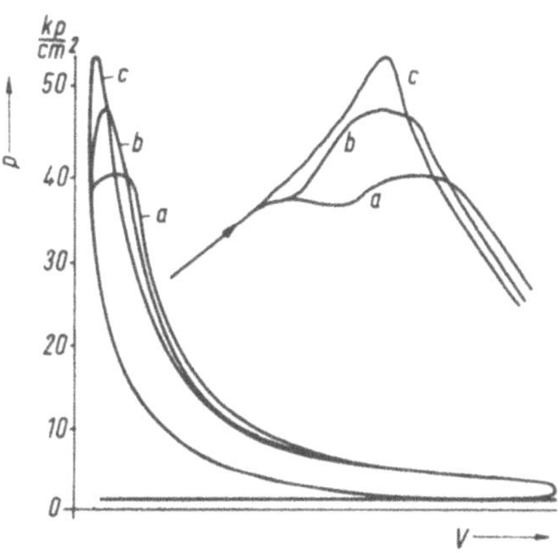


Bild 12/16. Verstellung des Zündzeitpunktes

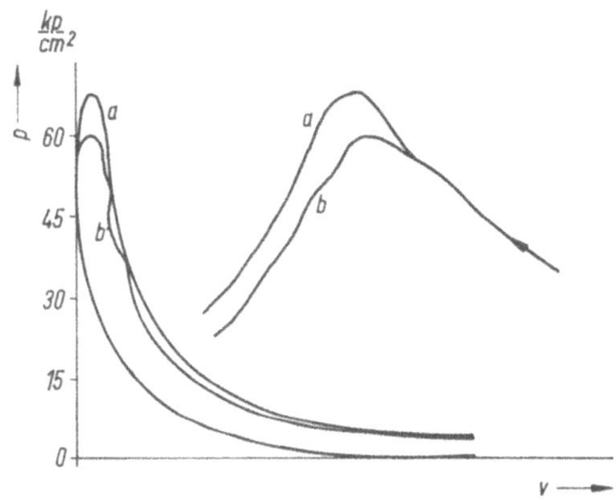


Bild 12/17. Verschmutzte Düse, Nachtropfen

### 12.4.3.4. Düsenverschmutzung und Verhalten bei Verwendung von Teeröl

In Bild 12/17 sind die geschlossenen und die offenen Diagramme bei Verschmutzung der Düse (*b*) denen bei einwandfrei arbeitenden Motoren (*a*) gegenübergestellt. Verschmutzen oder teilweises Verstopfen der Düse und die daraus folgende schlechte Zerstäubung äußern sich in stoßweiser und unvollkommener Verbrennung mit Trübung der Abgase. Weder der normale Spitzendruck noch die übliche Leistung (proportional der Fläche des geschlossenen Diagramms) werden erreicht. Ähnliche Erscheinungen kann man auch beim Nachtropfen der Düse beobachten.

Bild 12/18 zeigt ein offenes Diagramm, das an einem mit zündträgem Steinkohlenteeröl betriebenen Motor aufgenommen wurde. Zur Einleitung der Zündung muß dabei im ersten Teil der Einspritzperiode ein zündwilliger Kraftstoff (Gasöl) zugeführt werden. Jeder Zylinder des Motors muß daher mit zwei getrennten Einspritzsystemen ausgerüstet werden. Der anfangs glatte Druckverlauf im

Diagramm ergibt sich bei der Verbrennung des Zündöles. Ihm schließt sich ein Bereich stark schwankenden Druckes an infolge der unregelmäßigen Zündung und Verbrennung des Teeröles. Zündöl wird je nach den Eigenschaften des Teeröles und nach den Betriebsbedingungen in Mengen eingespritzt, die zwischen 10 % und 20 % des Teerölverbrauches liegen.

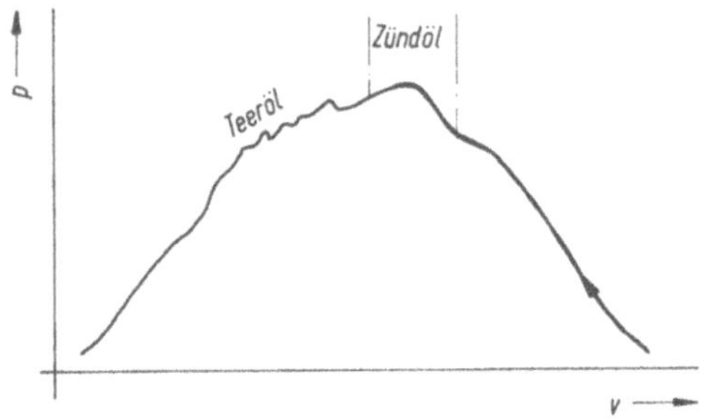


Bild 12/18. Betrieb mit Teeröl unter Verwendung von Zündöl

#### 12.4.3.5. Unregelmäßigkeiten im Niederdruckbereich

Schwachfederdiagramme zeigen deutlich Unregelmäßigkeiten des Ladungswechsels aufgrund des stark vergrößernden Diagrammaßstabes. Liegt beispielsweise die Ausschiebelinie eines Viertaktmotors zu hoch, dann sind Querschnittsverminderungen im Auslaßsystem infolge von Verschmutzung die Ursache, wenn nicht der Durchflußquerschnitt des Auslaßventils zu knapp bemessen ist. Eine zu tief verlaufende Ansauglinie weist auf Drosselungen in den Ansaugleitungen oder eine starke Verschmutzung des Luftfilters hin. Der Druck zu Beginn des Verdichtungshubes wird dann die atmosphärische Linie erst später erreichen, so daß eine verringerte Füllung vorliegt und sich der normale Verdichtungsenddruck nicht mehr einstellen kann.

## 12.5. Ermittlung der Betriebsdaten

Ein Maß für die Wirtschaftlichkeit des Motorenbetriebes ist der spezifische Kraftstoffverbrauch. Seine Werte werden weitgehend von der Belastung und der Drehzahl des Motors beeinflußt. Die Kenntnis dieser Abhängigkeit ist von großer Wichtigkeit für die Wahl der günstigsten Betriebsbereiche. Ein lückenloses Bild dieser Verhältnisse gibt das Kennfeld eines Motors (Bild 12/19), aus dem die Verbrauchswerte für alle möglichen Betriebszustände zu entnehmen sind. Durch Eintragung der Bedarfskennlinien kann man leicht den günstigsten Betriebszustand ermitteln. Die Bedarfskennlinien ergeben sich aus der Abhängigkeit des Kraftbedarfes für den Antrieb der gekuppelten Maschinen von der Drehzahl bzw. aus dem Widerstandsgesetz (z. B. Propellergesetz) beim Fahrzeug- oder Schiffsantrieb. Motorenkennfelder werden normalerweise bei der Erprobung des Motors auf dem

Prüfstand aufgestellt, da die Bestimmung der effektiven Leistung gewöhnlich ein Abbremsen des Motors mit Hilfe von Wasserwirbel- oder Wirbelstrombremsen erfordert. Man kann die effektive Leistung aber auch mit Hilfe von Torsionsindikatoren (Verdrehungsmesser) oder Dehnungsmeßstreifen ermitteln, so daß derartige Versuche unter Umständen (mit gewissen Einschränkungen) auch innerhalb des normalen Motorenbetriebes durchgeführt werden können.

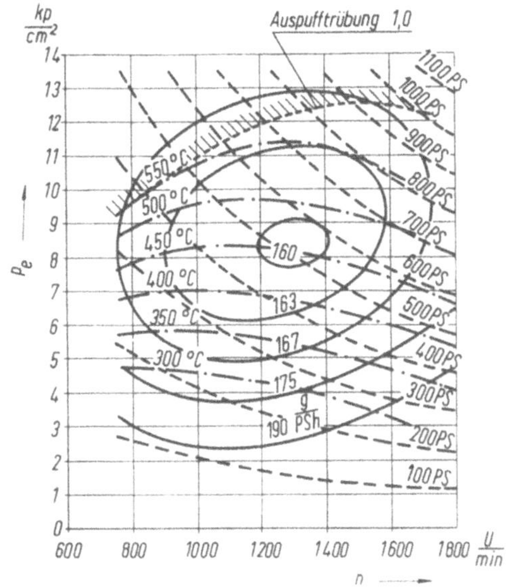


Bild 12/19. Kennfeld eines Motors

In den folgenden Abschnitten sollen die Methoden zur Ermittlung der indizierten Leistung, der effektiven Leistung, der mechanischen Verluste und schließlich des spezifischen Kraftstoffverbrauches kurz erläutert werden.

### 12.5.1. Leistungsermittlung

Man unterscheidet bei Motoren zwischen der *indizierten Leistung,* die sich aus der in den Zylindern verrichteten Arbeit ergibt, und der nach Abzug aller Reibungsverluste sowie des Leistungsbedarfes aller mit dem Motor gekuppelten Hilfsmaschinen für Antriebszwecke verbleibenden *effektiven Leistung.*

Als *mechanischer Wirkungsgrad* ist das Verhältnis der effektiven Leistung (Nutzen) zur indizierten (Aufwand) definiert. Der prozentuale Anteil der mechanischen Verluste – das sind Reibungsverluste und Kraftbedarf der Hilfsmaschinen – ergibt sich als Differenz von 100 % und dem mechanischen Wirkungsgrad (in %). Gewöhnlich bewegen sich die mechanischen Wirkungsgrade im Bereich von 75 bis 85 %.

#### 12.5.1.1. Mittlerer indizierter Druck, indizierte Leistung

Die indizierte Arbeit entspricht der vom Druckverlauf begrenzten Fläche im normalen Indikatordiagramm. Bei der Berechnung der indizierten Leistung geht man gewöhnlich von dem indizierten Mitteldruck aus, der sich bei Umwandlung der Diagrammfläche in ein flächengleiches Rechteck als dessen Höhe ergibt. Die Ausdehnung des Rechtecks auf der Kolbenwegachse muß selbstverständlich gleich der des Diagramms sein.

Der Flächeninhalt des Diagramms kann mit Hilfe eines Planimeters ermittelt werden. Zur Ausschaltung von Meßfehlern sollte die Fläche dabei mehrfach umfahren und das Mittel aller Messungen gebildet werden. Der indizierte Mitteldruck $p_i$ kann dann wie folgt berechnet werden:

$$p_i = \frac{\text{Flächeninhalt (mm}^2\text{)} \times \text{Diagrammaßstab} \left(\frac{\text{at}}{\text{mm}} \text{ oder } \frac{\text{kp/cm}^2}{\text{mm}}\right)}{\text{Kolbenweg (mm)}}$$

Eine andere Möglichkeit besteht in der Anwendung der Simpsonschen Regel bzw. der einfacheren Wagenerschen Methode (Bild 12/20). Man teilt dafür die Diagrammlänge $l$ in zehn gleiche Teile $h$. In den Teilpunkten – Anfangs- und Endpunkt ausgenommen – errichtet man senkrechte Linien und mißt auf ihnen die Ordinaten $y_1$ bis $y_9$ ab, d. h. die Längen der innerhalb des Diagramms liegenden Strecken. Die äußeren Ordinaten $y_0$ und $y_{10}$ werden jeweils im Abstand h/4 vom Anfangs- bzw. Endpunkt aufgetragen. Man erhält also insgesamt elf Ordinaten und kann damit den indizierten Mitteldruck folgendermaßen berechnen:

$$p_i = \frac{\frac{y_0 + y_{10}}{2} + y_1 + y_2 + y_3 + y_4 + y_5 + y_6 + y_7 + y_8 + y_9}{10} \times \text{(Feder-)Diagrammaßstab}$$

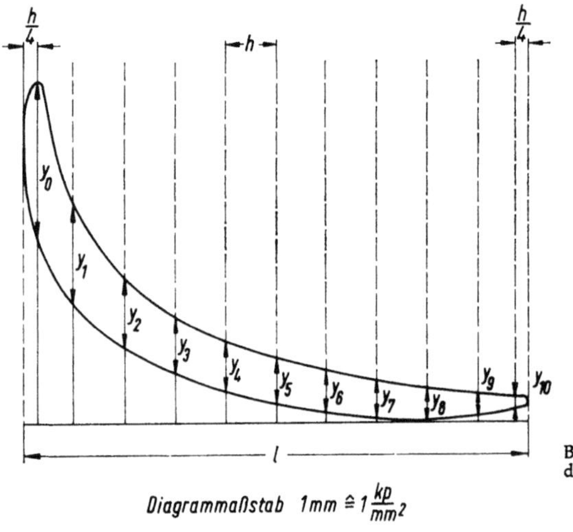


Bild 12/20. Diagrammauswertung nach der Wagener-Methode

Um bei der Berechnung genaue Werte zu erhalten, muß das Ausmessen der Ordinaten bis auf Zehntel Millimeter genau durchgeführt werden. Mit der gewöhnlich an Indikatorkästen angebrachten Meßlupe ist dies ohne weiteres möglich.

Grundsätzlich sollte die Messung um so genauer erfolgen, je kleiner der Diagrammmaßstab ist.

*Beispiel:* Es wurden ausgemessen:

$y_0 = 10{,}0$ mm, $y_4 = 7{,}8$ mm, $y_8 = 3{,}9$ mm,
$y_1 = 20{,}0$ mm, $y_5 = 6{,}8$ mm, $y_9 = 3{,}5$ mm,
$y_2 = 14{,}0$ mm, $y_6 = 5{,}5$ mm, $y_{10} = 2{,}0$ mm.
$y_3 = 10{,}2$ mm, $y_7 = 4{,}7$ mm,

Mit dem Diagrammaßstab $1 \text{ mm} \mathrel{\hat{=}} 1 \frac{\text{kp}}{\text{cm}^2}$ errechnet sich:

$$p_i = \frac{\left(\frac{2}{10{,}0 + 2{,}0} + 20{,}0 + 14{,}0 + 10{,}2 + 7{,}8 + 6{,}8 + 5{,}5 + 4{,}7 + 3{,}9 + 3{,}5\right) \text{mm}}{10} \cdot 1 \frac{\text{kp/cm}^2}{\text{mm}}$$

$$p_i = \frac{82{,}4 \text{ mm}}{10} \cdot 1 \frac{\text{kp/cm}^2}{\text{mm}} = 8{,}24 \frac{\text{kp}}{\text{cm}^2} .$$

Die indizierte Leistung bestimmt man mit der Größengleichung

$$P_i = \frac{2 \times \text{Kolbenquerschnitt } A \times \text{Hub } s \times \text{Drehzahl } n \times \text{ind. Mitteldruck } p_i \times \text{Zylinderzahl } z}{\text{Taktzahl } i}$$

oder der Zahlenwertgleichung

$$P_i = \frac{z}{2250\, i} \cdot \frac{A}{\text{cm}^2} \cdot \frac{s}{\text{m}} \cdot \frac{n}{\text{min}^{-1}} \cdot \frac{p_i}{\text{kp/cm}^2} \text{ PS.}$$

Für $p_i$ wird hierbei der Mittelwert der in den einzelnen Zylindern gemessenen Drücke eingesetzt.

Der Kolbenquerschnitt errechnet sich aus der Bohrung $D$ zu:

$$A = \frac{D^2 \pi}{4} .$$

Bei doppeltwirkenden Motoren berechnet man am zweckmäßigsten die Leistungen der beiden Zylinderseiten getrennt und addiert sie dann.

*Beispiel:* An einem Vierzylinder-Viertaktmotor von 360 mm Bohrung und 450 mm Hub wurden an den einzelnen Zylindern bei einer Drehzahl von 180 $\text{min}^{-1}$ folgende indizierte Mitteldrücke gemessen:

$$p_{i1} = 6{,}70 \frac{\text{kp}}{\text{cm}^2} , \quad p_{i2} = 6{,}75 \frac{\text{kp}}{\text{cm}^2} ,$$

$$p_{i3} = 6{,}68 \frac{\text{kp}}{\text{cm}^2} , \quad p_{i4} = 6{,}90 \frac{\text{kp}}{\text{cm}^2} .$$

Zu bestimmen sind der Mittelwert des Druckes und die indizierte Leistung. Für den Mittelwert des Druckes gilt:

$$p_i = \frac{6{,}70 + 6{,}75 + 6{,}68 + 6{,}90}{4} \frac{\text{kp}}{\text{cm}^2} \approx 6{,}76 \frac{\text{kp}}{\text{cm}^2}.$$

Die indizierte Leistung errechnet sich mit

$$A = \frac{D^2\pi}{4} = \frac{36^2\,\text{cm}^2\,\pi}{4}, \qquad i = 4, \qquad z = 4,$$

$$s = 0{,}45\ \text{m und } n = 180\ \text{min}^{-1}$$

zu

$$P_i = \left(\frac{4}{2250 \cdot 4}\,\frac{36^2\,\pi}{4} \cdot 0{,}45 \cdot 180 \cdot 6{,}76\right)\text{PS} \approx 280\ \text{PS}.$$

Bei schnellaufenden Dieselmotoren ist eine Leistungsbestimmung mit Hilfe des Indikators gewöhnlich nicht mehr möglich. In solchen Fällen verwendet man ein Druckmeßgerät ($P_i$-Meter, Bild 12/21), das zeitbezogene Mitteldrücke anzeigt, im Gegensatz zur Angabe der Druckwerte beim Indikator, die in Abhängigkeit vom Kolbenweg erfolgt.

Ein Vergleich der an verschiedenen Zylindern gemessenen mittleren Zeitdrücke gestattet eine Überprüfung des Motors hinsichtlich der Leistungsübereinstimmung. Eine direkte Ermittlung der absoluten Leistungswerte ist jedoch nicht möglich. Man

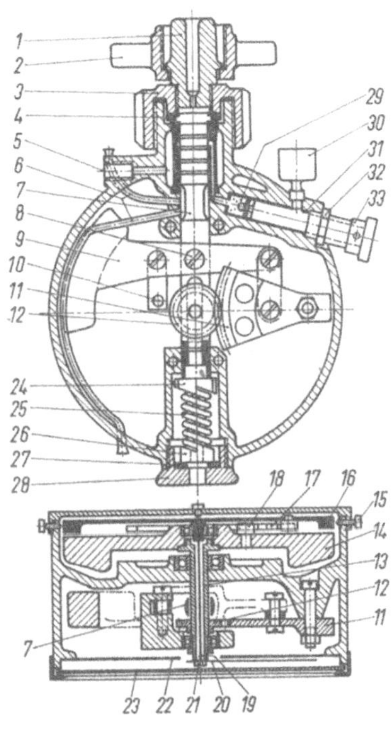


Bild 12/21. Pi-Meter nach Geiger

1 Anschlußkonus
2 Anschlußmutter
3 Sechskantkopf
4 Zylinderbuchse
5 Kühlwasseranschluß
6 Ölabflußrohre
7 Kolbenstange
8 Kupplungsschraube
9 Übertragungshebel mit Gegengewicht
10 Festpunkt im Gehäuse
11 Zahnsegment
12 Zahnrad
13 Achse der Hauptmasse
14 Hauptmasse
15 Feststellschraube für Zusatzmasse
16 Zusatzmasse
17 Spiralfeder
18 Befestigungsschraube
19 Achse der Zusatzmasse
20 Zeiger
21 Zeigermutter
22 Skala
23 Glasdeckel
24 Federkopf
25 Feder
26 Federfuß
27 Zwischenplatte
28 Federfußschraube
29 Rückschlagventil
30 Schmierölgefäß
31 Zylinderbuchse zur Ölpumpe
32 Gewindeeinsatz zur Ölpumpe
33 Stempel zur Ölpumpe

kann aber für bestimmte Motoren die Abhängigkeit zwischen dem vom $P_i$-Meter angezeigten Mittelwert des Druckes innerhalb eines Arbeitsspieles (eine Umdrehung beim Zweitakter, zwei beim Viertakter) und dem indizierten (Bild 12/22) oder effektiven Mitteldruck bestimmen. Diese Untersuchung wird auf dem Prüfstand für alle Laststufen des Motors durchgeführt. Die Ergebnisse werden graphisch aufgetragen (Bild 12/22), so daß man ausgehend von den im Bordbetrieb gemessenen Werten des mittleren Arbeitsspieldruckes sofort den zugehörigen indizierten bzw. effektiven Mitteldruck ablesen kann. Unter Verwendung der an anderer Stelle aufgeführten Gleichungen läßt sich dann damit die Leistung berechnen.

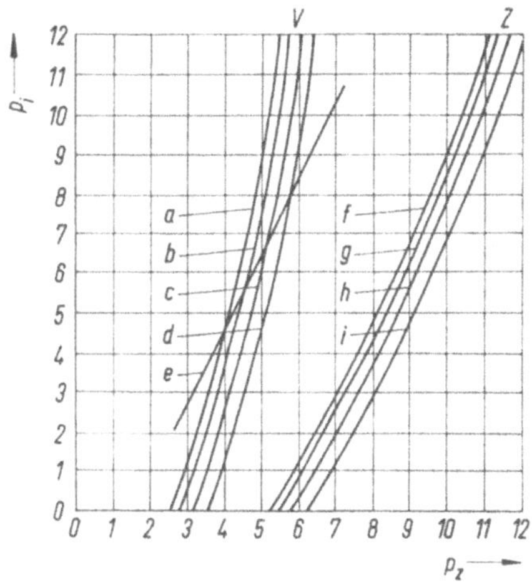


Bild 12/22. Abhängigkeit des mittleren indizierten Druckes $P_i$ vom mittleren Zeitdruck $p_z$

*a* Kurve für Viertakt-Diesel mit 29 at. Kompressionsdruck
*b* Kurve für Viertakt-Diesel mit 32 at. Kompressionsdruck
*c* Kurve für Viertakt-Diesel mit 36 at. Kompressionsdruck
*d* Kurve mit Viertakt-Diesel mit 41 at. Kompressionsdruck
*e* Kurve für Viertakt-Diesel mit Aufladung
*f* Kurve für Zweitakt-Diesel mit 29 at. Kompressionsdruck
*g* Kurve für Zweitakt-Diesel mit 32 at. Kompressionsdruck
*h* Kurve für Zweitakt-Diesel mit 36 at. Kompressionsdruck
*i* Kurve für Zweitakt-Diesel mit 41 at. Kompressionsdruck

Auch bei größeren langsamlaufenden Motoren wird dieses Meßverfahren aufgrund der damit erzielbaren Zeitersparnis vielfach angewendet.

Die Wirkungsweise des $P_i$-Meters nach *Geiger* ist folgende (Bild 12/21): Die Bewegung des vom Arbeitsdruck beaufschlagten Meßkolbens (7) wird durch einen Mechanismus (9, 11 und 12) mit großer Übersetzung auf die Hauptmasse (14) übertragen. Diese steht über eine Spiralfeder (17) mit der Zusatzmasse (16) in Verbindung, an deren Achse (19) der Zeiger (20) befestigt ist. Das ganze System besitzt eine äußerst geringe Eigenfrequenz, so daß sich trotz der hohen Übersetzung Schwankungen des Arbeitsdruckes auch bei geringer Motorendrehzahl kaum auf den Zeiger auswirken. Unterstützt wird dieser Umstand noch durch die Dämpfung durch das im Gehäuse befindliche Öl. Der Zeiger stellt sich daher entsprechend dem mittleren Druck eines Arbeitsspieles ein.

Die niedrigste Drehzahl, bei der das Gerät noch eingesetzt werden kann, beträgt etwa 80 $min^{-1}$.

Durch Auswechseln der Gegenfeder (25) besteht die Möglichkeit, das Instrument verschiedenen Betriebsverhältnissen anzupassen.

**12.5.1.2. Effektive Leistung, mittlerer effektiver Druck**

Effektive Betriebswerte können nur empirisch genau ermittelt werden. Durch Messung des vom Motor abgegebenen Drehmomentes $M_t$ mit Hilfe von mechanischen oder elektrischen Bremsaggregaten (Pronyscher Zaum, Wasserwirbelbremse, Wirbelstrombremse) und gleichzeitige Bestimmung der Drehzahl erhält man die für die Berechnung der effektiven Leistung $P_e$ erforderlichen Werte.

Es gilt die Größengleichung

$$P_e = M_t \cdot 2\,\pi\, n$$

oder die Zahlenwertgleichung

$$P_e = \frac{1}{716{,}2} \cdot \frac{M_t}{\text{kpm}} \cdot \frac{n}{\text{min}^{-1}}\ \text{PS}.$$

Der mittlere effektive Druck $p_e$ ergibt sich mit der Kolbenfläche $A$ und dem Hub $s$ bei Kenntnis der effektiven Leistung $P_e$ und der Drehzahl $n$ zu

$$p_e = \frac{2250\, i}{z} \cdot \frac{\dfrac{P_e}{\text{PS}}}{\dfrac{A}{\text{cm}^2} \cdot \dfrac{s}{\text{m}} \cdot \dfrac{n}{\text{min}^{-1}}} \cdot \frac{\text{kp}}{\text{cm}^2},$$

$i$ Taktzahl,
$z$ Zylinderzahl.

Durch Einsetzen der Zahlenwertgleichung für $P_e$ wird

$$p_e = \frac{0{,}314\, i}{z} \cdot \frac{\dfrac{M_t}{\text{kpm}}}{\dfrac{A}{\text{cm}^2} \cdot \dfrac{s}{\text{m}}} \frac{\text{kp}}{\text{cm}^2}.$$

Das abgegebene Drehmoment kann auch durch Messung der Formänderung infolge Verdrehung der Welle (oder eines Wellenabschnitts) mit Hilfe eines Torsionsindikators oder durch Einsatz von Dehnungsmeßstreifen bestimmt werden.

Der Verdrehwinkel $\varphi$ im Bogenmaß einer Welle der Länge $l$ und des polaren Trägheitsmomentes $I_p$ ist der Belastung durch das Drehmoment $M_t$ proportional.

$$M_t = \frac{\varphi \cdot G \cdot I_p}{l}$$

$G$ Gleitmodul, Werkstoffkonstante

Die Verdrehung $b$ am Umfang der Welle (Durchmesser $d$) ergibt sich mit dem Verdrehwinkel $\varphi$ zu

$$b = \frac{d}{2}\,\varphi.$$

Bei Motoren, die zur Stromerzeugung eingesetzt werden, kann die effektive Leistung $P_e$ bei Kenntnis des Generatorwirkungsgrades $\eta_G$ (Gesamtwirkungsgrad) durch Messung der Stromstärke $I$ und der Spannung $U$ ermittelt werden.

$$P_e = \frac{1{,}36 \cdot 10^{-3}}{\eta_G} \frac{U}{V} \cdot \frac{I}{A} \text{ PS}.$$

Bei Wechselstromgeneratoren muß außerdem noch der Leistungsfaktor $\cos\varphi$ bestimmt werden.

*Beispiel:* Ein Gleichstromgenerator liefert einen Strom der Stärke $I = 1450$ A bei der Spannung $U = 220$ V. Der Generatorwirkungsgrad beträgt $\eta_G = 0{,}94$. Wie groß ist die effektive Leistung des Antriebsmotors?

$$P_e = \frac{1{,}36 \cdot 10^{-3}}{0{,}94} \cdot 220 \cdot 1450 \approx 462 \text{ PS}.$$

Welchen Wert besitzt der mittlere effektive Druck, wenn es sich um einen Sechszylinder-Viertaktmotor ($i = 4$; $z = 6$) mit der Bohrung $D = 185$ mm, der Drehzahl $n = 1500$ min$^{-1}$ und dem Hub $s = 0{,}2$ m handelt?

$$p_e = \frac{2250\, i}{z} \frac{\dfrac{P_e}{\text{PS}}}{\dfrac{A}{\text{cm}^2} \cdot \dfrac{s}{\text{m}} \cdot \dfrac{n}{\text{min}}},$$

$$A = \frac{D^2 \pi}{4},$$

$$p_e = \frac{2250 \cdot 4}{6} \frac{462 \cdot 4}{18{,}5^2 \pi \cdot 0{,}2 \cdot 1500} \approx 8{,}6 \frac{\text{kp}}{\text{cm}^2}.$$

Das Verhältnis der effektiven zur indizierten Leistung und entsprechend das des effektiven zum indizierten Mitteldruck ist gleich dem mechanischen Wirkungsgrad $\eta_m$.

$$\eta_m = \frac{P_e}{P_i} = \frac{p_e}{p_i}.$$

Grundsätzlich haben für die Beurteilung eines Motors nur die effektiven Größen eine Bedeutung.

### 12.5.2. Der spezifische Kraftstoffverbrauch

Der spezifische Kraftstoffverbrauch ist nur dann eine für Wirtschaftlichkeitsbetrachtungen wichtige Kenngröße, wenn er bezogen auf die effektive Leistung angegeben wird. Entscheidend für diese Festlegung ist, daß zwischen der indizierten und der effektiven Leistung bei unterschiedlicher Belastung des Motors und darüber hinaus auch bei verschiedener Drehzahl keine Proportionalität herrscht.

Nimmt man in erster Näherung eine lineare Abhängigkeit der mechanischen Verluste von der Drehzahl an, so ist der mechanische Wirkungsgrad stärkeren Änderungen unterworfen, wenn man die Belastung des Motors bei gleichbleibender Drehzahl variiert als wenn dies bei gleichzeitiger Drehzahländerung erfolgt.

Die als Beispiel aufgeführten Werte in der folgenden Tabelle sollen diese Verhältnisse deutlich machen.

| | Drehzahl variabel | | | | Drehzahl konstant; $n = 100$ min$^{-1}$ | | |
|---|---|---|---|---|---|---|---|
| Effektive Leistung | Drehzahl | mechanischer Wirkungsgrad | spezifischer Kraftstoffverbrauch g/PSh bezogen auf | | mechanischer Wirkungsgrad | spezifischer Kraftstoffverbrauch g/PSh bezogen auf | |
| | | | effektive Leistung | indizierte Leistung | | effektive Leistung | indizierte Leistung |
| PS | min$^{-1}$ | % | | | % | | |
| 313 | 65 | 69 | 200 | 137 | 55 | 236 | 130 |
| 625 | 83 | 77 | 180 | 138 | 71 | 184 | 131 |
| 938 | 92 | 80 | 171 | 137 | 79 | 172 | 136 |
| 1250 | 100 | 82 | 168 | 138 | 82 | 168 | 138 |

Man ersieht daraus, daß der spezifische Kraftstoffverbrauch bezogen auf die indizierte Leistung keinerlei Aussagen von Wert für die Beurteilung des Motorenbetriebes macht.

## 12.6. Beendigung des Motorenbetriebes, Überprüfung und Überholung der Motorenanlagen

### 12.6.1. Abstellen des Motors

Vor Beendigung des Betriebes vermindert man zweckmäßigerweise langsam die Belastung des Motors. Das Abstellen leitet man mit dem Abschalten der Kraftstoffzufuhr ein und legt erst dann die Steuerung auf „Stop". Nach dem Auslaufen werden bei umsteuerbaren Motoren die Druckluftbehälter abgesperrt und entwässert. Die Beobachtung der Stufenmanometer des Luftverdichters sofort nach Stillstand des Motors gibt Aufschluß über den Zustand der Ventile. Drucksteigerung in einer Stufe weist auf undichte Ventile in der nächst höheren hin. Nähere Angaben darüber sind in Abschnitt 10.3.6 zu finden.

Um Dampfbildung und Ausscheidungserscheinungen bzw. Ölzersetzung an den heißen Wandungen der Zylinderdeckel und Kolben sowie an den oberen Laufbuchsenteilen zu vermeiden, sollte der Motor nach dem Stillstand noch etwa 15 min nachgekühlt werden. Zu diesem Zweck wird die unabhängige Kühlwasserpumpe – bei Ölkühlung der Kolben auch die unabhängige Ölpumpe – in Betrieb gesetzt. Diese Maßnahme begünstigt außerdem einen gleichmäßigen Rückgang aller Dehnungen.

Besonders bei Schiffsmotoren, die nach längerem Betrieb mit geringen Drehzahlen (Revierfahrten) stillgesetzt werden, kann häufig eine Druckbildung im abgestellten Motor auftreten. Die Erscheinung wird durch das Vergasen von Kraftstoff hervorgerufen, der in Tropfenform in den Zylinder gelangt. Die Ursache dafür sind schlechte Kraftstoffzerstäubung beim Betrieb mit niedrigen Drehzahlen und Nachtropfen der Einspritzventile.

Zur Druckentlastung des Motors rückt man nach Absperren der Druckluftleitungen und Einschalten der Nachkühlung die Drehvorrichtung ein und dreht den Motor nach Öffnen der Indikatorhähne durch. Bei Viertaktmotoren sind je zwei Umdrehungen für Steuerstellung auf „Anlassen" bzw. „Betrieb" erforderlich, bei Zweitaktmotoren jeweils eine.

Auch die Druckluftleitungen sollten an den Abscheidern entwässert werden.

Die Verkleidungen des Triebwerkraumes werden geöffnet und die Temperaturen der Lager durch Nachfühlen überprüft. Tropföler sind abzustellen.

Soll der Motor für längere Zeit außer Betrieb bleiben oder herrscht Frostgefahr, so müssen sämtliche Kühlräume bei geöffneten Entlüftungsventilen entleert werden. Dieser Vorgang vollzieht sich schneller und gründlicher, wenn ein Ausblasen mit Hilfe von niedrig verdichteter Luft (Druck etwa 2 ... 3 at) möglich ist. Bei längerem Stillstand ist zudem noch eine kräftige Schmierung der Kolbenlaufflächen des Motors und Verdichters zur Korrosionsverhütung notwendig. Sie kann bei der Drehung des Motors zur Druckentlastung unter voller Förderung der Schmierpressen erfolgen.

Die Tages-Kraftstofftanks sind zu füllen, damit sich Wasser und Sinkstoffe gründlich absetzen können. Die Druckluftbehälter werden auf vollen Betriebsdruck gefüllt und nach Abkühlung der Druckluft sorgfältig entwässert, um das Rosten der unteren Teile zu verhindern.

Fehler und Mängel, die sich während des Betriebes gezeigt haben, sind nach Stillsetzen des Motors gleich zu beseitigen.

### 12.6.2. Laufende Überholungen

In erster Linie sind es die Gaswechsel- (Ventile bzw. Schlitze, Kanäle) und Einspritzorgane, die regelmäßig einer Reinigung und Überholung bedürfen. Die Verbrennungsrückstände müssen entfernt und die Sitze evtl. nachgeschliffen werden. Um Rückstau zu vermeiden, sollten auch die Abgasleitungen gründlich gesäubert werden. Einzelheiten über die dabei anfallenden Arbeiten sind den Abschnitten zu entnehmen, die der Besprechung der Elemente, wie Kraftstoffventile, Gaswechselventile usw., gewidmet sind.

War während des Betriebes eine stark rauchende Verbrennung zu beobachten, so sollte man nicht nur die Folgen beseitigen, sondern vor allem die Ursachen suchen und ausschalten.

Auch die Teile des Motors, die im Rahmen dieser Arbeiten freigelegt werden, sollten gereinigt und eingehend kontrolliert werden. Dies gilt besonders für die Zylinderbuchsen und -deckel sowie die Kolbenböden, die nach der Säuberung mit einer Lupe auf Risse zu untersuchen sind. Der Ruß- und Koksansatz auf dem Kolbenboden muß zur Mitte hin abgekratzt und vorsichtig entfernt werden, damit keine Teilchen in die Kolben- und Ringfugen gelangen können. Mit der gleichen Vorsicht muß man selbstverständlich auch bei der Reinigung der Schlitze eines Zweitaktmotors zu Werke gehen.

Zu den in gewissem Turnus auszuführenden Arbeiten zählt auch die Revision und eventuelle Reinigung des Kühl- und Schmiersystems sowie der Verdichteranlage.

Genaue Angaben über die Zeiträume zwischen den laufenden Überholungen sind schwer zu machen. Es spielen dabei zu viele Einflußgrößen eine Rolle, die man schlecht generell beurteilen kann. Vielfach lassen sich auch bestimmte Zeitspannen infolge ausgedehnten, ununterbrochenen Betriebes oder zu kurzer Betriebspausen gar nicht einhalten.

Aufgrund der Erfahrungen, die man bei der Bedienung und Wartung bestimmter Motoren sammelt, kann man jedoch in dieser Hinsicht klare Entscheidungen treffen. Als Grundsatz möge dabei gelten: Überholungen sollen durchgeführt werden, bevor Störungen des Betriebes auftreten.

*Druckversuche und Dichtheitsprüfungen an Dieselmotoren nach GL*

| Bauteil | | Prüfdruck |
|---|---|---|
| Kühlwasserräume von Motorzylinder, Kreuzkopfgleitbahnen, Abgasturbinen, Abgassammelrohren und Verdichtern | | $PD = 1{,}5\,p$<br>mind. 4 atü |
| Kolbenköpfe und Zylinderdeckel wahlweise | entw. kühlmittelberührte Seite | $PD = 10$ atü |
| | oder kühlmittelberührte Seite und verbrennungsraumseitig | $PD = 1{,}5\,p$<br>$PD = 1{,}5\,p_z$ |
| Spülpumpenzylinder, Gebläsegehäuse | | $PD = 1{,}5\,p$<br>mind. 2 atü |
| Rückkühler für Wasser, Öl und Luft, Anlaßluftbehälter, Windkessel, Druckflaschen und -zylinder | | $PD = 1{,}5\,p$<br>mind. $p + 1$ at |
| Anlaß- und Steuerluftsystem | | $PD = 2\,p$<br>vor dem Einbau |
| Schmieröl-, Kühlöl- und Brennstoffsysteme | | Nach dem Einbau auf Dichtheit prüfen |
| Aufladeluft- und Abgasleitungen | | Auf Dichtheit prüfen |
| Laufbuchsen von innen, wahlweise | auf der ganzen Länge | $PD = 10$ atü |
| | oder auf etwa 1/3 Länge von oben | $PD = 1{,}5\,p_z$ |
| Sicherheitsventile nach dem Zusammenbau | | $PD =$ Einstelldruck |
| Brennstoffeinspritzdruckrohre und -ventile | | je nach Bauart, mindestens 2facher Ventilabspritzdruck |
| Ölwannen | | Auf Dichtheit prüfen |

Hierin bedeuten: $PD$ (atü) Prüfdruck
$p$ (atü) höchster Betriebsdruck
$p_z$ (atü) Zünddruck, höchster Verbrennungsdruck

### 12.6.3. Überprüfungen nach Vorschrift der Aufsichtsbehörden

Für spezielle Besichtigungen ist von den Aufsichtsbehörden ein bestimmter Turnus vorgeschrieben. Dazwischen werden Motoren und Einrichtungen jährlich einer allgemeinen Besichtigung unterzogen, bei der nur die von der ausführenden Person angegebenen Bauelemente zerlegt und überprüft werden.

Die Druckproben der Arbeitszylinder brauchen sich nur auf das erste Drittel des Hubes zu erstrecken, also auf den Bereich der höchsten Drücke.

Die Höhe der Betriebsdrücke ist vom Hersteller anzugeben und wird nach Fertigstellung der Anlage beim Abnahmeversuch kontrolliert.

Das Abdrücken der Druckluftbehälter muß alle vier Jahre wiederholt werden, wenn die ebenfalls alle vier Jahre fällige Überprüfung des inneren Zustandes aufgrund geringer Querschnitte nur unvollkommen erfolgen kann. Trifft das nicht zu, so ist eine Druckprobe alle acht Jahre ausreichend.

Bei der inneren Untersuchung ist dem Grad der Anrostung an der Entwässerungsstelle besonderes Augenmerk zu schenken. Da infolge der höheren Sauerstoffkonzentration in der Druckluft Korrosion leichter auftritt und schneller fortschreitet, sollte die Entwässerungsstelle von vornherein durch konstruktive Maßnahmen – schräge oder vertikale Anordnung der Behälter – möglichst klein gehalten werden.

Schaum- und Kohlensäure-Feuerlöscher, die aufgrund von Undichtigkeiten ihre Einsatzbereitschaft verlieren können, müssen jedes Jahr einmal überprüft werden.

### 12.6.4. Grundüberholungen

Die Grundüberholung erstreckt sich in der Hauptsache auf die Kolben, die Laufbuchsen und die Lager des Triebwerkes. Sie erfolgt in Zeitabständen, die im wesentlichen von der Beanspruchung des Motors bestimmt werden. Schnellaufende Motoren – auf Schiffen sind dies gewöhnlich die Hilfsdiesel – zerlegt man wohl am besten jährlich einmal vollständig, während diese Arbeiten bei Langsamläufern nur in größeren Abständen durchgeführt werden müssen. Durch sorgfältiges Ausmessen der Teile zur Feststellung des Spieles bzw. Verschleißes wird der Umfang der Arbeiten bestimmt. Eine Aufführung der Einzelheiten einer solchen Überholung dürfte sich erübrigen, da diese jedem Ingenieur geläufig sein sollten. Es geht ja darum, alle dem Verschleiß unterworfenen Teile des Motors durch Aufarbeiten oder Auswechseln wieder in den Zustand zu versetzen, daß die vorgeschriebenen Passungen und zulässigen Spiele vorhanden sind. Viele der dabei anfallenden Arbeiten sind zudem in den vorstehenden Abschnitten aufgeführt.

Wichtig ist eine sorgfältige Reinigung des Motors und aller Bohrungs- und Leitungssysteme nach Abschluß der Überholung, um einen einwandfreien, verschleißarmen Betrieb zu gewährleisten.

Grundsätzlich müssen sämtliche Räume und Leitungssysteme des Motors druckfrei sein, bevor man mit der Zerlegung beginnt. Schraubverbindungen an Deckeln, Flanschen und Rohren löst man zunächst nur einige Gänge und trennt die Dichtungsstellen, damit vorhandener Druck sich abbauen kann. Erst danach können die Verbindungen völlig gelöst werden, ohne daß die Gefahr besteht, durch wegfliegende Teile verletzt zu werden.

Zur Beleuchtung der Arbeitsstellen darf nur elektrisches Licht verwendet werden.

Die gegenseitige Lage der Elemente von zwangsläufigen Steuermechanismen – z. B. Lage der Zahnräder des Steuerwellenantriebes – muß klar gekennzeichnet werden (z. B. durch Körnerschlag), um Fehler beim Zusammenbau auszuschließen.

Schwierigkeiten treten häufig beim Ausbau der Laufbuchsen auf, wenn diese in ihren Sitzen aufgrund der Einwirkung des Kühlwassers festgerostet bzw. infolge der hohen Wärmebelastung festgebrannt sind.

Besonders bei Zweitaktmotoren wird das Festsetzen durch die zusätzlichen Anlageflächen in Höhe der Schlitze sowie durch Rückstandsablagerung und Einwirkung von Säuren (chemische Korrosion) beim Erkalten des Motors begünstigt. Es wird also in vielen Fällen nicht möglich sein, die Buchsen mit Hilfe einer einfachen Vorrichtung – unter Anwendung von Ziehbolzen – aus ihrem Sitz zu lösen. Da beim Einsatz hydraulischer Pressen, Beschädigungen des Zylindermantels zu befürchten sind, greift man dann gewöhnlich zum Aufmeißeln bzw. Ausbohren. Es gibt aber noch eine andere Methode, die sich gut zum Lösen festsitzender Buchsen eignet: Man verschließt das untere Ende der Buchse mit einer Holz- oder Eisenplatte, die man gegen die Buchsenwand und die Ziehbolzen durch Werg und Fett dichtet. Bei Zweitaktmotoren müssen auch die Auslaß- und Spülschlitze entsprechend verschlossen und abgedichtet werden. Dann führt man Dampf in alle Zylindermäntel ein, um den ganzen Block gleichmäßig und kräftig zu erwärmen. Haben die Wandungen etwa die Dampftemperatur angenommen, dann sperrt man die Zufuhr ab, füllt die zu lösende Buchse schnell mit kaltem Wasser und zieht gleichzeitig die Muttern der Ziehbolzen kräftig an. Die Buchse wird sich jetzt leicht lösen und kann mit Hilfe von Hebezeugen vollständig gezogen werden.

Moderne Großmotorenanlagen sind mit hydraulischen Werkzeugen ausgerüstet, die auch das Laufbuchsenziehen erheblich erleichtern können.

Nach dem Ausrichten eines Motors beim Einbau sowie nach größeren Reparaturen, aber auch in etwa halbjährlichem Zeitabstand, ist die Lage der Kurbelwelle aufzumessen. Dabei soll der jeweilige Beladungszustand und der Betriebszustand des Motors (kalt oder warm) gekennzeichnet werden. Die Kurbelwellenlage wird dann durch Aufmessen der Kurbelwangenspreizungen kontrolliert. Die vom GL hierfür festgelegten Richtwerte sind auf S. 409 wiedergegeben.

# 13. Viertakt-Dieselmotoren

Dieser Abschnitt und ebenso die folgenden, die Beispiele ausgeführter Zweitakt-Motoren mit Einfach- und Doppelwirkung sowie Gegenkolbenausführung umfassen, beschränken sich auf die Beschreibung und Erläuterung besonderer Konstruktionsmerkmale der betrachteten Motoren. Die Grundzüge der Einzelteile und Hilfsaggregate wurden in den vorangegangenen Abschnitten behandelt.

Viertakt-Dieselmotoren werden heute nur noch mit Einfachwirkung gebaut, da Leistungsgewinne bei Doppelwirkung nur durch einen komplizierteren Aufbau erreicht werden können.

## 13.1. Viertaktmotoren der Maschinenfabrik Augsburg-Nürnberg (M.A.N.)

### 13.1.1. Schnellaufende Tauchkolbenmotoren kleiner Leistung

Motoren dieser Art kommen hauptsächlich in Fahrzeugen, Booten und kleinen stationären Anlagen zum Einsatz. Ihr besonderes Merkmal ist das von *Meurer* entwickelte Verbrennungsverfahren, das einen geräuscharmen Lauf des Motors bewirkt (Fortfall des „Nagelns") und sich durch einen außerordentlich günstigen spezifischen Kraftstoffverbrauch auszeichnet. Auf die für dieses Verfahren charakteristische Ausbildung des Kolbens und den Ablauf der Verbrennungsvorgänge sowie die Unterschiede gegenüber der Verbrennung bei herkömmlichen Verfahren wurde schon in 9.2.1.1 näher eingegangen.

Von wesentlichem Einfluß auf die günstigen Verbrauchswerte von Motoren ist die Wärmeabfuhr während der Verbrennungsperiode, ein Problem. Durch die etwa in Form einer Kugel innerhalb der Kolben ausgebildeten Verbrennungsräume erreicht man eine geringere Wärmeabfuhr, d. h. eine bessere Ausnützung der vom Kraftstoff zugeführten Energie als bei den sonst üblichen Verbrennungsräumen. Es ist ja bekannt, daß die Kugel der Körper ist, der bei gegebenem Volumen die kleinste Oberfläche hat. Somit wird bei Kühlung derselben nur eine auf die Volumeneinheit bezogene Wärmemenge abgeführt, die kleiner ist als die bei jeder anderen geometrischen Begrenzung übertragbare. Nun muß zwar einmal im Hinblick auf Abmessungsänderungen bei Erwärmung ein Zwischenraum den Kolben und den gekühlten Deckel voneinander trennen, und zum anderen kann der Verbrennungsraum nicht in exakter Kugelform ausgebildet werden, d. h. es treten doch wesentlich höhere Wärmeverluste auf. Trotzdem liegen immer noch günstigere Verhältnisse vor als bei anders gestalteten Brennräumen, die bei größeren Motoren Anwendung finden, da der Mittenkugelbrennraum sich nur bei Kolben geringer Abmessungen verwirklichen läßt. Während üblicherweise der spezifische Verbrauch kleiner Motoren etwa 20 % über dem der großen liegt, erreichen Motoren mit Kugelbrennraum im Kolben, die nach dem Meurer-Verfahren arbeiten, fast die gleichen Werte. Der in Bild 13/1 gezeigte Motor, dessen effektive Zylinderleistung bei $n = 1800\ \text{min}^{-1}$ 12,5 PS beträgt, hat beispielsweise im Drehzahlbereich von $1000 \ldots 1500\ \text{min}^{-1}$ einen Verbrauch von 170 . . . 175 g/PSh. Bei Vollastbetrieb mit Nenndrehzahl steigt der Wert nur auf etwa 185 g/PSh an.

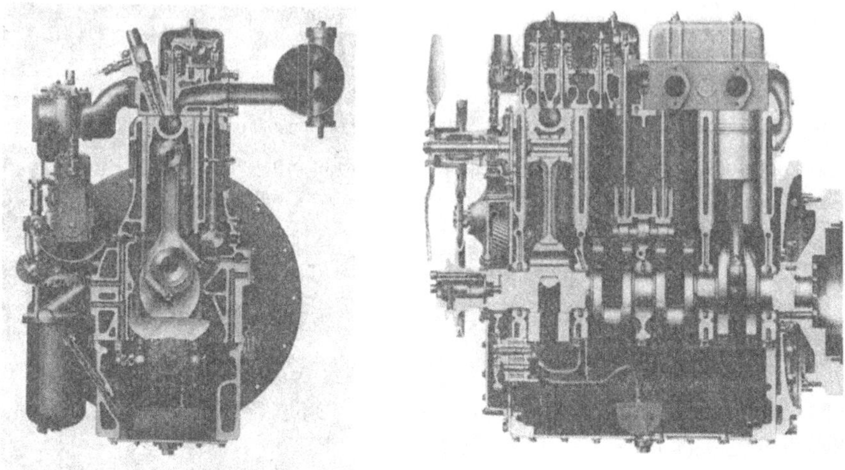

Bild 13/1. M.A.N.-Viertakt-Dieselmotor System Meurer D 0024 M
(Werkbild M.A.N. AG, Augsburg)

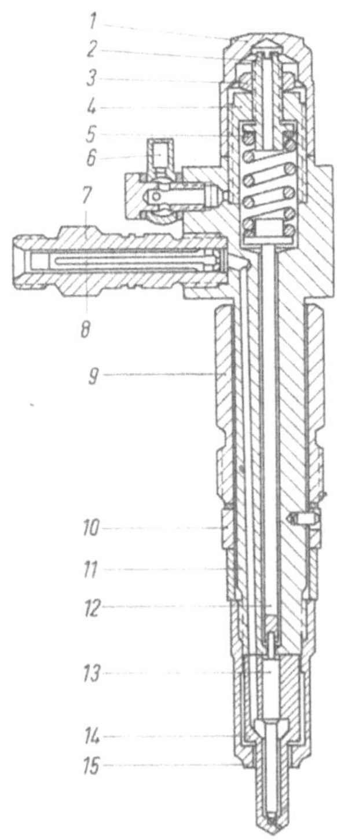


Bild 13/2. Einspritzdüse
(Werkbild M.A.N. AG, Augsburg)

1 Hutmutter,
2 Einstellschraube (Federdruck),
3 Sechskantmutter,
4 Schraubverschluß,
5 Druckfeder,
6 Leckanschluß,
7 Rohranschluß (Druckleitung),
8 Stabfilter,
9 Überwurfschraube,
10 Druckring,
11 Düsenhalter,
12 Druckbolzen mit Führungsbuchse,
13 Düsennadel,
14 Düsenbuchse,
15 Überwurfmutter.

Bild 13/2 zeigt das schräg angeordnete Kraftstoffventil dieses Motors im Teilschnitt. Die beiden Düsenbohrungen im verjüngten Teil des Nadelgehäuses liegen noch im Bereich des gekühlten Deckels, wodurch das Verkoken von Nadelsitz und Bohrungen vermieden wird. Die Nadel ist nur im Hauptteil des Nadelgehäuses eingeschliffen und besitzt im Bereich des Düsenansatzes einen geringeren Durchmesser, der mit dem Gehäuse einen Ringspalt einschließt. Durch diesen gelangt der unterhalb des eingeschliffenen Nadelteiles zugeführte Kraftstoff an den Nadelsitz und kühlt dabei den dünneren Teil der Nadel. Der Düsenansatz des Nadelgehäuses wird in einem Kegel geführt, der das Ventil in der Aufnahmebohrung (Kanone) des Deckels abdichtet. Die Halterung des Ventils erfolgt durch eine in den Deckel eingeschraubte Mutter, die über die Haltefeder und die Nadelgehäusemutter den Dichtkegel in seinen Sitz preßt. Auf diese Weise wird der Düsenansatz spannungsfrei gehalten und damit ein Verklemmen verhütet.

Der in Bild 13/1 dargestellte Vierzylinder-Motor besitzt auswechselbare trockene Laufbuchsen und gemeinsame Köpfe für je zwei Zylinder. Die hängend angeordneten Ventile werden aus hitzebeständigem Chrom-Silicium-Stahl hergestellt.

Bild 13/3. Achtzylinder-V-Motor mit Abgas-Turbolader (Werkbild M.A.N. AG, Augsburg) Typ D 2148 MT

Die Kolben fertigt man aus einer Leichtmetall-Legierung und bestückt sie mit drei Dichtungs- sowie einem Ölabstreifring. Der oberste Kolbenring, auch Feuerring genannt, ist hartverchromt. Die im Gesenk geschmiedeten Pleuelstangen bestehen aus vergütetem Edelstahl. Das Pleuelfußlager der in Doppel-T-Querschnitt ausgeführten Stange ist zur Erleichterung der Montage schräg geteilt.

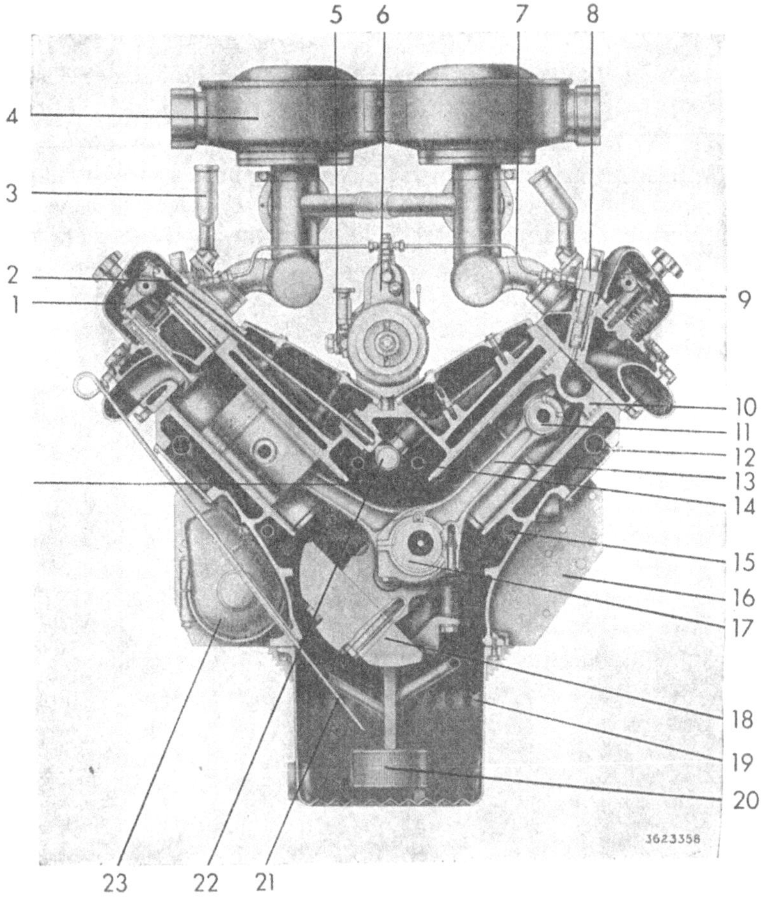


**Bild 13/4.** Achtzylinder-V-Motor ohne Aufladung (Werkbild M.A.N. AG, Augsburg)

1 Kipphebel,
2 Stößelstangen,
3 Kühlwasserthermometer,
4 Luftfilter,
5 Kraftstoff,
6 Kraftstoffpumpe,
7 Kraftstoffdruckleitungen,
8 Kraftstoffventil,
9 Deckelhaube,
10 Kolben,
11 Kolbenbolzen,
12 Laufbuchse, trocken
13 Pleuelstange,
14 Ölverteilerleitung,
15 Ölverteilerleitung,
16 Ölkühler,
17 Kurbelzapfen,
18 Gegengewicht,
19 Ölwanne,
20 Schmierölsieb,
21 Ölpeilstab,
22 Nockenwelle,
23 Anlasser.

Ein sorgfältiger Massenausgleich sichert den erschütterungsfreien Lauf innerhalb des gesamten Drehzahlbereiches. Der effektive Mitteldruck des Motors beträgt bei Nennleistung und $n = 1800\ \text{min}^{-1}$ $p_e = 8{,}15\ \text{kp/cm}^2$, ohne Aufladung.

Die in den Bildern 13/3 und 13/4 gezeigten Achtzylinder-V- Motoren entsprechen in der Ausführung ihrer Einzelteile dem beschriebenen Vierzylinder-Motor. Auch sie arbeiten nach dem Meurer-Verfahren mit direkter Einspritzung in Mittenkugelbrennräume. Mit Abgas-Turboaufladung leistet der Motor (Bild 13/3) effektiv 243 PS bei $n = 1800\ \text{min}^{-1}$. Er weist in diesem Betriebszustand einen effektiven Mitteldruck von $p_e = 9{,}4\ \text{kp/cm}^2$ und einen spezifischen Kraftstoffverbrauch von 165 g/PSh auf. Ohne Aufladung (Bild 13/4) sinkt die Effektivleistung auf 210 PS bei der gleichen Drehzahl, und der Kraftstoffverbrauch beträgt 164 g/PSh.

Weitere Vorteile dieser Motoren aufgrund der Anwendung des Meurer-Verfahrens sind die guten Kaltstarteigenschaften und eine gewisse Unempfindlichkeit hinsichtlich wechselnder Kraftstoffzusammensetzung. Bei einem Verdichtungsverhältnis von $\varepsilon = 17$, d. h. einem Verdichtungsenddruck von 42 at beträgt der Verbrennungsspitzendruck 50 at. Die Einspritzung des Kraftstoffes erfolgt mit nur 175 at.

### 13.1.2. Tauchkolbenmotoren kleiner und mittlerer Leistung mit mittleren Drehzahlen

Diese Motoren werden mit 3 ... 9 Zylindern in Reihenbauweise und bis zu 18 Zylindern in V-Form hergestellt. Sie umfassen ohne Aufladung den Leistungsbereich von 70 ... 3000 PS und weisen mit wachsender Leistung abnehmende Drehzahlen zwischen $1000\ \text{min}^{-1}$ und $190\ \text{min}^{-1}$ auf. Durch Aufladung lassen sich die Leistungen beträchtlich erhöhen. Eingesetzt werden diese Motoren zum Antrieb von Schiffen, zum Betreiben von Hilfaggregaten und als Triebsätze in stationären Anlagen.

Den grundsätzlichen Aufbau eines Reihenmotors dieser Gruppe läßt die Darstellung eines Vierzylinder-Motors älterer Ausführung in Bild 13/5 erkennen. Zylinderkörper und Gestell sind in einem Gußstück, dem Motorenblock, vereint, der mit der zugleich als Ölwanne dienenden Grundplatte verschraubt und durch Zuganker verspannt ist. Diese von der Zylinderoberkante bis in die Grundlagertraversen reichenden Anker nehmen die Reaktionskräfte des Kurbeltriebes auf. Die Zylinderlaufbahnen werden von nassen Buchsen gebildet.

Bei Verwendung von Graugußkolben kühlt man von 480 mm Bohrung an die Kolben (gewöhnlich mit Öl). Leichtmetallkolben, die bei neueren Ausführungen eingebaut werden, bedürfen einer Kühlung erst bei Bohrungen über 500 ... 560 mm. Den Schnitt eines ölgekühlten Leichtmetallkolbens zeigt Bild 5/20; außerdem ist in Abschnitt 5.4 eine kurze Beschreibung seines Aufbaus und der Kühlmittelführung zu finden.

Jeder Zylinder ist mit einer eigenen schrägkantengesteuerten Kraftstoffpumpe ausgerüstet. Der Kraftstoff wird über ein Feinfilter zugeführt. Die mit den Rollen versehenen Stoßstangen der Ein- und Auslaßventile werden bei umsteuerbaren

Bild 13/5. Vierzylinder-Viertaktmotor Typ GV 30/45 (Werkbild M.A.N. AG, Augsburg)

1 Auslaßventil,
2 Kraftstoff-Nadelventil,
3 Einlaßventil,
4 Stoßstange,
5 Servomotor,
6 Drehzahlregler,
7 Anlaßsteuerschieber,
8 Kurbelwelle,
9 Schmierölpumpe,
10 Kraftstoff-Förderpumpe,
11 Schwingungsdämpfer,
12 Füllungs-Handhebel,
13 Kipphebel,
14 Einlaßleitung,
15 Kraftstoff-Einspritzpumpe,
16 Steuerwelle,
17 Zuganker mit Mutter,
18 Grundplatte,
19 Kurbelwellenlager,
20 Zugankerkanone,
21 Ölkühler,
22 Kolben,
23 Motorgestell,
24 Zylinderbüchse,
25 Auslaßleitung,
26 Zylinderdeckel.

Motoren durch Lenkerhebel geführt, die auf einer gemeinsamen Welle angeordnet sind. Auf diese Weise können die Rollen vor dem axialen Verschieben der Nockenwelle bei Einleitung des Umsteuervorganges leicht abgehoben werden. Die Rollen der Kraftstoffpumpen sind in Hebeln gelagert und werden beim Umsteuern durch besondere Zapfen auf der Hebelwelle angehoben. Das Anlassen erfolgt mit Druckluft und wird durch Schieber gesteuert. Der Weg des Kühlwassers führt über Ölkühler, Zylindermantel und Deckel durch die Temperaturmeßstelle zum Auspuffrohr und von da zum Rückkühler.

Sämtliche erforderlichen Versorgungs- und Hilfsaggregate – Kühl- und Schmierölpumpe, Ölkühler, Filter usw. sind direkt am Motor angebracht, so daß er einen unabhängigen Triebsatz darstellt.

Da der Druckluftbedarf nicht umsteuerbarer und kleinerer umsteuerbarer Motoren relativ gering ist, verzichtet man bei ihnen auf einen Luftverdichter. Man versieht sie vielmehr an einem oder mehreren Zylindern mit Abzapfventilen (Bild 13/6) zur Entnahme von verdichteter Luft aus diesen Zylindern zum Nachfüllen der Anlaßluftflaschen. Die zwangsläufige Verbindung (4) der Ventilspindel mit der zugehörigen Kraftstoffpumpe ermöglicht das Abzapfen nur bei abgestellter Kraftstoffzufuhr, so daß nur Luft, die frei von Kraftstoff und unvollkommen verbrannten Gasen ist, entnommen werden kann.

Das Ventil wird mittels Handrad geöffnet und gibt dann den Weg zum Rückschlagventil (3) frei. Dieses läßt nur Luft in die Vorratsbehälter strömen, deren Druck den Behälterdruck übersteigt und verhindert außerdem zusammen mit einem zweiten in der Leitung angeordneten Rückschlagventil ein Rückströmen. Die Leitung zu den Behältern wird durch Wasser gekühlt, um den Druckabfall infolge Abkühlung nach abgeschlossener Entnahme möglichst gering zu halten.

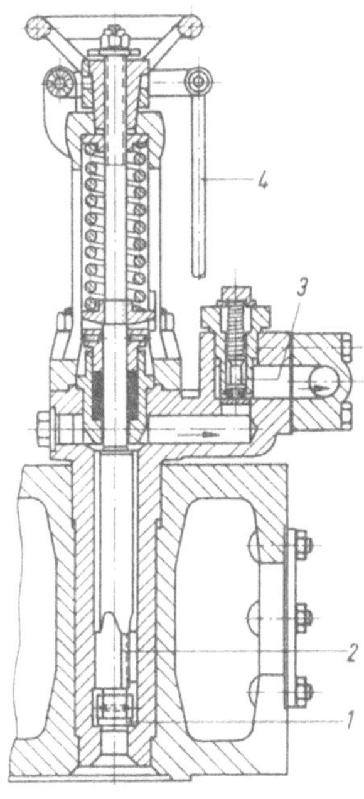


Bild 13/6. Abzapfventil

1 Ventilkegel,
2 Spindelführung,
3 Rückschlagventil,
4 Gestänge zum Einstellen der Kraftstoffpumpe auf Nullförderung

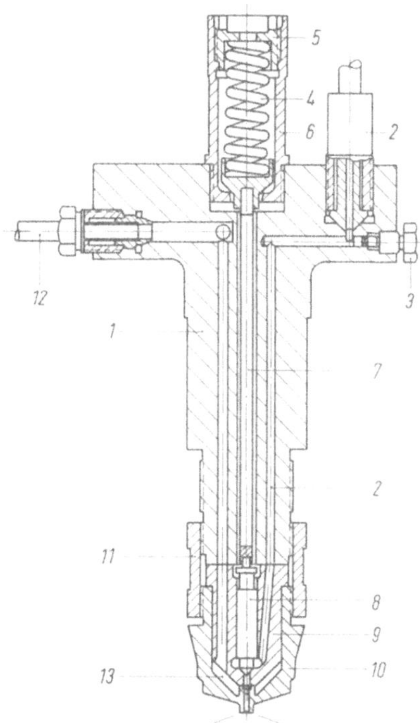


Bild 13/7. Kraftstoffventil des M.A.N.-Vierzylindermotors (Werkbild M.A.N. AG, Augsburg)

1 Gehäuse,
2 Kraftstoffzuführung,
3 Entlüftungsschraube,
4 Feder,
5 Spannmutter,
6 Federhülse,
7 Druckspindel,
8 Ventilnadel,
9 Nadelgehäuse,
10 Düsenkopf,
11 Haltemutter,
12 Kühlwasser-Zu- bzw. Abfluß,
13 Kühlraum.

Das bis dicht an die Düsenbohrungen heran gekühlte Kraftstoffventil (Bild 13/7) des Motors weist gewisse Unterschiede gegenüber den in Abschnitt 9.2.1.3 behandelten auf. Es ist mit einer gesonderten Federhülse (6) versehen, die in das Ventilgehäuse (1) eingeschraubt wird. Der Nadelhub wird durch das Anschlagen des Nadelkörpers an die Unterseite des Gehäuses begrenzt. Aus Bild 13/8 ist die Tendenz der Verbrauchswerte bei unterschiedlicher Belastung von Motoren mit Zylinderleistungen von 9 . . . 90 PS zu ersehen.

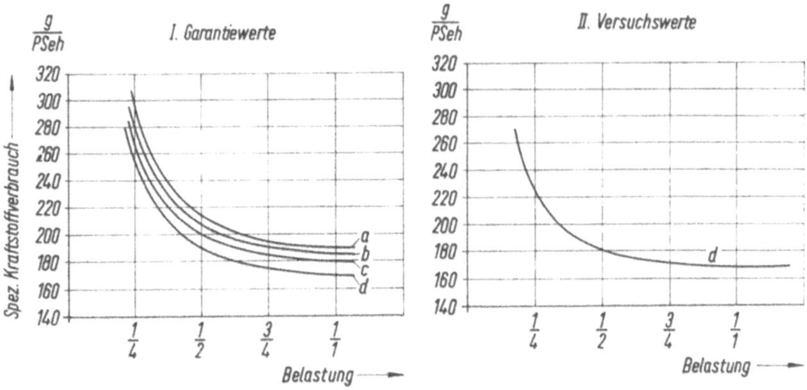


Bild 13/8. Spezifischer Kraftstoffverbrauch von Motoren verschiedener Zylinderleistung in Abhängigkeit von der Belastung

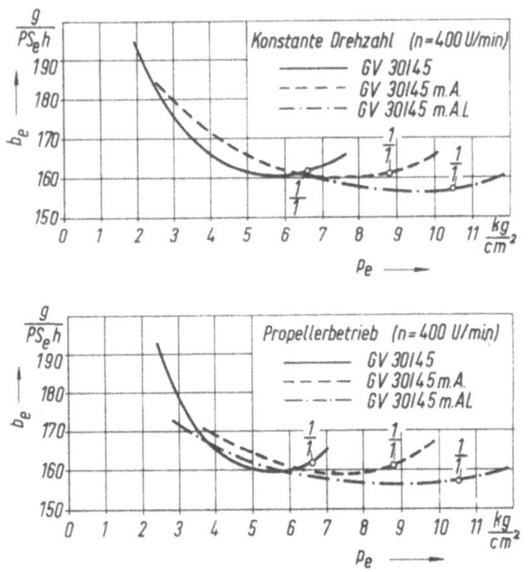


Bild 13/9. Spezifischer Kraftstoffverbrauch des in Bild 13/5 gezeigten Viertaktmotors

Bild 13/9 gibt den spezifischen Verbrauch des besprochenen Motors bei drei Drehzahlen wieder, die den von der Art der Verwendung bestimmten Bereich von $n = 215 \dots 300\ \text{min}^{-1}$ (Nennleistungen 370 ... 500 PS) charakterisieren.

Das Verbrauchsminimum ergibt sich bei der geringsten Drehzahl. Der Anstieg der Verbrauchswerte mit wachsender Drehzahl bei gleicher Belastung wird wesentlich von der Verschlechterung der Ansaugverhältnisse bei höheren Luftgeschwindigkeiten (höhere Durchströmwiderstände, geringere Füllungsgrade) bedingt.

Bei Aufladung würde die höchste Drehzahl den günstigsten Verbrauch aufweisen. So erreicht beispielsweise der hochaufgeladene 16-Zylinder-Viertakt-V-Motor

Bild 13/10. Hochaufgeladener 16-Zylinder-Viertakt-V-Motor, Typ V8V 40/54
(Werkbild M.A.N. AG, Augsburg)

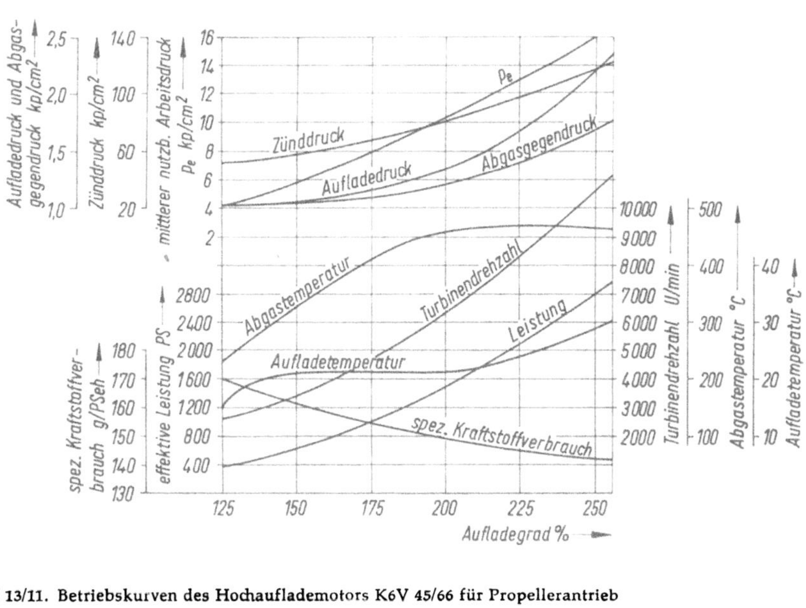


Bild 13/11. Betriebskurven des Hochauflademotors K6V 45/66 für Propellerantrieb

Typ V8V 40/54 (Bild 13/10) bei $n = 300\ \text{min}^{-1}$ und einer Effektivleistung von 5800 PS einen spezifischen Kraftstoffverbrauch von nur 150 g/PSh. Der effektive Mitteldruck beträgt dabei 10,0 kp/cm². Das Leistungsgewicht dieses Motors mit 400 mm Zylinderbohrung und 540 mm Kolbenhub beträgt rund 14 kp/PS.

Motoren in Kreuzkopfbauart besitzen besonders im Hinblick auf den Schwerölbetrieb, der eine gute Abdichtung der Zylinderräume gegenüber dem Kurbelgehäuse erfordert, eine große Bedeutung im Schiffsmotorenbau.

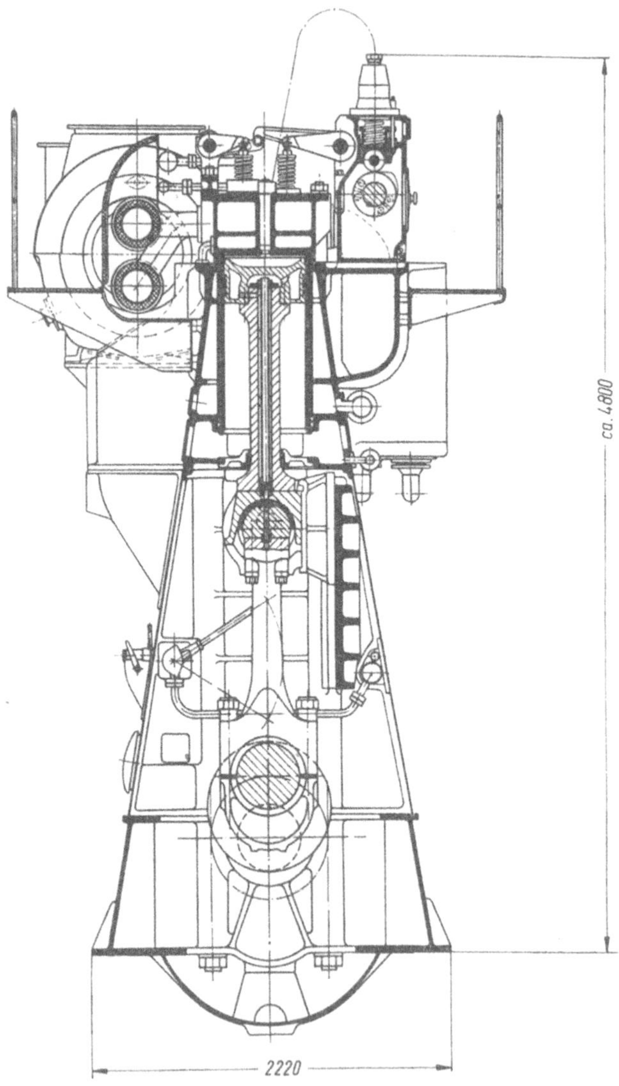


**Bild 13/12. Querschnitt durch den Viertakt-Kreuzkopfmotor KV45/66 mit Hochaufladung**

Die früher von der M.A.N. für den direkten Propellerantrieb gebauten, langhubigen, langsam laufenden Kreuzkopfmotoren mit Aufladung durch die Kolbenunterseite wurden in neuerer Zeit von einer Typenreihe mit Hochaufladung abgelöst.

Die größte Ausführung dieser Reihe besitzt eine Bohrung von 450 mm und einen Hub von 660 mm. Sie erreicht bei einer Drehzahl von 250 $min^{-1}$ eine effektive Zylinderleistung von 465 PS.

Infolge der Hochaufladung – man versteht darunter einen Aufladegrad von mehr als 100 %, d. h. mindestens eine Verdoppelung des normalen effektiven Mitteldruckes – liegt der Verdichtungsenddruck bei 90 $kp/cm^2$, der Zünddruck bei 112 $kp/cm^2$. Der thermische Wirkungsgrad von nahezu 45 % bei Betrieb mit etwa 250 % Aufladung und einem effektiven Mitteldruck von $p_e = 13 \ldots 16$ $kp/cm^2$ führt zu einem spezifischen Kraftstoffverbrauch von nur 141 g/PSh. Bemerkenswert ist der flache Verlauf der Kurve des spezifischen Kraftstoffverbrauchs (siehe Bild 13/11). Nähere Einzelheiten über den Aufbau des Motors sind dem Bild 13/12 zu entnehmen. Auf Schiffen werden in der Regel zwei dieser mit 6 ... 8 Zylindern gebauten Motoren über ein Untersetzungsgetriebe an die Propellerwelle angeschlossen.

## 13.2. Viertaktmotoren S. E. M. T. Pielstick

Im Prinzip handelt es sich hierbei um einen Baukastenmotor, da alle Einzelteile, mit Ausnahme der von der Baulänge abhängigen, völlig gleich und austauschbar sind. Sämtliche für den Betrieb und die Überwachung wichtigen Bauteile, einschließlich der Rohrleitungen, sind freiliegend angebaut und daher während des Betriebes jederzeit zugänglich. Im Innern des Motors sind bei Montagearbeiten im Kurbelraum keine Rohrleitungen zu lösen. Jeder Arbeitskolben läßt sich mit seinem Triebwerk und seinem kompletten Zylinder unabhängig von seinen Nachbarzylindern ausbauen. Die Nockenwelle ist seitlich abnehmbar, jeder Zylinderdeckel läßt sich mit dem ganzen Ventilantrieb einschließlich der Umkleidung einzeln ausbauen. Das komplette Auslaßventil kann auch ohne Demontage des Zylinderdeckels ausgebaut werden.

Im Hinblick auf den Aufbau des Motors PCV (Bild 13/13) ist zu erwähnen, daß das in einfacher Form aus Stahlblechen und Stahlgußteilen geschweißte Motorengestell so hoch gezogen ist, daß sich die sonst bei dieser Motorengröße üblichen Zuganker erübrigten. Die Abmessungen der Gußteile und die Blechdicken wurden so gewählt, daß das Gestell völlig verformungsfrei ist. In das Motorengestell werden freistehend Einzelzylinder eingesetzt, die eine einfache konzentrische Form der Kühlräume aufweisen, so daß Wärmespannungen keine Schäden hervorrufen können. Da die Laufbuchsen gegenüber dem Kurbelraum zweifach abgedichtet sind, kann Leckwasser nicht übertreten. Das Gestell selbst kommt an keiner Stelle mit dem Kühlwasser in Berührung. Der Antrieb der Nockenwelle sowie des Reglers und der angehängten Hilfsmaschinen erfolgt über eine schwingungsdämpfende Hülsenfederkupplung im Antriebsrad.

Die Motoren eignen sich für Schwerölbetrieb.

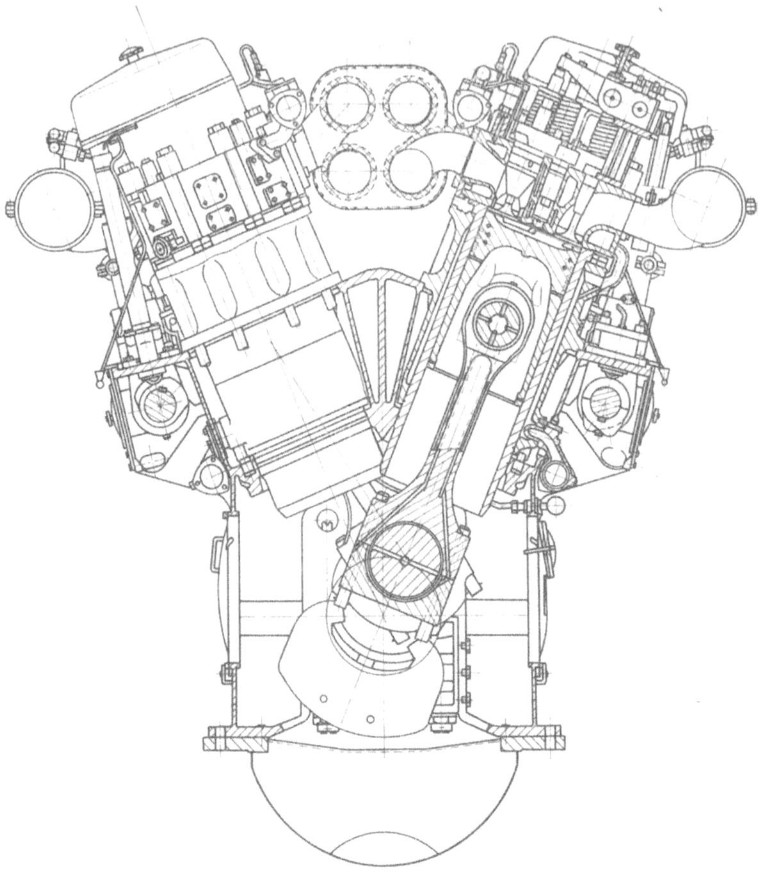

Bild 13/13. Querschnitt durch den Pielstick-PCV-Motor (Werkbild Ottensener Eisenwerk GmbH, Hamburg)
$d = 400$ mm; $s = 460$ mm; $Ne = 465$ PS/Zyl.; $n = 500$ min$^{-1}$.
(In Reihenbauart mit 6 bis 8 Zylindern, in V-Form mit 8 bis 18 Zylindern.)

Die PC-Motoren sind infolge ihrer Zuverlässigkeit hervorragend für die Automation von Schiffs- und Stationäranlagen geeignet. Die pneumatische Fernbedienung und Fernkontrolle erfolgt von einem zentralen Punkt aus. Bei Schiffsanlagen kann dieser Fahrstand im Maschinenraum oder auf der Brücke installiert werden (Bild 13/14). Jede direkte Überwachung am Motor und jede Wartung (Schmierung) entfallen.

## 13.3. Viertaktmotoren der Firma Klöckner-Humboldt-Deutz AG

### 13.3.1. Wirbelkammermotoren (Fahrzeugmotoren)

Aufgrund der Bewährung des ersten luftgekühlten Baumusters, des im Jahre 1942 herausgebrachten 75 PS-Vierzylinder-Motors vom Typ F 4 L 513, hat die Firma

Deutz ihr gesamtes Fahrzeugprogramm auf Luftkühlung umgestellt. Solche Motoren werden sowohl als Schlepper- und LKW-Motoren als auch als Aggregatmotoren und für stationäre Zwecke sowie als Schiffsantriebsmotoren verwendet. Luftgekühlte Schiffsmotoren, die sich aus Zylindereinheiten von 85 ... 120 mm Bohrung und 100 ... 140 mm Hub aufbauen, werden mit 1, 2, 3, 4 ... 6 Zylindern in Reihenbauweise und mit 6, 8 und 12 Zylindern in V-Form geliefert. Diese Typen umfassen einen Leistungsbereich von 7,5 PS ... 230 PS.

Bei allen luftgekühlten Deutz-Motoren wird die nach Patenten von *L'Orange* ausgeführte Wirbelkammer eingebaut, die sich gegenüber den früheren Vorkammerausführungen durch einen geringeren spezifischen Kraftstoffverbrauch auszeichnet.

Als Beispiel für luftgekühlte Schiffsdieselmotoren soll hier die Baureihe FL 514 der Firma Deutz ($d = 110$ mm, $s = 140$ mm mit 2, 3, 4 und 6 Zylindern in Reihenbauart) betrachtet werden. Bild 13/15 stellt einen Motor dieser Baureihe mit 4 Zylinder dar, der bis zu 10 % überlastbar im Dauerbetrieb nach DIN 6270 „A" bei 1500 $min^{-1}$ 50 PS und bei 1800 $min^{-1}$ 56 PS leistet. Motoren dieser Art verwendet man als Antriebsmotoren für Fischkutter und andere kleine Schiffe, sonst als Antriebsmotoren für Bordaggregate. Die Zylinder bestehen aus hochwertigem Grauguß und sind mit Kühlrippen versehen, die die Wärme abführende Oberfläche auf das Zehnfache vergrößern.

Der Zylinderkopf, ebenfalls mit Kühlrippen bestückt, ist aus Leichtmetall hergestellt. Ein Axialgebläse leitet 50 ... 60 $m^3$ Kühlluft je PSh an Zylindern und Zylinderköpfen vorbei und stellt eine ausreichende Kühlung bei Umgebungstemperaturen bis maximal 65° C sicher.

Die Axialgebläse der hier besprochenen Motoren werden bei Reihenbauart mit Keilriemen und bei V-Ausführung über Stirnräder angetrieben. Die Antriebskeilriemen werden durch Spannrollen mit hydraulischen Stoßdämpfern oder Federbelastung unter Spannung gehalten. Mit der Spannrolle kann über einen Schalter eine optische oder akustische Warnanlage und auch eine Kraftstoffabsperrung verbunden werden, die ein Reißen des Keilriemens und den damit verbundenen Ausfall der Kühlung sofort anzeigt bzw. den Motor stillsetzt, um größeren Schaden zu vermeiden.

V-Motoren dieser Baureihe erhalten eine ölhydraulische Kühlluftgebläsekupplung, wobei ein Thermostat die Ölzufuhr zur Kupplung so steuert, daß das Gebläselaufrad mit einer der Motorenbelastung entsprechenden Drehzahl angetrieben wird.

Besondere Führungsbleche, Luftführungshauben, sorgen dafür, daß die Kühlluft mit hoher Geschwindigkeit an den Kühlflächen der Zylinder und Zylinderköpfe vorbeistreicht.

Durch die Wirbelkammer erhält man aufgrund der beim Kugelbrennraum geringeren Wärmeverluste einen günstigen spezifischen Kraftstoffverbrauch von etwa 175 ... 180 g/PSh. Während bei Normalbetrieb die Hauptmenge des Kraftstoffes in der Wirbelkammer verbrennt und nur ein kleiner Teil durch einen besonderen Schußkanal der Einspritzdüse direkt in den Brennraum zwischen Kolben und Zylinderkopf gespritzt wird, erhält der Motor beim Starten auf diesem Wege einen größeren Teil der Einspritzmenge zugeführt. Der Kraftstoff verbrennt in

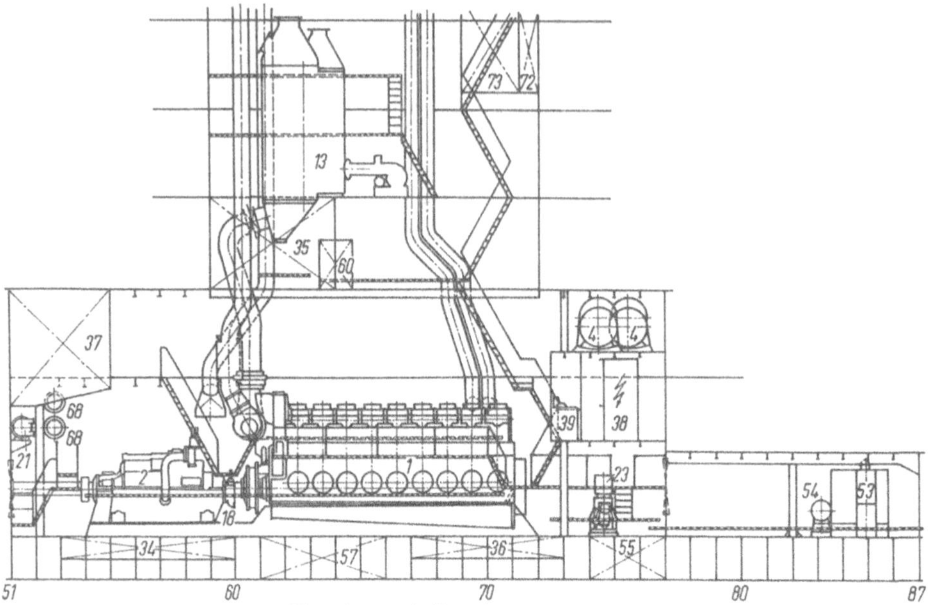

Längsschnitt nach Bb gesehen

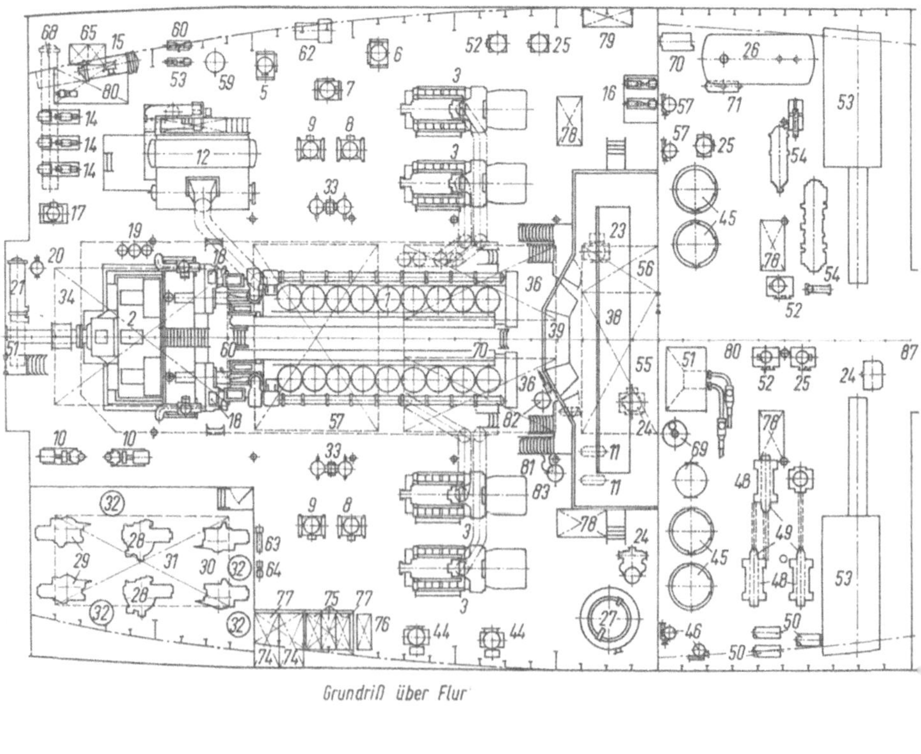

Grundriß über Flur

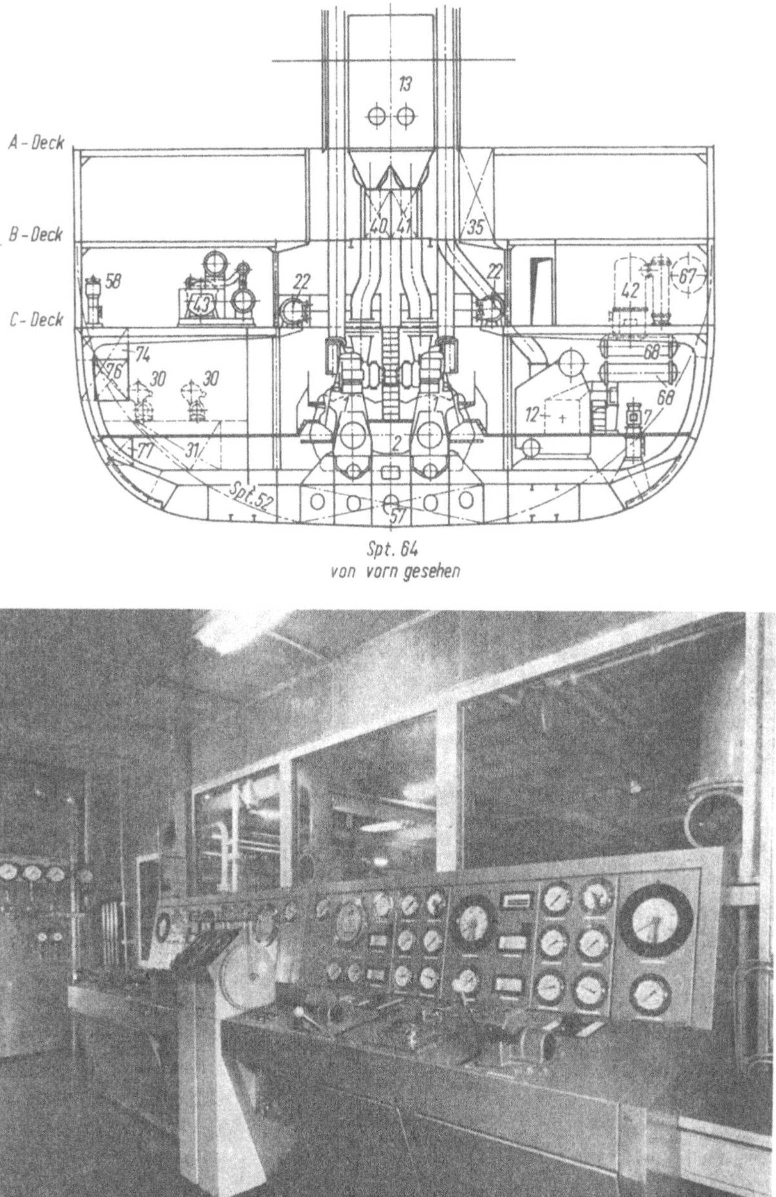


Bild 13/14. Maschinenaufstellung und Blick in den schallgeschützten Maschinenfahrstand (Erklärung der Ziffern siehe Seite 308)

diesem weniger stark gekühlten Brennraum schnell, und der Motor kann rasch die Betriebsdrehzahl erreichen. Günstige Anordnung von Einspritzdüse und Schußkanal zwischen Wirbelkammer und Hauptbrennraum ermöglichen so einen sicheren Kaltstart.

Der Einspritzpumpe wird der Kraftstoff durch die Kraftstoff-Förderpumpe über einen Kraftstoff-Filter zugeführt. Die Kraftstoffpumpe ist als Blockpumpe ausgebildet und arbeitet nach dem Prinzip der Schrägkantensteuerung. Dabei wird (siehe Abschnitt 9.2.2) je nach Drehung des Kolbens eine Rücklaufbohrung im Pumpenzylinder von der schrägen Steuerkante früher oder später freigegeben, wodurch sich das Förderende und damit die Fördermenge je Arbeitsspiel verändert. Schiffsantriebsmotoren sollten mit Spritzverstellern ausgerüstet sein, die den Förderbeginn der jeweiligen Drehzahl anpassen und so eine gute Verbrennung, Entlastung des Triebwerkes und Minderung der Zündgeräusche gewährleisten. Bei niedrigen Drehzahlen wird später, bei höheren Drehzahlen früher eingespritzt. Die Kurbelwelle läuft in Bleibronzelagern. Sie ist an den Lagerstellen induktionsgehärtet und wird zur Entlastung der Grundlager und für den Massenausgleichsnut mit Gegengewichten ausgerüstet. Die mit Bleibronze ausgegossenen Stahllagerschalen der Grund- und Kurbellager sind ohne Nacharbeiten austauschbar. Ein Grundlager dient in üblicher Weise als Paßlager mit seitlichen Anlaufflächen der axialen Abstützung der Kurbelwelle.

---

**Zu Bild 13/14:**

1 Hauptmotor (2),
2 Untersetzungsgetriebe,
3 Dieselgenerator (4),
4 Anlaßluftflasche (2),
5 Frischwasserpumpe,
6 Seewasserpumpe,
7 Frisch- und Seewasser-Reservepumpe,
8 Schmierölpumpe für Hauptmotor (2),
9 Ölumwälz- und Reserveschmierölpumpe (2),
10 Treiböl-Umwälzpumpe (2),
11 Treibölpumpe für Hauptmotor (2),
12 Hafenkessel,
13 Abgaskessel,
14 Kesselspeisepumpe (3),
15 Kondensator,
16 Düsenkühlwasserpumpe (2),
17 Reserveschmierölpumpe für Getriebe,
18 angehängte Schmierölpumpe für Getriebe (2),
19 Duplex-Magnetfilter für Getriebe,
20 Ölfilter für Getriebe,
21 Ölkühler für Getriebe,
22 Frischwasserkühler für Hauptmotor (2),
23 Ballastpumpe,
24 Bilgepumpe (3),
25 Feuerlöschpumpe (3),
26 Tank für Sprinkler-Anlage,
27 Bilgewasser-Separator,
28 Schweröl-Separator (2),
29 Dieselöl-Separator (2),
30 Schmieröl-Separator (2),
31 Schlammtank,
32 Treib- und Schmieröl-Vorwämer (4),
33 Schmierölfilter für Hauptmotor (2),
34 Schmieröl-Sammeltank,
35 Getriebeöl-Setztank,
36 Schmieröl-Sammeltank (2),
37 Schweröl-Tagestank (2),
38 Hauptschalttafel,
39 Hauptmotoren-Steuerpult,
40 Frischwassertank für Hauptmotor,
41 Frischwassertank für Hilfsdiesel,
42 Verdampfer,
43 Kompressor für Klimaanlage (2),
44 Seewasserpumpe für Klimaanlage (2),
45 Hydrofortank (2),
46 Seewasserpumpe für Hydrofortank (2),
47 Frischwasserpumpe für Hydrofortank (2),
48 Kompressor für Kühlanlage (3),
49 Kondensator für Kühlanlage (3),
50 Umwälzpumpe für Kühlanlage (3),
51 Sanitärtank,
52 Sanitärpumpe (3),
53 Stabilisierungsflosse (2),
54 Hilfsmaschinen für Stabilisierungsanlage,
55 Schmutzöltank,
56 Schmieröl-Lecktank,
57 Frischwassertank,
58 Frischwasserpumpe für Klimaanlage (4),
59 Filter für Verdampfer,
60 Brinepumpe für Verdampfer,
61 Destillatpumpe für Verdampfer,
62 Treiböl-Vorwärmer für Hauptmotor,
63 Treiböl-Vorwärmer für Hilfsdiesel,
64 Treibölfilter für Hilfsdiesel,
65 Beobachtungstank (2),
66 Düsenkühlwassertank,
67 Warmwassertank,
68 Vorwärmer für Warmwassertank (2),
69 Frischwasser-Filteranlage,
70 Kompressor für Sprinkler-Anlage,
71 Frischwasserpumpe für Sprinkler-Anlage,
72 Dieselöltank für Abgaskessel,
73 Schweröltank für Abgaskessel,
74 Schmieröltank für Hilfsdiesel (2),
75 Öltank (3),
76 Kerosentank,
77 Lecköltank (2),
78 Seekasten (4),
79 Seekasten,
80 Kesselspeisewassertank,
81 Duplex-Schwerölfilter für Hauptmotor,
82 Schwerölfilter für Hauptmotor,
83 Schweröl-Enderhitzer

Die Pleuelstangen aus vergütetem Stahl haben im Gesenk geschmiedete Doppel-T-Querschnitte. Die Arbeitskolben aus Leichtmetall tragen drei Dichtungs- und zwei Ölabstreifringe, die ober- und unterhalb des Bolzenauges angeordnet sind. Durch Abbau der Zylinderköpfe und Ziehen der Zylinder können die Kolben ohne Schwierigkeiten freigelegt werden. Anordnung bzw. Funktion der übrigen Bauteile, die in Bild 13/15 angedeutet sind, läßt die Darstellung klar erkennen.

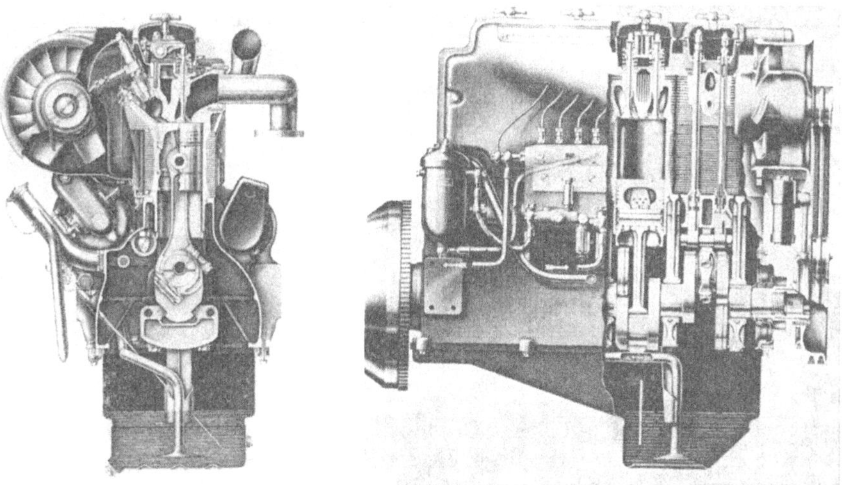

Bild 13/15. Deutz-Motor FL 514 (Werkbild Klöckner-Humboldt-Deutz AG, Köln)

### 13.3.2. Motoren größerer Leistung mit Direkteinspritzung

Die Baureihe RVM der Firma Klöckner-Humboldt-Deutz AG umfaßt Motoren bis zu 12 Zylindern mit effektiven Leistungen bis 4000 PS. Es handelt sich dabei um umsteuerbare Motoren für den Schiffsantrieb. Bild 13/16 zeigt einen Querschnitt durch den Motor, während Bild 13/17 einen Überblick über die mit 6- und 8-Zylindermotoren erreichbaren Leistungen dieser Typenreihe gibt. Der Zusatzbuchstabe *B* bedeutet dabei, daß der Motor mit Abgasturboaufladung ausgerüstet ist.

Als wichtige Daten dieser 6- bzw. 8-Zylinder-Reihenmotoren seien genannt: Zylinderbohrung $d = 270$ mm, Kolbenhub $d = 360$ mm, Hubvolumen 123,7 l, Verdichtungsverhältnis $\varepsilon = 13{,}27$ beim unaufgeladenen und 11,38 beim aufgeladenen Motor, spez. Kraftstoffverbrauch $b \approx 165$ g/PSh, Schmierölverbrauch $\approx 1$ kg/h.

Die Grundplatte ist in einem Stück gegossen und im unteren Teil als Öltrog ausgebildet. Seitlich sind breite Leisten angegossen, mit denen der Motor auf dem Schiffsfundament aufliegt. In der Grundplatte ist die Kurbelwelle aus hochwertigem S.M.-Stahl vor und hinter jedem Kurbelzapfen auf starken Querwänden in mit Speziallagermetall ausgegossenen Stahllagern gelagert. Die Lagerdeckel sind mit

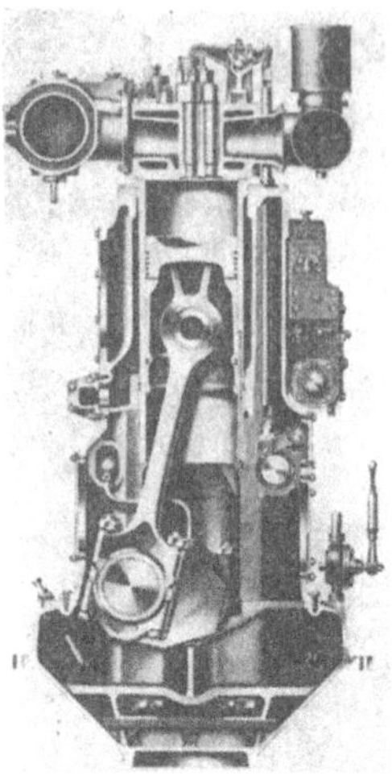

Bild 13/16. Querschnitt durch Deutz-RVM-Motor (Werkbild Klöckner-Humboldt-Deutz AG, Köln)

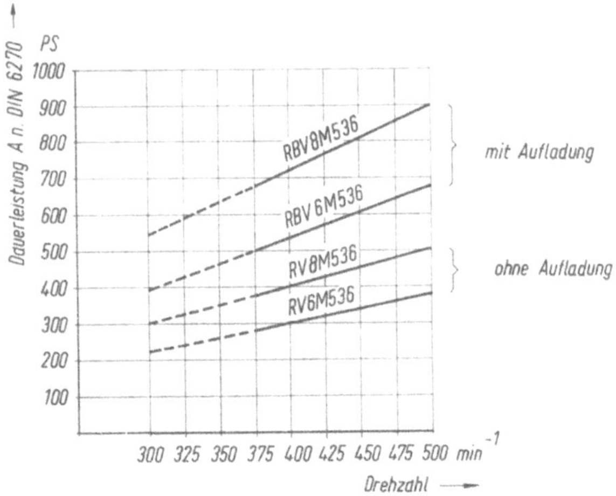


Bild 13/17. Leistungen von Deutz-RVM-Motoren 536

kräftigen Schraubenbolzen an der Grundplatte befestigt. Auf der Schwungradseite befindet sich neben dem Grundlager des ersten Zylinders noch ein zweites, das das Schwungradgewicht aufzunehmen hat. Zwischen diesen beiden Lagern besitzt die Kurbelwelle einen breiten Bund, der, beiderseits in Druckringen geführt, die Kurbelwelle in axialer Richtung fixiert. Die anderen Hauptlager haben seitlich Spiel, damit sich die Kurbelwelle bei Erwärmung frei ausdehnen kann.

Das gußeiserne Gestell bildet mit dem Zylinderblock ein gemeinsames Gußstück und ist mit der Grundplatte durch Stahlzuganker fest verschraubt. Durch diese Konstruktion werden die Zünddrücke unmittelbar auf die Grundplatte übertragen, ohne das Gestell mit Zugkräften zu belasten. Gestell und Grundplatte bilden einen allseitig öldicht verschlossenen, geräumigen Kasten mit großer Verdrehungs- und Biegefestigkeit. Große, mit Deckeln verschließbare Öffnungen erleichtern die Zugänglichkeit des Triebwerkes. Auch die im Gestell für die Kühlwasserführung angeordneten Hohlräume können nach Abnahme der Kühlwasserverteilerrohre durch große Öffnungen leicht gereinigt werden.

Die Blockkonstruktion ermöglicht kleine Zylinderabstände. Auf dem Gestell sind die Einzelzylinderköpfe mit Dehnschrauben befestigt. Das Kühlwasser fließt zwangsläufig vom Gestell durch die Zylinderköpfe zum doppelwandigen Auspuffrohr. In den Zylinderköpfen sind die Anlaß-, Ein- und Auslaß-, sowie die Kraftstoffeinspritzventile angeordnet.

Die Zylinderlaufbuchsen bestehen aus einem Spezialgußeisen erprobter Laufeigenschaft. Sie werden von oben in das Gestell einzeln eingesetzt und dichten gegen die Kühlwasserräume am oberen Rand metallisch und unten mit Gummiringen ab.

Die kritischen Drehzahlen der kurz gehaltenen Kurbelwelle liegen außerhalb des Betriebsdrehzahlbereiches. Die einzelnen Kurbeln der Welle sind so versetzt, daß sich ein günstiger Tangentialkraft- bzw. Drehmomentenverlauf ergibt und der Massenausgleich in ausreichendem Umfang erzielt werden kann.

Die Pleuelstangen sind aus Stahl geschmiedet. Das Kolbenbolzenlager besitzt eine Spezialbuchse mit Lagermetallausguß, die Kurbelzapfenlagerung erfolgt durch Stahllager, die mit Bleibronze ausgegossen sind. Die Lagerdeckel sind mit den Pleuelstangen durch hochwertige Dehnschrauben verbunden.

Die Kolben können nach Entfernen der Zylinderdeckel und Lösen der Pleuelstangenschrauben nach oben ausgebaut werden. 5 Kompressions- und 2 Ölabstreifringe aus Spezialgußeisen sorgen für eine gute Abdichtung zwischen Verbrennungs- und Kurbelraum. An der Schwungradseite befindet sich der Räderkasten. Von der Kurbelwelle aus werden über entsprechende Stirnräder die Einspritzpumpe, der Regler und die Nockenwelle, die gut geschützt innerhalb des Gestells angeordnet ist, angetrieben.

Oben am Räderkasten befindet sich, bequem erreichbar, der Bedienungshebel für den Start. Die Kraftstofförderpumpe und die Einspritzpumpe mit den Kraftstofffiltern liegen in der Mitte der Bedienungsseite.

Die in einem Stahlblock vereinigten Einspritzpumpenelemente werden von einer mit Nocken versehenen Welle betätigt. Eine radiale Verzahnung der Kupplungssteuerfläche zwischen Antriebswelle und Nockenwelle ermöglicht eine präzise Einstellung des Einspritzbeginns. Außerdem lassen sich die Zünddrücke der einzelnen Zylinder einander angleichen. Durch Betätigung von Entlüftungsventilen kann man die Einspritzleitungen jederzeit entlüften. Mit Hilfe von Exzenterbolzen lassen sich die Pumpenkolben einzeln hochstellen, wodurch der betreffende Zylinder keinen Kraftstoff mehr erhält. Von der Pumpe gelangt der Kraftstoff zu den auf einen Abspritzdruck von ca. 350 atü eingestellten Nadelventilen und wird von diesen, fein zerstäubt, direkt in die Zylinder eingespritzt. Das Nadelventil hat sich im Dauerbetrieb als besonders unempfindlich erwiesen und schließt am Ende der Kraftstofförderung den Kraftstoff einwandfrei ab und vermeidet Verstopfung der Düse, Nachtropfen sowie Verkokung. Mittels des Fahrthebels kann die Pumpe und damit der Motor augenblicklich abgestellt werden.

Der Drehzahlregler ist ein schnellaufender Fliehkraftregler, dessen Schwungkörper in Schneiden des Reglertellers gelagert sind. Der Ausschlag der Schwungkörper wird auf die Regulierstange der Einspritzpumpen übertragen. Der Regler bemißt die eingespritzte Kraftstoffmenge in Abhängigkeit von der Belastung, indem die mit Schrägschlitzen versehenen Pumpenkolben verdreht und damit die wirksame Fördermenge verändert wird. Der Regler spricht schon bei geringen Belastungsveränderungen sofort an und behält auch bei niedrigen Drehzahlen genügend Verstellkraft.

Eine Zahnradpumpe saugt das Öl aus dem Ölsumpf in der Grundplatte und fördert es in einen am Motor angebauten Öl-Hochbehälter. Eine zweite Pumpe saugt das Öl aus diesem Behälter und drückt es durch ein umschaltbares Schmieröldoppelfilter und den direkt mit Kaltwasser gekühlten Schmierölrückkühler in das Triebwerk.

Alle Lager der Kurbelwelle sowie die Kolbenbolzenbuchsen werden mit Drucköl versorgt. Zuviel gefördertes Öl fließt durch ein Überströmventil ab. Der Öldruck wird durch ein Manometer überwacht. Sicherheitsventile schützen den Ölkreislauf vor Überdrücken. Mittels einer Handflügelpumpe werden die Lagerstellen vor dem Anlassen mit Öl versorgt. Ein Teil des Schmieröles tritt an den Kurbelwellenlagern aus, wird im Kurbelraum verspritzt und schmiert dadurch die Nockenwellenlager. Die Einspritzpumpen und die Laufbuchsen erhalten Frischölschmierung durch einen Drucköler, mit dem auch von Hand vorgeschmiert werden kann. Trotz Frischölschmierung wird der Ölverbrauch nicht erhöht, weil das für die Zylinderschmierung nicht verbrauchte Öl in den Ölsumpf fließt. Anschlüsse für ein Öl-Feinfilter wurden vorgesehen.

Die Motorkühlung wird bei größeren Schiffsmotoren heute allgemein als Rückkühlung ausgebildet, d. h. das warme Kühlwasser durchläuft nach Verlassen des Motors einen Kühler, der von kaltem Seewasser durchströmt ist, und gibt hier seine Wärme ab, um dann wieder an dem Kreislauf teilzunehmen. Der Vorteil liegt darin, daß die Kühlwassertemperatur bequemer geregelt werden kann, daß der Motor eine konstant hohe Temperatur behält und daß sich im Kühlsystem keine Rückstände ansammeln können. An der vorderen Stirnseite des Motors befinden sich zwei Kolbenpumpen, eine Kühlwasser- und eine Lenzpumpe, die, durch Kreuzschaltung verbunden, wechselseitig verwendet werden können. Die Pumpen werden durch eine Stirnkurbel angetrieben, die gleichzeitig auch die über den Pumpen angeordnete Hochleistungs-Anlaßluftpumpe antreibt. Auf eine starke Ausbildung des gesamten Pumpenantriebes wurde größter Wert gelegt. Die Schmierung der Pumpenantriebe ist an die Druckumlaufschmierung des Motors angeschlossen. Eine angebaute Kühlwasserkreiselpumpe hält den Reinwasserumlauf in Gang. Die Menge und damit die Temperatur des Kühlwassers kann an jedem Zylinder einzeln reguliert werden. Sorgfältige Kühlwasserführung um die Zylinder und im Zylinderkopf schützt Kolben und Ventile vor Überhitzung. Die Kühlwasserräume sind durch große Handöffnungen gut zugänglich. An die Umlaufkühlung kann jederzeit auch die Heizung des Schiffes angeschlossen werden.

Die für den Arbeitsprozeß benötigte Frischluft wird in der Regel dem Maschinenraum entnommen. Das Ansaugen erfolgt über große Staubfilter in eine Frischluftsammelleitung, die auf der Bedienungsseite angeordnet ist. Aus dieser Leitung gelangt die Frischluft auf kürzestem Wege durch die Ansaugventile in die Zylinder. Auf der anderen Seite des Motors befindet sich dann die bei Schiffsmotoren im allgemeinen wassergekühlte Auspuffleitung. Einlaß und Auslaß sind also räumlich soweit wie möglich voneinander getrennt, so daß sich für Frischluft und Abgas reichliche Durchgangsquerschnitte ergeben. Gute Füllung und ein guter Ladewechsel, d. h. also gute Verbrennung und niedriger Kraftstoffverbrauch sind die Folge.

Für das Anlassen und für die Umsteuerung des Motors wird Preßluft in Druckluftflaschen gespeichert. Die Anlaßluft gelangt über ein Hauptanlaßventil zu den

Anlaßventilen in den Zylinderköpfen. Angelassen wird der Motor im Viertaktverfahren, wobei die Anlaßventile über einen Verteiler so gesteuert werden, daß sie sich im Takt der Ventilöffnungszeiten im oberen Totpunkt automatisch öffnen, und die Luft in die Zylinder eintreten lassen.

Sobald die Maschine eine zur Zündung ausreichende Drehzahl angenommen hat, wird der Fahrthebel auf „Betrieb" umgelegt und dadurch die Druckluft abgesperrt. Der Motor läuft jetzt mit Kraftstoff weiter. Die angebaute Hochleistungs-Anlaßluftpumpe ist unter besonderer Berücksichtigung des Luftbedarfs umsteuerbarer Schiffsmotoren so bemessen, daß sie normalerweise zum Wiederaufladen der bei Umsteuermanövern verbrauchten Anlaßluft ausreicht.

Diese Motortypen werden wahlweise ohne oder mit Aufladung geliefert. Die Aufladung erfolgt durch Abgasturbolader.

## 13.4. Viertaktmotoren der Maybach Mercedes-Benz Motorenbau GmbH

### 13.4.1. Motoren der Bauart Maybach (MD-Motoren)

Die MD-Motoren sind schnellaufende Viertaktmotoren, deren Aufbau im Baukastenprinzip aus Zylindereinheiten von gleicher Bohrung (185 mm) und gleichem Hub (200 mm) erfolgt. Sie werden als Reihenmotoren mit 4 und 6 Zylindern sowie mit 8, 12, 16 und 20 Zylindern in V-Form mit gleichem V-Winkel von 60° hergestellt und mit Abgasturboladern ausgerüstet. Das Bauprogramm umfaßt einen Leistungsbereich von 320 ... 4500 PS bei 1400 ... 1900 U/min.

Die schnellaufenden Dieselmotoren der MD-Bauart wurden seinerzeit sowohl im Hinblick auf Dauerbetrieb mit hoher spezifischer Leistung als auch auf große Überlastbarkeit entwickelt. Dank einer besonderen Konzeption ist es möglich, mit diesen Motoren einen ungewöhnlich weitgespannten Leistungsbereich auszufüllen. Eine Sechzehnzylinder-Maschine, die mit normaler Aufladung beispielsweise 2000 PS bei 1500 U/min leistet, vermag mit gesteigerter Drehzahl und Hochaufladung Spitzenleistungen bis zu 3600 PS bei 1900 U/min abzugeben. Dies hängt unter anderem mit dem Spielraum zusammen, den die gewählte Rollenlagerung der Kurbelwellen bezüglich der Drehzahl aufweist, aber auch damit, daß die sehr wirksame Kolbenkühlung Kolbenfresser praktisch ausschließt. Offensichtlich bestehen für solche Motoren, deren Zylinderleistung zwischen 90 PS und 225 PS je Zylinder variiert werden kann, sehr vielseitige Anwendungsmöglichkeiten. Man findet sie nicht nur in Diesellokomotiven für den Schnellverkehr, sondern auch in leistungsstarken Großlokomotiven für schwere Güterzüge, in Bohrfeldaggregaten, als Dauer- und Hilfsaggregate für die Stromerzeugung, die in Katastrophenfällen auch wirklich im Dauerbetrieb zur Verfügung stehen, sowie als Hauptantriebs- oder Hilfsmaschinen der verschiedenartigsten Schiffe.

Einen Querschnitt durch einen V-Motor der MD-Bauart zeigt Bild 13/18.

Die kennzeichnenden konstruktiven Merkmale sind folgende:

a) einteiliges, geschweißtes Stahlgußgehäuse (Tunnelgehäuse) (Bild 13/19), das die Kurbelwelle vollständig umfaßt;

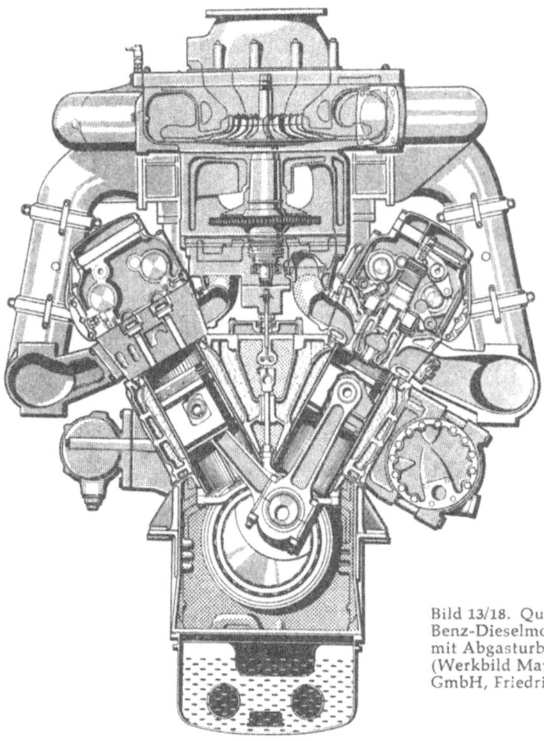

Bild 13/18. Querschnitt eines Maybach-Mercedes-Benz-Dieselmotors in V-Form, Bauart Maybach MD mit Abgasturbo-Aufladung und Ladeluftkühlung (Werkbild Maybach Mercedes-Benz Motorenbau GmbH, Friedrichshafen)

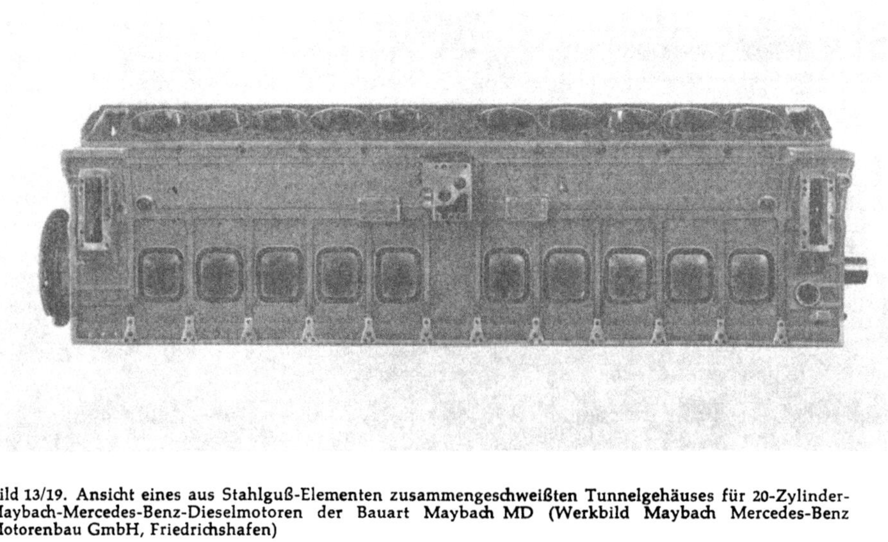

Bild 13/19. Ansicht eines aus Stahlguß-Elementen zusammengeschweißten Tunnelgehäuses für 20-Zylinder-Maybach-Mercedes-Benz-Dieselmotoren der Bauart Maybach MD (Werkbild Maybach Mercedes-Benz Motorenbau GmbH, Friedrichshafen)

Bild 13/20. Scheibenkurbelwelle für Maybach-Mercedes-Benz-Dieselmotoren der Bauart Maybach MD (Werkbild Maybach Mercedes-Benz Motorenbau GmbH, Friedrichshafen)

Bild 13/21. Drucköl-gekühlter Kolben mit abnehmbarem Stahlboden für Maybach-Mercedes-Benz-Dieselmotoren (Werkbild Maybach Mercedes-Benz Motorenwerke GmbH, Friedrichshafen)

Bild 13/22. Zylinderkopf eines Maybach-Mercedes-Benz-Dieselmotors der Bauart Maybach MD (Werkbild Maybach Mercedes-Benz Motorenbau GmbH, Friedrichshafen)

b) in einem Stück geschmiedete Scheibenkurbelwelle (Bild 13/20) mit Rollenlagerung im Gehäuse;
c) druckölgekühlte Leichtmetallkolben mit Durchflußkühlung und abnehmbaren Stahlböden (Bild 13/21);
d) Einzelzylinderköpfe mit zentraler Brennkammer und sechs Ventilen mit selbsttätiger Ventilspieleinstellung (Bild 13/22);

e) Einzeleinspritzgeräte (Bild 13/23) ohne Druckleitungen für jeden Zylinder.

Das Tunnelgehäuse wird serienmäßig aus einzelnen, rationell herstellbaren Stahlgußelementen und Stahlblechen zusammengeschweißt und ist außerordentlich steif und stoßsicher.

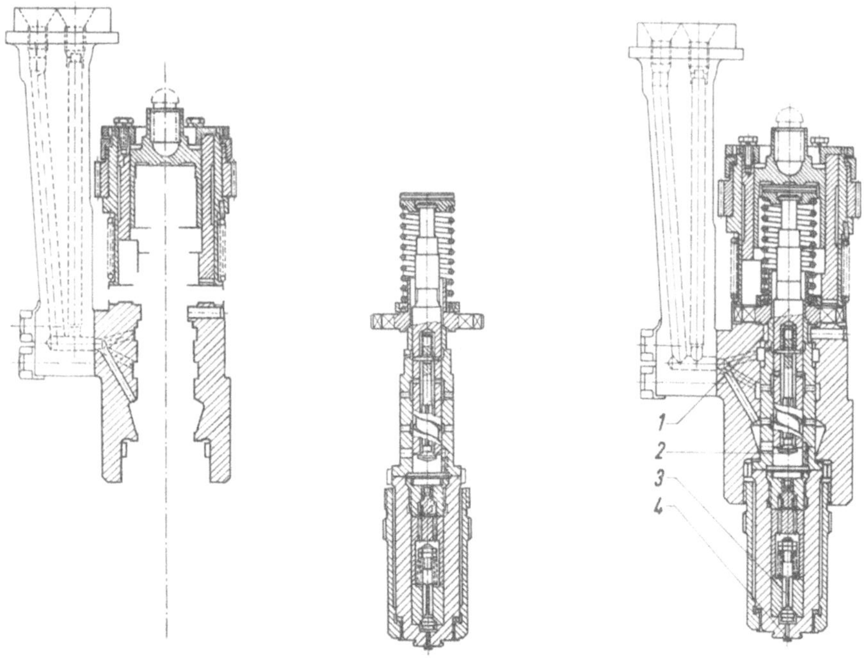


Bild 13/23. L'Orange-Maybach-Einspritzgerät für Maybach-Mercedes-Benz-Dieselmotoren der Bauart Maybach MD (Werkbild Maybach Mercedes-Benz Motorenwerke GmbH, Friedrichshafen)

1 Plungerkolben, 2 Saugventil, 3 Düsenventil, 4 Einlochdüse.

Die Ausführung der Kurbelwelle (Bild 13/2) stellt eine außerordentlich geschickte technische Lösung dar. Durch Ausbildung der Kurbelwangen zu Innenlaufflächen für die als Hauptlager verwendeten Zylinderrollenlager wird der Abstand von Zylinder zu Zylinder auf ein Minimum herabgesetzt und die Beanspruchung der Welle auf Biegung vermindert. Zugleich vergrößert sich wesentlich der Lagerdurchmesser und damit erhöht sich die Tragfähigkeit. Die Verdrehsteifigkeit liegt um etwa 40 % höher als die einer vergleichbaren gekröpften Welle.

Um für den Dauerbetrieb der Motoren mit höheren Mitteldrücken und verstärkter spezifischer Kolbenflächenbelastung in jeder Beziehung, auch hinsichtlich des Zylinderverschleißes, sichere und günstige Verhältnisse zu schaffen, erhielten die MD-Motoren Kolben mit Druckölkühlung. Diese Kolben (Bild 13/21) bestehen aus Kolbenschaft (Leichtmetall) und abnehmbarem Kolbenboden (wärmebeständiger Stahl). Den Hohlraum zwischen Schaft und Boden durchfließt ein zwangsgeführter Kühlölstrom, der insbesondere eine intensive Kühlung der Ringzone bewirkt und diese selbst bei höherer Belastung weit unter der kritischen Temperaturgrenze hält. Das Öl wird über ein kugelig befestigtes Teleskoprohr zugeführt und fließt direkt über das Kolbenbolzenauge ab, wobei dieses geschmiert wird.

Diese zweiteiligen druckölgekühlten Kolben haben folgende Vorteile:

Vermeidung des Festsetzens von Verdichtungsringen sowie des Ausschlagens der in den Stahlboden eingelassenen Nuten;

starke Herabsetzung des Zylinderverschleißes durch das auf einen Bruchteil des bei ungekühlten Kolben üblichen Wertes verringerte Kolbenspiel;

Reduktion des Schmierölverbrauches auf etwa 0,75 % des Kraftstoffverbrauches, d. h. auf einen Wert, der dem bei langsam laufenden Kreuzkopfmotoren auftretenden sehr nahe kommt;

vereinfachte Kolbendurchsicht, da der Stahlboden ohne Ausbau von Kolbenschaft und Pleuelstange abgenommen werden kann.

In jedem Einzelzylinderkopf sind je 3 Ein- und Auslaßventile konzentrisch um die Brennkammer herum angeordnet; sie werden von zwei obenliegenden Nockenwellen betätigt. Dabei greifen die Nockenscheiben der für die getrennte Steuerung von Ein- und Auslaß eingesetzten Nockenwellen direkt auf die mit hydraulischer Nachstelleinrichtung versehenen Kipphebel. Die Nockenwellen und Kipphebel jeder Zylinderreihe sind in einem durchgehenden, oberhalb der Zylinderköpfe angeordneten Gehäuse gelagert, das als Ganzes ab- und wieder angebaut werden kann.

Einspritzpumpe und Einspritzventil sind zu einem einzigen Bauteil, dem Einzeleinspritzgerät (Bild 13/23) vereinigt. Die Hauptteile – Plungerkolben (1), Saugventil (2), Düsenventil (3) und Einlochdüse (4) – sind in der Schnittdarstellung zu erkennen. Die Zuführung des Kraftstoffes erfolgt durch den auf der linken Seite befindlichen Zuleitungsturm. Jeder Zylinder ist mit einem solchen Einspritzgerät ausgerüstet, das unmittelbar über einen Kipphebel von der Nockenwelle betätigt wird. Alle mit Hochdruckeinspritzleitungen verbundenen Nachteile – hohe Druckverluste infolge der Leitungswiderstände bei relativ großen Einspritzmengen je Arbeitshub, Druckschwankungen durch „Atmen“ der Leitungen und Leitungskavitation – sind vermieden.

Über dem Motor ist der wassergekühlte Abgasturbolader mit vertikaler Welle angeordnet (siehe Bild 13/18). Während die Abgasleitungen im V des Motors liegen, sind die Ladeluftleitungen außen am Motor angebracht und werden über Ladeluftkühler geführt, die einen gesonderten Kühlwasserkreislauf besitzen.

Das Anlassen der Motoren kann entweder elektrisch nur bis 12-Zylinder-Motor, mittels Boschanlasser von 24 V, wahlweise auch 110 V, oder durch Druckluft über die Zylinder erfolgen.

## 13.4.2. Motoren der Bauart Daimler-Benz (MB-Typen)

Nach 1945 entwickelte die Daimler-Benz AG eine Reihe von größeren Dieselmotoren mit und ohne Aufladung, die dem Antrieb von Triebwagen, Lokomotiven, Booten und Schiffen dienen und auch für stationäre Zwecke wie Stromerzeugung, eingesetzt werden. Sie sind wassergekühlte Viertakter und arbeiten nach dem Vorkammerverfahren.

Das Motorenprogramm, das nach Abschluß des Vertrages über die Zusammenarbeit zwischen der Daimler-Benz AG und der Maybach-Motorenbau GmbH heute von der Maybach Mercedes-Benz Motorenbau GmbH in Friedrichshafen gebaut wird, umfaßt im wesentlichen folgende Motortypen:

| Typ | Zyl.-zahl | Bauweise | Bohrung/ Hub mm | Hub-volumen | Leistung/ Drehzahl | Aufladung | Lade-luft-kühlung |
|---|---|---|---|---|---|---|---|
| MB 836 | 6 | Reihe | 175/205 | 29,6 | 350/1500 | ohne | ohne |
| MB 836 | 6 | Reihe | 175/205 | 29,6 | 675/1500 | Abgas-Turbo | mit |
| MB 820 | 12 | V-Form | 175/205 | 59,2 | 750/1500 | ohne | ohne |
| MB 820 | 12 | V-Form | 175/205 | 59,2 | 1350/1500 | Abgas-Turbo | mit |
| MB 835 | 12 | V-Form | 190/230 | 78,25 | 1950/1400 | Abgas-Turbo | mit |
| MB 839 | 16 | V-Form | 190/230 | 104,3 | 2600/1400 | Abgas-Turbo | mit |
| MB 518 | 20 | V-Form | 185/250 | 134,5 | 3500/1700 | Abgas-Turbo | mit |

Auf den ersten Blick erscheinen die MB-Motoren betont konventionell, jedes Bauteil ist aber für seine Funktion unter Nutzung der letzten technischen Erkenntnisse auf den Gebieten Verbrennungsverfahren, Werkstoffkunde und Formgestaltung sorgfältig ausgebildet worden. Langjährige Erfahrungen im Leichtbau haben dazu beigetragen, die Dimensions- und Gewichtsprobleme gut zu lösen und die Forderungen nach hohen Laufzeiten zu erfüllen.

Dort wo leichtes Gewicht besonders gefragt ist, können die Motoren mit Spezial-Leichtmetallgehäuse und weiteren gewichtsparenden Bauteilen ausgerüstet werden. Bei den durch Abgasturboaufladung und Ladeluftkühlung in der Leistung gesteigerten Typen wird deshalb ein sehr niedriges Leistungsgewicht erzielt. Dies trifft besonders für den aus dem Dieselmotorenbau für Luftschiffe in den 30er Jahren hervorgegangenen Schnellbootsmotor MB 518 zu.

Für harte Betriebsbedingungen und hohe Dauerbeanspruchung stehen die Typen MB 820, MB 835 und MB 839 mit Graugußgehäuse zur Verfügung. Die Wartungs- und Überholungsarbeiten werden durch den einfachen Aufbau, die gute Zugänglichkeit zu den Zubehör- und Motorbauteilen äußerst leicht gemacht.

Bei den 6- und 12-Zylinder-Motoren MB 836 (Bild 13/24) und MB 820 (Bild 13/25) mit Bohrung 175 mm und Hub 205 mm im Leistungsbereich von 350 ... 1350 PS bei 1500 U/min ist das Prinzip des einfachen Aufbaues, die Austauschbarkeit von Teilen innerhalb der Motorenfamilie und die Verwendung vieler handelsüblicher Ausrüstungsteile zunächst sehr weitgehend verfolgt worden. So sind zum Beispiel die Kurbelwellen im gleichen Gesenk geschmiedet. Sämtliche Pleuel sind gleich und beim V-Motor für die beiden gegenüberliegenden Zylinder auf einem Kurbelwellenzapfen nebeneinander angeordnet. Gleiche Arbeitsgänge bei den Teilen auch im Falle unterschiedlicher Beanspruchung, weitgehend gleiche Einspritzausrüstung u. a. m. Die Austauschbarkeit der üblichen Verschleißteile wurde also noch ausgeweitet, ganz auf der Linie wirtschaftlicher Serienfertigung.

Notwendige Leistungssteigerungen auf dem einen und anderen Anwendungsgebiet, die Betriebserfahrungen unter extremen klimatischen oder Einsatzbedingungen haben jedoch die Zweckmäßigkeit einer begrenzten Differenzierung aufgezeigt.

Die Motoren der Baureihe MB 835/MB 839 sind bei größeren Zylinderabmessungen (190 mm Bohrung, 230 mm Hub) zwar nach gleichen Grundsätzen konstruiert. Um spezifisch höhere Leistungen aber auch im Dauerbetrieb zu fahren, haben sie eine ähnliche Kolbenbodenkühlung erhalten, wie sie mit so gutem Erfolg bei

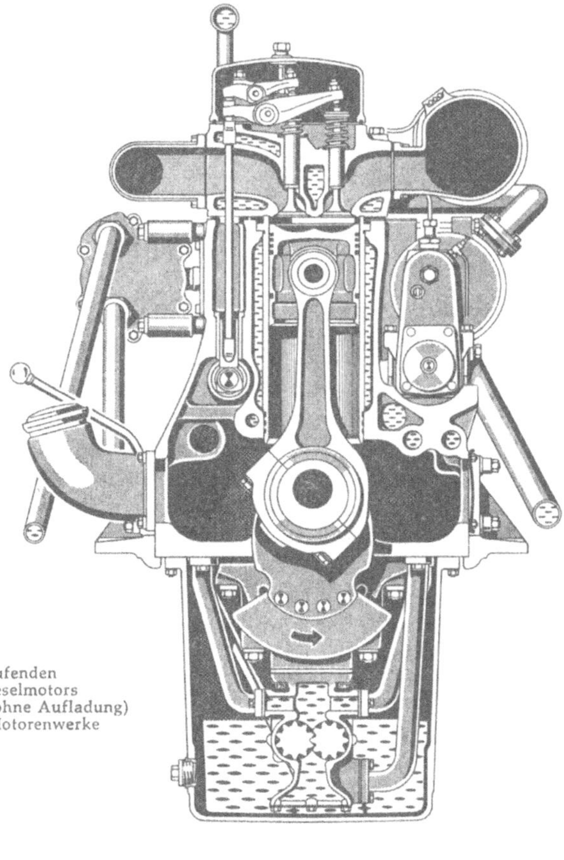

Bild 13/24. Querschnitt eines schnellaufenden Maybach-Mercedes-Benz-Viertakt-Dieselmotors Bauart Mercedes-Benz, Typ MB 836 (ohne Aufladung) (Werkbild Maybach Mercedes-Benz Motorenwerke GmbH, Friedrichshafen)

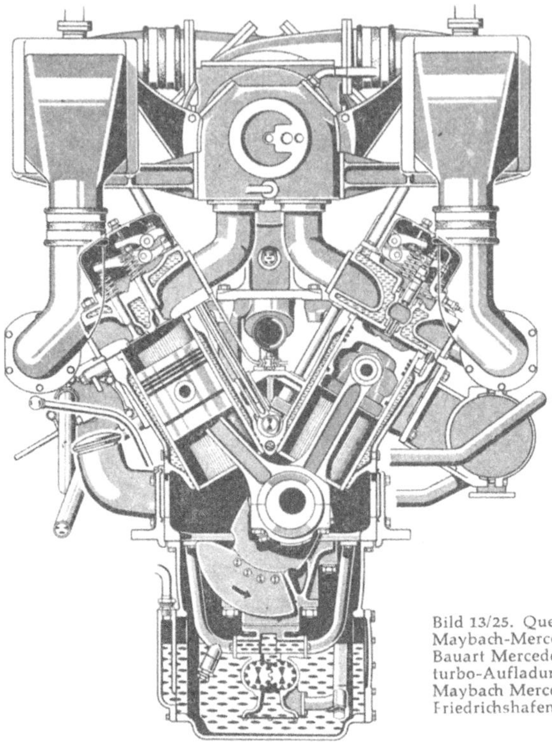

Bild 13/25. Querschnitt eines schnellaufenden Maybach-Mercedes-Benz-Viertakt-V-Motors der Bauart Mercedes-Benz, Typ MB 820 Bb mit Abgasturbo-Aufladung und Ladeluftkühlung (Werkbild Maybach Mercedes-Benz Motorenwerke GmbH, Friedrichshafen)

den im gleichen Werk hergestellten MD-Motoren angewandt wird. Der Leistungsbereich dieser Motoren reicht bis zu 2600 PS.

Das Kurbelgehäuse ist zur Versteifung der Triebwerkslagerung unterhalb Kurbelwellenmitte heruntergezogen und von der Ölwanne (Ölsumpf) abgeschlossen. Die nassen Laufbüchsen, in der Gehäusebohrung zentriert, werden vom Einzelzylinderkopf über einen Weicheisendichtring ohne Einsenkung von Spannschrauben fest auf die Kurbelgehäusefläche gepreßt. In den Grauguß-Zylinderkopf ist die zentrale Vorkammer mit stumpf angeschweißtem Brenner eingeschraubt. Je zwei drehende Einlaßventile (Rotocap) und zwei Auslaßventile werden herkömmlich über Stößel, Stoßstangen und Kipphebel betätigt. Die Nockenwellen jeder Zylinderreihe liegen außen.

Abweichend von den MB 836/MB 820-Motoren sind die Pleuel der gegenüberliegenden Zylinderpaare als Haupt-(Gabel-) und Neben-Pleuel ausgebildet. Die gleitgelagerte, geschmiedete Kurbelwelle ist mit Flüssigkeitsschwingungsdämpfer versehen. Die Kolben aus Leichtmetallschaft und Stahlboden erhalten das Kühlöl in kräftigem Strahl zugeführt. Der Kolbenboden mit den drei Verdichtungsringen kann wie beim MD-Motor ebenfalls ohne Ausbau des Kolbens abgenommen werden. Die liegenden Abgasturbinen der Aufladegruppe sind auf dem Kurbelgehäuse-Zylindersattel angeordnet.

Ölpumpen, Kühlwasserpumpen, Ölfilter, Ölwärmetauscher, Kühlwasserregler, Ladeluftkühler sind organisch angebaut. Die Einspritzpumpen sind seitlich befestigt, der hydraulisch betätigte Maybach-Mercedes-Benz-Regler an der Motor-Hauptabtriebsseite. Auch die Kraftstoffilter lassen sich anbauen. Motorträger gibt es für starre oder elastische Lagerung. Angelassen wird elektrisch (nur bis 12-Zylinder-Typen) oder mittels Druckluft über die Zylinder.

Der 20-Zylinder direkt umsteuerbare Leichtgewichts-Dieselmotor MB 518 nimmt als Antrieb für Marine-Schnellboote noch heute eine Sonderstellung ein. Einschließlich des angeflanschten Untersetzungsgetriebes beträgt das Leistungsgewicht etwa 1,5 kg/PS. In das zweiteilige Leichtmetallgehäuse sind aus Büchse, Kopf und Wassermantel montierte Zylinder eingesetzt. Die aus einem Stück ge-

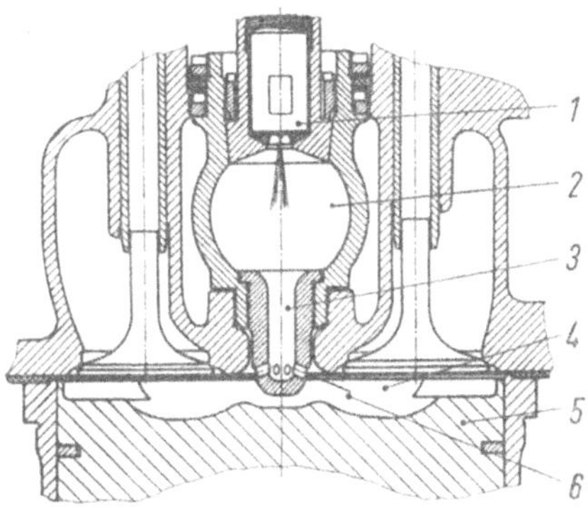


Bild 13/26. Verbrennungsraum eines Maybach-Mercedes-Benz-Dieselmotors Typ MB 820 (Werkbild Maybach Mercedes-Benz Motorenbau GmbH, Friedrichshafen)

1 Einspritzventil,
2 Vorkammer,
3 Vorkammerdüse (Brenner),
4 Hauptbrennraum,
5 Kolben,
6 Vorkammer-Düsenbohrungen.

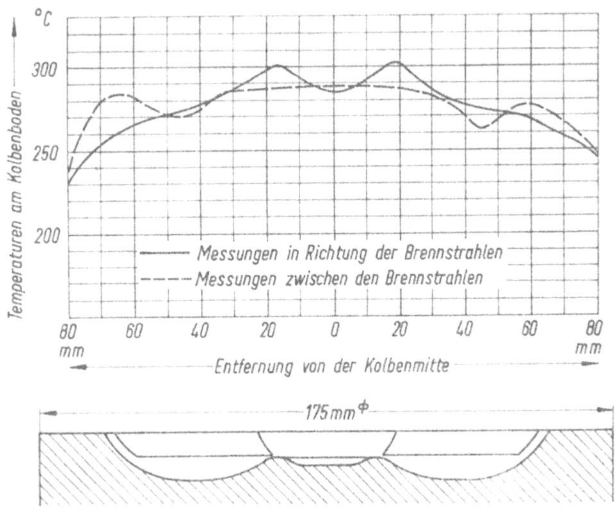


Bild 13/27. Kolbentemperaturen des Maybach-Mercedes-Benz-Dieselmotors MB 820 ($p_e = 13{,}7$ kp/cm²; $n = 1500$ U/min) (Werkbild Maybach Mercedes-Benz Motorenbau GmbH, Friedrichshafen)

schmiedete Kurbelwelle läuft in zweiteiligen Rollenlagern. Der abgasaufgeladene und ladeluftgekühlte Motor leistet 3500 PS bei 1700 U/min.

Alle Dieselmotoren dieser Baureihen arbeiten nach dem Vorkammerverfahren. Die Vorkammer liegt zentral im Zylinderkopf, der Brenner – das Verbindungsstück zwischen Vorkammer und Verbrennungsraum – ragt mit seinem Boden in den Zylinder. Bild 13/26 zeigt die grundsätzliche Gestaltung des Verbrennungsraumes. Die im Kreis angeordneten sechs Bohrungen am Brennerboden verteilen den aus der Vorkammer austretenden gezündeten Kraftstoff in dem Hauptverbrennungsraum über dem Kolben.

Bild 13/27 zeigt den Temperaturverlauf über dem Kolbenboden des Motors MB 820 Db bei einem mittleren effektiven Druck von 13,7 $kp/cm^2$ und 1500 $min^{-1}$. Die Temperaturverteilung ist recht gleichmäßig und die Einzelwerte liegen mit durweg weniger als 300° C bemerkenswert niedrig.

## 13.5. Viertaktmotoren der Firma Burmeister & Wain

Viertakt-Tauchkolbenmotoren in Reihenbauweise mit und ohne Aufladung zum Antrieb von Bordgeneratoren und anderen Aggregaten ergänzen das auf Zweitakt-Großdieselmotoren für den Schiffsantrieb basierende Produktionsprogramm der Firma B & W. Dazu kommen seit 1965 noch kurzhubige Viertakt-Tauchkolbenmotoren in V-Form, die für den Einsatz in Mehrmotoren-Schiffsantriebsanlagen entwickelt wurden.

Bei den B & W-Typenbezeichnungen gibt die erste Zahl die Zylinderzahl an, die beiden nächsten den Zylinderdurchmesser in Zentimeter. Die Bezeichnung MT bedeutet 4-Takt, einfachwirkend, Tauchkolbenbauart. Der Zusatzbuchstabe B heißt Aufladung durch Abgasturbolader, die weiteren Buchstaben H bzw. HK weisen darauf hin, daß der Motor als Hilfsdiesel, d. h. zum Antrieb eines Bordgenerators bestimmt ist bzw. als Hilfsdiesel auch noch mit einem Anfahr-Luftkompressor zur Erzeugung von Druckluft für den Haupt- und Hilfsbetrieb eines Schiffes ausgerüstet ist. Die letzten Ziffern einer Typenbezeichnung geben den Kolbenhub in Zentimeter an. So zeigt Bild 13/28 einen B & W-Motor 620-MTH-30, d. h. einen Hilfsdiesel in 4-Takt-Tauchkolbenbauart mit 6 Zylindern, 200 mm Zylinderbohrung und 300 mm Kolbenhub. Der Motor entwickelt bei einer Drehzahl von 600 $min^{-1}$ eine Leistung von 210 PS. Sein Gewicht beträgt ohne Schwungmasse 7,2 Mp, was einem Leistungsgewicht von ca. 34 kp/PSh entspricht. Das gesamte Aggregat – mit Schwungmasse und Generator – besitzt ein Gewicht von ca. 11,5 Mp.

Die konstruktive Ausführung entspricht der von Motoren gleicher Grundkonzeption und gleicher Einsatzbereiche. Lediglich die Vereinigung von Zylinderkopf und Laufbuchse zu einem Stück bildet in dieser Hinsicht eine Ausnahme.

Die Drucköl-Umlauf-Schmierung versorgt nacheinander Grundlager, Kurbellager und Kolbenbolzenlager.

Die Ölführung wird von einem Bohrungssystem innerhalb der Kurbelwelle übernommen. Die Versorgung der Kolbenbolzenlager erfolgt durch Längsbohrungen in den Pleuelstangen. Großer Wert ist auf gute Zugängigkeit aller Triebwerksteile gelegt.

Bild 13/28. Hilfsdiesel-aggregat B & W 526 - MTBH-40 (Werkbild Burmeister & Wain, Kopenhagen)

Die Ausführung von Zylinderkopf und Laufbuchse in einem Stück soll einerseits eine intensive Wasserkühlung ermöglichen und zum anderen eine gleichmäßige Wärmedehnung gewährleisten und so das Entstehen von Wärmerissen ausschließen.

## 13.6. Viertaktmotoren der Motoren-Werke Mannheim (MWM)

Die Motoren der Typenreihe RHS 345 sind Viertakt-Reihenmotoren in Sechs(S)- und Acht(A)-Zylinderausführung (Bild 13/29). Sie werden sowohl ohne als auch mit Abgas-Turboaufladung (Tb) gebaut und auf Wunsch mit Umsteuervorrichtung (U) geliefert. Die wesentlichsten technischen Daten sind in der Tabelle auf Seite 324 zusammengestellt.

Der Grundaufbau entspricht der üblichen konservativen Ausführung, die sich für die in Frage kommenden Anwendungsgebiete hervorragend bewährt hat.

Auf einer Grauguß-Grundplatte, die durch geschickt angeordnete Rippen und die Querverbindungen für die Aufnahme der Hauptlager eine hohe Steifigkeit besitzt, ruht das Gestell, das die eingesetzten Einzelzylinderkörper bis zu zwei Drittel ihrer Höhe umfaßt. Die gegenseitige Verspannung der Teile erfolgt durch Halbzuganker. Die aus hochwertigem, legiertem Werkstoff im Schleudergußverfahren hergestellten Zylinderlaufbuchsen ragen mit ihrem ungekühlten unteren Ende über die Zylindermäntel hinaus ins Gestell. Dieses wird also nicht in das Kühlsystem des Motors einbezogen, was vorteilhaft hinsichtlich der Fertigung durch Gießen ist. Ausschuß durch porösen Guß wäre bei der Größe der Teile ein ernst-

| Motor | | RHS 345 S | Tb RHS 345 S | RHS 345 A | Tb RHS 345 A |
|---|---|---|---|---|---|
| Zylinderzahl Z | | 6 | 6 | 8 | 8 |
| Verbrennungsverfahren | | dir. E | dir. E | dir. E | dir. E |
| Bohrung $D$ | (mm) | 360 | 360 | 360 | 360 |
| Hub $s$ | (mm) | 450 | 450 | 450 | 450 |
| Hubvolumen pro Zylinder $V_{HZ}$ | (dm³/Zyl) | 45,8 | 45,8 | 45,8 | 45,8 |
| Gesamtvolumen $V_H$ | (dm³) | 275 | 275 | 366 | 366 |
| Dauerleistung $N_e$ | (PS) | 850 | 1650 | 1150 | 2200 |
| Leistung bei Überlastung 1,1 $N_e$ | (PS) | 930 | 1800 | 1250 | 2400 |
| Drehzahl $n$ | ($min^{-1}$) | 500 | 500 | 500 | 500 |
| maximale Drehzahl bei Dauerleistung $n$ | ($min^{-1}$) | 514 | 514 | 514 | 514 |
| mittlerer effektiver Druck bei $N_e$ | ($kp/cm^2$) | 5,6 | 10,8 | 5,6 | 10,8 |
| mittlerer effektiver Druck bei 1,1 $N_e$ | ($kp/cm^2$) | 6,1 | 11,8 | 6,1 | 11,8 |
| mittlere Kolbengeschwindigkeit $c_m$ bei $n = 500\ min^{-1}$ | (m/s) | 7,5 | 7,5 | 7,5 | 7,5 |
| Leistungsgewicht $G/N_e$ | (kp/PS) ca. | 24,2 | 13,1 | 23,2 | 12,8 |

zunehmender Verlustfaktor. Die gewählte Anordnung, die sich zudem noch durch hohe Steifigkeit in Längs- und Querrichtung auszeichnet, erfordert natürlich einen beträchtlichen Bauaufwand.

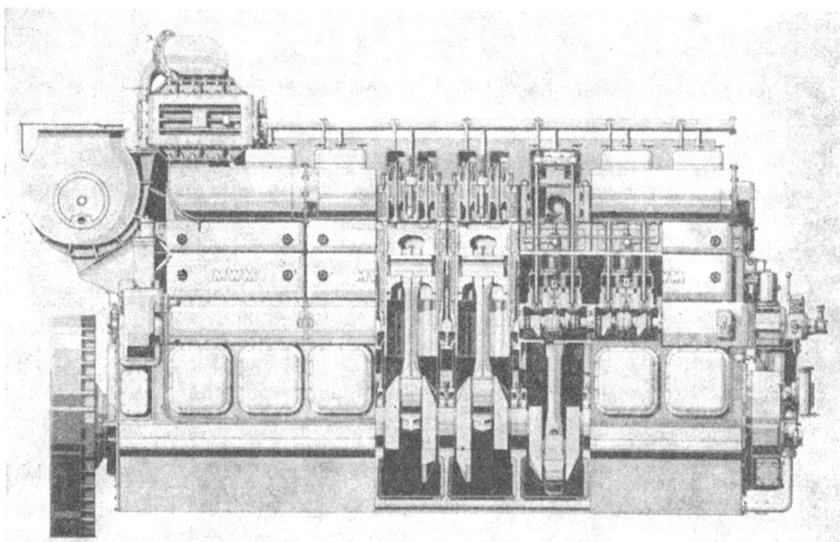

Bild 13/29. Achtzylinder-Viertakt-Reihenmotor der Baureihe RHS 345 (Werkbild Motoren-Werke, Mannheim)

Die Zylinderkühlräume werden gegenüber dem Kurbelgehäuse, wie allgemein üblich, durch Rundgummiringe abgedichtet. Innerhalb dieses Dichtungssystems ist in der Laufbuchse eine Fangnut eingedreht, die durchsickerndes Wasser über kleine Ablaufbohrungen abführt und so das Vermischen des Schmieröles mit Kühlwasser verhindert.

Die Hauptlagerdeckel sind mit je vier Dehnschrauben befestigt, die in Stahl und Gewindebuchsen innerhalb der Grundplatten-Querstreben sitzen.

Die Haupt- und Kurbellager werden von einbaufertigen Dreistofflagern gebildet, die sich aus Stahlstützschalen, Bleibronzeausguß und dünnen Laufschichtüberzügen aufbauen.

Das Triebwerk, und zwar in erster Linie die Kurbelwelle, werden so dimensioniert, daß auch bei Hochaufladung die Abnahmebedingungen der einzelnen Klassifikationsgesellschaften erfüllt werden. Aufgrund der beträchtlichen Abmessungen wird als Werkstoff ein normaler Vergütungsstahl verwendet. Die kräftige Ausführung der Zapfen und Wangen verleiht der Kurbelwelle eine hohe Biege- und Verdrehsteifigkeit. Der sorgfältig mit Hilfe von Gegengewichten ausgeführte Massenausgleich sichert ihr einen erschütterungsfreien Lauf. Durch Verwendung von Leichtmetallkolben und gering gehaltene Pleuelstangengewichte besitzt das Triebwerk ein relativ geringes Massenträgheitsmoment. Hieraus resultiert eine hohe Eigenfrequenz des Drehschwingungssystems, so daß die kritischen Drehzahlen außerhalb des im Betrieb gefahrenen Bereiches liegen. Die im Betriebsdrehzahlbereich liegenden Resonanzen höherer Ordnung werden, obwohl sie nur geringe Zusatzbeanspruchungen hervorrufen, durch Einsatz eines geschwindigkeitsproportionalen Viskose-Drehschwingungsdämpfers (Bauart Holset) auf kleine Werte abgebaut.

Der Zylinderkopf wird zur Erzielung einer gleichmäßigen Auflage mit acht formelastischen Schrauben gegen den Zylinderkörper gezogen. Die Ventile – ein Einlaß- und ein Auslaßventil – sind in einem besonderen Gehäuse angeordnet, das leicht nach oben ausgebaut werden kann. Das Einspritzventil sitzt in einem Rohr, das zwischen den Ventilen in der Mitte des Deckels eingewalzt ist. Die Anschlüsse befinden sich zur Vermeidung von Schmierölverdünnung durch Leckkraftstoff außerhalb der Zylinderkopfhaube. Sämtliche Schmierstellen werden durch das Druckölsystem versorgt. Zur Erleichterung der Demontage eines einzelnen Kopfes erhielt der Anschlußflansch der Ansaugleitung eine leichte Neigung zur Vertikalen. Dadurch wird das Abheben ohne Behinderung durch die Ansaug- und Auspuffleitungen ermöglicht.

Die je nach Zylinderzahl sieben- bzw. neunfach gelagerte Steuerwelle ist in einer seitlichen Kammer des Gestelles untergebracht, die nach außen durch einen öldicht schließenden Deckel begrenzt wird. Infolge dieser Anordnung braucht man die Steuerwelle nicht von der Stirnseite des Motors aus einzuführen, wozu sie länger sein müßte, sondern kann sie von der Seite aus einbauen.

Die Trennebene der Lagerdeckel verläuft vertikal, die der Lagerschalen horizontal. Beim Einbau werden die Schalen auf die Steuerwelle gelegt, durch Sprengringe zusammengehalten und dann mit der Welle zusammen eingelegt. Bild 13/30 zeigt die Steuerwelle im ausgebauten Zustand.

Bild 13/30. Steuerwelle (Werkbild Motoren-Werke, Mannheim)

Bei umsteuerbaren Motoren ist die Steuerwelle mit Schrägnocken versehen, damit ein axiales Verschieben ohne Abheben der Rollen möglich ist. Jeweils in der Mitte zwischen den Nocken für die Ventilbetätigung sind die für den Kraftstoffpumpenantrieb angeordnet. Die Kraftstoffnocken besitzen einen besonders groß bemessenen Grundkreis und können durch einen Exzentertrieb stufenlos verstellt werden. Als Kraftstoffpumpen werden Bosch-Einzelpumpen mit Schrägkantensteuerung verwendet.

Bei allen Motoren der betrachteten Typenreihe wird – wie heute allgemein bei Motoren dieser Größe üblich – der Kraftstoff direkt eingespritzt. Einspritzgesetz, Strahlform, Anzahl der Düsenbohrungen und Form des Kolbenbodens wurden im Hinblick auf optimale Gemischbildung und Verbrennung durch umfangreiche Versuche an einem Prototyp ermittelt.

Die Aufladung erfolgt durch ein einstufiges BBC-Abgas-Turbogebläse, System Büchi. Die Aufladegruppe, die nach Wunsch sowohl auf der Schwungradseite als auch auf der gegenüberliegenden Seite angebaut werden kann, wird bei hoher Aufladung mit einem Ladeluftkühler ausgerüstet.

Die Motoren werden auf allen Zylindern durch Druckluft angelassen. Den Anlaßvorgang steuern Schieber, die in Sternform an der Steuerwelle angeordnet sind und von dieser betätigt werden. Die Druckzahlregelung dieser Motoren erfolgt sowohl für den stationären als auch für den Betrieb auf Schiffen durch einen serienmäßig angebauten hydraulischen Regler der Bauart Curtiss-Wright.

Besonderes Augenmerk wurde der Konstruktion und Ausführung der Umsteuervorrichtungen geschenkt, da diese von außerordentlicher Bedeutung für die

Manövrierfähigkeit und damit für die Betriebssicherheit eines Schiffes ist. Hierbei müssen in erster Linie folgende Grundforderungen erfüllt sein: hohe Funktionssicherheit (möglichst „narrensicher"), geringer Aufwand an Bedienungstätigkeit, kurze Umsteuerzeiten, niedriger Druckluftverbrauch und Möglichkeit, die Umsteuermanöver von verschiedenen Fahrständen aus einzuleiten. Die ausgeführte Anlage arbeitet vollautomatisch und gestattet im Gegensatz zu den sonst üblichen das Umsteuern aus jeder beliebigen Drehzahl. Man kann also von „voll voraus" auf „voll zurück" überwechseln, ohne erst auf „stop" zu gehen oder eine niedrigere Umsteuerdrehzahl abwarten zu müssen. Umgesteuert wird durch axiales Verschieben der Steuerwelle ohne Abheben der Übertragungsglieder.

In Bild 13/31 ist das Schema der Umsteueranlage dargestellt. Ihre Funktion soll am Beispiel der Umsteuerung von „voraus" auf „zurück" erläutert werden.

Bei Bedienung des Handhebels (*F*) wird über Zahnsegment (20) bzw. bei Fernbedienung über Verschiebezylinder (19) die Hülse (2) und mit ihr Nocken (1) gedreht und Ventil (3) geöffnet. Die Luft aus der Anlaßluftflasche von ca. 30 atü tritt über Leitung (14) und nach Druckminderventil (4) mit 8 atü durch das geöffnete Ventil (3), die Leitung (5) zum pneumatisch gesteuerten Absperrventil (28). Gleichzeitig beaufschlagt die Druckluft der Leitung (5) über Leitung (30), Doppelrückschlagventil (31) und Leitung (32) den Kolben im Abstellzylinder (10). Dieser drückt über Hebel (11) die Regulierstange (12) in Stoppstellung. Außerdem wird die Druckluft, vom Ventil (3) herkommend, über Leitung (32) dem Sicherheitsregler (16) zugeführt, der den Durchtrittsquerschnitt für die Luft erst bei einer zwischen 180 $min^{-1}$ und 200 $min^{-1}$ eingestellten Motordrehzahl frei gibt. Ist diese Drehzahl erreicht, öffnet die Druckluft über die Leitungen 33 und 34 die beiden Absperrventile (28) und (29). Die Luft der Leitung (5) beaufschlagt über Leitung (35) das Öl im Umsteuerzylinder (6) und verschiebt über Umsteuerkolben (7) die Steuerwelle in die gewünschte Stellung. Danach schließt Ventil (3) und entlüftet das dahinterliegende Leitungssystem. Die Regulierstange (12) wird durch Federwaage (21) weiterhin in Stoppstellung gehalten.

Bevor die Steuerwelle die Endstellung erreicht, öffnet Nocken (1) das Ventil (13), die Druckluft strömt über Leitung (15) zum Abstellzylinder (10), schiebt dessen Kolben nach oben und gibt den Regelweg der Regulierstange (12) frei. Außerdem öffnet diese Druckluft über Leitung (18) das Hauptanlaßventil (17), durch das die Anlaßluft dem Anlaßverteiler zuströmt.

Der Handhebel (*F*) wird nach den ersten Zündungen des Motors freigegeben und durch die Federn (19) im Verschiebezylinder (20) in seine Mittelstellung gedrückt. Nun schließt das Ventil (13) und entlüftet die Leitungen (15) und (18). Der Umsteuervorgang „zurück" – „voraus" erfolgt in analoger Weise.

Im Notfall kann die Steuerwelle auch durch ein direkt einwirkendes Zahnsegment von Hand verschoben werden.

Bei besonderen Anwendungsfällen und speziellen Einbauverhältnissen kann die volle Leistung auch an der dem Schwungrad gegenüberliegenden Seite (Bedienungsseite) abgenommen werden. Von dieser Maßnahme werden jedoch die dort ange-

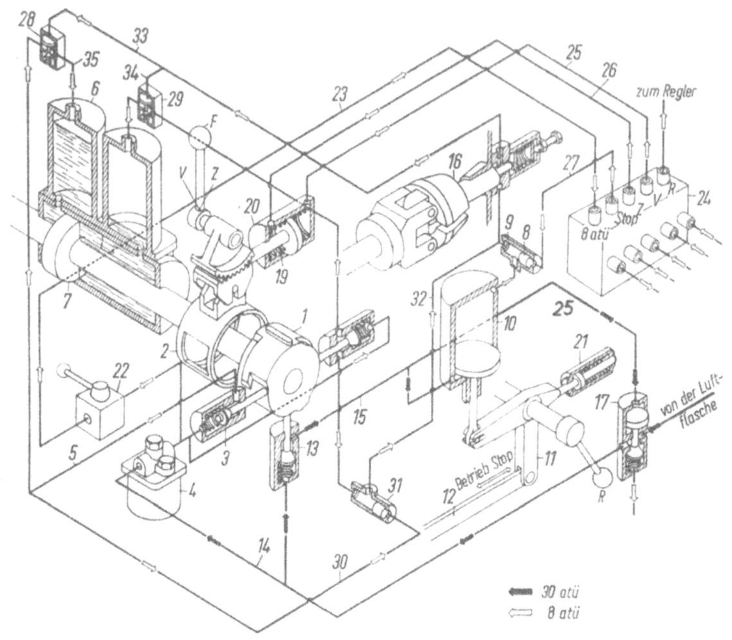


Bild 13/31. Schema der pneumatischen Umsteuerung (Werkbild Motoren-Werke, Mannheim)

1 Nocken,
2 Hülse,
3 Ventil,
4 Druckminderventil,
5 Leitung zum Absperrventil,
6 Umsteuerzylinder,
7 Umsteuerkolben,
8 Kolben,
9 Zylinder,
10 Abstellzylinder,
11 Hebel,
12 Regulierstange,
13 Ventil,
14 Leitung,
15 Leitung,
16 Sicherheitsregler,
17 Hauptanlaßventil,
18 Leitung,
19 Federn,
20 Verschiebezylinder,
21 Federwaage,
22 Einschalthebel für Fernbetätigung,
23 Leitung,
24 Fernbetätigungsblock,
25 Leitung,
26 Leitung,
27 Leitung,
28 Absperrventil,
29 Absperrventil,
30 Leitung,
31 Doppelrückschlagventil,
32 Leitung,
33 Leitung,
34 Leitung,
35 Leitung.

ordneten Hilfsmaschinen – Schmieröl-, Kraftstofförder-, Kühlwasserumwälz-, Rohwasser- und Lenzpumpe – nicht betroffen, d. h. sie brauchen nicht verlegt zu werden.

Das Schmieröl wird in zwei aus Spalt- und Papierfeinstfilter aufgebauten Kombinationen gereinigt. Bei diesen liegen zunächst auch die Feinstfilter im Hauptstrom. Mit zunehmender Verschmutzung wird der Durchfluß jedoch verringert, indem über ein Umgehungsventil ein Teilstrom abgezweigt wird, d. h. es erfolgt dann nur noch eine Nebenstromreinigung. Mit dieser Art der Filterung wurden bei relativ geringem Aufwand hervorragende Ergebnisse erzielt.

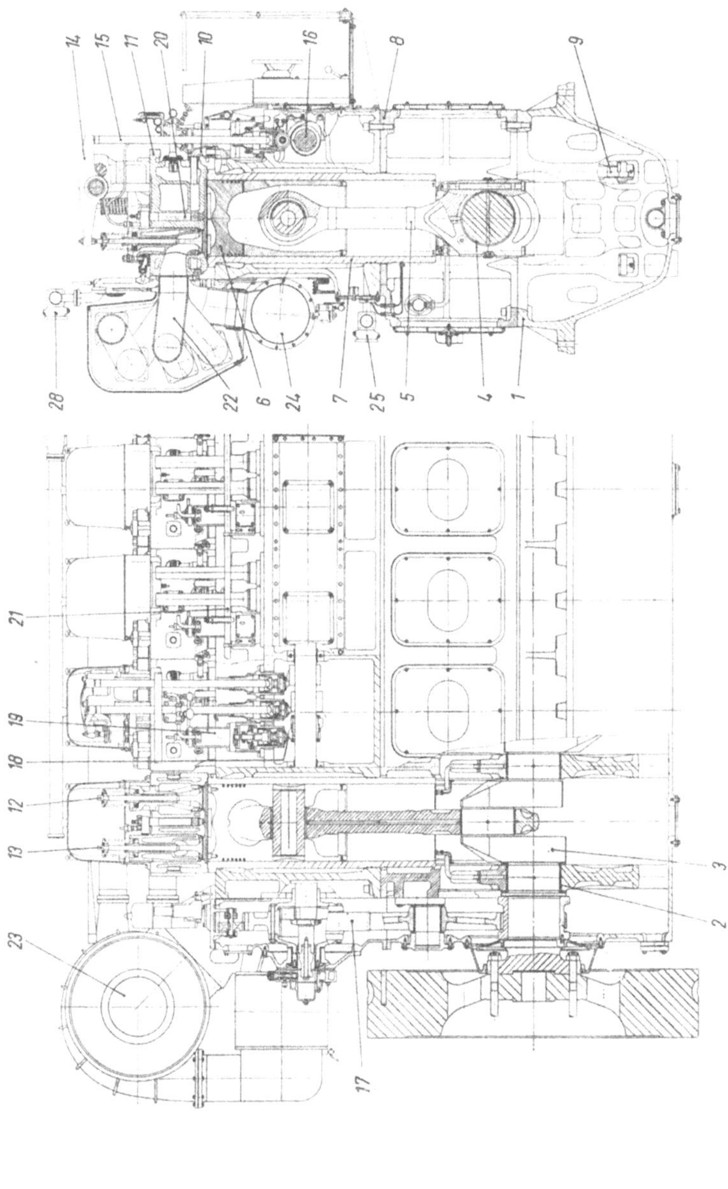


Bild 13/32. Quer- und Längsschnitt eines Mak-Viertakt-Tauchkolbenmotors (Werkbild Maschinenbau Kiel Aktiengesellschaft)

1 Grundplatte,
2 Paßlager,
3 Kurbelwelle,
4 Kurbelzapfenlager,
5 Schubstange,
6 Kolben,
7 Laufbuchse,
8 Gestell,
9 Zuganker,
10 Kühlwasserübertritt,
11 Zylinderdeckel,
12 Einlaßventil,
13 Auslaßventil,
14 Ventilhebel,
15 Stoßstange,
16 Nockenwelle,
17 Nockenwellenantrieb,
18 Einspritzpumpenantrieb,
19 Einspritzpumpe,
20 Düsenhalter,
21 Regulierung,
22 Abgasleitung,
23 Abgasturbolader,
24 Ladeluftleitung,
25 Kühlwasser-Verteilerleitung,
26 Kühlwasser-Sammelleitung.

## 13.7. Viertaktmotoren der Maschinenbau Kiel Aktiengesellschaft (MaK)

Bild 13/32 zeigt einen Viertakt-Reihenmotor in Tauchkolbenausführung aus dem Bauprogramm der MaK. Dasselbe umfaßt Motoren mit 6 ... 10 Zylindern, die eine Bohrung von 385 mm und einen Hub von 580 mm haben. Der Betriebsdrehzahlbereich liegt zwischen 250 $min^{-1}$ und 315 $min^{-1}$, die effektive Zylinderleistung beträgt aufgeladen 200 PS bei 300 $min^{-1}$.

Die umsteuerbaren Motoren werden sowohl für den direkten Propellerantrieb als auch – in Mehrmotorenanlagen – für den Antrieb über Untersetzungsgetriebe eingesetzt.

Grundplatte (1), Zwischenrahmen (8) und Zylinderblock – alle aus Grauguß hergestellt – werden durch Zuganker (9) gegeneinander verspannt, die gleichzeitig dem Anzug der Hauptlagerdeckel dienen. Grund- und Kurbellager besitzen Stahlstützschalen mit Weißmetallausguß. Es wird direkte Kraftstoffeinspritzung verwendet. Jeder Zylinder ist mit einer schrägkantengesteuerten Bosch-Einzel-Einspritzpumpe ausgerüstet, deren Antriebsnocken auf der Steuerwelle (16) verstellbar ausgeführt sind. Die oben angeordnete Steuerwelle (16) wird über schräg verzahnte Stirnräder (17) von der Kurbelwelle (3) angetrieben. Die Ventile (12, 13) werden durch Rollenstößel, Stoßstangen (15) und Kipphebel (14) betätigt. Umgesteuert wird durch axiales Verschieben der Welle, die gerade Nocken für Vorwärts- und Rückwärtslauf besitzt. Die Rollenträger werden dabei mit Hilfe eines hydraulischen Drehkolben-Servomotors abgehoben.

Der geschlossene Frischwasserkühlkreislauf erstreckt sich auf die Laufbuchsen (7), Zylinderdeckel (11), Auslaßventile (13), den Abgas-Turbolader (23) und den angehängten Luftverdichter. Der Ladeluftkühler sowie die Schmieröl- und Frischwasserrückkühler werden mit Seewasser beschickt. Die Einlaßventile (12) und die Leichtmetallkolben (6) bedürfen keiner zusätzlichen Kühlung, da ihre Temperaturen durch die Ladeluft in zulässigen Grenzen gehalten werden.

## 13.8. Viertaktmotoren der Firma Gebrüder Sulzer

Auch die Firma Sulzer, Winterthur, baut Zweitakt-Großdieselmotoren sowie Viertakt-Tauchkolbenmotoren als Hilfsdiesel für den Bordbetrieb sowie als Antriebsmotoren für Lokomotiven und Schiffe. Diese Tauchkolbenmotoren der Typenreihe BB bzw. BA werden mit 3 ... 8 Zylindern von 220 mm bzw. 290 mm Bohrung und 320 mm bzw. 360 mm Hub, in Reihenbauweise hergestellt. Die Betriebsdrehzahlen liegen zwischen 500 $min^{-1}$ und 600 $min^{-1}$. Mit Abgas-Turboaufladung erreicht der Typ 29 ($d = 290$ mm) eine effektive Zylinderleistung von 120 PS, ohne Aufladung beträgt sie 75 PS, bei einer Drehzahl von jeweils 600 $min^{-1}$.

Gestell und Zylinderkörper sind in einem kräftig dimensionierten Block zusammengefaßt, der unten mit einer tiefen Grundplatte verschraubt wird. Die aus einer Speziallegierung im Schleudergußverfahren hergestellten Laufbuchsen – sie sind als nasse Buchsen angeordnet – können ausgewechselt werden. Sie sind im thermisch hochbeanspruchten oberen Bereich von Leitansätzen des Blockes umgeben, die eine verstärkte Kühlung bewirken.

Triebwerk und Steuerwelle sind durch besonders groß gehaltene Seitenöffnungen im Block leicht zugänglich. Der Zylinderdeckel ist mit je einem Einlaß-, Auslaß-, Anlaß- und Einspritzventil ausgerüstet.

Bei hohen Leistungen (Aufladung) werden die Graugußkolben durch Öl gekühlt.

In den Bildern 13/33 und 13/34 sind der Motorenquerschnitt und das Schema der Aufladegruppe dargestellt.

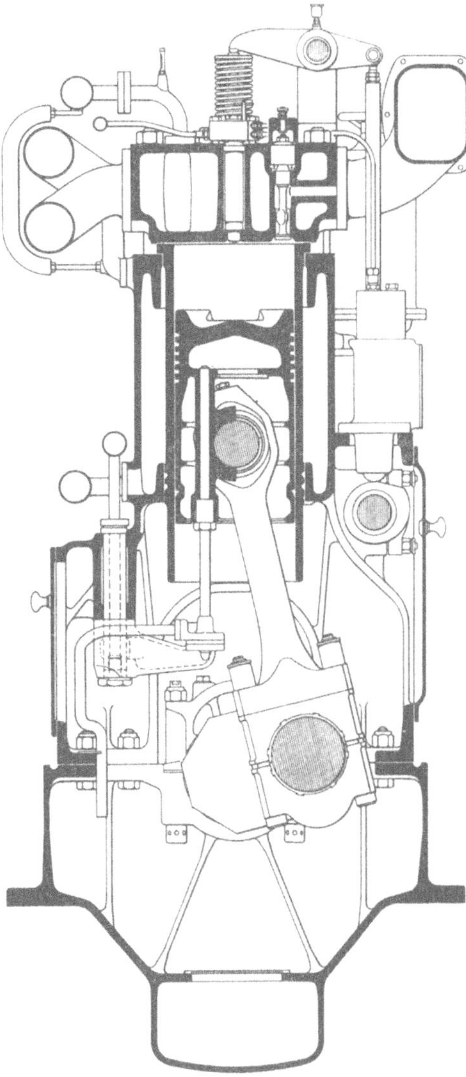

Bild 13/33. Sulzer-Viertakt-Dieselmotor, Typ BA (Werkbild Sulzer AG, Winterthur)

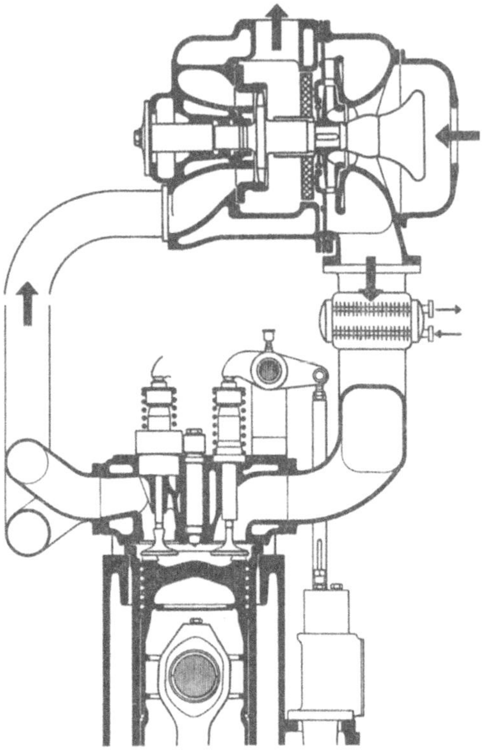

Bild 13/34. Schema der Abgasturboladung der Sulzer-Viertakt-Dieselmotoren

# 14. Einfachwirkende Zweitaktmotoren

## 14.1. Spülverfahren

Die Qualität der Verbrennung im Zweitaktmotor hängt von der Intensität der Spülung ab. Unter Spülung versteht man die Vorgänge des Ladungswechsels innerhalb des Motors, d. h. die Entfernung der Abgase und die Füllung des Zylinders mit frischer Verbrennungsluft. Nur wenn die Abgase in ausreichendem Maße aus dem Zylinder entfernt werden, so daß eine ausreichende Füllung mit Frischluft möglich ist, kann eine vollkommene Verbrennung stattfinden.

Die hauptsächlichen Spülverfahren, die heute bei Zweitakt-Dieselmotoren angewendet werden, sind die *Gleichstromspülung*, die *Querstromspülung* und die *Umkehrspülung*. In Bild 14/1 ist die Wirkungsweise dieser Spülverfahren und einiger Varianten schematisch dargestellt.

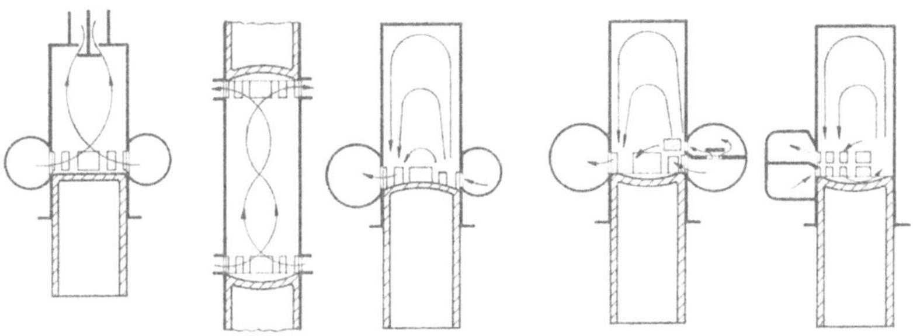

a) b) c) d) e)

Bild 14/1. Spülverfahren für Zweitaktmotoren

a) Gleichstromspülung mit ventilgesteuertem Auslaß,
b) Gleichstromspülung im Gegenkolbenmotor,
c) Querstromspülung,
d) Querstromspülung mit Nachladung,
e) Umkehrspülung.

### 14.1.1. Gleichstromspülung

Bei der Gleichstromspülung steuert man den Abgasstrom gewöhnlich durch ein oder mehrere nockenbetätigte Ventile (Bild 14/1a). Die Spülschlitze sind über den ganzen Zylinderumfang verteilt so angeordnet, daß bei Kolbenstellung in *UT* der volle Durchflußquerschnitt freigegeben wird. Die Spülluft strömt durch sie in den Zylinder und schiebt dabei die Abgase vor sich her durch die Auslaßventile ins Auspuffrohr.

Die Spülluft durchquert den Zylinder also nur in einer Richtung, von unten nach oben. Beim Eintritt überstreicht sie die Decke des Kolbens und kühlt ihn dadurch.

Durch tangentiale Anordnung der Spülschlitze gerät die Luft in eine zusätzliche Zirkulation, die über den Verdichtungsvorgang hinaus bis zur Einspritzperiode erhalten bleibt, so daß eine gute Durchwirbelung von Luft und Kraftstoff erreicht wird. Mit Hilfe von Auslaßventilen, deren Steuerung nicht – wie bei Auslaßschlitzen – von der Kolbenstellung abhängt, ist ein Schließen vor Beendigung der Spülperiode möglich. Dadurch kann die Zylinderfüllung auf den vollen Spüldruck – gewöhnlich 0,1 . . . 0,2 atü – gebracht werden, was eine erhöhte Zylinderleistung zur Folge hat. Die Intensität der Spülung wird durch das frühere Schließen des Auslasses nicht beeinträchtigt. Nachteilig ist aber der konstruktive Aufwand, den eine Ventilsteuerung erfordert. Besonders die kompliziertere Ausführung des Deckels, bedingt durch die Unterbringung der Ventile, bereitet häufig Schwierigkeiten, da dieses Bauteil bei Zweitaktmotoren hohen thermischen Belastungen unterworfen ist.

Die Gleichstromspülung mit ventilgesteuertem Auslaß eignet sich vorwiegend für langhubige Motoren mit geringer Drehzahl. Die Gleichstromspülung wird weiterhin bei Gegenkolbenmotoren angewandt (Bild 14/1 b). Der Auslaß erfolgt bei diesen durch Schlitze von großem Querschnitt, die über den ganzen Umfang des oberen Zylinderendes verteilt sind. Die Steuerung des Abgasstromes übernimmt der obere Arbeitskolben, die der Spülluftzufuhr nach erfolgter Entspannung der Abgase der untere. Die Spülschlitze am unteren Ende des Zylinders haben geringe Durchflußquerschnitte. Sie sind so angeordnet, daß die Spülluft nicht senkrecht in den Zylinder eintritt, sondern unter einem bestimmten Winkel zur Tangente an den Umfang, bei dem sich in Versuchen eine optimale Wirkung ergab. Durch diese Maßnahme überlagert man der Translationsströmung eine Zirkulation, so daß die Luft im Zylinder unter schraubenförmiger Bewegung die Abgase vor sich her zum Auslaß hinausschiebt. Gewöhnlich werden die Schlitze zur Verbesserung der Spülung auch noch nach oben angeschrägt. Die Spülung der Gegenkolbenmotoren zeichnet sich durch eine große Intensität aus, da die glatte Zylinderröhre den Abgasen keine Möglichkeit bietet, sich an irgendeiner Stelle zu halten. Die kräftige Durchwirbelung von Kraftstoff und Verbrennungsluft aufgrund der zuvor erläuterten Luftbewegung führt zu einer vollkommenen Verbrennung.

### 14.1.2. Querstromspülung

Die Querstromspülung weist eine andere Anordnung der Schlitze auf. Die Auspuffschlitze nehmen etwa zwei Drittel des Zylinderumfanges ein, während im restlichen Drittel die niedrigeren Spülschlitze untergebracht sind (Bild 14/1 c). Die geringere Höhenabmessung der Spülschlitze ermöglicht eine Entspannung der Abgase vor dem Spülluftеintritt. Sie sind leicht nach oben geschrägt. Zu Beginn ihrer Öffnung nimmt daher der Luftstrom unter Wirkung des Aufstauens an der Kolbenwand seinen Weg steil nach oben zum Deckel und von dort zu den Auslaßschlitzen. Mit zunehmender Öffnung der Schlitze verringert sich die Steigung des Spülstromes und die Spülluft gelangt auf immer kürzer werdenden Wegen quer durch den Zylinder zum Auslaß. Bei der Umlenkung des Luftstromes im Bereich des Zylinderdeckels entstehen Toträume, in denen sich Abgasreste halten können. Zudem wird die Spülperiode beendet, ehe die Auslaßschlitze geschlossen sind. Der Druck der Füllung liegt also unter dem Spülluftdruck. Die Spülung ist unvollkommen.

Die genannten Nachteile werden bei der Querstromspülung mit Nachladung (Sulzersystem) durch Anordnung einer zweiten Reihe von Spülschlitzen oberhalb der Hauptspülschlitze vermieden.

Diese sogenannten Hilfs- oder Nachspülschlitze werden von dem Kolben beim Aufwärtshub erst nach den Auslaßschlitzen geschlossen und beim Abwärtshub vor diesen freigegeben. Um zu vermeiden, daß die Abgase infolge des Druckunterschiedes zwischen Zylinder und Spülanlage durch die Spülschlitze entweichen, versieht man die Spülluftkanäle mit Venentilen oder Klappen. Diese sperren den Durchfluß bis zur Entspannung der Abgase nach Öffnen der Auslaßschlitze. Erst wenn der Druck der Spülluft den der Abgase übersteigt, beginnt die Spülung durch die Hilfs- und Hauptschlitze. Der Spülvorgang dauert über das Schließen der Anlaßschlitze hinaus an und führt zu einem Druck der Frischluftladung, der dem der Spülluft nahekommt.

Die Absperrung der Hilfsspülschlitze gegen Abgaseintritt übernehmen Ringplattenventile, die ähnlich wie bei der Sulzer-Spülpumpe (siehe Bild 10/16) gruppenweise übereinander angeordnet sind. Bei größeren Motoren ordnet man je Zylinder bis zu fünf solcher Ventilgruppen nebeneinander an, um ausreichende Durchströmquerschnitte zu erhalten. Die Ventile geben den Durchfluß nur in einer Richtung – vom Spülluftkanal in den Zylinder – frei. Sie werden durch die Druckdifferenz zwischen beiden betätigt, und zwar nur bei Drücken im Zylinder, die unter dem Spülluftdruck liegen.

Bei der Querstromspülung müssen die Spülluftanteile, denen der Ladungswechsel im oberen Teil des Zylinders obliegt, nahezu den doppelten Hubweg zurücklegen. Dieser Umstand führt naturgemäß zu einer Beschränkung des Hubes der Motoren, bei denen dieses Spülverfahren mit Erfolg eingesetzt werden kann. Die unterschiedlichen Weglängen der Spülluftteilchen erfordern zudem einen größeren Luftaufwand als bei der Gleichstromspülung und erschweren eine genaue Ermittlung und Deckung des Spülluftbedarfs. Die Folge ist das Abströmen beträchtlicher Luftmengen durch den Auslaß.

Die Querstromspülung der Fiatwerke, Turin (Bild 14/2) – in Deutschland ausgeführt von der Firma Borsig, Berlin –, ist durch Spülschlitze (1) gekennzeichnet, deren Höhe größer ist als die der Auslaßschlitze (2). Hilfs- und Hauptspülschlitze sind hier also zusammengezogen worden. Die Sperrvorrichtung (Rückschlagklappen (3)), die ein Entweichen der Abgase in den Spülluftaufnehmer verhindern soll, muß sich daher auf den gesamten Zuflußquerschnitt erstrecken.

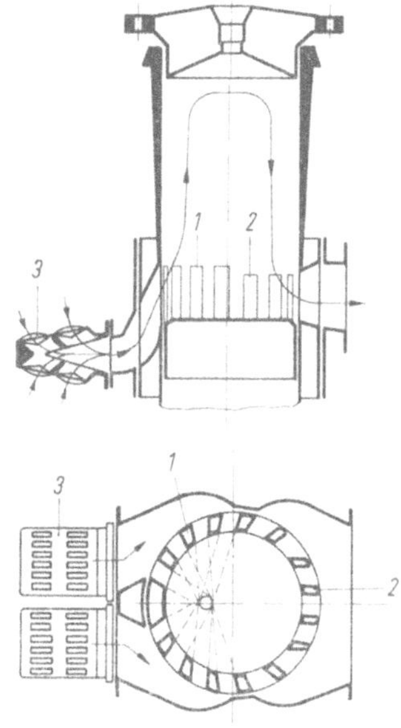


Bild 14/2. Querstromspülung der Fiat-Werke (Werkbild Borsig AG, Berlin)

1 Spülschlitze,
2 Auslaßschlitze,
3 Rückschlagklappen.

Die Auslaßschlitze sind radial angeordnet, während die Spülschlitze so gestaltet sind, daß die Luft unter einem bestimmten Winkel zur Tangente an den Zylinderumfang einströmt. Auf diese Weise überlagert man der Luftströmung eine Zirkulation, die eine intensivere Spülung bewirkt. Die Stege zwischen den Schlitzen enthalten Hohlräume, die von Kühlwasser durchflossen werden. Gekühlte Stege verringern die thermische Belastung in diesem Bereich, was besonders bei höheren Aufladegraden wichtig ist. Außerdem bleiben bei Schwerölbetrieb die Schlitze sauber.

### 14.1.3. Umkehrspülung

Das Schema der älteren Ausführung dieses Spülsystems, das im Dieselmotorenbau vorwiegend von der Firma M.A.N. angewandt wurde, zeigt Bild 14/1e. Der Zylinder ist auf etwa 60 % seines Umfanges mit zwei übereinander angeordneten Reihen von Schlitzen annähernd gleicher Höhe versehen. Die obere Reihe dient dem Auslaß, die untere der Spülung. Diese kann also erst einsetzen, wenn der Kolben die Auslaßschlitze in vollem Umfang freigegeben hat. Die leicht nach unten geneigte Lage der Spülkanäle läßt den Luftstrom zunächst über den Kolbenboden hinwegstreichen. Beim Auftreffen auf die gegenüberliegende Zylinderseite, die nicht mit Schlitzen versehen ist, richtet der Spülstrom sich auf, steigt nach oben, wird am Deckel umgelenkt und kehrt die Abgase vor sich herschiebend zur Ausgangsseite zurück.

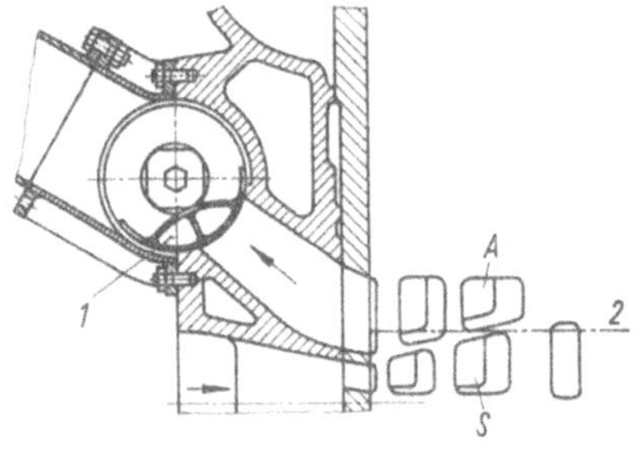


Bild 14/3. Schlitzanordnung und Ausführung des Sperrschiebers bei der M.A.N.-Umkehrspülung mit Nachladung

1 Sperrschieber,
2 Lage der Kolbenkante bei der gezeichneten Schieberstellung,
*A* Auslaßschlitze,
*S* Spülschlitze.

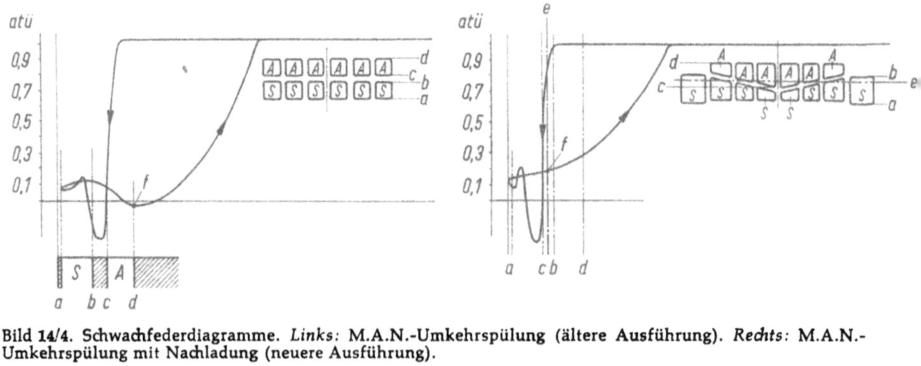


Bild 14/4. Schwachfederdiagramme. *Links:* M.A.N.-Umkehrspülung (ältere Ausführung). *Rechts:* M.A.N.-Umkehrspülung mit Nachladung (neuere Ausführung).

*A* Auslaßschlitze, *e* Kolbenstellung bei Schieberschluß,
*S* Spülschlitze, *f* Verdichtungsbeginn.

Um die bei dieser Ausführung auftretenden Füllungsverluste zu vermeiden, änderte man Gestalt und Anordnung der Schlitze und rüstete den Abgaskanal mit einem oszillierenden Sperrschieber aus (Bild 14/3). In Bild 14/4 sind Schwachfederdiagramme bei älterer Ausführung der Umkehrspülung und Umkehrspülung mit Nachladung nebeneinandergestellt. Während bei Fehlen einer zusätzlichen Abgassteuerung und bei der links dargestellten Schlitzanordnung nach dem Schluß der Spülschlitze (*S*) (Kolbenstellung *b*) beträchtliche Mengen von Ladungsluft durch den Auslaß entweichen konnten, erreicht man bei der neueren Schlitzanordnung durch Absperrung der Abgaswege bei Kolbenstellung *e* eine Nachladung durch die noch nicht völlig geschlossenen seitlichen Schlitze. Zudem wurde der Gesamtdurchströmquerschnitt für die Spülluft und damit die Intensität der Spülung durch Anordnung zusätzlicher Schlitze erhöht. Aus dem Druckverlauf über dem Kolbenweg lassen sich die Vorteile der neueren Ausführung erkennen. Bei dem alten Spülsystem folgte dem ersten Anstieg auf Spülluftdruck nach Öffnen der Spülschlitze in *b* eine Drucksenkung, die durch den Saugeffekt der ausströmenden Abgase hervorgerufen wird. Erst nach Schluß der Auslaßschlitze in *d* (Verdichtungsbeginn *f*) erhöht sich der mittlerweile unter die atmosphärische Linie abgesunkene Druck durch Verkleinerung des Zylindervolumens. Bei der Neuanordnung wird diese Absenkung auf Unterdruck durch den Schluß des Sperrschiebers bei Kolbenstellung in *c* verhindert. Der Druck der Ladung erreicht daher bis zum völligen Schluß der *Spülschlitze* (Kolbenstellung in *b*, Verdichtungsbeginn *f*) nahezu den im Spülluftaufnehmer herrschenden Druck. Die Ladungsmenge liegt in diesem Falle also einmal aufgrund des um den Betrag von Kolbenfläche × Kolbenweg von *e* bis *d* vergrößerten Volumens und zum anderen infolge des höheren Druckes wesentlich über der mit Ausführung links erzielbaren. Die Folge ist eine höhere Belastbarkeit des Motors im Dauerbetrieb. Konnten vorher nur indizierte Mitteldrücke von $p_i = 5{,}5$ kp/cm² erreicht werden, so ist mit Hilfe der neueren Ausführung eine Steigerung von ca. 15 % auf $p_i = 6{,}2$ kp/cm² und somit eine wesentliche Erhöhung der Zylinderleistung möglich. Es wurden aber auch schon größere Leistungssteigerungen bei einwandfreier Verbrennung erzielt.

Bild 14/5 weist anhand einer Gegenüberstellung der über dem Kurbelwinkel aufgetragenen Vorgänge des Ladungswechsels auf die grundsätzlichen Unterschiede der beiden Systeme hin.

Eine andere verbesserte Form der Umkehrspülung stellt das nach seinem Erfinder *Schnürle* benannte Verfahren dar (Bild 14/6). Es wird nach Ablauf des Patentes von vielen Firmen bei schnellaufenden Motoren angewendet.

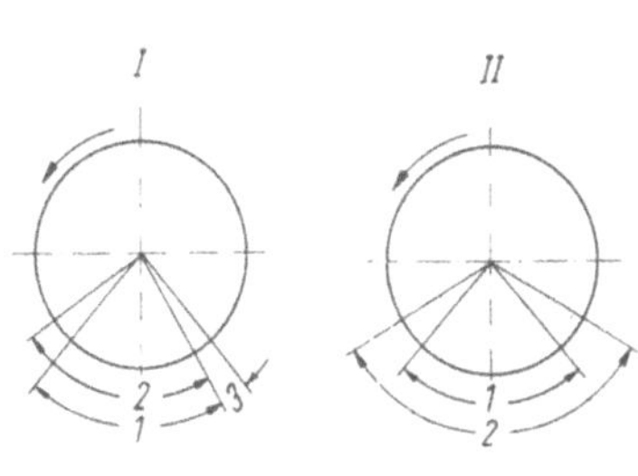


Bild 14/5. Darstellung der Ladungswechselvorgänge im Kurbelkreis (M.A.N.-Umkehrspülung I ältere, II neuere Ausführung)

1 Auslaß,
2 Spülung,
3 Nachladung.

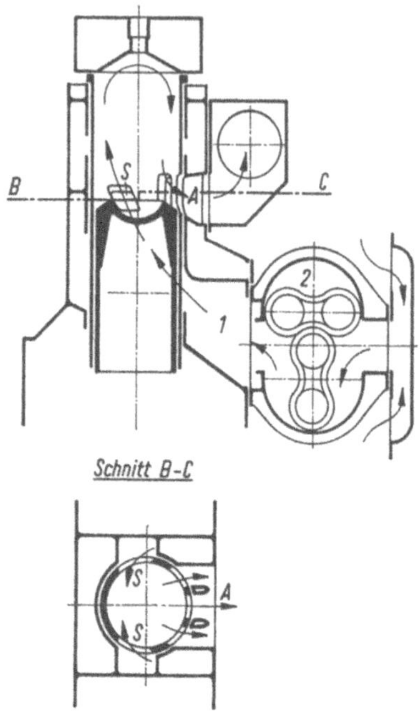


Bild 14/6 Schnürle-Umkehrspülung

*A* Auslaßschlitze,
*S* Spülschlitze,
1 Spülluftaufnehmer,
2 Drehkolbengebläse

Die Spülluft gelangt über Kanäle, die den Zylindermantel umgeben, zu den Spülschlitzen (*S*). Durch die Anschrägung nahezu tangential an den Zylinderumfang und zusätzlich durch die steile Richtung nach oben strömt die Luft zum Deckel hin. Dieser Bewegung ist eine Drehung (Zirkulation) überlagert. Um Richtungsänderungen bei der Spülluftzufuhr infolge auftretender Wirbelbildungen zu vermeiden, wird der Spülluftaufnehmer (1) möglichst tief angeordnet. Die aus den beiden Spülschlitzen (*S*) in den Zylinder tretenden Spülströme vereinigen sich ohne Durchwirbelung, steigen gemeinsam nach oben und werden von dem kegel- oder kugelförmig ausgesparten Deckel umgelenkt. Diese Gestaltung des Deckels erleichtert das Ausschieben der Abgase und vermeidet eine Vermischung von Spülluft und Abgasen infolge Wirbelbildung. Dadurch können die Abgase ohne nennenswerte Spülluftverluste durch die beiden Auslaßschlitze (*A*) aus dem Zylinder entfernt werden.

## 14.2. Zweitaktmotoren der Firma M.A.N.

### 14.2.1. Tauchkolbenausführung

Zweitakttauchkolbenmotoren werden von der M.A.N. aus Zylindereinheiten aufgebaut, die eine Bohrung von 520 mm mit Hublängen von 700 mm und 900 mm aufweisen. Die Betriebsdrehzahlen liegen beim kleineren Hub im Bereich von 187 ... 250 $min^{-1}$, beim größeren zwischen 125 ... 187 $min^{-1}$. Die Motoren werden mit 5 ... 10 Zylindern gebaut. Sie werden im stationären Betrieb und mit oder ohne Umsteuervorrichtung für Schiffsantrieb verwendet.

Die langhubige Ausführung eignet sich aufgrund der geringen Drehzahl bis $n = 170\ min^{-1}$ besonders für den direkten Propellerantrieb auf Schiffen. Die andere Ausführung kann über Zahnradgetriebe auf die Propellerwelle arbeiten und ferner im Land- oder Seebetrieb für den Antrieb von Generatoren oder anderen Arbeitsmaschinen eingesetzt werden.

Nachstehend wird die langhubige Ausführung näher beschrieben. Bild 14/7 zeigt den M.A.N.-Zweitakttauchkolbenmotor in langhubiger Ausführung. Der Zylinderdeckel besteht aus zwei Teilen, die aus hochwertigem Grauguß gefertigt sind. Gekühlt wird nur das Unterteil, das den Zylinder abschließt, und die Ventile für

Einspritzung, Anlassen und Indizieren sowie bei umsteuerbaren Motoren auch ein Sicherheitsventil aufnimmt. Das Kraftstoffeinspritzventil ist frischwassergekühlt. Das Oberteil besitzt Kreisringform und dient der Weiterleitung der Gasdruckkräfte vom eigentlichen Zylinderdeckel über Stehbolzen zum Zylinderblock. Das senkrecht angeordnete Einspritzventil erhält im oberen Deckel eine zusätzliche Führung, während die übrigen Ventile waagerecht im unteren Deckel angeordnet sind.

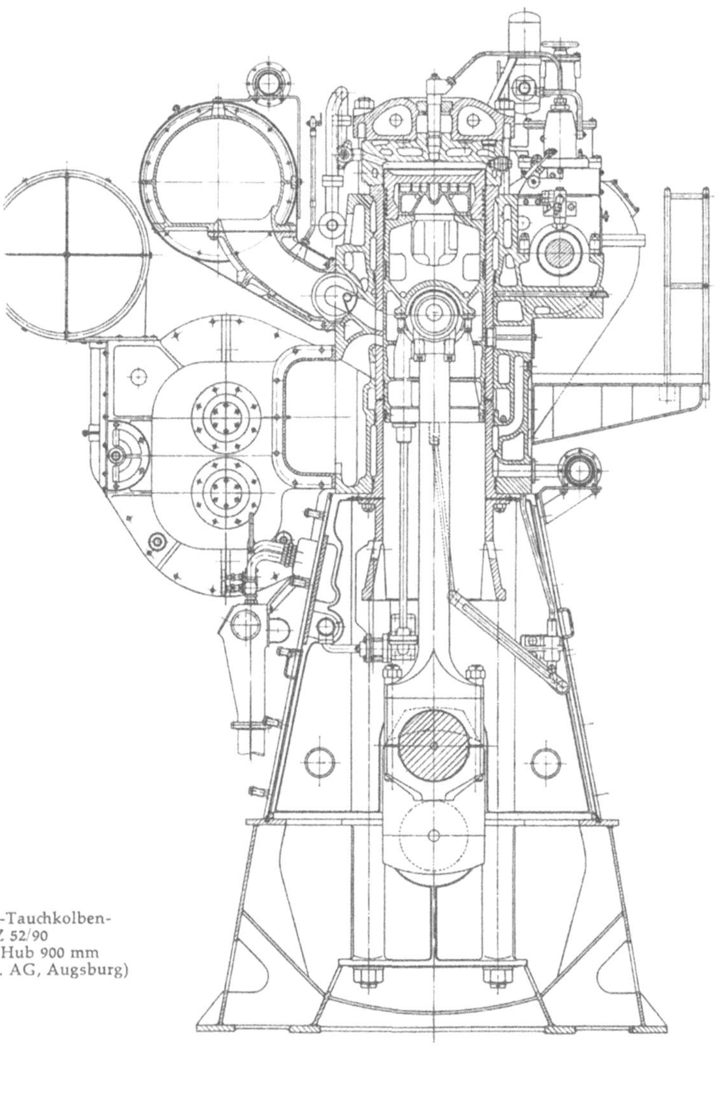

Bild 14/7. M.A.N.-Tauchkolben-Zweitaktmotor GZ 52/90
Bohrung 520 mm, Hub 900 mm
(Werkbild M.A.N. AG, Augsburg)

Die Grauguß-Zylinderkörper sind paarweise seitlich miteinander starr verbunden und bilden so einen Zylinderblock, der auf kurzen Ständern ruht und zusätzlich durch Stahlanker mit der Grundplatte verschraubt ist. Die Form der Grundplatte wird dem Aufstellungsort entsprechend ausgeführt, gewöhnlich paßt man ihre Höhe den jeweiligen Gegebenheiten an.

Im Interesse einer niedrigen Ausbauhöhe hat man die Zylinderlaufbuchse geteilt. Die untere Hälfte besitzt in halber Höhe einen Flansch, der mit dem Zylinderkörper verschraubt wird. Da dieses Buchsenteil nur der Führung des Kolbenschaftes dient und selbst bei Kolbenstellung in *UT* nicht vom untersten Kolbenring erreicht wird, kann die Trennfuge zwischen beiden Teilen so groß ausgeführt werden, daß Wärmedehnungen sich unbehindert auswirken können. Darüber hinaus dient der Trennspalt auch dem Abstreifen von Öl aus Kolben- und Umlaufschmierung, das bis an diese Stelle gelangen konnte. Der Abfluß des Öles erfolgt über einen Ringkanal im Zylinderkörper, der den Trennspalt umschließt. Auch eine Entspannung und Ableitung durchgedrungener Gase ist an dieser Stelle möglich.

Etwa in halber Höhe des Zylinders – auf der Bedienungsseite, gegenüber den Spülschlitzen – befindet sich in der Buchsenlauffläche ein herausnehmbarer Einsatz, der ein Schauloch verschließt. Nach dessen Öffnen hat man eine Sichtkontrolle von Kolben, Ringen, Spül- und Auslaßschlitzen sowie Buchsenlauffläche.

Beide Buchsenhälften werden im Bereich des Zylinderkörpers mit Wasser gekühlt (nasse Buchse).

Die Lagerschalen der Kurbelwelle bestehen aus Stahlguß-Stützkörpern, die mit Weißmetall ausgegossen sind. Sie sind so ausgeführt, daß man sie bei Instandsetzungsarbeiten leicht herausdrehen kann. Die Kurbelwelle ist halbgebaut. Kurbelwangen und -zapfen sind jeweils in einem Stück aus Stahlguß gefertigt und durch eingeschrumpfte Wellenzapfen aus Siemens-Martin-Stahl verbunden.

Für die Kühlung der Kolben wird Öl verwendet, das durch Tauchrohre zu- und abgeführt wird. Die Stopfbuchsen sind am unteren Ende des Kolbens angeordnet.

Zur Erzielung eines gleichförmigen Kühlmittelumlaufs sind Windkessel in das Kühlsystem eingeschaltet worden. Der Kühlmittelrücklauf führt über einen sichtbaren Abfluß, so daß eine Funktionskontrolle ohne Schwierigkeiten ausgeübt werden kann. Die Spülluftversorgung obliegt einem mehrflutigen Drehkolbengebläse, das auf der Rückseite des Motors angebracht ist. Das Gebläse wird über ein Stirnradvorgelege mit Dämpfungsglied (10) von der Kurbelwelle aus mit der vierfachen Motorendrehzahl (Bild 14/8 b) angetrieben. Jedes Drehkolbenpaar deckt den Bedarf von zwei Zylindern. Bei mehrzylindrigen Motoren faßt man die Einzelaggregate in einem Gehäuse zusammen, das entsprechende Unterteilungen aufweist. Die Kolben der einzelnen Paare werden um einen Winkel, der von der Anzahl der Paare bestimmt wird, zueinander versetzt auf zwei durchgehenden wälzgelagerten Wellen angeordnet. Bei einem Sechszylindermotor verwendet man beispielsweise ein dreiteiliges Gehäuse mit drei um 120° versetzten Drehkolbenpaaren. Bei umsteuerbaren Motoren wird das Gebläse mit Wechselschiebern aus-

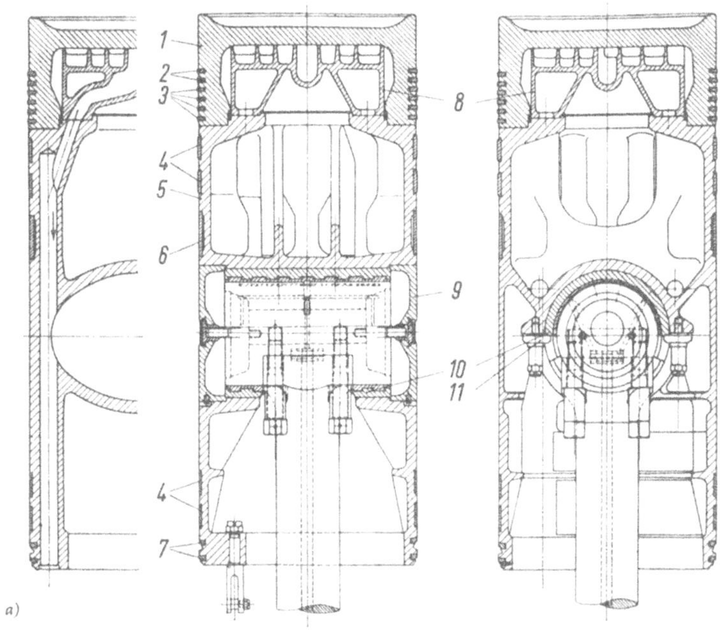


Bild 14/8. M.A.N.-Motor GZ 52/90
(Werkbild M.A.N. AG, Augsburg)

a) Kolben
1 Kolbenoberteil,
2 Kolbenringe,
3 Kolbenringe (mit Nase),
4 Gleitringe aus Bleibronze,
5 Kolbenunterteil,
6 Spannring aus Gußeisen,
7 Ölabstreifringe,
8 Rippeneinsatz für Ölführung,
9 Verschlußdeckel,
10 Lagerschale,
11 Klemmplatte.

b) Gebläseantrieb
1 Antriebsrad auf Kurbelwelle,
2 Zapfen,
3 Zwischenrad,
4 Pendelrollenlager,
5 Antriebsritzel,
6 Rollenlager,
7 Kupplungshälfte,
8 Kupplungshälfte,
9 Gebläsewelle,
10 Kupplung,
11 Kettenrad mit Kette für Steuerwellenantrieb,
12 Schraubenfeder,
13 Federkappe.

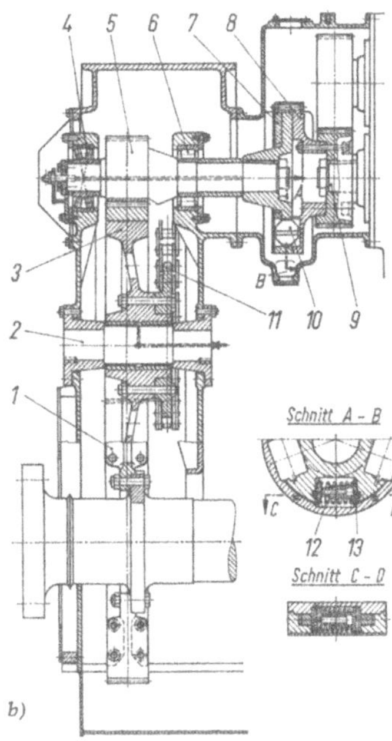

gerüstet, so daß eine der umgekehrten Strömungsrichtung entsprechende Schaltung von Saug- und Druckleitungen möglich ist.

Der Kolben ist zweiteilig ausgeführt (Bild 14/8 a). Der obere aus Stahl geschmiedete Teil (1) trägt 6 Kolbenringe (2, 3), der untere aus Gußeisen (5) 4 eingestemmte Gleitringe aus Bleibronze (4) und am unteren Rand 2 Ölabstreifringe (7). Die einteilige Lagerschale (10) für den Kolbenbolzen aus Stahl ist mit Weißmetall ausgegossen und wird durch 2 Klemmplatten (11) gehalten.

Die Steuerwelle ist im oberen Teil des Zylinderblockes in einem Trog gelagert. Angetrieben wird sie von der Kurbelwelle über Zwischenrad (3) und Rollenkettenantrieb (11) mit Spannvorrichtung. Die Steuerwelle ist mit verstellbaren aufgeklemmten Schrägnocken für den Antrieb der schrägkantengesteuerten Einspritzpumpen sowie Nocken für die Betätigung der Anlaßsteuerschieber und der Nachladeschieber ausgerüstet. Die Nocken für Vorwärts- und Rückwärtslauf sind jeweils nebeneinander angeordnet und werden dem gewünschten Betriebszustand entsprechend durch axiales Verschieben der Welle in Arbeitsstellung gebracht.

Die Verwendung angeschrägter Rollen und Nockenscheiben erübrigt ein Abheben der Übertragungselemente bei diesem Vorgang. Die Verschiebung der Steuerwelle erfolgt durch einen beidseitig beaufschlagbaren Hydraulik-Arbeitszylinder (Umsteuerzylinder), dessen Kolbenstange direkt mit der Welle gekuppelt ist. Der erforderliche Druck wird dem Öl in zwei senkrecht auf dem Schubzylinder angebrachten Behältern – Vorwärts- und Rückwärtsbehälter – durch Zufuhr von Druckluft erteilt. Die Behälter werden wechselweise beaufschlagt und entlüftet, so daß das Öl aus dem der Druckseite gegenüberliegenden Zylinderteil in den zugehörigen Behälter verdrängt werden kann. Die Kupplung von Welle und Kolbenstange überträgt nur Axialbewegungen. Der Schubkolben nimmt also nicht an der Drehbewegung der Steuerwelle teil.

Hinzuweisen wäre noch auf die Endlagenarretierung der Steuerwelle. Der dafür angeordnete Mechanismus wurde durch ein Gestänge erweitert, das jede Betätigung des Handrades sperrt, solange die Steuerwelle nicht eine ihrer beiden Endlagen einnimmt.

Die Arretierung der Steuerwelle erfolgt über einen an der Schubkolbenstange angelenkten Hebel mit Rolle. Die Rolle liegt auf einem federbelasteten Kolben, dessen Oberseite zwei durch eine Erhebung getrennte Raststellen besitzt. Bei Axialverschiebung gleitet die Rolle über die Erhebung, indem sie den Kolben gegen die Federkraft niederdrückt. Bei Endlage der Welle erreicht sie die Raststelle, wird durch die Federkraft in dieser Stellung gehalten und verhindert so weitere Axialbewegungen von Steuerwelle und Schubkolben.

Das hier beschriebene System der Umsteuerung findet in seinen Grundzügen auch bei den Kreuzkopfmotoren der M.A.N. Anwendung. Die Motorendrehzahl bei Belastungsschwankungen wird selbsttätig mit Hilfe eines Fliehkraftreglers verändert, dessen Ausschläge an einen Servomotor weitergeleitet werden, der seinerseits die Pumpenstellung korrigiert.

Der Ladungswechsel vollzieht sich nach dem M.A.N.-Umkehrspülverfahren mit Nachladung (nähere Beschreibung siehe Abschnitt 14.1.3). Der Nachladeschieber im Auslaßkanal (Bild 14/9, Pos. 11) führt eine schwingende Drehbewegung aus, die mit Hilfe eines Getriebemechanismus von dem Nocken auf der Steuerwelle erzeugt wird. Die Schieber sind nicht gekoppelt, sondern erhalten Einzelantrieb.

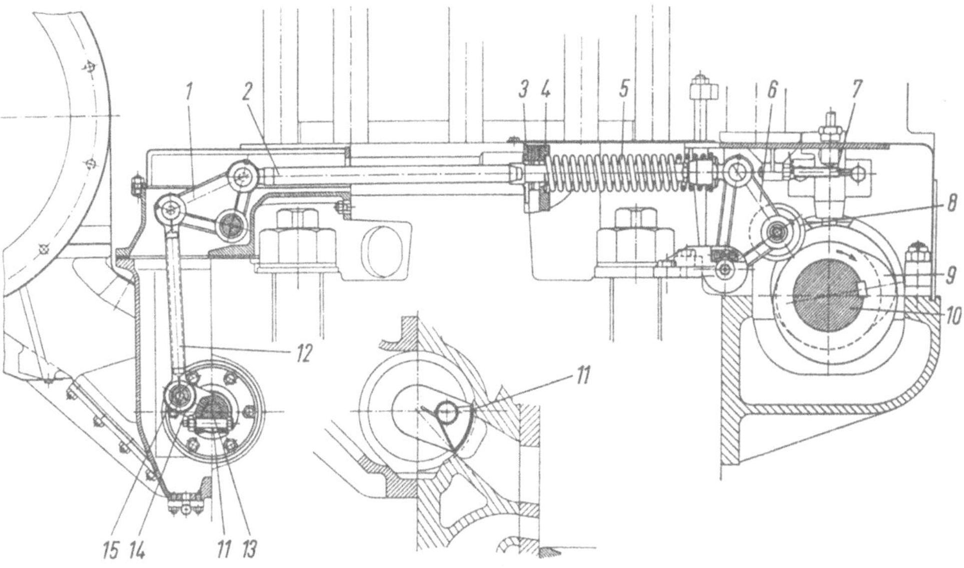


Bild 14/9. Antriebsmechanismus des Nachladeschiebers

1 Winkelhebel,
2 Gelenkstange,
3 Anschlagplatte,
4 Federteller,
5 Schraubenfeder,
6 Winkelhebel,
7 Gewindespindel,
8 Rolle,
9 Steuernocken,
10 Steuerwelle,
11 Nachladeschieber,
12 Stange,
13 Welle,
14 Hebel,
15 Gelenkbolzen.

Der Motor ist mit druckluftbetätigten Anlaßventilen ausgerüstet, die waagerecht im unteren Teil des Zylinderdeckels angeordnet sind. Bei Drehen des Steuerungs-Handrades wird das Hauptanlaßventil geöffnet. Anlaßluft steht nun an allen Anlaßventilen. Welches Anlaßventil öffnet, bestimmen die Anlaßsteuerschieber.

Zum Schluß seien noch einige Betriebsdaten genannt. Der mittlere effektive Druck beträgt $p_e = 5{,}2$ kp/cm², der spezifische Kraftstoffverbrauch ca. 164 g/PS/h. Die Einspritzung des Kraftstoffes erfolgt mit 500 at.

## 14.2.2. Kreuzkopfausführung

Einfachwirkende Kreuzkopfmotoren der M.A.N. tragen die Typenbezeichnung Kz 57/80, 60/105, 70/120, 78/140, 78/155, 86/160, 93/170 und 105/180. Die erste Zahl gibt den Zylinderdurchmesser in Zentimeter, die zweite den Hub in Zentimetern an. Der in Bild 14/10 gezeigte Kreuzkopf-Zweitaktmotor wird mit verschiedener Anzahl von Zylindern – maximal 12 – gebaut. Die effektive Zylinderleistung

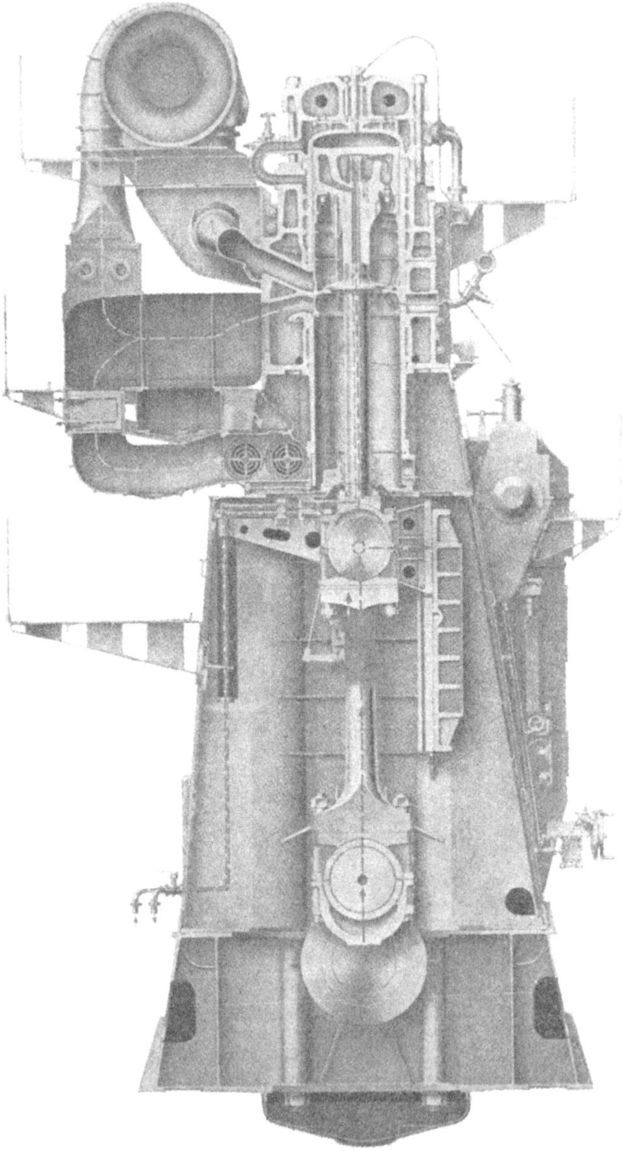

Bild 14/10. M.A.N.-Kreuzkopf-Zweitaktmotor, einfach wirkend mit Aufladung (hier Aufladung im Stoß-Parallel-Betrieb für einen 6-, 9- oder 12-Zyl.-Motor), Typ KZ 86/160 (Werkbild M.A.N. AG., Augsburg)

dieses aufgeladenen Motors beträgt bei 115 $min^{-1}$ und einem effektiven Mitteldruck von 8,42 $kp/cm^2$ 2000 PS. Der Größtmotor KZ 105/180 erreicht 4000 PSe/Zyl. bei $p_e = 11{,}5\ kp/cm^2$ und $n = 106\ min^{-1}$.

Die Grundplatte der Kreuzkopfmotoren besteht aus Stahlblechen, die mit Stahlgußteilen zusammengeschweißt sind. Auf der Unterseite ist eine zweiteilige Ölwanne angebracht.

Die Kurbelwelle der Kreuzkopfmotoren ist halb gebaut, d. h. Kurbelzapfen und Wangen werden in einem Stück gefertigt und durch die eingeschrumpften Wellenzapfen verbunden. Die Welle liegt in Lagerschalen aus Stahl, die mit Weißmetall ausgegossen sind. Für jedes Lager sind zwei Lagerdeckel angeordnet, die durch Stehbolzen mit der Grundplatte verschraubt werden. Die Schmierölzufuhr erfolgt zwischen den beiden Lagerdeckeln. Auch das Drucklager für die Aufnahme des axialen Propellerschubes ist an der Grundplatte angeflanscht.

Die Kreuzköpfe werden eingleisig auf Gleitbahnen geführt, die zwischen den A-förmigen, aus Stahlblechen zusammengeschweißten Ständern aufgehängt sind. Eine durch die Bewegung der Pleuelstange angetriebene Schmierpresse versorgt die Kreuzkopflager zusätzlich mit Öl. Vorgespannte Zuganker verbinden die zu einem Block zusammengeschraubten Zylinderkörper mit der Grundplatte.

Kurbelgehäuse und Zylinderräume werden durch einen Zwischenboden getrennt.

Besonders bei Motoren, deren Zylinderräume unterhalb der Kolben für die Spülluftterzeugung herangezogen werden, ist die Abdichtung der Kolbenstange in

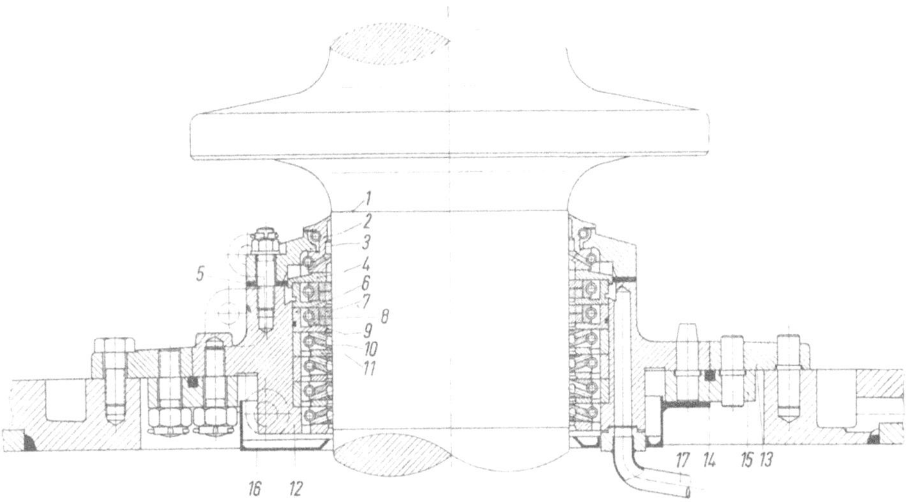


**Bild 14/11.** Kolbenstangen-Stopfbuchse im Zwischenboden (Werkbild M.A.N. AG, Augsburg)

1 Kolbenstange,
2 Abstreifring,
3 Stopfbüchsenbrille,
4 Zwischenring,
5 Paßplatte,
6 Kammerring,
7 Dichtring,
8 Schlauchfeder,
9 Anpreßring,
10 Abstreifring,
11 Kammerring,
12 Stopfbüchsengehäuse,
13 Zentrierring,
14 Rundbunaring,
15 Haltering,
16 Ölfangschale,
17 Ablaufleitung.

diesem Zwischenboden besonders wichtig. Sie muß einmal das Durchlecken von hochgespritztem Öl aus der Triebwerkschmierung bzw. abgetropftem Zylinderöl verhindern und darüber hinaus auch Druckverluste bei der Spülluftererzeugung mit Sicherheit ausschließen. Bild 14/11 zeigt die Stopfbuchse, die als Dichtungselement an der beschriebenen Stelle eingesetzt wird. Abtropfendes verschmutztes Zylinderöl kann aufgrund des großen Durchmesserunterschiedes zwischen Kolben und Stange kaum an die Stopfbuchse gelangen. Es sammelt sich auf dem Zwischenboden und wird von dort abgeleitet.

Die zweiteilige Zylinderlaufbuchse besteht aus verschleißfestem Grauguß. Um die Behinderung der Wärmedehnung des Oberteiles zu vermeiden, ist zwischen beiden Teilen ein Trennspalt vorgesehen, in den eine Garlockschnur eingelegt wird. Diese Dichtung setzt sich aus einem Kupferring und einem Ring aus synthetischem Kautschuk (Buna) zusammen, die einer Spaltverkleinerung infolge Wärmedehnung keinen nennenswerten Widerstand entgegensetzen.

Im oberen Buchsenteil, in das auch die Spül- und Auslaßschlitze eingearbeitet sind, ist oberhalb derselben eine wellenförmige Nut für die Zylinderschmierung angeordnet. Die Ölzufuhr erfolgt über radiale Bohrungen im Buchsenflansch, der etwas über den Zylinderkörper herausragt. Diese Radialbohrungen münden in vier senkrechte Anstiche innerhalb der Buchsenwandung, die an der Schmiernut enden. Die wellenförmige Ausbildung der Nut ermöglicht ein stoßfreies Darüberhinweg-Gleiten der Kolbenringe.

Das untere Buchsenteil ist an seinem oberen Ende mit einem Flansch versehen, der am Fuß des Zylinderkörpers angeschraubt wird. Eine Wasserkühlung ist hier nicht erforderlich, da die thermische Beanspruchung gering ist und zudem noch eine gewisse Kühlung durch die Luft, die in diesem Teil des Zylinders auf Spüldruck verdichtet wird, erfolgt.

Das andere Buchsenteil wird oberhalb der Schlitze mit Wasser gekühlt; bei Motoren mit über 60 % Aufladung werden auch die Laufbuchsenstege gekühlt.

Auf der Steuerseite ist ebenso wie beim Tauchkolbenmotor in der Lauffläche ein mit herausnehmbarem Einsatz verschlossenes Schauloch angebracht. Durch diese in Höhe der Schlitze liegende Öffnung können die Schlitze sowie Teile des Kolbens und der Lauffläche überprüft werden.

Der in Bild 14/10 erkennbare Zylinderdeckel ist zweiteilig ausgeführt. Das aus Stahlguß gefertigte untere Teil ruht auf dem Buchsenflansch und ist so ausgebildet, daß sich der Kolben im oberen Totpunkt mit einem Teil seiner Kappe in der Deckelvertiefung befindet.

Die Kühlräume sind in ihrem Querschnitt klein gehalten, damit das Kühlwasser hohe Durchströmgeschwindigkeiten erreicht, die eine größere Intensität des Wärmeüberganges zur Folge haben. Durch diese Maßnahmen wird die thermische Beanspruchung des kräftig ausgeführten Buchsenflansches verringert, so daß Schäden durch Wärmerisse und Ausbrennen kaum auftreten.

Das aus Grauguß hergestellte Oberteil dient als Preßdeckel. Als Stehbolzen für die Verbindung mit dem Zylinderkörper werden formelastische Dehnschrauben verwendet. Diese zeichnen sich durch geringe Spannungszunahme bei Längenänderung infolge Dehnung der verschraubten Teile aus. Der Preßdeckel wird im Gegensatz zum Tauchkolbenmotor ebenfalls gekühlt, und zwar fließt ihm das Kühlwasser aus dem unteren Deckel zu.

Das gesamte Kühlsystem wird mit aufbereitetem Wasser beschickt, das durch Seewasser rückgekühlt wird.

Aus Bild 14/12 sind der Aufbau und die Kühlmittelversorgung des Arbeitskolbens zu ersehen. Die Kolbenkrone (1) – gleichzeitig Ringträgerteil mit braungehärteten Ringnuten – besteht aus Stahlguß, das Kolbenhemd (4) aus Grauguß. Beide Teile werden mit Flanschen der Kolbenstange verschraubt. Auch hier verwendet man Dehnschrauben, deren günstiges Verhalten unter Wärmeeinwirkung gerade erläutert wurde. Bei der Befestigung der Krone ordnet man Schraubenpfeifen an, um Schrauben von ausreichender Ursprungslänge einbauen zu können. Für die Spannungszunahme ist nämlich die Längenzunahme bezogen auf die Ausgangslänge entscheidend.

Der Führungsring (8) ist aus Grauguß hergestellt.

Als Werkstoff für den Gleitring (9) wird Bleibronze verwandt. Am unteren Ende ist der Kolben durch eine Platte abgeschlossen.

Die Kühlwasserleitung im Inneren der Kolbenstange wird durch das Einsteckrohr (6) in Zu- und Abfluß getrennt. Die Wasserführung zur Stange erfolgt über Posaunen, die außerhalb des Kurbelraumes angebracht sind, so daß kein Leckwasser in den Kurbelraum laufen kann.

Kolben für Motoren mit über 60 % Aufladung erhalten Dünnwandböden mit entsprechenden Verrippungen.

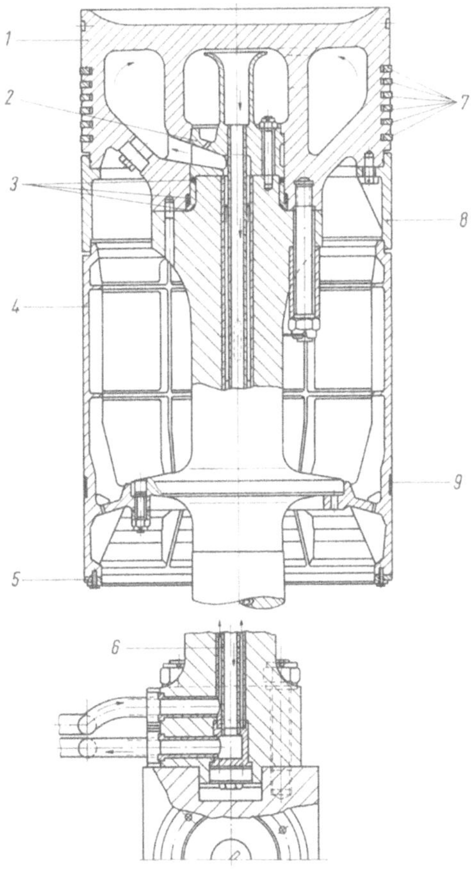


Bild 14/12. Kolben mit Wasserkühlung

1 Kolbenoberteil,
2 Einsatz,
3 Dichtungen,
4 Kolbenunterteil,
5 Dichtungsring,
6 Einsatzrohr,
7 Kolbenringe,
8 Führungsring,
9 Gleitring.

Die Steuerwelle ist am Fuß des Zylinderkörpers in Trögen gelagert, die an den Ständern befestigt sind. Angetrieben wird sie von der Kurbelwelle über zwischengeschaltete Stirnräder.

Das Umsteuersystem gleicht – wie schon erwähnt – im Prinzip dem beim Tauchkolbenmotor angewendeten. Desgleichen werden auch hier Kraftstoffpumpen mit Schrägkantensteuerung eingesetzt, die von verstellbaren Nocken auf der Steuerwelle angetrieben werden. Größtmotoren haben Doppelstempel-Kraftstoffpumpen, um auch niedrige Drehzahlen sicher einstellen zu können.

### 14.2.3. **Manövriereinrichtung** (Bild 14/13)

Alle Manövriervorgänge werden durch das Manövrierhandrad (24) gesteuert. Ausgehend von der Stopstellung werden durch Verdrehen der Reihe nach das Umsteuern, das Anlassen und schließlich die Verstellung der Kraftstoffördermenge durchgeführt. In dem kurzen Bereich „Umsteuern" wird, nachdem auch der Umschalthahn (23) in die richtige Stellung gebracht wurde, nur verweilt, wenn eine Drehrichtungsumkehr des Motors gefordert ist. Andernfalls wird der Abschnitt bis zu dem Bereich „Anlassen" schnell durchfahren. In dessen erster Hälfte wird der Motor nur mit Anlaßluft beaufschlagt. Bei Drehung des Handrades in die zweite Hälfte des Bereiches wird in zunehmendem Maße die Kraftstoffzufuhr eingeschaltet. Nachdem alle Zylinder sicher zünden, wird das Handrad in den letzten großen Bereich „Kraftstoff" gedreht, in dem bei langsamer Steigerung der Kraftstoffördermenge der Motor allmählich auf die vorgeschriebene Drehzahl gebracht wird.

Die Zufuhr der für das Umsteuern und das Anlassen benötigten Druckluft wird über den Umschalthahn (23) und die drei Steuerventile im Schaltkasten (27, 28 und 29), das Entlüftungs-, das Belüftungs- und das Umsteuerventil durch Nocken auf der Handradwelle gesteuert. Während der Nocken für das Umsteuerventil (29) fest aufgekeilt ist, sitzen die Nocken der beiden anderen Ventile mit der Verschiebeklaue (26) lose auf der Welle. Der Schaltkasten steht bei geöffnetem Anlaß-

Bild 14/13. Manövriereinrichtung

1 Anlaßluftflasche,
2 Hauptanlaßventil,
3 Anlaßleitung,
4 zum Kraftstoff-Nadelventil,
6 Anlaßventil,
7 Steuerluftleitung,
8 Kraftstoff-Einspritzpumpe,
9 Ölbehälter „Voraus",
10 Ölbehälter „Zurück",
11 Kraftstoffnocken,
12 Umsteuergehäuse,
13 Zugfeder,
14 Abstellvorrichtung,
15 Anlaßsteuerschieber,
16 Anlaßnocken,
17 Steuerwelle,
18 Anzeigevorrichtung,
20 Servomotor,
21 Steuerungsantrieb,
22 Sicherheitsregler,
23 Umschalthahn,
24 Manövrierhandrad,
25 Hilfsanlaßhebel,
26 Verschiebeklaue,
27 Entlüftungsventil,
28 Belüftungsventil,
29 Umsteuerventil,
30 Blockierscheibe,
31 Blockierhebel,
32 Rückführungsgestänge,
33 Schaltkasten:
zum Umschalthahn 23,
von Anlaßluftflasche 1,
Entlüftung,
zum Hauptanlaßventil 2,
34 Reguliergestänge für Schmierpressen,
35 Brennstoff-Reguliergestänge

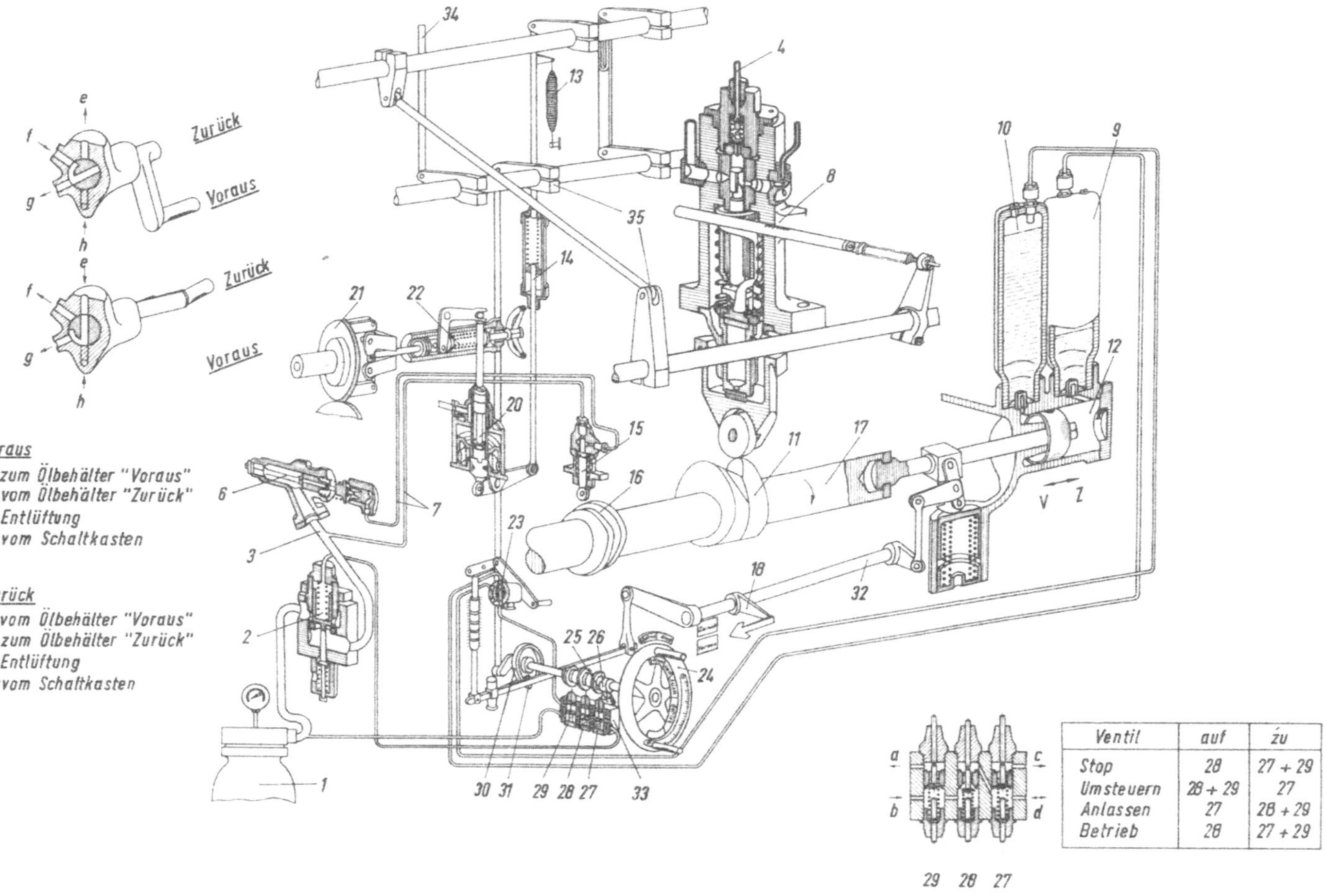


Voraus
e: zum Ölbehälter "Voraus"
f: vom Ölbehälter "Zurück"
g: Entlüftung
h: vom Schaltkasten

Zurück
e: vom Ölbehälter "Voraus"
f: zum Ölbehälter "Zurück"
g: Entlüftung
h: vom Schaltkasten

| Ventil | auf | zu |
|---|---|---|
| Stop | 28 | 27 + 29 |
| Umsteuern | 28 + 29 | 27 |
| Anlassen | 27 | 28 + 29 |
| Betrieb | 28 | 27 + 29 |

luftbehälter ständig unter Druck. Er besitzt eine Verbindung mit dem Raum über dem Ventilkegel des Hauptanlaßventiles und dem Umschalthahn sowie eine Verbindungs ins Freie. Die Nebenskizzen zeigen die Stellung der Steuerventile für die einzelnen Manövriervorgänge. Unter den Steuerventilen befindet sich je ein federbelasteter Druckbolzen, der es ermöglicht, ein in geöffneter Stellung hängengebliebenes Ventil mit einem Handhebel sofort zu schließen. Mit der Kurbel am hinteren Ende der Handradwelle wird über das Regelgestänge die Fördermenge der Einspritzpumpen reguliert.

Die Blockierscheibe (30) verhindert über den Blockierhebel (31) und das Gestänge (32) das Anlassen des Motors bis zum Abschluß des Umsteuervorganges. Außerdem ist die Manövriereinrichtung blockiert, solange das Schaltwerk eingerückt ist. Der Umschalthahn (23), der im Bild in seinen Stellungen für „Voraus" und „Zurück" dargestellt ist, besitzt eine Verbindung mit dem Umsteuerventil im Schaltkasten (29), je eine Verbindung mit den beiden Ölbehältern für die Umsteuerung (9 und 10) sowie eine Entlüftungsleitung.

Nachstehend sind Einzelheiten der verschiedenen Manövrierzustände näher beschrieben.

### 1. Stopstellung

Auf dem Bild ist das Handrad in Stopstellung gezeichnet. Von den drei Steuerventilen im Schaltkasten sind das Umsteuerventil (29) und das Entlüftungsventil (27) geschlossen, das Belüftungsventil (28) ist geöffnet. Bei geöffnetem Anlaßluftbehälter (1) ist damit die Steuerluftleitung zum Hauptanlaßventil (2) belüftet. Die Druckluft beaufschlagt dessen Ventilkegel, wodurch das Ventil geschlossen gehalten wird. Durch die Kurbel auf der Handradwelle sind die Einspritzpumpen auf Nullförderung gestellt. – Die Leitung zum Umschalthahn (23) ist aufgrund des geschlossenen Umsteuerventils (29) noch drucklos.

### 2. Umsteuern

Dreht man das Handrad des Manövrierstandes (24) in den Bereich „Umsteuern", so wird das Umsteuerventil (29) geöffnet und Steuerluft strömt zum Umschalthahn (23). – Im linken Bild oben liegt der Hebel auf „Voraus" und die Steuerluft hat Verbindung mit dem Ölbehälter (9) an der Umsteuervorrichtung (12). Die Luft drückt auf das Öl und erzeugt Druck damit in dem Umsteuerzylinder. Der Kolben wird in der Lage festgehalten, die der zuletzt gefahrenen Drehrichtung entspricht. Soll umgesteuert werden, so wird bei gestopptem Motor der Umschalthahn (23) in Stellung „Zurück" gelegt (siehe linkes Bild unten). Dreht man jetzt das Handrad in den Bereich „Umsteuern", so strömt die Steuerluft zum Ölbehälter (10), drückt auf den Ölspiegel und das Öl tritt hinter den Umsteuerkolben. Der andere Ölbehälter und damit die andere Seite des Kolbens werden gleichzeitig über den Umschalthahn entlastet. Der Umsteuerkolben bewegt sich dadurch in Richtung „Zurück" und verschiebt dabei die Steuerwelle bis in die andere Endlage. Hierdurch werden die entsprechenden Nockensätze unter die Elemente der Einspritzpumpen und die Anlaßsteuerschieber gestellt. Gleichzeitig wird durch eine Muffe auf der

Steuerwelle das Gestänge (32) verstellt, das nach Abschluß des Umsteuervorganges das Manövrierhandrad entriegelt und durch eine Vorrichtung (18) in der Manometertafel die neue Drehrichtung anzeigt.

### 3. Anlassen

Beim Weiterdrehen des Handrades in den Bereich „Anlassen" werden das Umsteuerventil (29) und das Belüftungsventil (28) geschlossen, das Entlüftungsventil (27) öffnet sich. Dadurch wird im Hauptventil (2) der Raum oberhalb des Ventilkegels entlüftet und das Ventil öffnet. Anlaßluft strömt durch die Anlaßleitung (3) zu den Anlaßventilen in den Zylinderdeckeln und zu den Anlaßsteuerschiebern (15). Derjenige Steuerschieber, der gerade über der Abflachung seines Nockens (16) steht, wird durch die Steuerluft gegen die Federkraft so weit nach unten bewegt, daß der Sog der Steuerluft zum Anlaßventil im Zylinder (Leitung 7) freigegeben ist. Durch das öffnende Ventil strömt Druckluft in den Zylinder und setzt das Triebwerk in Bewegung. Die Nocken zur Betätigung des Entlüftungs- und des Belüftungsventils (27 und 28) im Schaltkasten sitzen lose auf der Handradwelle Zu einem gemeinsamen Nockenkörper zusammengefaßt, werden sie vom Handrad über eine Verschiebeklaue (26) verdreht, in deren Umfang eine Kurvenbahn eingearbeitet ist. Am Ende des Bereiches „Anlassen" wird die Klauenverbindung durch einen Stift in der Konsole der Manövriereinrichtung gelöst und der Nockenkörper für die Ventile (27 und 28) wird durch den gewichtsbelasteten Hilfsanlaßhebel (25) in seine Grundstellung zurückgebracht. Dadurch wird erreicht, daß beim Zurückdrehen des Handrades von „Kraftstoff" auf „Stop" das Belüftungsventil (28) nicht nochmals geschlossen bzw. das Entlüftungsventil (27) erneut geöffnet wird, wodurch die Zylinder unerwünschterweise mit Anlaßluft beaufschlagt würden.

Wie schon erwähnt, wird in der zweiten Hälfte des Bereiches „Anlassen" allmählich Kraftstoff bis zu einer mäßigen Fördermenge zugeschaltet. Sollten nach dem Übergang auf den Bereich „Kraftstoff" die Zylinder noch nicht einwandfrei zünden, so kann man ohne das Handrad auf „Anlassen" zurückdrehen zu müssen – was eine Verminderung der Kraftstoffördermenge bedeuten würde –, durch Anheben des Hilfsanlaßhebels (25) nochmals kurz Anlaßluft in die Zylinder strömen lassen.

Um sicher zu sein, daß vor dem Anlassen die Umsteuerbewegungen bis zu den Endlagen „Voraus" oder „Zurück" ausgeführt sind, ist eine Blockierung vorgesehen, die ein vorzeitiges Weiterdrehen des Handrades aus Stellung „Umsteuern" in die Stellung „Anlassen" verhindert. Das von der Steuerwelle (17) betätigte Gestänge beeinflußt den Blockierhebel (31), der mit einem seitlichen Ansatz in einen Einschnitt der Blockierscheibe (30) greift. – Im Bild hat der Ansatz bei Vorausstellung des Blockierhebels die Blockierscheibe freigegeben. Würde der Umschalthahn (23) auf „Rückwärts" gelegt, so würde das Verbindungsgestänge zwischen Umschalthahn und Blockierhebel eine sofortige Blockierung bewirken und diese würde im Verlauf der Umsteuerbewegung solange andauern, bis der Ansatz am Blockierhebel durch den Scheibenschlitz durchgelaufen ist und in der Endstellung die Blockierung freigibt. Durch eine weitere Blockierung, die im Bild nicht eingezeichnet ist, wird jegliche Verdrehung des Manövrierhandrades aus der Stopstellung heraus verhindert, wenn das Schaltwerk noch eingerückt ist. Hierzu rastet ein Stift, der von einem Druckluftsteuerventil am Schaltwerk betätigt wird, in eine weitere Kerbe der Blockierscheibe ein. In einem Schaukästchen hinter dem Manövrierhandrad wird sinnfällig die Stellung des Schaltwerkes, also „eingerückt" oder „ausgerückt", angezeigt.

Schließlich kann auf Wunsch auch noch eine Blockierung in Abhängigkeit vom Maschinentelegrafen eingebaut werden. Diese soll verhindern, daß der Motor in einer Drehrichtung angelassen werden kann, die im Widerspruch zu dem Kommando von der Schiffsbrücke steht. Auch dieser Schaltzweig ist der Übersicht halber im Bild nicht eingetragen.

**4. Betrieb, Kraftstoffregelung**

Durch Weiterdrehen des Handrades nach Erreichen des Bereiches „Kraftstoff" werden keine weiteren Steuervorgänge mehr ausgelöst, sondern es wird nur noch die Kraftstoffzufuhr vermehrt. Dabei bewegt die Kurbel am hinteren Ende der Handradwelle das Regelgestänge, das durch eine Zugfeder immer auf Nullförderung gezogen wird, und verstellt damit die Regelstangen der Einspritzpumpen (8). – In der Stellung, die der befohlenen Fahrtstufe entspricht, wird das Handrad an seinen Griff, der gleichzeitig zum Arretieren desselben dient, festgehalten. Daß Drehzahlsteigerungen nur allmählich durchgeführt und nicht durch ruckweises Verdrehen des Handrades erzwungen werden sollen, gehört zu den selbstverständlichen Geboten des Motorenbetriebes. – Der über 120° reichende Bereich „Kraftstoff" entspricht einer Steigerung der Fördermenge bis zu deren Höchstwert.

Die vom Motor selbst durch Einsatz der Kolbenunterseiten beschaffte Spülluftmenge muß zur Erzielung eines guten Füllungsgrades noch durch ein Gebläse oder eine angehängte Kolbenspülpumpe ergänzt werden. Nicht aufgeladene Motoren sind mit Nachlade-Drehschiebern ausgerüstet.

Bei Motoren mit Abgasturbo-Aufladung brauchen nicht alle Zylinder zur Spülluftbeschaffung eingesetzt zu werden. Auch auf die angehängte Spülpumpe kann verzichtet werden. Man erreicht in solchen Fällen eine Aufladung von 80%. Das Spülverfahren – die M.A.N.-Umkehrspülung – wird bei allen Ausführungen beibehalten.

## 14.3. Zweitaktmotoren der Firma Sulzer

### 14.3.1. Tauchkolbenausführung

Der in Bild 14/14 gezeigte Sulzer-Zweitakt-Tauchkolbenmotor besitzt ein Gestell in Schweißkonstruktion. Die Zylinderkörper sind in üblicher Weise durch Zuganker mit der Grundplatte verbunden.

Die Besprechung des Aufbaues soll im Hinblick auf ihren Umfang nur die Konstruktionsmerkmale beinhalten, die sich wesentlich von den bei der Behandlung der Motorenelemente betrachteten unterscheiden.

Die einteilige nasse Zylinderbuchse ist am oberen Ende auf der Innenseite mit einem Ring aus warmfestem und zunderfreien Stahl – einem sogenannten Brand-

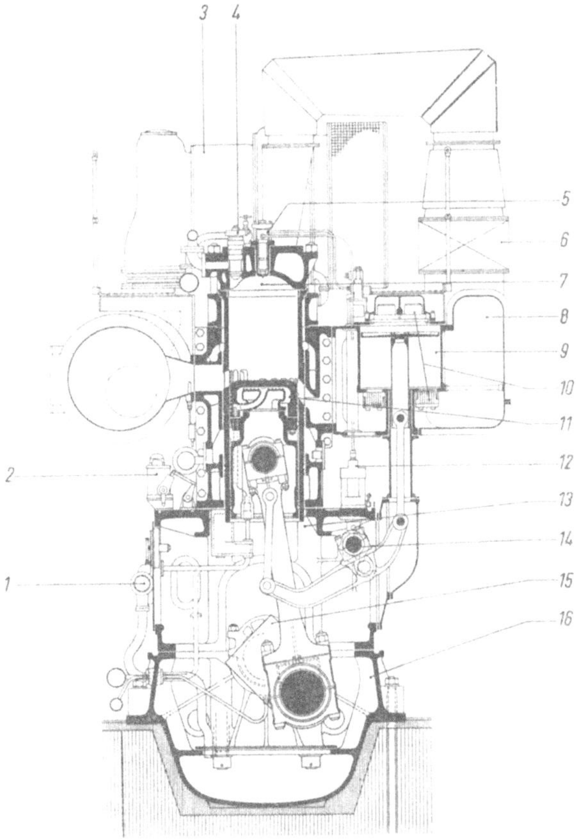


Bild 14/14. Sulzer-Zweitakt-Tauchkolbenmotor (Werkbild Sulzer AG, Winterthur)

1 Sichtkontrolle für Kolbenkühlung,
2 Zylinderschmierapparat,
3 Turbolader,
4 Anlaßventil,
5 wassergekühltes Einspritzventil,
6 Ladeluftkühler,
7 Zylinderdeckel mit Verbrennungsraum,
8 Spülluftaufnehmer,
9 Spülluftpumpe,
10 Luftventile,
11 ölgekühlter Kolben,
12 Kraftstoffpumpe,
13 Laufbuchse,
14 Nockenwelle,
15 Kurbelwelle,
16 Grundplatte.

ring – versehen. Auf diese Weise soll einmal der im Bereich des Verbrennungsraumes in starkem Umfange auftretende Ausbrand eingeschränkt werden und zum anderen die Lebensdauer der Buchse durch Schutz vor direkter Einwirkung der Zündflammen erhöht werden. Der Ring ist ohne erheblichen Arbeitsaufwand austauschbar.

Die Buchse besitzt oben einen Flansch, der vom Deckel gegen den Zylinderkörper gepreßt wird, kann sich aber nach unten frei dehnen.

Der Schaft des zweiteiligen Kolbens ist mit seitlichen Taschen versehen, die zur Lauffläche hin offen sind und der Aufnahme der Muttern für die Verschraubung von Krone und Schaft dienen. Die Kolbenkühlung erfolgt durch Öl.

Die in Abschnitt 14.1.2. beschriebene Sulzerspülung wird bei diesem Motor von einem geänderten System abgelöst. Lediglich das Prinzip der Querstromspülung wurde beibehalten. Die höheren Auslaßschlitze führen zu einer ausreichenden Entspannung der Abgase vor Einsetzen der Spülung. Die Hilfsspülschlitze mit den

Rückschlagventilen, die häufig zeitraubende Reinigungsarbeiten erforderten, sind weggelassen worden.

Die heute bis zu einer Zylinderzahl von zwölf hergestellten Motoren dieser Bauart werden vielfach wie der in Bild 14/14 gezeigte mit Abgasturbo-Aufladegebläsen ausgerüstet. Dieses saugt die Luft an und fördert sie unter Druckerhöhung über den Ladeluftkühler in den Spülluftaufnehmer. Aus diesem wird sie durch Spülluftpumpen, deren Antrieb von der Bewegung der Pleuelstangen abgeleite wird, in die Zylinder gedrückt.

### 14.3.2. Kreuzkopfausführung

Die RD-Motoren der Firma Sulzer (Bild 14/15) sind einfachwirkende, umsteuerbare Zweitakt-Kreuzkopfmotoren mit direkter Kraftstoffeinspritzung und Abgas-Turboaufladung. Auch die RD-Motoren arbeiten mit Querspülung, hier aber unter Einschaltung von Drehschiebern in die Auspuffleitungen der einzelnen Zylinder.

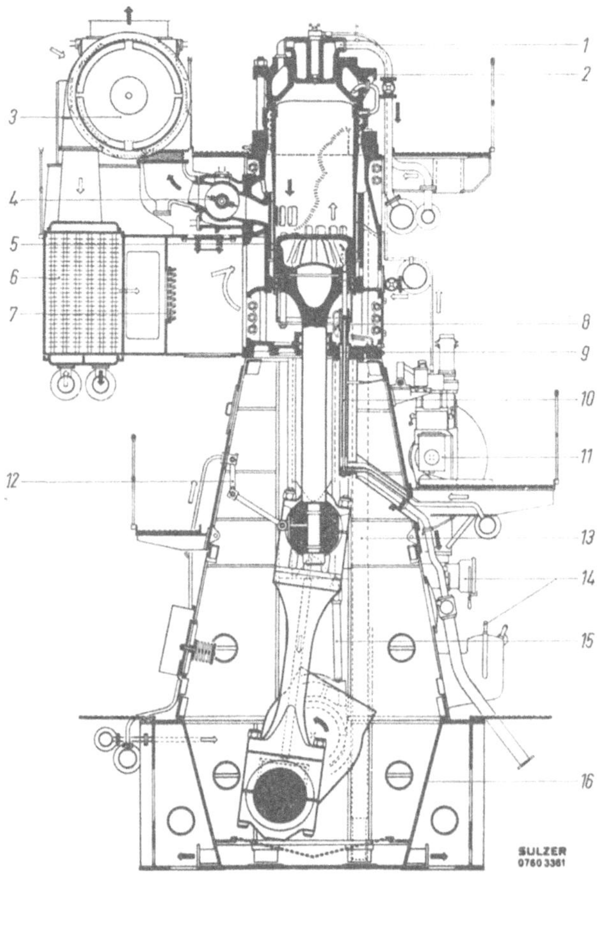


Bild 14/15. Schnittzeichnung eines RD-Motors der Firma Sulzer (Werkbild Sulzer AG, Winterthur)

1 Ventileinsatz,
2 Zylinderdeckel,
3 Turbolader,
4 Auspuffschieber,
5 Gekühlte Stege zwischen den Schlitzen,
6 Luftkühler,
7 Rückschlagventil,
8 Kolben,
9 Ventilierte Stopfbüchsen,
10 Wasserdichtes Kolbenkühlsystem,
11 Kraftstoffpumpenblock,
12 Schmierölgelenkrohre,
13 Zuganker,
14 Manövrierstand,
15 Haupt-Druckbolzen,
16 Selbsttragende Grundplatte.

Die durch Kolbenunterseite und Zwischenboden begrenzten Zylinderräume werden bei diesen Motoren zur Erhöhung des Aufladegrades eingesetzt (Bild 14/16). Die von dem Turbogebläse angesaugte und verdichtete Ladeluft wird über einen Kühler (2) in den Spülluftaufnehmer gefördert und dort durch die Kolbenunterseiten weiter verdichtet. Ein Rückströmen der Luft infolge des Druckgefälles zwischen Kühler und Aufnehmer wird durch Einbau der Rückschlagventile (3) verhindert. Nach Freigabe der Spülschlitze (5) durch die Kolbenoberkante strömt die Ladeluft über einen Kanal und die Schlitze in den Zylinder.

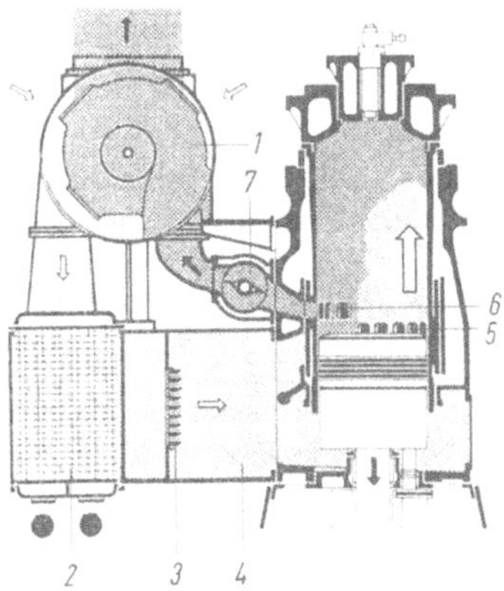


**Bild 14/16. Schema der Ladeluftbeschaffung** in einem RD-Motor (Werkbild Sulzer AG, Winterthur)

1 Abgas-Turboladegebläse,
2 Ladeluftkühler,
3 Rückschlagventile,
4 Spülluftaufnehmer,
5 Spülschlitze,
6 Abgasschlitze,
7 Abgasdrehschieber.

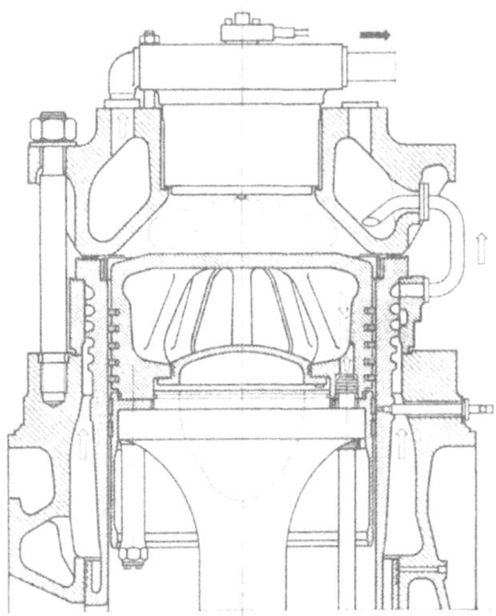

Das Gestell – Grundplatte und symmetrische Ständer – ist eine Schweißkonstruktion. Die Zylinderkörper aus Grauguß werden durch Zuganker mit der Grundplatte verbunden. Die mit Zahnrädern angetriebenen Kraftstoffpumpen sind in einem oder zwei Gehäuseblöcken zusammengefaßt und in halber Höhe des Motors angeordnet. Im Auslaßkanal ist ein rotierender Schieber angebracht, der einmal den Weg zum Auspuffsystem verschließt, wenn der Kolben einen bestimmten Betrag des Verdichtungshubes zurückgelegt hat und zum anderen durch Drosselung des Abgasstromes gegen Ende der Spülperiode eine wirksame Aufladung ermöglicht. Durch die erstgenannte Funktion des Schiebers kann der Kolben sehr kurz gehalten werden, was neben einer Verminderung der Bauhöhe des Motors auch eine wesentliche Verbesserung der Laufeigenschaften mit sich bringt. Der Kolbenschaft gibt dann zwar auf dem Wege zum oberen Totpunkt Spül- und Auslaßschlitze frei, aber der Schieber verhindert das Entweichen von Spülluft in den Auspuff. Da die Spülkanäle mit dem Aufnehmer kommunizieren, spielt die Öffnung der Spülschlitze keine Rolle. Der Schieber läuft mit elastischen Dichtlippen aus dünnem Blech über die Gehäusewandung, so daß auch bei Koksansatz kein Klemmen zu befürchten ist.

Die verwendete Querstromspülung ermöglicht eine besonders einfache Gestaltung des Deckels, der aus zwei konzentrisch angeordneten Teilen aufgebaut ist (Bild 14/17). Beide Teile können sich unabhängig voneinander dehnen, so daß Wärmerisse praktisch ausgeschlossen sind.

Eine besonders wirksame Kühlung am oberen Ende erreicht man durch die Ausbildung der Laufbuchse in diesem Bereich. Das Endstück der Buchse, das über den Zylinderkörper hinausragt, ist mit schraubenförmig verlaufenden Halbkreisnuten versehen, die nach außen durch einen Ring abgeschlossen als Kühlwasserkanäle dienen (Bild 14/17) Aufgrund der geringen Durchflußquerschnitte erreicht das Wasser hohe Geschwindigkeiten, die eine verstärkte Wärmeübertragung zur Folge haben.

Kurbelgehäuse und Spülluftträume auf der Unterseite der Kolben sind durch einen Zwischenboden getrennt, der mit Stopfbuchsen für die Hindurchführung der Kolbenstangen versehen ist. Neben ihrer Aufgabe als Abschluß der Spülluftaufnehmer hindert diese Trennwand schwefelhaltige, korrosionsfördernde Verbrennungsrückstände am Durchtritt in den Kurbelraum.

Der gegabelte obere Schubstangenkopf ist durch einen sehr steifen Flansch ersetzt, auf dem zwei unabhängige, relativ elastische Lagerkörper mit exzentrisch unterstützter Lagerfläche sitzen (Bild 14/18). Selbst ein noch so dicker Kreuzkopfzapfen wird sich unter Last nach oben verbiegen und der Flansch des oberen Schubstangenendes etwas nach unten durchfedern. Diese Deformationen werden jedoch durch die Durchbiegung der elastischen Lagerkörper kompensiert, so daß über der ganzen Lagerbreite eine gleichmäßige Auflage mit konstanter Flächenpressung zustande kommt. Diese Lösung hat zudem den großen Vorteil, daß die gleichmäßige Auflage nicht nur für eine bestimmte Last gilt, sondern über den gesamten Belastungsbereich des Lagers erhalten bleibt.

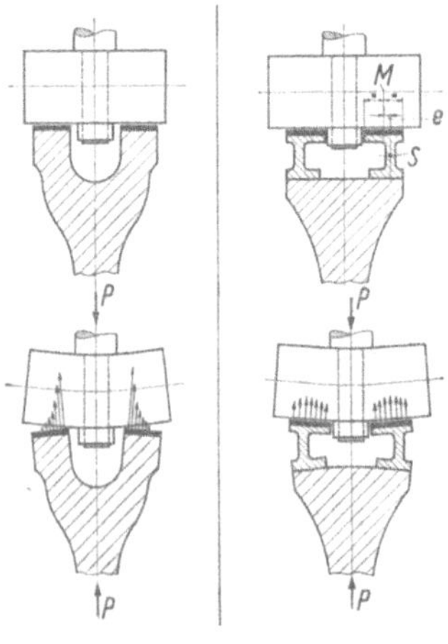

Bild 14/18. Kreuzkopflager. Rechts sich selbst einstellendes Lager des RD-Types (Werkbild Sulzer AG, Winterthur)

Der relativ dünne Boden des Kolbens wird durch Rippen gestützt, so daß die Gasdruckkräfte direkt auf den Kolbenstangenflansch übertragen werden. Die dünnwandige Ausführung von Kolbenböden vermindert nicht nur die Wärmespannungen, sondern verringert durch Verbesserung des Wärmedurchganges auch die Temperatur auf der Außenseite. Man muß dafür aber Temperaturen auf der Innenseite in Kauf nehmen, die erheblich über den bei üblicher Ausführung auftretenden liegen. Dieser Umstand erfordert eine sorgfältige Beachtung der sich heute auch schon in anderer Hinsicht abzeichnenden Grenze für die Verwendbarkeit von Öl als Kühlmittel. Ist doch bei erhöhten Innentemperaturen in gesteigertem Maße mit Koksbildung an den Kühlflächen zu rechnen. Dies führt wiederum zur Verschlechterung der Wärmeübertragung, so daß an der Außenseite die Gefahr der Überhitzung und des Ausbrennens auftritt. Aus diesen Überlegungen und einschlägigen Versuchsergebnissen heraus gelangte man bei der Firma Sulzer zu der Überzeugung, daß für Motoren mit großen Bohrungen und solche mit kleineren Bohrungen aber hohen Belastungen die Wasserkühlung des Kolbens der Ölkühlung unbedingt vorzuziehen ist. Man hat festgestellt, daß ein wassergekühlter Kolben erst bei annähernd doppelter Leistung die gleiche Maximaltemperatur an der Oberfläche aufweist wie ein ölgekühlter Kolben gleicher Abmessungen. Bemerkenswert niedrig liegen bei Wasserkühlung auch die Temperaturen über dem oberen Ring. Die Vorteile der Wasserkühlung können jedoch erst dann in vollem Umfange genutzt werden, wenn es gelingt, das Kühlwasser zu- und abzuführen, ohne daß Leckwasser in das Kurbelgehäuse sickert.

Die Firma Sulzer fand hierfür eine beachtenswerte technische Lösung (siehe dazu Bild 14/14). Die Wasserführung erfolgt durch Teleskoprohre, die innerhalb des Kurbelgehäuses von einem besonderen, vollständig wasserdichten Mantel umschlossen werden, in dem das Leckwasser aufgefangen und abgeleitet wird. Eine Spezialstopfbuchse verhindert nicht nur das Aufsteigen von Wasser in den Spülluftaufnehmer, sondern auch das Eindringen der möglicherweise Spuren von Öl mitführenden Spülluft ins Wassersystem. Die Dichtungselemente bestehen aus abriebfestem Nylonmaterial. In die Stopfbuchse eingedrungene Luft und von den Teleskoprohren abgestreiftes Wasser werden gesondert durch Leitungen nach außen abgeführt.

Bei Stellung des Kolbens in OT läßt sich die Stopfbuchse leicht ohne Demontage der Teleskoprohre ausbauen, da diese nicht am Kolben, sondern am Stangenflansch befestigt sind. Auch der Abbau und Austausch der Kolbenkappe kann ohne Lösen der Rohre erfolgen.

In Bild 14/19 sind die wichtigsten Meßergebnisse von Versuchen mit dem sechszylindrigen RD-90-Motor zusammen-

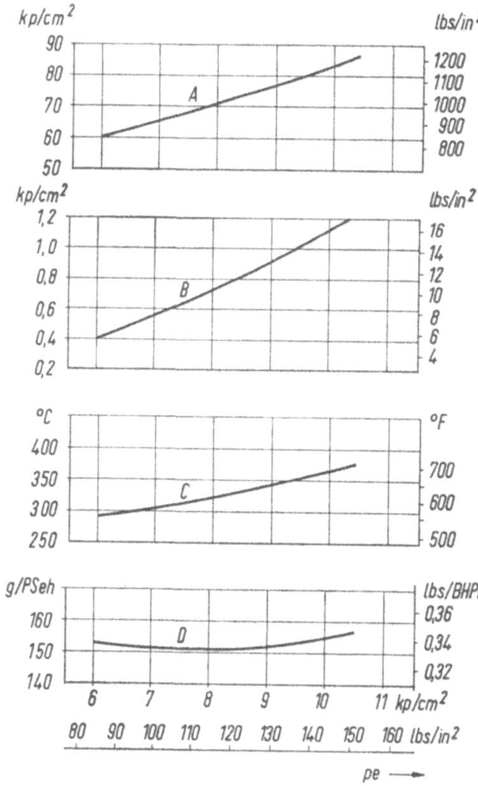


Bild 14/19. Meßergebnisse der an einem Zweitakt-Schiffsdieselmotor Typ 6 RD 90 ausgeführten Hochleistungsversuche

*A* maximale Verbrennungsdrücke,
*B* Spülluftdrücke,
*C* Abgastemperatur nach dem Turbolader,
*D* spezifischer Brennstoffverbrauch in g/PSh

gefaßt. Bei Vollast, Drehzahl $n = 119\ \text{min}^{-1}$, erreicht die Abgastemperatur gerade 300 °C, bei 50 % Überlast, Drehzahl $n = 130\ \text{min}^{-1}$, 375 °C, ein Umstand, der den günstigen Spül- und Aufladeverhältnissen zuzuschreiben ist. Der spezifische Kraftstoffverbrauch liegt im Bereich von 3/4 Last bis 10 % Überlast bei etwa 152 g/PSh. Der flache Verlauf der Verbrauchskennung – ein ausgeprägtes Minimum liegt nicht vor – weist auf große Leistungsreserven hin. Tatsächlich wurde bei Versuchen im Überlastbereich eine Zylinderleistung von 3000 PS, das sind 50 % Überlast, erzielt. Die Drehzahl betrug dabei $n = 130\ \text{min}^{-1}$ und der effektive Mitteldruck $p_e = 10{,}53\ \text{kp/cm}^2$. Selbstverständlich wurden das Einspritz- und das Aufladesystem den besonderen Anforderungen dieses Hochleistungsversuches angepaßt. Dies erklärt auch das Auftreten verschiedener Meßwerte in gleichen Leistungsbereichen beim Normal- und Überlastversuch.

## 14.4. Zweitaktmotoren der Firma Burmeister & Wain

Der Aufbau aller einfachwirkenden Burmeister & Wain-Zweitaktmotoren wird wesentlich vom angewandten Spülverfahren, der Gleichstromspülung (Prinzip siehe Bild 14/20), beeinflußt. Die über den ganzen Zylinderumfang verteilt angeordneten Spülschlitze werden vom Kolben gesteuert, während der Abgasstrom den Zylinder durch ein nockenbetätigtes Auslaßventil im Deckel verläßt. Die Spülluft strömt nicht radial in den Zylinder, sondern ihr wird durch die Schrägausbildung der Schlitze eine Zirkulation überlagert, die eine intensivere Spülung und vollkommenere Verbrennung bewirkt (siehe 14.1.1). Zur Kühlung des Kolbenbodens trägt wesentlich der über ihn streichende Spülluftstrom bei. Infolge dieser Verhältnisse, besonders aber auf Grund des schnellen Ablaufes der Spülvorgänge durch die kurzen Spülluftwege, ist der Betrieb der Motoren schon ohne Aufladung mit indizierten Mitteldrücken $p_i$ von 7 (Vollast) ... 8 kp/cm² (Überlast) bei rauchfreier Verbrennung möglich. Diese Werte führen unter anderem auch zu günstigen Leistungsgewichten.

### 14.4.1. Tauchkolbenausführung

Der in Bild 14/21 gezeigte Tauchkolbenmotor baut sich aus seitlich zu einem Block verflanschten Zylinderkörpern auf, die auf kräftigen Ständern ruhen und mit der wannenförmig ausgebildeten Grundplatte verankert sind. Er wird mit effektiven Zylinderleistungen von über 500 PS hergestellt und sowohl für stationären Betrieb als auch für den Schiffsantrieb eingesetzt. Die zweiteilige Laufbuchse ist oben als nasse Buchse ausgeführt und wird im Mittelteil von der Spülluft gekühlt, während der in das Kurbelgehäuse ragende Führungsansatz ohne Kühlung bleibt. Der Kolben kann nach Herausnahme der Pleuelstange und Demontage des Führungsansatzes nach unten herausgezogen und ausgebaut werden. Bei gekühlten Kolben müssen dazu noch die Kühlmittelzuführungen entfernt werden.

Die Schmierung des Triebwerkes erfolgt auf die übliche Weise. Der Motor ist mit zwei Nockenwellen ausgerüstet, die über einen Rollenkettentrieb mit der Kurbelwelle in Verbindung stehen. Die obere Welle dient dem Antrieb der durch Stoßstangen und Kipphebel betätigten Auslaßventile. Die Anordnung verschiedener Nocken für Vorwärts- und Rückwärtslauf erübrigt sich, da die Ventilerhebungs-

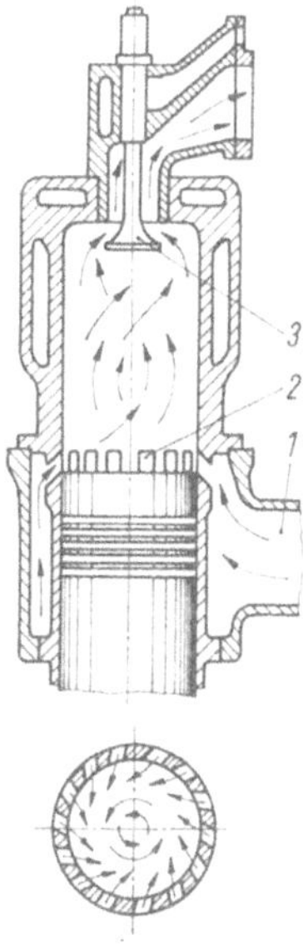


Bild 14/20. Gleichstromspülung der Firma Burmeister & Wain

1 Kanal vom Spülluftaufnehmer,
2 Spülschlitze,
3 Auslaßventil.

Bild 14/21. Zweitakt-Tauchkolbenmotor der Firma Burmeister & Wain Typ 50-VBF-90 (Werkbild Burmeister & Wain, Kopenhagen)

kurve symmetrisch zum oberen Totpunkt liegt (Öffnungswinkel etwa 140°). Die am Fuß des Zylinderblockes angeordnete zweite Welle betätigt die Kraftstoffpumpen und Anlaßsteuerschieber. Sie muß bei Drehrichtungsumkehr axial verschoben werden.

Wellen- und Kurbellager sind mit runden Stahlgußstützschalen versehen, die mit Weißmetall ausgegossen sind. Der Kolben setzt sich aus der ölgekühlten Krone, hergestellt aus warmfestem Stahl, und dem aus einer für gute Laufeigenschaften bürgenden Graugußlegierung gefertigten Schaft zusammen. Die ringtragende Krone wird mit dem Schaft, der mit Bronzeführungsringen versehen ist, durch eine von der Kolbenaußenseite zugängliche Schraubenverbindung zusammengefügt.

Die Stoßstange für die Ventilbetätigung wird durch einen angesetzten Kolben, der gleichzeitig als Rollenträger dient, geführt (in Bild 14/21 durch Gehäusewandung verdeckt). Der großflächige Pilz des Ventils dichtet in einem auswechselbaren Sitzring aus einer hochwertigen Graugußlegierung. Das Ventil kann auch zur Dekompression des Zylinders verwendet werden, da durch eine Vorrichtung, die am inneren Arm des Kipphebels eingreift, ein von der Steuerwelle unabhängiges

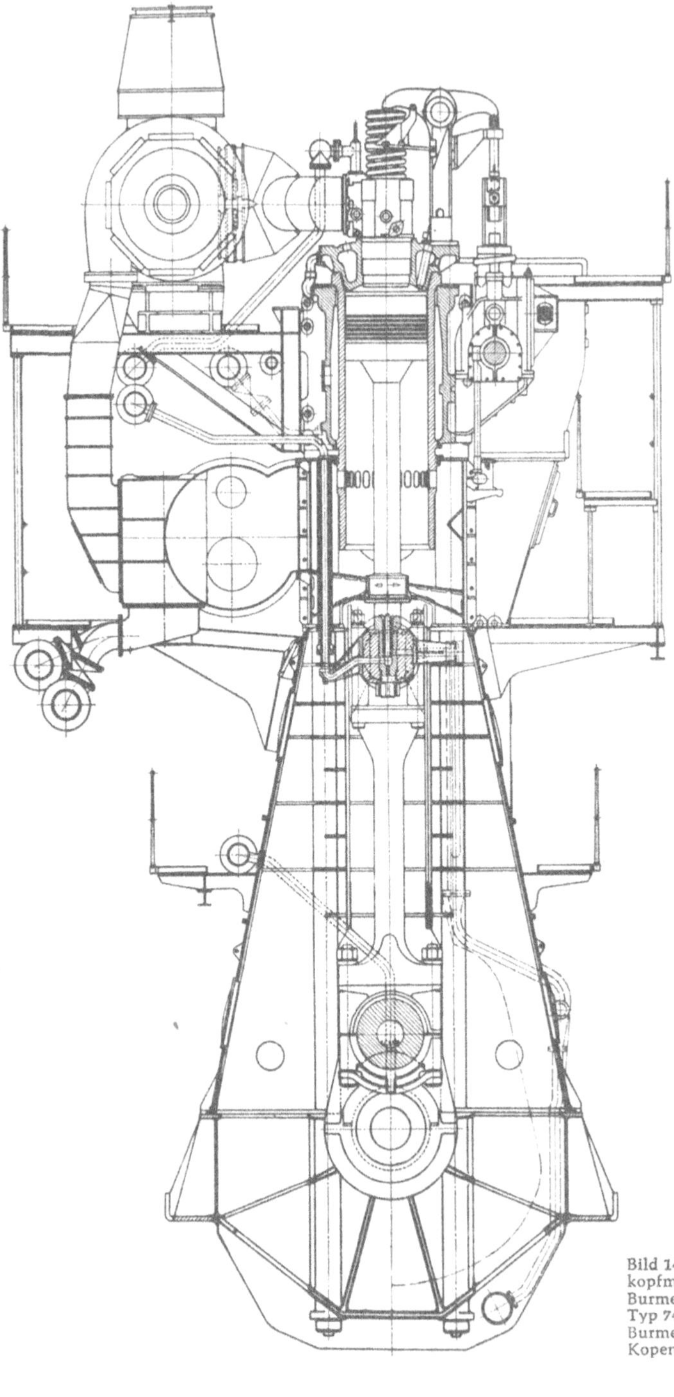

Bild 14/22. Zweitakt-Kreuzkopfmotor der Firma Burmeister & Wain Typ 74 VTBF 160 (Werkbild Burmeister & Wain, Kopenhagen)

Öffnen möglich ist. Jeder Zylinder ist mit zwei einander horizontal gegenüberliegenden Einspritzventilen und einem ebenfalls horizontal angeordneten Anlaßventil ausgerüstet. Die Spülluftbeschaffung erfolgt durch Abgas-Turbogebläse.

### 14.4.2. Kreuzkopfausführung

Den Motor in Kreuzkopfbauart mit Abgas-Turboaufladung stellt Bild 14/22 dar. Die einteilige Laufbuchse ragt mit dem unteren Teil, der die Spülschlitze umfaßt, in den Spülluftaufnehmer. Dieser erstreckt sich vom Zwischenboden (Kurbelgehäusedecke) bis zur Höhe der Zylinderunterkante und umfaßt alle Zylinder des Motors. Die unterschiedliche Pumpenwirkung der einzelnen Kolben kann daher gut ausgeglichen werden.

Der Kolben besitzt keinen angesetzten Schaft. Seine Länge entspricht etwa der bei Viertaktkreuzkopfmotoren üblichen. Die Spülluft unterhalb des Kolbens kann daher neben der Wärmeaufnahme in den unteren Bereichen der Buchse auch zur Kühlung des Kolbens beitragen. Ein Überdecken der Spülschlitze während der Verdichtungs- und Ausdehnungsperiode ist nicht erforderlich, da sie sich direkt im Spülluftaufnehmer befinden.

Die Kolbenkrone wird aus grobkörnigem Chromstahl normaler Festigkeit, aber hoher Hitzebeständigkeit hergestellt. Den angefügten Ringträgerteil fertigt man aus Grauguß.

Als Kühlmittel für die Kolben wird Öl verwendet, das durch die mit einem Einsteckrohr versehene Kolbenstangenbohrung zu- und abgeführt wird. Die Druckposaune ist auf der Kurbelgehäusedecke befestigt, das Tauchrohr am Kreuzkopf. Der Ablauf führt durch ein im Kurbelgehäuse verlegtes Rohr zu einem sichtbaren Abfluß auf der Bedienungsseite.

Der Kreuzkopf, der durch Kegelsitz mit der Kolbenstange verbunden ist, wird zweigleisig geführt.

Überprüfung und Instandsetzungsarbeiten am Kolben erfordern den Abbau des Zylinderkörpers einschließlich Deckel und Buchse. Ein Lösen des Kolbens von der Stange ist nur bei Erneuerung nötig.

Der Nockenwellenantrieb erfolgt auch hier durch einen Rollenkettentrieb.

Die im Deckel angeordneten, kraftstoffgekühlten Einspritzventile geben den Kraftstoffstrahlen eine Richtung, die ein Auftreffen auf die Buchsenwand ausschließt. Das Gestell des betrachteten Motors wird vorwiegend als Schweißkonstruktion hergestellt. Diese zeichnet sich gegenüber der Gußausführung durch eine Gewichtsersparnis von über 25 % aus.

## 14.5. Tauchkolben-Zweitaktmotoren der Firma Klöckner-Humboldt-Deutz

Im allgemeinen kann beim Zweitaktmotor mit einer Leistungsausbeute gerechnet werden, die bei gleichen Zylinderabmessungen und gleicher Drehzahl die Leistung eines Viertaktmotors ohne Aufladung um etwa 67 % übersteigt. Der in dieser Hinsicht als Vorteil zu wertende Umstand, daß der Zweitakter bei jeder, der Viertakter dagegen nur bei jeder zweiten Umdrehung eine Ausdehnungs-, d.h. Arbeitsperiode aufweist, führt aber auch zu einer wesentlich höheren thermischen Belastung des Zweitakters.

Man wird daher den Zweitaktmotor – von einigen Ausnahmen abgesehen – nicht mit dem gleichen Mitteldruck fahren können wie einen Viertaktmotor. Mit anderen Worten, die Einspritzmengen je Periode können bei beiden Verfahren nicht die gleichen sein. Einem indizierten Mitteldruck bei normaler Vollast von beispielsweise $p_i = 7\ \text{kp/cm}^2$ beim Viertaktverfahren entspräche gemäß den aufgeführten Überlegungen ein solcher von

$$p_i = \frac{7\ \text{kp/cm}^2 \cdot 1{,}67\ (\text{Leistungsverhältnis Zwei-/Viertakt})}{2\ (\text{Verhältnis der Umdrehungen je Arbeitsperiode Zwei-/Viertakt})}$$

$$= 5{,}8\ \text{kp/cm}^2$$

beim Zweitaktverfahren.

Die Wirtschaftlichkeit eines Zweitaktmotors hängt in der Hauptsache von der Intensität und von der Güte der Spülung, d.h. vom spezifischen Kraftstoffverbrauch ab. Infolge der geringen Überdrücke der Spülluft bereitet die ausreichende Spülung eines kleinen Schnelläufers wesentlich mehr Schwierigkeiten als die eines größeren Langsamläufers. Eine Spülung von gleicher Intensität erfordert daher bei Motoren höherer Drehzahl einen verstärkten konstruktiven Aufwand.

Die Verbrennungs-Spitzendrücke sind bei Zwei- und Viertaktmotoren etwa die gleichen, dementsprechend auch die mechanischen Belastungen des Motors. Der Einsatz eines günstigen Spülverfahrens würde die Herstellung von Zweitakt-Schnelläufern – Motoren geringer und mäßiger Leistung – möglich machen, deren Leistungsgewicht bei gleichem spezifischen Kraftstoffverbrauch nur etwa $1/1{,}67 \approx 3/5$ des für vergleichbare Viertaktmotoren erforderlichen beträgt. In ähnlichem Umfang würde auch der Raumbedarf abnehmen und zudem wäre auch beim In-Rechnung-Stellen des geringeren Aufwandes für Herstellung, Instandsetzungsarbeiten und Schmierung eine deutliche Überlegenheit des Zweitakters festzustellen. Die Firma Klöckner-Humboldt-Deutz unterzog sich der Aufgabe einer Entwicklung von Zweitaktmotoren unter diesen Gesichtspunkten, die zu vollem Erfolg führte. Aus rationellen Überlegungen heraus wurden dabei für die Hauptelemente der Motoren – Gestellteile, Triebwerksteile, Lager, Wellen und Hilfsaggregate – Ausführungen und Werkstoffe verwendet, die sich schon in Viertaktmotoren des Werkes bewährt hatten. Im Zuge der Entwicklung der Aufladung wurden die genannten Vorteile jedoch weitgehend ausgeglichen, weshalb K-H-D-Motoren heute durchweg als Viertaktmotoren gebaut werden.

Die Firma Deutz baute für Schiffsantriebe und stationäre Zwecke zwei Zweitakttypen, die Motoren TM 625 (200 mm Zylinderbohrung und 250 mm Hub) in V-Form (8 und 12 Zylinder) mit und ohne Aufladung sowie TM 320 bzw. 420 (160 mm Zylinderbohrung und 200 mm Hub) ebenfalls in V-Form (8 und 12 Zylinder) mit und ohne Aufladung.

Diese Zweitaktmotoren haben Schnürlespülung (siehe Bild 14/6). Die Zylinder sind in 90°-V-Form angeordnet, was im Verein mit Zweitaktbetriebsweise eine außerordentlich raumsparende Bauform ergibt.

## 14.6. Kreuzkopf-Zweitaktmotor der Fiat-Werke

(In Lizenz gebaut von der Firma Borsig, Berlin)

Der in Bild 14/23 dargestellte Borsig-Fiat-Schwerölmotor wird im Querstromverfahren gespült und entsprechend der Belastung aufgeladen. Das Prinzip des Spülverfahrens wurde in 14.1.2. anhand des Bildes 14/2 erläutert.

Die Ladeluft wird in zwei Stufen verdichtet. Dies geschieht zunächst im Turboverdichter (Bild 14/24, Pos. 1), dessen Fördermenge und Druckverhältnis sich mit dem Energiegehalt der treibenden Abgase – also mit dem Belastungsgrad des Motors – in weiten Grenzen ändert. Nach erfolgter Zwischenkühlung in der ersten Kühlstufe (2) wird der Druck der Ladeluft in den doppeltwirkenden Kolbenverdichtern (4) weiter erhöht. Vor dem Eintritt in die Zylinder (8) durchströmt die Luft noch eine zweite Kühlstufe (5).

Die Saug- und Druckventile der Kolbenverdichter sowie die Luftventile (7) am Spülluft-Eintritt arbeiten selbsttätig und geben jeweils nur eine Durchströmrichtung frei. Infolge ihrer einfachen Ausführung beschränkt sich die Wartung auf ein Mindestmaß.

Um eine gleichmäßige Beaufschlagung und damit einen guten Wirkungsgrad der Gebläseantriebsturbine (10) zu erreichen, werden die Abgase zunächst in eine Sammelleitung (9) geführt, in der ein gewisser Ausgleich der Druck- und Geschwindigkeitsschwankungen erzielt wird (Staubetrieb). Außerdem ergibt sich durch diese Anordnung die Möglichkeit, Fremdkörper im Abgasstrom, beispielsweise gebrochene Kolbenringe und harte Verbrennungsrückstände, auf einfache Weise am Eintritt in die Turbinenbeschaufelung zu hindern. Bei Ausfall der ersten Verdichtungsstufe (Aufladegruppe) kann der Motor nach Öffnen von Deckeln in der Saugleitung (3) der Kolbenverdichter mit verminderter Leistung weiter betrieben werden. Zusätzliche Gebläse für die Spülluftbeschaffung bei etwaigen Schadensfällen erübrigen sich also.

Die vom Kreuzkopf angetriebenen Kolbenverdichter (siehe Bild 14/23) besitzen eine Kennung, die auch bei erhöhten Widerständen durch Verengung der Auslaßschlitze infolge Koksansatz eine ausreichende Spülluftförderung gewährleistet.

Neben den schon angeführten Eigenschaften zeichnet sich dieses Spül- und Aufladeverfahren durch folgende Punkte aus:

1. Werkgarantie für die Verwendbarkeit von schweren Heizölen mit einer Viskosität von 900 cSt bei 37,7 °C (3500 R bei 100 °F) als Kraftstoff in diesem Motor, bei Betrieb von Pier zu Pier.
2. Rauchfreie Verbrennung in allen Lastbereichen infolge hohen Luftüberschusses.

3. Schnelles Ansprechen bei Laständerungen und dadurch ausgezeichnete Manövrierfähigkeit.
4. Freie Wahl des Standortes für die Aufladegruppen und keine Festlegung auf bestimmte Zündfolgen im Interesse eines einwandfreien Gebläsebetriebes.

Die halbgebaute Kurbelwelle – Stahlgußkurbeln mit geschmiedeten Wellenzapfen durch Schrumpfen verbunden – ist kräftig dimensioniert und durch keinerlei Schmierbohrungen geschwächt. Sie besitzt daher eine hohe Gestaltfestigkeit und

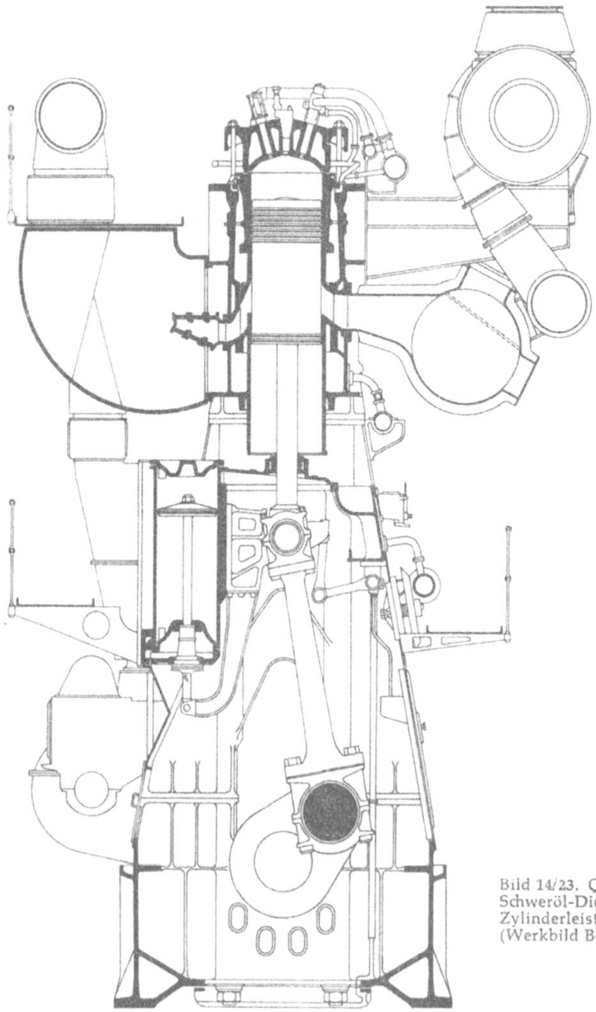

Bild 14/23. Querschnitt eines Borsig-Fiat-Schweröl-Dieselmotors Typ 759 S, effektive Zylinderleistung 1500 PS bei 135 $min^{-1}$ (Werkbild Borsig AG, Berlin)

überträgt an den Lagerstellen nur geringe Pressungen. Jede Welle wird vor und nach dem Fügen mit Hilfe magnetischer Durchflutung und Ultrabeschallung auf Risse und Lunker untersucht.

Die Grundplatte, die wahlweise in Guß- oder Schweißkonstruktion hergestellt ist, wird in ihrer Ausführung den Verhältnissen am Aufstellungsort des Motors angepaßt. Zur Erhöhung der Steifigkeit zieht man sie bis in die Ebene der Kurbelwelle hoch.

Die Grundlager werden unmittelbar aus dem Sammelrohr des Hauptschmierölkreislaufes (Parallelschaltung) und damit relativ unabhängig von der Schmierung der übrigen Triebwerksteile und der Kolbenkühlung mit Öl versorgt. Bei den

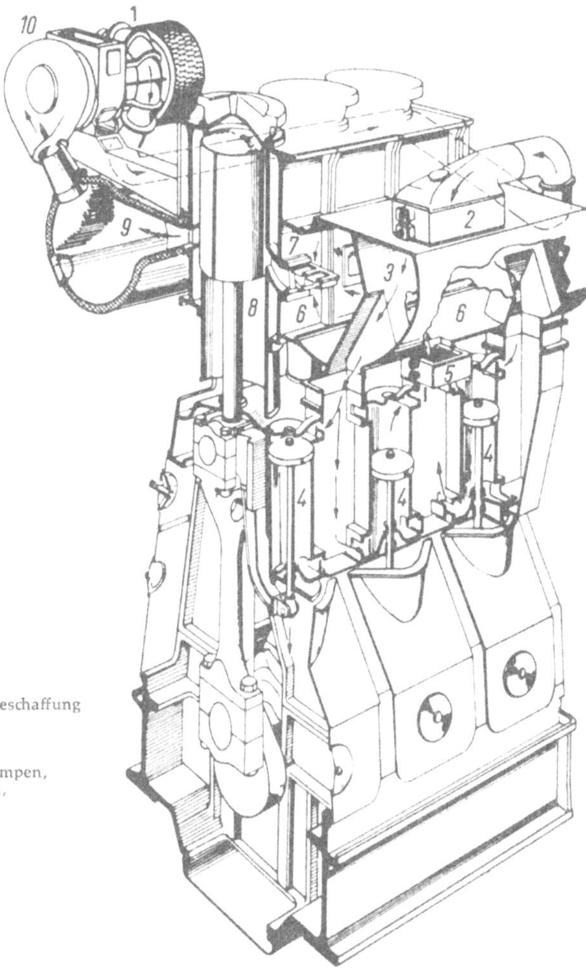


Bild 14/24. Schema der Ladeluftbeschaffung

1 Turboverdichter,
2 1. Luftkühlstufe,
3 Saugleitung der Kolbenluftpumpen,
4 Doppeltwirkende Luftpumpen,
5 2. Luftkühlstufe,
6 Luftsammelleitung,
7 Luftventile,
8 Arbeitszylinder,
9 Abgassammelleitung,
10 Abgasturbine.

meisten anderen Motoren sind dagegen Grundlager-, Kurbellager- und Kreuzkopfschmierung hintereinandergeschaltet.

Bei Schiffsmotoren wird das nachstellbare Axialdrucklager zur Aufnahme des Propellerschubes in die Grundplatte eingebaut. Es ist als Segment-Spurlager ausgebildet, so daß sich eine tragende Schmierschicht selbsttätig bilden kann.

Der aus legiertem Stahlguß gefertigte Zylinderdeckel wird durch einen Preßring und lange Dehnschrauben auf den Flansch der Zylinderlaufbuchse gedrückt. Günstige Brennraumgestaltung und zentrale Anordnung des Einspritzventils schaffen die Voraussetzung für eine gute Kraftstoffverteilung mit anschließender vollkommener Verbrennung.

Die wassergekühlte Zylinderbuchse setzt sich aus zwei Teilen zusammen. Das kurze Oberteil aus Stahlguß wird zur Aufnahme der hohen thermischen und mechanischen Belastungen mit einem Einsatz aus phosphorlegiertem Sondergrauguß versehen. Das Unterteil mit den wassergekühlten Spül- und Auslaßschlitzen besteht aus normalem Buchsen-Grauguß.

Durch die Kühlung der Stege zwischen den Schlitzen wird das Festbrennen von Rückständen erschwert. Die angesetzten Schichten platzen gewöhnlich beim Erreichen einer bestimmten Dicke von selbst ab. Darüber hinaus wird auch die Lebensdauer der ober- und unterhalb der Schlitze angeordneten Kühlraumabdichtungen durch die Stegkühlung wesentlich erhöht.

Der Einsatz von Schmierölpumpen mit einem von der Motorendrehzahl unabhängigen Antrieb sichert in Verbindung mit einer großen Anzahl von Schmierstellen eine einwandfreie Zylinderschmierung.

Der Zylinderblock setzt sich aus den einzelnen gegossenen Zylinderkörpern zusammen, die miteinander durch Paßschrauben zu einer starren Baueinheit verbunden werden. Der Block ruht auf A-förmigen Ständern – auch diese wahlweise in Guß- oder Schweißkonstruktion – und wird durch kräftige Zuganker mit der Grundplatte verschraubt. Eine entsprechende Vorspannung derselben vermeidet eine Wechselbeanspruchung des Gestelles und führt zu einer schnellen Belastung auf Druck.

Weite, leicht zu öffnende Stahltüren machen den Triebwerksraum bequem zugänglich.

Das Schema des Triebwerkes mit besonderer Kennzeichnung der Ölleitungen für dessen Schmierung und die Kolbenkühlung zeigt Bild 14/25, aus dem auch der grundsätzliche Aufbau des Kolbens zu ersehen ist. Die Kolbenkappe aus warmfestem Cr-Mo-Stahlguß wird im Bereich des von den Feuergasen berührten Bodens, der mit einer Cr-Ni-Schutzschicht von großer Korrosionsbeständigkeit überzogen ist, sehr dünnwandig ausgeführt. Die Kolbenringnuten sind hartverchromt. Die Gasdruckkräfte werden von der verrippten Kappe auf den Kolbenstangenflansch durch einen kräftigen Einsatz übertragen, der gleichzeitig die als Kühlmittelkanäle ausgebildeten Rippen nach innen abschließt. Der dadurch bedingte Zwanglauf des Kühlöles mit hoher Geschwindigkeit gewährleistet niedrige Kolbentemperaturen auch bei hoher Belastung und setzt die Gefahr der Verkokung an den Kühlflächen herab. Das Öl für Schmierung und Kolbenkühlung wird dem Kreuzkopf über Gelenkrohre zugeführt und von dort an die einzelnen Verbraucherstellen weitergeleitet (Ausnahme: Grundlagerschmierung).

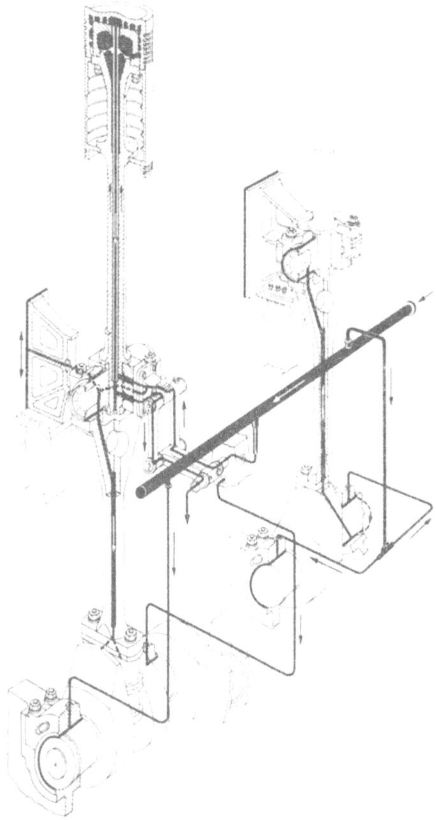

Bild 14/25. Schema der Triebwerksschmierung und Kolbenkühlung von Borsig-Fiat-Zweitaktkreuzkopf-Motoren (Werkbild Borsig AG, Berlin)

Im Interesse eines störungsfreien Betriebes mit Schweröl wurde auf die Eingliederung der Zylinderräume unterhalb der Arbeitskolben in das Spülluftsystem verzichtet. Diese oberhalb der Trennwand offenen Räume ermöglichen auch während des Betriebes eine Überwachung der unteren Kolbenlaufbahn sowie der Funktion der Kolbenringe und der Kolbenstangenstopfbuchsen. Die bei der Verbrennung anfallenden Rückstände, die zusammen mit den Resten des Zylinderschmieröles abgestreift werden, sammeln sich auf der Trennwand an und können entweder von selbst abfließen oder von Hand entfernt werden. Da auf beiden Seiten der Trennwand zwischen Kurbelgehäuse und unteren Zylinderräumen der gleiche Druck, nämlich Atmosphärendruck, herrscht, kann die Stopfbuchse für die Abdichtung der Kolbenstange sehr einfach ausgeführt werden. Ihre Aufgabe besteht darin, einmal die Verunreinigung des Umlaufschmieröles durch Verbrennungsrückstände auszuschließen und zum anderen ein „Hochpumpen" des Schmieröles aus dem Kurbelgehäuse zu verhindern. Brände oder Explosionen sind bei Motoren mit offenen Räumen über der Trennwand nicht zu befürchten.

Die bei diesen Motoren mögliche und übliche Verwendung von Schweröl bis einschließlich Bunker C-Öl, ASTM Nr. 6, als Kraftstoff stellt an das Einspritzsystem besondere Anforderungen. Zunächst müssen die Aggregate und Leitungen entsprechend den hohen Einspritzdrücken dimensioniert werden, die in Verbindung mit einer geschickten Anordnung der Düsenbohrungen eine einwandfreie Zerstäubung des Schweröles gewährleisten sollen. Zum anderen muß die Anlage den erhöhten Temperaturen, die der Schwerölbetrieb erfordert, und dem Temperaturwechsel, der bei Umstellung auf Dieselöl (Reserveschaltung) auftritt, angepaßt werden.

Die Kraftstoffdruckleitungen sind durchweg gleichlang, was die Gleichmäßigkeit der Einspritzverhältnisse aller Zylinder begünstigt; sie werden in der Regel isoliert ausgeführt.

Besonderheiten des Schwerölbetriebes hinsichtlich der Versorgung und Aufbereitung sind in Abschnitt 8.4 aufgeführt.

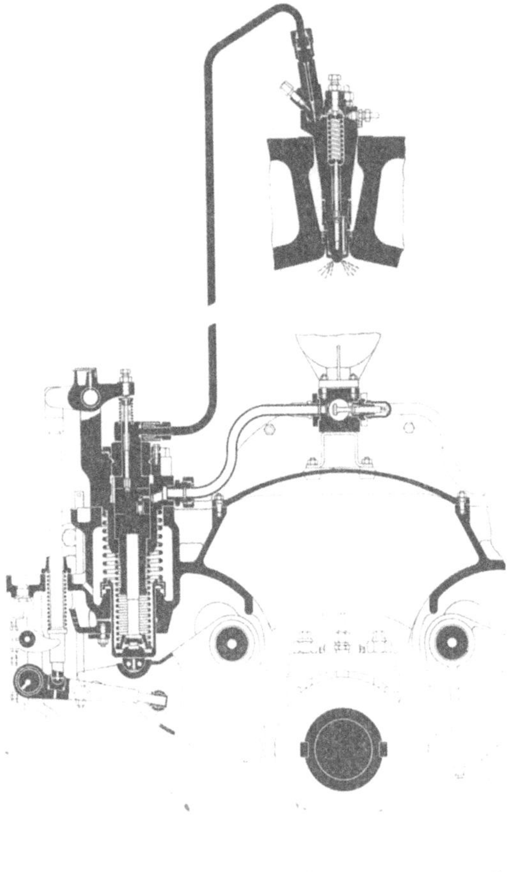

Bild 14/26. Kraftstoffeinspritzsystem beim Borsig-Fiat-Schweröl-Dieselmotor (Werkbild Borsig AG, Berlin)

Bild 14/26 zeigt das Kraftstoffeinspritzsystem des betrachteten Motors. Das Einspritzventil ist ein federbelastetes Nadelventil, das zur Vermeidung des Ansatzes von Kokstrompeten an den Düsenbohrungen intensiv wassergekühlt wird. Die Kraftstoffpumpen sind beiderseits der Steuerwelle angeordnet. Eine interessante technische Lösung stellt der Antrieb dieser Welle dar. Er erfolgt direkt von der Kurbelwelle über eine Kupplung, so daß eine Drehrichtungsänderung möglich ist. Die Verwendung dieser pneumatisch-hydraulisch betätigten Wechselkupplung schafft zusammen mit der beiderseitigen Anordnung der Pumpen die Voraussetzung für die Betätigung von jeweils zwei Kraftstoffpumpen bei beiden Drehrichtungen durch eine Nockenscheibe.

Bei Motoren mit größeren Zylinderzahlen, die mit geteilten Kurbelwellen ausgerüstet sind, läßt sich diese Art der Pumpenanordnung und -betätigung jedoch nicht anwenden. In einem solchen Fall werden die Kraftstoffpumpen an der Seite des Motors angebracht und durch Zahnräder angetrieben. Durch Steuerung des Zulaufdruckes an den Kraftstoffpumpen kann der Förderbeginn in einfacher Weise an die Eigenschaften verschiedener Kraftstoffarten angepaßt werden. Die Druckänderungen werden durch ein Steuerventil ausgelöst, das an der Kraftstoffzubringerpumpe angebracht ist. Es bedarf also keiner Nockenverstellung zur Erzielung von Werten, die innerhalb der im Betrieb üblichen Grenzen liegen.

## 14.7. Kreuzkopf-Zweitaktmotoren der Göta Verken

Der erste Motor dieser Typenreihe war eine Zehnzylinderausführung, die Anfang 1961 in einen Tanker von 40 000 tdw. eingebaut wurde. Ausgedehnte Erprobungen bestätigten das Erreichen der hohen effektiven Leistung von 2100 PS je Zylinder im Dauerbetrieb bei einem effektiven Mitteldruck von 8,75 kp/cm$^2$ und einer Drehzahl von 115 min$^{-1}$. Darüber hinaus weist der Motor bei angemessener Überlastung noch ausreichende Leistungsreserven auf. Die neuere Ausführung des Motors – Typenbezeichnung 850/1700 – wird mit 5 ... 12 Zylinder geliefert, so daß das Bauprogramm den Leistungsbereich von 10 500 ... 25 200 PS umfaßt. Die Bilder 14/27 und 14/28 zeigen einen Zwölfzylindermotor dieser Reihe in verschiedenen Ansichten.

Der Motor ist aus einer zweiteiligen, durch Paßschrauben verbundenen Grundplatte in geschweißter Ausführung sowie Ständern, Gestellen und Zylinderkörpern in Gußkonstruktion aufgebaut. Die mit Paßschrauben zu einem Block verbundenen Zylinderkörper werden durch vorgespannte Zuganker einzeln mit der Grundplatte verschraubt. Die Anker reichen von der Zylinderoberkante bis zu den Lagerstühlen, die von Stahlgußteilen an den Querträgern der Grundplatte gebildet werden.

Durch beanspruchungs- und werkstoffgerechte Ausführung aller Gußteile werden Kerbstellen und damit Spannungsspitzen vermieden. Teile, bei denen die Fertigung hohe Eigenspannungen hervorrufen kann, unterzieht man zum Zwecke des Spannungsabbaues einem Glühprozeß.

Die Kurbelwelle ist halbgebaut und setzt sich aus zwei Hauptteilen sowie einem Ansatz für die Aufnahme des Axialschubes zusammen. Der letztgenannte Teil überträgt die vom Propeller erzeugten Axialkräfte auf das an der Grundplatte befestigte Drucklager. Die Welle wird durch Paßschrauben zu einem durchgehenden Element vereint. Kurbelwangen und -zapfen werden in einem Stück aus Stahlguß gefertigt und auf die geschmiedeten Grundlagerzapfen geschrumpft. Die Übergangsstellen zwischen Wange und Kurbelzapfen sind zur Vermeidung von Kerbwirkungen mit reichlich bemessenen Rundungsradien versehen. Diese werden in die Wangen hineingelegt, damit keine Erhöhung der Wangenabstände über das Maß der erforderlichen Lagerbreite hinaus auftritt. Die Kurbelwelle ist mit Bohrungen für die Ölversorgung versehen.

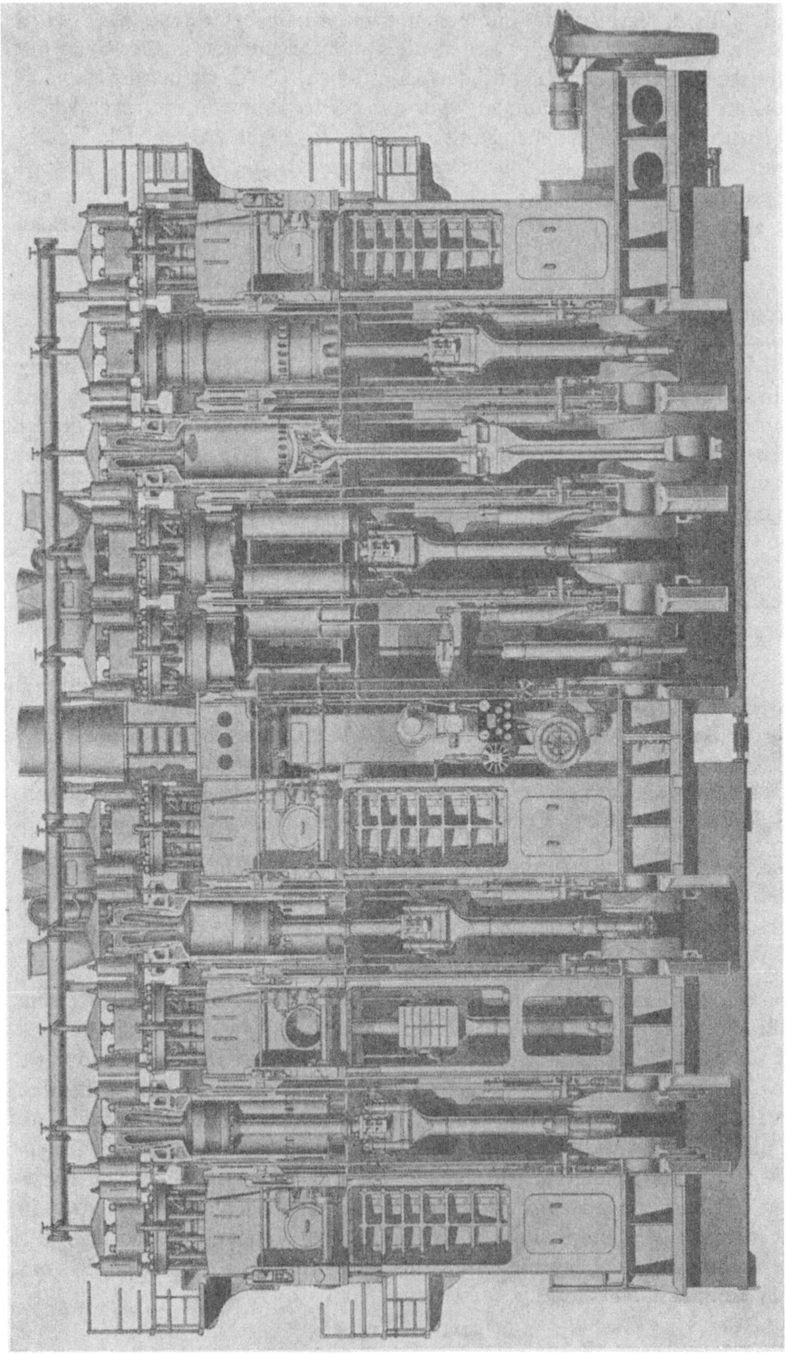

Bild 14/27. 10-Zylinder-Göta-Verken-Schiffsdieselmotor 850/1700 (Längsschnitt). (Werkbild Göta Verken, Göteborg)

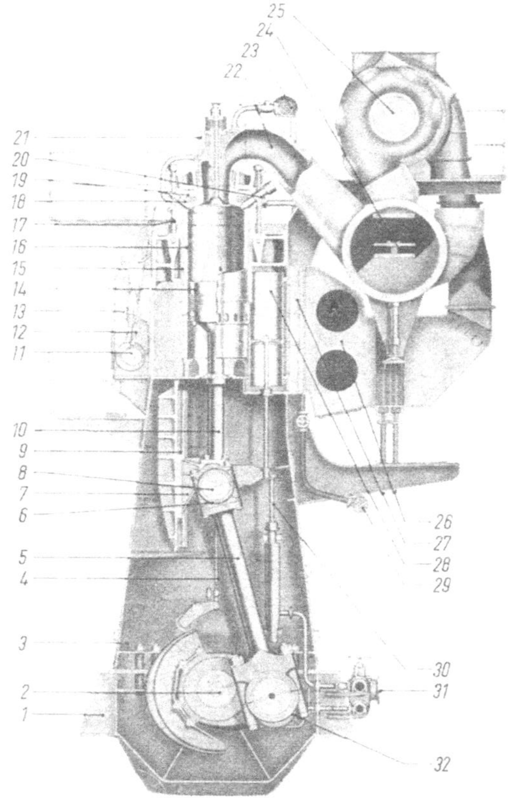


**Bild 14/28.** 10-Zylinder-Göta-Verken-Schiffsdieselmotor 850/1700 (Querschnitt) (Werkbild Göta Verken, Göteborg)

1 Grundplatte,
2 Kurbelwelle,
3 Gestell,
4 Abgasventil-Stoßstange,
5 Pleuelstange,
6 Kreuzkopflager,
7 Gleitschuh,
8 Kreuzkopfzapfen,
9 Gleitbahn,
10 Kolbenstange,
11 Nockenwelle,
12 Indiziergestänge,
13 Kraftstoffpumpe,
14 Arbeitskolben,
15 Zylinderkühlraum,
16 Laufbuchse,
17 Zylinderdeckelschraube,
18 Kraftstoffdüse,
19 Zylinderdeckel,
20 Anlaßventil,
21 Auslaßventil,
22 Abgasleitung,
23 Kühlwasser-Auslaß,
24 Bypaventil,
25 Aufladegruppe,
26 Spülluftaufnehmer,
27 Spülluftpumpenventile,
28 Spülluftpumpen,
29 Kühlwassereintritt,
30 Kühlölposaunen,
31 Schmier- und Kühlöleintritt,
32 Kurbellager.

Die aus Grauguß hergestellten Kreuzkopfführungen werden mit Paßschrauben an den Ständern befestigt. Das Laufspiel kann durch Zwischenlegen von Paßblechen eingestellt werden. Kreuzkopf und Kreuzkopfschuh werden gemeinsam aus Stahlguß hergestellt. Das Öl für die Schmierung der mit Lagermetall ausgegossenen Laufflächen wird über den Kreuzkopf zugeführt. Der Kreuzkopfbolzen wird geschliffen und poliert. Seiner Befestigung am Kreuzkopf und der Kolbenstange dienen vier Stiftschrauben. Aus Gründen der Gewichtsersparnis und zur Erleichterung der Führung des Kolbenkühlöles wird der Bolzen mit Kreisringquerschnitt ausgeführt. Das Kühlöl wird durch ein Posaunenrohr über einen am Kreuzkopf angebrachten Stahlgußarm zugeführt und fließt auf dem Rückweg vom Kolben durch einen Krümmer am gegenüberliegenden Ende des Kreuzkopfbolzens ab (Bild 14/28).

Das Kreuzkopflager setzt sich aus einer unteren und zwei oberen Stahlgußlagerschalen mit Weißmetallausguß zusammen. Die untere Schale stützt den Kreuzkopfbolzen auf seiner ganzen Länge, so daß eine große tragende Fläche und damit geringe spezifische Belastungen erzielt werden. Für die Lagerspieleinstellung können Paßscheiben verschiedener Dicke zwischengelegt werden. Das Lager ist mit vier Stahlbolzen an der Pleuelstange befestigt.

Der Arbeitskolben besteht aus einem Stück, das aus niedrig legiertem Chrom-Molybdän-Stahl geschmiedet ist. Dieser Werkstoff zeigte im Laufe seiner langjährigen Verwendung ein ausgezeichnetes Betriebsverhalten bei hohen Beanspruchungen. Der Kolben ist mit sechs Dichtungsringen und zwei Bleibronzeringen zur Führung bestückt. Die Kolben werden durch Öl gekühlt, das durch einen Labyrintheinsatz zum Umspülen der Innenseite des Kolbenbodens gezwungen wird.

Zur Herstellung der Laufbuchsen verwendet man ein mit Titan und Vanadin legiertes Gußeisen, das bei Einsatz der üblichen Zylinderöle außerordentlich verschleißfest ist. Zweckmäßig ist die hier durchgeführte Vereinigung von Buchse und Kühlmantel zu einem Montagestück, eine Maßnahme, die den Austausch von Zylinderlaufbuchsen wesentlich vereinfacht. Die Buchse wird mit ihrem oberen Flansch vom Zylinderdeckel auf den Kühlmantel gepreßt, der sich seinerseits am Zylinderkörper abstützt. Aus Bild 14/27 ist diese Anordnung zu ersehen. Die Abdichtung am oberen Ende wird durch das Aufeinanderdrücken der geschliffenen Berührungsflächen bewirkt. Unten wird der mit den Kühlwasseranschlüssen versehene Grauguß-Kühlmantel mit einer Stopfbuche ausgerüstet, die den Kühlraum abschließt, einer axialen Dehnung der Buchse aber keinen nennenswerten Widerstand entgegensetzt.

Den Zylinderkopf bilden zwei Deckelringe in Verbindung mit dem Gehäuse des Auslaßventils. Die Teile werden durch vier Schrauben zusammengehalten und zusammen mit Buchse und Kühlmantel von zwölf kräftigen Stehbolzen gegen den Zylinderkörper verspannt. Im unteren, wassergekühlten Deckelring aus Grauguß wird das zentral angeordnete Auslaßventil mit einem auswechselbaren Einsatz geführt. Darüber hinaus ist dieser untere Deckel mit drei gleichmäßig auf den Umfang verteilten Kraftstoffventilen und je einem Anlaß- und Sicherheitsventil ausgerüstet. Der obere, ungekühlte Deckelring hat als Preßring die Aufgabe, die Gasdruckkräfte über Stehbolzen auf den Zylinderkörper zu übertragen. Das Gehäuse des Anlaßventils besteht aus Grauguß und wird wassergekühlt.

Der aus hoch warmfestem Werkstoff hergestellte Ventilteller wird auf die aus Flußstahl gefertigte Ventilspindel aufgeschrumpft. Um ein weitgehend ungedrosseltes Ausströmen der Abgase zu gewährleisten, führt man den Teller mit dem größtmöglichen Durchmesser aus.

Die Ventile werden von Nockensegmenten angetrieben, die an den Kurbelwangen befestigt sind. Der Betätigungsmechanismus besteht aus Rollenhebeln und Zugstangen, die in einem quer über dem Zylinderkopf angeordneten Joch enden. In diesem Joch ist die Ventilspindel mit einem Kugelsegment aufgehängt. Der Schluß des Ventils wird von acht gleichen Druckfedern eingeleitet und aufrecht erhalten, die in Gruppen zu je vier auf beiden Seiten des Joches in ölgefüllten Hülsen angebracht sind. Neben einer merklichen Verminderung des Ventilgeräusches ergibt sich aufgrund dieser Anordnung eine wesentlich höhere Eigenfrequenz der Federn.

Jeder Zylinder besitzt eine eigene schrägkantengesteuerte Einspritzpumpe, die den Kraftstoff in direkter Einspritzung dem Verbrennungsraum zuführt. Die Pumpenkolben werden über einen Mechanismus von Nockenscheiben angetrieben. Ein federbelasteter Dämpfungskolben in Drucksystem mildert die Stöße in den Leitungen.

Die gemeinsame Steuerwelle wird von der Kurbelwelle mit Hilfe einer Duplex-Rollenkette angetrieben. Der Einbau einer automatischen Wechselkupplung ermöglicht die Betätigung der Pumpen in beiden Drehrichtungen mit den gleichen Nocken.

Manövrierhebel, Nockenwellenantrieb und Schnellschlußregler sind in einer zentral liegenden Gestelleinheit zusammengefaßt untergebracht.

Der Motor wird mit Druckluft angelassen. Er läßt sich leicht und schnell umsteuern. Bei Einhaltung des von der Herstellerfirma vorgeschriebenen Druckluftvorrates kann in rascher Folge eine große Anzahl von Anlaßmanövern durchgeführt werden. Die Betätigung der Anlaß- und Umsteuervorrichtungen erfolgt durch Druckluft-Servomotoren, deren Arbeitsablauf von Ventilen ausgelöst wird, die von der Welle des Manöverrades durch Nocken geschaltet werden.

Anlaß- und Umsteuermanöver sowie Drehzahländerungen werden durch Bedienung eines einzigen Handrades eingeleitet.

Die Aufladung (Bild 14/29) arbeitet nach dem Gleichdruckverfahren. Abgas-Turbogebläse und doppeltwirkende Kolbenspülpumpen sind in Reihe geschaltet. Im allgemeinen werden Fünf- und Sechszylindermotoren mit einem Turbogebläse ausgerüstet, während Motoren mit sieben und mehr Zylindern zwei erhalten. Die Gebläse fördern die Luft unter Druckerhöhung über einen seewasserbeschickten Zwischenkühler in die Luftkästen, die auf den Ventilkastenrahmen der Spülpumpen angeordnet sind.

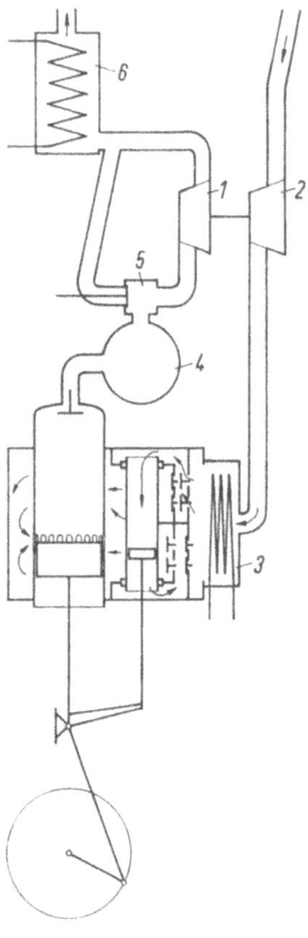


Durch die aus dünnen Stahlfedern bestehenden Spülpumpensaugventile strömt die Luft dann in den Teil des Spülpumpenzylinders, der gerade ansaugt. Nach weiterer Verdichtung durch den vom Kreuzkopf angetriebenen Pumpenkolben gelangt die Ladeluft über die Druckventile der Spülpumpe in den Spülluftaufnehmer und von dort durch die gleichmäßig am Umfang verteilten Spülschlitze in den Zylinder. Die Anschrägungen der Schlitze überlagern dem Luftstrom eine Zirkulation, die zur vollkommenen Verbrennung beiträgt.

Die Trennwand zwischen Spülluftaufnehmer und Kurbelgehäuse ist mit Stopfbuchsen für die durchlaufenden Kolbenstangen versehen, so daß weder Öl noch Ladeluft von einem Raum in den anderen übertreten können. Die Zugstangen des Ventiltriebes werden innerhalb des Spülluftaufnehmers vollständig in Rohren gekapselt. Besonders bei Motoren, die mit Schweröl betrieben werden, sind diese Maßnahmen und die laufende Kontrolle ihrer Wirksamkeit von Bedeutung, da das Eindringen der schwefel- und asphalthaltigen Verbrennungsrückstände in das Kurbelgehäuse auf jeden Fall vermieden werden muß.

Bild 14/29. Gleichdruckaufladung für Göta-Verken-Motoren (Werkbild Göta Verken, Göteborg)
1 Abgasturbine,
2 Lader,
3 Zwischenkühler,
4 Abgassammler,
5 Bypassventil,
6 Abgaskessel.

## 14.8. Tauchkolben-Zweitaktmotoren der Firma MaK

Der in Bild 14/30 in zwei Ansichten dargestellte Sechszylinder-Reihenmotor ist ein Beispiel für die bis zu acht Zylindern umfassende Typenreihe. Der Achtzylindermotor hat eine effektive Dauerleistung von 2000 PS bei 375 $min^{-1}$.

Aufgrund der übersichtlichen Darstellung und der umfangreichen Positionserklärung kann die Beschreibung sehr kurz gehalten werden.

Der mit Abgas-Turbogebläsen aufgeladene Motor spült nach dem Gleichstromverfahren. Er ist mit je zwei Anlaßventilen je Zylinder ausgerüstet, die von einer Stoßstange betätigt werden.

Die Ladeluftkühlung sowie die Rückkühlung des Schmier- bzw. Kühlöles und des für die Kühlung des Motors und aller übrigen Aggregate verwendeten Frischwassers erfolgt durch Seewasser.

Grundplatte und Gestellteile bestehen aus Grauguß und werden durch Paßschrauben miteinander verbunden.

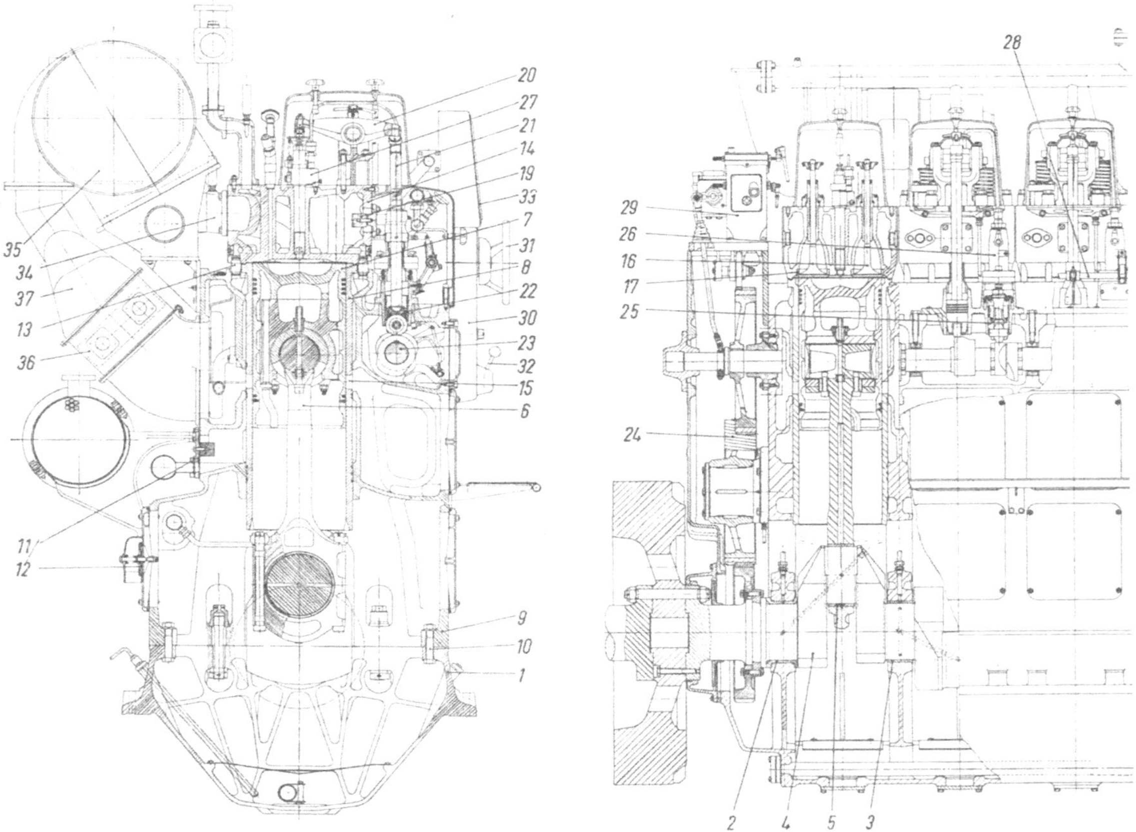


Bild 14/30. Mak-Zweitakt-Tauchkolbenmotor (Werkbild Maschinenbau Kiel Aktiengesellschaft)

1 Grundplatte,
2 Paßlager,
3 Spiellager,
4 Kurbelwelle,
5 Kurbelzapfenlager,
6 Schubstange,
7 Kolben,
8 Laufbuchse,
9 Kastengestell,
10 Gestellschrauben,
11 Zinkschutz,
12 Kurbelraum-Sicherheitsventil,
13 Kühlwasserübertritt,
14 Zylinderdeckel,
15 Einlaßschlitze,
16 Auslaßventil,
17 Ventilsitzringe,
19 Zinkschutz,
20 Ventilhebel,
21 Stoßstange,
22 Rollenführung,
23 Nockenwelle,
24 Nockenwellenantrieb,
25 Einspritzpumpenantrieb,
26 Einspritzpumpe,
27 Düsenhalter,
28 Regulierung,
29 Regler,
30 Steuerstand,
31 Bedienungshandrad,
32 Umsteuerhebel (hydraulisch),
33 Manometertafel,
34 Abgasleitung,
35 Abgasturbolader,
36 Ladeluftkühler,
37 Ladeluftleitung.

Grund- und Kurbellagerzapfen besitzen gleiche Abmessungen und laufen in Stahlstützschalen mit Bleibronzeausguß, der noch mit einer dünnen Blei-Zinn-Laufschicht überzogen ist.

Zur Kühlung der Kolben wird Öl verwendet.

Die direkte Einspritzung des Kraftstoffes erfolgt durch schrägkantengesteuerte Bosch-Pumpen, die von der mit verstellbaren Schrägnocken ausgerüsteten Steuerwelle angetrieben werden. Umgesteuert wird durch axiales Verschieben der Welle ohne Abheben der Übertragungsglieder.

# 15. Gegenkolbenmotoren

## 15.1. Erläuterung des Gegenkolbenprinzips

In Dieselmotoren üblicher Bauart wird der Verbrennungsraum von dem Boden des Zylinderdeckels von der Decke des Kolbens und dem bei Kolbenstellung in *OT* freibleibenden Teil der Lauffläche begrenzt. Deckelboden und Lauffläche werden stets gekühlt, bei der Kolbendecke ist dies nur bei größeren Zylinderdurchmessern üblich. Auf diese Weise geht ein beträchtlicher Anteil der in Wärme umgesetzten chemischen Energie für die Verrichtung mechanischer Arbeit verloren.

Die während der Verdichtungs-, Verbrennungs- und Ausdehnungsperiode im Zylinder herrschenden Drücke wirken nicht nur auf den Kurbelantrieb, sondern beanspruchen darüber hinaus auch das Gestell des Motors und belasten die Lager des Triebwerkes. Aufgrund dieser Belastungen ergeben sich bei der Dimensionierung der Bauteile Abmessungen, die ein hohes Leistungsgewicht und einen beachtlichen Raumbedarf, bezogen auf die Leistungseinheit, zur Folge haben. Der Zylinderdeckel – eines der am stärksten beanspruchten Teile – muß neben den notwendigen Kühlräumen noch Ventile für die Steuerung des Gaswechsels, die Einspritzung, das Anlassen und Indizieren aufnehmen, so daß den Drücken und damit auch der Zylinderleistung Grenzen gesetzt sind.

Besonders diese beiden hier angeführten Umstände waren es, die zu Versuchen führten, durch Anwendung des von *Oechelhäuser* für Gasmaschinen entwickelten Gegenkolbenprinzips im Dieselmotorenbau günstigere Verhältnisse zu schaffen. Das Verdienst, diese Versuche bis zur Fertigungsreife geführt zu haben, gebührt Prof. *Junkers*. Er erkannte, daß es von größter Bedeutung für den Wirkungsgrad eines Motors ist, die Wärmeverluste nach abgeschlossener Verdichtung bei Beginn der Verbrennung und Ausdehnung auf ein Mindestmaß zu beschränken, da die durch Kühlmittel abgeführte Wärme für die Verrichtung mechanischer Arbeit verlorengeht.

Geht man zunächst von der Proportionalität zwischen übertragener Wärmemenge und kühlmittelumströmter Fläche aus, so führt die Forderung nach verringerten Wärmeverlusten direkt zur Gestaltung eines Verbrennungsraumes mit möglichst kleinen Begrenzungsflächen.

Im Gegenkolbenmotor sind in einem Zylinder zwei Kolben angeordnet, die sich stets in entgegengesetzem Richtungssinn bewegen (Bilder 15/1 und 15/2). Beim Verdichtungshub laufen sie aufeinander zu, beim Arbeitshub werden sie von den expandierenden Gasen nach außen gedrückt.

Der Dieselmotor üblicher Bauweise benötigt unter sonst gleichen Voraussetzungen zwei Zylinder für die Erzeugung der entsprechenden Leistung.

Erweitert man diese Betrachtung auf die wärmeabführenden Flächen während der Verbrennungsperiode, so ergibt sich ein Verhältnis, das eindeutig zugunsten des

Gegenkolbenmotors ausfällt. Bei diesem fehlen die Zylinderdeckelböden, während die übrigen Flächen bei beiden Bauarten etwa die gleiche Größe besitzen. Gerade diese stets gekühlten Deckelböden sind aber an der gesamten Wärmeabfuhr mit etwa 50 % beteiligt, wie man bei näherer Untersuchung der Wärmeübertragung an dieser Stelle nachweisen kann.

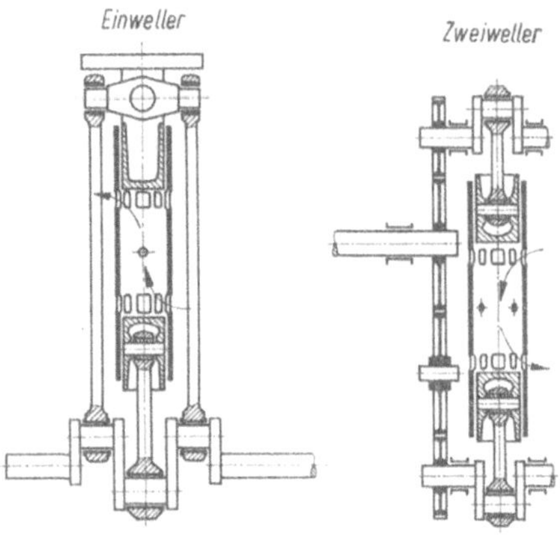


Bild 15/1. Ausführungen des Triebwerkes bei Gegenkolbenmotoren

Die Zylinderkörper und das Gestell werden von Zugkräften entlastet, die aus dem Verbrennungsdruck resultieren, da die Übertragungsglieder, die Deckel, fehlen. Daher ist eine leichtere Ausführung möglich, die ein geringeres Gewicht besitzt. Wählt man für den Motor die einwellige Bauweise (Bild 15/1), so erhält man außerordentlich günstige Verhältnisse in den Hauptlagern der Welle. Die Kurbelversetzung von 180° zwischen Pleuel (unterer Kolben) und Jochantrieb (oberer Kolben) führt bei Übereinstimmung der Takte jeweils zu einem Ausgleich der Radialkräfte an der Welle im Bereich der drei Kraftangriffsstellen (Kurbelzapfen).

Infolgedessen sind die Hauptlagerbelastungen auf die Anteile des Triebwerkeigengewichts beschränkt.

Eine intensive Spülung nach dem Gleichstromprinzip, die durch geschickte Anordnung der Spülschlitze (Bild 15/2) erreicht wird, begünstigt die vollkommene Verbrennung und gestattet eine hohe spezifische Belastung des Motors.

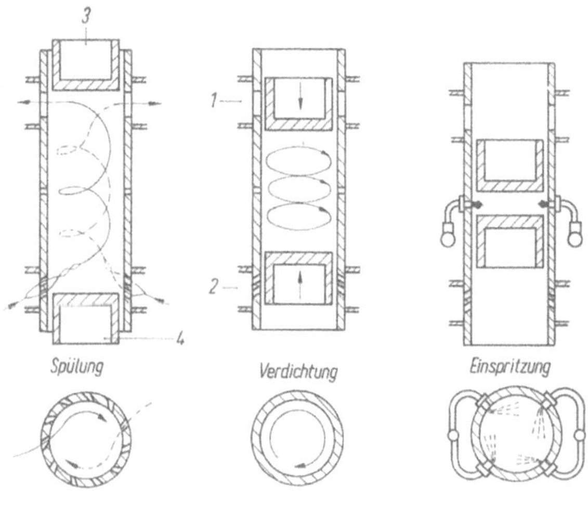


Bild 15/2. Arbeitsweise des Gegenkolbenmotors

1 Auslaßschlitze,
2 Spülschlitze,
3 Oberer Arbeitskolben,
4 Unterer Arbeitskolben.

Gegenkolbenmotoren bilden eine Gruppe, die hinsichtlich ihrer Arbeitsweise zwischen einfachwirkenden Motoren üblicher Bauart und doppeltwirkenden Motoren liegt. Man kann sie aber aufgrund der Tatsache, daß bei einer Umdrehung je Zylinder zwei Arbeitstakte erfolgen, auch zu den doppeltwirkenden Motoren rechnen.

Die Einwellenbauart (Bild 15/1) zeichnet sich gegenüber der zweiwelligen Ausführung durch einen wesentlich höheren mechanischen Wirkungsgrad aus. Dieser liegt bei Vergleich der erzielten Wirkungsgrade von Dieselmotoren verschiedener Bauart aber gleicher Leistung an der Spitze, was in der Hauptsache auf die geringen Lagerreibungsverluste – bedingt durch geringe Lagerbelastungen – zurückzuführen ist. Bei einwelligen Gegenkolbenmotoren größerer Leistung ergeben sich unter Berücksichtigung der mechanischen Verluste in den Hilfsaggregaten (Spül-, Öl- und Kühlwasserpumpe) Wirkungsgrade von 87 . . . 90 % gegenüber 80 . . . 85 % bei anderen Motoren gleicher Leistung mit den gleichen Hilfsaggregaten.

Zweiweller (Bild 15/1) sind kürzer gebaut, sie erfordern aber einen höheren konstruktiven Aufwand und ergeben größere Bauhöhen.

Die Gestalt des Verbrennungsraumes und die Luftzirkulation bei intensiver Spülung ergaben günstigste Voraussetzungen für die Anwendung der reinen Druckeinspritzung. Diese wurde daher von Anfang an selbst für Motoren größter Leistung eingestzt.

## 15.2. Gegenkolben-Großmotoren der Firma Doxford & Sons

Die Firma Doxford & Sons in Sunderland, Großbritannien, übernahm Patente von den Junkers-Werken und entwickelte Großmotoren nach dem Gegenkolbenprinzip, die sich durch beachtliche Zylinderleistungen auszeichneten.

Schon vom Beginn der Entwicklung im Jahre 1920 an kam reine Druckeinspritzung zur Anwendung. Die Motoren besaßen nur drei bis sechs Zylinder, erbrachten aber bei Zylinderdurchmessern von 560 . . . 750 mm effektive Leistungen von 1800 . . . 8000 PS, d. h. Zylinderleistungen von 600 . . . 1300 PS. Der Gesamthub (= Summe der Hübe des unteren und oberen Kolbens) lag dabei im Bereich von 1680 . . . 2500 mm. Bei einem Motor mit der Bohrung 725 mm betrug beispielsweise der Hub des oberen Kolbens 950 mm, der des unteren 1300 mm.

Der in den Bildern 15/3 und 15/4 dargestellte Motor ist in Kreuzkopfbauart ausgeführt und wird heute in der Reihe J mit Aufladung durch Abgas-Turbolader als Zehnzylindermotor bis zu einer effektiven Leistung von 22 290 PS bei einer Drehzahl von 115 $mm^{-1}$ hergestellt. Dabei besitzt der Motor folgende Abmessungen und Daten: Kolbendurchmesser 760 mm, Hub des oberen Kolbens 520 mm, Hub des unteren Kolbens 1660 mm, Gesamthub 2180 mm, $p_e = 8{,}8\ kp/cm^2$, Gewicht 640 Mp, geeignet für Schweröl bis 3500 R.

Bei Sechszylindermotoren besteht die geschweißte Grundplatte aus zwei miteinander verschraubten Teilen.

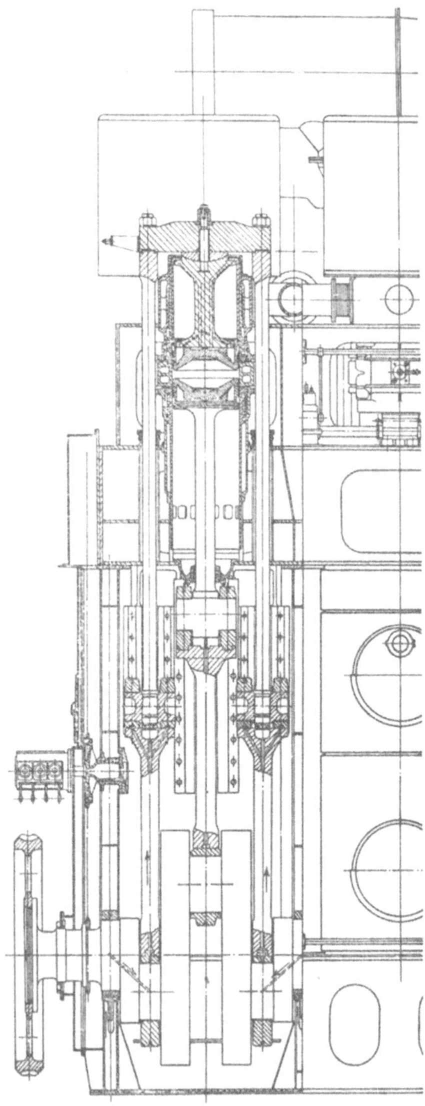

Bild 15/3
Gegenkolben-Kreuzkopfmotor mit Aufladung (Werkbild Doxford & Sons Ltd., Sunderland)

Die Kurbelwellenlager sind mit Weißmetall ausgegossen und erhalten Druckschmierung. Die zweiteilige Kurbelwelle wird durch eine Flanschverbindung zusammengefügt. Die beiden Hälften der Welle sind ihrerseits wieder aus mehreren Einzelteilen - Wangen, Hauptlagerzapfen mit Wangen und Zapfen für die Jochantriebe, Zapfen für die Pleuelstangen der unteren Kolben – aufgebaut. Diese im Gesenk geschmiedeten Teile werden miteinander durch Schrumpfpreßsitze verbunden.

Während die seitlichen Kurbellager für den oberen Kolben von den Kurbelwellenlagern aus geschmiert werden, erfolgt die Ölversorgung des mittleren Kurbellagers vom Kreuzkopf her durch die Pleuelstange.

Durch die kompakte Bauweise – geringe Traglänge bei großem Durchmesser an allen Lagerstellen – erhält die Kurbelwelle eine hohe Festigkeit und günstiges Schwingungsverhalten.

Da Zylinder und Gestell nicht den großen Zugkräften eines Motors üblicher Bauart ausgesetzt sind, werden auch die Ständer geschweißt, um an Gewicht zu sparen. Auf den Ständern ist ein durchgehender, aus Stahlplatten aufgebauter Träger angeordnet, der im unteren Teil große Hohlräume umschließt, die als Spülluftaufnehmer dienen (siehe Bild 15/4). Die Gleitbahnen für die eingleisig geführten Kreuzköpfe sind zwischen den Ständern aufgehängt. Der obere Kolben ist direkt an einem Joch befestigt. Dieses wird durch zwei lange Kolbenstangen, die an den Zylindern vorbeigehen, mit den seitlichen Kreuzköpfen verbunden. Von den Kreuzköpfen erfolgt die Kraftübertragung durch lange Pleuelstangen auf die seitlichen Kurbeln.

Die Zylinderlauffläche setzt sich aus einem oberen Buchsenteil, versehen mit den Auslaßschlitzen, einem unteren, in dem sich die Spülschlitze befinden, und einem

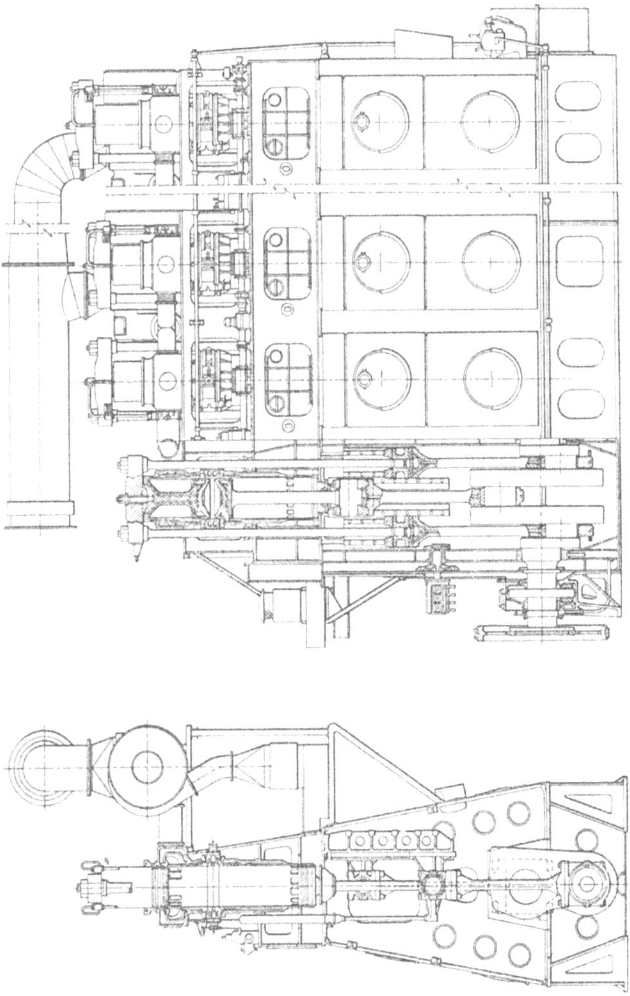

Bild 15/4. Doxford-P-Typ-Schiffsdieselmotor (Werkbild Doxford & Sons Ltd., Sunderland)

Mittelteil zusammen. Das letztgenannte Teil umschließt den Verbrennungsraum und nimmt die Einspritz-, Anlaß-, Sicherheits- und Indizierventile auf. Es ist besonders kräftig ausgeführt und besitzt Hohlräume für die Kühlung. Die Buchsenteile werden direkt vom Frischwasser umspült, das auch zur Kühlung der Abgaskanäle herausgezogen wird.

Für die Kolbenkühlung verwendet man verschiedene Medien. Der obere Kolben wird mit aufbereitetem Wasser beschickt, das ihm über Teleskoprohre durch den am Joch befestigten Kolbenstempel zugeführt wird und über ein zweites Leitungssystem gleicher Art abfließt. Die Kühlung des unteren Kolbens erfolgt durch Öl. Bild 15/4 stellt in übersichtlicher Form Teile des Schmier- und Kühlsystems sowie den Weg der Spülluft und der Abgase, d. h. den Ablauf des Ladungswechsels dar.

Bild 15/5 zeigt die beiden Kolben in der inneren Totpunktlage.

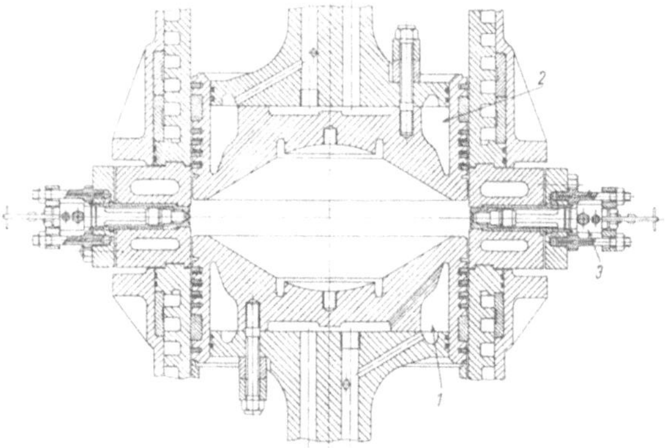


**Bild 15/5.** Verbrennungsraum des Doxford-Schiffsdieselmotors (Werkbild Doxford & Sons Ltd., Sunderland)

1 unterer Kolben,
2 oberer Kolben,
3 Kraftstoffventil

Die Form der Kolbendecken gibt dem Verbrennungsraum die Gestalt einer Linse. Kolbendecke und Ringträgerteil sind in einem Stück – der Kolbenkappe – vereint und direkt mit der Kolbenstange bzw. dem Kolbenstempel verschraubt.

Der untere Kolben besteht nur aus dieser Kolbenkappe, während der obere für den Abschluß der Auslaßschlitze mit einem Schaft versehen ist, der am Kolbenstempel befestigt ist.

Die in Höhe des unteren Buchsenteiles liegende Steuerwelle wird von der Kurbelwelle über eine Rollenkette angetrieben.

In Bild 15/6 sieht man das Schema der Einspritzanlage des Motors. Die Kraftstoffpumpe fördert über einen am Ende des Motors angeordneten Verteilerblock in Sammelflaschen, von denen jeweils eine für die Versorgung eines Zylinders vorgesehen ist. Von dort gelangt der Kraftstoff von einem Regelventil, der Motorenbelastung entsprechend dosiert, zum Einspritzventil.

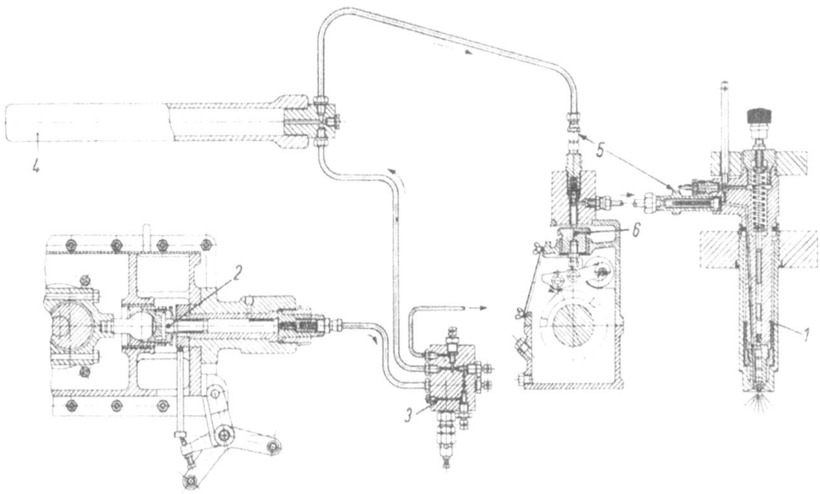


Bild 15/6. Doxford-Kraftstoff-Einspritzsystem
(Werkbild Doxford & Sons Ltd., Sunderland)

1 Kraftstoffventil,
2 Kraftstoffpumpe,
3 Verteilerblock,
4 Druckhalteflasche,
5 Kraftstoff-Filter,
6 Einspritzventil.

# 16. Doppeltwirkende Dieselmotoren

## 16.1. Allgemeine Betrachtungen

Für doppeltwirkende Motoren kommt nur das Zweitaktverfahren in Betracht, da doppeltwirkende Viertaktmotoren der Anordnung der Ventile wegen einen sehr komplizierten Aufbau bedingen. Zudem weisen sie nur Zylinderleistungen auf, die heute schon von einfachwirkenden Zweitaktmotoren erreicht und überschritten werden.

In den letzten Jahren – seit 1956 etwa – werden die doppeltwirkenden Motoren von einfachwirkenden Zweitaktmotoren mit Aufladung abgelöst, mit denen alle für den Schiffsantrieb und in Kraftwerken erforderlichen Leistungen erreicht werden können.

Doppeltwirkende Zweitaktmotoren und heute ebenso die aufgeladenen, einfachwirkenden, langsamlaufenden Zweitaktmotoren haben geringe Leistungsgewichte von etwa 35 . . . 40 kp/PS. Nachteilig ist bei doppeltwirkenden Motoren vor allem der höhere Bauaufwand, bedingt durch den komplizierten unteren Zylinderdeckel mit mindestens 2 Kraftstoffventilen und zentraler Stopfbuchse für den Kolbenstangendurchtritt. Auch der Kolben ist komplizierter als beim einfachwirkenden Motor. Das Triebwerk wird sowohl auf Druck als auch auf Zug beansprucht, was zwar günstigen Schalendruckwechsel in den Lagern ergibt, aber wegen der Beanspruchung der Schraubenverbindungen im Triebwerk doch zu Erschwernissen führen kann. Heißläufer von Kolbenstangen, Risse in unteren Zylinderdeckeln und Verschleiß von Abschirmkragen im unteren Verbrennungsraum sowie die Schwierigkeit, Schweröl mit einer Viskosität von über 400 R zu verwenden, gaben Veranlassung, doppeltwirkende Motoren zu einfachwirkenden mit Aufladung umzubauen und für Neubauten dem einfachwirkenden Motor in Kreuzkopfbauart mit Aufladung den Vorzug zu geben. Aufgeladene Motoren sind zudem kürzer, da sie keine angehängte Spülpumpe benötigen. Wegen der stark abnehmenden Bedeutung der doppeltwirkenden Motoren soll im folgenden Abschnitt nur ein Fabrikat besprochen werden.

## 16.2. Doppeltwirkender Zweitaktmotor der Firma M.A.N.

Unterschiede gegenüber der Ausführung des ebenfalls in Zugankerbauweise ausgeführten einfachwirkenden Zweitakt-Kreuzkopf-Motors der gleichen Firma (siehe Bild 14/10) beschränken sich im wesentlichen auf die Gestaltung des unteren Zylinderteiles, des Kolbens und der Kolbenstange (Bild 16/1).

Bild 16/2 vermittelt einen guten Einblick in die konstruktiven Details. Die doppelte Schlitzreihe für die Spülung ist in halber Höhe des Zylinders angeordnet und steht über die Ringkanäle (17) mit dem Spülluftaufnehmer in Verbindung. Infolgedessen wurden getrennte Auslaßkanäle (16) für die beiden Zylinderseiten erforderlich, die die Auslaßschlitzreihen ober- und unterhalb der Spülschlitze über zwei Auspuffrohre an das Abgassystem anschließen (siehe dazu auch Bild 16/1, Pos. 2). In neueren Ausführungen verwendet man in den Auslaßkanälen vielfach auch Drehschieber.

Spülluftaufnehmer und Auspuffrohre liegen auf der Rückseite des Motors. Den Aufnehmer führt man aus fertigungstechnischen Gründen gewöhnlich mit Kreis-

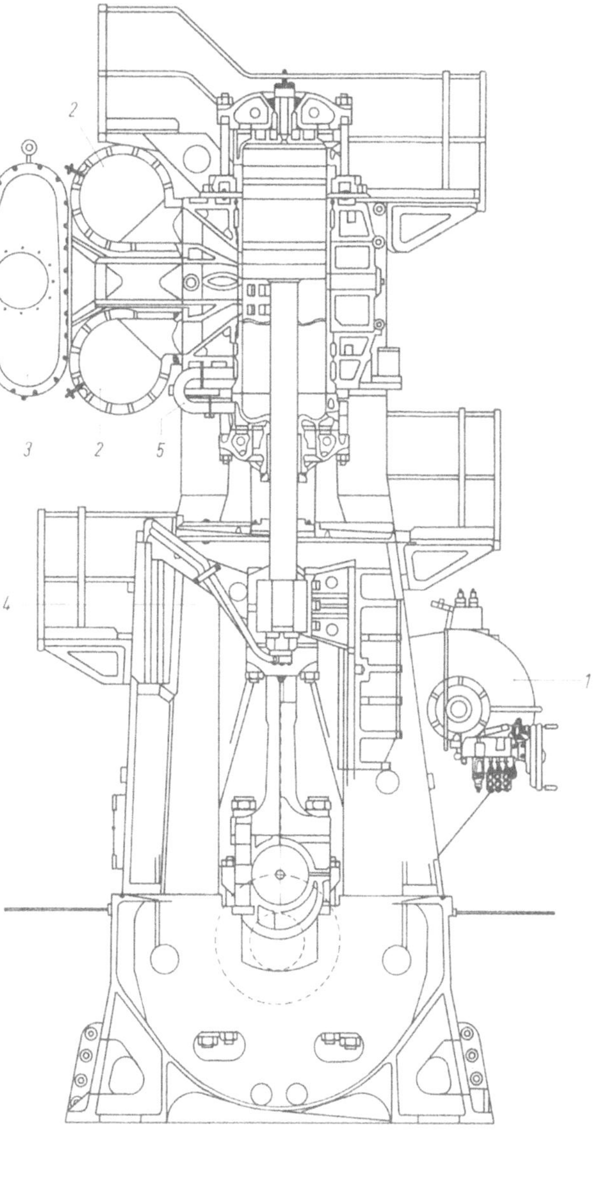


Bild 16/1. Doppeltwirkender M.A.N.-Zweitaktmotor (Werkbild M.A.N. AG, Augsburg)

1 Kraftstoffpumpen,
2 Auspuffleitungen,
3 Spülluftaufnehmer,
4 Kreuzkopfarm mit Kühlwasserleitungen,
5 Anschlußkrümmer für Kühlwasser.

querschnitt aus. Nur bei beschränkten Raumverhältnissen gibt man ihm eine flachgedrückte Form, die sich dichter an die Auspuffrohre heranrücken läßt (Bild 16/1).

Die geteilte Zylinderlaufbuchse (Bild 16/2, Pos. 8 und 9) besitzt unterhalb der Auslaßschlitze (16) für den Zylinder-Unterteil eine wellenförmig ausgebildete Teilfuge (10), die von den Kolbenringen stoßfrei überfahren werden kann.

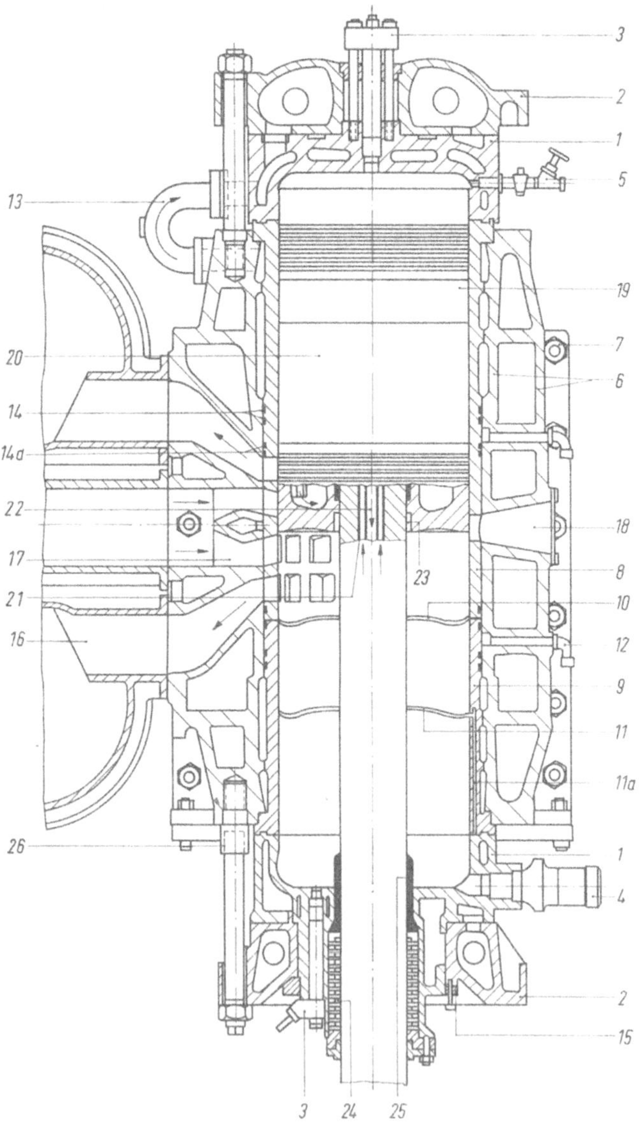


Bild 16/2. Schnitt durch einen Zylinder des doppeltwirkenden Zweitaktkreuzkopf-Motors (Bild 16/1). (Werkbild M.A.N. AG, Augsburg)

1 Zylinderdeckel,
2 Preßdeckel,
3 Kraftstoffventile,
4 Anlaßventil,
5 Indizierventil,
6 Zylinderkörper,
7 Zylinder-Verbindungsschrauben,
8 Laufbüchsen-Oberteil,
9 Laufbüchsen-Unterteil,
10 Gewellte Teilfuge,
11 Schmiernute,
11a Schmieranstich,
12 Leckwasserstutzen,
13 Kühlwasserleitung vom Zylinder zum Deckel,
14 Gummi-Dichtungsringe,
14a Kupfer-Dichtungsringe,
15 Stopfbüchse,
16 Auslaßkanäle,
17 Spülkanäle,
18 Schauloch,
19 Kolbenführungsring,
20 Kolbenmantel,
21 Bronzeseele,
22 Abflußeinsteckrohr,
23 Eindrehung für den Hitzeschutzkragen,
24 Kolbenstangenstopfbüchse,
25 Hitzeschutzkragen,
26 Bolzenfutter.

Die geringe Höhe des unteren Buchsenteiles (9) gestattet einen leichten Ausbau nach Abnahme der unteren Deckel (1) und (2) sowie Herausdrehen der Stiftschrauben, wenn die Kolbenstange zuvor am Kreuzkopf gelöst und nach oben herausgezogen wurde.

Die Bolzen für das Anziehen der oberen Deckel sind als Stiftschrauben direkt in den Grauguß-Zylindermantel eingesetzt. Da man sie bei Demontage der oberen Deckel nicht herausnehmen muß, spielt der Umstand, daß in Grauguß geschnittene Gewinde ein häufiges Lösen und Wiederanziehen schlecht vertragen, keine Rolle. Anders ist dies bei den unteren Deckelbolzen, die man bei Instandsetzungsarbeiten herausdrehen muß. Aus diesem Grunde verwendet man hier Stahlgewindebuchsen (26), die in den Zylindermantel eingeschraubt werden und ihrerseits die Deckelbolzen aufnehmen.

Die Trennfuge zwischen den beiden Buchsenteilen besitzt ein Stoßspiel von einigen Millimetern, das im Betrieb eine freie Wärmedehnung der beiden Teile zuläßt.

Die Kühlwasserversorgung der Deckel erfolgt vom Zylindermantel (6) aus über Anschlußkrümmer (Bild 16/2, Pos. 13 an der Oberseite, Bild 16/1, Pos. 5 an der Unterseite). Das Kühlwasser wird an der Zylinderoberseite oberhalb der Gummidichtungsringe (14), an der Zylinderunterseite unterhalb derselben eingeführt, fließt in Kanälen unter Wärmeaufnahme den Deckeln zu und wird von dort aus abgeleitet. Die Dichtringe (14) sollen einen Durchtritt von Kühlwasser in die Auslaßkanäle bzw. umgekehrt ein Eindringen von Abgasen in die Kühlräume verhindern. Das Dichtungssystem wird von Kupferringen (14a) und einer zwischen Gummi- und Kupferdichtungen angeordneten Fangnut, die die Laufbuchse ringförmig umschließt und mit einem Ablaßstutzen (12) versehen ist, vervollständigt. Die Fangnut ist zur Abflußbohrung hin mit Gefälle ausgeführt, so daß das Leckwasser restlos abgeführt werden kann. Als besonders wirkungsvoll hat sich der zusätzliche Einbau eines O-Ringes aus hitzebeständigem Gummi in der Nähe der Kupferringe erwiesen.

Die Zylinderschmierung erfolgt an Ober- und Unterseite des Zylinders über vier bis sechs Schmieranstiche nach den wellenförmigen Schmiernuten (11) in der Zylinderbuchsen-Lauffläche (in Bild 16/2 nur für die Zylinder-Unterseite sichtbar). Zur Vermeidung der früher üblichen Öleinführungsstutzen, die durch die Zylinderkühlräume verliefen und dadurch schwierige Dichtungsprobleme aufwarfen, leitet man das Öl jetzt an den Buchsenflanschen über Ringrohre zu. Von dort fließt es über Anstiche (11a) in den Buchsen zu den Schmiernuten (11), die oben und unten etwa in der Mitte zwischen Auslaßkanälen und Buchsenflanschen angeordnet sind.

Die Gestaltung des unteren Zylinderdeckels (1) unterscheidet sich wesentlich von der des oberen, die in ähnlicher Form auch bei einfachwirkenden Zweitakt-Kreuzkopf-Motoren zu finden ist (Bild 5/15). In erster Linie ist es die Kolbenstangenstopfbuchse (Bild 16/2, Pos. 24), deren Aufnahme die Deckelkonstruktion maßgeblich beeinflußt. Zur gleichmäßigen Verteilung des Kraftstoffes im Verbrennungsraum, dessen Form wegen der Kolbenstange nicht günstig gestaltet werden kann, baut man zwei Einspritzventile (3) ein. Die Düsenbohrungen sind so angeordnet, daß die Kraftstoffstrahlen fast horizontal austreten, ohne auf die Kolbenstange zu treffen.

Das Anlassen des Motors erfolgt auf der Zylinderunterseite bei abgesperrter Kraftstoffzufuhr, während die Oberseite von vornherein normal mit Kraftstoff versorgt wird. Das geringere Hubvolumen der Unterseite und die günstigen Voraussetzungen für die Zündung an der Oberseite (keine Abkühlung durch expandierte Luft) schränkt den Anlaßluftbedarf ein. Das Anlaßventil (4) sowie die an beiden Zylinderseiten jeweils einmal vorhandenen Sicherheits- und Indizierventile (5) sind horizontal angeschlossen.

Der untere Preßdeckel (2) ist kreisringförmig ausgeführt und dient neben dem Anpressen des Zylinderdeckels (1) auch noch als Abschluß des dicht an die Kolbenstangenstopfbuchse herangezogenen Kühlraumes. Seine Abdichtung erfolgt durch zwei Gummiringe (14) und eine Stopfbuchse (15).

Die Kolbenstangenstopfbuchse (24) ist durch Ringe in zwölf Kammern von rechteckigem Querschnitt geteilt. Die ersten fünf auf der Seite des Verbrennungsraumes enthalten einteilige Dichtringe, die sich gegen die Kolbenstange legen.

In den folgenden sieben Kammern sind je zwei sechsteilige Ringe angeordnet, die durch Spannringe gleichfalls an die Kolbenstange gedrückt werden.

Die Schmierstoffzufuhr erfolgt durch die Stopfbuchsenbrille und eine Bohrung, die senkrecht durch die Kammerringe verläuft und zwischen dem vierten und fünften Ring auf der Brennnraumseite in eine die Stange umschließende Ringnut mündet.

Die Kolbenstange ist beim doppeltwirkenden Motor besonders hohen thermischen Beanspruchungen ausgesetzt, die aufgrund der um einen Mittelwert schwankenden Temperaturen wechselnden Charakter besitzen. Beim Hubwechsel im unteren Totpunkt erreicht die Beanspruchung der Stange infolge der hohen Zündtemperaturen und des Belastungswechsels von Druck (Knickung) auf Zug ihr Maximum.

Trotz des Einsatzes bester Werkstoffe traten aufgrund dieser Verhältnisse früher häufig Stangenbrüche auf. Ausgangsstellen dieser Dauerbrüche waren gewöhnlich Haarrisse, die sich auch bei sorgfältiger Fertigung nur schwer vermeiden lassen.

Durch eine einfache konstruktive Maßnahme gelang es jedoch, die Beanspruchungen zu verkleinern und dadurch die Brüche zu vermeiden. Das untere Abschlußteil (25) der Stopfbuchse erhielt eine manschetten- oder kragenförmige Gestalt und wurde soweit in den Verbrennungsraum hineingezogen, daß sich der Kolben im Bereich des unteren Totpunktes – also während der durch höchste Temperaturentwicklung gekennzeichneten Verbrennungsperiode – mit einer Aussparung (23) darüber schiebt. Auf diese Weise wird die Stange durch den aus hochwarmfesten Stahl gefertigten Kragen – auch Hitzeschutzkragen oder Feuerschutzring genannt – thermisch wesentlich entlastet. Zwischen Kragen und Stange herrscht ein geringes Radialspiel, das die Berührung beider Teile verhindert und darüber hinaus die eintretenden Gase auf dem Wege zu den Dichtringen stark drosselt.

Häufig verwendet man Schmieröl als Kolbenkühlmittel. Bei Frischwasserkühlung muß man in die Bohrung der Kolbenstange ein Schutzrohr aus Spezialbronze einwalzen, um Korrosion zu vermeiden.

Als Werkstoff für die Kolbenstange verwendet man Siemens-Martin-Stahl normaler Festigkeit, der aber ein feinkörniges, homogenes Gefüge besitzen muß.

Das Prinzip der Kühlmittelführung im Kolben wurde in Abschnitt 5.4 beschrieben.

Die über die gesamte Länge der Stange verlaufende Bohrung wird durch ein Einsteckrohr (22) in Zu- und Abflußteil getrennt. Die Verbindung mit dem Druck- und Ablauftauchrohr über Rohrleitungen an dem angesetzten Kreuzkopfarm stellt ein kleines Verteilerstück aus Grauguß her, das am Stangenende befestigt ist (siehe Bild 16/1, Pos. 4 und auch Bild 16/2, Pos. 7). Die Ausführung des Kreuzkopfes, der Gleitbahn und der Kühlposaunen gleicht der beim einfachwirkenden Zweitakt-Kreuzkopf-Motor der M.A.N. (Bild 5/8). Auf die Hochdruck-Schmierölpumpen für die Versorgung der Kreuzkopflager kann hier jedoch verzichtet werden, da bei Doppelwirkung ein Wechsel der Lagerbelastung auftritt, so daß die Schmierung der Lager vom Umlaufschmiersystem aus durch die Bohrungen in der Pleuelstange erfolgen kann.

Die Überwachung des inneren Zylinderraumes, des Kolbens, der Kolbenringe sowie der Spül- und Auslaßkanäle (Bild 16/2, Pos. 17 und 16) kann ähnlich wie beim einfachwirkenden Motor durch ein Schauloch (18) vorgenommen werden.

Auch bezüglich der Ausführung des Anlaß- und Einspritzsystems einschließlich der Kraftstoffpumpen sowie der Steuerung und Umsteuervorrichtungen bestehen keinerlei Unterschiede gegenüber dem einfachwirkenden Kreuzkopf-Zweitakter.

Bild 16/3 zeigt im Indikatordiagramm der Zylinderunterseite des eben besprochenen Motors. Der Verdichtungsenddruck von 35 at führt bei gemischter Verbrennung (Gleichraum- und Gleichdruckverbrennung) zu einem Spitzendruck von ca. 45 at.

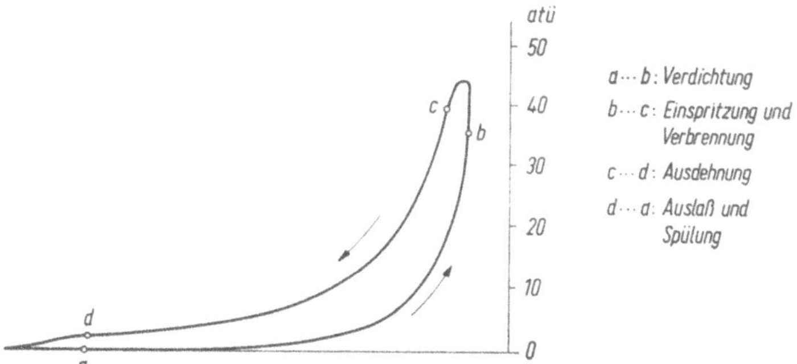


Bild 16/3. Indikatordiagramm der Zylinder-Unterseite des in Bild 16/1 dargestellten M.A.N.-Motors

Die Firma M.A.N. baute auch schnellaufende Schiffsmotoren mit Doppelwirkung in Guß- oder Schweißkonstruktion. Diese Motoren – Drehzahl gewöhnlich $n = 220\ \text{min}^{-1}$ – werden paarweise über ein Untersetzungsgetriebe mit der Propellerwelle verbunden.

Die Kolben dieser Motoren unterscheiden sich hinsichtlich der Kühlung von denen der Langsamläufer. Bei ihnen wird das Kühlmittel durch Radialbohrungen im Stangenflansch direkt in das Kolbenunterteil eingeführt und durch einen eingebauten Leitschirm verteilt. Die stählernen Kolbenkappen sind nach innen vollkommen offen, so daß das Öl von unten nach oben frei aufsteigt und durch das Einsteckrohr in der Stange zurückfließt.

# 17. Sonderausführungen von Schiffsantrieben mit Dieselmotoren

## 17.1. Getriebe und Kupplungen für umsteuerbare Motoren

### 17.1.1. Vorteile des Einsatzes mehrerer schnelläufiger Motoren für den Antrieb

Schnelläufige Dieselmotoren besitzen ein geringeres Leistungsgewicht und in Abhängigkeit davon auch einen geringeren Raumbedarf als Langsamläufer, die zum direkten Antrieb der Schrauben eingesetzt werden. Bei kurzhubiger Ausführung läßt sich die Bauhöhe wesentlich verringern, was neben beachtlichem Nutzraumgewinn auch zu einer tieferen Schwerpunktlage und somit zu einer Verbesserung der Schiffsstabilität führt. Diese Vorteile kommen in noch stärkerem Maße zum Tragen, wenn man die Erzeugung der Antriebsleitung auf mehrere Motoren verteilt, die dann in Gruppen auf eine Schraubenwelle arbeiten.

Die Aufteilung der Antriebsleistung bringt gleichzeitig eine Erhöhung der Schiffssicherheit, da bei Ausfall eines Motors einer Mehrmotorenanlage mit wenig verminderter Geschwindigkeit weitergefahren werden kann.

Bei Verwendung von Übertragungsaggregaten, die das Zuschalten bzw. Absetzen eines Motors in kürzester Zeit gestatten, erhält man darüber hinaus noch die Möglichkeit, die Antriebsleistung bei bestimmten Drehzahlen in gewissen Grenzen variieren zu können. Dabei verbinden sich die Vorteile eines elastischeren Antriebes mit einem sparsamen Betrieb, da man die einzelnen Motoren jeweils mit normalem Mitteldruck arbeiten lassen kann und so im Bereich des günstigen spezifischen Verbrauches liegt. Beim Einmotorenantrieb müßte man die Leistung durch Änderung der Füllung regeln und wäre so gezwungen, die höheren spezifischen Verbrauchswerte im Teillastbereich in Kauf zu nehmen. Voraussetzung für den Einsatz schnelläufiger Motoren ist die Verwendung eines Drehzahlwandlers (Getriebe), der die Motorendrehzahl auf eine Drehzahl reduziert, die den Betrieb der Schraube bei guten Wirkungsgraden gewährleistet.

### 17.1.2. Zahnradgetriebe

Zahnradgetriebe besitzen bei guter Ausführung einen hohen Übertragungswirkungsgrad. Die Verluste liegen bei großen Einheiten im Bereich von 1 . . . 2 % der Motorenleistung. Zum Ausgleich des mit beträchtlichem Ungleichförmigkeitsgrad behafteten Motorendrehmomentes, das zu stark schwellender Belastung des Getriebes führt, versieht man die Motoren mit schweren Schwungmassen (Schwungrad). Die dadurch erreichte gleichmäßigere Belastung der Zähne führt zu wirtschaftlicheren Abmessungen und erhöht die Lebensdauer. Um den Vorteil geräuscharmen Laufes und höherer Belastbarkeit, den die Schrägverzahnung gegenüber der Geradverzahnung bietet, auszunutzen, ohne die zusätzliche Axialbelastung der Lager in Kauf nehmen zu müssen, verwendet man vorwiegend die axialkraftfreie Pfeilverzahnung. Bild 17/1 zeigt eine Antriebsanlage mit pfeilverzahntem Getriebe. Die Kraftübertragung vom Motor zum Getriebe kann über eine feste Kupplung (Scheiben- oder Schalenkupplung) oder über eine schaltbare Kupplung (Klauenkupplung) erfolgen. Die Schaltkupplung ist in der Regel nur für das Absetzen des Motors innerhalb kürzester Zeit ausgelegt (keine Anfahrkupplung). Die Torsionsschwingungen, die vom Motor erregt werden, dämpft man beispielsweise, wie in Bild 17/1 gezeigt, durch Einbau einer elastischen Welle.

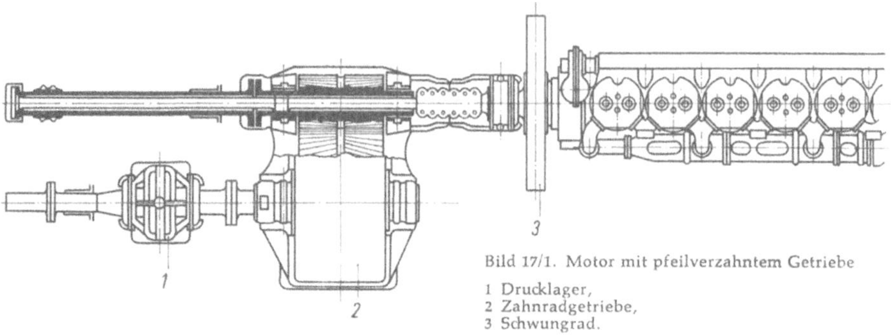


Bild 17/1. Motor mit pfeilverzahntem Getriebe
1 Drucklager,
2 Zahnradgetriebe,
3 Schwungrad.

Arbeiten zwei Motore auf ein Getriebe, so ist es zur Schonung der Zähne erforderlich, die Ritzel so im Großrad eingreifen zu lassen, daß in beiden Motoren die Zündungen in den einzelnen Zylindern jeweils gleichzeitig erfolgen. Die Motoren müssen also „im Tritt" arbeiten.

### 17.1.3. Strömungskupplungen

Strömungskupplungen zeichnen sich durch folgende Eigenschaften aus:

1. wirksame Dämpfung der Torsionsschwingungen (es erfolgt praktisch keine Schwingungsübertragung vom Motor auf die Propellerwelle);
2. nahezu konstantes Abtriebsmoment bei konstanter Motorleistung;
3. Möglichkeit des schnellen und stoßfreien Zuschaltens oder Absetzens des Motors durch Füllung bzw. Entleerung der Kupplung;
4. stufenlose Änderung der Abtriebsdrehzahl bei konstanter Antriebsdrehzahl durch Schlupfänderung infolge Variation der Füllung;
5. hohe Betriebssicherheit und Lebensdauer, da mit Ausnahme der Lager an keiner Stelle mechanische Berührung auftritt.

Nachteilig wirkt sich der Umstand aus, daß eine Momentenübertragung nur durch Schlupf, d. h. durch Unterschiede zwischen An- und Abtriebsdrehzahl möglich wird und daß der durch den Schlupf bedingte Leistungsverlust die Kupplung erwärmt.

Zum Einsatz kommt vorwiegend die auf dem Prinzip des Föttinger-Wandlers basierende Strömungskupplung der früheren Vulcan-Werke, Hamburg, die sogenannte „Vulcan-Kupplung".

Bild 17/2 zeigt den Schnitt einer Strömungskupplung. Das Pumpenrad (1) (auch Primärrad genannt) ist mit der Motorenwelle gekuppelt, während das in gleicher Form ausgeführte spiegelbildlich angeordnete Turbinenrad (2) (Sekundärrad) mit der Abtriebswelle verbunden ist. Der am Pumpenrad befestigte Deckel (3) umschließt das Turbinenrad und dichtet den flüssigkeitsgefüllten Wirkteil an der Stelle (6) gegen das Gehäuse (5) ab. Die nur durch einen engen Spalt getrennten Halbringräume der beiden Räder sind mit geraden Radialschaufeln versehen und besitzen in der Regel (bei Schaufelzahlen $< 100$) einen Leitwulst (4). Die Innenräume werden mit einer Flüssigkeit gefüllt. Meist verwendet man hierfür nichtschäumende Öle, die nach Möglichkeit eine flache V-T-Kennung besitzen sollen. Bei Antrieb des Pumpenrades bildet sich eine Flüssigkeitsströmung entsprechend dem in Bild 17/3 gezeigten Modell aus, durch die das Turbinenrad im gleichen Drehsinn mitgenommen wird. Die Strömung entsteht, wenn das Pumpenrad schneller umläuft als das Turbinenrad, da dann die auf die Flüssigkeit wirkende Zentrifugalkraft im Pumpenrad größer ist. Eine Momentenübertragung kann also nur erfolgen, wenn ein Drehzahlunterschied zwischen An- und Abtrieb besteht.

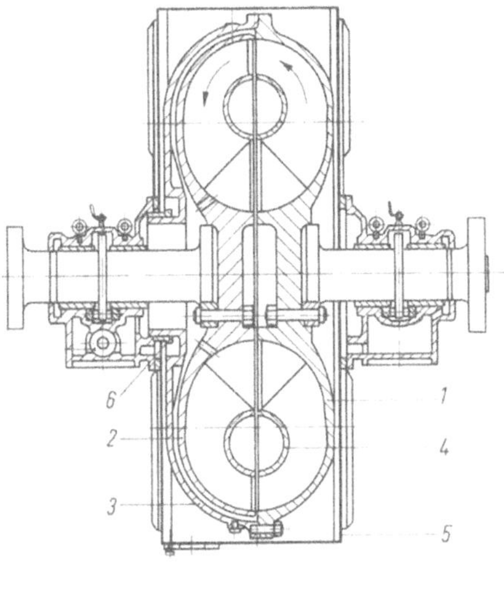


Bild 17/2. Schnitt durch eine Strömungskupplung

1 Pumpenrad,
2 Turbinenrad,
3 Deckel,
4 Leitwulst,
5 Gehäuse,
6 Dichtung,

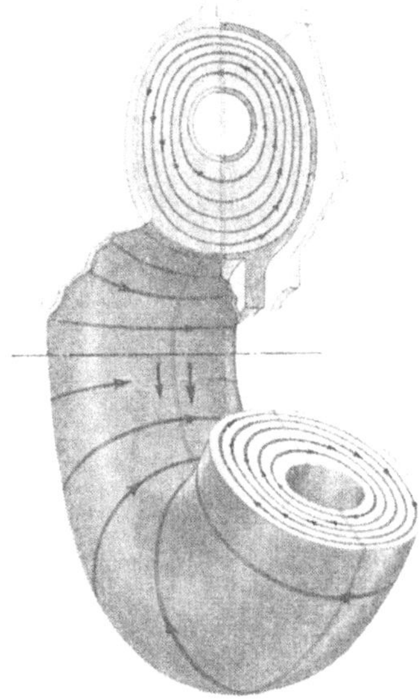

Bild 17/3. Modell der Flüssigkeitsströmung in einer hydrokinetischen Kupplung (Pumpenrad liegt rechts)

Für eine gleichmäßig wirksame Beaufschlagung ist es von Vorteil, die Schaufelzahl von Pumpen- und Turbinenteil unterschiedlich auszuführen, z. B. das Pumpenrad mit 30 Schaufeln, das Turbinenrad mit 31.

Bei der normalen Strömungskupplung ohne Leitvorrichtung gilt die Beziehung:

$$\text{Antriebsmoment } M_{\text{I}} = \text{Abtriebsmoment } M_{\text{II}} = M$$

Die Abtriebsleistung $P_{\text{II}}$ errechnet sich aus der Antriebsleistung $P_{\text{I}}$ und dem Verhältnis der Drehzahlen von Ab- und Antrieb, $n_{\text{II}}$ und $n_{\text{I}}$

$$P_{II} = M \cdot \omega_{II}$$
$$P_I = M \cdot \omega_I \qquad \omega = 2\pi n$$

$$P_{II} = M \cdot \omega_I \cdot \frac{\omega_{II}}{\omega_I} = P_I \cdot \frac{n_{II}}{n_I} = P_I \cdot \eta.$$

Der Wirkungsgrad der Leistungsübertragung entspricht also dem Drehzahlverhältnis $n_{II}/n_I$.

$$\eta = \frac{n_{II}}{n_I}$$

Führt man als kennzeichnende Größe der Kupplung den Schlupf $s$, d. h. den Drehzahlunterschied zwischen An- und Abtrieb, bezogen auf die Antriebsdrehzahl, ein, so erhält man folgende Beziehungen

$$s = \frac{n_I - n_{II}}{n_I} = 1 - \frac{n_{II}}{n_I} = 1 - \eta \quad \rightarrow \quad \eta = 1 - s.$$

Der Schlupf wird vielfach auch in Prozenten angegeben

$$s = \frac{n_I - n_{II}}{n_I} \cdot 100\,\%.$$

Die Beziehungen der aufgeführten Größen zum Schlupf sind im Diagramm Bild 17/4 graphisch aufgetragen.

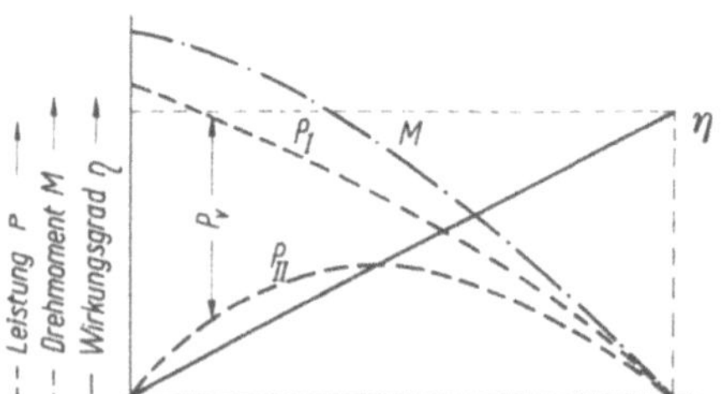


Bild 17/4. Abhängigkeit des übertragbaren Momentes $M$, der Leistungen $P_I$, $P_{II}$ und des Wirkungsgrades $\eta$ vom Schlupf $s$ bei einer Strömungskupplung ($P_V$ = Verlustleitung)

Die Verlustleistung $P_v$, die der Differenz von An- und Abtriebsleistung entspricht, wird in Wärme umgesetzt.

Solange die Kupplung im Bereich hoher Wirkungsgrade, d. h. mit geringem Schlupf, arbeitet, reicht die Wärmeabgabe der Gehäuseoberfläche an die Umgebungsluft aus. Bei größeren Schlupfwerten, die besonders bei stufenloser Drehzahlwandlung durch Verminderung der Füllmenge erreicht werden, muß zusätzlich gekühlt werden. In der Regel tauscht man dann die Betriebsflüssigkeit kontinuierlich aus und leitet sie dabei durch besondere Kühlvorrichtungen.

Strömungskupplungen weisen bei maximaler Füllung, Schlupfwerte im Bereich von 1,5 ... 2,5 %, d. h. Wirkungsgrade von 97,5 ... 98,5 % auf.

Auf die Abhängigkeit des übertragbaren Momentes $M$ von den Bauabmessungen, der Drehzahl und anderen Einflußgrößen soll hier nicht näher eingegangen werden, da diese Fragen in der Regel nur den Konstrukteur interessieren. Nähere Angaben über Strömungskupplungen sind in Ludwig/Illies; Handbuch für Schiffsingenieure und Seemaschinisten, Abschnitt IX/6, zu finden.

Die Strömungskupplung eignet sich besonders gut für das Anfahren, da ihre Charakteristik hohe Anfahrmomente aufweist. Von großer Bedeutung sind bei Mehrmotorenanlagen die kurzen Zeiten, die für Füllung und Entleerung (d. h. für Zu- oder Abschalten von Motoren) benötigt werden.

Durch geeignete Vorrichtungen kann die Betriebsflüssigkeit durch den zwischen Pumpen- und Turbinenrad befindlichen Spalt in 6 s bzw. 3 s zu- bzw. abgepumpt werden.

Eine besondere Antriebsart, die unter Verwendung von Strömungskupplungen aufgebaute „Vater- und Sohn-Anlage", wird für Schiffe der Hochseefischerei gewählt (Bild 17/5).

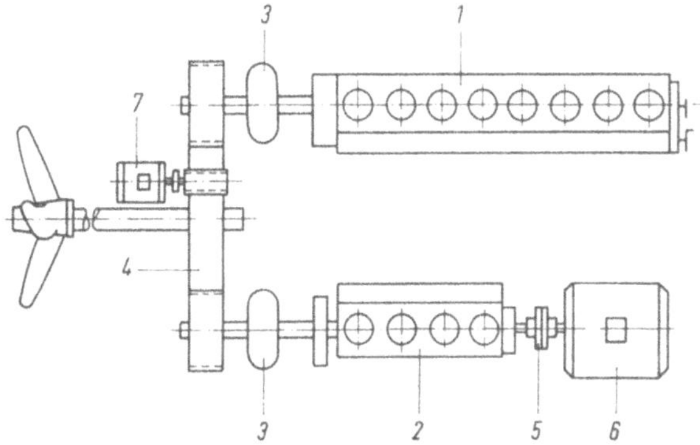


Bild 17/5. Schema einer „Vater-und-Sohn-Anlage"

1 Hauptmotor,
2 Hilfsmotor,
3 Vulcan-Kupplung,
4 Zahnradgetriebe,
5 Scheibenkupplung,
6 Generator für Netzwinden-versorgung,
7 Wellengenerator.

Die Antriebsanlage besteht aus zwei Motoren unterschiedlicher Leistung. Der Hauptmotor (1) mit der größeren Leistung arbeitet über Vulcan-Kupplung (3) und Zahnradgetriebe (4) auf die Propellerwelle. Der kleinere mit gleicher Drehzahl laufende Hilfsmotor (2) dient zum Antrieb eines Generators (6), der beim Fischen den Strom für den Antrieb der Netzwinde erzeugt. Bei Marschfahrt kann auch dieser Hilfsmotor über eine Vulcan-Kupplung ohne Unterbrechung des Fahrbetriebes auf das Zahnradgetriebe und somit auf die Propellerwelle geschaltet werden.

## 17.1.4. Induktions-Kupplungen

Die Induktionskupplung besteht aus zwei Teilen, die mit dem An- bzw. Abtrieb verbunden sind und sich berührungsfrei – mit geringem Luftspalt – gegenüberstehen. Der eine Teil – gewöhnlich der mit dem Abtrieb verbundene – trägt am

Umfang eines Magneten in wechselnder Folge eine gewisse Anzahl von Nord- und Südpolen. Diese werden von einem ebenfalls mit Polen ausgerüsteten Ankerring umschlossen, der dem antriebsseitigen Teil der Kupplung angehört. Zwischen den Polen des Ankerringes liegen Kupferstäbe, die durch seitliche Verbindung zu einem Kurzschlußkäfig ausgebildet werden. Erregt man den Magneten mit Gleichstrom, so bildet sich zwischen beiden Kupplungshälften ein magnetischer Fluß aus. Bei Unterschieden zwischen An- und Abtriebsdrehzahl, d. h. bei Vorhandensein eines Schlupfes, pulsiert der magnetische Fluß mit einer von der Polzahl abhängigen Frequenz. Die Folge ist die Induktion eines Stromes im Kurzschlußteil, der die Magnetpole der Abtriebsseite durch Kräfte in der Drehrichtung beeinflußt und so eine Mitnahme dieser Kupplungshälfte bewirkt.

Der Erregerstrom wird in der Regel über zwei Schleifringe für (+) und (−) zugeführt. Bei Verwendung eines Schleifringes und eines Massepoles darf nur mit berührungsungefährlichen Spannungen bis 24 V gearbeitet werden.

Bei einer Induktionskupplung, die mit Schlupf arbeitet, man spricht in diesen Fällen von Asynchronkupplungen, wird der Leistungsverlust bei der Übertragung – ebenso wie bei der Strömungskupplung – in Wärme umgesetzt. Die Kupplung muß also so ausgelegt werden, daß die Oberflächen diese Wärme in ausreichendem Maße abführen können. In manchen Fällen wird man zur Verbesserung der Wärmeübertragung neben vergrößerten, d. h. verrippten Oberflächen auch künstliche Belüftung durch Ventilatoren anwenden müssen. Asynchronkupplungen werden im allgemeinen für einen Schlupf von 1,0 . . . 2,0 % ausgelegt.

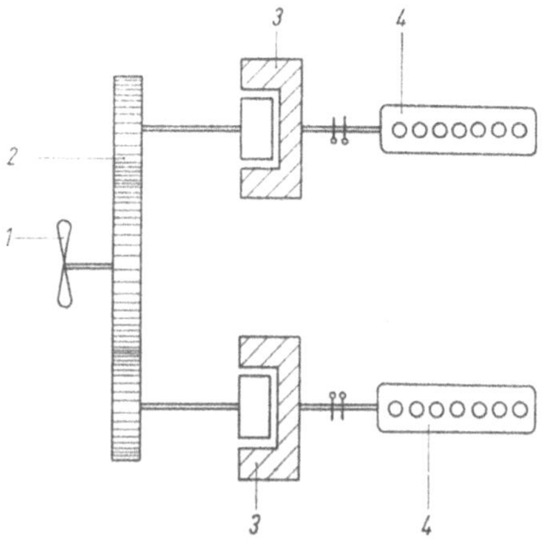


Bild 17/6
Anordnung von elektromagnetischen Kupplungen

1 Propeller, 3 Schlupfkupplung,
2 Getriebe, 4 Dieselmotor.

Ihr Einsatz erfolgt vorwiegend, wenn mehrere Motoren auf eine Propellerwelle arbeiten. Eine solche Anordnung mit zwei Motoren zeigt Bild 17/6.

Die vorteilhaften Eigenschaften der Asynchronkupplung sind die gleichen wie bei der Strömungskupplung: Schwingungsdämpfung, gleichmäßige Momentenabgabe, Möglichkeit des stoßfreien Zu- und Abschaltens des gekuppelten Motors und hohe Lebensdauer aufgrund des berührungsfreien Arbeitens.

Auch eine stufenlose Drehzahländerung durch Beeinflussung des Erregerstromes ist möglich.

Als Nachteil sind der relativ hohe Raumbedarf, die Verluste bei der Leistungsübertragung und der Leistungsbedarf für die Erregung (etwa 1,5 % der übertragbaren Leistung) zu werten.

### 17.1.5. Mehrmotorenanlagen im Manöverbetrieb

Manöver, die in rascher Folge Vorwärts- und Rückwärtsfahrten erfordern, lassen sich besonders günstig ausführen, wenn mehrere umsteuerbare Motoren über Strömungs- bzw. Asynchronkupplungen und entsprechende Getriebe auf eine Propellerwelle arbeiten.

Der bei Manöverfahrten naturgemäß geringere Leistungsbedarf wird im allgemeinen von einem Teil der vorhandenen Motoren gedeckt werden können.

Man hat so bei Schaltung einer gewissen Anzahl von Motoren auf Rückwärtsfahrt die Möglichkeit, mit zwei Motorengruppen unterschiedlicher Drehrichtung manövrieren zu können. Der Wechsel von „Voraus" auf „Zurück" erfolgt dann mit Hilfe der Kupplungen ohne wesentliche Zeitverluste, wie sie durch Stillsetzen, Umsteuern und Wiederanlassen der Motoren hervorgerufen würden.

## 17.2. Getriebe und Kupplungen für nicht umsteuerbare Motoren

### 17.2.1. Mechanische Wendegetriebe

Auf Binnenschiffen, Schleppern und Fahrzeugen mit effektiven Leistungen bis etwa 1000 PS setzt man vielfach nicht umsteuerbare Dieselmotoren in Verbindung mit Wendegetrieben ein. Unter Wendegetriebe versteht man ein Zahnradgetriebe, das mit Vorrichtungen (abbremsbares Kegelradkardangetriebeteil oder vorwiegend kupplungsbetätigte Stirnradumkehrstufen) für die Drehrichtungsumkehr ausgerüstet ist. Der Motor für konstante Drehrichtung erfordert in der Regel keine separate Luftverdichtungsanlage, wodurch der Hilfskraftbedarf wesentlich eingeschränkt wird. Es genügen vielmehr Druckluftspeicheranlagen von geringem Fassungsvermögen für das Inbetriebsetzen des Motors. Das Auffüllen der Luftflaschen kann ein direkt vom Motor betriebener Kompressor besorgen, der bei Erreichen des Betriebsdruckes entweder mit Hilfe einer Schaltkupplung abgesetzt wird oder durch Offenhalten des Saugventiles leer mitläuft. Auch die Druckluftgewinnung durch Anzapfen eines Zylinders, dessen Kraftstoffzufuhr abgeschaltet wurde, findet Anwendung.

Für Motorenanlagen größerer Leistung eignet sich das Wendegetriebe nicht, da Gewicht und Raumbedarf zu groß werden.

### 17.2.2. Strömungskupplungen für entgegengesetzten Drehsinn von An- und Abtrieb

Durch entsprechende Gestaltung des Wirkteiles einer Strömungskupplung kann man dem Abtrieb einen Drehsinn zuordnen, der dem des Antriebes entgegengesetzt ist. Voraussetzung dafür ist das Vorhandensein einer feststehenden Leitvorrichtung und die Ausführung der Beschaufelung von Pumpen- und Turbinenrad sowie Leitvorrichtung in doppeltgekrümmter Form. Bild 17/7 zeigt das Schema einer solchen Kupplung. Der zur Vereinfachung in die Zeichenebene geklappte Schaufelplan zeigt das Prinzip der Drehrichtungsumkehr. Das Pumpenrad (1) beaufschlagt die Schaufeln der gehäusefest angeordneten Leitvorrichtung (3). Diese bewirkt eine Änderung der Abströmrichtung vom Pumpenrad in der Weise, daß die Beaufschlagungsrichtung des Turbinenrades (2), dessen Schaufeln eine gegenüber denen des Pumpenrades umgekehrte Krümmung besitzen, einen geänderten Drehsinn zur Folge hat.

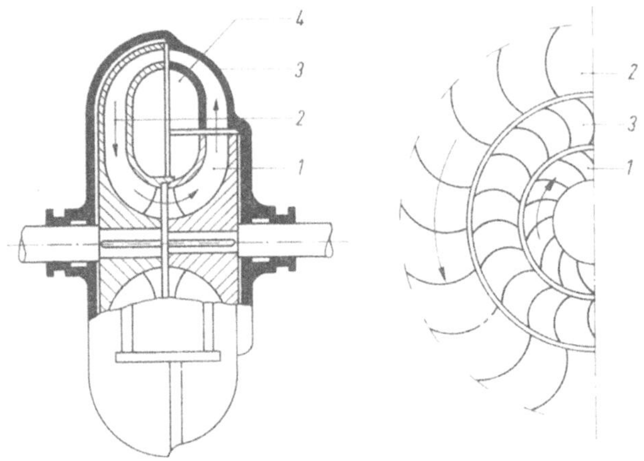


Bild 17/7. Schema einer Strömungskupplung für entgegengesetzten Drehsinn von An- und Abtrieb

1 Pumpenrad (Primärrad),
2 Turbinenrad (Sekundärrad),
3 Leitrad, gehäusefest,
4 Leitwulst.

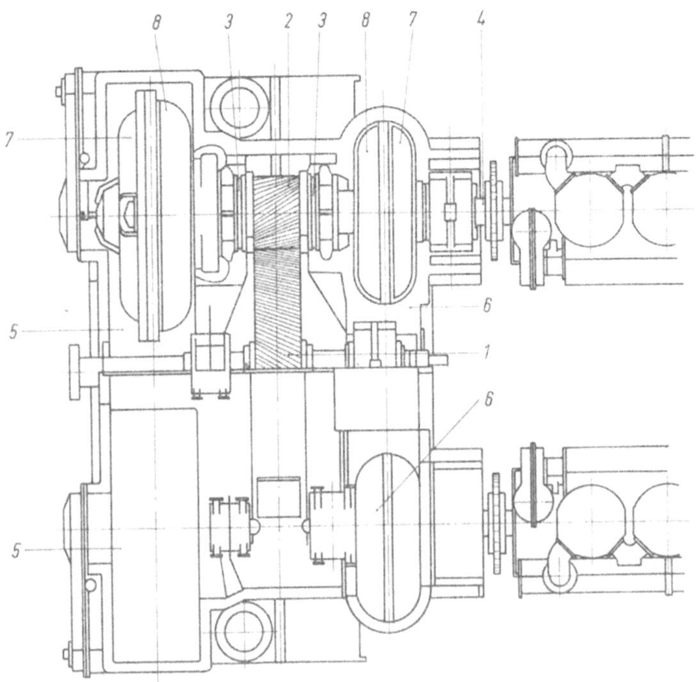


Bild 17/8. Umsteuerbares Untersetzungsgetriebe (Vulcan-Getriebe)

1 Großes Zahnrad auf der Schraubenwelle,
2 Ritzel,
3 Hohle Ritzelwelle,
4 Kupplung des Motors mit den Primärräder H),
5 Vorwärts-Kupplungen,
6 Rückwärts-Kupplungen,
7 Primärräder,
8 Sekundärräder.

Der Wirkungsgrad einer solchen Strömungskupplung – genau genommen handelt es sich um einen Drehzahl-Drehmomenten-Wandler – liegt aufgrund der Umlenkungs- und Reibungsverluste in der feststehenden Leitvorrichtung erheblich niedriger als bei den in Abschnitt 17.1.3 besprochenen hydrokinetischen Drehzahlwandlern. Da Rückwärtsfahren selten und darüber hinaus noch mit stark verminderter Leistung ausgeführt werden, ist dies kein Grund, auf diese Möglichkeit der Drehrichtungsumkehr zu verzichten. Zur Anwendung kommt diese Umkehrkupplung in einem umsteuerbaren Untersetzungsgetriebe, das von den früheren Vulcan-Werken, Hamburg, entwickelt wurde.

In Bild 17/8 ist eine mit diesem Getriebe ausgerüstete Zweimotorenanlage dargestellt. Die Motoren treiben je nach Betriebsfall entweder über eine normale Strömungskupplung (Vorwärtskupplung 5) oder eine Umkehrkupplung (Rückwärtskupplung 6) das schrägverzahnte Ritzel (2) an. Das mit diesem in Eingriff stehende Großrad (1) sitzt auf der Propellerwelle. Die Kupplung, die zur Leistungsübertragung herangezogen werden soll, wird durch den Spalt zwischen den Rädern mittels einer Pumpe mit Betriebsflüssigkeit gefüllt. Die andere wird auf dem gleichen Wege in einen Tank entleert, so daß an dieser Stelle die kraftschlüssige Verbindung zwischen Primärrad (7) und Sekundärrad (8) aufgehoben ist. Durch die Pumpe werden während des Betriebes Mengenverluste der Betriebsflüssigkeit, die an den berührungslosen Dichtstellen zwischen umlaufendem und feststehendem Teil auftreten, laufend ergänzt, damit sich der Schlupf nicht ändert. Die Primärräder (7) der Kupplungen (5 und 6) sitzen fest auf der Antriebswelle, die durch die hohle Welle (3) des Ritzels (2) hindurchgeführt ist. Die Welle (3) ist ihrerseits mit den beiden Sekundärrädern (8) verbunden.

Für Vorwärtsfahrt werden die Kupplungen (5) gefüllt, die Kupplungen (6) aber entleert. Den Stillstand des Propellers erreicht man ohne Stillsetzen der Motoren durch Entleerung aller Kupplungen.

Die Rückwärtskupplungen werden so bemessen, daß sie etwa 60 ... 70 % der bei Vorwärtsfahrt erreichten Normalleistung für die Rückwärtsfahrt übertragen können. Wie schon erwähnt, muß man dabei beträchtliche Verluste in Kauf nehmen. Für Vorwärtsfahrt liegt der Wirkungsgrad der Kraftübertragung von den Motoren zum Propeller bei dem betrachteten Getriebe zwischen 95 % und 96 %. Die 4 ... 5 % Leistungsverlust entstehen einmal in den Strömungskupplungen, die mit 2,5 ... 3,0 % Schlupf arbeiten, zum anderen im Zahnradgetriebe und im Drucklager der Propellerwelle. Das Getriebe ermöglicht den Einsatz nicht umsteuerbarer Motoren und gestattet einen rasch wechselnden Manöverbetrieb.

### 17.2.3. Verstellpropeller

Die Möglichkeit, jede beliebige Geschwindigkeit vorwärts und in gewissem Umfang auch rückwärts fahren zu können, ohne die Drehzahl und den Drehsinn der Motoren zu ändern, bietet der Einsatz eines Verstellpropellers. Bei diesem sind die Flügel in der Nabe drehbar gelagert und können durch eine Servoanlage stufenlos in ihrer Steigung verändert werden. Die Firma Escher-Wyss entwickelte aufbauend auf ihren Erfahrungen mit Kaplanturbinen eine Verstellpropelleranlage, die schematisch in Bild 17/9 dargestellt ist. Das Bild 17/10 zeigt den Servomotor und den Verstellmechanismus in der Propellernabe. Die Verstellpropelleranlage ermöglicht den Einsatz nicht umsteuerbarer Motoren bei konstanter Drehzahl, d. h. im Bereich günstigster Wirkungsgrade, für alle Fahrstufen, und darüber hinaus die Ausnutzung der vollen Motorenleistung auch bei geringen Geschwindigkeiten – z. B. bei Schleppfahrten.

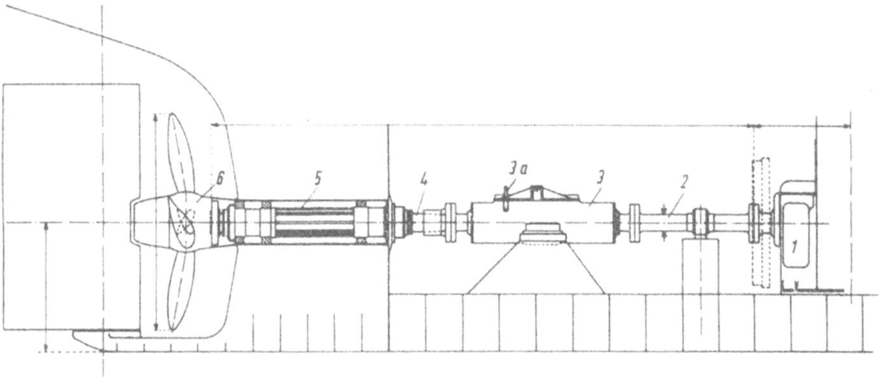


Bild 17/9. Aufbau einer Verstellpropelleranlage. Der Servomotor 3, der die Verstellung der Propellerflügel bewirkt, ist im Heck des Schiffes angeordnet und damit gut zugänglich.

1 Motor,
2 Zwischenwelle,
3 Servomotor,
3a Verstellhebel (Betätigung von der Kommandobrücke aus),
4 Propellerhohlwelle,
5 Stevenrohr,
6 Propellernabe.

## 17.3. Mittelbare Schiffsantriebe. Dieselelektrische Antriebe

Der Antrieb der Schiffsschraube durch einen Elektromotor zeichnet sich gegenüber den bisher betrachteten Antriebsformen durch Eigenschaften aus, die seinen zunehmenden Einsatz trotz des Nachteils der doppelten Energieumsetzung rechtfertigen. Hervorzuheben wären folgende Punkte:

1. gute Manövriereigenschaften durch stoßfreies Anfahren, stufenlose Drehzahlregelung und einfache Umsteuerbarkeit;
2. Möglichkeit des Einsatzes mehrerer schnellaufender Motoren ohne Umsteuervorrichtungen und dadurch relativ gute Leistungsanpassung sowie Vereinfachung von Instandsetzungsarbeiten;
3. wirtschaftlicher Einsatz der Brennkraftmaschinen, da Betrieb auf den Bereich der günstigsten Wirkungsgrade beschränkt werden kann.
4. günstige Platzverteilung infolge Fortfalles langer Wellenleitungen und geringerer Platzbedarf;
5. Fortfall von Hilfsmotorenanlagen, da der gesamte Energiebedarf für Antrieb und Versorgung von der gleichen Anlage gedeckt werden kann. Im Hafenbetrieb kann ein einzelner Motor der Anlage die Versorgung aufrechterhalten.

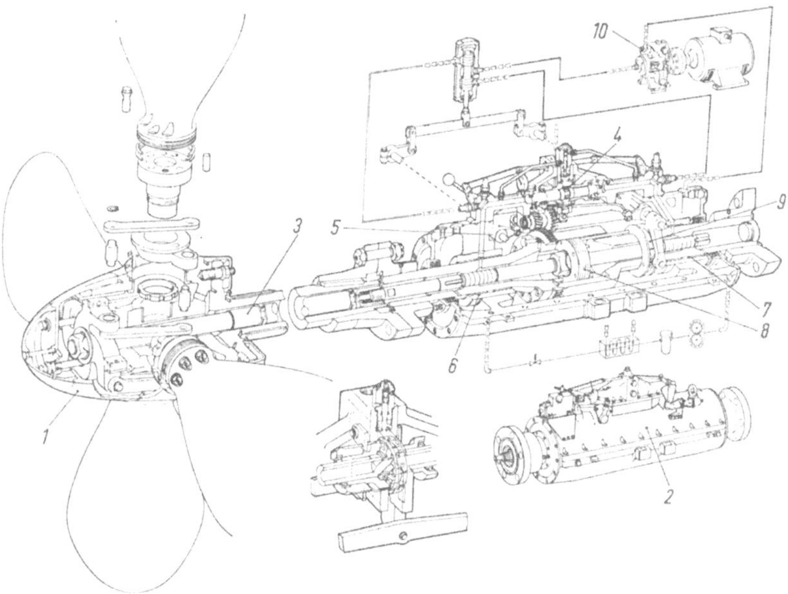


Bild 17/10. Verstellpropeller (Werkbild Escher Wyss, Lindau/Bodensee)

1 Propellernabe,
2 Servomotor,
3 Schiebestange,
4 Steuerkolben,
5 Kommandowelle,
6 Lager,
7 Lager,
8 Verstellkolben,
9 Rückführmuffe,
10 Druckölpumpe.

Besonders auf Spezialschiffen – Fähren, Eisbrechern usw. – und auf Schiffen, die einen hohen Bedarf an elektrischer Energie besitzen, Kühlschiffen, Fahrgastschiffen usw., ist diese Antriebsform mit Vorteil anzuwenden.

Die in Punkt 5 erwähnte günstige Platzverteilung in Verbindung mit dem geringeren Raumbedarf, den schnellaufende Motoren aufweisen, führt zu einem Gewinn an Nutzraum und zu einer Vergrößerung der Ladefähigkeit.

Die Motoren werden jeweils einzeln mit den Generatoren gekuppelt, die dann über entsprechende elektrische Schaltungen die Antriebsmotoren mit Strom versorgen. Die elektrischen Antriebsmotoren werden entweder direkt mit der Propellerwelle gekuppelt oder über Zahnradgetriebe mit dieser verbunden (z. B. beim Einsatz von zwei Antriebsmotoren). Alle Manöver – Geschwindigkeitsänderungen und Umsteuern – werden grundsätzlich mit der elektrischen Seite der Anlage ausgeführt.

Man unterscheidet zwischen Gleichstrom- und Drehstromübertragung der Antriebsleistung, wobei im Rahmen dieser beiden Grundformen wiederum verschiedene Möglichkeiten im Hinblick auf die elektrischen Schaltungen und die zum Einsatz kommenden E-Motoren bestehen. Während bei Gleichstromübertragung Momentenwandlung möglich ist und dadurch die Dieselmotorenleistung besser ausgenutzt wird, stellt die Drehstromübertragung eine feste elektrische Kupplung zwischen dem Dieselmotor und der Propellerwelle dar. Es ist zwar ein elektrisches Umsteuern möglich, aber die Drehzahl hängt vom Dieselmotor ab.

Bild 17/12 zeigt als Beispiel einen Gleichstrom-Antrieb mit Mehrmotorenanlage in Leonard-Schaltung.

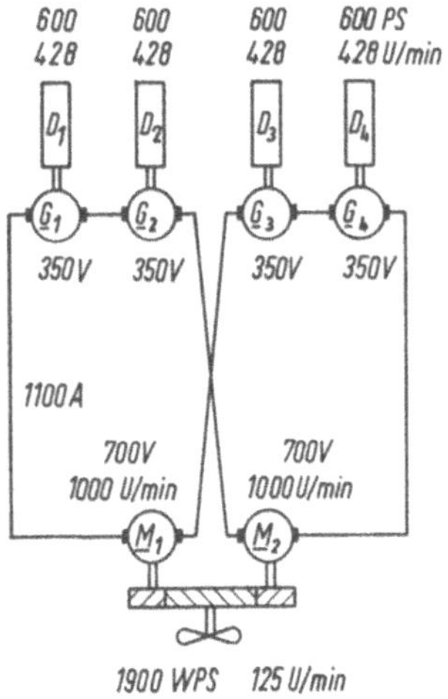


Bild 17/11. Gleichstrom-Leonard-Antrieb

# 18. Ausnutzung der Abgaswärme von Dieselmotoren

## 18.1. Wärmeverluste durch Kühlwasser und Abgase

Ein gut konstruierter und ausgeführter Dieselmotor vermag 38 ... 42 % der im Kraftstoff zugeführten chemischen Energie in mechanische Nutzarbeit umzuwandeln. Der restliche Prozentsatz wird durch das Kühlwasser und die Abgase abgeführt sowie in Form von Wärme durch Konvektion, Strahlung und Leitung an die Umgebung abgegeben. Die beiden erstgenannten Wärmeträger sind mit ca. 50 % der zugeführten Energie Hauptverlustfaktoren in der Energiebilanz des Motors. Bild 18/1 gibt einen Überblick über das Verbleiben der einer Schiffsmotorenanlage – Hauptmotor und Dieselgenerator – im Kraftstoff zugeführten Energie.

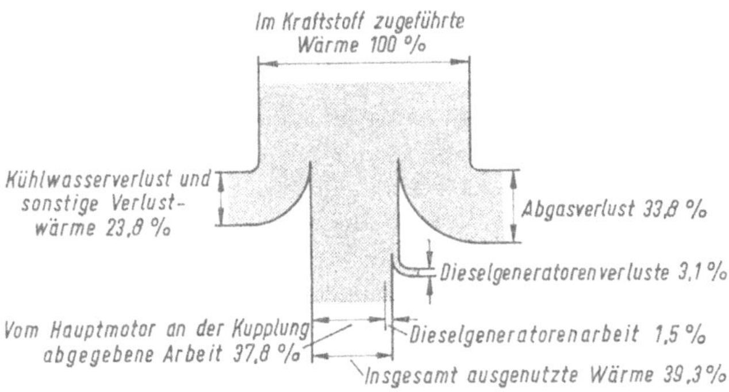


Bild 18/1. Wärmeflußbild (Sankeydiagramm) einer Schiffsdieselanlage (Hauptmotor + Hilfsdiesel)

Es liegt also nahe, an dieser Stelle Maßnahmen für die Energierückgewinnung zu treffen, um so eine Verminderung der Verluste zu erreichen. Das Kühlwasser kann zu Heizzwecken herangezogen werden, soweit seine Temperatur ausreicht.

Die Abgase, die bei Viertaktmotoren ohne Aufladung mit 350 ... 400 °C, bei unaufgeladenen Zweitaktmotoren infolge Mischung mit Spülluft dagegen nur mit 250 ... 300 °C austreten, können in speziellen Anlagen der Dampferzeugung dienen. Bei Zweitaktmotoren mit über 50 % Aufladung gleichen sich die Temperaturen der Abgase am Eintritt der Abgasturbinen mehr und mehr denen der aufgeladenen Viertaktmotoren – 400 ... 500 °C – an und betragen bei Nennleistung auch um 400 °C.

## 18.2. Nutzungsmöglichkeiten der Abgaswärme

Auf Tank- und Frachtschiffen mit beschränktem Kraft- und Wärmebedarf für die Aufrechterhaltung des Betriebes werden manchmal die gesamten Hilfsanlagen mit

Dampf betrieben, der durch Ausnutzung der Abgaswärme erzeugt wurde. Auch die Elektrizitätsversorgung erfolgt in diesem Falle durch Dampfkraftmaschinen. Bei Anlagen über etwa 15 000 PS kann auf See die gesamte elektrische Energie für alle Zwecke durch Generatoren mit Antrieb durch Dampfmotoren oder Turbinen gedeckt werden, deren Dampf durch Abgaskessel geliefert wird. Bei Normalbetrieb wird der gesamte Dampfbedarf von den Abgaskesseln gedeckt. Bei geringer Leistung der Motorenanlage, bei Fahrten im Revier und bei Liegezeiten im Hafen übernimmt dann ein ölbefeuerter Dampferzeuger die Versorgung. Grundsätzlich ist es möglich, den Abgaskessel in einem solchen Falle auf Ölfeuerung umzustellen. In der Praxis wird dafür aber immer eine Betriebsunterbrechung erforderlich sein, da der Feuerraum zunächst gründlich durchgelüftet werden muß, damit die bei Ölfeuerung benötigte Verbrennungsluft in ausreichendem Maße zuströmen kann. Schwierigkeiten können darüber hinaus noch auftreten, wenn die Hauptmotorenanlage sich noch in Betrieb befindet und die Abgase durch einen Umstellschieber in den Schalldämpfer abgeleitet werden müssen. Bei Undichtigkeiten am Schieber wird die Verbrennungsluft für die Ölfeuerung mit Abgasen angereichert, so daß Luftmangel und unvollkommene Verbrennung des Heizöles auftreten.

Man geht daher mehr und mehr dazu über, entweder verschiedene Dampferzeuger für Ölfeuerung und Abgasbetrieb zu installieren oder kombinierte Anlagen zu verwenden, bei denen gleichzeitiger und getrennter Einsatz beider Beheizungsmöglichkeiten vorgesehen ist. Bei den letzten erhalten Ölfeuerung und Abgasstrom getrennte Heizzüge. Flammrohrkessel rüstet man beispielsweise mit drei Flammrohren aus, die jeweils mit einem eigenen Feuerraum verbunden sind. Das mittlere Rohr wird mit Abgas beschickt, die äußeren werden mit Ölfeuerung betrieben. Das mittlere System wird mit besonders vielen Rauchrohren ausgerüstet, damit durch eine größere Heizfläche die Nachteile des durch die relativ geringen Abgastemperaturen verminderten Wärmeüberganges aufgewogen werden.

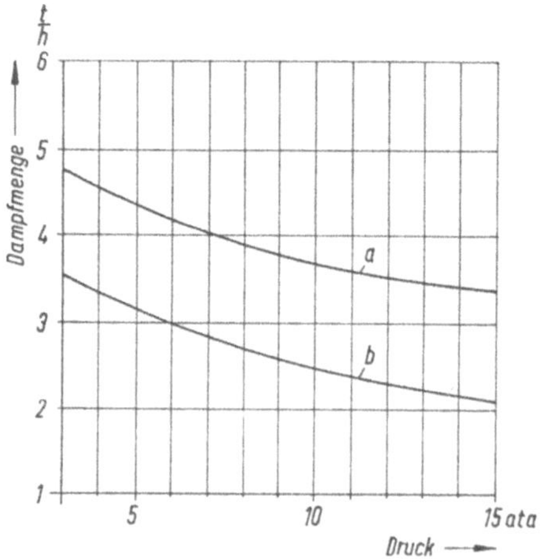


Bild 18/2. Im Abgaskessel erzeugbare Dampfmengen für eine Schiffsdieselmotorenanlage von 10 000 $PS_e$ Nennleistung bei Belastung von 80 %. Speisewassertemperatur 50 °C. Gelieferter Dampf: Nußdampf, x = 0,98
a) Abgastemperatur vor Kessel 360 °C
b) Abgastemperatur vor Kessel 285 °C

In ähnlicher Weise werden auch Cochran-, Clarkson-Kessel und andere Dampferzeugertypen mit getrennten Feuerkammern und Gaszügen ausgestattet.

Vorteilhaft lassen sich auch ölbefeuerte Eckrohr- und Quersiederkessel mit abgasbeheizten La-Mont-Heizflächen verbinden. Ähnlich dem La-Mont-Abgaskessel läßt sich auch der Spanner-Abgaskessel mit senkrechten geraden Rohren verwenden. Beide Abgaskesseltypen wirken gleichzeitig als Schalldämpfer und können auch „trocken" gefahren werden, so daß eine Abschaltung des Abgasstromes bei Nichtverwendung sich erübrigt. Im allgemeinen muß man unaufgeladenen bzw. wenig aufgeladenen Zweitaktmotoren je PS Effektivleistung eine größere Heizfläche nachschalten als Viertaktmotoren. Man rechnet beim Viertaktmotor mit einer Dampferzeugung von 0,4 . . . 0,45 kg/PS, beim Zweitaktmotor mit 0,3 . . . 0,35 kg/PS. Bei Zweitaktmotoren mit Aufladegraden über 50 % erreicht man etwa auch die erstgenannten Mengen. Diese Werte beziehen sich auf Dampfdrücke von 5 . . . 8 at. Bild 18/2 zeigt die Verhältnisse am Beispiel einer Anlage von 10 000 PSe.

### 18.2.1. Dampferzeugung im Cochran-Kessel

Bild 18/3 a und b zeigt geringfügig voneinander abweichende Ausführungen des Cochran-Kessels für kombinierten Betrieb mit Abgaswärme und Ölfeuerung. Die Wasserrohre sind in zwei Rohrbündeln angeordnet, die in getrennten Feuerräumen liegen. Die Ausführung des unteren ölbeheizten Bündels (3, 4) ist in beiden Fällen gleich, während das abgasbeheizte Bündel bezüglich der Gaszüge Unterschiede aufweist. In Bild 18/3 a werden die Rohre im direkten Zuge von den Abgasen umströmt (1 → 2). Bei der in Bild 18/3 b gezeigten Ausführung wird der Durchtrittsweg der Abgase vergrößert, indem man den Abgasstrom in zwei um 180° versetzten Zügen durch das Rohrbündel leitet. Ein- und Austritt der Abgase liegen dabei auf der gleichen Seite des Dampferzeugers.

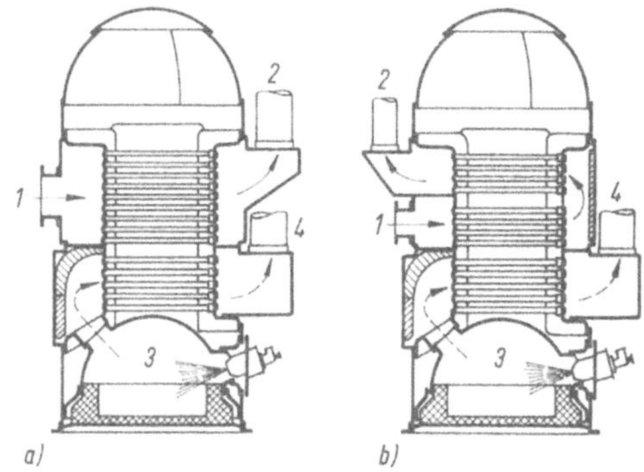


Bild 18/3. Kombinierter Cochran-Abgaskessel

1 Abgas-Eintritt,
2 Abgas-Austritt,
3 Ölbeheizter Kesselteil,
4 Rauchgasaustritt für Ölfeuerung.

Durch den höchstzulässigen abgasseitigen Widerstand der Heizfläche, der bei Schiffsabgaskesseln im allgemeinen 100 mm WS nicht überschreitet, wird die Wärmedurchgangszahl nach oben begrenzt. Sie ist aber bei Kreuzstrom von Abgas und Dampf-Wasser-Gemisch größer als bei Parallelstrom. Bei allen Schiffsabgaskesseltypen der Bau- und Montage-GmbH, Hamburg-Altona, erfolgt daher der Wärmeaustausch im Kreuzstrom.

Mit wachsendem Gewichtsverhältnis Abgas zu Dampf und steigender Abgaseintrittstemperatur erhöht sich die spezifische Heizflächenleistung. Bei einem Gewichtsverhältnis 30 : 1 beträgt sie z. B. 10 . . . 11 kg/hm² bei 300 °C und 17 . . . 21 kg/hm² bei 350 °C Abgaseintrittstemperatur.

Wird die abgasseitige Heizfläche als Naturumlauf-Glattrohrbündel eines kombinierten Öl-Abgaskessels an den Dampf-Wasser-Raum des (für den Hafenbetrieb benötigten) ölgefeuerten Kesselteils angeschlossen, so kommt der aus dem stehenden Hilfskessel durch Einfügen einer Abgasheizfläche oberhalb des ölfeuerungsseitigen Kesselteils entstandene kombinierte Öl-Abgaskessel (Bild 18.4) in Betracht.

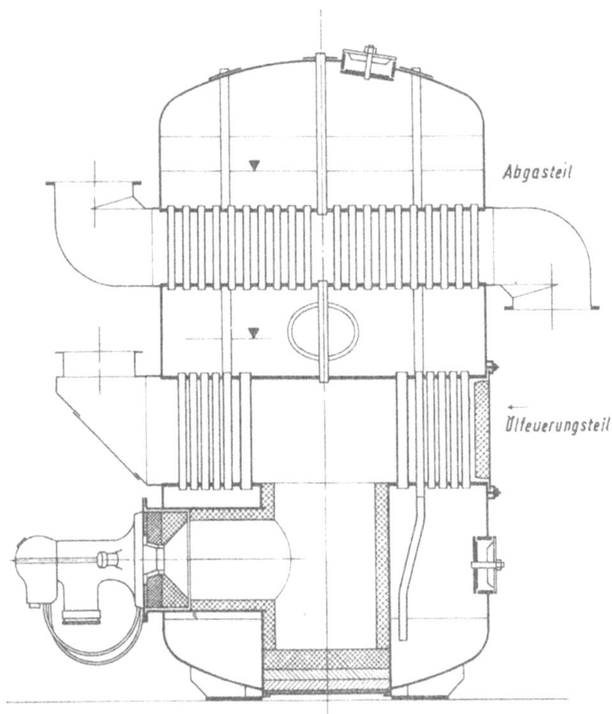


Bild 18/4. Kombinierter B.- und M.-Öl-Abgas-Kessel. Dampfleistung ölseitig 1500 kg/h, abgasseitig 300 . . . 750 kg/h. Betriebsdruck 8 atü.

## 18.2.2. Dampferzeugung im Clarkson-Kessel

In Bild 18/5 ist eine Ausführung des Clarkson-Abgaskessels dargestellt. Der Wasserraum wird von zwei konzentrischen Zylindern gebildet. Als Heizflächen dienen sogenannte Fingerhutrohre, die in den inneren Kesselmantel eingewalzt sind und mit ihren geschlossenen Enden in den Gaszug ragen. Dieser wird von unten nach oben von den Abgasen durchströmt. Die freitragende Anordnung der

Rohre vermeidet jegliche Beschränkung der Wärmedehnung. Rohre gleicher Länge ordnet man in wendelförmig von unten nach oben verlaufenden Reihen an. Bei geraden Reihen, d. h. bei Anordnung der Rohre senkrecht übereinander, verwendet man in benachbarten Reihen abwechselnd Rohre, die einen bestimmten Längenunterschied aufweisen. Bei der letztgenannten, in Bild 18/5 gezeigten Ausführung, rüstet man den Gaszug mit einem verstellbaren Leitapparat (Bild 18/5, Pos. 5 und 6) aus, der dem Abgas eine schraubenförmige Durchströmrichtung aufzwingt. Diese Maßnahme dient der Ausbildung einer turbulenten Strömung, die alle Teile der Heizfläche berührt und damit der Verbesserung des Wärmeüberganges.

Der Leitapparat kann entsprechend der Motorenbelastung, d. h. entsprechend der Stärke des Abgasstromes in seiner Höhenlage so verstellt werden, daß für jeden Belastungsgrad der günstigste Wärmeübergang gewährleistet wird. Zur Verbesserung des Wasserumlaufes ist der Wasserraum mit einem Leitzylinder (2) versehen. Die Dampfbildung in den abgasbeheizten Rohren führt zu einem Umlauf, der in Bild 18/5 durch Pfeile angedeutet wurde. Günstig wirkt sich einmal im Hinblick auf diese Bewegung und zum anderen bezüglich der Vermeidung von Rückstandsbildung (Kesselstein) die konische Form der waagerecht angeordneten Fingerhutrohre aus. Die Rückstände setzen sich dadurch im Wasserraum ab und können so den Wärmeübergang in den dünnen Rohren nicht verschlechtern. Der Wirkungsgrad der Dampferzeugung besitzt infolgedessen recht gute Werte. Günstig wirken sich auch die Stöße im Abgasstrom aus, die zu einer Erzeugung von zeitlich schwankenden Dampfmengen führen und so zur Reinhaltung der Rohre von Rückständen beitragen.

Clarkson-Kessel werden vielfach so ausgeführt, daß der Heizflächenteil am Grundgestell befestigt ist, während der äußere Mantel darübergeschoben und angeflanscht wird. Man erleichtert so die Reinigung des Wasserraumes und der Fingerhutrohre.

Kombinierte Clarkson-Kessel für getrennte oder gleichzeitige Beheizung durch Abgase und Öl werden in verschiedenen Arten ausgeführt. Die Form, die sich durch den geringsten Raumbedarf auszeichnet, ist am äußeren Mantel des Wasserraumes ebenfalls mit Fingerhutrohren versehen.

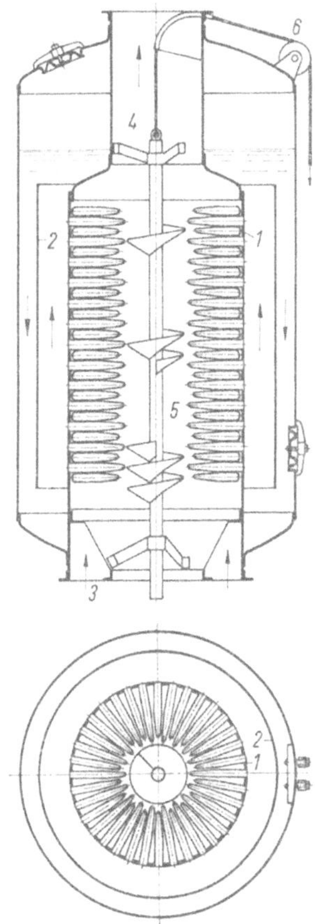


Bild 18/5. Clarkson-Abgaskessel
1 Innere Kesselwand mit Fingerhutrohren,
2 Leitzylinder für den Wasserumlauf,
3 Abgas-Eintritt,
4 Abgas-Austritt,
5 Leitapparat für Abgasstrom,
6 Einstellvorrichtung für den Leitapparat.

Durch einen zusätzlichen Blechmantel erhält man einen zweiten Gaszug, der mit Abgasen beschickt wird, während der ursprüngliche Zug mit Öl beheizt wird. Beide Heizflächenteile sind an den gemeinsamen Wasserraum angeschlossen.

### 18.2.3. Warmwassererzeugung

Es ist jedoch nicht immer erforderlich, die Abgase zur Dampferzeugung zu verwenden. Man kann auch Abgas-Warmwasserkessel anordnen, in denen Wasser auf 60 ... 80 °C erwärmt wird. Die Heizfläche solcher Warmwasserkessel wird aus senkrecht angeordneten Rohren gebildet, die oben und unten in Böden mit Flanschen eingeschweißt sind. Das Wasser durchströmt die Rohre im Zwanglauf von unten nach oben. Die Abgase werden durch Leitbleche zur intensiven Umspülung der Rohre gezwungen. Nach außen wird der Kessel durch einen Blechmantel abgeschlossen.

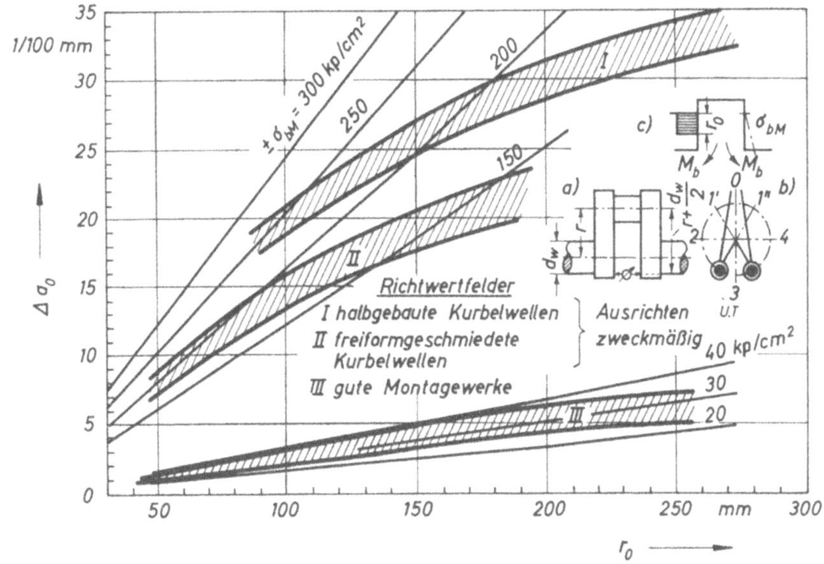


Richtwerte für Kurbelwellenatmung nach GL.

# Erläuterungen

## Zu Bildteil a und b:

**Messung der Wangenspreizung** im Abstand $a_0 = r + dw/2$. Für Meßabstand $a \neq a_0$ Umrechnung nach etwa $\Delta a_0 = \Delta a \cdot a_0/a$. Differenzbildung $\Delta a$ ist nur zwischen Meßstellen in spiegelbildlichen Kurbelstellungen derselben Ebene sinnvoll, d. h. zwischen $0 \rightarrow 3$ zur Beurteilung des vertikalen Ausrichtens und der Lagersenkung, zwischen $2 \rightarrow 4$ zur Beurteilung der seitlichen Lagerverschiebungen beim Ausrichten und Lagerabnutzung. Für Meßstelle 0, die durch Schubstange abgedeckt wird, ist der Mittelwert $0 \approx \frac{1}{2} \cdot (1' + 1'')$ einzusetzen.

## Zu Bildteil c:

**Annahme zur Spannungsberechnung** $\sigma_{bM}$: Wangenspreizung $\Delta a_0$ sei nur durch Wangenbiegung erzeugt. Belastungsfall der Wangen durch Biegungsmoment $M_b =$ konst., entsprechend Wirkung von Einzelkräften in Kröpfungsebene senkrecht zur Wellenachse und Lagerverschiebungen in Kröpfungsebene.

## Zu Bildteil: Richtwertfelder I, II und III

Beanspruchungen aus Wangenspreizung sind Wechselspannungen. Spannungserhöhungen in der Hohlkehle der Formübergänge Zapfen zu Wange sind in $\sigma_{bM}$-Werten nicht berücksichtigt.

## Literaturhinweise


*Bleiken, B.;* Betriebserfahrung auf Seeschiffen, VEB Verlag Technik, Berlin 1953.

*Kraemer, O.;* Bau und Berechnung der Verbrennungsmotoren, Springer Verlag, Berlin, Göttingen, Heidelberg 1963.

*Krug, H.;* Erfahrungen mit Schiffsdieselmotoren, Springer Verlag Berlin, Göttingen, Heidelberg 1954.

*List, H.;* Die Verbrennungskraftmaschine – Band 1 bis 16, Springer-Verlag, Wien.

*Löhner, K.;* Die Brennkraftmaschine, VDI-Verlag, Düsseldorf 1963.

*Mau, G.;* Thermodynamik des Dieselmotors, Handbuchreihe Schiffsbetriebstechnik, Band 3, Verlag GFFS, Flensburg 1966.

*Pounder, C.;* Marine Diesel Engines, George Newnes Ltd., London 1955.

*Ricardo, H.;* Der schnellaufende Verbrennungsmotor, Springer Verlag, Berlin, Göttingen, Heidelberg 1954.

*Sass, F.;* Dieselmaschinen, Band 1 und 2, Springer Verlag, Berlin, Göttingen, Heidelberg 1957.

*Sass, F.;* Geschichte des deutschen Verbrennungsmotorenbaus von 1860 bis 1918, Springer Verlag, Berlin, Göttingen, Heidelberg 1962.

*Sitkei, G.;* Kraftstoffaufbereitung und Verbrennung bei Dieselmotoren, Springer Verlag, Berlin, Göttingen, Heidelberg 1964.

Handbuch Schiffsbetriebstechnik (Ludwig/Illies); in Vorbereitung Verlag Friedr. Vieweg & Sohn, Braunschweig.

Z. „Hansa"; Schiffahrts-Verlag „Hansa", C. Schroedter & Co., Hamburg.

Motortechnische Zeitschrift – MTZ –; Francksche Verlagsbuchhandlung, Stuttgart.

Z. „Schiff und Hafen"; Verlag Heydorn, Uetersen.

Berichte über Internationale Verbrennungskraftmaschinen – Kongresse –; CIMAC – 1957, 1959, 1962, 1965.

## Sachwortverzeichnis

# Fachbücher -
# Von Dozenten für Studierende geschrieben

## Maschinenelemente

**Normung – Berechnung – Gestaltung**

Von Fachschuloberlehrer Ing. Hermann Roloff und Dipl.-Ing. Wilhelm Matek. „Viewegs Fachbücher der Technik." 3., durchgesehene und verbesserte Auflage. DIN A 5. XVI, 584 Seiten mit 416 Abb. 43 Tabellen und 1 Tabellenanhang mit Schaubildern (X, 94 Seiten). 1968. Halbleinen. (Best.-Nr. 4013).

Inhalt: Allgemeine Grundlagen – Normzahlen und Passungen – Festigkeit und zulässige Spannung – Klebverbindungen – Lötverbindungen – Schweißverbindungen – Nietverbindungen – Schraubenverbindungen – Bolzen-, Stiftverbindungen und Sicherungselemente – Elastische Federn – Achsen, Wellen und Zapfen – Elemente zum Verbinden von Welle und Nabe – Kupplungen – Lager – Zahnräder – Riementriebe – Kettentriebe – Rohrleitungen – Sachwortverzeichnis.

## Aufgabensammlung Maschinenelemente

Von Fachschuloberlehrer Ing. Hermann Roloff und Dipl.-Ing. Wilhelm Matek. „Viewegs Fachbücher der Technik." VIII, 253 Seiten, 342 Aufgaben und 225 Abb. 1967. Broschur. (Best.-Nr. 4015).

Inhalt: Allgemeine Grundlagen – Normzahlen und Passungen – Festigkeit und zulässige Spannung – Klebverbindungen – Lötverbindungen – Schweißverbindungen – Nietverbindungen – Schraubenverbindungen – Bolzen-, Stiftverbindungen und Sicherungselemente – Elastische Federn – Achsen, Wellen und Zapfen – Elemente zum Verbinden von Welle und Nabe – Kupplungen – Lager – Zahnräder – Riementriebe – Kettentriebe – Rohrleitungen.

## Mechanik und Festigkeitslehre

Von Alfred Böge, unter Mitarbeit von Walter Schlemmer und Wolfgang Weißbach. „Viewegs Fachbücher der Technik". 10., überarbeitete Auflage. DIN A 5. XV, 372 Seiten mit 356 Abb. und 19 Lehrbeispielen. 1966. Halbleinen. (Best.-Nr. 4010).

Inhalt: Statik in der Ebene: Einführung. Die statischen Grundaufgaben beim zentralen und beim allgemeinen Kräftesystem. Statik der Fachwerke – Schwerpunktslehre: Grundlagen. Flächenschwerpunkt. Linienschwerpunkt. Guldinsche Regel. Gleichgewichtslagen, Standsicherheit – Reibung: Allgemeines. Gleitreibung und Haftreibung. Reibung in den wichtigsten Getrieben – Dynamik: Bewegungslehre. Arbeit, Leistung, Wirkungsgrad. Dynamisches Grundgesetz. Energie. Impuls. Prinzip von d'Alembert. Dynamik der Drehbewegung des starren Körpers – Festigkeitslehre: Grundlagen. Beanspruchung auf Zug, Druck, Flächenpressung, Abscheren. Trägheitsmomente und Widerstandsmomente. Beanspruchung auf Verdrehung (Torsion), Biegung, Knikkung. Zusammengesetzte Beanspruchung. Festigkeit und zulässige Spannung. Rechentafeln – Hydraulik: Statik der Flüssigkeiten (Hydrostatik). Dynamik der Flüssigkeiten (Hydrodynamik) – Lehrbeispiele – Tafeln.

GPSR Compliance

*The European Union's (EU) General Product Safety Regulation (GPSR) is a set of rules that requires consumer products to be safe and our obligations to ensure this.*

*If you have any concerns about our products, you can contact us on ProductSafety@springernature.com*

In case Publisher is established outside the EU, the EU authorized representative is:

Springer Nature Customer Service Center GmbH
Europaplatz 3
69115 Heidelberg, Germany

**Batch number: 10577878**

Printed by Printforce, the Netherlands